H. W. SMOLIK

NATURFÜHRER

DEUTSCHLAND

H. W. SMOLIK

NATURFÜHRER DEUTSCHLAND

Bearbeitung
Sabine Smolik-Pfeifer

Bearbeitung: Sabine Pfeifer
Illustrationen: Ingrid Drobny · Peter Klaucke
Fachliche Beratung der Illustrationen: Sabine Pfeifer
Schutzumschlag: Hermann Bischoff
Gesamtherstellung: Naumann & Göbel Verlagsgesellschaft mbH, Köln

ISBN 3-632-98919-2

Ein Wort an unsere Leser

Die Rastlosigkeit des Alltags läßt den Menschen unserer Zeit auch am Wochenende und im Urlaub nicht zur Ruhe kommen. Selbst auf Spaziergängen und Wanderungen hastet er einem Ziel entgegen, ohne nach rechts oder links zu sehen, und unterbricht nur selten einmal Gespräche oder Gedanken, wenn ein Hase, aufgeschreckt aus seiner Sasse, über den Weg flitzt oder ein Reh in hohen Fluchten in ein Kornfeld taucht. Die tausend unscheinbaren Wunder am Wege übersieht er und schilt seine Kinder Bummelanten, wenn sie stehenbleiben und einer Spinne bei der Arbeit zusehen oder gar verwunderte Fragen stellen.

Welchen Freuden und welchem Reichtum sie sich verschließen, wird den wenigsten bewußt. Dabei lohnt es sich gewiß für jeden Menschen, den Zugang zu den wunderbaren Lebensgesetzen und Erscheinungen der Natur wieder zu suchen. Dieses Buch soll Ihnen dabei helfen.

Nach Lebensgemeinschaften geordnet, führt es Pflanzen und Tiere unserer Heimat auf und gibt Ihnen mit Hilfe von zahlreichen farbigen und äußerst genauen Zeichnungen die Möglichkeit, die Lebewesen in der Natur zu bestimmen und ihre Gewohnheiten kennenzulernen. Ein umfangreiches Register führt rasch zu den gesuchten Antworten, und der klar gegliederte Text ermöglicht sowohl schnelles Nachschlagen als auch ein zusammenhängendes Lesen. Möge das Buch seinen Zweck erfüllen und Ihnen zum Begleiter und sicheren Ratgeber auf Wanderungen werden, der Ihnen Freude bereitet und Ihnen die oft verblüffende Zweckmäßigkeit, die wunderbaren Zusammenhänge und Gesetze zeigt, nach denen sich das Leben in der Natur abspielt.

Verfasser und Verlag

Inhaltsverzeichnis

Verzeichnis der verwendeten Symbole

Pflanzen

- §$_1$ vollkommen geschützte Art
- §$_2$ teilweise geschützte Art: die Wurzeln, Zwiebeln oder Blattrosetten dürfen nicht beschädigt oder ausgegraben werden; ein kleiner (!) Handstrauß darf gepflückt werden
- ♃ ausdauernde bzw. mehrjährige Pflanze
- † giftige Pflanze[1])
- (†) schwach giftige Pflanze[1])
- ⚕ Heilpflanze
- ♀ weiblich
- ♂ männlich

Tiere

- § gesetzlich geschützte Art: die Tiere dürfen nicht gefangen oder getötet werden; Eier, Larven, Puppen, Nester oder sonstige Brutstätten sind ebenfalls vollkommen geschützt.
- ↓ Standvogel: das ganze Jahr über im Brutgebiet
- ↑ Teilzieher: nicht alle Vögel dieser Art verlassen im Winter das Brutgebiet
- ~ Zugvogel: nur im Sommer im mitteleuropäischen Brutgebiet
- 3–9 Dauer des Sommeraufenthaltes der Zugvögel
- ♀ weiblich bzw. Weibchen
- ♂ männlich bzw. Männchen

[1]) Die Giftwirkung, die bestimmte Pflanzen auf Mensch oder Tier haben, hängt meist von der Menge des Pflanzenmaterials und von der Konzentration der giftigen Substanzen ab. Wenn das Symbol † oder (†) fehlt, ist trotzdem eine Giftwirkung nicht auszuschließen.

Bestimmungshilfen

Aufbau einer Blütenpflanze

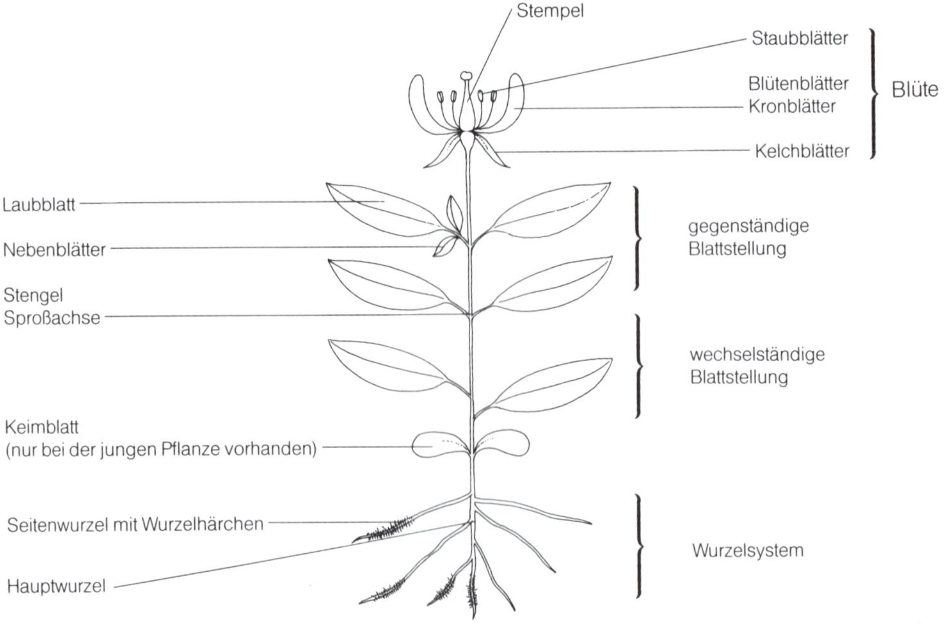

Blüte

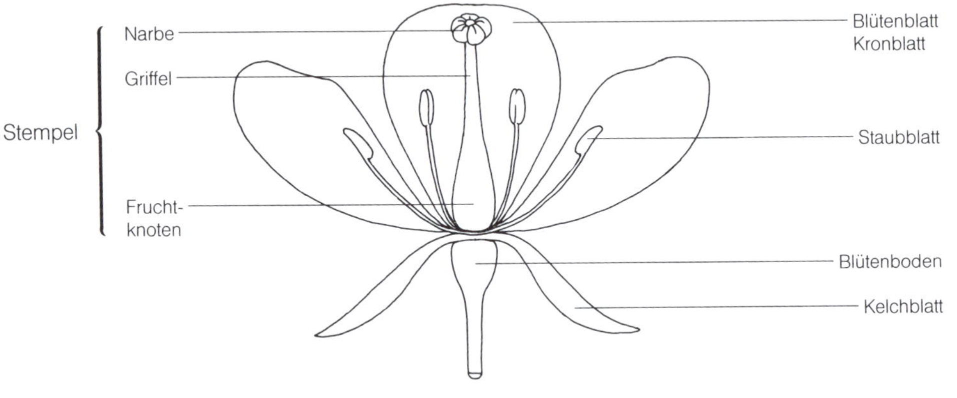

Blütenstände

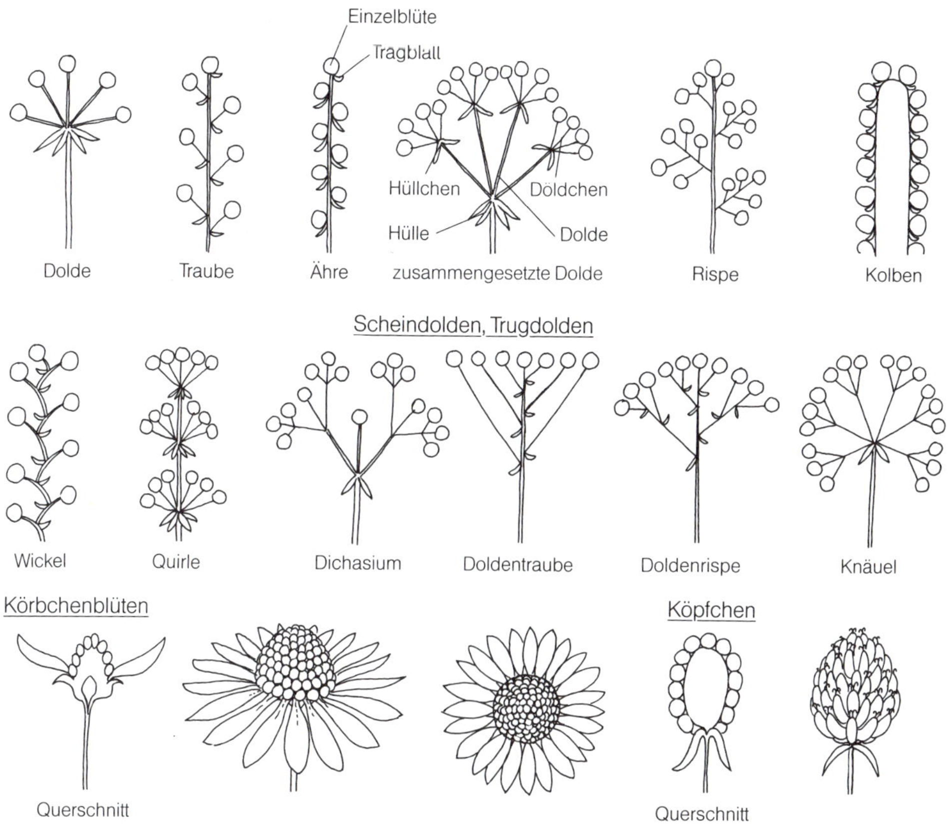

Längsschnitt durch ein Grasährchen

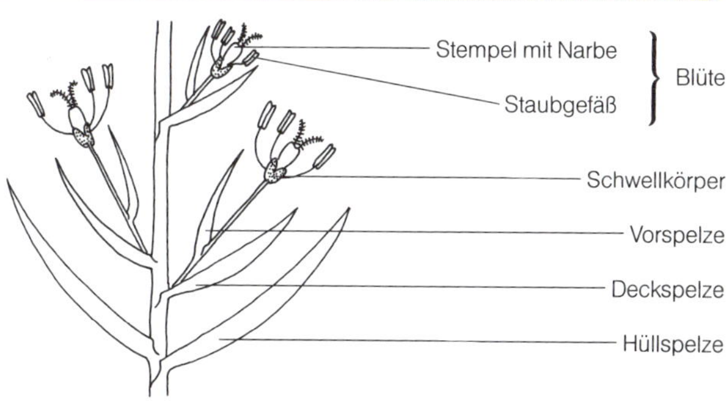

Blütenformen

Krone getrenntblättrig

flach

Krone verwachsenblättrig

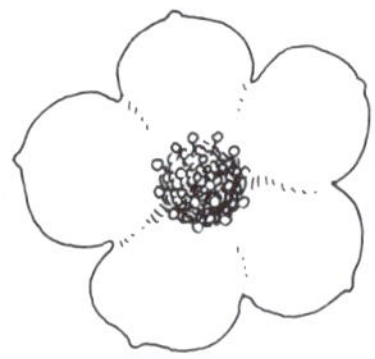

flach

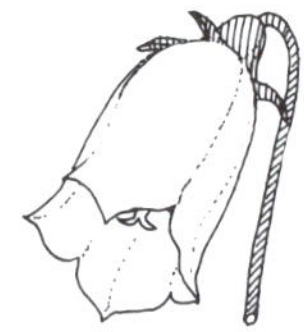

glockig

mit Schlund

Krone zweiseitig symmetrisch

Orchideenblüte

Rachenblüte

Lippenblüte

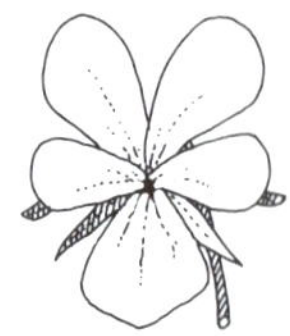

Veilchenblüte

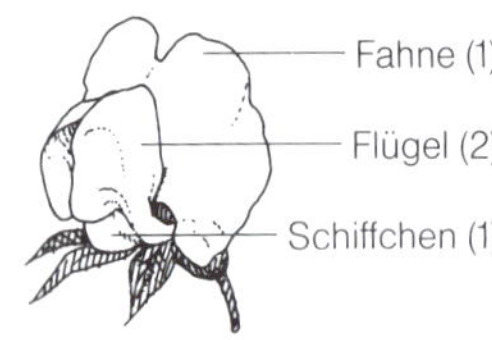

Schmetterlingsblüte

Röhren- und Zungenblüten

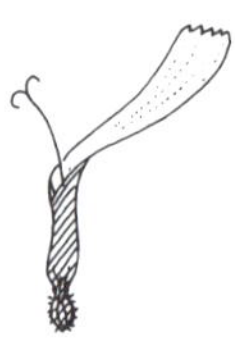

einzelne Zungenblüte

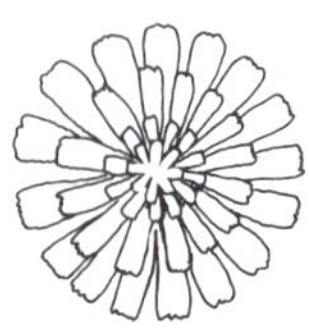

Körbchen aus Zungenblüten

Körbchen: außen Zungenblüten, innen Röhrenblüten

einzelne Röhrenblüten

Körbchen aus Röhrenblüten

Blattstellung

wechselständig

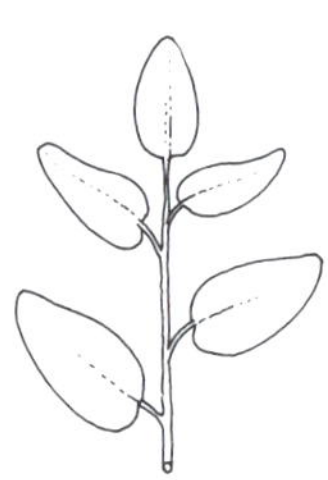

zweireihig

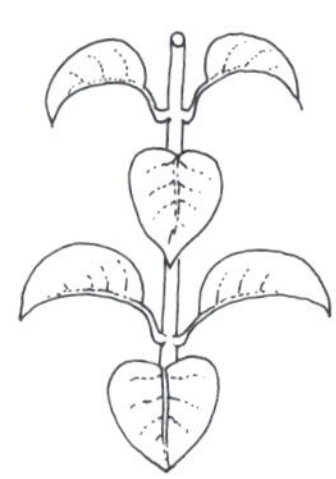

gekreuzt – gegenständig

quirlständig

Blattränder, Blattnerven, Blattformen

Blattränder

ganzrandig, gesägt, gezähnt, gekerbt, gelappt, gebuchtet, schrotsägeförmig

Blattnerven

Blattformen

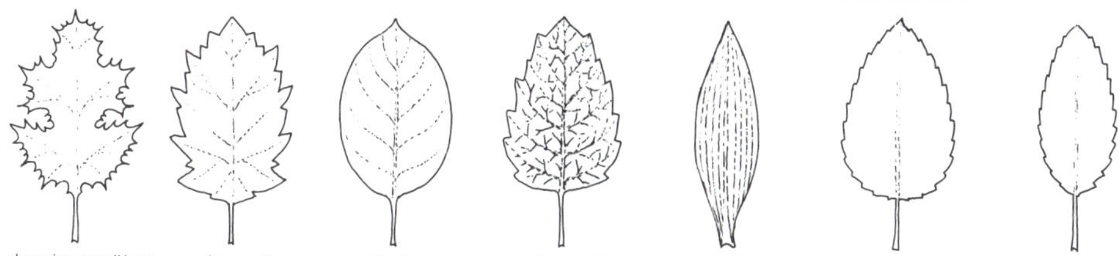

dornig gezähnt, doppelt gesägt, fieder-nervig, netznervig, parallel-nervig, eiförmig, elliptisch

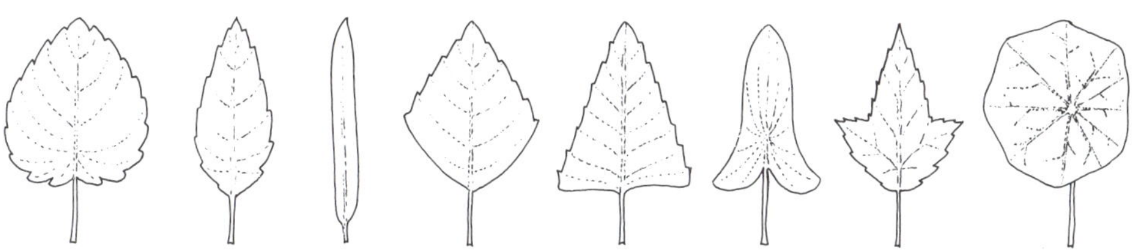

herzförmig, lanzettlich, linealisch, rauten-förmig, dreieckig, pfeil-förmig, spieß-förmig, schild-förmig

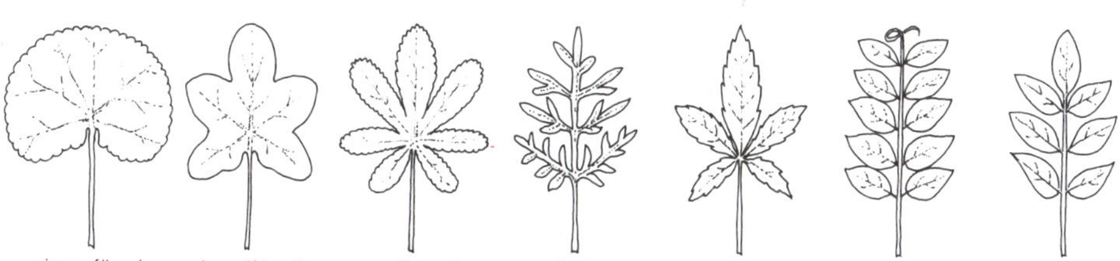

nierenförmig, handförmig gelappt, gefingert, gefiedert, handförmig gefiedert, paarig gefiedert, unpaarig gefiedert

Aufbau eines Pilzes

Hutpilz oder Ständerpilz (*Basidiomycetes*)

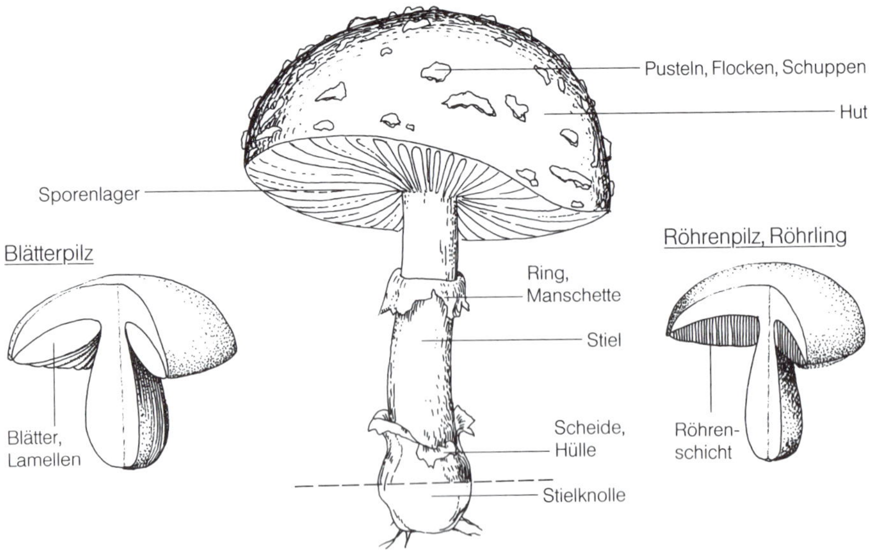

Aufbau einer Moospflanze

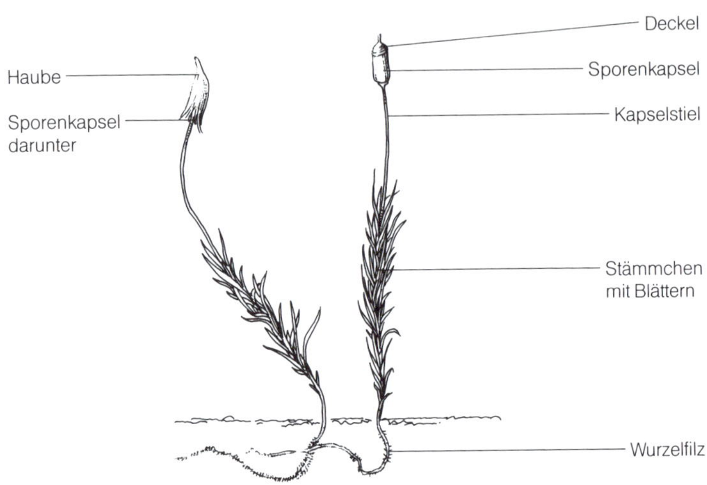

Aufbau einer Farnpflanze

Blatt, Wedel

Unterseite eines Fiederblättchens
mit zahlreichen Sporenhäufchen
Einzahl: Sorus, Mehrzahl: Sori

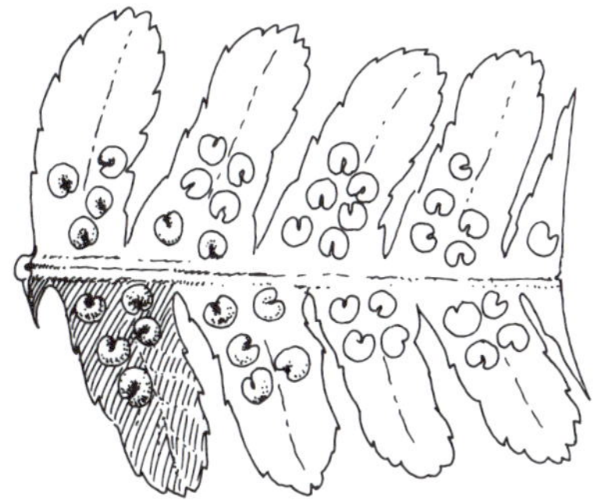

Querschnitt durch ein Sporenhäufchen

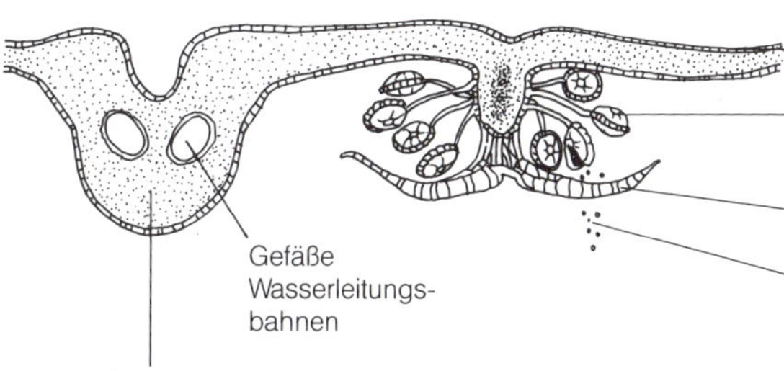

Körperregionen eines Vogels

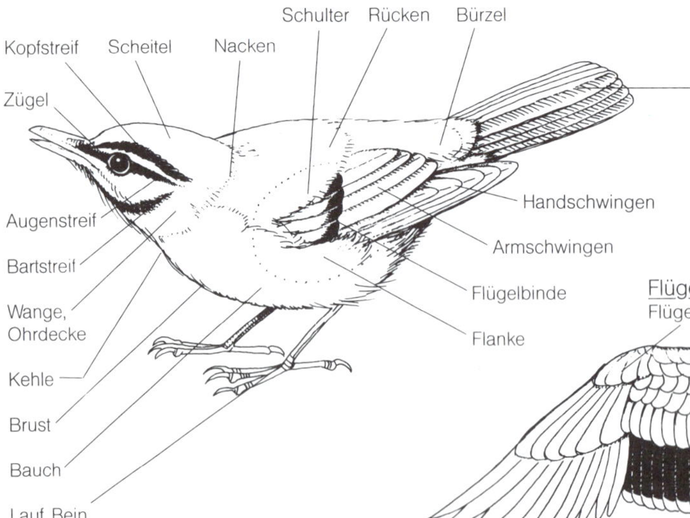

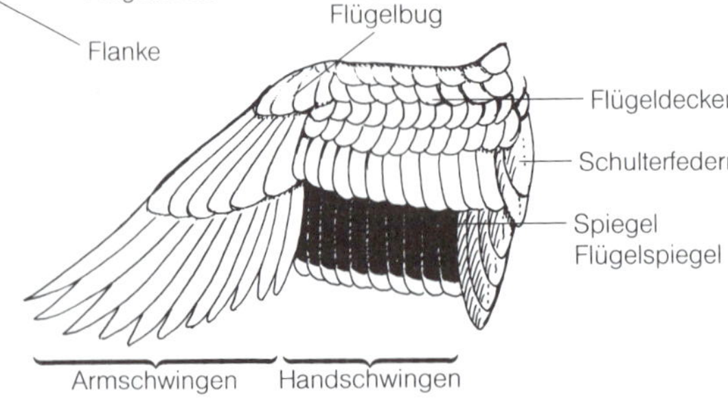

Körperregionen eines Fisches

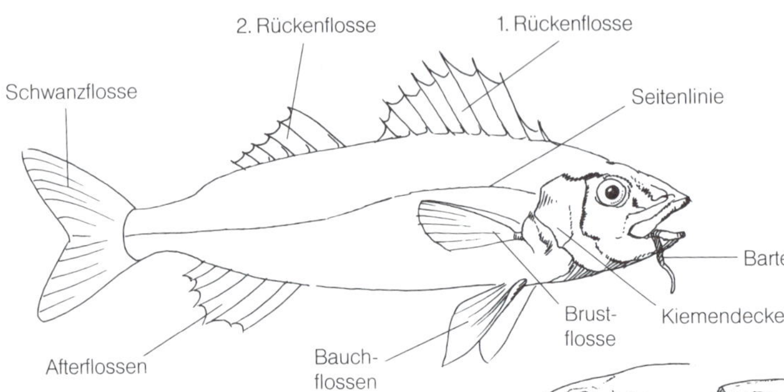

Körperregionen eines Insekts

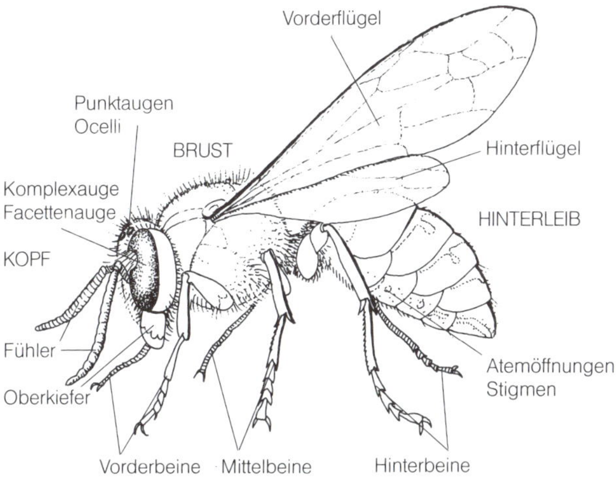

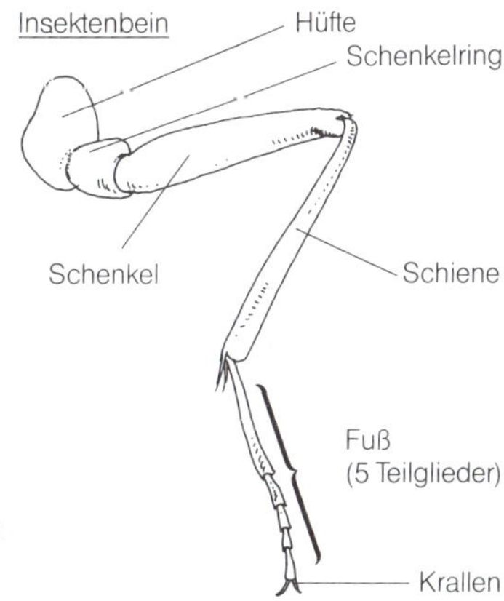

Entwicklung der Insekten

Unvollkommene Verwandlung
Beispiel: Wanzen *Hemiptera*
Feuerwanze

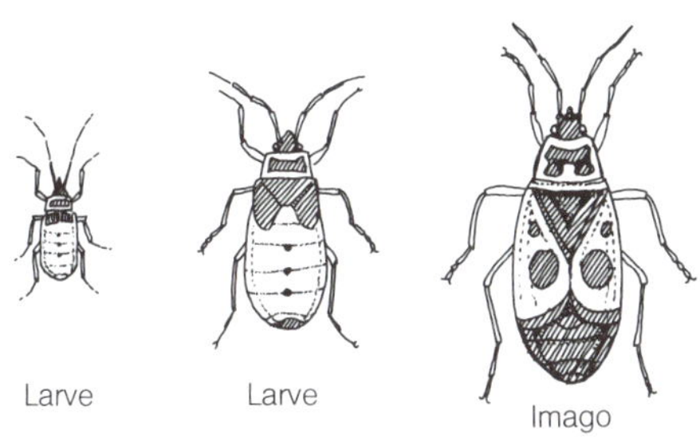

Vollkommene Verwandlung
Beispiel: Käfer *Coleoptera*
Siebenpunkt

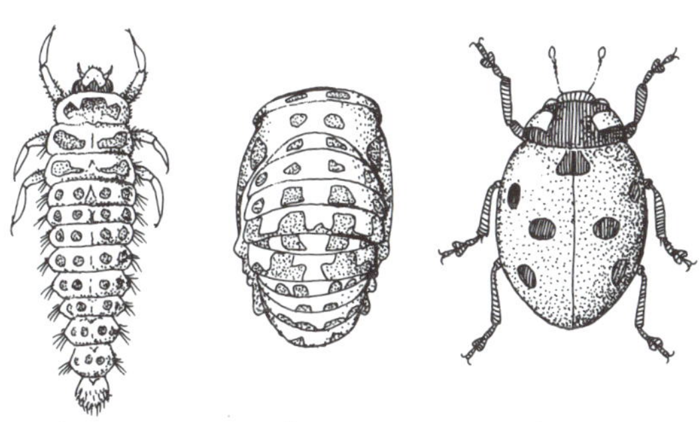

AUS DER WERKSTATT DER NATUR

»Es ist mit der Weltenuhr wie mit der des Zimmers. Am Tage sieht man sie wohl, aber hört sie fast gar nicht. Des Nachts aber hört man sie gehen wie ein großes Herz.«

Christian Morgenstern

Etwa 6 Milliarden Jahre schlägt sie schon, die große Lebensuhr unserer schönen Erde. Sie schlug, als sich aus dem Urnebel, einer riesigen Gas-Staub-Wolke, die zunächst ganz kleine Urerde bildete, als diese allmählich durch Zusammenballung weiterer Teilchen auf die jetzige Größe unserer Erde heranwuchs, als sich das Wasser bildete und das heiße Urmeer dampfte, als die ersten Wolken segelten und die ersten Stürme brausten, als das Festland sich erhob und das Leben einzog. Sie schlug, als aus dem großartigen, viele Millionen Jahre währenden Zusammenspiel der Naturkräfte schließlich das Bild der Erde entstand, wie wir es heute kennen und lieben.

Wie für die Ewigkeit geschaffen erscheinen uns die festen Kontinente, die weiten Weltmeere, die von vulkanischen Kräften emporgeschleuderten, wie Kuchenteig aufgequollenen und vielfältig verschobenen, die von der Brandung der Urmeere herangetragenen und aufgeschichteten, die vom Wasser geformten und vom Wind geschliffenen Gebirgszüge, die Wege der Flüsse und Ströme durch Täler und Auen, die riesigen Wüstengürtel und die urigen Wälder. Und doch ist auch heute noch alles in Fluß, ist unsere Erde auch weiterhin einem ununterbrochenen Gestaltenwandel unterworfen, der ebenso unaufhörlich wie unaufhaltsam vor sich geht.

Als besinnliche und nachdenkliche Wanderer wollen wir uns darum zuerst einmal mit der Geschichte unserer Erde, ihrer Struktur, ihrer steinernen Rinde und ihrer fruchtbaren Erde beschäftigen. Dann aber wollen wir die großen und unermüdlichen Umgestalter, wollen das Wasser und den Wind besser kennenlernen, wollen uns die Wirkung des rinnenden Wassers, die Mächtigkeit des fliegenden Ozeans vor Augen halten und die Lufthülle unserer Erde durchforschen. Wir werden dabei immer wieder deutlich erkennen, daß nichts beständig ist außer dem Wandel.

Die Erde

Der fruchtbare Boden

Leicht, locker und krümelig rieselt uns die Ackererde durch die prüfenden Finger. Sie ist kühl und warm, sandig und geschmeidig zugleich, hat seidigen Glanz und einen würzigen Geruch. Das scharfe Auge entdeckt zarte Wurzelfäserchen, winzige Bruchstücke blitzender Käferpanzer, vergilbter Schneckenschalen, rote Moderspuren verrotteter Zweige, skelettierte Blättchen, helle Gesteinssplitterchen, elfenbeinfarbene Insekteneier, kleine Fetzen einer Kokonhülle, Raupengespinste und Spinnenfäden, dunkle Getreidespelzen, bleiche Pilzgeflechte. Und wir ahnen, daß das, was wir Erde nennen, ein großes Gemisch verwesender Lebensreste, pflanzlicher, tierischer und mineralischer Substanzen ist. Vor allem fällt uns die Verwandtschaft auf, die diese Ackererde mit feuchtem Sand hat.

Denn die Erde ist wirklich nichts anderes als zerfallener Stein, ist mit Lebensresten gemischter Sand!

Jahrtausendelang haben die Wettergewalten die Felsen bearbeitet. Das Wasser ist tief in sie eingedrungen. Der Frost hat sie zernagt und zersprengt, die Sonne mürbe gebrannt. Körnchen um Körnchen wurde aus den festgefügten Steinen gerissen, breiter klafften die Risse, tiefer sickerte das Wasser, gewaltiger konnte die Sprengkraft des Eises wirken. Die Felsen bröckelten und barsten. Auf ihrer angerauhten Oberfläche siedelten die anspruchslosen Flechten, schmiegten sich wie mit kleinen Saugnäpfen an, laugten und lösten und ließen ihre verwelkten Teile in die Ritzen und Risse sinken.

Jeder Steinbruch, jede Sandgrube und jede durch die Felsen gebahnte Gebirgsstraße zeigen uns deutlich, wie dieser Gesteinszerfall vor sich geht. Die oberen dunklen Stellen lassen erkennen, wie das Wasser eindringt und in die Tiefe sickert, sich schließlich zu blitzenden Wasserfäden verdichtet, zu winzigen Rinnsalen versammelt und während der Regengüsse zu brausenden Sturzbächen verstärkt. Am Fuß der Felsenwand häufen sich Sand, Schutt und Geröll, werden in die Täler geschwemmt oder vom Wind als Steinstaub übers Land getragen.

Ehe nun freilich dieser zerfallene Stein zum lebendigen und fruchttragenden Boden wird, muß er einen langen Weg gehen. Nur die Flechten und Moose sowie die anspruchslosen Geröll- und Schuttpflanzen vermögen vorläufig die lockere Gesteinsmasse zu besiedeln. Aber gerade diese zähen Pflanzenpioniere sind es, die mit ihrem welkenden und verwesenden Pflanzengewebe die Zwischenräume allmählich ausfüllen und die ersten kleinen Humusinseln schaffen. Dann erst wird es den Gräsern und Kräutern möglich, ebenfalls Fuß zu fassen, bis zuletzt endlich auch Büsche und Bäume in die Schutträume wandern und sie überwuchern. Jahrtausende gehen darüber ins Land. Und weitere Jahrtausende braucht der sich nunmehr aufbauende Wald, um eine dicke Humusschicht anzusammeln. Immer ist es der Wald, dem wir die Ansammlung fruchtbarer Erde verdanken!

Denn der Wald schützt den Boden vor den Wettergewalten, mildert durch sein Laubdach den Aufprall der Regentropfen, sammelt das Wasser in seiner Tiefe, verwehrt dem Wind den Zutritt zur Bodenschicht, sorgt in reichem Maße für die pflanzlichen und tierischen Abfallstoffe, umklammert das Erdreich mit seinen Wurzeln wie mit abertausend schützenden und bergenden Händen.

Doch auch der Wald kann nicht aus Sand und Staub, Pflanzen- und Tierresten, Luft und Wasser die fruchtbare Erde hervorzaubern. Diese Kunst verstehen ganz allein unzählige urtümliche, allerwinzigste Pflanzen und Tiere, die in jedem Kubikzentimeter der Erde zu vielen Tausenden leben.

Das große unterirdische Laboratorium

Die fruchtbare Ackererde wimmelt von Lebewesen, birgt viel mehr Geschöpfe, als auf ihr herumkrabbeln. Sie wird nicht nur von Regen-, Dung- und Fadenwürmern, Tausendfüßlern, Schnecken, Asseln, Spinnen, Milben, Käfern, Ameisen und Insektenlarven durchwühlt, sondern beherbergt unvorstellbare Heere winziger Pflanzen-

und Tierzwerge. Nicht mehr als ein zehntel oder hundertstel Millimeter messen die meisten von ihnen. Erst das Mikroskop zeigt sie uns deutlich. In der Gestalt glasklarer schlängelnder Geißeltierchen, drolliger Bärtierchen, schlitternder Pantoffeltierchen, durchsichtiger Räder- und Wechseltierchen und stromlinienförmiger Wimpertierchen quirlen und flitzen, stelzen und rutschen, schwimmen und gleiten sie durch die Straßen zwischen den einzelnen Bodenteilchen, wirbeln mit Flimmerorganen, kreisen gleich rotierenden Scheiben, zittern und tropfen, quellen und schrumpfen, strudeln mit Wimpern, tarnen sich mit Glimmerplättchen und Quarzkörnchen, fressen und verschlingen sich gegenseitig, verdauen, scheiden aus und erwärmen die Erde mit ihren Leibern. In 1 g Erdboden fand man 100000 *Geißeltierchen* (Flagellaten), 50000 *Wechseltierchen* oder *Amöben* und 1000 *Wimpertierchen* (Ciliaten).

Doch auch sie sind noch nicht die Allerkleinsten und die Wichtigsten. Neben und mit ihnen leben gewaltige Scharen von *Bakterien,* von *Spalt-, Fäulnis-, Schimmel-* und *Bodenpilzen,* von glitzernden *Kiesel-, Erd-, Grün* und *Zieralgen.*

Und diese Bakterien, Pilze und Algen sind nicht nur das tägliche Brot der Urtierchen, sie sind zugleich auch die Leiter des großen unterirdischen, des größten chemischen Laboratoriums der Welt. Ihnen obliegt es, alle Abfallstoffe in ihre Urbestandteile zu zerlegen, sie gänzlich abzubauen, aufzulösen, aufzuspalten, sie durch Gärungs- und Fäulnisprozesse zu jagen und für neue chemische Verbindungen vorzubereiten.

Der gesamte Umbau des Stickstoffes, des Kohlenstoffes und vieler anderer organischer und anorganischer Bausteine wird von diesen kleinen Laboranten bewältigt. Was an Lebensüberresten in die Erde sinkt, greifen sie in pausenloser Tages- und Nachtarbeit an. Nichts vermag auf die Dauer ihren Angriffen zu widerstehen, ganz gleich, ob es sich um harzige Tannennadeln oder spröde Chitinpanzer, um abgestreifte Schlangenhemden oder Federn und Haare, um starke Pfahlreste oder steinharte Samenhüllen, um von den Totengräberkäfern verscharrte Tierleichen oder von den Mistkäfern vergrabene Dungpillen, um die Verwesungsbrühe der von den Fliegenmaden aufgelösten Kadaver oder die von den Regenwürmern in die Erde gezogenen Blätter, um die Schalen der Vogeleier oder die Losungen der Tiere handelt. Ihre Zuträger, wie die eben erwähnten *Aaskäfer* und *Aasfliegen, Mistkäfer, Schmeißfliegenmaden* und *Regenwürmer,* können gar nicht genug herbeischleppen.

Selbst das Gestein der Tiefe, den Quarz und Glimmer, Feldspat und die Grauwacke, zerätzen und zernagen sie im Verein mit dem Grundwasser, saugen die chemischen Bestandteile auf und sorgen für eine reiche mineralische Bodenlösung. Denn zur Mixtur der Stoffe, die wir Humus nennen, gehören auch Kalk und Kali, Tonerde und Natron, Kiesel-, Kohlen-, Schwefel- und Phosphorsäure, Chlor und Magnesium, Eisenoxid und Mangandioxid.

Unwiderstehlich sind diese winzigen Alchimisten der Tiefe. Ihnen selbst aber vermögen weder Frost noch Hitze, weder Überschwemmung noch Dürre, weder Hunger noch Durst etwas anzuhaben. Sie schnurren zusammen und quellen wieder auf, sie erstarren für lange Zeit, kapseln sich ein und sind eines Tages doch wieder sehr lebendig, sie stellen ihren Stoffwechsel an und ab, wie es die Umstände gebieten, sie vermehren sich bisweilen durch einfache Teilung oder Abschnürung. Sie müssen das können, denn der Kreislauf der Stoffe und Kräfte ist an ihr Leben und Wirken gebunden.

Die Durchlüfter und Zerkrümler

Dennoch ist der fette Humus, in den die Urtierchen und Urpflanzen alle Abfallstoffe verwandeln, noch immer nicht das Erdreich, das wir soeben durch unsere Finger rieseln ließen. Damit er zu seiner weichen und lockeren, luftigen und krümeligen Beschaffenheit kommen konnte, mußte der Humus kräftig gelockert, gelüftet und mit dem Gesteinsstaub vermischt werden. Diese Arbeit leisten vor allen anderen kleinen Erdwühlern die *Regenwürmer.* Sie sind es, die diesen Humus kreuz und quer durchwühlen, sich buchstäblich durch ihn hindurchfressen. Denn den Regenwürmern schmecken die Pilze und Algen, die Urtierchen wie die pflanzlichen Lebensreste, und so schaufeln und saugen sie die Erde in sich hinein, entnehmen ihr, was sie nährt, und scheiden sie wieder aus. Größere Steinchen freilich können sie nicht verschlucken. Also sieben sie die Erde erst einmal fein gründlich, speicheln sie dann ein, damit sie auch rutscht, und durchsetzen sie mit Kalk, um ihre Säure zu binden. Im Kropf speichern sie diesen Erdbrei, drücken ihn von dort in den Magen, schließlich in den Darm, wo er dann nochmals mit Hormonen und Vitaminen angereichert wird.
Die von den Regenwürmern verdaute, in feinster Krümelform wieder ausgeschiedene Erde enthält doppelt soviel Kalk und Phosphor, dreimal soviel Kali, sechsmal soviel Magnesium und siebenmal soviel Stickstoff wie die wertvollste Gartenerde. Vor allem aber ist diese Regenwurmerde kaum zu erschöpfen. Sie erhält sich in ihrer Qualität über Jahrzehnte und zieht unaufhörlich die von den unterirdischen Laboranten gelösten Nährstoffe der Erde an sich. Kein Regen vermag Regenwurmerde auszuwaschen. Einzig und allein die feinen Saughärchen der Pflanzenwurzeln können dieses unerschöpfliche Kraftreservoir anzapfen.
Und wenn wir nun wissen, daß in einem Quadratmeter Erde je nach Bodengüte zwischen 89–544 Regenwürmer wohnen, daß in einem Hektar guten Ackerlandes etwa 3 Millionen Regenwürmer leben, die alle zusammen auf eine Waage gelegt immerhin 800 kg wiegen und in einem Jahr so viel Erde schlucken, verdauen,

anreichern und ausscheiden, daß sie den Boden mit 44–80 t Regenwurmkot bedecken und düngen können, so wird uns klar, was diese unermüdlichen Wühler für die Fruchtbarkeit der Erde bedeuten.
Millionen von Regenwürmern schaffen zugleich aber auch täglich mehrere Millionen Dränageröhren, schaffen der Luft, der Wärme und dem Wasser Zutritt zur Erde und damit die Voraussetzung, daß die Kleinstlebewelt im Humus überhaupt bestehen kann, daß sie keinen Mangel an Sauerstoff und Feuchtigkeit leidet. Bis in die Tiefe von zwei Metern dringen die Regenwürmer und tragen in ihren Därmen ans Licht, was dort unten immer ungehoben bliebe. Sie wühlen also die Humusschicht um und um, mischen und sieben, lüften, erwärmen und bewässern, zerkrümeln und bereichern und ziehen nachts noch eine Unmenge von Pflanzenresten in ihre Röhren.
Ohne Regenwürmer würden die Urtierchen und Urpflanzen ersticken, würde der Betrieb im unterirdischen Laboratorium erliegen, würde der Stickstoffumbau stokken, bliebe die Humusschicht sauer, kalt und unfruchtbar, würde entweder vertorfen und vermooren oder verkrusten und verhärten, von der Sonne verbrannt und vom Wind in Staubwolken davongetragen. Ohne Regenwürmer wäre das Erdreich aber auch unbewohnbar für die Heere der *Ameisen* und *Käfer,* der *Insektenlarven* aller Arten, der *Wolfsspinnen* und *Milben,* der *Schnur-, Band-* und *Tausendfüßler,* der *Schnecken* und *Asseln,* der *Dung-* und *Fadenwürmer,* die ebenfalls wesentlich dazu beitragen, die feste Humusschicht zu durchwühlen, zu lockern, zu lüften und zu erwärmen.

Die Erdkruste

Eine ganze Welt halten wir also in einem Fingerhut voll fruchtbarer Erde in unseren Händen. Es ist in ihr das Gestein, das Winde und Wetter zermürbten, das Algen und Flechten auflösten. Es sind in ihr die Lebensüberreste der Pflanzen und Tiere. Es wirken in ihr die winzigen Chemiker und Laboranten der Tiefe. Ihr Urstoff aber ist der Stein!
Eine überraschende Erkenntnis: die steinige Rinde unserer Erde ist die Grundlage des Lebens! Ohne den *toten* Stein gäbe es weder ein pflanzliches noch ein tierisches Leben. Flüssige, kochende, strahlende Materie mußte zu einem Kristallklotz erstarren, damit das Leben auf der Erde einziehen konnte. Und das Leben wiederum ist an das hauchdünne Häutchen fruchtbarer Erde gebunden.
Man hat oft den Vergleich gebraucht, daß unsere Erde ein Apfel und das fruchtbare Erdreich die Apfelschale sei. Dieser Vergleich wird jedoch den tatsächlichen Verhältnissen nicht gerecht.

Der Radius der Erde mißt 6370 km. Die erstarrte Erdrinde ist insgesamt 60 km dick. Die fruchtbare Krume aber, also das Erdreich, das die Pflanzenwurzeln zu durchdringen vermögen, reicht nur ganz selten in eine Tiefe von 2 Metern, ist oft nur 15–30 cm, seltener schon 50–60 cm stark.
Wir müssen demnach sagen: die Apfelschale ist die steinige Rinde des Erdballs, die fruchtbare Krume der hauchdünne Wachsschmelz der Schale! Diesen Schmelz, diesen Hauch hat der Mensch erforscht, und zwar bis in eine Tiefe von 7,8 km, so weit ins Erdinnere reicht das tiefste Bohrloch in den USA. In diesen Tiefen kommt noch das gleiche Gestein vor wie an der Erdoberfläche. Was darunter liegt, weiß kein Mensch aus direkter Anschauung. Es gibt jedoch hierzu eine Theorie, die durch physikalische Überlegungen, Messungen von Erdbebenwellen, Dichte- und Temperaturmessungen so weit erhärtet ist, daß wir sie als bewiesen hinnehmen können.
Nach dieser Theorie ist die Erde aus verschiedenen Schalen aufgebaut. Die äußerste Schale, die Erdkruste, haben wir schon erwähnt. Darunter folgt der etwa 2900 km mächtige Erdmantel, der auch die Bezeichnung Sifema trägt, da er hauptsächlich aus den Elementen Silicium, Eisen (Ferrum) und Magnesium besteht. Das Sifema umgibt den eigentlichen Erdkern (Nife), der sich vermutlich aus Eisen und Nickel aufbaut und eine sehr große Gesteinsdichte aufweist.

Die Gesteinsbildung

Wir kennen vier Grundformen der Gesteinsbildung und unterscheiden nach ihnen das Vulkangestein eruptiven Charakters, das Tiefengestein, die Ablagerungsgesteine und die kristallinen Schiefer.

Der vulkanische Stein ist an der Luft erstarrtes Magma, stammt aus magmatischen Schmelzöfen im Erdinnern und durchbrach bei Ausbrüchen die erstarrte Erdrinde. Zu diesen Ausbruchsgesteinen zählen *Lava, Tuff, Bimsstein, Melaphyr, Diabas, Trachyt, Porphyr, Basalt* und schließlich *Andesit.*

Das Tiefengestein wurde ebenfalls durch vulkanische Kräfte emporgepreßt, erkaltete aber unter Abschluß der Außenwelt, durchbrach also nicht die Erdrinde. Seine Namen sind je nach dem Erkaltungsprozeß und Kristallisationsprozeß *Granit, Syenit, Diorit, Peridotit* und *Gabbro.*

Das Ablagerungsgestein oder Sedimentgestein hingegen ist Verwitterungsschutt fester Gesteine, der von den Bächen, Flüssen, Strömen und Gletschern zusammengeschwemmt und in großen natürlichen Senken und Trögen abgelagert wurde. Wir können es auch Abtragungs- oder Festlandsgestein nennen. Dort aber, wo dieses Verwitterungsgestein nun als *Kies, Sand, Schotter* und *Ton* abgelagert wird, dort kann es sich durch hohen Druck in neues Gestein, nämlich in *Sandstein, Kalkstein, Dolomit* oder *Kreide* verwandeln.

Unter Ablagerungsgestein verstehen wir zugleich auch die Anschwemmungen der Tier- und Pflanzenleichen oder ihrer Lebensgehäuse, die sich auf dem Grunde der Gewässer ablagern und sich hier zu *Radiolarit, Kieselgur, Steinkohle, Ölschiefer* und auch *Kalkstein* verdichten.

Die kristallinen Schiefer oder metamorphen Gesteine entstehen aus Ablagerungsgestein, vulkanischem oder Tiefengestein, welches durch sehr hohen Druck und hohe Temperaturen eine tiefgreifende Umgestaltung erfährt. Diese Gesteine sind besonders dicht und schwer, zeigen oft eine Schieferung, d. h. Ausrichtung der Gesteinskristalle in einer Richtung. Verbreitete metamorphe Gesteine sind: *Gneis, Glimmerschiefer, Serpentin, Hornfels, Marmor, Quarzit, Phyllit, Amphibolit* und *Eklogit.*

Einige Beispiele aus unserer Heimat seien hier angeführt:
Die Alpen bauen sich in ihren äußeren Ketten aus Kalk und Dolomit, in ihren inneren Zügen aus Gneis und Glimmerschiefer auf. Sie sind demnach aus metamorphen Gesteinen und aus zusammengeschwemmten und verwitterungsbedingten Ablagerungsgesteinen zusammengesetzt. Kein Wunder, daß wir auf ihren höchsten Gipfeln die Schalenhäuser großer urzeitlicher Meerestiere finden.
Der Harz besteht aus einer Hochfläche alten gefalteten Schiefers, gemischt mit Grauwacken und Sandsteinen, aus der sich Porphyrzüge und das gewaltige Granitmassiv des Brockens erheben. An seiner Bildung waren also Ablagerungs- und Tiefengestein beteiligt.
Das Rheinische Schiefergebirge baut sich aus Tonschiefern, Grauwacken und Quarziten auf und kennzeichnet sich durch einige Basaltkuppen.

Besonders aufschlußreich für die Ansammlung und Schichtung des Ablagerungsgesteins sind die Profile großer Sandgruben. Im oberen Teil, unmittelbar unter der Humusdecke sehen wir da die Schichten gelblicher und bräunlicher Sande, die oft mit braunroten Schotterlagen wechseln. Dann zeigen sich auffällige grünliche und bläuliche Bänder, die aus Ton bestehen. Sandiger Kies und kiesiger Grobsand schieben sich dazwischen. Und deutlich erkennen wir die ganz verschiedene Schichtung der einzelnen Lagen, die haargenau der Ablagerung durch den vorzeitlichen Fluß entsprechen. Ebenso deutlich wird uns hier, wie aus Sand der Sandstein, aus Ton der Schieferton, aus Kies und Schotter die Nagelfluh wurden.

Das wechselnde Antlitz der Erdkruste

Die Erdkruste ist nicht starr und unbeweglich. Sie erscheint uns nur so, weil ihre Bewegungen unwahrscheinlich langsam vor sich gehen. Ein Zeitraffer, der Jahrtausende zu einer Minute verdichtete, würde uns schnell beweisen: die Erdkruste verschiebt sich samt ihren gewaltigen Gebirgszügen!
Hier zieht sich die Erdrinde zusammen und wirft gewaltige Falten auf. Dort zerreißt sie in ihrem steinernen Gefüge, es klaffen tiefe Risse und Spalten, aus denen später neue Gebirge wie Kuchenteig aufquellen. An dritter Stelle sackt sie in einen unterirdischen Hohlraum, und es entstehen rund um die Einbruchsstelle riesige Verwerfungen.

Mit diesen Bewegungen hängt auch die Bildung der Gebirge, das Entstehen neuer Wasserbecken und endlich das Auseinanderreißen der Erdteile zusammen, denn selbst die Kontinente sind nicht für die Ewigkeit verankert, sondern treiben aufeinander zu oder bewegen sich voneinander weg. Ganz sicherlich gehörten Afrika, Europa und Asien einstmals zu einem massiven Festlandblock und sind die heutigen Erdteile die Bruchstücke eines gewaltigen Urkontinents.
Jedenfalls sind die kleinen und jähen Bewegungen der Erdrinde, die wir Eintagsfliegen selbst feststellen können, also die Vulkanausbrüche, Einstürze, Bergrutsche, Verwerfungen sowie die verschiedenartigen Beben und ihre Folgen, nur ein Kinderspiel der titanischen Kräfte im Erdinneren.
Eine Erklärung für die großräumigen Bewegungen liefert uns der Aufbau der Erdkruste. Sie besteht nämlich aus zwei Schichten: aus einem oberen, vorwiegend granitischen Stockwerk und aus einem unteren, vorwiegend basaltischen Stockwerk. Die obere, leichtere Schicht trägt auch den Namen Sial (Hauptbestandteile: Silicium, Aluminium), die untere den Namen Sima (Hauptbestandteile: Silicium, Magnesium). Da bereits in geringer Tiefe ein hoher Druck und hohe Temperaturen vorherrschen, ist anzunehmen, daß schon in 10–30 km Tiefe das Gesteinsmaterial verformbar und langsam beweglich ist. Man kann sich von daher gut vorstellen, daß die granitischen Kontinente (Sialschicht) im basaltischen Sima eingetaucht liegen und wie Schollen langsam darin treiben.

Die steinernen Bücher der Erdgeschichte

Über den Aufbau der Erdrinde in den verschiedenen Erdzeitaltern, das heißt, über ihre schichtenartige Zusammensetzung, können wir eine sichere Auskunft erhalten, wenn wir es lernen, in den großen steinernen Büchern der Natur zu lesen. Die Seiten dieser Bücher vermögen wir zwar nicht umzublättern, sie liegen aber durch das dauernde Wirken der Wettergewalten vielerorts wie aufgeschlagen vor uns. Jede Klamm im Gebirge, jeder Flußdurchbruch, jeder Gletscherschliff vermittelt tiefe Einblicke. Oft auch kann uns schon ein einfacher Steinbruch etliche Kapitel der Erdgeschichte erzählen, zeigt uns zumindest, wie sich eine Gesteinsschicht auf die andere lagerte, wie spätere Einbrüche und daraufhin erfolgende Feuerstöße aus der Tiefe neue Gesteinsmassen empordrückten, die oberen Schichten sich aufbogen, gewaltig falteten, durchbrochen wurden, sich gleichsam überschlugen und nun unter dem jüngeren Gestein begraben liegen. Es gehört nur wenig Phantasie dazu, sich angesichts dieser gewellten, gefalteten, gekurvten und zersprengten Gesteinsmassen die Gewalten vorzustellen, die hier wirkten und die noch heute unaufhaltsam am Werk sind, das Gesicht der Erdrinde zu formen!

Das großartigste, fesselndste dieser Bücher ist der tiefe Cañon des Coloradoflusses in Arizona. In Jahrhunderttausenden hat dort die unwiderstehliche Gewalt des rinnenden Wassers die einzelnen Gesteinsschichten wie Butterbrote zerschnitten und bis in eine Tiefe von 2000 m freigelegt. Im jähen Sturz geht es hinunter durch Millionen und aber Millionen Jahre der Erdgeschichte. Jedes Zeitalter schimmert in anderen Farben und gleißt grell aus der Vergangenheit herauf. Der Blick des geschulten Geologen eilt hier, von Gesteinsschicht zu Gesteinsschicht in die Tiefe gleitend, vom jüngsten Quartär und Tertiär zu den Zeitaltern der Kreide, taucht ein ins Mittelalter der Erde, erspäht die steinernen Zeugen der Jurazeit, dringt noch tief ins Altertum der Erdgeschichte und sieht die Ablagerungen der kambrischen Urmeere und die Urerde des Algonkiums. Hunderte von Millionen Jahren sind von einem grandiosen Zeitraffer zu einem einzigartigen Schaubild zusammengedrängt.

Ganz zuunterst, dort wo der Fluß rotschäumend dahinrauscht, liegen die gefalteten Gneismassen eines Urgebirges, hochgestemmt von vulkanischen Durchbrüchen, am Scheitel verwittert und flach radiert und überlagert von waagerechten Schiefer- und Sandsteinbändern. Auch diese Schichten wurden wieder zerbrochen, von Lavadecken überflutet und von Granitkegeln durchstoßen, von Wind und Wetter abgeschliffen, von neuen Urmeeren mit Sand und Kalk überschüttet. Deutliche Rippelmarken, Erhöhungen und Furchen, zeugen noch heute vom Wellenschlag, der vor vielleicht tausend Millionen Jahren über diese Urfelsen spülte. Dann aber kommen plötzlich wieder hohe Lagen roter Schuttmassen und wieder Sand und nochmals Kalk.
Land und Meer, Küste und See, Vulkankegel und Strombett, hoch aufragendes zackiges Gebirge und glattrasierte Hochebene im ewigen Wechsel. Wo einst die ältesten Tiere der Welt, wo Korallen und Schwämme, Muscheln und krebsartige Tiere schwammen, dort wuchsen die Riesenbäume der Steinkohlenzeit, krochen gewaltige Panzerechsen, stakelten riesige Spinnen. Und wurden wieder vom Meer überflutet, in dem nun an Stelle der urtümlichen Panzerfische schon Knochenfische lebten. Aber auch diese Welt versank und versickerte, und auf ihr tummelten sich die abenteuerlichen Dinosaurier und die ersten Beuteltiere, die Riesenschildkröten und Tintenfische, die schließlich gleichsam im Kalk erstickten, in der Kreide versanken und einer Welt wichen, in der es dann schon Vögel, Schlangen und Schwanzlurche gab. (Noch im Tertiär, also vor rund 67 Millionen Jahren, war unsere Welt eine riesige Vulkankette, quoll aus den plutonischen Tiefen nochmals der Basalt, der Porphyr, der Diabas, der Andesit in Strömen, rauchten die unterirdischen Schlote, schoben sich gewaltige Gebirgsketten gleich Bugwellen über die jungen Kontinente.)
Auf der folgenden Tafel können wir diese Zeitfolgen, ihre Dauer, ihre Pflanzen und Tiere, ihre wichtigsten erdgeschichtlichen Vorgänge in unserem mitteleuropäischen Lebensraum nochmals gut verfolgen.

Die Zeitfolgen der Erdgeschichte

Zeitepochen	geologische Entwicklung	biologische Entwicklung
Azoikum (Erdurzeit) begann vor mehr als 4–5 Milliarden Jahren	Entstehung der Erde durch Zusammenballung kosmischer Teilchen	Bildung einer Eisschicht, Bedeckung der Erde bis vor 4 Milliarden Jahren, später höhere Temperaturen, Bildung von Sauerstoff und fließendem Wasser
Katarchaikum Beginn vor 4 Milliarden Jahren, währte 1,2 Milliarden Jahre	älteste Epoche der Erdfrühzeit, des Präkambriums; Entstehung von Gneis	Kreislauf des Wassers beginnt und damit die Sedimentbildung, mit bakterienartigen Organismen beginnt die biologische Entwicklung vor etwa 3,2 Milliarden Jahren
Archaikum (archä = Anfang) begann vor 2,8 Milliarden Jahren, währte etwa 800 Millionen Jahre	Entwicklung einer sauerstoffreichen Atmosphäre; die ersten Meere bilden sich, die noch junge Erdkruste aus Urgneisen bedeckt sich mit den ersten Ablagerungsgesteinen	Es treten die ersten Vorläufer der Grünpflanzen auf, am ehesten vergleichbar mit blaugrünen Algen
Proterozoikum Beginn vor etwa 2 Milliarden Jahren, dauerte 1 Milliarde Jahre	starke Entwicklung der Erdkruste	In den Meeren leben Bakterien, Kiesel- und Kalkalgen und Einzeller
Riphäikum begann vor 1 Milliarde Jahren, dauerte 400 Millionen Jahre	jüngste Epoche der Erdfrühzeit, Erdkruste besteht aus isolierten Tafeln: im Norden 4 Tafeln, im Süden das Gondwanaland	Die Vielzeller haben sich entwickelt. Es überwiegen schalenlose Weichtiere, daneben treten auf: Schwämme, Hohltiere und Gliederwürmer
Kambrium (Cambria = der keltische Name für Nordwales) begann vor 570 Millionen Jahren, währte etwa 70 Millionen Jahre	älteste Epoche des Erdaltertums, des Paläozoikums, starke Faltungen der Erdkruste, lebhafte Vulkantätigkeit, nach einer Vereisung setzt warmes und trockenes Klima ein	Es setzt eine fast sprunghafte Entfaltung der Tierwelt ein, Vertreter von 11 Tierstämmen sind nachgewiesen, vorherrschend sind Trilobiten, Schnecken und Kopffüßer, die Flora besteht vor allem aus Algen
Ordovizium Beginn vor 500 Millionen Jahren, währte 70 Millionen Jahre	zweite Epoche des Erdaltertums, Ausdehnung der Meere, Klima mild mit steigenden Temperaturen	Die ersten Vertebraten oder Wirbeltiere treten auf, starke Verbreitung erfahren Korallen, Muscheln, Seeigel, Seelilien und Kieselschwämme; Flora und Fauna immer noch ausschließlich aufs Meer beschränkt
Silur (Silurer = die Ureinwohner von Wales) begann vor 440 Millionen Jahren, währte etwa 35 Millionen Jahre	dritte Epoche des Erdaltertums, trockenes Klima führt zu Salzablagerungen	Blütezeit der ozeanischen Tierwelt: riffbauende Korallen, Panzerfische, Riesenkrebse, Kopffüßer; erstmals treten Gefäßpflanzen auf, und im Uferbereich erfolgt eine erste zaghafte Besiedlung des Festlandes
Devon (Devonshire = südenglische Grafschaft) begann vor 405 Millionen Jahren, dauerte 55 Millionen Jahre	auf der Nordhalbkugel gewaltige Ausdehnung der Meere, große Sintflut, danach Wüstenklima und tropisches Klima, im Süden Vereisungen	Die Tierwelt erobert mit Amphibien, noch flügellosen Insekten und Süßwasserfischen endgültig das Festland, die Pflanzenwelt ist durch Farne, Bärlapp- und Schachtelhalmgewächse charakterisiert

Zeitepochen	geologische Entwicklung	biologische Entwicklung
Karbon (carbo = Kohle) begann vor 350 Millionen Jahren, währte etwa 65 Millionen Jahre	Gebirgsfaltungen, gesteigerte vulkanische Tätigkeit	Pflanzen- und Tierwelt sehr reich entwickelt: Bärlapp-, Farn- und Schachtelhalmwälder (spätere Steinkohlelagerstätten), Nadelbäume, Panzerlurche, Reptilien, zahlreiche Insekten
Perm (Perm = ein russisches Gouvernement am Ural) begann vor 285 Millionen Jahren, währte etwa 55 Millionen Jahre	friedlich ausklingende letzte Epoche des Erdaltertums, Entstehung der Tethys, eines äquatorial verlaufenden Meeres	Knochenfische und zahlreiche hoch entwickelte Reptilien sind weit verbreitet, die Nadelbäume herrschen vor
Trias (Trias = drei) begann vor 230 Millionen Jahren, dauerte 35 Millionen Jahre	erste Epoche des Erdmittelalters, des Mesozoikums, die Tethys dehnt sich weiter aus, in Deutschland Ablagerung von Buntsandstein, Muschelkalk und Keuper	Fauna und Flora erdweit gleichmäßig ausgebildet
Jura (Jura = Faltengebirge zwischen Schweiz und Frankreich) begann vor 195 Millionen Jahren, dauerte 58 Millionen Jahre	erdweit deutliche Dreigliederung des Jura: dunkle Schiefer im feuchten Lias, brauneisenreiche Sandsteine im wärmeren Dogger, helle Kalke im Malm	Die Tierwelt ist durch riesige Reptilien geprägt, durch Land-, Flug- und Meeressaurier; Schildkröten und Krokodile sind ebenfalls häufig; die Säugetiere spielen noch keine große Rolle
Kreide begann vor 137 Millionen Jahren, dauerte 70 Millionen Jahre	größte Ausdehnung des Meeres während der ganzen Erdgeschichte	Erstmals besiedeln Blütenpflanzen das Land; die Saurier sterben gegen Ende der Kreide aus, dafür beginnt mit den Beuteltieren und Insektenfressern eine stärkere Entwicklung der Säugetiere
Tertiär begann vor 67 Millionen Jahren, dauerte 65 Millionen Jahre	Beginn der Erdneuzeit, des Neozoikums, Auffaltung der Gebirge, stürmische Vulkantätigkeit, Entstehung der heutigen Hochgebirge, als Restmeer der Tethys bleibt das heutige Mittelmeer bestehen	Siegeszug der Säugetiere und Insekten, der Laubbäume und Blütenpflanzen, die ersten Menschenaffen treten auf
Quartär Beginn vor 2 Millionen Jahren	jüngste Erdepoche, Entstehung des Süd- und Nordpols, wiederholte Vereisungen, Eisdecke von Skandinavien bis Mitteldeutschland, vom Ural bis Irland, von den Alpen bis vor Wien	Zeit der Mammute, Höhlenbären und Säbeltiger; Entwicklung der Menschheit

Wasser, Wind und Wolken

Als wir die Ackererde durch unsere Finger rieseln ließen, ahnten wir nicht, daß wir, um so recht zu begreifen, was Erde ist, einen Spaziergang durch die Jahrmillionen der Erdgeschichte unternehmen mußten. Dennoch kennen wir die Erde noch immer nicht. Zu wenig beachteten wir bisher, daß das Lebenselixier der Erdkrume das Wasser ist. Wie ein immer durstiger Schwamm saugt der gelockerte Boden auf, was ihm der Wind, der Tau, der Regen und der Schnee an Feuchtigkeit zutragen. Jedes einzelne Bodenteilchen, Erdkrümelchen, Gesteinssplitterchen und Verwesungsrestchen trägt eine dichtanliegende Wasserhaut, ist durch und durch feuchtigkeitsgesättigt. Jedes der winzigen Geschöpfe, die Urpflanzen wie die Urtierchen, besteht fast nur aus Wasser. Je tiefer wir in das Erdreich eindringen, um so höher wird der Wassergehalt. Die Ton- und Lehmschichten, Schieferbänder und Gesteinslagen triefen regelrecht. Und endlich stehen wir buchstäblich im Wasser, das sich, von undurchlässigen Schichten aufgehalten, zum Grundwasser ansammelt, große Seen und unterirdische Flußläufe bildet und die Quellen und Brunnen speist.

Weitaus das meiste Wasser unserer Erde wird von der Krume und vom Gestein gebunden. Der fliegende Ozean, den unsere Weltmeere verdunsten, die doch immerhin 71% der Erdoberfläche bedecken, ist nur der 3400. Teil der Gesamtwassermenge. Und schon diese verdunsteten Wassermassen, die von mächtigen

Luftströmen in große Höhen gerissen werden, sich zu Wolken verdichten, zu Tropfen und Eisnadeln abkühlen und schließlich wieder herabregnen und niederschneien, vermag sich kein Mensch vorzustellen. Der Kreislauf des Wassers ist die gewaltigste Bewegung unserer Erde und vollzieht sich auf den nicht weniger gewaltigen Straßen der Luftzirkulation. Denn wie die Wasser von den Meeren, so steigen die erwärmten Luftwogen von den Festländern auf, prallen in der Höhe gegen kalte Luftschichten, kühlen und regnen sich ab und sinken im großen Bogen zur Erde zurück. Winde und Stürme, die durch diesen Kreislauf des Wassers und diese Zirkulation der Luft erzeugt werden, treiben ihr Spiel mit den Wasser- und Luftmassen und entfesseln die ihnen innewohnenden Kräfte.

Wassertropfen am Werk

So unendlich die Flut des Wassers ist, so groß ist auch seine Vielgestalt und Wirkungskraft. Aus den Teichen, Seen und Meeren saugt es die Sonne, hebt es der Wind und trägt es über die Länder. Als Regen und Schnee fällt es vom Himmel, sickert in die Tiefe und sprudelt als Quelle oder heißer Geysir empor. In den Bächen, Flüssen und Strömen rinnt es dahin. In den Pflanzen steigt es auf, um wieder zu verdunsten. Als Tau und Reif schlägt es sich nieder. In der Gestalt kristallener Nadeln füllt es die Firnbecken und gleitet als körniger Gletscherstrom in die Täler. Es kalbt Eisberge und bedeckt die Pole mit einer dicken Eiskappe. Es ernährt und erquickt, speist und tränkt, erhält und belebt. Es schleift und sägt, hobelt und poliert, ätzt und laugt, löst und verbindet. Es prasselt als Hagel aus der Wolke, donnert als Lawine ins Tal, brüllt als Brandungswelle und Springflut, verschlingt das Land, frißt die fruchtbare Krume, um sie an anderer Stelle wieder anzuschwemmen, zerstört, sprengt und unterwühlt. Das Festland ist der Stoff, an dem sich seine Gestaltungskraft austobt. Was sich aus der Flut erhebt, ist seinen ununterbrochenen Angriffen ausgesetzt.

Von den Gesteinsmassen der Alpen haben die Minen des Frostes, die Sägen der Wildbäche, die Hobel der Gletscher und die Sandstrahlgebläse der Stürme in den vergangenen 60 Millionen Jahren fast die Hälfte wieder abgetragen, und sogar ein mittlerer Alpengletscher wie der Hintereisferner hobelt im Jahr 1½ cm des festen Gesteins ab und reißt damit 210000 m^3 Gestein vom Berg, das Geröll nicht inbegriffen, das er auf seinem Rücken mit sich schleppt und von dem er mächtige Seiten- und Mittelmoränen bildet.

Die kleine Reuß, ein Nebenfluß der Aare, reißt aus dem St. Gotthardmassiv jährlich 200000 m^3 Schlamm und Gestein und schwemmt sie in den Vierwaldstätter See. Das sind Tag für Tag rund 10 Eisenbahnwaggons voll Schutt, Schlamm und Geröll. Die Rhone transportiert die zehnfache Menge in den Genfer See. Der Rhein rollt

jährlich 47 000 m^3 festes Gestein in den Bodensee, und fast unermeßlich sind die mitgerissenen feineren Schwemmstoffe, die ihn bald gelb und braun, bald rot und schwarz färben. In einem Hochwassermonat trägt er an die 2 Millionen m^3 fester Stoffe ins Meer. Ganz Holland hat er zusammengeschwemmt. Und die Donau nimmt jährlich 23 Millionen m^3 Senkstoffe mit sich ins Meer und hat in ihrem Delta ein Sumpfgebiet von 2400 km^2 Umfang geschaffen.
Unablässig gestalten die Flüsse das Gesicht der Erde, angefangen vom bescheidenen Landfraß an ihren Prallufern, der Schuttanhäufung an ihren Gleitufern, vom schließlichen Durchbruch durch den gebildeten Mäander bis zur Schaffung eines neuen Flußbettes. Ganz zu schweigen vom zerstörerischen Wüten nach den Regenperioden und Schneeschmelzen, wenn Bäche zu reißenden Strömen werden.
Der sickernde, rinnende, laugende und sprengende Wassertropfen wird mit jeder Erhebung fertig, verflacht die Gebirge, radiert die Gipfel, verbreitert jedes noch so enge und felsige Tal. Die tosende Klamm und der brausende Wasserfall von heute sind die Schlucht und das flache Wiesental von morgen. Gerade an der Klamm und am Wasserfall zeigt sich die sägende Kraft des rinnenden Wassers am deutlichsten. Große und tiefe Mulden nagen die tosenden Wasser ins Gestein, unterhöhlen es unaufhörlich, bis es eines Tages niederbricht. Jeder Wasserfall verzehrt sich selbst, rückt Jahr um Jahr ein Stück zurück.
Nicht weniger Kraft hat das sickernde Wasser. Es dringt tief in den Untergrund ein, löst den Kalk, schafft große Hohlräume, tropft unablässig von deren Decken, bildet die eiszapfenähnlichen Stalaktiten, denen vom Boden aus die Stalagmiten entgegenwachsen, zaubert farbige unterirdische Märchenwelten, Grotten und Unterweltseen, die wir bewundern und die doch nichts anderes bezwecken, als auch die Erdrinde zu zermürben und Einstürze und Senkungen vorzubereiten.

Genauso zügig und stetig bereitet das sickernde Wasser auch die Bergstürze und Bergrutsche vor, löst es die Katastrophen aus, die dann mit einem einzigen Schlag und innerhalb weniger Minuten Millionen Kubikmeter festen Gesteins ins Rollen bringen, verwandelt es die unter der Nagelfluhdecke liegenden Tonschichten in Bergrutschbahnen und läßt die Gipfel mit Donnergepolter ins Tal gleiten.

Dennoch sind diese Bergrutsche wie auch die Überschwemmungen gleichsam nur die mit Paukenschlägen inszenierten Beispiele für das Wirken des Wassertropfens. Der Zerfall und Abbau im Großen geht so unmerklich vor sich, wie sich ein Gletscher polierend und hobelnd durch die Berghänge zwängt. Unaufhörlich wird in den Bergen gesprengt, gesägt, unterminiert, unaufhörlich rollen die Steinschläge, erweitern sich die Risse, zerfällt der Stein, unaufhörlich geht der Gerölltransport und der Mahlbetrieb in den Rinnsalen, Bergbächen und Gletschern vor sich. Die trümmerübersäten Hochkare, die versandenden Flußläufe, die verlandenden Seen, die jähen Steilküsten der Meere zeugen vom ununterbrochenen Wirken des Wassertropfens.

Der fliegende Ozean

Die Feuchtigkeit, die als unsichtbarer Dunst von der Erde und ihren wäßrigen Geschöpfen ausgeatmet wird, die schnell im Raum aufsteigt, sich zu Tropfen und Eisnadeln abkühlt, wird uns im Wolkenbild sichtbar.

Diesen Vorgang wollen wir nun einmal verfolgen. Wir wählen dazu einen schönen klaren Sommermorgen. Der Himmel ist blau und wolkenlos. Feine Nebelstreifen liegen über den Wiesen, die sich jetzt rasch erwärmen und den gefallenen Tau verdunsten. Wie Schleier wehen diese feinen Wolkengebilde auf, je mehr die Sonne an Kraft gewinnt, und verfliegen endlich. Das heißt: die in der Morgenfrische zu kleinen Schwebetröpfchen verdichtete Verdunstungsschicht unmittelbar über der sich erwärmenden Erde verdunstet nochmals und steigt als feuchtwarme Luft auf. Unsichtbar strebt sie empor, gehoben von den Wärmewellen, die immer stärker von der Erde ausstrahlen.

Licht und klar beginnt der Sommertag. Die immer kleiner werdenden Dunsttröpfchen sind jetzt schon ein-, zwei- und dreitausend Meter über der Erde, vermischen sich zum Teil mit der durchströmten Luft und prallen in ihrer Masse endlich gegen kältere Luftschichten. Sie kühlen sich ab, wachsen zu Wolkentröpfchen zusammen, indem sie allen sich jetzt entwickelnden Wasserdampf an sich reißen, und bilden viele kleine Quellwolken, die gleich weißen Türmen und Zinnen in langer Reihe am blauen Himmel stehen. Ein Teil des fliegenden Ozeans ist damit wieder sichtbar geworden.

Hier und dort, besonders an den Enden der Wolkenkette, lösen sich diese kleinen Quellwölkchen bald wieder auf. Sie erwärmen sich entweder an den jetzt berührten Luftschichten oder es fehlt ihnen an Nachschub feuchter Luft. Die anderen aber schließen sich zusammen, bekommen stärkeren Auftrieb und bilden gegen Mittag ein mächtiges, senkrecht aufstrebendes Wolkenmassiv, das in seinem aufquellenden oberen Teil einem himmlischen Blumenkohl ähnelt.

Als ein schnell wachsendes Gebirge türmt sich die große Cumuluswolke auf. Wir, die wir auf der Sonnenseite stehen, sehen sie im blendenden Weiß und als ein großartig bewegtes Schneegebirge. Auf ihrer Rückseite aber ist sie grau, und wenn wir unmittelbar unter ihr stehen würden, wäre sie eine düstere, hell- und schwarzgraue, dunkeldrohende Masse. Saugend reißt sie die Kaltluft, die in den Raum unter ihr einströmt, an sich, kühlt nun auch von unten her aus, und ihre Schwebetröpfchen werden zu Regentropfen.

In dieser Wolke regnet es schon. In ihrem oberen Teil schneit und graupelt es bereits. Wir erkennen das an den beginnenden Ausfaserungen des Wolkenkopfes, der jetzt die Höhe von 7000–10000 Metern erreicht hat und in dem die Wolkentröpfchen zu Eisnadeln zusammenschießen. Eiswolken sind immer fasrig und durchsichtig und

treten uns in den hakenförmigen, an Skier erinnernden Cirruswolken in ihrer reinsten Form entgegen.
Mit dieser Ausfaserung des Wolkenkopfes hat das Wachstum der aufquellenden Cumuluswolke sein Ende gefunden. Der Blumenkohlkopf verflacht sich, nimmt die Gestalt eines Pilzhutes oder eines Ambosses an und zeigt verwaschene Ränder. Die Cumuluswolke verflacht sich noch stärker, wird zu einer Cumulonimbuswolke, sinkt in sich zusammen und löst sich in tief herabhängende Fetzen auf. Luftströme bilden jetzt einen Böenkragen aus, der gleich einer Himmelswalze daherbraust. Starke Winde und Staubstürme melden das Gewitter an, und gleich darauf erreichen uns die fallenden Regentropfen. Es regnet nun eine halbe bis eine ganze Stunde, meist sehr heftig. Der Wind peitscht die Tropfen wie eine Schauerwand vor sich her. Es kann aus einer solchen Wolke aber auch graupeln und hageln. Denn die Graupeln und Hagelkörner sind ja Regentropfen, die schon in der Wolke mit Eis- und Schneekristallen verschmolzen und die nun um so größer werden, je kälter die Luftschichten sind, die sie auf ihrem Wege zur Erde durchfliegen.
Vom Böenkragen wie von einem stürmischen Vorspann gezogen, zieht die sich unaufhaltsam auflösende Wolke vorüber. Die Sicht wird wieder gut, und wir dürfen unsere Wanderung getrost fortsetzen.

Wolkenformen und Wetterkunde

Die Erfahrung hat uns gelehrt, daß aus den vormittags aufquellenden Blumenkohlwolken nachmittags recht oft Blitz und Donner, Regen und Hagelschauer kommen. Es ist also möglich, von den Wolkenbildern des morgendlichen Himmels das Wetter des Tages vorauszusagen. Wobei freilich zu bedenken bleibt, daß die Wolken ein Spielball der atmosphärischen Kräfte sind und die bedrohlich aufwachsende Cumuluswolke überraschend abgebaut werden kann. Das große Luftmeer ist ständig bewegt, und fast unaufhörlich schwanken der Luftdruck und der Feuchtigkeitsgehalt der Luft. Todsicher ist also der Wolkentip nicht. Dennoch verlohnt es, wenn wir uns auch in den Wolkenbildern auskennen und ihre Sprache verstehen lernen.
Die bisherigen Erfahrungen des Wolkenstudiums lassen sich in folgende Grundregeln zusammenfassen:

Cirruswolken. Am wolkenlosen, hohen und blauen Morgenhimmel erscheinen feine und durchsichtige, wie hingehauchte Wolkenschleier, die eine deutliche Hakenform haben und an Skier oder Krallen erinnern. Sie schweben in einer Höhe von 5000–13 000 m und gehören zu den sogenannten Cirren, den Eiswolken. Diese Wolken sind, besonders wenn sie aus dem Westen kommen, oft die Vorboten einer Warmfront, einer nahenden Wetterverschlechterung, vor allem wenn sie sich zu einem Cirrusschirm verdichten und allmählich den ganzen

Himmel überziehen. Denn bald bilden sich unter diesem Schirm mittelhohe Schichtwolken, aus denen sich eine dichte Regenschichtwolke entwickeln kann. Es können jedoch auch im Bereich ausgedehnter Hochdruckgebiete Cirren auftreten, die sogenannten Schönwettercirren (R. Scherhag, 1948: »In Frauen und in Cirren kann man sich manchmal irren!«).

Die sogenannten Schäfchenwolken am Morgenhimmel sind ebenso bedenklich wie diese Eiswolken, besonders wenn sie von westlichen Winden getrieben werden. Auch die Cirrocumuluswolken, wie sie der Wissenschaftler nennt, sind Eiswolken, schweben in großer Höhe, sind weiße Flecken oder Felder, meist regelmäßig angeordnet, nehmen schnell eine wogende Form an und verwandeln sich in

mittelhohe Haufenwolken, sogenannte Altocumuluswolken, aus denen dann die Gewitterwolken aufquellen. Diese mittelhohen Haufenwolken gleichen noch Wollflocken, neigen aber dazu, bald aufzufasern und sich zu kompakten Wolkenmassen zu verdichten.

Die kleinen weißen Haufenwolken oder Cumuluswolken, die als flache Wolkenschiffe dahinsegeln, bilden sich dagegen erst im Laufe des Tages heraus. Sie haben keinen aufquellenden Kopf wie die Gewitterwolken und ziehen meist in langer Kette. Diese kleineren Haufenwolken sind im Gegensatz zu den morgendlichen mittelhohen Haufenwolken Gutwetterwolken und versprechen einen schönen Tag. Oft lösen sie sich im Laufe des Nachmittags wieder auf. Sind sie jedoch noch am Abendhimmel zu sehen, so kann sich das Wetter am anderen Tag verschlechtern.

Flache Haufenwolken. Besseres Wetter für den nächsten Tag ist zu erwarten, wenn sich die aufquellenden Gewitterwolken am Abend zu langgestreckten Barken, Himmelsfischen und Wolkenkrokodilen verflachen. Ihre günstige Aussage verstärkt sich bei Abendrot, schwächt sich ab, wenn sich über ihnen Cirrus- und Schäfchenwölkchen zeigen. Tagsüber haben die verflachten Cumuluswolken immer wieder die Neigung, rasch aufzuquellen und kurze Regenschauer mit sich zu bringen.

Auch die kleinen Türmchenwolken oder kleinen Altocumuluswolken in etwa 3000 m Höhe sind am frühen Morgen keine Gutwetterboten. Treten sie dagegen erst im Laufe des Tages auf, so verschwinden sie oft schnell wieder. Auch dann, wenn sich aus ihnen dicke Quellwolken entwickeln, ist an sehr warmen Tagen nicht immer mit einem Gewitter und mit Niederschlag zu rechnen. Die Quellwolken erreichen dann trotz ihres Auftriebes nicht die kalten Luftschichten, die zu einer Vereisung ihres Kopfes führen könnten, und erhalten auch von der Erde her zu geringe nachströmende Kaltluftmassen. Ohne die damit verbundene Abkühlung aber bilden sich keine Regentropfen aus. Im Frühjahr und gegen den Herbst hin zeigen sie dagegen regelmäßig Schauer und Gewitter, im Winter Schneefall an.

Die weiße Schlafdecke

Wir wissen nun, daß die Dunsttröpfchen der Quellwolken, wenn sie sich abkühlen, zu Regentropfen und schließlich zu Eisnadeln zusammenschießen. Diese Eiskristalle schneien dann in die Gewitterwolke hinein, kühlen diese weiter ab, und die tieferfliegenden Dunsttröpfchen werden ebenfalls zu Regentropfen. Im Winter aber verwandelt sich der Wasserdampf nicht erst in Regentropfen, sondern unmittelbar in sechsstrahlige Schneekristalle. Es schneit!

Während des Niederschwebens berühren sich die Kristalle, verschmelzen durch den leichten Druck der Begegnung und kommen als daunige Flocke zur Erde. Leicht und sanft legen sie sich übereinander und bilden eine weiße Decke, die lockerer als der duftigste Pelz und leichter als das feinste Daunengefieder ist. So wenig Druck üben sie aufeinander aus, daß die Schneedecke von Flocke zu Flocke kleine Luftkämmerchen aufweist und also gleichsam aus unzähligen winzigen Heizkissen besteht. Denn die eingeschlossene und unbewegte Luft ist immer beträchtlich wärmer als die bewegte Luft. Es ist also in und unter der Schneedecke immer einige Grad wärmer als über ihr. Zugleich unterbindet eine solche von Luftkammern erfüllte Decke die Zirkulation zwischen der Erde und dem Luftraum, sie isoliert, hält die Wärme der Erde fest und verhindert die Einstrahlung des Frostes wie den Anhauch der kalten Winde.

Und in diesen Eigenschaften liegt die große biologische Bedeutung der Schneedecke. Sie ist kein Leichentuch, sondern eine Schlafdecke für Pflanzen und Tiere, Samenkörner wie Fruchtknoten, Insektenlarven und Puppen. Ohne sie würde die Erde tief durchfrieren, hartrissig aufklaffen, die Pflanzenkeime und Vorratszwiebeln bloßlegen und dem Kältetod aussetzen. Erfrieren würden auch die winzigen Geschöpfe der Bodenfauna und Bodenflora sowie das kleine Krabbelvolk, das in den obersten Erdschichten überwintert.

Doch nicht nur Windschutz und Wärme schenkt die Schneedecke der Erde und ihren Geschöpfen, sie versorgt sie auch mit der lebensnotwendigen Feuchtigkeit. Denn die Erde ist so geborgen unter ihr, daß sie die untersten Schneeflocken aufzutauen vermag. Ganz abgesehen davon, daß oft auch die winterliche Mittagssonne einen leichten Schmelzprozeß verursacht. So läuft die Lebensuhr der Pflanzen unter der Schneedecke immer weiter, quellen die Samenkörner, beginnen zu keimen, finden die Wurzeln noch immer so viel Wasser, daß sie den Umbau der im Sommer gesammelten Nährstoffe vornehmen können.

Aber nicht genug damit: der Schnee reinigt auch die mit Chemikalien verschmutzte Luft. Der Gesteinsstaub, den die Winde verwehen, die Kohle- und Ascheteilchen, die die Schornsteine in die Luft blasen, die Dämpfe und Gase, die die Maschinen ausatmen, die aus den Erz- und Kohlenwerken, den chemischen Fabriken quellen – das alles reißen die unterkühlten Wassertropfen an sich – werden zum Mittelpunkt des Schneekristalls und schneien wieder auf die Erde zurück. Außerdem sind die Schneemassen, die im Laufe des Winters die Firnbecken der Gletscher füllen, die bis tief in das Frühjahr hinein in den Bergwäldern und Schluchten liegen, wichtige Wasserspeicher der Natur, von denen unzählige Quellen und Bäche gespeist werden. Nicht zuletzt sei auch noch die ästhetische Schönheit der Schneedecke erwähnt, die das wintergraue Land wunderbar verzaubert. Tausendfältig bricht sich das Licht in den kleinen Hohlräumen zwischen den obersten Schneeflocken wie in kristallenen Spiegeln, und wir müssen fast die Augen vor dieser Funkelpracht schließen. Nur noch die zierlichen Säume, die der Tau des Winters, der Rauhreif, in der Gestalt langer Eisnadeln um alle Dinge webt, vermögen diese glitzernde und gleißende Schönheit zu übertreffen.

Blitz und Donner

Sehr oft, vor allem im Sommer, werden die Niederschläge mit Blitz und Donner eingeleitet. Die Gewitter treten immer in Verbindung mit starker Quellbewölkung auf. Mit der Eis- und Graupelbildung in hohen Quellwolken sind kräftige elektrische Aufladungen verbunden, deren Mechanismus noch nicht in allen Einzelheiten geklärt ist. Die Gewitterelektrizität gleicht sich zwischen den Wolken durch Flächenblitze aus und entspannt sich schließlich durch Linienblitze zur Erde hin.

Der Blitz selbst hat eine Spannung von 30–40 Millionen Volt, in Ausnahmefällen sogar von mehreren 100 Millionen Volt. Seine Stromstärke schwankt zwischen 1000–100 000 Ampère. Die Blitzbahn oder der Blitzkanal ist 0,5 m breit, die Blitztemperatur erreicht 30 000 °C, die Blitzgeschwindigkeit 10 000 km/Sekunde.

Als weitverästelter Linienblitz tritt er am häufigsten auf, zuckt von der Wolke zur Erde und besteht aus etwa 10–20 einzelnen kurzen Entladungen. Seine Bahn ist meist ein knappes halbes Meter breit. Es können vier, sechs und noch mehr solcher Linienblitze dicht nebeneinander niederzucken.

Als Flächenblitz wird das Aufleuchten in und zwischen den Gewitterwolken bezeichnet. Es kann sich dabei um Spannungsausgleiche zwischen den Gewitterwolken wie auch um den Widerschein ferner Gewitter und ihrer Linienblitze handeln.

Seltener ist der Perlschnurblitz, der bei geringerer Aufladung entsteht und dessen Linie sich in leuchtende Kugeln auflöst.

Der Kugelblitz tritt als rollende und geschweifte Feuerkugel in Erscheinung, die einen Durchmesser von etwa 20 cm aufweist, sich langsam und nahe am Boden bewegt, manchmal sogar durch Häuser und Stuben huscht und schließlich mit starkem Knall verlischt.

Der Donner folgt dem Blitz. Er entsteht durch die jäh entwickelte Wärme des Blitzes von über 30000 °C. Aufgrund dieser riesigen Hitze in der Strombahn dehnt sich die Luft ganz plötzlich aus, und die dadurch entstehende Druckwelle wird als Donner wahrgenommen. Wir können ihn am besten mit dem Knistern des elektrischen Funkens vergleichen. Die Schallwellen des Donners pflanzen sich in drei Sekunden um einen Kilometer fort. Wir können aus dem zeitlichen Abstand zwischen Blitz und Donner die Entfernung des Gewitters berechnen. Zählen wir z.B. zwischen Blitz und Donner bis neun, so ist das Gewitter noch drei Kilometer von uns entfernt.

Der Wanderer im Gewitter. Der Spannungsausgleich zwischen der Luft- und der Erdelektrizität erfolgt meist zwischen erhöhten Punkten. Werden wir vom Gewitter im Gebirge oder auf freiem Felde überrascht, so gilt als wirksamster Schutz, wenn man beide Füße dicht zusammenstellt – weit voneinander entfernte Punkte erhöhen die Spannung – und sich mit angezogenen Knien und eingezogenem Kopf in die Hockstellung kauert. Das gilt auch, wenn wir in eine Felsenhöhle oder Feldscheune flüchten. Auf keinen Fall soll man sich flach auf den Boden hinlegen!
Einzelnstehende Bäume ziehen die Blitze an, ganz gleich, ob es sich nun um eine Eiche oder Buche handelt. Das alte Sprichwort: „Von den Eichen sollst du weichen, doch die Buchen sollst du suchen!“ – hat keine Gültigkeit. Bäume sind nun einmal natürliche Blitzableiter. Wir meiden darum bei Gewittern den doch nur kurz anhaltenden Regenschutz der Bäume lieber ganz, meiden ebenso Felsüberhänge oder Mulden sowie Bäche und Seen. Wir stellen uns möglichst auch nicht in die Nähe metallener Gegenstände, also nicht dicht neben das Fahrrad, das Auto und die Ackergeräte. Im geschlossenen Auto selbst sind wir allerdings völlig sicher vor dem Blitz, genauso geschützt wie in einem Faradayschen Käfig.

Von der Lufthülle unserer Erde

Bis zu einer Höhe von sieben-, acht- und zehntausend Metern quoll die große Cumuluswolke empor, ehe sich ihr Kopf pilzähnlich verflachte. Und hoch über ihr schwebten noch feine Federwolken, schwammen zarte Schäfchenwolken. Auf 10–15 km Höhe erstreckt sich die Luftschicht, in der sich Wolken bilden und halten können und in der sich die wichtigsten Wettervorgänge abspielen.
Über diese *Wettersphäre* legt sich bis zu etwa 50 km Höhe die *Stratosphäre,* die nach oben hin, in 25–50 km Höhe, eine Ozonschicht aufweist, die den Hauptteil der UV-Strahlung absorbiert. Sie ist eine wohltätige Schutzschicht für das Leben auf der Erde. Dort oben gibt es keine Wolken mehr, ist die Luft trocken, besteht keine Vereisungsgefahr, wehen kaum noch Winde und toben keine Unwetter. Nur an der Grenze zwischen der Wettersphäre und der Stratosphäre ziehen starke und schnelle Luftströme dahin. Über die Stratosphäre baut sich die *Mesosphäre* auf, und zwar im Höhenbereich von 50–80 km. Innerhalb der Mesosphäre nimmt die Temperatur nach oben hin ständig ab bis auf –50 °C.

Oberhalb der Mesosphäre nimmt die Temperatur mit zunehmender Höhe zu, was für diese bis zu Höhen von 1000 km reichende Schicht den Namen *Thermosphäre* rechtfertigt. Innerhalb der Thermosphäre kommt es durch Absorption von Sonnenstrahlung zur Ausbildung ionisierter Schichten, worauf die Bezeichnung *Ionosphäre* zurückgeht. Die erste Schicht der Thermo- oder Ionosphäre, die sogenannte D-Schicht, beginnt bei etwa 70–80 km Höhe und reflektiert tagsüber die langen Radiowellen. Noch höher dringen die mittleren Radiowellen, nämlich bis in die folgende E-Schicht, die in einer Höhe von etwa 90–140 km liegt. Darüber bauen sich dann die beiden F-Schichten auf, und zwar im Höhenbereich zwischen 160 km und 400 km. Von den F-Schichten werden die Kurzwellensendungen reflektiert. Und wenn wir einmal einen schlechten Empfang haben, so hängt das oft auch damit zusammen, daß die Ionosphäre nicht gleichmäßig mit Elektronen aufgeladen ist und die Wellen also auch nicht gleichmäßig bricht und reflektiert. Es toben dort oben oft regelrechte Ionenstürme, die von der Sonne ausgelöst werden. Diese Stürme sollen auch das Licht- und Farbenwunder des Nordlichts erzeugen.

Oberhalb von etwa 1000 km Höhe schließt sich an die Thermosphäre die *Exosphäre* an. Innerhalb der Exosphäre liegt in einer Höhe von 2000 km ein Gürtel intensiver Röntgenstrahlung, der sogenannte Van-Allen-Gürtel. In Höhen zwischen 2000 und 3000 km entspricht die Stoffkonzentration der Exosphäre bereits der des interstellaren Raumes, sie geht ohne scharfe Begrenzung in diesen über. In diesem Höhenbereich liegt also die Grenze der Erdatmosphäre.

Der Luftdruck

Sehr stark ist also die luftige Hülle der Gase, die die Atmosphäre unserer Erde bilden. Und wenn die Luft auch leicht ist, so wiegt an der Meeresküste 1 m³ Luft immerhin 1,3 kg. Das heißt, wir tragen im Durchschnitt eine Luftlast von 15 000 kg! Diese Last müßte uns zermalmen, wenn ihr nicht der gleiche Druck der von uns eingeatmeten Luft als Blutdruck entgegenwirken würde. So spüren wir nichts von dieser Luftlast. Da aber nun der Druck der Luftsäule abnimmt, je höher wir steigen, und da die Luft in höheren Lagen dünner ist und damit leichter wird, kann es geschehen, daß unser Körper z.B. während des raschen Bergsteigens diesen schnellen Belastungswechsel nicht auszugleichen vermag. Wir bekommen Herzklopfen, Druck in den Schläfen und Schwere in den Gliedern. Dasselbe erleben wir, wenn wir mit der Berg- oder Seilbahn große Höhenunterschiede schnell überwinden. Der Gegendruck unseres Blutes, der noch an die große Tieflandbelastung gewöhnt ist, kann dann so stark sein, daß wir aus Mund, Nase und Ohren bluten, uns erbrechen oder ohnmächtig werden. Derselbe Druck würde uns, wenn wir aus einem Stratosphärenflugzeug stürzten, sofort in tausend Fetzen zerreißen. Wer also aus dem Flachland kommt, mit der Bahn in die Berge fährt und sich vom Sessellift in große Höhen tragen läßt, braucht sich nicht über bleierne Müdigkeit, langanhaltende Appetitlosigkeit und Brechreiz zu wundern. Er hat seinem Körper eine Umstellung zugemutet, die er in so kurzer Zeit unmöglich bewerkstelligen konnte. Genauso wird es dem Gebirgler gehen, der an die See reist.

Luftdruckveränderungen werden außerdem aber auch noch durch die Zirkulation der Atmosphäre hervorgerufen. Und so kann es dem Bergwanderer und Skifahrer geschehen, daß ihn nun noch ein plötzliches Tief und damit ein weiterer Druckabfall überrascht, der ihn vollends bergkrank macht. Deshalb ist ein Blick auf das Barometer bei Bergwanderungen sehr angebracht.

Die Zirkulation der Luft

Wer ein Barometer befragen will, sollte eine kleine Ahnung von der Luftzirkulation haben und wenigstens wissen, was ein sogenanntes Tief und was ein Hoch ist. Wir denken am besten noch einmal an unsere Cumuluswolke. Die erwärmte Erde verdunstete Feuchtigkeit, erwärmte die Luft, und diese leichte, warme, feuchte Luft stieg empor.

Eine solche Wärmequelle ist vor allem der Äquator. Unablässig steigen in dieser Zone die erwärmten Luftmassen empor, und ebenso unaufhörlich strömen in den Luftraum, aus dem sie sich erhoben, neue Luftmassen ein. Das hier am Äquator am Boden entstandene Tiefdruckgebiet wirkt wie ein Sog auf die Luft der Umgebung, und es entsteht von beiden Erdhälften her eine starke Luftbewegung, entstehen Winde, die sogenannten Passate, die zum Äquator wehen.

Die über dem Äquator aufgestiegene erwärmte Luft kühlt sich in höheren Schichten ab, wird wieder schwerer und regnet sich ab. Sie gibt ihren Wasserdampf noch an die Äquatorzone, tränkt die üppigen Tropen- und Regenwälder und sinkt zur Erde zurück. Sie vermag jedoch nicht in den gleichen Raum zu sinken, aus dem sie aufgestiegen ist, weil von dort immer neue Luftmassen nachquellen, sondern wird nach Norden und Süden abgedrängt. Sie beschreibt zwei große Bogen und erreicht als trockene Luft die sogenannten Roßbreiten, berührt die Erde also erst wieder in etwa 25–30 Grad nördlicher und südlicher Breite und bildet hier einen windarmen Hochdruckgürtel mit nun absinkender Luftbewegung aus, von dem die Winde wieder zum Tiefdruckgebiet des Äquators hin wehen.

Über den Polargebieten liegen im Gegensatz zum Äquator mächtige Hochdruckgebilde, die ihre Lage nicht verändern, die man daher als stationär bezeichnet.

Aus dem großen Temperaturunterschied zwischen den polaren und tropischen Luftmassen ergibt sich in unseren Breiten – zwischen 35 und 65 Grad nördlicher sowie auch südlicher geographischer Breite – ein stark ausgeprägtes Temperaturgefälle; in diesem Bereich liegt unser Westwindgürtel.

Das ist in groben Zügen das Zirkulationssystem der Lufthülle unserer Erde. Dieses grobe Bild bedarf nun aber einiger Korrekturen. Zunächst ist da die Tatsache, daß jede Bewegung auf der Erdoberfläche infolge der Erdumdrehung nach bestimmten mathematischen Gesetzen in ihrer Laufrichtung auf der nördlichen Halbkugel nach rechts, auf der südlichen Halbkugel nach links abgelenkt wird – auch die Winde. Daraus ergibt sich auf der nördlichen Halbkugel, daß der Luftausgleich von Norden nach Süden in Wirklichkeit von Nordosten nach Südwesten (NO-Passat) und von Süden nach Norden von Südwesten nach Nordosten (Westwindgürtel) erfolgt, woraus sich wiederum unsere vorherrschend südwestlichen bis westlichen Winde erklären.

In seiner reinsten Form tritt der oben beschriebene Luftausgleich jedoch nur im Äquatorgebiet und in den Polgebieten auf. In unseren Breiten wird der Luftstrom ständig gestört durch infolge der Erdumdrehung von West nach Ost wandernde Tiefdruck- und Hochdruckgebiete, die je nach den Erwärmungs- und Abkühlungsverhältnissen auf der Erdoberfläche und infolge von Kaltfronteinbrüchen aus den Polargebieten entstehen und deren Winde einander in ihren Richtungen beeinflussen. Da es uns aber nur um einen großen Überblick über die Wetterkunde gehen kann, wollen wir festhalten: Ein Tief bildet sich aus, wo warme, feuchtigkeitsgesättigte Luft aufsteigt, in den höheren Luftschichten abkühlt und sich infolgedessen abregnet, ein Hoch entsteht, wo die abgekühlte trockenere Luft wieder niedersinkt und sich beim Absinken erwärmt. Das Tief bringt gewöhnlich Regen, das Hoch schönes, trockenes Wetter.

Die großen Stürme

Wenn schon die normalen Luftbewegungen starke Winde, Gewitter und Niederschläge erzeugen, so können, wenn sich die Luftmassen auf ungewöhnliche Art und sehr jäh erwärmen, abkühlen und begegnen, gewaltige Wirbelstürme, Sturmfluten und Überschwemmungen ausgelöst werden. Die aufsteigende warme und feuchte Luft kann nämlich eine Quellgeschwindigkeit bis zu 300 km/h erreichen. Die sich bildenden Wirbel drehen sich dann oft mit 1000 km/h Geschwindigkeit und stürzen sich als Hurrikan, Taifun, Bora, Mistral, Schirokko, Blizzard, Tornado und Wasserhose auf Land und Meer. Europa bleibt weitgehend von ihnen verschont. Aber schon der Zusammenprall großer Warm- und Kaltluftmassen kann auch bei uns Wirbelstürme

auslösen und Sturmfluten aufpeitschen, deren Wucht denen der Tropenstürme nicht viel nachsteht. Bis zur Orkanstärke kann sich auch der Föhn auswachsen, der als starker Fallwind über die Alpenwälle bricht und mit zerstörerischer Gewalt durch die engen Täler braust.
Der Föhn wird über dem Mittelmeerraum geboren und von starken Süd-Nord-Winden zu uns getragen. Er brandet als feuchtwarmer Luftstrom gegen die Südseite des Alpenwalles, quillt hier empor, regnet sich ab und stürzt auf der Alpennordseite wieder nach unten. Während des Sturzes erwärmen sich seine trockenen Luftmassen um je ein Grad für je hundert Meter Fall und brausen schließlich als heißer Wind durch die engen Täler. Der Schnee schmilzt wie Butter unter seinem Anhauch, und die Gebirgsbäche werden über Nacht zu reißenden Strömen. Wie eine Lähmung fällt der Föhn über manche Menschen, verursacht Gliederschwere, Mattigkeit, Kopfschmerzen, Schwindelgefühle, Gereiztheit und Erbrechen.

Der Wind als Landschaftsgestalter

Wie groß der Druck und wie vernichtend die geballte Schwere der Luft sein kann, demonstrieren uns die Stürme deutlich genug. Dennoch vermag man sich kaum vorzustellen, daß ihrem Ansprung selbst die Berge weichen. Dabei sind Druck und Schwere, Saug- und Wirbelkraft, Kälte und Hitze nicht die einzigen Waffen des Windes. Mit sich schleppt er die Gewalten des Wassers. Und was als Streu, Sand und Staub die Erde bedeckt, wird durch den Wind zu durchschlagenden Geschossen, zu Sandstrahlgebläsen, zu Sand- und Staubstürmen. Vom Wind gepeitscht, können sich Strohhalme wie Pfeile in Baumstämme spießen, können Holzstücke gleich Granaten starke Eisenplatten durchschlagen, können sich Sandkörner wie Kugeln in die Leiber von Pflanzen, Tieren und Menschen bohren. Wo die Winde blasen, werden die härtesten Felsen poliert und geschliffen, bis die Berggipfel gleich Ruinen zerfallen und ihre massiven Kegel die wunderlichsten Gestalten annehmen. Die phantastischen Steindenkmäler der Natur in Arizona und in Süd-Utah, im Naturschutzgebiet der Rocky Mountains und in Wyoming, die Felsenburgen auf dem Kammweg des trümmerübersäten Riesengebirges, die Felsennadeln und Basteien des zerbröckelnden Elbsandsteingebirges, die Zinnen der Dolomiten erzählen Bände von der modellierenden Arbeit des Windes, der so lange radiert, bis auch die mächtigsten Gipfel abgeschliffen sind. Alljährlich löst er von einem hektargroßen Stück Bergwand 5000 kg Steinstaub! Und diesen Staub weht er über die Länder. Wo die großen Windstraßen gehen, dort liegen rings um den Erdball die großen Wüsten- und Steppengürtel. Denn die Wüsten sind zerstäubte Gebirge, und der Wind treibt sie unaufhaltsam vorwärts, dehnt sie jährlich um etliche Meter aus.

Am deutlichsten erkennen wir das Wandern der Sandwüsten an den Wanderdünen der Ostsee, wo Feld um Feld, Wald um Wald, Dorf um Dorf von den wandernden Sandmassen begraben und erst nach vielen Jahren wieder freigegeben werden. Wehe dem Land, das seiner natürlichen Vegetation beraubt wurde und dem Wind wie dem Sand schutzlos ausgeliefert ist! Die Sandstürme in Nordamerika geben uns einen Begriff davon, was der Wind vermag. Und wir brauchen nicht zu denken: Amerika ist weit! Auch in Deutschland sind Staub- und Sandstürme zu regelmäßigen Erscheinungen geworden.

DIE LEBENSRÄUME

Wie die Seele an den Leib, so ist das Leben der Pflanzen und der Tiere an ganz bestimmte und oft recht eng umzirkelte Umweltverhältnisse gebunden. Alle ihre körperlichen Eigenarten, organischen Besonderheiten, Sinnesfähigkeiten und einzelnen Lebensäußerungen sind bis ins feinste dieser ihrer Umwelt und ihren klimatischen und physikalischen Gesetzen angepaßt, sind auf sie abgestimmt und ausgerichtet. Von Natur aus haben die Pflanzen wie die Tiere gleichsam die gesamte notwendige Lebensausrüstung in die Hand gedrückt bekommen, um sich in der Welt, in die sie hineingeboren wurden, ohne Mühe und Not behaupten zu können. Großartig und wahrhaft universell beherrschen sie diese ihre Welt, sind ihr dafür aber mit Haut und Haar ausgeliefert. Es ist ihnen nicht möglich, sich andere Umweltverhältnisse zu schaffen, und es bleibt ihnen versagt, ihre Lebensräume wechseln zu können. Aus ihrer Welt gerissen, sind sie mit einem Schlag lebensuntüchtig, hilflos und in den meisten Fällen verloren. Ganz und gar ist ihr Sein auf diesen einen Lebensraum bezogen, haftet dort mit allen Wurzeln, kann sich nur dort entfalten und entwickeln und verwächst aufs innigste mit all den anderen Pflanzen und Tieren, deren Sein auf die gleichen Voraussetzungen abgestimmt ist. Zur Kleepflanze findet sich die bestäubende Hummel, zum Hummelnest die naschende Feldmaus, zum mäusereichen Feld der Igel und die anderen Niederwildjäger. Auf diese Weise bilden sich vielfach verzahnte Lebensgemeinschaften von Pflanzen und Tieren in den verschiedensten Lebensräumen heraus und kennzeichnen sich durch besonders charakteristische Vertreter ihrer Art. So versammeln sich unter den kalkliebenden Buchen viele kalkliebende Waldblumen, findet sich zu diesen eine bestimmte Anzahl von Pflanzenfressern, ziehen diese die Raubtiere nach sich.

Diese Lebensräume und Lebensgemeinschaften wollen wir nun auf ihre Pflanzen- und Tierwelt hin betrachten. Denn wer diese Lebensräume kennt, der erfaßt auch die biologischen Zusammenhänge und die Gesetze des pflanzlichen und tierischen Seins und wird aus einem gefühlsmäßigen Betrachter zu einem erkennenden Beobachter. Er irrt auch nicht mehr weg- und ziellos durch die Fülle der Erscheinungsformen, steht nicht länger hilflos vor ihrer Vielzahl, sondern vermag zusammenzufassen und Übersichten zu gewinnen.

An Feldweg und Straßenrand

Elster Mistel

Der Tauwind singt, und was der März noch an Schnee brachte, sickert glucksend in die Tiefe, füllt die kleinsten Rieselbäche, murmelt in den Straßengräben und steht in großen Pfützen auf den Wegen. Wir müssen schon auf der Landstraße bleiben, wenn wir jetzt hinauswandern, brauchen aber nicht zu befürchten, daß uns etwas entgeht. Der einziehende Lenz stapft weder quer über die Felder und Äcker noch durch den dichten Tann und Forst, sondern hält sich dicht an die gebahnten Wege, an die Zäune und Hecken, die Waldränder und Wiesenraine. Hier sprießen aus seinen Fußstapfen die ersten Blumen des Jahres, läßt der laue Wind die Büsche und Bäume knospen und erblühen, hier schwirren und trippeln die ersten Vögel, hören wir die ersten Frühlingslieder und begegnen uns auch die allmählich erwachenden Tiere, die den Winter verschliefen.

Von den Pflanzen

Die grünen Wegbegleiter

Wer am Wege steht, darf kein Fräulein Rührmichnichtan sein. Er findet kein gelockertes und tiefgründiges Erdreich, keine Pflege und Obhut. Er muß fertig werden mit dem Staub wie mit den zermalmenden Hufen und zerquetschenden Rädern. Starke Pfahlwurzeln, verknapptes Laubwerk, niedriger und geduckter Wuchs, kleine Blüten und feste Stengel sind darum das Kennzeichen der grünen Wegbegleiter. Die meisten von ihnen sind so klein und unscheinbar, daß sie weder beachtet noch gepflückt werden. Und wer von ihnen jetzt schon blüht, hat dieses zeitige Erwachen bereits im Herbst vorbereitet, hat eine dicht an den Boden geschmiegte Blattrosette entwickelt, aus der nun schnell der Blütenstengel emporgetrieben wird.

Es blühen weiß:

Hirtentäschel *Capsella bursa pastoris* (Familie: Kreuzblütler *Brassicaceae = Cruciferae)* Europa, ⚕, blüht 3–10, zweijährige Pflanze, 10–40 cm, entwickelt zierliche Blattrosette, aus der sich der Stengel mit den in lockerer Traube und endständiger Trugdolde stehenden weißen Blütchen erhebt. Die Samenschötchen erinnern an Herzen oder Hirtentaschen.

Frühlingshungerblümchen *Erophila verna* (Familie: Kreuzblütler *Brassicaceae = Cruciferae*) Europa, blüht 3–5, einjährige Pflanze, der zumeist einzige, 10 cm hohe Stengel steigt aus einer zarten Blattrosette, trägt an dünnen, blattlosen Stielen die weißen Blütchen und wenig später die winzigen grünen Samentaschen. In den Bergen und auf steinigen Hängen wächst ihre ebenso zarte Schwester, das **Mauer-Felsenblümchen** *Draba muralis.*

Weißes Fingerkraut *Potentilla alba* (Familie: Rosengewächse *Rosaceae*) Europa, blüht 3–5, ♃, 15 cm, der kriechende Stengel trägt glatte, unterseits seidig behaarte, fünfteilige Blätter, die fünfblättrigen weißen Blüten stehen auf zottig behaarten Stielen.

Hirtentäschel, Blüte und Frucht vergrößert

Großer Wegerich, Breitwegerich *Plantago major* (Familie: Wegerichgewächse *Plantaginaceae*) Europa, ⚕, blüht 5–10, ♃, aus der derben, zähadrigen, breitblättrigen Grundrosette erhebt sich im Mai/Juni der 10–40 cm hohe, glatte Blütenstengel. Dichtgedrängt sitzen die winzigen Blüten in fester Ähre beisammen, weit springen die zartvioletten Staubbeutel hervor. Nahe Verwandte sind der **Spitzwegerich** *Plantago lanceolata,* ⚕, mit schmalen, aufgerichteten Blättern, gefurchtem Ährenstiel und gelben Staubbeuteln sowie der **Mittlere Wegerich** *Plantago media,* ⚕, mit breiten kurzgestielten Blättern und mit rosenroten Staubbeuteln.

Großer Wegerich

Gemeiner Augentrost *Euphrasia officinalis* (Familie: Rachenblütler = Braunwurzgewächse *Scrophulariaceae*) Mittel- und Südeuropa, ⚕, (†), blüht 5–10, einjährige Pflanze, hat aufrechte, 5–40 cm hohe Stengel, bräunlichgrüne gezähnte Blätter, siedelt gesellig. Die winzigen weißen Rachenblüten haben helm- oder kapuzenartig aufgestellte, violett gestreifte Oberlippe und ein zitronengelbes Fleckchen auf der gespaltenen Unterlippe. Schmarotzt auf Gräserwurzeln.

Gemeiner Augentrost

Es blühen rot:

Rote Taubnessel (Abb. S. 56) *Lamium purpureum* (Familie: Lippenblütler *Labiatae* = *Lamiaceae*) Europa, blüht 3–10, einjährige Pflanze, 20–60 cm, hat vierkantige, schmutzigrot überlaufene Stengel, brennesselartige, rauhe, graugrüne, seltsam riechende Blätter. Die kleinen purpurroten Blüten sitzen tief in den Blattachseln, bieten reichlich Nektar. Nahe Verwandte sind die gelbblühende **Goldtaubnessel** *Lamium galeobdolon,* die **Weiße Taubnessel** *Lamium album,* ⚕, und die **Gefleckte Taubnessel** *Lamium maculatum,* die erst im April/Mai erblühen.

Eisenkraut *Verbena officinalis* (Familie: *Verbenaceae* Eisenkrautgewächse) Europa außer Island, ⚕, blüht 6–10, ♃, hat 30–60 cm hohen, sehr straffen und zähen, reich beblätterten, vierkantigen Stengel mit roten, endständigen Blütenähren und kleinen fünfblättrigen, blaßlila Blüten.

Rote Taubnessel

Bunte Kronwicke *Coronilla varia* (Familie: Schmetterlingsblütler *Fabaceae*) Europa, †, blüht 5–9, ♃, hat 40–50 cm langen, niederliegenden, kantigen, verästelten Stengel mit unpaarig gefiederten Blättern und langgestielten Schmetterlingsblüten. Das Schiffchen und die Fahne der Blüte sind rosafarben, die Flügel weiß, 10–20 Blüten stehen in einer kugeligen Dolde.

Großer Ampfer, Sauerampfer *Rumex acetosa* (Familie: Knöterichgewächse *Polygonaceae*) Europa, (†), ⚕, blüht 5–8, ♃, hat 30–60 cm hohen, gerieften Stengel, ist unten rot überlaufen, oben grün, trägt pfeil- oder spießförmige, säuerlich schmeckende Blätter und in gipfelständigen Scheinquirlen stehende winzigkleine, grünliche, rötlich überlaufene Blütchen. Leuchtend rot sind die dreikantigen, nußartigen Samenfrüchte. Der **Kleine Sauerampfer** *Rumex acetosella,* (†), hat nur 10–20 cm hohe Stengel und rötlich angelaufene Blätter.

Links: Gemeines Leinkraut, rechts: Großer Ampfer, Sauerampfer mit roten Samenfrüchten

Wegmalve, Käsepappel *Malva neglecta* (Familie: Malvengewächse *Malvaceae*), Mitteleuropa, ⚕, blüht 5–10, zweijährig bis ♃, hat 15–50 cm langen, meist niederliegenden Stengel mit 5–7lappigen, gekerbt-gesägten Blättern, fünfblättrige, rosafarbene, manchmal auch weiße Blüte. Die Frucht erinnert an einen kleinen runden Käse und wird von den Landkindern gern verzehrt. Ebenfalls rosenrot blüht die nach Moschus riechende **Moschuskäsepappel** oder **Moschusmalve** *Malva moschata* mit ganz schmal und tief gespaltenen Blättern. Verwandt ist noch die **Wilde Malve** *Malva silvestus*, ⚕, mit purpurroten Blüten.

Wegmalve

Es blühen gelb:

Frühlingsfingerkraut *Potentilla tabernaemontani* (Familie: Rosengewächse *Rosaceae*) Europa, blüht 3–5, ♃, 8–30 cm, schmiegt sich dicht an den Boden, hat rauh behaarte Stengel, an deren Spitze die goldgelben fünfblättrigen Blüten in kleinen Trauben stehen.

Gänsefingerkraut *Potentilla anserina* (Familie: Rosengewächse *Rosaceae*) Europa, ⚕, blüht 5–8, ♃, 10–50 cm, hat grundständige, tiefgezähnte, dunkelgrüne, unterseits silberweiß behaarte Fiederblättchen, wandert wie die Erdbeere mit langen Ausläufern fort, die an ihren Knoten Wurzeln schlagen. Jede der fünfblättrigen Blüten hat ihren eigenen langen Stiel.

Gänsefingerkraut

Gemeines Leinkraut, Frauenflachs *Linaria vulgaris* (Familie: Rachenblütler = Braunwurzgewächse *Scrophulariaceae*) Mitteleuropa, ⚕, blüht 6–10, ♃, hat 30–60 cm hohen, aufrechten und vielverzweigten Stengel, schmale, nadelförmige Blätter. Ein orangefarbenes Saftmal am festgeschlossenen Gaumen der zahlreichen schwefelgelben löwenmaulähnlichen Blüten lockt die starken Hummeln, diese Blumenpforte aufzustoßen und sich den Weg zum Nektarvorrat im langausgezogenen Sporn zu bahnen.

Frauenmantel *Alchemilla vulgaris* (Familie: Rosengewächse *Rosaceae*) Europa, blüht 5–10, ♃, hat 10–50 cm hohe, dichtzottige Stengel mit mantelförmig gefalteten, weichhaarigen Blättern, die sich nachtsüber falten und am gezähnten Rand Wasser ausscheiden. Dieser blumeneigene Tau glänzt tagsüber als große Perle im schüsselförmigen, samtigen Schoß der Blätter. Die unscheinbaren, kleinen gelbgrünlichen Blüten stehen in kleinen Rispen beisammen.

Frauenmantel

Schöllkraut *Chelidonium majus* (Familie: Mohngewächse *Papaveraceae*) Europa, ⚕, †, blüht 4–10, ♃, hat verästelten, dünn behaarten, bis zu 1 m hohen Stengel mit großen, fiederteiligen, behaarten, unterseits blaugrünen Blättern. Die goldgelbe Blüte besteht aus vier kreuzweise gestellten, geneigten Blütenblättern, die Staubgefäße und der Stempel gleichen einer goldenen Krone. Der orangegelbe Milchsaft des Stengels ist giftig.

Schöllkraut

Es blühen blau:

Waldehrenpreis, Echter Ehrenpreis, Männertreu *Veronica officinalis* (Familie: Rachenblütler = Braunwurzgewächse *Scrophulariaceae*) Europa, ⚕, (†), blüht 5–8, ♃, hat niederliegende und aufsteigende, harte, runde, behaarte, 15–30 cm hohe Stengel, kurz gestielte, sägeartig gezähnte, gegenständige Blätter. Die hellila gefärbten und

Persischer Ehrenpreis

dunkler geaderten Blüten stehen in gestielten, aufrechten, 4–5 cm langen Trauben.
Den Reigen der zahlreichen Ehrenpreisarten eröffnet der **Persische Ehrenpreis** *Veronica persica* und der **Efeublättrige Ehrenpreis** *Veronica hederaefolia* im März, ihnen folgen der **Ackerehrenpreis** *Veronica arvensis* und endlich der **Gamander-Ehrenpreis** *Veronica chamaedrys.* Da bei allen die Blüten sehr leicht abfallen, bekamen sie den Namen Männertreu.

Wegwarte *Cichorium intybus* (Familie: Korbblütler *Compositae* = *Asteraceae*) Europa, ⚕, blüht 7–9, hat 30–120 cm hohen, kantigen, hohlen, rauhhaarigen, harten und drahtigen Stengel mit sehr kleinen lanzettlichen, stengelumfassenden Blättchen. Die blauen, manchmal auch hellrötlichen oder weißen Korbblüten sitzen direkt am Stengel, öffnen sich gleich nach Sonnenaufgang, schließen sich am frühen Nachmittag.

Gundermann, Gundelrebe *Glechoma hederacea* (Familie: Lippenblütler *Labiatae* = *Lamiaceae*) Europa, ⚕, †, blüht 3–5, ♃, 15–60 cm, hat kriechende, vierkantige, fein behaarte Stengel, die an den Knoten Wur-

Gundermann

Waldehrenpreis

Wegwarte

zeln schlagen. Nur die blühenden Teile heben sich empor. Die Blätter sind zottig behaart, graugrün, nierenförmig gekerbt und rundlich. Die Blüten sitzen in Scheinquirlen in den Blattachseln.

Wiesensalbei

Wiesensalbei *Salvia pratensis* (Familie: Lippenblütler *Labiatae* = *Lamiaceae*) Europa, blüht 5–9, ♃, hat 40–70 cm hohen, vierkantigen, hohlen Stengel. Aus den dunkelblauen Blüten ragen die Narben gleich Otternzungen. Die Unterlippe dient den Insekten zum Landen. Bis zu 6 Blüten stehen in Scheinquirlen zusammen.

Kriechender Günsel *Ajuga reptans* (Familie: Lippenblütler *Labiatae* = *Lamiaceae*) Europa, ⚕, blüht 4–7, ♃, hat 10–30 cm hohen, zweizeilig behaarten Stengel mit kurzgestielten, eirunden Blättern. Die zahlreichen blauen Blütenquirle stehen in den Blattachseln. Auffällig weit ragen die weißlichen Staubgefäße und Stempel aus den kleinen blauen Röhren.

Kriechender Günsel

Bäume am Straßenrand

Wir lösen den Blick nun von den kleinen bunten Wegbegleitern und lassen ihn wieder frei über das flache Land schweifen. Weithin verfolgen wir das von Bäumen gesäumte Band der Straße, und es wird uns gerade in diesen Vorfrühlingswochen bewußt, daß es vor allem diese Alleebäume sind, die den Straßen ein charakteristisches Gepräge, eine persönliche Note geben, die sie harmonisch in das Landschaftsbild fügen und zugleich etwas von der Eigenart dieser Landschaft erzählen. Ihr Wuchs, ihr Gesundheitszustand, ihre von Flechten bewachsenen Wetterseiten, ihre windgekämmten Wipfel verraten uns, woher und wie stark hier die Winde wehen, welches Klima vorherrscht und wie der Boden beschaffen ist.

Apfelbaum *Malus domestica* (Familie: Rosengewächse *Rosaceae*) Europa, blüht 4–5, ♃, bis 10 m hoch, belaubt sich während der Blüte, hat glatte, helle, graubraune Borke, fast waagerecht ausschwingende Äste, die eine runde, breite, stockwerkartige Krone aufbauen, ist wetterhart, zäh und bedürfnislos, läßt seine Wurzeln flach streichen, steigt mit den staubigen und sandigen Straßen bis in die Mittelgebirge hinauf, begleitet sie durch alle dürren Hungergebiete, verlangt wenig Pflege. Die rötlich überhauchten Blüten duften angenehm.

Sommerlinde mit Blüten

Pflaumenbaum *Prunus domestica* (Familie: Rosengewächse *Rosaceae*) entstand aus der Kreuzung der asiatischen **Kirschpflaume** *Prunus cerasifera* mit der europäischen **Schlehe** *Prunus spinosa*, blüht 4–5, ♃, bis 16 m hoch, belaubt sich Ende April, hat schwachen Stamm mit fast schwarzer, leicht rissiger und oft klaffender Rinde, feine dünne Äste und zumeist von Wind und Wetter zerzauste Wipfel, ist empfindlich, tut sich schwer an der Landstraße, braucht windgeschützte Täler und sonnige Lagen.

Feldulme, links: Blüten, rechts: Früchte

Birnbaum *Pirus domestica* (Familie: Rosengewächse *Rosaceae*) Europa, blüht 4–5, ♃, 6–20 m hoch, belaubt sich unmittelbar nach der Blüte, hat rissige, schwarzgraue und dicke Borke, im spitzen Winkel zum kräftigen und meist lotrechten Stamm emporstrebende Äste, die eine pyramidenförmige Krone in größerer Höhe aufbauen. Die weißen, fünfzähligen Blüten tragen rote Staubbeutel und riechen streng, manchmal fast nach Heringslake, stehen eng beieinander. Seine kräftige Pfahlwurzel verlangt tiefgründigen Boden, und so bleibt er stark dem fruchtbaren und lehmreichen Acker- und Tiefland verbunden.

Weißbirke mit Fruchtkätzchen

Kirschbaum *Prunus avium* (Familie: Rosengewächse *Rosaceae*) Europa, blüht 4–5, ♃, bis 18 m hoch, belaubt sich Mitte April, hat glatte, dünne, bräunliche bis rötlichviolette Borke, die sich oft in ringförmigen Bändern schält, glatte und schwache Äste, die eine runde, kugelige Krone aufbauen. Am Stamm oft auffällige Narben und Schrunden mit dicken Wundrändern, aus denen der eigenartige Kirschgummi in dicken Beulen quillt. Er verlangt milderes Klima und geschützte Lagen. Die weißen Blüten duften süß, ähneln denen des Birnbaumes, haben aber gelbe Staubbeutel und nur einen Stempel. Die jungen Blätter werden im Anfang von zwei gelackten Nebenblättern geschützt, die eine zu rasche Verdunstung verhindern. Die Blätter tragen am Blattstiel 2 große rote Drüsen.

Sommerlinde (Abb. S. 61) *Tilia platyphylla* (Familie: Lindengewächse *Tiliaceae*) warmes und gemäßigtes Europa, blüht 6, ♃, ⚕, belaubt sich April/Mai mit großen herzförmigen Blättern, die unterseits in den Aderwinkeln weiß behaart sind, hat dunkelbräunliche, rissige Borke, sehr starken Stamm, bis zu 15 m Umfang, starke Äste, die eine breitausladende, stockwerkartige, oft gewaltige Krone aufbauen, kann eine Höhe von 30 m, ein Alter von 600 Jahren und mehr erreichen, blüht und fruchtet mit 20–30 Jahren. Die hellgelblichen Blüten stehen zu dritt und fünft in kleinen Sträußen und duften nach Honig. Den Früchten ist ein häutiges Flügelblatt als propellerartiger Flugapparat angeheftet. An Dorfstraßen, Brücken, in Feld und Wald, meist vereinzelt. Liefert weißes Holz.

Feldahorn mit Blüten und Früchten

Winterlinde *Tilia cordata* (Familie: Lindengewächse *Tiliaceae*) Europa, ⚕, blüht 6–7, ♃, belaubt sich Mitte Mai mit kleinen, oberseits dunkelgrünen, unterseits bläulichgrünen und wachsüberzogenen Blättern, hat rissige, runzlige, schwarzgraue Borke, wird meist nur 20 m hoch, aber ebenso mächtig und alt wie die Sommerlinde, liefert rötliches Holz.

In den Aderwinkeln auf der Blattunterseite entdecken wir rostbraune Haarbüschelchen und Bärtchen, die Schlupfwinkel winziger Milben, die nach Sonnenuntergang die Blätter abweiden, Pilzsporen vertilgen und buchstäblich Staub fressen.

Feldulme, Rotulme, Rüster (Abb. S. 61) *Ulmus carpinifolia* (Familie: Ulmengewächse *Ulmaceae*) Europa, ♯, blüht 3–4, ♃, bis 30 m hoch, belaubt sich im April mit dunkelgrünen, gesägten, unsymmetrischen Blättern, hat dunkelgraubraune, längsfurchige, rechteckig aufgerissene Borke. Die Äste setzen die Krone tief an, entwickeln einen lichten und weiten Wipfel. Die kleinen purpurroten Blütenbüschel sitzen dicht an den Ästen, spritzen gleichsam auseinander, bereits im Juni reifen die geflügelten Nüßchen heran. Die Ulme verlangt besonders guten und feuchten Boden. Heute kranken fast alle Ulmen an den Landstraßen an vorzeitiger Wipfeldürre.

Feldahorn *Acer campestre* (Familie: Ahorngewächse *Aceraceae*) Europa, im Norden bis zum 60. Breitenkreis, blüht 5, ♃, belaubt sich Ende April mit nur 3–5 cm großen, handförmigen, dunkelgrünen und unterseits weich behaarten Blättern, hat in der Jugend glänzende braune Rinde, später mehr graue, netzartig aufgerissene Borke, wird 15–20 m hoch, die Äste setzen die Krone tief an. Die gelblichgrünen Blüten bilden kleine überhängende Blütensträuße. An den Früchten, von denen immer zwei verbunden sind, bilden sich rötlich überlaufene Flügel, die beide waagerecht abstehen. Die Blätter enthalten einen weißen Milchsaft.

Weißbirke, Hängebirke, Gemeine Birke, Sandbirke *Betula pendula = B. verrucosa* (Familie: Birkengewächse *Betulaceae*) Europa, ♯, blüht 4–5, ♃, 6–25 m, belaubt sich im April mit balsamisch duftenden, leicht beharzten Blättern. Der glatt bis zur Wipfelspitze durchgehende Stamm hat in der Jugend feine, glatte, seidige Korkrinde, die in Bändern abschilfert, im Alter tiefrissige schwarze Borke. Die dünnen Zweige hängen durch, geben dem Baum einen beschwingten Ausdruck. Er nimmt mit dem ärmsten Sandboden vorlieb, begleitet die Straßen von der Heide durchs Moor bis ins Gebirge (s. auch S. 411).

Eberesche, Blüten und Beeren

Eberesche, Vogelbeerbaum *Sorbus aucuparia* (Familie: Rosengewächse *Rosaceae*) Europa, blüht 5, ♃, belaubt sich im Mai, begleitet vor allem die Straßen in unseren Mittelgebirgen und bringt mit ihren feinen, unpaaren Fiederblättern, weißen Blütentrauben und korallenroten Beerenbüscheln Leben und Farbe in die Landschaft. Wo sie die Gebirgsstraßen säumt, können wir im Herbst und Winter die ganze Schar der geflügelten Wintergäste aus dem hohen Norden beobachten, vom bunten Seidenschwanz bis zum Nußknacker, von der

Weindrossel bis zum Tannenhäher. In hohen Lagen ist sie oft mit prächtigen Flechtenkrusten und Flechtenbärten behangen, wird durchschnittlich 10 m, höchstens 16 m hoch.

Pyramidenpappel *Populus nigra* (Familie: Weidengewächse *Salicaceae*) hauptsächlich in Mittel- und Südosteuropa verbreitet, blüht 3–4, ♃, belaubt sich nach der Blüte. Die oft 1 m, selten bis 4 m mächtigen und starkborkigen Stämme ragen bis zu 33 m empor, die schmalen Wipfel gleichen zusammengeklappten Regenschirmen. Am häufigsten steht sie und am besten gedeiht sie an den Straßen längs der Flüsse, denn wie alle Pappeln verlangt sie feuchten Grund. In den staubigen Ebenen und auf den Höhenzügen kämpft sie schwer um ihr Leben, bekommt eine dürre Spitze, verkümmert an der Windseite und treibt tiefangesetzte Manschetten.

Pyramidenpappel mit ♂ Blüten

Hexenbesen und Mistelbüsche

In den kahlen Wipfeln der Birken, der Kirsch- und Pflaumenbäume entdecken wir seltsame, dürre, starr aufwärtsstehende und zusammengedrängte Zweigbüschel, die uns an die Reiser eines Besens erinnern. Schon im Spätsommer, als die anderen Zweige dieser Bäume noch belaubt waren, wurden diese Büschel sichtbar, denn die diese Gebilde tragenden Äste verloren ihre Blätter eher. Im Volksmund werden diese Besen als Hexenbesen bezeichnet. In Wirklichkeit aber ist die Hexe ein winziger parasitischer **Schlauchpilz** (Gattung *Taphrina*). Ein Verwandter des Schlauchpilzes, der **Rostpilz** *Melampsonella,* vermag bei Weißtannen Hexenbesen hervorzurufen. Beide Pilze geben den Bäumen gleichsam den Befehl, diese zusätzlichen Reiserbündel zu erzeugen und ihnen deren Blätter oder Nadeln als Lager für ihre Fruchtkörper zur Verfügung zu stellen. Meistens ist der Pilz mit einer einmaligen Dienstleistung zufrieden, verdorren die Hexenbesen schon im nächsten Jahre, manchmal aber grünen und wuchern sie jahrelang auf den Bäumen und entziehen ihnen beträchtliche Säfte und Kräfte.

Da wir nun aufmerksamer in die Wipfel spähen, sehen wir jetzt auch noch kleinere Büsche auf den Ästen der alten Apfelbäume, die ausgesprochen frischgrün, fast gelbgrün sind. Mit einem Besen können wir sie nicht vergleichen, sie zeigen vielmehr eine gefällige, wenn auch leicht sperrige Vergabelung und tragen grüne Blätter. Wir haben die **Mistel** *Viscum album* (Familie: Riemenblumengewächse *Loranthaceae*) (†), ♃, entdeckt, einen Halbschmarotzer, der mit seinen Saugwurzeln tief unter die Rinde der Äste dringt und sich zusätzlich von den Säften des Baumes ernährt. Die Mistel wird bis zu 50 cm hoch, blüht von Februar bis Mai, ist schwach giftig, hat gegenständige, immergrüne, lederartige Blätter, trägt im Dezember/Januar saftige weiße Beeren, die einen stark klebrigen Fruchtsaft haben. Mit diesem Saft bleibt der einzige Samenkern oft am Schnabel der Amseln und Drosseln hängen und wird von diesen, wenn sie sich von dem klebrigen Anhängsel befreien wollen, oft gleich wieder in eine Rindenspalte gedrückt. Die Mistel befällt außer Apfelbäumen auch Weiß- und Schwarzpappeln, Kiefern, Linden, Eschen und Eichen. Als Zauberpflanze spielte sie schon im Altertum eine große Rolle und wird heute noch als wertvolle Heilpflanze geschätzt.

Die Baum- und Zunderschwämme

Weiter ziehen wir die Landstraße entlang. Und plötzlich bemerken wir, daß sich an zahlreichen der von Wind und Wetter mitgenommenen, von Fahrzeugen geschrammten Alleebäumen wunderliche, farbige, hufeisen- und nierenförmige Konsolen und Simse befinden. In wulstigen und konzentrischen Ringen kleben sie gleich rundlichen Vordächern an den Rinden, nicht selten über ausgefaulten Astlöchern und bis dicht an die Kronen heran. Sie haben einen lichten gelblichen oder rostbraunen Rand, fühlen sich eigenartig samtig und korkig, zugleich aber auch sehr zäh und holzig an. Unsere Bemühungen, sie vom Stamm zu lösen, sind vergeblich. Nur mit Hilfe eines Stemmeisens oder einer scharfen Säge würden wir sie in die Hand bekommen. An ihrer Unterseite entdecken wir zahlreiche Löcher, die in Röhren münden, an deren Innenseite die Pilzsporen sitzen.
Diese Konsolen sind die Fruchtkörper der Baum- oder Zunderschwämme, deren Myzel tief in die saftführenden Holzteile dringt und die nicht nur von den Säften des Baumes und vom Holz selbst zehren, die vor allen Dingen zur Fäule des Stammes beitragen und das Absterben des Baumes verursachen.

Die drei häufigsten Zunderschwämme sind:

Echter Zunderschwamm *Fomes fomentarius* (Familie: Porlinge *Polyporaceae*) bildet wulstige, graubraune bis aschgraue, konzentrische Jahresringe auf der Oberseite, hat einen gelblichen Rand und eine weiße bis schmutzigbraune Unterseite, befällt besonders Rotbuchen und Birken. Früher wurde er mit Kalilauge weichgekocht, tüchtig geklopft und kam dann als Feuerschwamm in den Handel.

Falscher Zunderschwamm, Feuerschwamm *Phellinus igniarius* (Familie: Porlinge *Polyporaceae*) bildet besonders dickwulstige, zuerst rostbraune und dann schwarzbraune bis mattschwarze konzentrische Ringe, befällt vor allem die Apfel-, Birnen- und Pflaumenbäume, ist sehr schädlich.

Birkenporling *Piptoporus betulinus* (Familie: Porlinge *Polyporaceae*) bildet einen hutpilzähnlichen graubräunlichen, später weißlichen Fruchtkörper, der zuerst ziemlich weich ist, später verkorkt und sehr zäh wird, seine Haut läßt sich abziehen. Die Röhren auf der Unterseite sind kurz und weiß. Befällt vor allem die Birken.

Echter Zunderschwamm

Von den Tieren

Die Schildläuse

Tierischen Ursprungs dagegen sind die nur millimetergroßen Huckel, Buckel und Schildchen, die wir bei genauerem Zusehen an zahlreichen Ästen der Alleebäume entdecken. Grau und braun und schwärzlich sind die Körperschildchen der wunderlichen Schildläuse, der behäbigsten Insekten unserer Heimat. Vor allem stellen die weiblichen Schildläuse einen Rekord an Trägheit auf. Aus dem Ei schlüpfen sie zwar gleich den jungen männlichen Schildläusen als bewegliche, sechsbeinige und befühlerte Tierchen, kriechen verhältnismäßig munter durchs Gezweig und orientieren sich leidlich mit Hilfe ihrer zwei Punktaugen. Haben sie jedoch den Saugrüssel ins Pflanzengewebe versenkt und erweist sich die Zapfstelle als ergiebig, so geben sie ihr kurzes Wanderleben oft für immer auf und bleiben zeitlebens hocken. Sie bekommen keine Flügel, ihre Beine verkümmern, und der durch Lackausscheidungen schildförmig verbreiterte Körper verschmilzt und verklebt mit der Pflanze. In dieser Stellung häuten sie sich, werden sie begattet, schwellen an und quellen auf, legen unter sich die Eier, decken sie mit ihrem Leib und dienen noch als tote Hülle den jungen Schildläusen als Schutz und Schirm. Die männlichen Schildläuse dagegen entwickeln sich unter einer schützenden Lackhülle meist zu geflügelten, oft aber unberüsselten Insekten, die dann die ungewöhnlich trägen Weibchen aufsuchen. Bei starkem Schildlausbefall kränkeln die angezapften Pflanzen und bleiben im Wachstum zurück.

Kommaschildlaus *Lepidosaphes ulmi* (Familie: Napfschildläuse *Lecaniidae*, Ordnung: Schnabelkerfe *Hemiptera*) 2–4 mm, keulen- oder kommaförmige dunkelbraune bis dunkelgraue Erhebungen, die am schmalen Ende einen orangefarbenen Fleck tragen. Die Laus steckt wie in einem geschlossenen Säckchen, da sie nicht nur den muschelförmigen schwarzbraunen Rückenschild, sondern auch noch einen dünnen wächsernen Bauchschild ausschwitzt, hat keine Beine, sehr verkümmerte Fühler, befällt hauptsächlich Apfelbäume, kommt aber auch auf allen anderen Obst- und Beerensträuchern vor.

San-José-Schildlaus *Quadraspidiotus perniciosus* (Familie: Deckelschildläuse *Diaspididae*, Ordnung: Schnabelkerfe *Hemiptera*) Laus 1–2 mm, gelbgrünlich, sitzt unter einem kreisrunden, dunkelgrauen bis schwärzlichen Schild mit hellgrauem bis gelblichem Nabel, kriecht im Sommer als gelbe Junglaus herum, ruft rote Rindenverfärbung und rote Flecken auf den Früchten hervor, gebärt lebend 200–400 Junge, die nach 4–5 Wochen zeugungsfähig sind. Eine einzige weibliche Schildlaus kann es in warmen

San-José-Schildlaus

Ländern in 1 Jahr – wenn 4 bis 6 Generationen heranwachsen können – auf über 1000 Millionen Nachkommen bringen. Der Befall ist deshalb meldepflichtig!

Die Blattläuse und Blattflöhe

Gleich den Schildläusen führen die ebenfalls nur millimetergroßen Blattläuse eine vorwiegend sitzende Lebensweise, sind dabei ausgesprochen gesellig, treten in großen und dichten Kolonien auf und saugen an fast allen Pflanzen. Ungeschützt und ungeflügelt, sonst aber wohl entwickelt, pflanzen sie sich durch jüngferliche Stammütter fort. Diese sind in der Lage, bereits nach zehn Tagen und ohne vorhergegangene Begattung Dutzende von ungeflügelten Nachkommen zu erzeugen, die jeweils wiederum nach zehn Tagen eine neue Brut ins Leben setzen. So geht die jüngferliche Zeugungsreihe bis zur neunten Brut fort, und erst dann werden wieder beflügelte Männchen und Weibchen geboren, die sich paaren und überwinternde Eier ablegen. Aus diesen Eiern der zehnten Blattlausgeneration schlüpfen im nächsten Frühjahr dann wieder die jungfräulichen Mütter.

Gemeine Rosenblattlaus *Macrosiphon rosae* (Familie: Röhrenläuse *Aphididae*, Ordnung: Schnabelkerfe *Hemiptera*) 3–4 mm, grün oder braun, ♀ mit weichhäutigem, birnenförmigem Körper, ♂ geflügelt, Wirtswechsel zwischen Rose und Birnbaum.

Blutlaus *Eriosoma lanigerum* (Familie: Blasenläuse *Eriosomatidae*, Ordnung: Schnabelkerfe *Hemiptera*) 2–2,5 mm, Körper birnenförmig, braunrot, Rücken und Hinterleib von einer weißflaumigen Wachsausscheidung bedeckt, überwintert als Larve an den Wurzeln der Apfelbäume, rückt im Frühjahr in die oberen Baumteile, verursacht grindige Stellen, knollige Wucherungen und wulstige Höcker an den Zweigen, die schließlich absterben, befällt niemals Blätter, geht hin und wieder auch an Birnbäume, Quitte und Weißdorn. Beim Zerquetschen quillt blutrote Flüssigkeit aus ihrem Körper.

Großer Birnenblattsauger, Birnblattfloh *Psylla pyricola* (Familie: Springläuse *Psyllidae,* Ordnung: Schnabelkerfe *Hemiptera*) 2,5–4 mm, zunächst hellgrün, später rotbraun, hat zwei kleine rötliche Stirnhöcker mit weißen Spitzen, erinnert an eine Zikade, trägt seine vier Flügel dachförmig gefaltet, hüpft flink wie ein Floh, saugt ab Ende März an den jungen Trieben, später an Blüten und Blättern des Birnbaumes, verschmiert sie heillos mit seinen Exkrementen, auch seine Larven sitzen in einem klebrigen Saft dicht beisammen, oft sind selbst die Stämme von den Kotmassen verschmiert.

Gefiederte Landstraßenfreunde

Schon lange sind wir nicht mehr allein auf der Straße. Von Baum zu Baum fliegend, begleiten uns muntere Goldammern mit frohen Rufen. Vor uns her trippeln flotte Haubenlerchen. In der Nähe der Gehöfte begrüßen uns aufgeplusterte Haus- und Feldspatzen. Und eifrig scheckernd und schimpfend schauen Elstern auf uns herab, ehe sie seitwärts abstreichen. In ihnen allen treten uns echte und rechte Landstraßenvögel entgegen, die dem magischen Band der Straße gleich den verwegenen und verwitterten Sonnen- und Tippelbrüdern verschworen sind. Zu ihnen gesellen sich im Sommer noch die Garten- und die Grauammern. Die meisten von ihnen gehören zu den Gemischtkostlern, die neben Samenkörnern aller Art und frischem Grünsalat auch Insekten und deren Larven verzehren, besonders ihre Jungen damit großfüttern und uns also recht nützlich werden.

Haubenlerche *Galerida cristata* (Familie: Lerchen *Alaudidae,* Ordnung: Sperlingsvögel *Passeriformes*) Europa außer Nordeuropa und Britische Inseln, §, gefährdet, ↓, mit 17 cm etwa sperlingsgroß, rötlichbraunes Federkleid, rahmweiße Brust mit dunklen Schaftflecken, kecke Federhaube, trippelt schnell, fliegt nur kurz auf, flattert dicht über der Straße dahin, schwingt sich selten in Büsche und Bäume. Die Pärchen halten treu zusammen, locken sich mit leisem »Hoidhoid« und hellem »Qui-qui«. Im März beginnen sie zu singen und ihre sehr einfachen Nester in eine Ackerfurche, unter einen Feldbusch oder ein Grasbüschel zu stellen. Die Jungen schlüpfen nach 13 Tagen, sind beflaumt und nach weiteren 13 Tagen flügge.

Feldsperling *Passer montanus* (Familie: Webervögel *Ploceidae,* Ordnung: Sperlingsvögel *Passeriformes*) Brutgebiet: Europa außer Island, ↓, ~, 14 cm, unterscheidet sich vom Stadtspatz durch kastanienbraune Kappe und schwarzen Ohrenfleck im weißen Bäckchen, gibt sich kecker. Als besonderes Verdienst wird ihm heute angerechnet, daß er auch die so schädlichen Kartoffelkäfer verzehrt. Am liebsten stellt er sein Nest in Baumlöcher oder bezieht Starenkästen, baut den Kasten so voll, daß die Halme zum Flugloch herausschauen, hängt auch gern bunte Fäden vors Haus, denn ihm ist das Nest tatsächlich eine Art Heim im menschlichen Sinne. Zieht vom April bis zum August drei Hecken auf. Das Gelege besteht aus 5–6 Eiern.

Haubenlerche

Grünfink, Grünling (Abb. S. 70) *Chloris chloris* (Familie: Finken *Fringillidae,* Ordnung: Sperlingsvögel *Passeriformes*) Europa, abgesehen vom äußersten Norden, §, ↑↓, mit 14,5 cm sperlingsgroß, Gefieder olivgelbgrün, unterseits lebhaft zitronengelb, am Nacken und Bürzel aschgrau verwaschen, hat kurzen Schwanz, kurzkegelförmigen, derben, scharfschneidigen Schnabel, hüpft beidbeinig, fliegt schnell und bogenförmig, aber nur kurze Strecken, schwebt vor dem Niedersetzen, steigt singend schräg empor, beschreibt ziemlich hoch einige Kreise und läßt sich flatternd wieder nieder, brütet Ende April und im Juni, baut das ziemlich kunstvolle Nest in Hecken und Bäume, ist im Winter am Futterhäuschen der unverträglichste Gast.

Haussperling *Passer domesticus* (Familie: Webervögel *Ploceidae*, Ordnung: Sperlingsvögel *Passeriformes*) Europa außer Italien und Island, ↓, 14,5 cm, Gefieder grau, Scheitel dunkelgrau, Kinn und Kehle schwarz, Nakken und obere Flügeldecken kastanienbraun, Wangen weißgrau, Schwanz dunkelbraun, hat braune Augen, hüpft beidbeinig, zeigt sich ebenso gewitzt wie verschlagen, dreist wie mißtrauisch, nistet am liebsten in passenden Höhlungen an Gebäuden, in Starenkästen und verlassenen Schwalbennestern, versammelt zum erstenmal im März 5–6 Eier, bringt es alljährlich auf gut 3 bis 4 Bruten, die er alle mit Insekten großfüttert.

Feldsperling

Grauammer *Emberiza calandra* (Familie: Ammern *Emberizidae,* Ordnung: Sperlingsvögel *Passeriformes*) Europa außer Nordeuropa, §, ↑↓, mit 18 cm etwa sperlingsgroß, aber schwer und gedrungen, erdbraunes Gefieder mit dunklen Schaftstrichen, kein Weiß an Flügeln und Schwanz, hüpft gebückt, zuckt mit dem Schwanz, entschließt sich nur zögernd zum Auffliegen, beschreibt im Flug kurze Bogenlinien, schnurrt mit den Flügeln und läßt die Beine schlaff hängen.

Mit scharfem »Zick« lockt er sein Weibchen, mit zärtlichsanftem »Tick« wird ihm geantwortet, mit gedehntem »Sih« wird gewarnt. Zum Singen setzt sich das Männchen gern auf eine Baumspitze und schnurrt, schnirpst, leiert und quetscht sein schlichtes, klirrendes und rasselndes Strumpfwirkerliedchen, stellt sein Nest auf die Erde. Im Mai liegen 4 bis 6 Eier in der einfachen Mulde.

Grünfink

Goldammer *Emberiza citrinella* (Familie: Ammern *Emberizidae,* Ordnung: Sperlingsvögel *Passeriformes*) Brutgebiet: Europa außer Island, §, ↑↓, ∼, mit 16,5 cm etwa sperlingsgroß, ♂ hochgelb an Kropf, Hals, Brust und Bauch, goldbraun am Kopf, den Schultern, dem Mantel und Schwanz, ♀ sanfter getönt, auch an Kropf und Brust braun, fliegt mit »Ziss« und »Zürr« in tiefen Bogenlinien, trägt unermüdlich sein Liedchen vor, das der Volksmund mit: »Wie-wie-wie-wie-hab'-ich-dich-liiieb!« trefflich kennzeichnet. Brütet Ende März, stellt das Nest niedrig in Büsche, bringt es manchmal auf drei Bruten, schweift im Winter mit anderen Ammern, Feldsperlingen und Grünfinken weit durchs Land.

Gartenammer, Ortolan *Emberiza hortulana* (Familie: Ammern *Emberizidae,* Ordnung: Sperlingsvögel *Passeriformes*) Brutgebiet: Europa außer Britische Inseln, Island, §, gefährdet, ∼, 4–8, mit 16 cm kleiner, zierlicher und flotter als die Grauammer, graugrünlich an Kopf und Vorderbrust, Kehle gelb, zimtrot auf Brust und Bauch, rostbraun an Mantel und Schulter, ist sehr stimmfreudig, lockt mit hohem »Djüh-ji« und kurzem »Djüb«, singt sehr weich und melancholisch »Tri-tri-tri-ürrr!«, oft die ganze Nacht hindurch.

Goldammer

Elster (Abb. S. 53) *Pica pica* (Familie: Rabenvögel *Corvidae,* Ordnung: Sperlingsvögel *Passeriformes*) Europa außer Island, ↑↓, mit 46 cm fast krähengroß, schimmert prachtvoll metallisch blau, schwarz und grün. Hell leuchten die weißen Schultern und die weiße Weste. Sie liebt das freie Land und die lichten Feldgehölze, begnügt sich oft mit einem Obstgarten, einer Hecke, einem einzelnen Busch und Baum, erwählt starke und hohe Alleebäume zum Nistplatz. Das

Nest ist sehr massiv mit Lehm auf einer Unterlage von Reisern errichtet, die Mulde wird ausgemauert und dann weich gepolstert, das ganze Gebilde mit Dornen überdacht und mit einem kleinen seitlichen Schlupfloch versehen. Das Gelege umfaßt 4–8 grüne, braungesprenkelte Eier, wird 18 Tage lang bebrütet. Die Jungen bekommen reichlich Insekten, Regenwürmer, Schnekken, Erdraupen, Mäuse und auch Vogelküken in die Schnäbel gestopft. Ein arger Nesträuber ist die Elster um diese Zeit. Sie selbst weiß sich allen Nachstellungen seitens der Menschen zu entziehen, wird nur dort vertraut, wo man sie duldet, kommt dann auch dicht an die Gehöfte und sammelt alle glitzernden und blitzenden Dinge. Ihre Nester enthalten oft große Sammlungen von Glasscherben, Knöpfen, Perlen, Steinen, Käferpanzern, Brillen, Löffeln usw.

Die Straße als Wechsel und Fährtenbuch

Die meisten der freilebenden Tiere scheuen das Band der Straße nicht mehr. Sie haben sich an den Lärm und Gestank dieser breiten Menschenwege ebenso wie an die vorüberdonnernden Eisenbahnzüge gewöhnt. Obwohl ihre feinen Nasen im Anfang hier wie vor einer gefährlichen und widerlichen Dunstbarriere standen, werden selbst die breiten Autobahnen regelmäßig von ihnen überquert oder »überfallen«, wie der Weidmann sagt, die stilleren Wege und Waldschneisen aber als bequeme Pfade gern benutzt. Wer sich hier ansetzt, lernt unsere heimatliche Tierwelt bald besser kennen, als wenn er durch den Forst selbst streift. Ob Hirsch oder Reh, Wildschwein oder Dachs, Fuchs oder Hase, Igel oder Iltis, Maulwurf oder Maus, Frosch oder Eidechse, Laufkäfer oder Heupferd, Schnurfüßler oder Schnecke,

Spinne oder Regenwurm, sie alle passieren die Straßen, laufen von einem Rand zum anderen, schnüren neugierig entlang, laben sich an Gras und Kraut, das in unseren dunklen Nutzwäldern sehr spärlich ist, schneiden von der Böschung aus die Büsche bequem an.
Wer sich im Winter auf das Spurenlesen versteht, staunt über den regen Wechselverkehr der Tiere auf unseren Straßen. Einige dieser Fährten seien hier gleich festgehalten und dem Studium empfohlen. Es bereichert unser Wissen um die einheimische Tierwelt ungemein, wenn wir diese Trittsiegel zu lesen und zu deuten vermögen. Viele heimliche Gesellen, die wir sonst kaum einmal zu Gesicht bekommen, verraten sich durch ihre Fährten und machen es uns leicht, sie aufzuspüren.
Durch die Gewöhnung an die Straße müssen die Tiere freilich auch ihren Tribut an den Verkehrstod entrichten. Wer am frühen Morgen hinauswandert, kann viele Opfer finden, kann vielleicht auch das eine und das andere Tier noch retten oder wenigstens von seiner Qual befreien und kommt zu Bälgen, die das Ausstopfen durchaus noch verlohnen.
Besonders häufige Verkehrsopfer sind heute die Igel und sind auch die Frösche und Kröten, die in Sumpf- und Seengebieten oft so zahlreich überfahren werden, daß ihre plattgewalzten Körper ganze Schichten auf dem Straßenbelag bilden können.

Auf Ödländern, Schutthalden und Eisenbahndämmen

Der Aufruhr des Frühlings steigert sich Ende März zu einem Furioso stürmischer Westwinde, sausender und singender Föhneinbrüche, schwarzer, sich drängender Wolkenherden, heftiger Regenböen und wilder Graupelschauer. Die Bäche und Flüsse treten über die Ufer, die Wege sind grundlos. Da bleiben die sonntäglichen Spaziergänger in der Stube. Wer sich aber draußen auskennt, findet noch immer gangbare Pfade längs der Fluß- und Eisenbahndämme, der hochaufgeschütteten Abraumhalden, der steinigen Ödländer und Sandgruben. Und er wird reich belohnt für sein unverzagtes Ausschreiten. Denn gerade auf diesen von Pflug und Egge, Sichel und Sense verschonten, gleichsam außenseiterischen und mißachteten Streifen und Flecken, in diesem Ghetto des fruchtbaren Landes feiert der Lenz seine schönsten Blütenfeste, nimmt das Blühen das ganze Jahr über kein Ende.

Alle die von den Feldern und Wiesen verbannten Ackerunkräuter haben ihre letzte Zufluchtsstätte hier gefunden und wuchern fröhlich um die Wette. Die naturgegebene Flora unserer Heimat können wir überhaupt nur noch auf diesen kleinen unbebauten Flächen kennenlernen. Wir finden hier aber auch eine Anzahl Pflanzen – unter ihnen auffällig viele Giftpflanzen –, die lediglich auf diesen Schutt- und Abraumplätzen gedeihen, die buchstäblich vom Abfall des Menschen leben und nur in seinem Gefolge auftreten. Nicht zuletzt wissen auch zahlreiche Tiere um dieses große, leicht zu nutzende Nahrungsangebot.

Von den Pflanzen

Sechs kleine Wundertäter

Nicht weit vor den letzten Häusern der Vorstadt liegt eine aufgelassene alte Sandgrube, in die seit einigen Jahren der Bauschutt und allerlei anderer Unrat der Müllabfuhr gekippt wird. Schon von weitem verrät sich der Ort durch die Schwärme der Krähen, die fleißig Nachlese halten und immer noch etwas Genießbares aus dem verrotteten Haufen stochern. Nur widerwillig räumen sie das Feld vor uns, die wir hier nicht nur die ersten Blumen des Jahres, sondern auch die wertvollsten Heilpflanzen unserer Heimat entdecken.

Huflattich *Tussilago farfara* (Familie: Korbblütler *Compositae* = *Asteraceae*) Europa, ⚕, blüht 3–4, ♃, schiebt bereits im Februar seinen eigenartigen, mit schwärzlichen und rötlichen Schuppenblättchen bedeckten, 10 bis 25 cm hohen Stengel empor. Die goldgelben Korbblüten erinnern entfernt an den Löwenzahn.

Huflattich

Die auf der Unterseite weißflaumigen, etwa hufgroßen, maximal bis 30 cm großen Laubblätter sprießen Anfang Mai, zwischen ihnen erstickt jede andere Pflanze. Liebt lehmige, tonige, kiesige Erde, in die seine Pfahlwurzel bis zu 1 m tief eindringt und lange unterirdische Sprosse vortreibt.
Die getrocknete Pflanze ergibt einen heilsamen Brusttee, Umschläge helfen bei Venenentzündung und nässenden Hautausschlägen.

Kleine Brennessel *Urtica urens* (Familie: Nesselgewächse *Urticaceae*) Europa, ⚕, blüht 6–9, einjährige Pflanze, sprießt Ende März, hebt vierkantige Stengel 15–60 cm hoch, treibt längliche, grobgesägte, gegenständige Blätter und entfaltet in deren Winkeln zu Knäueln vereinigte, kurze Blütenrispen mit unscheinbaren grünlichen Blüten. Die Haare am Stengel wie auf den Blättern sind so spröde, daß ihre Spitzen sofort abbrechen, in die Haut dringen und eine Art von Ameisensäure in die Wunde ergießen. Die Haarspitze hat ein glasartiges Köpfchen, das bei der leisesten Berührung absplittert und das Haar in eine scharfe Injektionsspritze verwandelt.

Kleine Brennessel

Die **Große Brennessel** *Urtica dioica*, ⚕, schießt bis zu 150 cm empor, ist zweihäusig, das heißt, es gibt männliche und weibliche Pflanzen dieser Art, die weiblichen haben lange hängende Blütenrispen, die männ-

lichen aufrechtstehende Blütenstände. Bei der Kleinen Brennessel sind die Staub- und Stempelblüten auf der gleichen Pflanze vereinigt.
Die Brennessel birgt eine ganze Herrgottsapotheke in sich. Die jungen Triebe ergeben, lange gekocht, den gesunden »Brennesselspinat« mit hohem Eisen- und Vitamin-C-Gehalt. Früher lieferten die langen, festen Bastfasern der Stengel dem Menschen das Nesseltuch.

Schafgarbe *Achillea millefolium* (Familie: Korbblütler *Compositae* = *Asteraceae*) Europa, ⚕, blüht 6–10, ♃, hat 15–50 cm hohen Stengel mit schmalen, krausen, doppelt fiederteiligen, dunkelgrünen, scharf balsamisch duftenden Blättern und kleinen weißen, manchmal auch rosafarbenen Blütenkörbchen, die in breiten Trugdolden beisammenstehen. Heilkraft steckt in den Blättern und den Blüten. Sie stillt Blutungen, wirkt entzündungshemmend, fördert den Kreislauf und die Absonderung von Magensaft.

Schafgarbe

Kleine Klette *Arctium minus* (Familie: Korbblütler *Compositae* = *Asteraceae*) Süd- und Mitteleuropa, ⚕, blüht 7–9, zweijährige Pflanze, 50–130 cm hohe, sperrige, ästige Büsche, hat geriefte, graufilzig behaarte Stengel und Blätter und haselnußgroße, silbergraue Blütenköpfe mit einem Schopf purpurroter Röhrenblüten. Die reifen Fruchtköpfchen heften sich mit ihren hakigen Hüllblättchen an Tiere und Menschen.

Kleine Klette

Die fleischige und schleimige Wurzel wirkt entzündungshemmend, harn- und schweißtreibend, hilft auch bei Verdauungsstörungen und angeblich bei schütterem Haarwuchs.

Echte Kamille *Matricaria chamomilla* (Familie: Korbblütler *Compositae* = *Asteraceae*) gemäßigtes und warmes Europa, ⚕, blüht 5–9, einjährige Pflanze, hat 15–30 cm hohen Stengel mit fiederspaltigen, zerschlitzten, dünnzipfligen Blättern. Die Blütenköpfe sind hohl. Die Echte Kamille duftet stark aromatisch und trägt ihre weißen Randblüten stark herabgeschlagen, während die **Geruchlose Kamille** oder **Falsche Kamille** *Matricaria inodora* sie aufgeschlagen spreizt.

Echte Kamille

Die Echte Kamille wirkt entzündungshemmend, beruhigend und schweißtreibend. Verwandt ist noch die **Strahllose Kamille** *Matricaria matricarioides,* die ebenfalls stark aromatisch riecht, gelbgrüne Blüten trägt ohne weiße Strahlenblüten.

Vogelmiere, Sternmiere *Stellaria media* (Familie: Nelkengewächse *Caryophyllaceae*) Europa, ⚕, blüht 3–11, einjährige Pflanze, 5–40 cm, hat runde, einreihig behaarte, liegende bis aufsteigende, ästige Stengel mit sattgrünen eiförmigen Blättchen

Vogelmiere

und winzigen weißen Blütensternen mit 5 zweizipfligen Blütenblättern.

Auf den Feldern, Rainen und Wiesen wird sie von der **Großen Sternmiere** *Stellaria holostea* vertreten, deren weiße Blüte aus 5 großen, nur bis zur Mitte gespaltenen Blütenblättern besteht.

Sie löst und lockert Verschleimungen.

Sechs gefährliche Gesellen

Was wir Unkraut nennen und heftig bekämpfen, wurde uns also eigentlich zugesellt, um uns in aller leiblichen Not zu helfen. Und so, wie sich uns diese sechs Heilpflanzen aufdrängen, uns von der winterlichen Verstockung und Verschleimung befreien wollen, so rücken uns auch sechs andere Pflanzen so dicht auf den Leib, daß wir sie gar nicht übersehen können. Sie folgen uns, wohin wir auch gehen, sind aber zumeist Kinder des Sommers. Die ihnen innewohnenden Wirkkräfte sind so stark, daß sie nur in ganz starker Verdünnung heilsam werden, sonst aber zu schweren und tödlichen Vergiftungen führen.
Übereinstimmend können wir bei fast allen Giftpflanzen feststellen, daß sie starke, betäubende und narkotische Gerüche verbreiten, die wir teils als widerlich, teils als angenehm empfinden, die uns aber immer zur Vorsicht mahnen sollten. Verdächtig ist also auch die sehr wohlriechende Pflanze, wie z.B. der Seidelbast und das Maiglöckchen, die von den Tieren ebenso wie die übelriechenden Pflanzen gemieden werden.

Schwarzes Bilsenkraut *Hyoscyamus niger* (Familie: Nachtschattengewächse *Solanaceae*) Europa abgesehen vom äußersten Norden, †, blüht 6–10, ein- bis zweijährige Pflanze, 30–80 cm, stattliche und krautige Pflanze von düsterem Aussehen und strengem narkotischem Geruch, hat schmutziggrüne, klebrig-haarige Stengel, derbe, grobausgebuchtete, mattgrüne Blätter, auffallend schmutziggelbe, violett geäderte Blüten mit rotviolettem Schlund.
Das in der ganzen Pflanze enthaltene Gift verursacht Kopfschmerzen, Schwindelanfälle, Muskelkrämpfe, Kolikanfälle, Delirium, Sinnesstörungen und ohne ärztliche Hilfe schließlich den Tod durch Atemlähmung.

Schwarzes Bilsenkraut

Gefleckter Schierling *Conium maculatum* (Familie: Doldengewächse *Umbelliferae* = *Apiaceae*) Europa, †, blüht 6–8, zweijährige Pflanze, hat 1–2 m hohen, blaubereiften, braunrot gefleckten, feingerillten Stengel, feingefiederte graugrüne Blätter mit gesägten Blattzipfeln, die zerrieben widerlich nach Dung riechen. Die großen flachen Blütendolden haben am Grunde viele kleine Hüllblätter und bestehen aus schmutzigweißen Blütchen. Ist in allen Teilen giftig. Der Schierlingstrank des Altertums wurde aus den unreifen Früchten bereitet. Die Vergiftung äußert sich in Brennen und Kratzen im Halse, Erbrechen, Zuckungen aller Muskeln, Schluck- und Sprachlähmungen, denen schnell der Tod durch Atemlähmung folgt.

Hundspetersilie, Blüten und Samen

Hundspetersilie *Aethusa cynapium* (Familie: Doldengewächse *Umbelliferae = Apiaceae*) Europa, †, blüht 6–10, zweijährige Pflanze, gleicht vor allem in der Jugend sehr der Gartenpetersilie, wird dann aber bis zu 1½ m hoch, hat 3 Hüllblättchen am Grunde der Dolden, bläulich bereiften, schmutzigviolett überlaufenen Stengel, lebhaft glänzende dunkelgrüne Blätter mit weißen Stachelspitzen, die zerrieben stark nach Knoblauch riechen.
Das Kraut wie die Wurzel sind giftig. Die Vergiftungserscheinungen sind ähnlich wie beim Gefleckten Schierling: der Leib schwillt auf, den Krämpfen folgen Delirien und Lähmungen, oft tritt, besonders bei vergifteten Kindern, der Tod ein.

Stechapfel *Datura stramonium* (Familie: Nachtschattengewächse *Solanaceae*) Heimat: Nordamerika, heute über die ganze Erde verbreitet, †, blüht 6–9, einjährig, hat bis zu 1 m hohen, sperrig verästelten Stiel, ungewöhnlich große, 20 cm lange und 15 cm breite, buchtig gezähnte Blätter, eine auffallend schneeweiße, fünfzipflige, langgestielte, nachts stark duftende Trichterblüte. Die walnußgroße stachelbesetzte Samenkapsel erinnert an die Frucht der Kastanie.
Sein Gift berauscht, betäubt schließlich und kann tödliche Lähmungen herbeiführen.

Zypressenwolfsmilch *Euphorbia cyparissias* (Familie: Wolfsmilchgewächse *Euphorbiaceae*) Europa, †, blüht 4–5, ♃, bildet dichte Horste und Polster, hat 15–30 cm hohen, milchsaftigen, im oberen Teil rot überlaufenen Stengel mit nadelschmalen, bläulichgrünen Blättern. Die grünlichgelben Blütchen stehen in einer kleinen vielstrah-

Stechapfel, Blüte und Samenkapsel

ligen Trugdolde beisammen, besitzen weder Kron- noch Kelchblätter. Die bereits befruchteten Pflanzen färben ihre Hochblatthülle lebhaft gelb und rot.
Der weiße Milchsaft ruft auf der Haut starke Entzündungen, Blasen und Geschwüre hervor, verändert, ins Auge gerieben, die Hornhaut so stark, daß wir erblinden können, ruft nach dem Genuß Erbrechen und Durchfälle, Delirien und Krämpfe hervor, denen nach zwei bis drei Tagen auch der Tod folgen kann. Die Weidetiere meiden alle Wolfsmilchgewächse.

Schwarzer Nachtschatten *Solanum nigrum* (Familie: Nachtschattengewächse *Solanaceae*) Europa, †, blüht 6–9, einjährig, 30–100 cm, die wechselständigen Blätter sind langgestielt und rautenförmig, am Rand oft gebuchtet. Die kleinen, weißen, radförmig ausgebreiteten, fünfzipfligen Blüten mit den kegelförmig zusammengefaßten Staubgefäßen sind unverkennbar. Oft hängen neben ihnen schon die schwarzen, runden und gestielten, giftigen Beeren (s. auch Bittersüßer Nachtschatten, S. 195).

Zypressenwolfsmilch

Disteln und distelähnliche Pflanzen

Wegränder, Feldraine, Ödländer und Bahndämme sind auch der Disteln letzte Zufluchtsstätte geworden, die der Bauer, dem die Gänse- und die Kohldistel schwer zu schaffen machten, nun samt und sonders von den Wiesen und Feldern verbannte.
Allen Disteln sind gemeinsam die stachligen Blätter und Stiele, die verdickte Haut, die zu meist purpurroten Kronen eng zusammengefaßten Röhrenblüten, die stachligen Hüll- und Kelchblätter, die diese Blüten beschützen, und die wolligen und silberfasrigen Flughaare und Segelschirmchen der Samenkörner. Als Kinder des Sommers erblühen sie erst im Juni, Juli und August (Gold- und Silberdistel s. S. 157).
Zu den echten Disteln gesellen sich etliche distelähnliche Pflanzen, die diesen im Habitus und in der Blütenform nahekommen, aber nicht stacheln und stechen. Sie nutznießen gleichsam vom Respekt, den sich die wehrhaften Disteln bei den Tieren verschafften.

Gemeine Eselsdistel *Onopordon acanthium* (Familie: Korbblütler *Compositae* = *Asteraceae*) Europa, ‡, blüht 6–9, zweijährig, bis 2 m hoher, breit geflügelter Stengel, an dem die länglich buchtigen, graufilzigen, wie mit Spinnweb überzogenen Blätter herablaufen und ihn mit ihrer Spreite beflügeln. Die großen purpurroten Blütenköpfe haben einen runden, nach allen Seiten spitzstacheligen Kelchkorb.

Gemeine Kratzdistel, Lanzettkratzdistel *Cirsium vulgare* (Familie: Korbblütler *Compositae* = *Asteraceae*) Europa, blüht 6–9, zweijährig, 60–100 cm hoher Stengel, an dem die oberseits weißstachligen, unterseits weißfilzigen, dornigen und tiefgeteilten Blätter herablaufen. Die purpurroten Korbblüten stehen einzeln und werden vom Hüllkelch sehr eng zusammengefaßt.

Gemeine Kratzdistel

Wollige Kratzdistel *Cirsium eriophorum* (Familie: Korbblütler *Compositae* = *Asteraceae*) Mittel- und Südeuropa, blüht 7–9, zweijährig, 60–150 cm hoher Stengel, der Hauptblütenkopf wird manchmal von etlichen kleineren umgeben, alle Teile wollfilzig.

Nickende Distel *Carduus nutans* (Familie: Korbblütler *Compositae* = *Asteraceae*) Europa, blüht 6–9, zweijährig, bildet im Herbst und Winter die herrlichen großen, dicht dem Boden angeschmiegten Blattrosetten, aus denen sich im Mai der 60–100 cm hohe Stengel mit den ihn umfassenden, fast kahlen, nach allen Seiten stachelnden Blättern erhebt. Die einzelne, große, purpurne, nach Moschus duftende Korbblüte ist so schwer, daß sie nickend überhängt.

Stengellose Kratzdistel *Cirsium acaulon* (Familie: Korbblütler *Compositae* = *Asteraceae*) Europa, blüht 7–9, ♃, 5–20 cm, der purpurne große und einzelne Blütenkopf sitzt an sehr kurzem Stengel inmitten der schönen großen Blattrosette.

Kohldistel *Cirsium oleraceum* (Familie: Korbblütler *Compositae* = *Asteraceae*) Europa, blüht 6–9, ♃, bis 150 cm hoher, röhriger, harzender Stengel mit kahlen, am Rande weichdornigen, nicht stechenden Blättern. Die zahlreichen weißlichgelben Korbblüten werden von auffallend bleichgrünen und eirunden Hochblättern umgeben, liebt feuchte Standorte.

Kohl-Gänsedistel *Sonchus oleraceus* (Familie: Korbblütler *Compositae* = *Asteraceae*) Europa, blüht 6–10, einjährig, gelb blühend, bis 1 m hoher Stengel mit stachliggezähnten Blättern, die ihn herzförmig umfassen, zahlreiche kleine Blütenköpfe.

Wilde Karde *Dipsacus fullonum* = *silvester* (Familie: Kardengewächse *Dipsacaceae*) Mittel- und Südeuropa, ‡, blüht 7–8, zweijäh-

Wollige Kratzdistel

Gemeine Eselsdistel

Wilde Karde

Kohldistel

rig, distelähnlich, 1–2 m hoher, stark stachliger Stengel mit gegenständigen, spitz lanzettlichen, wellig gebogenen Blättern, die miteinander am Grunde verwachsen sind und rund um den Stengel eine Art von Wasserbecken bilden. Am Stengel emporkletternde Insekten stürzen zwangsläufig in diesen Wallgraben und ertrinken. Der bis zu 9 cm lange und große, borstige Blütenkopf mit den violetten Blüten wird von den Stacheln des Hüllkelches umgeben.

Färberscharte

Färberscharte *Serratula tinctoria* (Familie: Korbblütler *Compositae* = *Asteraceae*) Europa, blüht 7–9, ♃, distelähnlich, bis 1 m hoher, steifer, ästiger Stengel mit unten gestielten, oben ansitzenden, scharf gesägten, stachlig gefiederten Blättern. Die violettroten Blütenröhren stehen in einem hohen, braunvioletten, stachellosen Hüllkelch, ragen kaum über ihn hinaus, sind oft zu Doldenrispen vereinigt.

Echtes Benediktenkraut

Echtes Benediktenkraut *Cnicus benedictus* (Familie: Korbblütler *Compositae* = *Asteraceae*) eingebürgert in Süd- und Mitteleuropa, ⚕, blüht 6–7, einjährig, blüht gelb, 40 cm hoher, fünfkantiger, gestreifter, unten borstiger Stengel mit zottig behaarten, klebrigen, stachelspitzig gezähnten Blättern. Die Blüte liegt wie versteckt in einem Trichter von Hochblättern, hat spinnwebartig behaarte Hüllblätter. Verwilderte, aus dem östlichen Mittelmeergebiet stammende Heilpflanze.

Büsche am Bahndamm

Ödland sind auch die aufgeschütteten oder tief in das Gelände eingeschnittenen Bahndämme. Hier feiern die wilden Kleearten, die Disteln, die Natternköpfe, die Labkräuter und Wiesenknöpfe fröhliche Blütenfeste, wuchern die Taubnesseln und Kletten. Auf den mitunter recht beachtlich hohen Hängen siedeln sich außerdem zahlreiche bedürfnislose Büsche an, die man gern gewähren läßt, da sie das Erdreich festigen, natürliche Hecken bilden und Schneeverwehungen auffangen.

Robinie, Falsche Akazie *Robinia pseudoacacia* (Familie: Schmetterlingsblütler *Leguminosae* = *Fabaceae*) in vielen Ländern Europas eingebürgert, †, blüht 5–6, ♃, erreicht oft nur Heckenhöhe, gehört zu den Hülsenfrüchtlern wie unsere Erbsen und Bohnen. Die weißen, süß duftenden Schmetterlingsblüten hängen in großen Trauben über den gefiederten Blättern. Im Herbst baumeln die großen dürren Schoten von den Zweigen. Der junge Baum schützt seine Blätter durch je zwei spitze Stacheln an den Stielen. Wurde erst im 17. Jahrhundert in Europa eingeführt, stammt aus Virginia und ist das Hungern und Darben auf dürrem und heißem Boden gewohnt. An günstigen Standorten baumstark und bis zu 30 m hoch. Holz, Samen, Rinde und Wurzel sind giftig.

Robinie

Schlehe, Blüten und Beeren

Schlehe, Schwarzdorn *Prunus spinosa* (Familie: Rosengewächse *Rosaceae*) Europa, $, blüht 3–5, belaubt sich nach der Blüte mit kleinen, scharfgesägten Blättern, hat dicht verschränkte dornige Zweige, die einen sperrigen, bis zu 2 m hohen Busch bilden. Die nach Bittermandeln duftenden weißen Blüten überschäumen für wenige Tage den Busch und werden eifrig von Bienen, Hummeln, Fliegen und Schmetterlingen besucht. Im Herbst funkeln die schwarzblau bereiften, stark säuerlichen Steinfrüchte wie kleine Pflaumen im Geäst, liefern ein wohlschmeckendes Mus, den Schlehenwein und Schlehengeist.

Weißdorn, Blüten und Beeren

Eingriffeliger Weißdorn *Crataegus monogyna* (Familie: Rosengewächse *Rosaceae*) Europa, ⚕, blüht 5–6, ♃, hat dichtverschränkte Zweige mit bis 2,5 cm langen, geraden Dornen, bildet einen 1–5 m hohen Busch mit gelblichgrünen, drei- bis fünflappigen Blättern. Die weißen, aufdringlich nach Heringslake riechenden Blüten tragen 5 Blütenblätter, 1 Griffel, stehen in kleinen Doldenrispen beieinander und erscheinen wie gepunktet von den himbeerroten Staubgefäßen. Die scharlachroten Beeren sind die wohlbekannten »Mehlfäßchen«.

Gemeiner Kreuzdorn, Purgier-Kreuzdorn *Rhamnus cathartica* (Familie: Kreuzdorngewächse *Rhamnaceae*) Europa, †, ⚕, blüht 5–6, ♃, belaubt sich im Mai mit spitzeiförmigen, feingesägten, bogig benervten Blättern, ist ein sehr sperriger, dorniger, 2–3 m hoher Busch. Die kleinen grünlichen, vierzähligen Blüten stehen in Büscheln beisammen. Die erbsengroßen schwarzen Steinfrüchte sind ein gutes Abführmittel. Die Rinde bewirkt Brechreiz.

Berberitze, Blüten und Beeren

Berberitze, Sauerdorn *Berberis vulgaris* (Familie: Berberitzengewächse *Berberidaceae*) Europa, (†), blüht 5–6, ♃, bis 4 m, wurde als Zwischenträger des gefürchteten Getreiderostes auf allen Feldrainen ausgerottet, hat hellbraune, geneigte, schlanke Zweige mit 3-, 5- oder 7spitzigen Dornen und dornig bewimperte Blätter. Die leuchtendgelben, stark riechenden Blüten sitzen in geneigten Trauben beisammen. Außer den walzigen, scharlachroten Beeren sind alle Teile des Busches giftig, rufen heftiges Erbrechen, schwere Durchfälle und Nierenentzündungen hervor.

Besenginster, Besenstrauch *Cytisus scoparius* (Familie: Schmetterlingsblütler *Leguminosae = Fabaceae*) Europa, ‡, (†), blüht 5–6, ♃, 60–250 cm, hat auffallend grüne, rutenförmige, scharfkantige Zweige und winzige Blättchen, die er im Sommer auch noch einspart. Die goldgelben Schmetterlingsblüten stehen einzeln, können nur von kräftigen Bienen und Hummeln bestäubt werden. Die Samenkörner werden in kleinen braunschwarzen Schoten bis zur Reife aufbewahrt.
Der Besenginster liefert nicht nur Besenruten und Flechtwerk, sondern auch Gerbstoffe, Färbemittel und Fasern.

Besenginster

Kornelkirsche, Gelber Hartriegel *Cornus mas* (Familie: Hartriegelgewächse *Cornaceae*) Mittel- und Südosteuropa, ‡, blüht 3–5, ♃, ein Strauch, der in Gärten und Anlagen ein kleiner Baum von 3–6 m Höhe werden kann. Die kleinen gelben Blüten prangen in Büscheln auf den grauen bis bräunlichen Zweigen und sind wohl ein bescheidenes, dafür aber eines der ersten Blütenwunder des Jahres. Im April entfalten sich die eiförmig zugespitzten, an ihrer Unterseite mit kleinen weißen Haarbüscheln bewachsenen Blätter. Im September hängt der Busch voll von glänzendroten, eiförmigen Steinfrüchten, die eine ausgezeichnete Marmelade ergeben und deren Saft besonders Fieberkranke erfrischt und belebt.

Kornelkirsche, Blüten und Früchte

Roter Hartriegel *Cornus sanguinea* (Familie: Hartriegelgewächse *Cornaceae*) Europa, ‡, †, blüht 5–6, ♃, 3–5 m, wächst wie die Kornelkirsche an Hängen. Seine kleinen weißen Blüten erscheinen von Mai bis Juni, bilden schirmförmige Blütenstände mit vielen Blüten, die Blätter entfalten sich vom Mai an. Die Früchte sind kirschähnlich, glänzendschwarz, die Blätter im Herbst rot gefärbt.

Schwarzer Holunder, Blüten und Beeren

Heckenrose, Hundsrose *Rosa canina* (Familie: Rosengewächse *Rosaceae*) Europa, ⚕, blüht 6, ♃, 1–5 m hoher Strauch, der aus Stock und Seitenwurzeln stark ausschlägt, rankende Zweige und Triebe hat, die dicht mit sichelförmigen Stacheln besetzt sind, sich nach außen durchbiegen und aus denen nach der Verholzung wieder neue Ruten schießen, und zwar regelmäßig aus der Mitte des Zweigbogens, bildet schließlich eine undurchdringliche und wallartige Hecke, treibt wechselständige, gefiederte, scharfgesägte Blätter, entfaltet weiße bis rosenrote, zart duftende Blüten, die einen krugförmigen Boden, fünf zurückgeschlagene grüne Kelchblätter und fünf große Kronblätter haben, trägt im Herbst die leuchtendroten Hagebutten, die sehr viel Vitamin C enthalten, deren feste Haut silbern behaarte Samennüßchen umschließt.

Schwarzer Holunder *Sambucus nigra* (Familie: Geißblattgewächse *Caprifoliaceae*) Europa, ⚕, blüht 6–7, ♃, kann sich aus einem starken Busch zu einem bis zu 10 m hohen Baum entwickeln, wächst sehr rasch, hat erst grünrindige, zerbrechliche und glasspröde Sprosse, die später zäh und holzig werden und abgestorbenes weißes Mark enthalten. Belaubt sich bereits Anfang März mit fiederschnittigen, im Sprießen bläulich oder rotbräunlich überlaufenen Blättern. Die in großen Trugdolden beisammenstehenden, gelblichweißen Blüten duften widerlich süß, stark und fad. Die Fruchtstiele verfärben sich rot, die Beeren schimmern schwarz und hängen tief geneigt. Blüten und Früchte helfen bei fieberhaften Erkältungskrankheiten, lindern Entzündungen der Atemwege, wirken schweiß- und harntreibend sowie krampflösend.

Von den Tieren

Bunte, funkelnde und schwirrende Fliegen

Gerüche, die uns anwidern und abstoßen, scheinen die Fliegen besonders zu lieben. Und so finden wir sie vor allem an den aufdringlich stark duftenden Büschen. Als Fliegen erkennen wir sie leicht und eindeutig daran, daß sie nur zwei häutige Flügel haben, während alle anderen fliegenden Insekten deren vier besitzen. Das eine Flügelpaar wandelte sich zu kleinen Schwingkolben. Dennoch sind die Fliegen sehr schnelle Flieger, ja geradezu Flugkünstler, die sich selbst mit den Libellen messen können.
Sie kennzeichnen sich fast alle durch leuchtende, oft metallisch schimmernde und funkelnde Farben, durch schlanken oder bienenähnlichen Wuchs und auffällig große Augen. Die größten unter ihnen leben räuberisch und spielen eine wesentliche Rolle im gesamten Insektenhaushalt. Andere sind harmlose Nektarnäscher und zugleich heimliche Brutschmarotzer oder stillvergnügte Pollenfresser und zugleich wichtige Zerfallsbeschleuniger oder unangenehme Blutsauger und zugleich Larvenvertilger. Wir wollen uns hier nur mit einigen Fliegenfamilien näher befassen. Auf die gefürchteten Bies- und Dasselfliegen wie auf die Rinderbremsen kommen wir im nächsten Kapitel (S. 115/116) zu sprechen.

Habichtsfliege *Dioctria oelandica* (Familie: Raubfliegen *Asilidae*, Ordnung: Zweiflügler *Diptera*) 15 mm, ist schmal, glänzendschwarz. Sie hat messinggelbe Flecken an den Brustseiten und messinggelbe Striemen auf dem Rücken des Mittelleibes, lange schwärzliche Flügel, rotgelbe Beine und zwei mächtige Facettenaugen, die durch einen tiefen Scheitel getrennt sind. Raubfliege, die andere Insekten überfällt. Ihre Larve lebt räuberisch im Boden.

Hornissenartige Raubfliege *Asilus crabroniformis* (Familie: Raubfliegen *Asilidae,* Ordnung: Zweiflügler *Diptera*) 15–30 mm, graugelb mit reingelben Striemen und Flecken am Kopf, auf dem Rücken, auf den letzten Hinterleibsringen und an den Schenkeln. Hinterleibsgrund samtartig braunschwarz, summt jäh auf, stürzt sich sprungartig fliegend auf ihre Opfer, streicht sonst flach über dem Boden hin, lauert viel auf Stoppelfeldern.

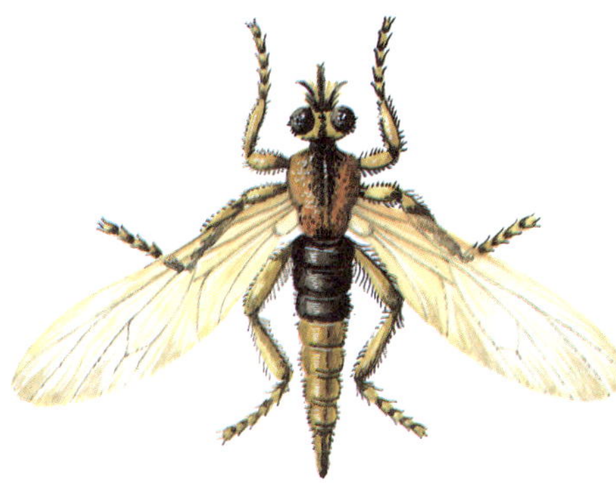

Hornissenartige Raubfliege

Gewürfelte Tanzfliege *Empis tesselata* (Familie: Tanzfliegen *Empedidae,* Ordnung: Zweiflügler *Diptera*) bis 12 mm, bräunlich-

Gewürfelte Tanzfliege

grau, auf dem Rückenschild drei schwarze Striemen, hellbraune Flügel, an der Wurzel gelb, Hinterleib würfelartig schillernd, fliegt ab Mai. Die Weibchen tanzen wie Mücken im Sonnenschein, die Männchen bringen ihnen zum Hochzeitsschmaus ein gefangenes Insekt, sonst aber leben die Weibchen nur von Pflanzensäften.

Goldfliege

Schlammfliege, Mistbiene *Eristalis tenax* (Familie: Schwebfliegen *Syrphidae,* Ordnung: Zweiflügler *Diptera*) 14–17 mm, gleicht täuschend einer Honigbienendrohne, fliegt vom Frühjahr bis Spätherbst, erhielt den unschönen Namen, weil ihre bis 2 cm lange, schmutziggraue, durch einen langen »Rattenschwanz« auffallende Larve im Schlamm, eklen Brühen und Abwässern lebt. Der »Schwanz« der Larve ist in Wirklichkeit eine hohle Luftröhre, ohne die sie in der Jauche ersticken müßte, die senkrecht zur Wasseroberfläche führt und aus 3 Abschnitten besteht, die bis zu einer Länge von 10 cm fernrohrartig auseinandergezogen werden können.

Hummelschwebfliege *Volucella bombylans* (Familie: Schwebfliegen *Syrphidae,* Ordnung: Zweiflügler *Diptera)* 14–16 mm, in Größe und Behaarung einer Steinhummel (s. S. 109) täuschend ähnlich, schwarzbepelzter Körper, wachsgelbes Gesicht, letzte Hälfte des Hinterleibes fuchsrot behaart. Harmloser Pollenfresser und Blumenbestäuber.

Blaue Schmeißfliege

Blaue Schmeißfliege, Brummer *Calliphora erythrocephala* (Familie: Echte Fliegen *Muscidae,* Ordnung: Zweiflügler *Diptera*) 9 bis 13 mm, mit rotgelben und schwarzbehaarten Backen, stahlblauer Leib, kräftig brummend, legt ihre 300 Eier an faulendes Fleisch und Kadaver.

Goldfliege, Caesarfliege *Lucilia caesar* (Familie: Echte Fliegen *Muscidae,* Ordnung: Zweiflügler *Diptera*) 8 mm, metallisch goldgrün schillernd, legt ihre Eier in Menschen- und Tierkot, Wunden und Geschwüre. Die **Waldgoldfliege** oder **Krötenfliege** *Lucilia bufonivora = silvarum,* legt ihre Eier auf Kröten ab, denen dann die Fliegenmaden die Augen und den Kopf ausfressen.

Graue Fleischfliege *Sarcophagia carnaria* (Familie: Fleischfliegen *Sarcophagidae,* Ordnung: Zweiflügler *Diptera*) ♀ 15 mm, ♂ 10 mm, hat rote Augen, lichtgrauen Rückenschild mit schwarzen Striemen, würflig gezeichneten Hinterleib, der in Schwarz, Braun und Gelb schillert, gebärt lebende, schmutzigweiße, kegelförmige Maden, die faulendes Fleisch bevorzugen.

Gemeine Stechfliege, Wadenstecher *Stomoxys calcitrans* (Familie: Stechfliegen *Stomoxyidae,* Ordnung: Zweiflügler *Diptera*) 6–9 mm, grau, der Stubenfliege ähnlich, hat aber waagerecht getragenen Stechrüssel, auf dem Rückenschild drei breite weißliche Striemen, sticht empfindlich, um Blut zu saugen. Die Made lebt im Pferdemist. Nahe verwandt ist die tropische **Tsetsefliege** (Gattung: *Glossina*), die Viehseuchen und die Schlafkrankheit verbreitet.

Chamäleonsfliege

Chamäleonsfliege *Stratiomys chamaeleon* (Familie: Waffenfliegen *Stratiomyidae,* Ordnung: Zweiflügler *Diptera*) 14–16 mm, sehr breiter Hinterleib mit drei unterbrochenen gelben Zeichnungen, hat dicke, leistenartig hervortretende, lebhaft gelbe Backen, große Augen, geknieten, fleischigen Rüssel, fliegt lautlos, brummt stark, wenn sie gefangen wird, sticht nicht, gehört zu den Waffenfliegen, die ihren Namen wegen der kleinen spießförmigen Dornen am Schild und an den Brustseiten bekamen, die aber keine Waffen darstellen. Die Larve hängt wie die der Stechmücke kopfunter am Wasserspiegel.

Halbmondschwebfliege, Mondfleckige Schwirrfliege *Syrphus pyrastri* (Familie: Schwebfliegen *Syrphidae,* Ordnung: Zweiflügler *Diptera*) mißt 10–14 mm, wespen- und bienenartig, fein behaart, an Kopf und Brust metallisch blaugrün, den abgeplatteten glänzendschwarzen Hinterleib zieren sechs paarweise stehende weiße Mondflecken. Sie gehört zu den harmlosen, pollenverzehrenden Fliegen. Ihre grünlichgraue, blutegelähnliche Larve ist ein tüchtiger Blattlausvertilger.

Großer Wollschweber

Großer Wollschweber *Bombylius major* (Familie: Hummelschweber *Bombyliidae,* Ordnung: Zweiflügler *Diptera*) mißt 12–16 mm, hummelähnlich, gelbbräunlich bepelzt, seitliche Brust und Bauch schneeweiß, 10 mm langer Rüssel, trinkt schwebend und rüttelnd aus den Blüten, sehr fluggewandt, steht oft rüttelnd in der flimmernden Luft.

Backendickkopffliege *Myopa buccata* (Familie: Dickkopf- oder Augenfliegen *Conopidae = Pipunculidae,* Ordnung: Zweiflügler

Diptera) mißt 10–12 mm, gestreckter Leib, beim Weibchen walzenförmig, unten leicht durchgebogen, hat sehr langen, dünnen, geknieten Rüssel, breite, weiße, aufgeblasene und bärtige Backen, auffallend großen Kopf, fliegt schon im zeitigen Frühjahr, ist verhältnismäßig behäbig, vollzieht die Eiablage an Wespen, in deren Leibern ihre Larven heranwachsen.

Trauerschweber *Anthrax morio* (Familie: Hummelschweber *Bombyliidae*, Ordnung: Zweiflügler *Diptera*) mißt 10–14 mm, samtschwarz bepelzt, am Grunde des Hinterleibes fuchsrot, kurzrüsselig, Flügel glashell, die Wurzelhälfte derselben aber dunkel gefärbt. Ist ein Brutschmarotzer, der seine Eier an die Nester der Mörtelbiene heftet und deren Larven die Bienenlarven aussaugen.

Unsere Krähenvögel

Auch sie gehören gleich dem verachteten Unkraut zu den Schuttplätzen und Abraumhalden, den Ödländern und Bahndämmen und werden in gleichem Maße verkannt und verfolgt. Viel zuwenig wird beachtet, daß diese schwarzen Rabenvögel eine starke Straßenkehrerbrigade der Natur sind, die auch noch den ekelsten Brokken verschlingen und bei uns die Rolle der Geier, Hyänen und Schakale spielen. Darüber hinaus sind sie eifrige Mäusejäger, Insektenvertilger und Larvenverschlinger. Unermüdlich und unersättlich gehen sie ihrem Nahrungserwerb nach, zupfen dabei freilich auch die keimende Saat, plündern Getreidefelder wie Vogelnester und brechen Fruchtreiser von den Obstbäumen. Aber einwandfrei ergab sich, daß ihr Fehlen sofort starke Mißernten im Gefolge hatte. Ihre Verfolgung entspringt also einer zu kurzsichtigen, zu einseitigen Schau.

Aaskrähe *Corvus corone* (Familie: Rabenvögel *Corvidae*, Ordnung: Sperlingsvögel *Passeriformes*).

Rabenkrähe

Rabenkrähe *Corvus corone corone*, Europa westlich der Elbe, ausgenommen Island, Irland und Italien, ↓↑, 47 cm, hat gedrungenen Leib, kurzen, derben Schnabel, lebhafte braune Augen, ein veilchen- oder purpurfarben schimmerndes, schwarzes Federkleid, läuft mit langen gravitätischen Schritten, liebt dichte Feldgehölze, nistet heute aber auch viel auf Straßenbäumen und in Parkanlagen. Die Paare leben in guter Dauerehe, halten treu zusammen.

Der Horst wird im April/Mai sehr kunstvoll auf hohen Bäumen zusammengebaut, meist umfaßt das Gelege 3–5 bläulichgrüne, grau und schwarz gefleckte Eier, die vom Weibchen allein drei Wochen lang bebrütet werden. Sommersüber bleibt die Familie beisammen, im Winter schlagen sie sich zu großen Scharen zusammen, die gemeinsam auf bestimmten Schlafbäumen übernachten.

Nebelkrähe *Corvus corone cornix,* Europa östlich der Elbe mit Italien und Irland, ↓↑, 47 cm, bildet ebenso wie die Rabenkrähe eine Rasse der Aaskrähen, lebt aber im Sommer östlich der Elbe und streicht nur im Winter westwärts, unterscheidet sich von der westlichen Schwester durch grauen Rücken und Leib, von dem sich Kopf, Vorderhals, Flügel und Schwanz in tiefem Schwarz absetzen. Kreuzt sich hin und wieder mit der Rabenkrähe und ist fast noch dreister als diese.

Saatkrähe

Saatkrähe *Corvus frugilegus* (Familie: Rabenvögel *Corvidae,* Ordnung: Sperlingsvögel *Passeriformes*) Brutgebiet: Mittel- und Osteuropa und nördliches Westeuropa, ↑, 46 cm, schlanker als Raben- und Nebelkrähe, hält sich abseits von ihnen, hat sehr gestreckten Schnabel, lange Flügel, stark abgerundeten Schwanz, gleichmäßig purpurblauschwarzes Gefieder. Die erwachsenen Vögel verraten sich weithin durch einen weißen Grind an der Schnabelwurzel, denn die Saatkrähen stochern viel in der Erde herum, vertilgen vor allem Engerlinge, Drahtwürmer, Erdraupen und Ackerschnecken.
Sie nisten gemeinsam in größeren Kolonien, meist in Feldgehölzen. Dort herrscht um die Brutzeit ein immerwährendes Spektakel, toben Kämpfe um die günstigsten Plätze, stiehlt man sich gegenseitig den Niststoff und streitet sich um die Nester.
Das Gelege umfaßt 4–5 blaßgrüne, grau und braun gefleckte Eier. Auf einem Baum stehen bis zu zwanzig Nester. Im Winter streichen viele Saatkrähen noch gen Westen und Süden, bleiben aber meist schon am Rhein, in unseren Seestädten und vor dem Alpenwall hängen.

Dohle *Coloeus monedula* (Familie: Rabenvögel *Corvidae,* Ordnung: Sperlingsvögel *Passeriformes*) Europa, abgesehen vom äußersten Norden, §, ↑, mit 33 cm der Zwerg unter unseren Raben, auf Scheitel und Stirn dunkelschwarz, auf Hinterkopf und Nacken aschgrau, auf der Unterseite schiefer- oder grauschwarz. Brütet gemeinsam auf alten Gemäuern, an Felswänden, auf Kirchtürmen und Parkbäumen. Die Nester, geschützt durch die natürlichen Höhlen und Nischen, sind einfacher und kunstloser. Die fünf beschmutzten Eier werden 17–18 Tage lang bebrütet, die Jungen zuerst aus dem Kehlsack gefüttert.

Dohle

Die Ratten

Wo Menschen wohnen, gibt es Ratten. Wo Menschen ihre Vorräte anhäufen und ihre Abfälle hinschütten, dort ist der Lebensraum dieser nacktschwänzigen Nager, graben sie sich ihre Gänge, streifen sie umher. Die Ratten gleichen großen Mäusen mit langen Schuppenschwänzen und kräftigen dicken Füßen. Ihr Pelz durchläuft alle Schattierungen vom schönsten Graubraun bis zum düstersten Schwarzgrau. Nicht selten kommen kohlrabenschwarze und schneeweiße Stücke vor. Und tatsächlich geschieht es immer wieder einmal, daß die Schwänze der jungen Ratten sich verkleben und verknoten und dann ein sogenannter »Rattenkönig« im Nest liegt.

Wanderratte *Rattus norvegicus* (Familie: Langschwanzmäuse *Muridae,* Ordnung: Nagetiere *Rodentia*), Heimat: Nordostasien, heute Kosmopolit, 23 cm, Schwanz 16 cm, Pelz oberseits meist braungrau oder schwärzlich, unterseits scharf grauweiß abgesetzt, hat kleinere Ohren und kürzeren Schwanz als die Hausratte, lebt vorwiegend

Wanderratte

auf dem Lande, wanderte erst im 16. Jh. aus den östlichen Steppen nach Europa ein, ist erdgebundener als die Hausratte, klettert nicht gern, liebt feuchte Winkel und wühlt sich noch Erdnester, kommt besonders im Winter auch in die Städte, lebt dort vor allem in den Kanalisationssystemen und gelangt auch in die Häuser und Keller.
Die Wanderratte gehört zu den größten Schädlingen und verbreitet zahlreiche Krankheiten und Seuchen. Andererseits ist sie auch ein unersättlicher Aufräumer und Straßenkehrer der Natur. Sie ist wahrscheinlich das widerstandsfähigste aller Säugetiere, sammelt sehr schnell ihre Erfahrungen im Umgang mit Menschen, ist äußerst vorsichtig und meidet Fallen wie Giftköder. Die Verluste macht sie spielend durch ihre große Fruchtbarkeit wett. Jedes Weibchen wirft bis zu siebenmal im Jahr 5–20 Jungtiere.

Hausratte *Rattus rattus* (Familie: Langschwanzmäuse *Muridae,* Ordnung: Nagetiere *Rodentia*), Heimat: tropische Gebiete Afrikas und Asiens, heute Kosmopolit, 20 cm, Schwanz bis 25 cm, Ohren groß, Pelz meist grauschwarz, wurde hauptsächlich durch die Schiffahrt verbreitet und hat sich so sehr an die Baulichkeiten des Menschen gewöhnt, daß sie ein echtes Haustier wurde.

Hausratte

Sie bevorzugt vor allem Dachböden und Speicher und liebt ebenfalls die Nähe des Wassers. Die vorrückende Wanderratte hat ihr zwar viele Lebensräume streitig gemacht, vermochte sie aber nicht auszurotten.
Ihre Fruchtbarkeit ist nicht ganz so hoch, die Hecke umfaßt zwei- bis sechsmal im Jahr 6–12 Jungtiere. Ihre Laufgänge durchziehen die alten Gebäude wie eine Rohrpost, und innerhalb derselben liegen auch die Nester. Die Hausratte kann 7 Jahre alt werden, die Wanderratte dagegen höchstens 4 Jahre. Das einzige Mittel, sie niederzuhalten, sind starke, mutige Katzen und scharfe Hunde.

Die Kurzflügler

Auf den Ödländern und Schutthalden und auch auf den Straßen und Wegen treffen wir die verschiedensten Käferfamilien und Käferarten an. Wir wollen hier zunächst die große Familie der Kurzflügler herausgreifen, da sie die angenehme Eigenschaft besitzt, besonders leicht erkennbar zu sein.
Alle Mitglieder dieser Familie tragen stark verkürzte Flügeldecken, die meist 3 bis 5 Hinterleibsringe frei und unbedeckt lassen. Die Hinterflügel sind wie bei allen Käfern dünn und häutig und liegen stark zusammengefaltet unter den schuppenförmigen Flügeldecken. Trotz ihrer kleinen Vorderflügel können die Kurzflügler daher sehr gut fliegen und bilden besonders in den Abendstunden oft dichte und große Schwärme. Von den 2000 verschiedenen Arten, die man heute alleine in Mitteleuropa kennt, sind die meisten sehr winzig und aufgrund ihrer braunen, schwarzen oder grauen Färbung recht unscheinbar. Wir wollen hier nur die zwei größten und auffälligsten Vertreter der einheimischen Kurzflügler besprechen.

Goldstreifiger Moderkäfer *Staphylinus caesareus* (Familie: Kurzflügler *Staphylinidae,* Ordnung: Käfer *Coleoptera*) Mitteleuropa, 15–20 mm, rotbraun, schwarz und goldgelb gefärbt, Beine und Flügeldecken rotbraun, Halsschild, Kopf und Hinterleib schwarz mit goldgelben Härchen. Er ernährt sich von verwesenden Stoffen, ist aber auch ein sehr nützlicher Insektenfresser. Bei Gefahr erhebt er den Hinterleib und nimmt eine Drohstellung ein.

Bunter Pilzkurzflügler *Bolitobius lunulatus* (Familie: Kurzflügler *Staphylinidae*) Mitteleuropa, 9–11 mm, rotbraun und schwarz quergestreift, Kopf, Flügeldecken, Hinterleibsspitze schwarz, sonst rotbraun, ist häufig in größerer Anzahl auf Pilzen zu beobachten.

Auf der Wiese im Flachland

Baumweißling

Während auf den Äckern die Wintersaat schon kräftig sprießt, begrünen sich die Wiesen nur zögernd, gleichsam in Horsten und Inseln, die sich erst allmählich zu einer geschlossenen jungen Grasdecke vereinigen. Denn der Wiesengrund im Tal ist seiner Vergangenheit nach reines Überschwemmungsland, das die Flüsse und Bäche im Frühjahr und Herbst stürmisch in Besitz nahmen. Noch heute, da die Gewässer gezähmt in ihren regulierten Betten dahinrinnen und die Wiesenflächen kaum einmal überspülen, kommt der Grundwasserspiegel hier doch beträchtlich höher an die Oberfläche heran als auf dem Ackergelände. Kälter ist darum der Wiesengrund, langsamer erwärmt er sich im Frühjahr, feuchtigkeitsliebende Pflanzen rücken in den Vordergrund. Andererseits fehlt der Wiese im Sommer der Schutz der Bäume, müssen ihre Pflanzen auch einer langen und prallen Sonnenüberschwemmung gewachsen sein. Und so wurde sie zur Heimat der stark verwurzelten, schmalblättrigen, zähen, bedürfnislosen Gräser, die sich auch damit abzufinden wissen, daß der Mensch zweimal im Jahr mit Sichel und Sense ihren Wachstumsrhythmus unterbricht, daß sie sich nur selten aussamen können. Sie pflanzen sich vorwiegend durch die unterirdische Bestockung und Sprossung fort.

Deutlich zeigen besonders die an und für sich wenigen Blumen und Doldengewächse des Wiesenlandes an, wo der Wasserspiegel noch knapp unter der Oberfläche steht und den Grund versäuert, wo er tiefer gesunken ist, wo Wind und Sonne die Krume besser durchlüften und erwärmen können. Es ist für den Kundigen also leicht, vom vorherrschenden Auftreten bestimmter Gräser und Blumen auf die jeweilige Beschaffenheit des Bodens zu schließen. Auf den halbwegs trockenen Wiesen befinden sich auch zahlreicher die unterirdischen Nester der Hummeln, Wespen und Ameisen, ertönt im Sommer lauter das Konzert der musizierenden Grillen und Heuschrecken.

Von den Pflanzen

Die Wiesengräser

Ihre Anzahl ist so groß wie ihre Vielgestalt. Manche erinnern uns an unsere Getreidesorten, die ja auch aus Wildgräsern hervorgingen, und wir halten uns an diese mehr oder weniger betonte Ähnlichkeit, um einen ersten großen Überblick zu bekommen, wir betrachten uns also zuerst einmal die Gräser, die eine Ähre, ähnlich wie der Roggen, der Weizen und die Gerste entwickeln.

Ährengräser:

Gemeine Quecke *Agropyron repens* (Familie: Süßgräser *Gramineae* = *Poaceae*) gemäßigtes Europa, blüht 6–7, ♃, auf allen Böden.
Die Gemeine Quecke hat einen bis zu 150 cm hohen, aufrechten, glatten Stengel mit schmalen, flachen, oft bläulichgrünen, leicht behaarten Blättern und zweizeiliger Ähre mit zugespitzten Deckspelzen, und sie treibt unterirdisch weitkriechende Ausläufer mit verhornten weißen Spitzen.

Gemeine Quecke

Taumellolch *Lolium temulentum* (Familie: Süßgräser *Gramineae* = *Poaceae*) Europa, selten, †, blüht 6–8, einjährig, liebt leicht feuchten Grund, hat 30–80 cm hohen, dicken, steifen und rauhhaarigen Stengel, schmale, flache Blätter mit rauher Ober- und glatter Unterseite, eine 20 cm lange, stark gewundene Achse, in die sich die einzelnen Ährchen schmiegen, wird oft von einem Pilz befallen, der die Samen vergiftet, wirkt betäubend. Halm nicht in den Mund nehmen!

Ausdauernder Lolch, Englisches Raygras *Lolium perenne* (Familie: Süßgräser *Gramineae = Poaceae*) Europa, blüht 5–10, ♃, 20–60 cm, ähnelt dem Taumellolch, die Ährchen kehren ihre Kanten der ziemlich geraden Spindel zu, bildet dichte Rasen, gutes Futtergras, ohne Grannen.

Ausdauernder Lolch

Kammgras

Mäusegerste *Hordeum murinum* (Familie: Süßgräser *Gramineae = Poaceae*) Mittelmeergebiet und Mitteleuropa, blüht 6–9, einjährig, 15–40 cm, auf allen Böden. Die Mäusegerste ähnelt der angebauten Gerste, hat lange seidige Grannen, die Ähre ist schon ein geschlossenes Ganzes, zerfällt aber leicht.

Ährenrispengräser:

Während bei den reinen Ährengräsern die Ährchen ungestielt und sehr dicht an der Spindel sitzen, haben sie bei den Ährenrispengräsern schon kleine Stielchen.

Gemeines Ruchgras *Anthoxanthum odoratum* (Familie: Süßgräser *Gramineae = Poaceae*) Kosmopolit, blüht 4–6, ♃, duftet getrocknet nach Waldmeister, hat 30–50 cm hohen Stengel, glänzend grüngelbe bis braungelbe Ährchen, liebt etwas feuchten Boden.

Kammgras *Cynosurus cristatus* (Familie: Süßgräser *Gramineae = Poaceae*) Europa, blüht 6–7, ♃, 25–60 cm, liebt trockenen Boden, die dicken, an kurzen Stielen sitzenden Ährchen geben der Ährenrispe ein kammartiges Aussehen.

Wiesenschwingel

Wolliges Honiggras

Knäuelgras

Wiesenschwingel *Festuca pratensis* (Familie: Süßgräser *Gramineae* = *Poaceae*) Europa, blüht 6–7, ♃, bestes Futtergras, die in der Blüte rötlich oder violett angelaufenen Ährchen schwanken an langen dünnen Stielen, 60–100 cm hoch. Liebt leicht feuchten und guten Grund.

Rispengräser:

Sie erinnern in ihrem Blütenstand an die Rispe des Hafers, sind aber zarter und feiner gebaut.

Gemeines Straußgras, Rotes Straußgras *Agrostis tenuis* (Familie: Süßgräser *Gramineae* = *Poaceae*) gemäßigtes Europa, blüht 6–8, ♃, 30–90 cm, liebt trockenen Boden, Blütenstand schleierfein, violett überlaufene Stiele und Ährchen. Auch im Walde.

Wolliges Honiggras *Holcus lanatus* (Familie: Süßgräser *Gramineae* = *Poaceae*) Europa, blüht 6–8, ♃, 30–100 cm, gute Wiesen, fein samtig behaart, die Äste der rötlichviolett überlaufenen Ährchen während der Blüte stark ausgebreitet.

Knäuelgras *Dactylis glomerata* (Familie: Süßgräser *Gramineae* = *Poaceae*) Europa, blüht 5–6, ♃, auf allen Böden, 30–125 cm hoch, hat rauhe Blätter, die Ährchen stehen in büscheligen Knäueln, die grün oder bläulichviolett oder purpurrot gefärbt sind, an den Enden langer Rispenäste.

Wiesenrispengras *Poa pratensis* (Familie: Süßgräser *Gramineae* = *Poaceae*) Europa, blüht 5–6, ♃, 10–90 cm, liebt trockenen Boden, anspruchslos, gutes Futtergras mit hohem dünnem Stengel und kleiner gipfelständiger Rispe, bildet dichte Grasnarbe.

Zittergras *Briza media* (Familie: Süßgräser *Gramineae = Poaceae*) Europa, blüht 5–6, ♃, 30–50 cm hoch, die herzeiförmigen Ährchen schwanken an langen dünnen Stielen.

Walzengräser:

Etliche Wiesengräser entwickeln Ährenrispen, bei denen die einzelnen Ähren so dicht gedrängt stehen, daß walzenähnliche Blütenstände entstehen. Zu ihnen gehört der

Wiesenfuchsschwanz *Alopecurus pratensis* (Familie: Süßgräser *Gramineae = Poaceae*) Europa, ausgenommen die Mittelmeerländer, blüht 5–6, ♃, 60–120 cm, hat geraden Halm und eine grasgrüne Walze, und das

Wiesenlieschgras *Phleum pratense* (Familie: Süßgräser *Gramineae = Poaceae*) gemäßigtes Europa, blüht 6–9, ♃, 30–100 cm, hat eine richtige lange Flaschenbürste, bis 17 cm lang, ist ein ausgezeichnetes Futtergras.

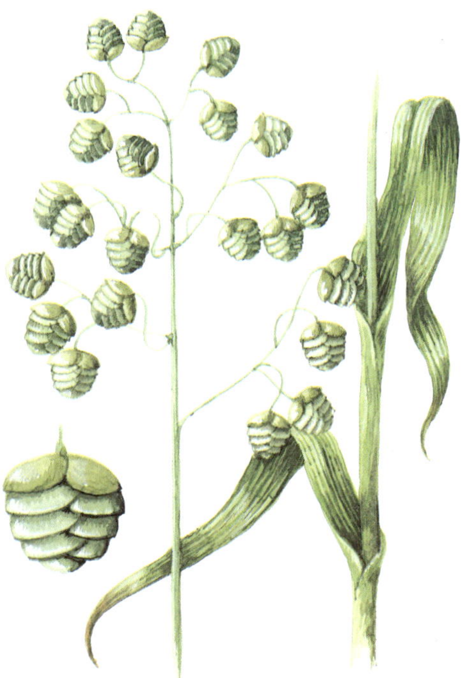

Zittergras

Wiesenfuchsschwanz

Die Wiesenblumen

Schon lange, bevor die Gräser ergrünen, und noch lange, nachdem sie ausgesamt haben, blühen die Wiesenblumen. Vier Blumenkleider hat fast jede Wiese und legt sie alljährlich der Reihe nach an. Im zeitigen Lenz schmückt sie sich mit dem weißen Spitzenkleid des Gänseblümchens. Im Mai hüllt sie sich in das goldgelbe Kleid der Hahnenfüße, Himmelschlüssel, Trollblumen und Löwenzahnsonnen und trägt dazu einen feinen Schleier lilafarbener Wiesenschaumkräuter oder einen breiten Schal weißer Margeriten. Im Sommer schlüpft sie in das blaue Kleid der Glockenblumen, des Wiesensalbeis und der Wegwarte, säumt es mit dem Rot des Klees, der Lichtnelke, des Storchschnabels und dem weißen und cremefarbenen Spitzenhauch der Doldengewächse. Neigt sich der Sommer seinem Ende zu, dann trägt sie das sanfte Rotviolett, das Lila und den Purpur der Wiesenflockenblumen, Disteln und Herbstzeitlosen.

Es blühen weiß:

Gänseblümchen, Maßliebchen *Bellis perennis* (Familie: Korbblütler *Compositae* = *Asteraceae*) Europa, ⚕, blüht 2–11, ♃, 3–10 cm, hat im zeitigen Frühjahr ganz kurzen Stengel und rosig überhauchte Blütenblättchen. Die kleinen gelben Blütenkörbe mit den weißen Randblüten wandern der Sonne nach, schließen und senken sich abends.

Wiesenschaumkraut *Cardamine pratensis* (Familie: Kreuzblütler *Cruciferae* = *Brassicaceae*) Europa, ⚕, blüht 4–5, ♃, hat 30–60 cm hohen, runden, hohlen Stengel mit zarten Fiederblättchen. Die zierlichen Blüten stehen in einer endständigen Traube, haben nur vier Kronblätter, sind bald rötlichweiß, bald lilafarben, bald ganz weiß. Liebt saure Wiesen. Am Stengel klebt oft ein speichelähnlicher Schaum, das Versteck der grünlichen Larve der **Wiesenschaumzikade** *Philaenus spumarius.* Sie sitzt kopfüber und unaufhörlich saugend am Stengel, läßt sich ihre Körperausscheidungen über den Rücken laufen, löst mit der Flüssigkeit das Wachs, das ihre Hinterleibsdrüsen absondern, und erzeugt so eine Art von Seifenlösung. Der Schaum quillt durch die Atemluft auf.

Wiesenschaumkraut mit Wiesenschaumzikade

Margerite, Wucherblume *Chrysanthemum leucanthemum* (Familie: Korbblütler *Compositae = Asteraceae*) Europa, blüht 5–9, ♃, hat 30–60 cm hohen Stengel, große gelbe Blütenkörbe mit weißen Randblüten, riecht stark und streng, liebt halbwegs trockene Wiesen.

Echtes Mädesüß, Spierstaude *Filipendula ulmaria* (Familie: Rosengewächse *Rosaceae*) Europa, (†), blüht 6–8, ♃, hat bis zu 2 m hohen Stengel mit unterbrochen gefiederten Blättern, die weißen, leicht cremefarbenen, fünf- bis sechsblättrigen Blütchen stehen in zahlreichen endständigen Trugdolden, duften nach bitteren Mandeln. Liebt feuchte Standorte.

Echtes Mädesüß

Waldschlüsselblume (links) und Wiesenschlüsselblume (rechts)

Es blühen gelb:

Schlüsselblume, Himmelschlüsselchen, Primel *Primula* (Familie: Primelgewächse *Primulaceae*) Europa, §, ⚕, blüht 3–6, ♃, 15–30 cm, steht auf guten wie auf sauren Wiesen. Feuchte Standorte, Gebüsche und Laubwälder bevorzugt die **Hohe Primel** oder **Waldschlüsselblume** *Primula elatior,* $§_2$, trockene Wiesen die wohlriechende **Wiesenschlüsselblume** *Primula veris,* $§_2$, deren Blüten kleiner und dunkler sind, einen bauchig-glockigen Kelch haben und ein wenig süß und modrig duften. Die runzligen Blätter der bodenständigen Rosette sind in der Jugend eingerollt und erhoben, breiten sich später aus, schmiegen sich dicht an die Erde.

Scharfer Hahnenfuß *Ranunculus acris* (Familie: Hahnenfußgewächse *Ranunculaceae*) Europa, †, blüht 5–7, ♃, 8–40 cm, auf sauren Wiesen. Die fünfblättrigen Blüten stehen in lockeren Rispen, der Blütenstiel ist rund, die unteren Blätter sind drei- bis fünfspaltig. Es empfiehlt sich nicht, ihn zu pflücken oder sich auf ihm zu lagern. Er ist so giftig, daß sein Saft schon äußerlich Hautausschläge hervorrufen kann. Das Weidevieh bekommt nach seinem Genuß Durchfälle und Blutharnen.

Scharfer Hahnenfuß

Löwenzahn, Kuhblume *Taraxacum officinale* (Familie: Korbblütler *Compositae* = *Asteraceae*) Europa, ⚕, blüht 4–8, ♃, 10–60 cm, schrotsägeförmige Blätter, runde hohle Stiele, Milchsaft, starker Geruch, goldene Korbblüte, Samenkugel mit silberweißem Haarkranz. Die jungen Blätter sind ein vorzüglicher Wildsalat.

Großer Klappertopf *Rhinanthus serotinus* (Familie: Rachenblütler = Braunwurzgewächse *Scrophulariaceae*) Europa, blüht 5–7, einjährig, hat 30–60 cm hohen, derben, vierkantigen, oft braun gestrichelten Stengel, grobgesägte, gegenständige Blätter, gelbe Blüten, die vom blaßgrünen Kelch wie von einer bauchigen Vase umfaßt werden. Liebt feuchte Wiesen, schmarotzt an den Wurzeln der Gräser.

Großer Klappertopf

Es blühen blau:

Wiesenglockenblume *Campanula patula* (Familie: Glockenblumengewächse *Campanulaceae*) Europa, blüht 5–7, zweijährig, hat 30–60 cm hohen, kahlen, kantigen, dünnen Stiel, an dem die blauen Glocken zart und duftig schwanken. Die lila-violetten Glocken sind bis zur Mitte in 5 Blütenzipfel gespalten und stehen aufrecht. Bei der **Rundblättrigen Glockenblume** *Campanula rotundifolia* hängen die hellblauen Glocken an langen, dünnen Stielen.

Wiesenstorchschnabel *Geranium pratense* (Familie: Storchschnabelgewächse *Geraniaceae*) Europa, blüht 6–9, ♃, hat 30–60 cm hohen, im oberen Teil ästig verzweigten, oft rot angelaufenen Stengel, zarte, zuerst violette, dann himmelblaue fünfblättrige Blüte. Die längliche, leicht rötliche Frucht brachte der Pflanze die Bezeichnung »Storchschnabel« ein. Viel größere und brennend purpurrote Blüten hat der ebenfalls sonnige und trockene Plätze liebende **Blutstorchschnabel** *Geranium sanguineum.* Feuchten Grund liebt der hellrosafarbene **Stinkende Storchschnabel** *Geranium robertianum,* ‡, auch **Ruprechtskraut** genannt, der Bocksgeruch verströmt.

Wiesenglockenblume

Kappenhelmkraut, Sumpfhelmkraut *Scutellaria galericulata* (Familie: Lippenblütler *Labiatae = Lamiaceae*) Europa, blüht 6–9, ♃, hat 30–60 cm hohen Stengel mit gegenständigen Blättern, in deren Achseln sich immer nur zwei der kleinen blauen Blüten gegenüberstehen.

Wiesenstorchschnabel

Es blühen rot:

Kuckuckslichtnelke *Lychnis flos-cuculi* (Familie: Nelkengewächse *Caryophyllaceae*) Europa, blüht 4–7, ♃, hat 30–80 cm hohen Stengel, gegenständige, lanzettliche Blätter. Die 5 tief vierspaltig zerschlitzten, rosenroten Blütenblätter flattern im Wind.

Gemeine Flockenblume, Wiesenflockenblume *Centaurea jacea* (Familie: Korbblütler *Compositae = Asteraceae*) Europa, blüht 6–10, ♃, hat bis zu 1 m hohen, kantigen, nur oben verzweigten Stengel und bläulichrote Korbblüten, die nur aus Röhrenblüten bestehen, bevorzugt trockene Böden.

Großer Wiesenknopf *Sanguisorba officinalis* (Familie: Rosengewächse *Rosaceae*) Europa, blüht 6–8, ‡, ♃, hat 60–150 cm hohen, oben gabelästigen, gerillten, glänzenden Stengel mit unpaarig gefiederten Blättern. Die kleinen tief rotbraunen Blüten stehen an langen aufrechten Stielen in mehreren eiförmigen Köpfchen beisammen. Liebt feuchte Wiesen. Der **Kleine Wiesenknopf** *Sanguisorba minor* mit seinen erst grünen, dann rot überlaufenen Kugelköpfchen bevorzugt trockene Standorte.

Herbstzeitlose *Colchicum autumnale* (Familie: Liliengewächse *Liliaceae*) Mittel- und Südeuropa, †, blüht 8–10, ♃, 5–20 cm, der große, schmale, rosafarbene Blütenkelch entbehrt den Schutz grüner Blätter. Nach der Bestäubung sinkt der Fruchtknoten in die Erde, überwintert und taucht erst im Frühjahr mit den großen tief dunkelgrünen Blättern wieder auf. Die braunen Samen haben eine klebrige Haftscheibe und werden vom Weidevieh an den Hufen über die Wiesen getragen. Die Blätter sammeln die Säfte für die späte Blüte in einer Knollenzwiebel und sterben dann ab. Der giftige Saft enthält Colchicin, ein Gift, das die Zellteilung und Zellvermehrung stört und verhindert. Er ruft nach 2–5 Stunden erst ein Brennen und Kratzen im Halse hervor, dem Erbrechen, Durchfälle, Koliken und Kreislaufstörungen folgen. Der Tod tritt durch Atemlähmung ein.

Kuckuckslichtnelke

Herbstzeitlose

Die weißen Blütendolden der Wiese

Je bunter die Wiese im Sommer wird, um so dichter breitet sich über ihr der weiße und cremefarbene Schleier der blühenden Doldengewächse aus, die ihre zierlichen Blütenschirme hoch über die Gräser halten.

Wilde Möhre *Daucus carota* (Familie: Doldengewächse *Umbelliferae* = *Apiaceae*) Europa, blüht 7–10, zweijährig, auf Wiesen, an Wegen, hat 30–60 cm hohe, rauhhaarige Stengel, gefiederte, mit der Blattscheide stengelumfassende Blätter, flache, schirmartig ausgebreitete Blütendolden, die in der Mitte meist eine schwarzpurpurne Blüte tragen, die sich nach dem Verblühen aufwärts krümmen und einen vogelnestartigen Fruchtstand bilden.

Wilde Möhre

Wiesenkümmel

Wiesenkümmel, Echter Kümmel *Carum carvi* (Familie: Doldengewächse *Umbelliferae* = *Apiaceae*) Europa, ⚕, blüht 5–6, zweijährig, auf trockenen Wiesen, hat 30–100 cm hohen, kantig gerippten, verästelten Stengel, feingefiederte, wechselständige Blätter, trägt die weißen Blütchen in zahlreichen Döldchen, die sich zu einer großen Schirmdolde vereinigen, duftet aromatisch.

Pastinak *Pastinaca sativa* (Familie: Doldengewächse *Umbelliferae* = *Apiaceae*) Europa, ⚕, blüht 7–9, zweijährig, auf trockenen und mäßig feuchten Wiesen, hat bis zu 1 m hohen, steifhaarigen, kantig gefurchten Stengel, goldgelbe, aromatisch duftende

Blüten, zu lockeren, vereinzelten Döldchen vereinigt.

Kleine Bibernelle *Pimpinella saxifraga* (Familie: Doldengewächse *Umbelliferae* = *Apiaceae*) Europa, ⚕, blüht 6–10, ♃, auf mageren Wiesen, Ödland, Rainen, hat 15–50 cm hohen, zart gerillten, unten behaarten, oben fast blattlosen Stengel mit oben verkümmerten, sonst unpaarig 1- bis 2fach gefiederten und gezähnten Blättern. Die weißen, gelblichweißen, selten rosaroten Blütchen stehen in kleinen 6- bis 15strahligen Dolden.

Pastinak

Wiesenbärenklau *Heracleum sphondylium* (Familie: Doldengewächse *Umbelliferae* = *Apiaceae*) Europa, ⚕, blüht 6–10, ♃, hat bis zu 150 cm hohen, röhrigen, rauhhaarigen, kantig gefurchten, unangenehm riechenden Stengel mit groben Blättern und massiver Schirmdolde aus weißen oder grünlichen Blütchen. Die lappigen Blätter umfassen den Stengel in weitbauchiger Scheide.

Wiesenbärenklau

Wasserschierling *Cicuta virosa* (Familie: Doldengewächse *Umbelliferae*) Nord- und Mitteleuropa, †, ⚕, blüht 6–9, ♃, auf Bergwiesen und nassen, sumpfigen, moorigen Wiesen, hat bis zu 150 cm hohen, röhrigen, feingerillten, ästigen, hohlen Stengel, gekammerten Wurzelstock, zwei- bis dreifach gefiederte, langgestielte, grasgrüne Blätter mit bauchigen und hartrandigen Blattscheiden. Die weißen Blüten stehen in Döldchen, die sich zu einer großen Schirmdolde vereinigen.

Das Gift des Wasserschierlings wirkte schon in vielen Fällen tödlich, und zwar schon innerhalb einer Stunde.

Wiesenkerbel *Anthriscus silvestris* (Familie: Doldengewächse *Umbelliferae = Apiaceae*) Europa, blüht 4–8, ♃, hat bis zu 125 cm hohen, kantigen Stengel mit dreifach gefiederten, feingliedrigen Blättern, zarter Schirmdolde aus weißen Blütchen.

Wiesenkerbel

Nahe verwandt mit dem Wiesenkerbel ist der **Gartenkerbel** *Anthriscus cerefolium*, eine weit verbreitete Gewürz- und Gemüsepflanze. Sie stammt aus Südosteuropa und ist bei uns eingebürgert, blüht 5–8, einjährig, ist nur 30–60 cm hoch, die Dolden werden meist durch Seitentriebe übergipfelt, besitzt einen angenehm gewürzhaften, etwas süßlichen Geruch und Geschmack.

Taumel-Kälberkropf *Chaerophyllum temulum* (Familie: Doldengewächse *Umbelliferae = Apiaceae*) ganz Europa außer Island, Finnland und Norwegen, †, ⚕, blüht 5–8, zweijährige Pflanze, hat aufrechten, nach oben hin ästigen, 30–100 cm hohen Stengel, der nicht hohl ist, unter den Knoten angeschwollen, rot überlaufen oder purpurn gefleckt und mit weißen borstigen Haaren besetzt. Die anfangs nickenden weißen Blüten sind in 3–6 cm großen Dolden vereinigt, die sich aus 6–12 Doldenstrahlen zusammensetzen. Die Dolde trägt am Grunde keine Hüllblätter, die Döldchen dagegen tragen 5–8 Hüllchenblätter. Die beiderseits behaarten, manchmal auch rötlich überlaufenen Blätter sind 2–3fach eiförmig gefiedert und nochmals gelappt. Wächst auch an Wegrändern, in Hecken und lichten Wäldern.

Die Kleepflanzen

Unter den zahlreichen Kleepflanzen, die fast alle trockene Böden lieben, hat der meist purpurrot, seltener weiß blühende **Wiesenklee** *Trifolium pratense* (Familie: Schmetterlingsblütler *Leguminosae = Fabaceae*) (†), die größte Gunst des Menschen gefunden. Er wird auf Feldern angebaut und als wertvolle Futterpflanze geschätzt. Weniger Beachtung findet der kriechende **Weißklee** *Trifolium repens*, ⚕, (†), mit den herzförmigen Blättchen, der vom Mai bis zum September blüht. Ausgesprochene Ödlandpflanzen und gelb blühend sind der **Sichelklee** *(Medicago falcata)*, der **Echte Steinklee** *(Melilotus officinalis)* ⚕, (†), und der **Feldklee** *(Trifolium campestre)*, weiß blühend ist der **Weiße Steinklee** *(Melilotus albus)* (†).

Roter Wiesenklee

Feldklee

Weißklee

Echter Steinklee

Sichelklee

Von den Tieren

Unsere Hummeln

Wenn die Wiesenblumen und die Futterpflanzen blühen, schwirrt es über ihnen von Hummeln, Bienen, Wespen, Schmetterlingen und Fliegen. Gern folgen sie den winkenden Farben und lockenden Düften der Blüten, wohl wissend, daß sich der Besuch verlohnt, daß sie mit süßen Säften und nahrhaften Pollen bewirtet werden. Eingepudert mit dem abgestreiften Blütenstaub fliegen sie von Blume zu Blume, bestäuben unwissend die Stempel und finden bald heraus, wie sie eventuell auch durch kühnen und dreisten Einbruch zum verborgenen Nektarfaß gelangen können. Denn viele Blütenpflanzen haben sich auf ganz bestimmte Bestäuber eingestellt. Sie verwehren den anderen den Eintritt, schließen ihre Kronenblätter oder bergen den Blütensaft so tief in ihren gespornten Kelchen, daß nur kräftige und langrüßlige Insekten zu ihm gelangen können. Als ausgesprochene Hummelfreunde können wir zum Beispiel den Wiesensalbei, das Leinkraut, das Löwenmaul, den Wachtelweizen, den Eisenhut, die Schlüsselblume, den Fingerhut und den Besenginster ansehen. Der rote Wiesenklee ist ganz und gar auf die Hummeln eingestellt, denn nur unter ihrem Gewicht senkt sich das Schiffchen der Kleeblüte, treten Stempel und Staubgefäße hervor.

Das Hummelnest. Unsere Hummeln bilden kleine Staaten, die im Gegensatz zu denen der Bienen (S. 414) und Ameisen (S. 325 ff.) nur ein Jahr bestehen. Das Hummelnest wird oft unterirdisch angelegt und umfaßt knapp 400–500 Tiere. Im Spätherbst rafft der Tod die alte Königin, die abgearbeiteten Weibchen und alle Drohnen hinweg. Nur die besonders starken und jüngsten, bereits im Herbst befruchteten Weibchen überwintern in irgendeinem Schlupfwinkel und gründen dann im nächsten Frühjahr, ganz auf sich gestellt, einen neuen Staat.

Zuerst suchen sie sich eine geeignete Erdhöhle oder hohlen Stamm. Dann sammeln sie Honig und Pollen, schichten das Gut auf ein gesäubertes und mit Wachs überzogenes Fleckchen, legen etliche Eier darauf, umbauen alles mit einem wächsernen Ringwall und verschließen endlich die also nachträglich angefertigte Zelle. Nach etlichen Tagen schon schlüpfen die Larven. Die junge Königin öffnet die Zelle wieder, füttert die Brut und baut bereits an neuen Zellen. Die nur halbwegs ernährten Larven verpuppen sich vorzeitig, und es schlüpfen recht zwergenhafte Tierchen. Wohl sind es echte Weibchen, also keine geschlechtslosen Arbeitstiere wie bei den Bienen, sind aber doch so verkümmert, daß sie praktisch zu Arbeiterinnen herabsinken. Sie übernehmen nun das Sammeln, das Zellenbauen, das Füttern der Larven und der Königin. Diese kann sich jetzt ganz auf das Eierlegen beschränken. Die im Sommer ausschlüpfenden Jungtiere sind normale und kräftige Weibchen. Erst gegen den Herbst hin werden auch Männchen erzeugt, die bald ausfliegen, sich mit den Weibchen paaren und nicht mehr zum Nest zurückkehren.

Erdhummel *Bombus terrestris* (Familie: Bienen *Apidae,* Ordnung: Hautflügler *Hymenoptera*) Europa, außer Nordeuropa, §, weiße Hinterleibsspitze, zwei gelbe Querbinden, samtschwarzer Pelz, kurzrüßlig, ♀ bis 28 mm, fliegt schon ab März, ♂ bis 20 mm, fliegt ab Ende Juli. Bricht gern von der Seite her in Blütenkelche ein, lebt in unterirdischen Erdnestern, ist angriffslustig.

Erdhummel

Gartenhummel *Bombus hortorum* (Familie: Bienen *Apidae*) Europa, außer Nordeuropa, §, weiße Hinterleibsspitze, drei gelbe Querbinden, schwarzer Pelz, langrüßlig (Rüssel erreicht fast Körperlänge!), ♀ bis 30 mm, fliegt ab Mai, ♂ bis 22 mm, fliegt ab August bis Oktober. Lebt in tiefangelegten unterirdischen Nestern, Drohnen oft scharenweise auf Sonnenblumen.

Wiesenhummel *Bombus pratorum* (Familie: Bienen *Apidae*) Europa, außer Nordeuropa, §, rote Hinterleibsspitze, zwei unregelmäßige gelbe Querbinden, struppiger, schwarzer Pelz, eher kurz- als langrüßlig, ♀ bis 20 mm, fliegt ab Ende März, ♂ bis 16 mm, fliegt ab Ende Mai. Baut gern oberirdisch, unter Moos und Gestrüpp, geht aber auch unter die Erde.

Steinhummel *Bombus lapidarius* (Familie: Bienen *Apidae*) Europa, außer nördlichstes Europa, §, gut zu erkennen am dunklen Körper mit der orangebraunen Hinterleibsspitze, ♂ trägt gelbe Binde, ♀ hat rundlichen kahlen Eindruck auf dem vierten Hinterleibsring, samtschwarzer Pelz, kurzrüßlig, ♀ bis 27 mm, fliegt ab Mitte April, ♂ 18 mm, fliegt ab Juli bis Oktober.
Baut unterirdisch, gern unter Steinhaufen. Das Volk besteht oft aus 100–300 Tieren. Die Steinhummel ist bei uns sehr häufig und fast überall anzutreffen.

Mooshummel *Bombus muscorum* (Familie: Bienen *Apidae*) Europa, außer nördlichstes Europa, §, sehr gefährdet, einfarbig gelb, gegen Hinterleib oft rötlich überhaucht, kurzgeschorener Pelz, ♀ 22 mm, fliegt ab Mai, ♂ bis 16 mm, fliegt ab August. Bevorzugt gelbe Blüten, lebt oberirdisch, scharrt Moos zusammen, tapeziert das geschaffene Gewölbe mit einer harzigen Masse, stellt Wächter vor das Schlupfloch.

Wiesenhummel

Ackerhummel *Bombus agrorum* (Familie: Bienen *Apidae*) Europa, §, eine der häufigsten Hummeln, Kopf und Brustrücken braunrot, Pelz gelb und struppig, ähnelt der Mooshummel, langrüßlig, ♀ bis 22 mm, fliegt ab Ende April, ♂ bis 18 mm, fliegt ab August. Lebt und nistet oberirdisch in flachen Erdmulden unter Gras, Moos, Laubwerk, am liebsten in Wiesen und Kleefeldern, aber auch in Mauern und Gebäuden, Kolonie meist nur 40–50 Köpfe stark.

Unterirdische Wespennester

Am Wiesenrain entdecken wir unmittelbar unter dem Feldstein ein kaum daumenstarkes Loch, das gleich einem winzigen Vulkan gelbgetigerte Wespen speit.

Das Nest der Deutschen Wespe. Sie baut wie viele Hummeln unterirdisch, und ihre Staaten sind ebenfalls nur einjährig. Auch bei ihr gründet die junge Königin, die in einem Schlupfwinkel überwintert, den Staat ganz allein, heftet in die vorgefundene oder selbstgewühlte Höhle zuerst ein kleines Lampenschirmchen aus zerkauten und eingespeichelten, möglichst mürben Holzfasern und pappt darunter eine zierliche Wabe aus etlichen waagerecht nebeneinanderliegenden Zellen, die denen der Bienen sehr gleichen, aber nach unten geöffnet sind. Im Laufe des Jahres wächst der von einem blättrigen Mantel umgebene Bau bis zu Kürbisgröße, besteht dann meist aus fünf bis sieben untereinanderhängenden Waben, und der Staat umfaßt etwa 3000–4000 Köpfe: Königin, Männchen, arbeitende Weibchen. Die Brutpflege ist genauso hoch entwickelt wie bei den Bienen, nur bekommen die Larven vorwiegend zerkautes Insektenfleisch und bloß zusätzlich Honigkost vorgesetzt, besonders die Fliegen aller Art werden von den Wespen sehr gezehntet. Auch als Bestäuber spielen sie eine nicht unwesentliche Rolle.

Deutsche Wespe *Paravespula germanica* (Familie: Faltenwespen *Vespidae,* Ordnung: Hautflügler *Hymenoptera*) Europa, bis 20 mm, schwarz und gelb gezeichnet, Hinterleib mehr gelb, auf Kopfschild 1–3 schwarze Punkte, Augenumrandung hinten ganz gelb, der Längsstrich vor der Flügelwurzel verdickt, fliegt ab Mai, ist kriegerisch und angriffslustig, summt zornig, baut unter Rasen, Wurzeln und Steinen, das Nest bis zu 1 m lang und 80 cm breit, besteht aus grauem, brüchigem Karton, Volkanzahl höchstens 5000 Tiere.

Gemeine Wespe *Vespa vulgaris* (Familie: Faltenwespen *Vespidae*) Europa, die häufigste Erdwespe, bis 20 mm, Kopfschild hat einen zackigen Längsstreifen, Augenumrandung hinten zum Teil schwarz, fliegt ab Anfang Mai, baut unterirdisch, am liebsten unter Steinen und Wurzeln, die Staaten sind meist weniger volkreich.

Deutsche Wespe mit unterirdischem Wespennest, angeschnitten

Rote Wespe *Vespa rufa* (Familie: Faltenwespen *Vespidae*) Mittel- und Südeuropa, bis 20 mm, vorderer Hinterleib mehr oder weniger rot, baut unterirdisch, ist friedlicher. (Weitere Wespen siehe S. 165, 289 ff., 331 ff.)

Die taumelnden Weißlinge

Unter den Schmetterlingen, die über die blühende Sommerwiese flügeln und flattern, bemerken wir zahlreiche weiß- und gelbbeschwingte Falter, die im allgemeinen glattweg als Kohlweißlinge und Zitronenfalter angesprochen werden. In Wirklichkeit aber gehören diese Weißlinge, die alle die Sonne lieben und eifrige Blütenbesucher sind, zu einer gattungsreichen Schmetterlingsfamilie, die eng an unsere Wiesen-, Futter- und Gemüsepflanzen gebunden ist. Sie haben weiße oder gelblich überhauchte Flügel mit schwarzen Zeichnungen, einen schlanken, zarten Leib, einen wohlausgebildeten Saugrüssel und feine Keulenfühler.

Großer Kohlweißling *Pieris brassicae* (Familie: Weißlinge *Pieridae*, Ordnung: Schmetterlinge *Lepidoptera*) Europa, spannt 60 mm, fliegt 4–10, in zwei Generationen, Vorderflügel mit schwarzen Ecken, ein schwarzer Fleck auf den Hinterflügeln, das Weibchen trägt zusätzlich noch zwei schwarze Mittelflecken im Vorderflügel und kleinen schwarzen Wischer am Hinterrand des Flügels, die Flügelunterseiten sind gelb überhaucht. Raupe gelbgrün, mit gelben Streifen oben und an der Seite, schwarz gefleckt, verpuppt sich Ende Juni, Falter schlüpft im Juli.

Baumweißling (Abb. S. 94) *Aporia crataegi* (Familie: Weißlinge *Pieridae*) Europa, §, spannt 60 mm, fliegt 6/7, reinweiße Flügel, von starken schwarzen Adern durchzogen. Raupen unterseits grau bis violett, oberseits schwarz und rotbraun gestreift, in Obstbäumen und Weißdorn. Sie stellen sich in gemeinsamer Arbeit ein Nest aus zusammengewebten Blättern her, in dem sie zu sechst und acht wohnen und überwintern. Verpuppung erfolgt im nächsten Frühjahr.

Kleiner Kohlweißling, Rübenweißling *Pieris rapae* (Familie: Weißlinge *Pieridae*) Europa, spannt 40–50 mm, fliegt 5–9, in zwei Generationen, Flügel bis auf die schwachen schwärzlichen Wischer an der Spitze des Vorderflügels ganz weiß, beim Weibchen Vorderflügel mit zwei, beim Männchen mit einem schwarzen Fleck geziert. Raupe mattgrün mit gelben Streifen, samtartig behaart.

Großer Kohlweißling (♀)

Rapsweißling, Rübsaatweißling *Pieris napi* (Familie: Weißlinge *Pieridae*) spannt 34–38 mm, fliegt 5–9, in zwei Generationen, hat weiße Flügel mit 1 schwarzem Fleck, der häufig auch fehlt, an den Spitzen wie mit Ruß überstäubte Flügel. Die Sommergeneration ist etwas größer und dunkler. Raupe dunkelgrün, auf dem Rücken leicht bräunlich, trägt helle Wärzchen und schwarze Pünktchen.

Aurorafalter (Abb. S. 112) *Anthocharis cardamines* (Familie: Weißlinge *Pieridae*) Mitteleuropa, §, nicht selten, spannt 38–42 mm, fliegt 3–6, ♀ weiße Vorderflügel mit schwarzen Wischern an den Spitzen, ♂

feurig orangerote Vorderflügel mit schwarzen Säumen, die Hinterflügel beider Geschlechter zart grün marmoriert, auf der

Aurorafalter, ♀ oben, ♂ unten

Unterseite lebhaft moosgrün gefleckt. Beim Männchen ist die Unterseite der Vorderflügel ebenfalls orangefarben, beim Weibchen fast reinweiß. Raupe blaugrün und weiß gestreift, schwarz punktiert.

Zitronenfalter *Gonopteryx rhamni* (Familie: Weißlinge *Pieridae*) Mitteleuropa, §, häufig, spannt 50–52 mm, fliegt ab 3–9, ♂ leuchtend gelbe Flügel, ♀ meist matter getönt, beide Geschlechter tragen in der Mitte der Flügel je einen kleinen rötlichen Punkt. Die überwinternde Generation sucht schon 8/9 ihre Winterquartiere hinter losen Rinden, unter Moosen, immergrünen Blättern oder Reisig auf. Falter erstarren, werden spröd wie Glas, paaren sich im nächsten Frühjahr und legen ihre Eier ab. Die mattgrüne Raupe an Dornbüschen und Heidelbeeren.

Alle Weißlinge kennzeichnen sich durch einen langsamen, stark taumelnden, oft fast zuckenden Flug. Außer dem Baumweißling und dem Zitronenfalter überwintern sie in der Puppe. Diese Puppe wird durch einen um die Körpermitte geschlungenen Faden lotrecht an Zäune, Pfosten, Stämme und Wände geheftet. Es sind sogenannte Gürtelpuppen. In ihnen vollzieht sich die Verwandlung von der Raupe zum Schmetterling.

Wenn die Grillen zirpen

Nach der ersten Mahd ist die Zeit gekommen, den schwarzköpfigen und braunflügligen Wiesenmusikanten, den Grillen, nachzuspüren. Am ehesten entdecken wir sie in der Nähe sonniger Wiesenraine und Weghänge, indem wir uns dort lagern. Denn die leiseste Erschütterung läßt die scheuen Tierchen sofort in ihre selbstgegrabenen Löcher huschen. Haben wir die Grillenhöhle ausgemacht, so ist es leicht, die Sängerin mit einem Grashalm herauszukitzeln. Wer aber sehen will, wie sie musiziert, muß sich schon vor dem Erdloch auf die Lauer legen und darauf achten, daß sein Schatten nicht auf das Schlupfloch fällt.

Feldgrille *Gryllus campestris* (Familie: Grillen *Gryllidae,* Ordnung: Springschrecken *Saltatoria*) Europa, 22–26 mm, hat glänzend schwarzen, dicken, runden Kopf, lange, feingeschweifte Fühler, kurze, braune Flügeldecken mit gelblicher Wurzel, unter denen die fächerartig zusammengelegten Unterflügel hervorschauen, rote Innenseiten der Hinterschenkel. Die Hinterleibsspitze schmücken zwei dünne Spieße, die sogenannten Raife, das Merkmal aller urtümlichen Insekten.

Beim Musizieren streift der rechte Flügel, der eine mit Zähnchen besetzte Querleiste hat, über den linken Flügel, auf dem eine Schrillader hervortritt. Kleine Membranen auf den Flügeln verstärken den Ton. Die stummen Weibchen nähern sich den Musikanten, berühren sie mit den Fühlern, besteigen sie und lassen sich von ihnen zur Paarung tragen. Ihre Ohren sitzen in der Gestalt kleiner Trommelfelle am Grunde der Vorderbeinschienen.

Feldgrille

Die Eier werden in den Grund der Wohnröhre gelegt, immer dreißig auf einmal, insgesamt an die dreihundert. Nach 14 Tagen schlüpfen die weißlichen Jungtiere, die sich bald verfärben und selbständig machen. Sie gleichen den ausgewachsenen Grillen schon sehr, machen also keine Verwandlung wie die hochentwickelten Insekten durch, sondern nur mehrere Häutungen, leben zuerst von zarten Pflanzenteilen, später von Insekten und Raupen.

Heimchen, Hausgrille *Gryllus domesticus* (Familie: Grillen *Gryllidae*) Heimat: Mittelmeergebiet, heute in ganz Europa verbreitet, 15–17 mm, gelbköpfig und lederbraun, hält sich dicht an die Baulichkeiten des Menschen, liebt wie die Schaben die Wärme, verrät sich durch die nächtlichen Konzerte.

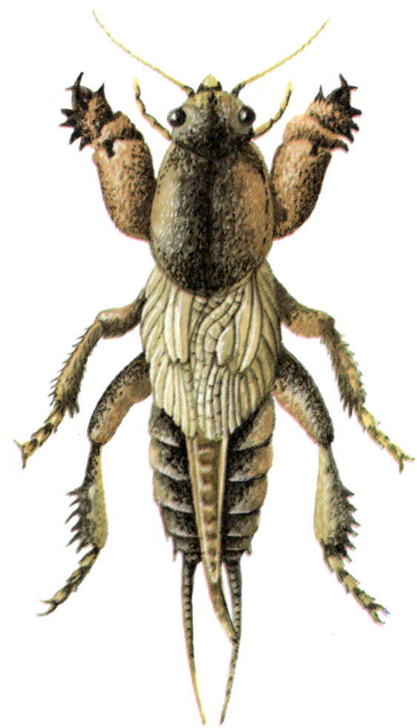

Maulwurfsgrille

Maulwurfsgrille, Werre *Gryllotalpa gryllotalpa* (Familie: Maulwurfsgrillen *Gryllotalpidae,* Ordnung: Springschrecken *Saltatoria*) Europa, 60–65 mm, ein kleines urtümliches Ungetüm, hat seidig braunen, dicht über die Erde hinstreifenden Körper, hart gepanzerte Vorderbrust, sehr kurze Flügeldecken, die den größten Teil des Hinterleibes unbeschützt lassen. Die häutigen Unterflügel ragen weit hervor und laufen in grätenartige Spitzen aus. Das erste Beinpaar hat sich in breite Grabschaufeln verwandelt.
Im Morgengrauen lassen die Männchen ihre leise schnurrenden Liedchen hören und

schwirren an den Sommerabenden schwerfällig umher. Das Weibchen legt seine 200–300 Eier in eine sorgfältig vorbereitete, etwa hühnereigroße, unterirdische Erdkammer, über der es alle Pflanzen durch Abbeißen der Wurzeln zum Welken bringt. Die nach drei Wochen schlüpfenden Jungtiere werden noch vier Wochen lang behütet, dann zerstreut sich die Schar, und die Mutter kann endlich wieder ans Fressen denken. Sie verzehrt außer Wurzeln und Keimlingen auch Engerlinge, Drahtwürmer, Erdraupen, Heuschrecken und Käfer, macht sich also durchaus auch nützlich.

Unsere Feld- und Laubheuschrecken

Wenn die Grillen ausgesungen haben und auch die sich mausernden Vögel schweigen, also so richtig erst nach der zweiten Mahd, kommen die grünen Wiesenmusikanten, die Sprengsel und Grashüpfer, die Laub- und Schnarrheuschrecken zum Vortrag. Und obwohl das Einzeltier nicht die Lautstärke der Grillen erreicht, ist der Chor doch so groß, daß das Konzert die Wiesen und Felder widertönen läßt. Regelrechte Geiger sind die kleinen Feldheuschrecken, die mit den gezähnten Hinterschenkeln wie mit einem Fiedelbogen über die spröden Flügeldecken streichen. Die Laubheuschrecken dagegen wetzen mit dem linken über den rechten Flügel.

Liniierter Grashüpfer, Gestreifte Feldheuschrecke, Heusprengsel *Stenobothrus lineatus* (Familie: Feldheuschrecken *Acrididae,* Ordnung: Springschrecken *Saltatoria*) Mitteleuropa, 16–22 mm, rote oder braune Hinterschienen, Körper grün, Weibchen mit gelben Längslinien. Die Hinterflügel sind farblos.

Schnarrheuschrecke *Psophus stridulus* (Familie: Feldheuschrecken *Acrididae*) Europa, §, 20–30 mm, braun, liebt sandige, sonnige Hänge, fliegt kurz und rasselnd auf, zeigt dabei ihre leuchtend roten Hinterflügel.

Warzenbeißer *Decticus verrucivorus* (Familie: Laubheuschrecken *Tettigoniidae,* Ordnung: Springschrecken *Saltatoria*) Europa, 36–45 mm, ist grün oder braun, hat einen senkrecht stehenden Pferdekopf, große halbkugelige Facettenaugen, Vorderbrust mit seitlichem, braunem Fleck, mächtige Kinnladen, kann so heftig zubeißen, daß die Bißstelle mit Blut unterläuft, läßt gleichzeitig einen braunen Wehrsaft ausfließen. Das Weibchen versenkt die rund 50 Eier mit Hilfe der langen, säbelähnlichen Legeröhre in den Boden.

Schnarrheuschrecke

Grünes Heupferd *Locusta viridissima* (Familie: Laubheuschrecken *Tettigoniidae*) Mitteleuropa, bis 35 mm, grün, leicht gebräunte Flügeldecken, die den Hinterleib um das Doppelte überragen, manchmal rosarot überhauchten Kopf und Vorderrücken. Der Säbel des Weibchens erreicht fast Körperlänge. In der Jugend auf den Wiesen, später auf schattigen Büschen, lebt dann vorwiegend von Insekten.

Geschwänztes Heupferd *Locusta caudata* (Familie: Laubheuschrecken *Tettigoniidae*) Europa, Vorderflügel bis 46 mm, Körper bis 38 mm, grün, hat gelbe Schenkel, tiefschwarze Dornen an den Hinterschenkeln. Die stattliche Legeröhre des Weibchens wird bis zu 41 mm lang, ragt weit über die Flügeldecken hinaus. Der Gesang ist ein eigentümliches Schnurren. Sitzt viel in Feldbüschen.

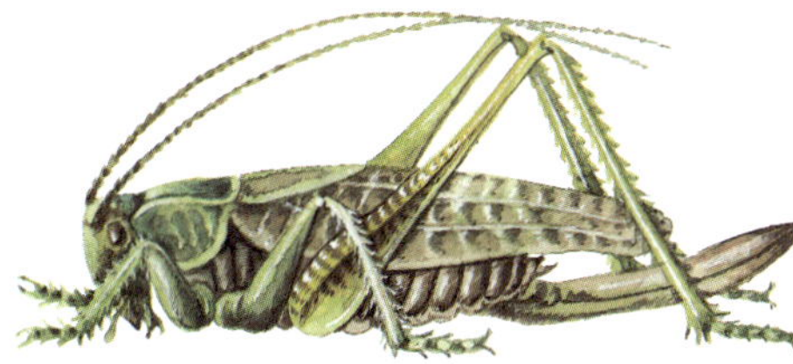
Warzenbeißer

Blutsaugende und schmarotzende Fliegen

Wo sich die grünen Wiesen ausbreiten, wo Rinder, Pferde und Schafe geruhsam grasen, dort stellen sich im Sommer schwarze und bräunliche Fliegen ein, die wahrhaft unausstehliche Quälgeister und heimtückische Schmarotzer sind. Verhältnismäßig harmlos unter ihnen sind noch die Bremsen, die blutdürstig wie die Stechmücken ihre dolchartigen Stechborsten in das Fell der Weidetiere bohren und ihnen das Blut abzapfen. Immerhin sind die Stichwunden groß, brennen sehr, und oft stürmt das gequälte Tier bluttriefend und tollgeworden in den Schutz der Ställe. Noch größer aber ist das panische Entsetzen der Weidetiere, wenn sich ihnen die beträchtlich kleineren Bies- oder Dasselfliegen nähern. Wie von einem vererbten inneren Warnbild aufgeschreckt, rasen dann die Kühe und Pferde im Kreis herum, überspringen oder sprengen schließlich die Weidezäune und suchen Zuflucht im Stall oder irgendeinem Teich und Tümpel. Es ist, als ob sie wüßten, daß ihnen diese Fliegen Qual, Schmerzen und Siechtum bringen, obwohl sie weder stechen noch laut summen. Nicht nur die Weidetiere auch Rehe und Hirsche werden häufig von diesen Plagegeistern heimgesucht.

Gemeine Rinderbremse *Tabanus bovinus* (Familie: Bremsen *Tabanidae,* Ordnung: Zweiflügler *Diptera*) Europa, 20–25 mm, schwarzbraun, Hinterleib mit dreieckigen gelben Flecken, hellgelbe Beinschienen, bräunlich-graue Flügel mit gelbbraunem Geäder, fliegt schnell, laut summend, steht oft rüttelnd in der Luft, liebt Sonnenschein. Die Weibchen stechen sehr empfindlich, sind gierige Blutsauger, die Männchen begnügen sich mit Schweiß und Baumblut. Die Larven leben im Boden.

Goldaugenbremse *Chrysops caecutiens* (Familie: Bremsen *Tabanidae*) Europa, 7–9 mm, hat auffallend große goldgrüne Augen, in der vorderen Hälfte lichtgelb gefärbten Hinterleib, schwarze Flügelquerbinde, fliegt lautlos, ist sehr zudringlich, auch Menschen gegenüber, sticht empfindlich.

Regenbremse *Haematopoda pluvialis* (Familie: Bremsen *Tabanidae*) Europa, 10 mm, sehr schlank, dunkelbraun, am Hinterleib grau gefleckt, hat purpurn strahlende Augen, schwarzgraue, hellmarmorierte Flügel, ist am zudringlichsten kurz vor Gewittern und während feiner Sprühregen.

Regenbremse

Dasselfliege des Pferdes, Magenbremse *Gastrophilus equi* (Familie: Dasselfliegen *Oestridae*) Europa, 13–17 mm, bräunlichgelb, stark behaart, hat große trübe Flügel mit brauner Querbinde und braunen Flekken, hellbraunen Hinterleib und ebenso gefärbte Beine , klebt ihre Eier an die Vorderbeine der Pferde, von wo sie durch Lecken ins Maul gelangen. Die Larven setzen sich an der Schleimhaut des Magens fest, rufen eiternde Höhlen hervor und schmarotzen hier zehn Monate lang, verlassen das Pferd dann auf dem Darmweg und verpuppen sich im Boden.

Dasselfliege des Schafes, Nasenbremse *Oestrus ovis* (Familie: Dasselfliegen *Oestridae*) Europa, 10–12 mm, braun, fast nackt, nur am Hinterleib würfelartig spärlich behaart, fliegt im August/September. Die Dasselfliege des Schafes sitzt viel an Pfosten, Stämmen, Scheuerwänden, spritzt ihre Eier in die Nase des Schafes, von wo sich die Larven bis zur Stirnhöhle emporarbeiten und sich dort von Schleim ernähren. Sie werden schließlich ausgeniest und verpuppen sich in der Erde.

Dasselfliege des Rindes

Dasselfliege des Rindes, Rinderbiesfliege *Hypoderma bovis* (Familie: Dasselfliegen *Oestrîdae,* Ordnung: Zweiflügler *Diptera*) Europa, 14–16 mm, schwarz, dicht behaart, hummelähnlich, gelbe Hinterleibsspitze, gelbe Schienen und Füße, auf dem Rückenschild stumpfe Längsleisten, klebt ihre Eier an Schulter und Rücken des Rindes, von wo sie durch Lecken ins Maul, den Schlund und Magen gelangen. Die Larven durchwandern den Tierleib, setzen sich im Zellgewebe der Haut fest und rufen hier große Beulen und eiternde Geschwüre hervor. Später arbeiten sie sich heraus, lassen sich fallen und verpuppen sich im Wiesengrund.

Die wichtigsten Rinderrassen

Die meisten Wiesen sind Weideland für unsere Rinder. Weit verstreut wandern sie gelassen und unermüdlich rupfend über die grünen Matten, schauen mit ihren großen braunen und schön bewimperten Augen dem Wanderer nach, liegen wie hingeschmolzen im Gras. Seltsam ist es dem Menschen auf dem langen Weg vom wilden und inzwischen ausgestorbenen Auerochsen bis zum Hausrind ergangen. Denn nicht das Rind paßte sich dem Menschen an, sondern er mußte sich dem Rind anpassen, mußte lernen, daß ihm mit Willkür und Unrast nicht beizukommen ist. Schlecht behandelte Kühe geben weniger Milch, kümmern seelisch und leiblich, werden störrisch und heimtückisch. Bei guter Behandlung aber ist das Rind sanft und verständig, liefert die Kuh im Jahr bis zu 5000 Liter Milch, zieht geduldig den Wagen wie den Pflug und beschenkt uns mit Milch und Butter, Rahm und Käse, Fleisch und Fett, Leder und Därmen, Filz und Knöpfen, Leim und Öl, Knochenmehl und Knochenkohle. In jüngster Zeit zieht man sogar in Erwägung, die im Misthaufen entstehenden Gase als neue Energiequelle zu nutzen. Saubere Ställe, helle Räume, langer ungestörter Aufenthalt auf den Weiden, Streicheln und Liebkosen fördert ihr Wohlbefinden und ihr Gedeihen.

Rind *Bos primigenius taurus* (Familie: Rinder *Bovidae,* Ordnung: Paarhufer *Artiodactyla*) Verbreitung weltweit. Die Kuh bringt ihr Kalb nach zehn Monaten Tragzeit zur Welt. Es besitzt gleich acht fertige Schneidezähne, stellt sich am ersten Tag auf die Beine, wird von der Mutter betreut und gesäugt. Bald lernt es, sich sein Futter auf der Weide selbst zu rupfen. Saftiges Gras ist die beste Nahrung des Rindes. Nasser Klee, Flachs, Binsen, Eichen- und Walnußlaub bekommen ihm nicht. Ungünstig auf die Milcherzeugung wirken sich ferner Hahnenfuß, Herbstzeitlose, Petersilie, Lauch und Zwiebeln aus. Sehr notwendig braucht das Rind einen Salzzuschuß. Das Höchstalter beträgt etwa 25 Jahre. Zwischen dem 16. und 18. Lebensjahr fallen ihm die Zähne aus. Dann gibt die Kuh auch keine Milch mehr.

An wichtigen Rinderrassen werden in Deutschland gehalten:

Allgäuer Rind, Deutsches Braunvieh: Verträgt das rauhe Klima der Berggegenden, ein hellfarbiger, leichter Schlag und ein dunkelfarbiger schwerer Schlag. Zucht vorwiegend in den Gebirgsgegenden Bayerns, Württembergs, der mittleren und östlichen Schweiz und in Tirol.

Schwarzweißes Niederungsvieh, Ostfriesisches Rind: Schweres, schwarzweiß geflecktes Vieh mit besonders hoher Milchleistung. Zucht hauptsächlich im norddeutschen Tief- und Marschland.

Rotbuntes Niederungsvieh, Schleswig-Holsteiner Rind: Rotbraun und weiß geflecktes Vieh im norddeutschen Flachland.

Angler Rind: Ein kleiner, leichter, einfarbig rotbrauner Schlag, vorwiegend auf den norddeutschen Marschweiden verbreitet.

Höhenfleckvieh: Braunweiß gescheckt, v. a. in Mittel- und Süddeutschland verbreitet.

Auf den Feldern

Schlafmohn

Von der kleinen Anhöhe in der weiten Feldflur, von dort, wo die alte prachtvolle Feldulme ihren schon blühenden Wipfel breitet, lassen wir den Blick über das bebaute Land schweifen. In allen Schattierungen prangen die Wiesenstücke, denn nicht nur die Futtergräser, sondern auch Roter Klee, Raps, Lupine, Esparsette, Luzerne und Wicke werden angepflanzt. Aber auch viele Äcker gleichen schon dichten grünen Wiesen. Auf ihnen sprießt die Wintersaat, die der Bauer im Herbst der Erde anvertraute: der Weizen und Roggen, die Wintergerste. Wo das Erdreich noch braun ist oder wo noch geackert wird, werden im nächsten Monat die Kartoffeln gesteckt, die Rüben gepflanzt und später, wenn keine Nachtfröste mehr drohen, die Bohnen, Erbsen und Linsen gesät. Viele kleine Würfel und schmale Rechtecke sind es, die sich zu einem großen braungrünen Mosaik zusammenfügen und davon erzählen, daß die Höfe hier nicht groß sind. Flurformen dieser Art finden wir z.B. in Südwestdeutschland, allgemein in Gebieten mit Realteilung. (Der vorhandene Grundbesitz wurde immer gleichmäßig an die Erben verteilt.)

Bedeutend eintöniger ist das Bild dort, wo große staatliche oder private Güter weite Flächen mit ein und derselben Feldfrucht bestellen, wo der Einsatz der Traktoren die

Begradigung der Feldbäche und die Beseitigung der Feldhecken mit sich brachte. Gleich einer öden Steppe breitet sich dann das bebaute Land, nur belebt vom baumbestandenen Band der Straße, ist schutzlos den Winden und Wettern ausgesetzt und büßt von Jahr zu Jahr an natürlicher Fruchtbarkeit ein. Denn jeder Baum und Busch in der Feldflur, jedes lichte Feldgehölz, jede kleine Feldhecke, jeder Feldrain, jeder Wiesenteich, jede eigenwillige Windung der Bäche und Flüsse spielt die Rolle eines wertvollen Wasserspeichers, eines Windschirmes und Taufängers.
Viel ist da in den letzten Jahrzehnten gesündigt worden. Was man den Bächen und Flüssen an Raum und Breite nahm, das holten sie sich an Tiefe wieder, schnitten sich rascheren Laufes kräftiger ins Erdreich, zapften den Wasserspiegel an, veranlaßten seine Senkung und minderten damit den Wert der Felder. Durch das Niederbrennen der Feldhecken, das Schlagen der Feldgehölze, das Zuschütten der Tümpel und Teiche aber verloren zahlreiche Lurche und Insekten, Vögel und Kleinsäuger ihre Schlupfwinkel, die sich als wertvolle Insekten- und Larvenvertilger oder Mäusejäger betätigten. Wo Erdkröte und Grasfrosch, Eidechse und Blindschleiche, Spitzmaus und Igel, Wiesel und Iltis, Grasmücke und Neuntöter, Elster und Krähe, Rebhuhn und Wachtel fehlen, steht es nicht gut um die Felder, werden sie zum Paradies für Engerlinge und Drahtwürmer, Getreidelaufkäfer und Kartoffelkäfer, Halmfliegen und Hessenfliegen, Mäuse und Hamster. Auch in der Lebensgemeinschaft der Pflanzen und Tiere auf den Feldern ist kein Glied so gering, daß sein Fehlen nicht sofort das harmonische Gleichgewicht stören würde, handelt es sich nun um Regenwurm oder Wegameise, Laufkäfer oder Maulwurf, Feldlerche oder Fuchs.

Von den Pflanzen

Das Getreide

Seit Jahrtausenden baut der Mensch Weizen und Roggen, Hafer und Gerste an. Die Urmenschen der letzten Eiszeit sammelten schon die Früchte des Wildhafers, des Wildemmers, des Wildeinkorns, des Bergroggens, der Wildgerste, der Rispenhirse und der Grünhirse. Nach der zufälligen Aussaat in der Nähe ihrer Behausungen bemerkten sie, daß diese Wildgräser auf dem Kompost ihrer Abfallwinkel größere Samenkörner trugen, und es wurde in ihnen der Wunsch wach, sich das Samensammeln in Zukunft zu erleichtern. Die bewußte, gleichsam gartenweise Aussaat der Wildgräser durch die Urmenschen liegt weit zurück, viel weiter jedenfalls, als sich der Anbau im großen nachweisen läßt.
Ganz unbewußt und unwillkürlich fand auch schon damals eine Auslese der festspindligen Wildähren statt. Denn geerntet werden konnten ja vorwiegend nur die

Ähren, die nicht ganz so leicht und schnell zerbrachen wie die der urtümlichen Wildgräser. Und so kamen auch nur die Samenkörner dieser zähen Ähren wieder zur Aussaat. Der Erfolg war, daß sich die Ährenspindeln der Wildgräser schnell festigten und die Ernten von Jahr zu Jahr ertragreicher wurden. Erst damit aber war der Anreiz zum Anbau im Großen gegeben. Die gefestigte Ährenspindel konnte sich nun auch strecken, konnte also nicht nur größere, sondern auch reichere Samenfrucht tragen.
Staunend erlebten die Menschen, welche Entwicklungsmöglichkeiten in diesen unscheinbaren Wildgräsern steckten und wie sich nunmehr die bevorzugt gesäten und gepflegten Wildgräser untereinander kreuzten. Ganz von selbst boten sich ihnen hierdurch neue und noch bedeutend ertragreichere Getreidepflanzen an. Aus dem Wildeinkorn und dem Wildemmer entsprang der Zwergweizen. Wo sich der Zwergweizen mit dem kultivierten Emmer kreuzte, entstand der Dinkel. Und dieser hinwiederum wurde durch die spätere Kreuzung mit dem Zwergweizen zum Saatweizen der Eisenzeit.

Weizen *Triticum* (Familie: Süßgräser *Poaceae*) Europa bis zum 60. Breitenkreis, feldmäßiger Anbau seit mindestens 4000 v.Chr., zuerst wahrscheinlich im alten Babylonien. Verlangt guten Boden und mildes Klima.
Der Weizen, das wichtigste Brotgetreide der Welt, ist eine sehr vielgestaltige Pflanze, die in mehreren Arten verbreitet ist. Gemeinsame Kennzeichen sind: Blütezeit 6–7, einjährig, höchstens 150 cm, Blattgrund mit langen, übereinandergreifenden und behaarten Öhrchen. Ähre meist ohne Grannen, meist vierseitig, dicker steifer Halm mit breiten Blättern. Ähre von rostfarbenem oder altgoldenem Schimmer überhaucht, Körner rundlich und dick, hellgelb bis rotgelb, von den Spelzen fast ganz bedeckt. Saatzeit: September.
Bei uns wird heute fast nur noch der **Saatweizen** *(Triticum aestivum)* angebaut.

Roggen

Roggen *Secale cereale* (Familie: Süßgräser *Poaceae*) Europa, blüht 5–6, einjährig, bis 2 m, feldmäßiger Anbau seit 700 v.Chr., zuerst wahrscheinlich in Nordostdeutschland, stellt geringe Ansprüche an Boden und Klima, liefert kleberhaltiges dunkles Mehl, Grütze, Kleister, Stärke, Branntwein, Viehfutter und Flechtmaterial. Typisches Kennzeichen: zwei kahle, kurze Öhrchen am Blattgrund.

Weitere Kennzeichen sind: schwankender Halm von gut zwei Meter Höhe, vierkantige, leicht gepreßte, nickende Ähre mit langen Grannen, riecht nach Schwarzbrot, Körner lang und schmal, oben stark zugespitzt, mit kräftiger Mittelfalte, von blaugrauer Farbe, lugen aus den Spelzen und bestimmen den Farbton des reifenden Roggenfeldes. Saatzeit: September.

Weizen

Gerste *Hordeum* (Familie: Süßgräser *Poaceae*) Feldmäßiger Anbau seit mindestens 4000 v.Chr., wahrscheinlich zuerst im Fernen Osten, um 3500 v.Chr. in Unterägypten, um 3000 v.Chr. im Frankenland, heute in ganz Europa verbreitet, gedeiht gut auf lehmigen und sandigen Böden, ist anspruchslos und sehr widerstandsfähig, liefert ein nahrhaftes, aber nicht besonders wohlschmeckendes Brot, Kraftfutter, Grütze, Braugerste, Malz, Tee, Grieß, Graupen und Kaffee-Ersatz.

Sie ist ebenfalls sehr formenreich und in zahlreichen Arten vertreten. Gemeinsame Kennzeichen sind: Blütezeit 6–7, einjährig, selten über 120 cm hoch, Blattgrund mit langen, übereinandergreifenden Öhrchen, Ähre meist nickend, niedriger schwacher Halm, Ähre zwei-, vier- oder sechszeilig, stark gepreßt, seidig schimmernde, sehr lange Grannen, die dem Gerstenfeld einen seidigen Glanz verleihen. Korn von zwei festsitzenden Spelzen dicht umschlossen, an beiden Enden stark zugespitzt, Mitte bauchig. Saatzeit: März und September.

Gerste

Bei uns wird vor allem die **Zweizeilige Gerste** *(Hordeum distichon) angebaut.*

Saat-Hafer, Haber *Avena sativa* (Familie: Süßgräser *Poaceae*) Feldmäßiger Anbau

seit Bronze- und Eisenzeit, wahrscheinlich zuerst in Nordwestdeutschland, gedeiht auf schweren Wiesenböden wie auf mageren Gebirgsböden, benötigt wintermildes Klima und ausreichende Luftfeuchtigkeit, ist die Brotfrucht der Gebirgsvölker, liefert Grütze, Haferschleim, Haferflocken, Pferdefutter und gutes weiches Futterstroh.
Kennzeichen: blüht 6–7, einjährig, 60–120 cm, lockere Rispe – also keine Ähre! –, sehr niedriger Halm, oft nur kniehoch, die wohlverpackten schlanken Körner ruhen in begrannten oder unbegrannten, goldgelb schimmernden Ährchen, die an langen Stielen schwanken, auch die Halme haben im Hochsommer die goldgelbe Farbe. Saatzeit: Ende März.

Unsere Getreidepflanzen sind Windblütler wie alle Gräser. Die Staubbeutel schaukeln an langen Stielen, die sich während der Blütezeit außerordentlich rasch verlängern. Aufgefangen wird der Staub, der oft in dichten Wolken über den Feldern steht, von den zierlichen weiblichen Federbüschen oberhalb der männlichen Blüten.

Saat-Hafer

Verderbenbringende Pilzzwerge

Immer wieder können wir bei einem Gang durch die Felder seltsame, wie von einem Brand versehrte und gefleckte Stengel und Blätter entdecken. Bei näherem Zusehen finden wir dann kleine orangegelbe oder fuchsrote Sporenhäufchen, besonders im April und Mai. Später dunkeln diese Sporen ein, und die Felder verfärben sich in unheimlicher Weise. Diese Rostpusteln sind dann auch schon auf den Ähren zu finden. Zugleich tauchen um diese Zeit plötzlich zahlreiche schwarze Ähren auf, besonders häufig in den Hafer-, Gersten- und Weizenfeldern. In vielen Roggenähren aber spreizt sich ein dickes, hartes, großes und schwarzes Korn, das wir sogleich als einen Fremdkörper erkennen.
Hier sind winzige Pilze am Werk, die sich schmarotzerisch auf anderen Pflanzen ernähren und Tod und Verderben über weite blühende Felder bringen können. Als Rost-, Brand- und Mutterkornpilze kennt und fürchtet sie der Landmann wie den Hagelschlag und die Mäuseplage. Alle unsere Kulturpflanzen sind den Angriffen

dieser und anderer Schlauch- und Ständerpilze ausgesetzt, ganz gleich, ob es sich um Getreide- oder Gemüsepflanzen, Hackfrüchte oder Kohlpflanzen, Obstbäume oder Beerenbüsche handelt. Der Schaden, den sie anrichten, geht alljährlich in die Millionen.

Getreiderost *Puccinia graminis* (Familie: *Pucciniaceae,* Ordnung: Rostpilze *Uredinales*) Befallanzeichen: rostfarbene oder schwärzliche Streifen und Flecken an Blättern und Halmen, später auch an Ähren, oft Verfärbung ganzer Felder. Der Wind weht die Sommersporen über die Felder, so daß sich der Befall rasend schnell ausbreitet. Später quellen aus denselben Pilzlagern dickwandige dunkelbraune Sporen, die am oder im Boden überwintern, im nächsten Frühjahr farblose Sporen hervorbringen, die wiederum vom Winde davongetragen werden. Zu ihrem Fortkommen ist es notwendig, daß sie auf den Blättern der Berberitze (S. 84) zum Keimen kommen. Hier erzeugen sie auf der Blattunterseite rotgelbe Becherchen, aus denen dann die Bechersporen wieder aufs Getreide geweht werden.

Flugbrand, Staubbrand *Ustilago* (Familie: *Ustilaginaceae,* Ordnung: Brandpilze *Ustilaginales*). Tritt in mehreren Arten auf. Befallanzeichen: die Ährchen von Weizen, Gerste und Hafer werden bis auf die Spelzen und Grannen in schwarzbraunes Pulver verwandelt. Die reifen und schwarzen Staubsporen weht der Wind weit über die Felder. Befällt auch Maiskolben.

Weizenbrand, Schmierbrand *Tilletia tritici* (Familie: *Tilletiaceae,* Ordnung: Brandpilze *Ustilaginales*) Befallanzeichen: blaugrüne Verfärbung der Weizenähren, in denen statt der gelben Weizenkörner kugelförmige, blaugrüne oder schmutziggraue Brandkörner sitzen, die sich zwischen den Fingern zerdrücken lassen. Sie enthalten eine schwarze, übelriechende und schmierige Masse, das Sporenpulver dieses Pilzes.

Mutterkorn *Claviceps purpurea* (Familie: *Clavicipitaceae,* Ordnung: Mutterkornpilze *Clavicipitales*) †, Befallanzeichen: einzelnes, großes schwarzes Korn in der reifenden Roggenähre. Es ist das fest zusammengelegte und zu einem harten Körper zusammengewachsene Fadengeflecht des Mutterkornpilzes, der sich jetzt, da die Saftzufuhr zur Ähre immer geringer wird, zum Überwin-

Mutterkornpilz in Roggenähre,
links: Pilzkorn mit rötlichen Fruchtkörpern

tern anschickt. Das schwarze Korn fällt aus, treibt im nächsten Frühjahr rötliche Fruchtkörper, aus denen die Sporen auf die Fruchtknoten des Roggens geweht werden. Der erkrankende Fruchtknoten, in dem der Pilz parasitiert und Sporen bildet, scheidet

dann reichlich »Honigtau« aus, der von den Insekten gierig aufgeleckt wird. Sie beladen sich dabei mit den neuen Sporen und tragen so die Krankheit von Feld zu Feld.
Das Mutterkorn enthält stark giftige Alkaloide, die Durstgefühl, dann Erbrechen und Durchfälle, zuletzt Krämpfe und Lähmungen verursachen. Tödliche Fälle sind selten. In der Medizin werden die Mutterkornalkaloide vor allem in der Geburtshilfe als blutstillende, schmerzlindernde und entzündungshemmende Mittel verwendet.

Der bunte Saum des Kornfeldes

Blüht das Korn, so legt sich rund um das Feld ein bunter Kranz von Feldblumen. Der Bauer mag sich noch so große Mühe um das Reinhalten des Saatgutes geben, die Kornblume, der Klatschmohn, die Kornrade, die Ackerwinde, der Feldrittersporn und die Zottenwicke stellen sich immer wieder ein. Sie gehören einfach zum Meer der Halme, leben in einer innigen Gemeinschaft mit den Getreidepflanzen und nehmen ihnen zweifellos nicht nur Licht und Luft, sondern geben ihnen auch wieder wertvolle Wachstumsstoffe. Einwandfrei wurde festgestellt, daß z. B. der Roggen auf den von Kornblumen restlos gesäuberten Feldern fast um die Hälfte im Wachstum zurückblieb gegenüber dem Roggen, der reichlich mit dieser Feldblume durchsetzt war. Es scheinen sich da also feinabgestimmte Ergänzungsverhältnisse zwischen den Getreidepflanzen und den sogenannten Ackerunkräutern angebahnt zu haben, die noch längst nicht genügend erforscht sind.

Ackerwinde *Convolvulus arvensis* (Familie: Windengewächse *Convolvulaceae*) Europa, $, blüht 6–10, ♃, entgegen dem Uhrzeiger windet sich der bis zu 100 cm lange und mit pfeilförmigen Blättern besetzte Stengel um die Getreidehalme. Als ein leuchtendweißer oder zartroter tiefer Trichter eröffnet sich die 15–30 mm große, schwachduftende Blüte, die nur von sehr langrüßligen Faltern bestäubt werden kann. Die Ackerwinde wie auch die **Zaunwinde** *Calystegia sepium*, †, die meist weiße, 3–5 cm große, nicht duftende Blüten besitzt, haben sich besonders auf den **Windenschwärmer** (S. 503) eingestellt, dessen bräunliche oder grünliche Raupe wir oft auf ihren Blättern finden können.

Ackerwinde

Kornblume

Kornrade

Feldrittersporn

Kornblume *Centaurea cyaneus* (Familie: Korbblütler *Compositae* = *Asteraceae*) Europa, blüht 6–9, einjährig, bis 60 cm, kobaltblau leuchten die tief ausgezackten trichterförmigen Randblüten, die das Blütenkörbchen als ein Schauapparat umgeben und weder Nektar noch Pollen spenden. Dringt der Rüssel des Falters dagegen in die kleinen Röhrenblüten in der Mitte der Blüte, so kann er seinen Durst stillen und wird gleich darauf dick mit Blütenstaub eingepudert. Der Rüssel berührt nämlich auch die sehr reizbaren Sinneshaare der verborgenen Staubgefäße in der kleinen Blütenröhre, die sich nunmehr jäh verkürzen und den in ihnen lagernden Blütenstaub hinauswirbeln. Der Griffel am Grunde der Röhre wirkt dabei wie der Kolben einer Pumpe.

Kornrade *Agrostemma githago* (Familie: Nelkengewächse *Caryophyllaceae*) Heimat: östliches Mittelmeergebiet, †, ⚕, blüht 6–9, einjährig, bis 1 m hoch, sehr selten, vielerorts verschwunden, die Blüte ragt als ein fünfstrahliger karminvioletter oder purpurroter Stern aus einem blasig aufgetriebenen und zottig behaarten Kelch, dessen lange grüne Zipfel über die Blumenkrone hinausragen. Die Samenkörner sind giftig und geben dem Mehl einen bitteren Geschmack sowie eine bläuliche Farbe. Das Gift bewirkt Speichelfluß, Kratzen im Halse, Erbrechen und Durchfälle, Krämpfe und Delirien.

Feldrittersporn, Ackerrittersporn *Delphinium consolida* (Familie: Hahnenfußgewächse *Ranunculaceae*) Europa, (†), einjährig, 10–50 cm, geht im Bestand sehr stark zurück, fünf weitausstrahlende dunkelblaue Blütenblätter, von denen das obere in einen langen Sporn ausgezogen ist, und in Zipfel gespaltene Blätter kennzeichnen diese schöne Feldblume. Oft gleicht der vielverzweigte Stengel einem üppigen Blumenstrauß. Als Bestäuber hat er sich die Hummeln auserkoren, doch selbst diese verschmähen es oft, durch die Blüte zum im langen Sporn verborgenen Nektar zu gelangen, sondern knabbern ihn einfach von außen an.

Zottenwicke

Zottenwicke *Vicia villosa* (Familie: Schmetterlingsblütler *Leguminosae* = *Fabaceae*) Mittel- und Südeuropa, †, blüht 5–8, einjährig, 30–120 cm, klettert windend an den Halmen empor und hängt dann ihre zarten Blütentrauben ins Licht. Die Fahne und das Schiffchen der Schmetterlingsblüte sind violett, die Flügel bisweilen weiß oder gelblich.

Ihre Verwandte, *Vicia sativa,* (†), die weiß und rot blüht, wird oft als **Futterwicke** angebaut.

Dunkelblau blüht dagegen die **Vogelwicke** *Vicia cracca,* (†), mit langen einseitigen Blütentrauben, purpurviolett die **Heckenwicke** *Vicia dumetorum* und schmutzigviolett die **Zaunwicke** *Vicia sepium*. Weitere Verwandte sind die **Rauhhaarige Wicke** *Vicia hirsuta,* die dicht behaart ist und winzige hellblaue Blüten trägt, die **Viersamige Wicke** *Vicia tetrasperma,* deren Hülsen 4 Samen enthalten und deren hellblaue Blüten einzeln oder zu zweit auf langen Stielen stehen, und schließlich die **Platterbsenwicke** *Vicia lathyroides,* eine sehr zarte, weich behaarte Pflanze, die sehr wärmeliebend ist, häufig an Wegrändern zu finden.

Klatschmohn *Papaver rhoeas* (Familie: Mohngewächse *Papaveraceae*) warmes und gemäßigtes Europa, †, blüht 5–7, einjährig, bis zu 1 m hoch, erst kurz vor dem Erblühen richtet sich die Knospe auf, die beiden Kelchblätter fallen ab, die vier zerknitterten scharlachroten Kronenblätter glätten sich und breiten sich aus. Die leuchtende Farbe genügt als Werbeplakat. Auf Duft und Nektar kann der Klatschmohn verzichten. Zierlich ist die kleine Mohnkapsel, diese von der Natur erfundene erste Streubüchse der Welt.

Die wichtigsten Futterpflanzen

Der Anbau von Futterpflanzen entspricht dem Bedürfnis und Verlangen, der Viehhaltung eine gesicherte und wertvolle Futtergrundlage zu schaffen. Er erfolgt entweder als Hauptfrucht und bringt dann eine Erweiterung der Grünflächen mit sich oder als Vor- und Nachfrucht zwischen den einzelnen Getreidefrüchten. Es werden aber auch Futterpflanzen zum Zwecke der Gründüngung angebaut. Das heißt, diese Pflanzen werden dann nicht gemäht, sondern grün untergeackert, um den Boden mit Humus und Stickstoff anzureichern.
Außer dem roten Wiesenklee, den wir schon kennenlernten (S. 106), unterscheiden wir noch die folgenden Futterpflanzen:

Raps *Brassica napus* (Familie: Kreuzblütler *Cruciferae* = *Brassicaceae*) Europa, blüht 4–8, ein- oder zweijährig, Aussaat Ende August oder im Frühjahr, blüht gelb in kleinen Trauben, Blüte vierblättrig mit 6 Staubgefäßen, die Blütenknospen überragen die geöffneten Blüten, ist ein Verwandter der Kohlrübe und wird deshalb auch als Kohlsaat bezeichnet. Als Futterraps wird er grün geschnitten, als Ölpflanze läßt man ihn bis zum August stehen und gewinnt aus den blauschwarzen Samenkörnern, die in langen schmalen Schoten ruhen, das Raps- oder Rüböl.

Luzerne, Blauer Schneckenklee (Abb. S. 128) *Medicago sativa* (Familie: Schmetterlingsblütler *Leguminosae* = *Fabaceae*) Heimat: Vorder- und Mittelasien, blüht 6–9, ♃, bis 80 cm, Aussaat September, blüht blau, wird vor der Blüte geschnitten und liefert 3–4 Schnitte im Jahr. Die Blüten stehen in länglichen Trauben. Die Samenhülsen sind wie kleine Schnecken spiralig gerollt. Älteste Futterpflanze. Leider hat sich eine große Anzahl von Schadkäfern, Gallmücken und Gallmilben auf diese Pflanze spezialisiert und ruft große Schäden hervor. Der wildwachsende gelbe **Sichelklee** *Medicago falcata* sowie der kleine und der hopfenartige **Arabische Schneckenklee** *Medicago arabica,* gekennzeichnet durch einen schwarzen Fleck auf jedem Blatt, sind die nächsten Verwandten. Die Luzerne wird auch als Gründüngung angebaut.

Raps

Futter-Esparsette *Onobrychis viciaefolia* (Familie: Schmetterlingsblütler *Leguminosae* = *Fabaceae*) Mittel- und Südeuropa, blüht 5–8, ♃, 30–60 cm, Aussaat September, blüht in roten Trauben, hat hellgrüne Fiederblätter. Die purpurnen Blüten sind von dunklen Adern reizvoll durchzogen. Wird ebenfalls als Gründüngung untergeackert.

Luzerne

Lupine *Lupinus* (Familie: Schmetterlingsblütler *Leguminosae* = *Fabaceae*) blüht 6–9, Aussaat August/September. Es gibt auf den Feldern eine blaublühende Lupine, die **Vielblättrige Lupine** *(Lupinus polyphyllus)*, Heimat: Nordamerika, †, und eine **Gelbe Lupine** *(Lupinus luteus)*, Heimat: Südwesteuropa, †. Letztere wird besonders in Norddeutschland zur Verbesserung sandiger und stickstoffarmer Böden angebaut und grün untergeackert. Die blaue Lupine wird auch in der Forstwirtschaft zur Bodenverbesserung benutzt. Beide Lupinen kennzeichnen sich durch lange endständige Blütentrauben, an denen die Blüten in kleinen Quirlen stehen. Die Blätter sind langgestielt, lanzettlich und fingerförmig gespreizt, falten sich nachts zusammen und richten sich dabei auf. Die gelbe Lupine duftet angenehm. Die bitter schmeckenden Samen liegen einkammerig in schwammigen und behaarten Hülsen.

Mais *Zea mays* (Familie: Süßgräser *Poaceae*) Heimat Mittelamerika, heute in Mittel- und Südeuropa eingebürgert, blüht 7–10, einjährig, Aussaat Ende April bis Mitte Juli. Die Maisblüte ist eine echte Grasblüte, leicht violett gefärbt, große starke Rispe auf 1–4 m hohen dicken Stengeln. Die weiblichen Blüten sitzen in den Blattachseln und lassen ihre langfädigen Griffel gleich kleinen Roßschweifen heraushängen, 3–7 cm stark ist

Futter-Esparsette

der Stengel knapp über der Erde und verjüngt sich gleichmäßig. Die zweizeilig angeordneten, 50–80 cm langen lanzettlichen Blätter umhüllen den Stengel mit ihren Scheiden.

Grünmais wird in der Blüte geerntet, verfüttert oder in Silos vergoren. Unreife Kolben geben Kraftfutter. Aus den großen ausgereiften, meist gelblichen, aber auch rötlichen oder violetten Kolben wird Maisstärke, Traubenzucker und Sirup gewonnen. Die Maiskeime enthalten 40% Öl, das für Margarine sowie als Back- und Speiseöl verwendet wird und auch zur Seifenherstellung.

Futterrübe, Runkelrübe *Beta vulgaris* (Familie: Gänsefußgewächse *Chenopodiaceae*) Europa, blüht 6–9, zweijährig, Aussaat März–April, Pflanzung Anfang Juni. Die vier Hauptsorten kennzeichnen sich durch walzenartige, durch abgeplattete, durch eirunde und durch kugelige Wurzeln, sind weiß-, gelb- oder rotschalig und stellen das beste Saftfutter für Rinder, Pferde und Schweine dar. Lehmiger oder lehmsandiger Boden wird bevorzugt. Eine mühselige Arbeit ist das Verziehen oder Vereinzeln der gesäten Rüben. Das Pflanzen erfolgt durch Maschinen. Von den **Zuckerrüben** unterscheiden sich die Runkelrüben besonders dadurch, daß sich ihre fleischigen Wurzeln hoch über den Boden erheben. während jene von der Erde bedeckt bleiben. Für den Winter werden die Rüben häufig in Erdmieten auf den Feldern aufbewahrt, die abgeschnittenen Blätter aber entweder frisch verfüttert oder im Silo vergoren.

Gelbe Lupine

Von den anderen Fruchtfeldern

Außer den Getreide- und Futterpflanzen werden in unserem Land auch noch zahlreiche Öl- und Faserpflanzen, wie z.B. Mohn, Rübsen, Lein und Hanf angebaut, ferner noch Hülsenfrüchte, wie Erbsen und Bohnen, etliche Gemüsepflanzen, wie vor allem Kartoffeln, Kohl und Möhren, und als landschaftsbedingte Außenseiter in Norddeutschland der Buchweizen und in Süddeutschland der Hopfen. Es würde zu weit führen, hier ins einzelne zu gehen. Darum sei nur kurz gesagt, wie wir diese Felder schnell von den anderen zu unterscheiden vermögen und wodurch sie sich besonders kennzeichnen.

Rübsenfeld. Nicht alle gelben Felder im Frühjahr sind Hahnenfuß- und Löwenzahnwiesen oder Rapsfelder. Auch der **Rübsen** *Brassica rapa* (Familie: Kreuzblütler *Cruciferae = Brassicaceae*) ⚕, blüht gelb. Er stammt vom wilden Feldkohl ab und unterscheidet sich vom Raps durch seine durchweg borstig behaarten Blätter. Früher war er eine der wichtigsten deutschen Ölpflanzen und ist noch heute mit dem Raps die am häufigsten angebaute Ölfrucht.

Lein- oder Flachsfeld. Sehen wir im Sommer, wenn das Getreide sich bereits fruchtschwer neigt, also im August, ein himmelblaues Feld, so kann es sich nur um ein Lein- oder Flachsfeld handeln. Der **Lein** *Linum usitatissimum* (Familie: Leingewächse *Linaceae*) ⚕, †, ist eine bis 60 cm hohe, zarte, dünnstenglige und schmalblättrige Pflanze, an der die himmelblauen, fünfzähligen Blüten in Trugdolden stehen. Die kleine Fruchtkapsel hat zehn Fächer. Der Samen liefert das Leinöl und den Leinkuchen für das Vieh, der Stengel die wertvolle Flachsfaser. Lein wird schon seit der jüngeren Steinzeit angebaut.

Hanffeld. Ebenfalls im Hochsommer können wir Felder antreffen, auf denen ein mindestens 1,5 m hohes Kraut mit langgestielten und gefingerten Blättern steht. Es ist

Lein

Hanf, ♂ Pflanze

der **Hanf** *Cannabis sativa* (Familie: Hanfgewächse *Cannabaceae*) ⚕, †. Die männlichen Pflanzen sind niedriger und zarter als die weiblichen. Die bescheidenen kleinen gelblichgrünen Blüten entspringen den im Herbst reichverzweigten Rispen. Bei den oft 2–3 m hohen weiblichen Pflanzen stehen die Stempelblütchen in den Achseln der oberen Blätter und sind noch unscheinbarer.

Eher als durch seine wertvolle Faser wurde der Hanf durch seine berauschende Wirkung bekannt, begehrt und berüchtigt. Die Blätter und Blütenzweige enthalten einen harzigen Stoff, aus dem Rauschgifte, unter anderem auch das indische Haschisch, gewonnen werden.

Das Hopfenfeld verrät sich weithin durch das hohe und mit Drähten verbundene Stangenwerk, an dem die Hopfenpflanzen bis zu 6 m emporranken. Der **Hopfen** *Humulus lupulus* (Familie: Hanfgewächse *Cannabaceae*) ⚕, ♃, ist zweihäusig, ist ein Rechtswinder und klettert mit Hilfe ankerartiger Klimmhaken. Er hat drei- bis fünflappige Blätter. Die Staubblüten stehen in freien, schwankenden, rispenartigen Trugdolden, die Stempelblüten bilden kleine Blütenzapfen, die später zu gelblichen Fruchtzapfen heranwachsen. An ihnen entwickeln sich zahlreiche gelbe Drüsen, die das von den Bierbrauern begehrte Hopfenbitter enthalten. Geerntet wird bei Eintritt des Herbstes. Auf den Feldern werden nur die weiblichen Pflanzen angebaut (s. auch S. 194).

Das Mohnfeld blüht im August im herrlichsten Weiß oder Violett als ein prachtvoller Blumengarten und verströmt gleich dem Hanf einen narkotischen Duft. Der **Schlafmohn** (Abb. S. 118) *Papaver somniferum* (Familie: Mohngewächse *Papaveraceae*) ⚕, †, blüht 6–8, ist einjährig; er ist die kultivierte Form des wilden schwarzen Schlafmohns und hat in der Hand des Menschen nicht nur die Farbe seiner Blüten und Samenkörner, sondern auch die Streufähigkeit seiner Samenkapseln verloren. Sein Anbau ist seit dem 8. und 9. Jahrhundert verbürgt. Er liefert das wertvolle Mohnöl, das als Speiseöl dient und auch in der Farben- und der Seifenfabrikation verwendet wird. Aus dem Milchsaft der unreifen Samenkapseln gewinnt man das Opium.

Buchweizen

Das Buchweizenfeld. Sehen wir auf einem Feld etwa ½ m hohe Pflanzen mit herzförmigen Blättern, rot überlaufenen Stengeln und weißen oder rötlichen, in lockeren Wickeln stehenden Blüten, so handelt es sich um den **Buchweizen** *Fagopyrum esculentum* (Familie: Knöterichgewächse *Polygonaceae*) ⚕, †. Er kam mit den Türken nach Europa und hieß darum früher Türken-, Tataren- oder Heidenkorn. Sein schwarzes Samenkorn ist dreikantig wie das der Buche und liefert die Buchweizengrütze.

Allerlei Ackerunkräuter

Fast alle Blumen, die wir am Wegrand, auf den Ödländern und Wiesen fanden, drängen sich auch auf den Acker, ganz gleich, ob es sich nun um den Wegerich oder die Taubnessel, die Wegwarte oder den Schachtelhalm, das Hirtentäschel oder den Ehrenpreis, den Huflattich oder die Brennessel, die Schafgarbe oder die Klette, die Vogelmiere oder die Kamille, die Wolfsmilch oder die Hundspetersilie, das Gänseblümchen oder den Löwenzahn, die Margerite oder die Flockenblume handelt. Zu ihnen gesellen sich außerdem noch zahlreiche Disteln und weiße Doldenblumen, wilde Kleepflanzen und Wiesengräser. Ebenso rücken aber auch die Pflanzen, die wir jetzt als Ackerunkräuter kennenlernen, gern an die Wegränder, Wiesenraine, Ödländer und Bahndämme. Ihre Anzahl ist so groß, daß wir uns mit einem kurzen Farben- und Formensignalement begnügen müssen.

Es blühen rot:

Rote Lichtnelke *Silene dioica* (Familie: Nelkengewächse *Caryophyllaceae*) Europa, blüht 4–9, ♃, haariger Stengel bis 80 cm hoch, haarige Blätter eiförmig zugespitzt, gegenständig, 5 tief zweispaltige Blütenblätter, liebt feuchten Grund, auch auf sauren Wiesen und in Gehölzen.

Erdrauch *Fumaria officinalis* (Familie: Mohngewächse *Papaveraceae*) Europa, (†), blüht 5–10, einjährig, 15–30 cm, zarter Stengel, blaugrüne geschlitzte Blättchen, feine Blütentraube, Blüten zweiseitig symmetrisch und gespornt.

Ackergauchheil *Anagallis arvensis* (Familie: Primelgewächse *Primulaceae*) Europa, ⚕, blüht 6–10, einjährig, Stengel bis 15 cm hoch, dicht ansitzende, gegenständige, unterseits schwarz punktierte, eirunde Blättchen. Die ziegelroten fünfblättrigen Blüten entspringen zu zweit den Blattachseln.

Rote Lichtnelke

Es blühen weiß:

Ackerhornkraut *Cerastium arvense* (Familie: Nelkengewächse *Caryophyllaceae*) Europa, blüht 4–6, ♃, zarte 10–25 cm hohe Stengel, behaarte, linearlanzettliche Blättchen, die Blüten, aus 5 zu einem Viertel eingekerbten Blütenblättern, stehen endständig an den Stengelzweigen, liebt trokkene Böden.

Kanadisches Berufkraut *Erigeron = Conyza canadensis* (Familie: Korbblütler *Compositae = Asteraceae*) Im 17. Jahrhundert aus Nordamerika nach Europa eingeschleppt, ‡, blüht 6–10, ein- bis zweijährig, schlanker verzweigter Stengel, bis 1 m hoch, trägt rispig angeordnet zahlreiche kleine schmutzigweiße Blütenkörbe, Blätter borstig bewimpert, schmallanzettlich.

Spurre *Holosteum umbellatum* (Familie: Nelkengewächse *Caryophyllaceae*) Europa, blüht 3–5, einjährig, zarter aufrechter Stengel, bis 25 cm, oben kahl, kleine auffallend langstielige Dolde von 3–8 Blütensternen an der Spitze, bläulichgraue eiförmige Blättchen, neigt sich nach der Blüte.

Es blühen blau:

Ochsenzunge (Abb. S. 134) *Anchusa officinalis* (Familie: Borretschgewächse *Boraginaceae*) Europa, ‡, blüht 4–10, ♃, borstiger 30–90 cm hoher Stengel mit wechselständigen, schmallanzettlichen, rauhen Blättern, rötlichviolette und blaue Blüten mit 5 Blütenblättern, stehen zu mehreren in langen eingerollten Blütenständen in der Achsel eines Tragblattes.

Blauer Natternkopf (Abb. S. 134) *Echium vulgare* (Familie: Borretschgewächse *Boraginaceae*) Europa, ‡, blüht 6–9, zweijährig, 30 bis 120 cm, rauhborstige Stengel und Blätter, die erst roten, dann blauen Blüten sind trichterförmig, die blauen Staubgefäße ragen gleich züngelnden Natternzungen weit heraus.

Erdrauch

Ackerhornkraut

Spurre

Ochsenzunge

Blauer Natternkopf

Borretsch

Ackerwitwenblume

Borretsch, Gurkenkraut *Borago officinalis* (Familie: Borretschgewächse *Boraginaceae*) Süd- und Mitteleuropa, ⚕, blüht 4–9, einjährig, derber, dicker und borstiger Stengel mit rauhen, breiten, krautigen Blättern, 30–50 cm hoch, die himmelblauen Blüten haben weit kegelartig vorragende, schwarzpurpurne Staubbeutel, ist ein aus Kleinasien stammendes Küchenkraut.

Ackerwitwenblume, Wiesenknautie, Akkerskabiose *Knautia arvensis* (Familie: Kardengewächse *Dipsacaceae*) Europa, ⚕, blüht 5–9, ♃, der graugrüne, bis zu 1 m hohe Stengel und die fiederspaltigen Blätter abstehend behaart, Blüte ist ein flaches halbkugeliges, rötlich violettes Köpfchen.

Ackergoldstern

Es blühen gelb:

Ackergoldstern *Gagea villosa* (Familie: Liliengewächse *Liliaceae*) Mitteleuropa, blüht 3–4, ♃, 10–15 cm, zwei grundständige, schmale Blätter, Trugdolde mit 2–10 sechsblättrigen, größeren goldgelben Blüten. Nahe Verwandte sind der **Wiesengoldstern** *Gagea pratensis* und der **Gemeine Goldstern** *Gagea lutea* in den Wäldern.

Knopfkraut

Knopfkraut *Galinsoga parviflora* (Familie: Korbblütler *Compositae* = *Asteraceae*) Kosmopolit, blüht 5–10, einjährig, 10–90 cm, bildet reichverästelte dichte Büsche, häufig auf Kartoffelfeldern, Blätter eiförmig, gegenständig und gezähnelt, Blüten kaum erbsengroß, innen gelbe Röhrenblüten, außen meist nur 5 weiße dreizähnige Zungenblüten. Heimat peruanische Anden.

Gemeines Kreuzkraut, Gemeines Greiskraut *Senecio vulgaris* (Familie: Korbblütler *Compositae* = *Asteraceae*) Europa, †, blüht 1–12, einjährig, 15–50 cm, kahle oder spinnwebwollige, fiederspaltige Blätter, die kleinen Blütenköpfe bestehen aus gelben Röhrenblüten, die Hüllblätter sind schwarz gefleckt.

Ein naher Verwandter ist das **Raukenblättrige Kreuzkraut** *Senecio erucifolius,* das an Wegrändern häufig vorkommt.

Raukenblättriges Kreuzkraut

Ackerveilchen, Ackerstiefmütterchen *Viola tricolor* (Familie: Veilchengewächse *Violaceae*) Europa, ⚕, blüht 5–10, weißlich gelb, hellviolett oder dreifarbig, einjährig, Stengel bis 20 cm hoch, von den 5 Blütenblättern ist jeweils nur eines gespornt.

Ackerrettich, Hederich *Raphanus raphanistrum* (Familie: Kreuzblütler *Cruciferae = Brassicaceae*) Europa, ⚕, †, blüht 6–8, einjährig, schmaler, bis 60 cm hoher Stengel, obere Blätter lanzettlich, untere leierförmig, die kleinen gelben, violetten oder weißen, vierblättrigen Blüten stehen in doldenähnlicher Traube, haben dunklere Adern.

Ackerrettich

Ackerstiefmütterchen

Von den Tieren

Buntes Käfervolk

Weg und Wiese, Ödland und Fruchtfeld bevölkern viele bunte Käfer, die sich teils als frei umherschweifende und sehr nützlich werdende Räuber, teils als fleißige Straßenkehrer der Natur, teils als harmlose, aber auch als großen Schaden verursachende Pflanzenfresser betätigen.

Alle Käfer kennzeichnen sich durch einen frei beweglichen Kopf mit zwei Facettenaugen, zwei Fühlern und kauenden Mundwerkzeugen, durch einen freien Brustteil, an den sich breit der Hinterleib anschließt, und durch Vorderflügel, die zu festen und schützenden Panzerdecken wurden. Sie machen eine vollkommene Verwandlung durch, deren Weg über das Ei, die Larve, die Puppe zum vollentwickelten Insekt führt. In der gleichen Gestalt und Größe, in der sie aus der Puppe schlüpfen, bleiben sie ihr Leben lang.

Laufkäfer:

Wir betrachten uns nun zuerst einmal die Laufkäfer, die alle sehr flink sind, kaum klettern und fliegen und uns vorwiegend durch ihren metallischen Schimmer auffallen.

Lederlaufkäfer *Carabus coriaceus* (Familie: Laufkäfer *Carabidae*) Mitteleuropa, §, größter einheimischer Laufkäfer, 34–40 mm, schwarze, glanzlose, stark punktierte und gerunzelte Flügeldecken, ausgeprägt eiförmig; Unterseite, Beine und Fühler schwarz, sehr robust, Insektenjäger.

Goldhenne, Goldschmied, Goldgrüner Laufkäfer *Carabus auratus* (Familie: Laufkäfer *Carabidae,* Ordnung: Käfer *Coleoptera*) Mitteleuropa, §, 22–24 mm, erzgrüne

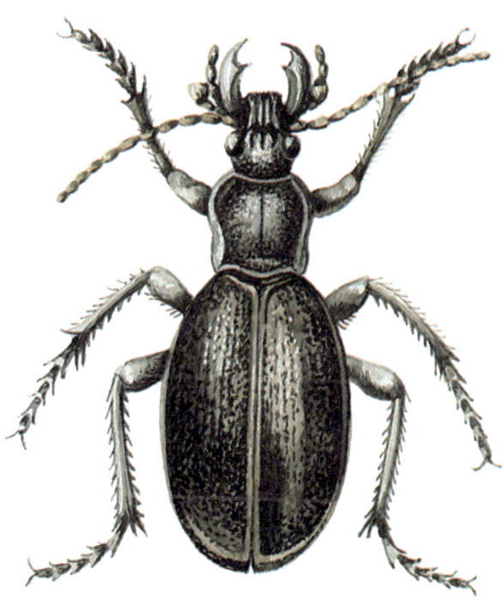

Lederlaufkäfer

Goldhenne

Flügeldecken mit je drei erhobenen Rippen und rotgoldenem Rand, Unterseite glänzend schwarz, rote Beine, sehr flink und kräftig, spuckt braunen Wehrsaft, kneift, Tagtier, jagt Insekten und ihre Larven, fällt auch Artgenossen an.

Gartenlaufkäfer *Carabus hortensis* (Familie: Laufkäfer *Carabidae*) Mitteleuropa, §, 26–28 mm, mattschwarze, feingestreifte Flügeldecken mit drei kupfrig oder goldig glänzenden Grübchenreihen, Unterseite, Beine und Fühler schwarz, Insektenjäger.

Feldsandläufer *Cicindela campestris* (Familie: Sandlaufkäfer *Cicindelidae*) Europa, §, 12–15 mm, grüne Flügeldecken mit je fünf weißen Randpunkten, Unterseite blau oder violett, an den Seiten und Beinen leuchtend kupferrot, sehr schnell, schwirrt öfters kurz auf, streicht flach über der Erde dahin, rennt weiter und ist so kaum zu erhaschen. Tagtier, Sonnenfreund, Insektenjäger.

Feldsandläufer

Getreidelaufkäfer *Zabrus tenebrioides* (Familie: Laufkäfer *Carabidae*) Mitteleuropa, 14–16 mm, tiefgestreifte, punktierte, pechbraune oder pechschwarze Flügeldecken, Dämmerungs- und Nachttier, tagsüber viel unter Steinen, klettert an den Halmen empor und benagt die Getreidekörner. Die Larven zerfressen die keimende Saat, großer Schädling, oft massenhaftes Auftreten.

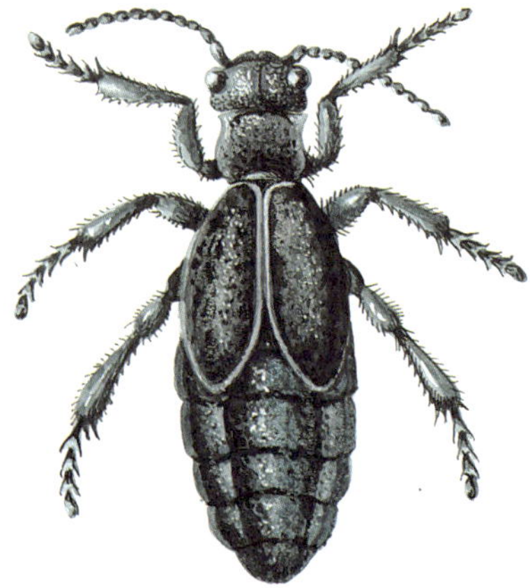

Ölkäfer

Bummler:

Neben diesen flinken Laufkäfern, diesen schillernden Räubern, begegnen wir nun auch ausgesprochenen Bummlern, die bedächtig dahinkrabbeln und gleichsam mit ihrem Phlegma ihr friedliches Wesen verraten. Von ihnen müssen wir kennen:

Großer Roßkäfer

Gestreifter Saatschnellkäfer

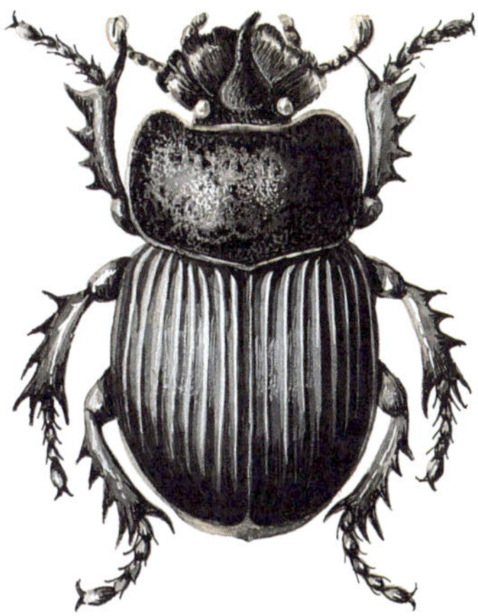

Mondhornkäfer

Gemeiner Totengräber

Ölkäfer, Blasenkäfer, Maiwurm, Pflasterkäfer *Meloe proscarabeus* (Familie: Ölkäfer *Meloidae*) Europa, §, 28–32 mm, dunkelblau, kurze Flügeldecken, die wie Tornister aufsitzen, den Hinterleib nicht bedecken, leicht klaffen, schwitzt giftigen gelben Blutwehrsaft aus den Kniegelenken, der blasenziehend wirkt, macht eine sehr verwickelte Verwandlung durch, von Ende März bis Juni zu finden, harmloser Gräser- und Blumenfresser, die Larve ist ein großer Schädling in Bienenstöcken.

Großer Roßkäfer *Geotrupes stercorarius* (Familie: Blatthornkäfer *Scarabaeidae*) Europa, 16–25 mm, Grundfarbe schwarz, metallisch blau oder grün schimmernde, harte, mit 7 tiefen Längsfurchen verzierte Flügeldecken, Unterseite gleichfarbig, oft von rötlichen Käfermilben bedeckt, die sich von ihm zu den Dunghaufen tragen lassen, tagsüber Fußgänger, nachts Flieger, verscharrt vor allem Pferdemist in selbstgegrabene 20 cm tiefe Schächte und Stollen als Fraß für seine Larven.

Die nächsten Verwandten sind der **Waldmistkäfer** *Geotrupes silvaticus,* 10–16 mm, schwarz glänzend mit feinen Längsstreifen, der **Frühlingsmistkäfer** *Geotrupes vernalis,* 14–20 mm, Oberseite gewölbt, glatt und glänzend, ferner der **Dreihornkäfer** *Ceratophies typhoeus,* der **Mondhornkäfer** *Copris lunaris,* gekennzeichnet durch 1 Horn, und der **Heilige Pillendreher** *Sisyphus schaefferi,* 8–10 mm, mit extrem langen Hinterbeinen. Wichtige Straßenkehrer der Natur.

Gemeiner Totengräber *Necrophorus vespillo* (Familie: Aaskäfer *Silphidae*) Europa, 12–22 mm, schwarze Flügeldecken mit zwei orangegelben Binden, letzte Hinterleibsringe unbedeckt, Halsschild goldig behaart, krummbeinig, verscharrt kleine Tierleichen bis 30 cm tief, legt seine Eier auf die Kadaver, bleibt dabei, bis Larven schlüpfen, die ganze Verwandlung währt nur drei bis fünf Wochen. Wichtiger Aufräumer der Natur.

Gestreifter Saatschnellkäfer *Agriotes lineatus* (Familie: Schnellkäfer *Elateridae*) Europa, 8–10 mm, gelblich-rötliche, stark behaarte, von je acht schwarzen Punktreihen verzierte Flügeldecken, schmale Gestalt, vermag sich aus der Rückenlage mit knipsendem Geräusch hoch und rückwärts zu schnellen. Seine Larven sind die wurzelverzehrenden Drahtwürmer, ähneln Mehlwürmern, sind aber hart gepanzert. Nahe Verwandte sind der **Blutrote Schnellkäfer** *Elater sanguineus* mit roten bis rostroten Flügeldecken und der grau und bräunlich gescheckte **Mäusegraue Schnellkäfer** *Lacon murinus* = *Adelocera murina*.

Blutroter Schnellkäfer

Kartoffelkäfer, Koloradokäfer *Leptinotarsa decemlineata* (Familie: Blattkäfer *Chrysomelidae*) Heimat: Mexiko, heute in ganz Europa verbreitet, 9–11 mm, gelbe oder orangerötliche Flügeldecken mit zehn schwarzen Längslinien, gedrungene Gestalt

Kartoffelkäfer mit Larve

wie Marienkäferchen, aber größer. Er und seine bunten Larven fressen Kartoffelkraut, ungeheure Vermehrung, ein Paar kann es in einem Sommer auf 32 Millionen Nachkommen bringen, großer Schädling. Der Befall ist meldepflichtig.

Die Getreidefliegen

Während dem Städter die Fliegen im Grunde nur lästig sind, fürchtet der Bauer eine ganze Anzahl von ihnen als schlimme Gras- und Getreideverwüster, die ihm alljährlich großen Schaden zufügen.

Große Fritfliege *Oscinis frit* (Familie: Halmfliegen *Chloropidae,* Ordnung: Zweiflügler *Diptera*) Europa, 2–3 mm, spannt 4–6 mm, tiefschwarz und metallisch glänzend, hat schwarze Beine, gelbe Füße und Schwingkölbchen, weißlichgraue, schwach hellbraun getönte Flügel, eiförmigen Hinterleib, fliegt in 2–3 Generationen, taucht im April/Mai auf, besucht honig- und pollenreiche Blüten, legt dann ihre 60–70 rötlichen Eier einzeln vor allem an Hafer-, Gersten- und Maiskeimlinge. Die 2–4 mm langen, weißgelben Maden fressen die Herzblätter der jungen Getreidepflanzen und lassen sie verkümmern, die Maden der 3. Generation befallen vorwiegend den Winterroggen und Winterweizen.

Hessenfliege, Getreideverwüster *Cecidomyia destructor* (Familie: Gallmücken *Cecidomyidae,* Ordnung: Zweiflügler *Diptera*) Heimat: Südasien, angeblich durch hessische Truppen 1777 nach Amerika eingeschleppt. 3,5 mm, spannt 6,5 mm, samtschwarz oder schwarzbraun, das ♀ ist schwarz behaart, hat roten Bauch, das ♂ ist rotgelb behaart, hat schmutzigroten Bauch, beide Geschlechter haben rote Ringe zwischen den Hinterleibsgliedern, bräunliche, rötlichgelb gefleckte Fühler und bräunliche, behaarte Beine, graue, trübe, gefranste Flügel. Fliegt in zwei Generationen, erscheint Ende April, legt ihre rötlichgelben Eier in Häufchen an die Blätter junger Weizen-, Roggen- und Gerstenpflanzen, die 3 mm langen, zuerst durchscheinend gelblichweißen, später gelben, zuletzt glänzend kastanienbraunen Maden dringen zwischen Halm und Blattscheide ein und setzen sich hier saugend fest, wodurch die Triebe anschwellen, welken und absterben.

Gelbe Halmfliege *Chlorops taeniopus* (Familie: Halmfliegen *Chloropidae*) Europa, 3–4 mm, spannt 5–7 mm, hellglänzend gelb, hat schwarze Fühler, ein Dreieck auf dem Scheitel, fünf Längsstreifen auf dem Brustrücken, fünf Querstreifen auf dem eiförmigen Hinterleib, glashelle Flügel, große grüne Augen, fliegt in zwei Generationen, taucht Mitte Mai auf, legt ihre 30–60 winzigen weißen Eier einzeln an Weizenblätter. Die 5–7 mm langen, gelbweißen, durchscheinenden Maden dringen in den Halm ein, zernagen den Fuß der Ähre, die Halme schwellen an, die Ähren werden taub.

Gelbe Halmfliege

Verkannt und verleumdet: Wolfsspinne und Ohrwurm

Zu den Tieren, die selbst bei Natur- und Tierfreunden wenig Gunst und Liebe finden, gehören vor allem die düsteren und hastenden Wolfsspinnen sowie die braunen Ohrwürmer. Dabei haben auch diese Tiere ausgesprochen liebenswerte Züge, zeichnen sich durch eine hochentwickelte Brutpflege aus und machen sich, was sonst doch so hoch angerechnet wird, den Menschen nützlich.

Sackspinne *Lycosa saccata* (Familie: Wolfsspinnen *Lycosidae,* Ordnung: Webespinnen *Aranea*) 5–7 mm, braungrau bis schwarzgrau, trägt auf dem Rücken des Kopfbruststabschnitts einen gelben Fleck, ist düster behaart, die bräunlichgelben Beine sind schwarz geringelt, läuft ruckartig, flott, oft in kleinen Sätzen, erwacht schon im zeitigen Frühjahr, überwintert in versponnenen Erdhöhlen. Ab Ende Mai trägt das Weibchen sein etwas plattgedrücktes, am Unterleib befestigtes Eiersäckchen mit sich und später die geschlüpften Jungspinnen auf dem Rücken. Alle Wolfsspinnen schweifen frei

Sackspinne

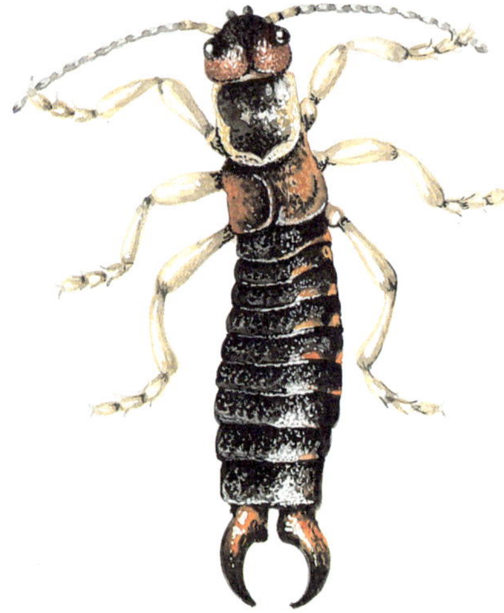

Ohrwurm

umher, lauern in Schlupfwinkeln, fertigen keine Fangnetze und machen eifrige Insektenjagd. Die jungen Wolfsspinnen sind es, die im Herbst auf seidenen Fäden durch die Lüfte segeln und zusammen mit den Krabbenspinnen (S. 499) den sogenannten Altweibersommer einleiten.

Ohrwurm *Forficula auricularia* (Familie: Ohrwürmer *Forficulidae,* Ordnung: Ohrwürmer *Dermaptera*) Europa, 12–15 mm, dunkelbraun, schmal, Ränder des Halsschildes und Beine gelblich, Kopf roströtlich, Hinterleib mit Zangen bewehrt, die aber weder unsere Haut noch unsere Trommelfelle aufzuzwicken vermögen, sondern zum Auseinanderfalten der häutigen Hinterflügel gebraucht werden; sondert einen stark riechenden Wehrsaft aus, ist lichtscheu, verzehrt neben zarten Blättern auch Gemüse und Früchte, abgestorbene pflanzliche und tierische Stoffe, vor allem aber Blattläuse. Das Weibchen bleibt bei seinen Eiern, bis die Jungen ausgeschlüpft sind, stirbt gleich darauf und dient ihnen als erster Schmaus. Der kleine Verwandte, der nur 6 mm große, ziegelfarbige, am Kopf schwarze **Zwergohrwurm** *Labia minor* kann noch fliegen.

Vögel in der Feldflur

Von den Vögeln, die wir beim Spaziergang durch die Wiesen und Felder hören und sehen, sind wir den Haubenlerchen und Feldsperlingen, den Grau- und Goldammern, den Gartenammern und Elstern auf der Landstraße, den Krähen und Dohlen auf den Ödländern begegnet. Nunmehr wollen wir noch einige der Gefiederten kennenlernen, die ebenfalls stark an das bebaute Land gebunden sind und mit Ausnahme von Stieglitz, Fliegenschnäpper, Dorngrasmücke und Neuntöter zu den sogenannten Bodenbrütern zählen. Das heißt, sie stellen ihre meist recht kunstlosen Nester unmittelbar in eine Ackerfurche, unter einen Grasbüschel oder an einen Feldrain. Ihre Jungen sind gleich befiedert, sofort auf den Beinen und werden ob ihrer frühen Selbständigkeit Nestflüchter genannt. Die Fruchtbarkeit dieser Vögel ist notwendigerweise groß, denn sie muß die starken Ausfälle durch allerlei kleines Raubgesindel und zahlreiche Nestplünderer wettmachen.

Wiesenpieper *Anthus pratensis* (Familie: Stelzen *Motacillidae,* Ordnung: Sperlingsvögel *Passeriformes*) Europa außer Südeuropa, §, stark gefährdet, ↓↑, ~, 3–11, 14,5 cm, lerchenfarbig, schwarzer Strich unter den Augen, läuft wie die Feldlerche, wippt aber dabei mit dem Schwanz, Hinterzehe bespornt, fliegt zuckend und hüpfend, steigt singend empor, aber höchstens 10–20 Meter, fliegt singend ein Stück geradeaus, stürzt dann jäh ab. Das Lied ist eintönig, wiederholt dieselbe Strophe oft fünfzigmal. Brütet im Mai und Ende Juli, Gelege umfaßt 5–6 Eier.

Wiesenpieper

Feldlerche *Alauda arvensis* (Familie: Lerchen *Alaudidae,* Ordnung: Sperlingsvögel *Passeriformes*) Europa, §, ~, 2–10, 18 cm, Gefieder braun und schwärzlich gestreift, langer Sporn an der Hinterzehe, sträubt gern eine kleine Federhaube auf dem Kopf, läuft sehr schnell und zierlich, oft kopfnickend, fliegt mit scheinbar matten Flügelschlägen, singt im März noch von den Schollen aus, steigt später fast senkrecht in den Himmel empor, so hoch, daß sie nur noch als ein Punkt wahrzunehmen ist, singt das jubelnde Lerchenlied. Brütet ab April, oft dreimal, Gelege umfaßt jeweils 3–6 gut getarnte Eier. Nähert sich dem Nest sehr vorsichtig.

Feldlerche

Neuntöter, Rotrückiger Würger, Dorndreher, *Lanius collurio* (Familie: Würger *Laniidae,* Ordnung: Sperlingsvögel *Passeriformes*) Brutgebiet: Europa außer Nordeuropa und Iberische Halbinsel, §, gefährdet, ~, 5–8, 18 cm, zimtbrauner Rücken, aschgrauer Kopf, breiter schwarzer Augenstreif, raubvogelartig gekrümmter Schnabel, sitzt und singt auf höchster Spitze der Feldbüsche, wippt, dreht und wendet sich unaufhörlich, der Gesang ist ein gepreßtes Zwitschern. Brütet im Juni, Nest steht niedrig in Dornbüschen, Gelege umfaßt 5–6 rot- und braungefleckte Eier.

Seine Gewohnheit, die erbeuteten Tiere auf Dornen zu spießen und sie so aufzubewahren oder sich zum bequemen Verspeisen selbst vorzulegen, hat ihm einen üblen Ruf eingebracht. Er handelt jedoch nicht etwa aus Grausamkeit so, sondern ist auf diese Vorratswirtschaft angewiesen. Seine Füße sind zu schwach, die erbeuteten Frösche, Mäuse und Eidechsen festzuhalten, und sein Magen ist zu klein, um den großen Happen auf einmal vertilgen zu können.

Nahe Verwandte sind der bis 24 cm große **Raubwürger** *Lanius excubitor,* §, gefährdet, der reichlich 20 cm große **Schwarzstirnwürger** *Lanius minor,* §, und der **Rotkopfwürger** *Lanius senator,* §, stark gefährdet, 17 cm, mit kastanienbraunem Oberkopf. Alle sind eifrige Insektenvertilger.

Neuntöter

Grauer Fliegenschnäpper, Grauschnäpper *Muscicapa striata* (Familie: Fliegenschnäpper *Muscicapidae,* Ordnung: Sperlingsvögel *Passeriformes*) Europa, §, ∼, 5–10, mit 14 cm etwas kleiner als das Hausrotschwänzchen, Gefieder oberseits grau, unterseits schmutzigweiß, Scheitel schwarzgrau, Brustseiten rostgelb überflogen, hat kleinen spitzen Schnabel mit Stachelborsten, schwache Füße, sitzt sehr schlank und aufrecht, wippt mit dem Schwanz, fliegt schnell, oft flatternd, siedelt sich gern bei Gehöften an, stellt sein Nest auf Balkenköpfe, niedere Bäume, in Mauerlöcher, Baumhöhlen, benutzt alte Schwalbennester, versammelt im Juni 4–5 blaugrüne oder lichtblaue Eier mit rostfarbigen Flecken, brütet gemeinsam, lockt »Tschitschi«, warnt »Teck-teck«, singt leise zwitschernd.

Stieglitz

Stieglitz, Distelfink *Carduelis carduelis* (Familie: Finken *Fringillidae,* Ordnung: Sperlingsvögel *Passeriformes*) Europa außer Nordeuropa, §, ↑, 12 cm, märchenhaft bunt, karminrote Stirn und Kehle, weiß die Wangen, schwarz Scheitel und Nacken, lichtbraun der Rücken, goldgelbe Schultern, hüpft ungeschickt, klettert wie ein Akrobat, fliegt leicht und wellenförmig, sitzt gern auf höchsten Spitzen, singt laut und angenehm, lockt: »Stiglit, Pickelnit, Pickelnick ki kleia!« Brütet im Mai, das fein verfilzte Nest steht in hohen Feld- und Alleebäumen, Gelege umfaßt 4–5 Eier. Im Hochsommer und Herbst in Scharen auf den Feldern, an Distelblüten.

Dorngrasmücke *Sylvia communis* (Familie: Grasmücken *Sylviidae,* Ordnung: Sperlingsvögel *Passeriformes*) Brutgebiet: Europa abgesehen vom hohen Norden, §, gefährdet, ~, 4–9, mit 14 cm sperlingsgroß, Gefieder oberseits rötlich erdbraun, Oberkopf und Hinterhals beim ♀ braun, beim ♂ grau, Kinn, Kehle und Unterbacken weiß, unterseits zart fleischrötlich, hat rostfarbene Schwingen, braune Augen, bräunlichen Schnabel, gelbe Füße, liebt dichte Dornenbüsche in Feldern, Wiesen und lichten Feldgehölzen oder an Bahndämmen, ist ein sehr gewandter Schlüpfer, der nur selten und dann nur kurze Strecken und sehr niedrig fliegt, stellt ihr dünnwandiges Nest in Büsche, versammelt Ende April/Anfang Mai ihre 4–6 in der Färbung sehr unterschiedlichen Eier, lockt hell »Tack-tack« und »Tze-tze-tze«, schimpft »Wäd-wäd-wäd«, ist kein berühmter Sänger, pfeift, zirpt, leiert, flötet kraus durcheinander und endet mit fast keifenden Tönen.

Rebhuhn (♂)

Rebhuhn *Perdix perdix* (Familie: Fasanenvögel *Phasianidae,* Ordnung: Hühnervögel *Galliformes*) Europa abgesehen vom äußersten Süden und Norden, ↓, mit 29 cm größer und stärker als Amsel, Gefieder erdfarben, Gesicht und Kehle rostrot, Hähne mit braunem Brustschild, läuft geduckt, fliegt hart schwirrend, immer nur kurz und nicht hoch, spreizt dabei den rostroten Schwanz. Brütet ab Mai, 23 Tage lang, Gelege umfaßt 9–23 blaß- oder graugrünliche Eier. Die Familie hält treu zusammen, die jungen Hähne stehen Wache. Ruf »Girrhik!« laut und weittönend. Nützlicher Insektenvertilger.

Wachtel

Wachtel *Coturnix coturnix* (Familie: Fasanenvögel *Phasianidae,* Ordnung: Hühnervögel *Galliformes*) Brutgebiet: Europa außer Nordeuropa, gefährdet, ganzjährig geschont, ↓, ~, 4–9, 17,5 cm, rundlich, erdbraun, Gefieder weißlichgelblich und schwarz gestreift, heller Überaugenstreif, geht rasch, zieht dabei den Kopf ein und läßt den Schwanz hängen, nickt bei jedem Schritt, fliegt schnell, schnurrend, ruckweise, ist am häufigsten in Getreidefeldern. Der laute Ruf: »Pickwerwick-pickwerwick!« erschallt besonders abends. Brütet im Juli, 18 Tage lang, Gelege umfaßt 8–15 dunkelbraun gefleckte Eier.

Jagdfasan *Phasianus colchicus* (Familie: Fasanenvögel *Phasianidae*) Heimat Asien, heute in ganz Europa zu Hause, ↓, Hahn 76–89 cm lang, Henne 53-64 cm, jagdbarer Vogel mit langem, spitzem Schwanz, Gefieder beim ♂ sehr bunt, glänzend dunkelgrüner Kopf, scharlachroter Hautlappen um das Auge, kurze Ohrbüschel, ♀ dagegen schlicht braun und schwarz gefleckt, nistet am Boden. Läuft lieber schnell in Deckung, als daß er auffliegt.

Heimliche Wühler und Nager

In schwarzen, grauen, braunen und gelben Pelzen huschen die kleinen Nager über Wiese und Feld und sind oft so zahlreich, daß wir die von den zarten Füßen getretenen Straßen deutlich als ein weitverzweigtes Verkehrsnetz von Loch zu Loch verfolgen können. Vor allem im zeitigen Frühjahr und im Spätherbst wird da dem Wanderer klar, wie beängstigend groß das Heer dieser kleinen Mitfresser ist. Manche Felder gleichen großen Sieben. Und wer ein wenig Geduld aufbringt, der kann das heimliche und perlenäugige Volk auch am hellen Tag beobachten. Sie alle, ob Maus, Hamster oder Maulwurf, sind gelernte Erdarbeiter, legen sich kunstvolle unterirdische Höhlen an, treiben Gänge quer durch den Acker, füllen große Vorratskammern und sind von fast unheimlicher Fruchtbarkeit. Eine einzige Feldmaus kann es in anderthalb Jahren auf rund 500 Nachkommen bringen. Sie wirft mindestens fünfmal im Jahr je 4–8 Junge, und diese sind im Herbst schon wieder fortpflanzungsfähig.

Schermaus, Mollmaus, Wasserratte, Wühlratte *Arvicola sapidus* (Familie: Mäuse *Muridae,* Ordnung: Nagetiere *Rodentia*) Europa, Körper 14–16 cm lang, behaarter Schwanz 10 cm, Pelz oberseits graubraun oder braunschwarz, seitlich heller, unterseits weißlich oder grau oder schwarzgrau, dicker

Schermaus

runder Kopf, kaum hervorstehende Ohren, gräbt meisterhaft, läuft nicht schnell, schwimmt und taucht vorzüglich, Tag- und Nachttier, wirft Haufen auf wie der Maulwurf, aber kleinere und unregelmäßigere, die unterirdischen Gänge liegen so knapp unter der Erde, daß man sie mit dem Auge verfolgen kann. Sie ist die Übeltäterin, die vorwiegend Pflanzenwurzeln abnagt.

Feldmaus

Feldmaus *Microtus arvalis* (Familie: Wühlmäuse *Microtidae,* Ordnung: Nagetiere *Rodentia*) Europa außer Skandinavien und Großbritannien, ist sehr schädlich, 9–11 cm lang, mit 4 cm relativ kurzer Schwanz, Pelz oberseits gelbgrau, seitlich heller, unterseits und an den Füßen weißlich, hat kleine Ohren, liebt trockene und warme Böden, gräbt meisterhaft. Sie klettert schlecht, schwimmt gut, ist Tag- wie Nachttier, frißt alle

Sämereien, Wurzeln, Gräser, Kräuter, Beeren und Früchte, bleibt im Winter wach, gräbt lange Gänge unter dem Schnee, kommt dann gern in die Dörfer und Städte, ist gesellig.

Zwergmaus *Mircromys minutus* (Familie: Mäuse *Muridae,* Ordnung: Nagetiere *Rodentia*) Europa, 6–7 cm lang, Schwanz 6 cm, Pelz oberseits rötlichbraun, unterseits weiß, Füße weiß, die Farben schwanken sehr, lebt vorwiegend in Getreidefeldern und im Röhricht, läuft und klettert behend und geschickt, benutzt den nackt aussehenden Schwanz korkenzieherartig als Greif-, Stütz- und Hängeorgan.
Die Zwergmaus baut sich ein gänseeigroßes Kugelnest, hängt es frei an Halme, Schilfstengel, Büsche, füttert es sorgsam aus, wirft darin zwei- bis dreimal 5–9 Junge, geht im Winter aber in die Erde, schläft kurzfristig, lebt von den eingetragenen Vorräten, verzehrt gern auch Insekten.

Hamster *Cricetus cricetus* (Familie: Hamster *Cricetidae,* Ordnung: Nagetiere *Rodentia*) Frankreich, Mittel- und Osteuropa, 23 bis 25 cm lang, Schwanz 5 cm, Pelz oberseits braungelb mit schwarzspitzigen Grannen. An der Schnauze, den Augen und am Hals rotbraun, die Backen weiß, der Mund weißlich, unterseits schwarz, Füße weiß, wirkt gedrungen, etwas plump, ist aber flink, angriffslustig, jähzornig, ungesellig und ein rechter kleiner Räuberhauptmann. Der Bau ist 1–2 m tief, weist zwei Röhren, Wohnkammer und Vorratsräume auf.
Das Weibchen wirft im Mai und Juli je 6 bis 15 nackte blinde Junge. Die Fruchtkörner werden in Backentaschen gestopft, die 50 g fassen, und so wird ein Vorrat von rund 30 Pfund zusammengeschleppt. Winterschläfer, der alle drei Wochen erwacht, frißt, sich löst und weiterschläft.

Feldspitzmaus *Crocidura leucodon* (Familie: Spitzmäuse *Soricidae,* Ordnung: Insek-

Hamster

tenfresser *Insectivora*) Europa außer Nordeuropa, §, 6–8 cm lang, Schwanz 4,5 cm, Pelz oberseits dunkelbraun, unterseits weißlich, Lippen und Füße bräunlichweiß, rüsselförmige Schnauze, nadelscharfes Gebiß, zugespitzter Kopf, Dämmerungstier, unersättlicher kleiner Räuber, größter Feind der anderen Mäuse und aller Insekten. Das Weibchen wirft 5–10 Junge in selbstgegrabenen oder eroberten Höhlen.

Nahe Verwandte sind die uns ebenso nützlich werdenden braungrauen **Hausspitzmäuse** *Crocidura russula,* §, die rotbraunen oder glänzendschwarzen **Waldspitzmäuse** *Sorex araneus,* §, die schwarzen **Wasserspitzmäuse** *Neomys fodiens,* §, (S. 185) und die zierlichen braungrauen **Zwergspitzmäuse** *Sorex minutus,* §, die mit Schwanz nur ganze 7 cm messen. Alle Spitzmäuse, bis auf die Wasserspitzmaus, stehen unter Naturschutz.

Feldspitzmaus

Maulwurf *Talpa europaea* (Familie: Maulwürfe *Talpidae,* Ordnung: Insektenfresser *Insectivora*) Europa, wird 14–16 cm lang, Schwanz 2,5 cm, Pelz gleichmäßig samtschwarz, Leib walzenförmig, Beine kurz, die handförmig verbreiterten Vorderpfoten kehren die Innenfläche nach außen und hinten, die Augen liegen versteckt im Pelz, Ohren ohne Muscheln, Kopf sehr zugespitzt. Ist ein Meister im Graben und in der Anlage unterirdischer Gänge und Burgen, bevorzugt fette feuchte Erde. Reiner Fleischfresser, nagt also keine Wurzeln ab, sondern verzehrt Engerlinge, Drahtwürmer, Asseln, Schnekken, Erdraupen und Regenwürmer, aber auch Frösche, Eidechsen und Blindschleichen, nimmt gern Sonnenbäder. Über Tag

Maulwurf

vermag er seine schwarzen Perläuglein vorzustülpen. Das Weibchen wirft 3 bis 5 feuerbohnengroße nackte Junge. Kein Winterschläfer.

Kleine Räuber auf freier Flur

Wo es Mäuse, Hamster und Maulwürfe gibt, wo junge Vögel piepsen und schmackhafte Eigelege zu finden sind, dort stellt sich auch das samtpfötige und scharfzähnige Volk der schlanken Marder ein. Langgestreckt, sehnig, behend, bewandert in allen Künsten des Anpirschens, immer hungrig und durstig nach warmem Blut, schweifen sie ruhelos umher, sind klug und listig, ebenso draufgängerisch wie mißtrauisch, und haben selbst vor großen Tieren und dem Menschen keine Furcht. Wo sich in der Feldflur dichtes Gestrüpp, Steinhaufen oder Gehölze finden, dort graben sie sich ihre Erdhöhlen oder beziehen gegebene Löcher und Schlupfwinkel. Unerbittlich halten sie Auslese unter dem kleinen Getier von der Heuschrecke bis zur Ringelnatter, vom Jungvogel bis zum Hamster, vom Frosch bis zum Feldhasen, beseitigen alles Kranke, Schwache und Unbefähigte. Die glühenden und glimmenden, meist schiefliegenden Augen, die breiten abgerundeten Ohren, die feinen schwarzen Nasen sehen, hören und wittern scharf. Blitzartig erfolgt ihr Angriff. Sie laufen, klettern, springen und schwimmen vorzüglich und sind so zäh, daß man sie wirklich dreimal totschlagen muß.

Kleines Wiesel, Mauswiesel, Heermännchen *Mustela nivalis* (Familie: Marderartige *Mustelidae,* Ordnung: Raubtiere *Carnivora*) Europa außer Irland, §, meist 20 cm lang, Schwanz 6 cm, sehr schlank, Pelz oberseits rötlichbraun, unterseits weiß, ebenso der Rand der Oberlippe, Tag- und Nachttier, erhebt sich gern auf die Hinterbeine, um besser äugen, lauschen und wittern zu können, springt erzürnt senkrecht empor. Tragzeit 5 Wochen, 3–8 blinde Junge.

Großes Wiesel

Kleines Wiesel

Großes Wiesel, Hermelin *Mustela erminea* (Familie: Marderartige *Mustelidae,* Ordnung:

Raubtiere *Carnivora*) Europa außer Südeuropa, 24–28 cm lang, Schwanz 10 cm, Sommerpelz oberseits braunrötlich, unterseits weißgelblich, Winterpelz oberseits weiß, nur die Schwanzspitze bleibt immer schwarz, im Übergang ist es buntscheckig. Ein aalglatter und geschmeidiger Räuber, gern katzbuckelnd, stöbert Hamster und Ratten auch in ihren Höhlen auf. Das Weibchen wirft 4–7 blinde Junge, am liebsten im eroberten Maulwurfsbau.

Iltis, Ratz *Mustela putorius* (Familie: Marderartige *Mustelidae,* Ordnung: Raubtiere *Carnivora*) Europa, 40–42 cm lang, Schwanz 16 cm, Pelz oberseits dunkelkastanienbraun, seitlich heller, unterseits schwarzbraun, Kinn und Schnauzenspitze sowie Ohrrand gelblichweiß, haust gern unter Feldbrücken, in hohlen Bäumen, alten Fuchs- und Kaninchenbauten, rückt im Winter in die Dörfer, ruht und schläft tagsüber, eifriger Ratten- und Schlangenjäger, ziemlich giftfest, wird selbst dem Igel gefährlich, frißt auch gern Frösche, Fische, Schnecken und Früchte, verteidigt sich durch Ausspritzen einer stinkenden Flüssigkeit. Das Weibchen wirft 3–7 blinde Junge.

Iltis

Steinmarder, Hausmarder *Martes foina* (Familie: Marderartige *Mustelidae,* Ordnung: Raubtiere *Carnivora*) Europa außer Skandinavien und Britische Inseln, bis zu 55 cm lang, Schwanz 30 cm, Pelz oberseits lichtbraun, an Schnauze, Stirn und Wangen aufgehellt, weißgerandete Ohren und weiße Kehle mit weißem Brustlatz, der gegabelt ist.

Steinmarder

Bewohnt am liebsten alte Gemäuer, Feldscheunen, Ställe, Steinhaufen, Holzstöße und verlassene Erdbauten, rückt stark in die Nähe der Dörfer und Städte, kann sich am Blut berauschen und ist ein großer Obstliebhaber. Den Hauptanteil seiner Nahrung bilden die Mäuse, daneben frißt er alle Kleintiere bis zur Größe von Kaninchen und Haushühnern, besonders gern auch Regenwürmer und Ratten. Allgemein bekannt ist seine große Vorliebe für Eier, die er geschickt aus den Vogelnestern räubert. Wegen einer anderen, ganz eigenartigen und ausgefallenen Freßvorliebe kam der Steinmarder in jüngster Zeit sogar in die Presseschlagzeilen. An geparkten Autos durchbissen die Steinmarder während der Nacht die Gummireifen und die Bremsschläuche. Den Grund für dieses Verhalten kennt man bis jetzt noch nicht. Ab dem 2. oder 3. Lebensjahr wirft das Weibchen 3–5 Junge, die 7–8 Wochen gesäugt werden und mit etwa 3 Monaten der Mutter bereits auf die Jagd folgen. Der Steinmarder kann 10 Jahre alt werden.

Meister Lampe

Ganz und gar zur Heimat geworden sind die bebauten Felder und Wiesen dem Feldhasen. Hier genießt der erdbraune Nager ausreichenden Schutz, hat gute Sicht, kann er seine schnellen Beine ausnutzen und schwelgt fast zu jeder Jahreszeit im Überfluß. Alles schmeckt ihm, was der Mensch anbaut: die Öl- und Getreidesaat, der Klee und Kohl, die Rüben und die saftigen Futterpflanzen. Unwandelbare Treue hält er dem Feldwinkel, in dem er das Licht der Welt erblickte, streift nicht weit umher, solange ihn nicht der Hunger treibt, und weiß die Menschen genau zu unterscheiden. Dem harmlosen Spaziergänger gegenüber vertraut er so sehr auf seinen Tarnpelz, daß er ruhig liegenbleibt und ihn groß anblickt, immer noch hoffend, daß er unentdeckt blieb. Auf dieses Verhalten ist wohl das Märchen zurückzuführen, daß er mit offenen Augen schlafe und gar keine Augenlider habe.

Feldhase *Lepus europaeus* (Familie: Hasen *Leporidae,* Ordnung: Hasenartige *Lagomorpha*) Steppengebiete Europas, 60–68 cm lang, Schwanz 8 cm, Pelz erdfarben, rostgelb und schwarzbraun gemischt, die langen Ohren haben schwarze Spitzen und manchmal einen weißen Außenrand, der Schwanz ist oberseits schwarz, unterseits weiß, die Hinterbeine sind bedeutend länger als die Vorderbeine.

Feldhase

Das Weibchen wirft das erste Mal Ende März, das vierte Mal im August je 1–2 oder 3–5 völlig behaarte und sofort sehende Junge in einer einfachen, aber möglichst geschützten Mulde, bleibt nur knapp eine Woche bei ihnen, zieht dann schon wieder auf die Freite, kehrt aber drei Wochen lang zum Platz zurück, um die Jungen zu säugen. Nach 15 Monaten ist der Feldhase voll ausgewachsen, bereits im ersten Lebensjahr fortpflanzungsfähig. Lebensdauer etwa 7–8 Jahre, höchstens 10 Jahre.

In der Gefahr schreit und plärrt er wie ein kleines Kind. Mit den Vorderbeinen weiß er kräftig zuzuschlagen, zu kratzen und sich überhaupt sehr entschlossen zu wehren.

Die Hauptfeinde des Feldhasen sind der Fuchs, der Iltis, der Marder und der Habicht. Sie erbeuten jedoch vorwiegend kranke oder junge unerfahrene Hasen. Die sprichwörtlichen „alten Hasen“ sind so schnelle und gewandte Läufer, beherrschen den verwirrenden Zickzackkurs so gut, daß sie fast jedem Verfolger entkommen.

Am sonnigen Hang

Kleiner Fuchs

Wir verlassen das bebaute Wiesen- und Ackerland, ersteigen die steilen Hänge, hinter denen sich weite Buchen- und Fichtenwälder dehnen, und sind in einer wesentlich andersgearteten Welt. Es ist, als hätten wir mit diesen wenigen Schritten Hunderte und Tausende von Kilometern zurückgelegt und befänden uns auf einmal in den Steppen Südrußlands.

Gelb und grau ist die Erde. Harte Gräser bedecken sie nur dürftig, bilden nur verstreute Polster und Horste. Die Blumen haben schmale und filzige Blätter, tragen dichte Haarpelze. Die Büsche kriechen am Boden dahin. Die wenigen vereinzelten Bäume knien auf ihren Stämmen und haben zerzauste und verkümmerte Wipfel. Voll prallt das Licht auf die südlichen Stirnseiten dieser Hänge. Gegen Mittag ist es hier oben schon im März und April so warm wie drunten im Tal erst im Juni und Juli. Die Erde und die Pflanzen genießen ein Lichtbad, das sie schier austrocknet. Ein Schutz vor dem Wind, diesem Feuchtigkeitsverzehrer, fehlt ebenfalls. Schnell rinnt das Regenwasser vom Hang. Und so herrscht hier ein echtes Steppenklima.

Die Erde trocknet in ihren oberen Schichten stark aus, erwärmt sich tagsüber mehr als jeder Wiesen- und Ackergrund und kühlt sich nachts ganz beachtlich ab. Die Pflanzen brauchen am Tage einen Schutz gegen eine zu starke Verdunstung, in der Nacht gegen eine Unterkühlung, vor allem aber kräftige, ätzende und tiefbohrende Wurzeln, die imstande sind, das Wasser aus der Tiefe zu heben und die Mineralien zu lösen. Wer es von ihnen jedoch gelernt hat, die jähen Temperaturschwankungen zu bestehen, der starken Verdunstung wie der Austrocknung entgegenzusteuern, sich seinen eigenen Windschutz zu schaffen, der genießt auf diesen sonnigen Hängen einen zeitigen warmen Lenz, einen langen Wachstumssommer und im Grunde ein südliches Klima, das immer beträchtlich milder als das des Tieflandes ist. Darum beginnt das lustige Blühen auf diesen Hängen bereits Anfang März und währt bis Ende Oktober. Darum auch gedeiht hier der Weinstock, können hier seine Trauben reifen, wenn im Tal schon die Blätter gilben, die Nachtfröste drohen und der Reif fällt. Darum ist hier zugleich das Paradies der Insekten, dieser kleinen Sonnenanbeter, sowie der wärmeliebenden Eidechsen und Blindschleichen.

Von den Pflanzen

Der blühende Hang

Etliche Blumen und Büsche der sonnigen Hänge lernten wir schon am Wegrand, auf den Ödländern und Schutthalden, den Bahndämmen und trocknen Äckern kennen. Es sind das vor allem der Augentrost und das Frühlingsfingerkraut, das Hungerblümchen und die Wolfsmilch, der Natternkopf und das Knopfkraut, dann die Schlehe und der Weißdorn, die Robinie und der Besenginster. Zu ihnen gesellen sich nun noch, zottig behaart, samtig bepelzt, wehrhaft bestachelt und bedornt, zumeist sehr tief wurzelnd, die folgenden Blumen und Halbbüsche:

Echte Kuhschelle, Küchenschelle *Pulsatilla vulgaris* (Familie: Hahnenfußgewächse *Ranunculaceae*) Mitteleuropa, §1, †, ⚕, blüht 3–5, ♃, 10–20 cm hoher, silberweiß und zottig behaarter Stengel, die ebenfalls behaarte sechsblättrige Blüte ist leuchtend violett, breitet sich im Sonnenschein sternförmig aus, ist sonst tulpenförmig geschlossen und leicht geneigt, die gelben Staubgefäße gleichen einer goldenen Kugel, die zwei- bis dreifach gefiederten Blätter sprießen erst am Ende der Blütezeit.

Echte Kuhschelle

Frühlingsadonisröschen, Frühlingsteufelsauge *Adonis vernalis* (Familie: Hahnenfußgewächse *Ranunculaceae*) Mittel- und Südosteuropa, §1, gefährdet, †, blüht 4–5, ♃, 15–25 cm, die großen, leuchtend goldgelben Sterne tragen 10–25 Blütenblätter, haben einen Durchmesser von 4–8 cm, liegen fast

auf der Erde, sind duftlos, die sehr zart gefiederten Blätter quellen erst allmählich zu einem üppigen Federbusch auf.
Ein naher Verwandter ist das rote **Sommerteufelsauge** *Adonis aestivalis* mit 5–8 Blütenblättern, das sehr selten geworden ist.

Frühlingsadonisröschen

Gemeiner Wundklee *Anthyllis vulneraria* (Familie: Schmetterlingsblütler *Leguminosae = Fabaceae*) Europa, ⚕, blüht 5–8, ♃, hat 20–40 cm lange, meist liegende Stengel mit unpaarig gefiederten Blättern, Endblättchen sehr groß und lang, Seitenblätter manchmal fehlend. Die blaß- oder goldgelben Blüten stehen in kleinen Köpfchen beieinander.

Färberginster *Genista tinctoria* (Familie: Schmetterlingsblütler *Leguminosae = Fabaceae*) Mittel- und Südeuropa, †, blüht 5–7, ♃, 40–70 cm hoher Strauch mit kahlen, unbedornten, rutenartigen Zweigen, schmalen lanzettlichen Blättern und in großen gelben Trauben stehenden Schmetterlingsblüten. Aus den Zweigen wurde früher das Schüttgelb, ein gelber Farbstoff, gewonnen.
Die nahen Verwandten sind der **Besenginster** *Sarothamnus scoparius,* ⚕, †, vom Bahndamm und der **Stechginster** *Ulex europaeus,* der starke Dornen trägt, im April/Mai erblüht und sich stärker an die Kiefernwälder, an Heide und Moor hält.

Dornige Hauhechel *Ononis spinosa* (Familie: Schmetterlingsblütler *Leguminosae = Fabaceae*) Europa, ⚕, blüht 6–9, ♃, 30–60 cm, ist ein Halbstrauch, die derben, behaarten, rutenförmigen, halb liegenden, halb stehenden Stengel tragen sehr kleine eiförmige Blättchen und sind mit Dornen besetzt, die Schmetterlingsblüten sind rosenrot und haben weißliche Flügel.

Sandthymian, Feldthymian, Wilder Thymian (Abb. S. 156) *Thymus serpyllum* (Familie: Lippenblütler *Labiatae = Lamiaceae)* Europa, ⚕, blüht 4–9, ♃, 5–30 cm, der aufrechte behaarte Stengel trägt in Quirlen und endständig in kopfigen, kleinen Scheinähren lilafarbene Blüten und kreuzgegenständige Blätter, die zerrieben intensiv duften.

Gemeiner Wundklee

Dornige Hauhechel

Mauerpfeffer, Scharfe Fetthenne *Sedum acre* (Familie: Dickblattgewächse *Crassulaceae*) Europa, ⚕, †, blüht 6–7, ♃, 2–10 cm, bildet dichte leuchtendgelbe Polster aus dünnen saftreichen Stengeln mit dickfleischigen, saftstrotzenden Blättchen, die brennend scharf schmecken. Die gelben Blüten gleichen fünfzackigen Sternchen.

Mauerpfeffer

Großblütige Königskerze, Großblütiges Wollkraut *Verbascum thapsiforme = densiflorum* (Familie: Braunwurzgewächse *Scrophulariaceae*) Mitteleuropa, ⚕, bluht 7–9, zweijährig, der starke und krautig beblätterte Stengel wird 2 m hoch, trägt eine 30–50 cm lange Blütenähre, die von unten nach oben erblüht, Blüten im Durchmesser 3,5–4 cm. Die Blätter sind graugrün oder weißgelb und filzig. Im ersten Jahr entwickelt die Pflanze nur eine stattliche samtige Rosette.

Großblütige Königskerze

Nahe Verwandte sind die **Kleinblütige Königskerze** *Verbascum thapsus,* deren Blüten kleiner sind und weißwollige Staubfäden besitzen, und das **Schwarze Wollkraut** oder die **Schwarze Königskerze** *Verbascum nigrum,* bei dem die Stengel nur 1 m hoch werden, die kleineren und hellgelben Blüten aber violettwollige Staubfäden haben.

Hasenklee *Trifolium arvense* (Familie: Schmetterlingsblütler *Leguminosae* = *Fabaceae*) Europa, ⚕, blüht 6–10, einjährig, 8 bis 30 cm. Der Hasenklee ist leicht zu erkennen an den zottigen, silberweißen, grünlich und rötlich schimmernden, walzenförmigen Blütenköpfen, die eigentlich nur die Kelchblätter sind. Die wirklichen Schmetterlingsblüten selbst sind fleischrot und so winzig, daß sie vom zottigen Haarbesatz der Kelche fast gänzlich überwuchert und verdeckt werden.

Rainfarn *Crysanthemum vulgare* (Familie: Korbblütler *Compositae* = *Asteraceae*) Europa, ⚕, †, blüht 7–10, ♃, riecht stark, fast unangenehm, hat 60–125 cm hohe, oben verzweigte Stengel mit gefiederten Blättern. Die gelben Blütenkörbchen stehen in großen Trugdolden beisammen, haben keine Strahlen.

Hasenklee

Sandthymian

Rainfarn

Silberdistel, Große Eberwurz *Carlina acaulis* (Familie: Korbblütler *Compositae = Asteraceae*) Mittel- und Südeuropa, §2, blüht 6–9, ♃, 10–30 cm, die 7–13 cm großen Blüten liegen meist dicht auf der strahligen, stachligen Blattrosette, haben silberglänzende, stechende Hüllblätter und großen glänzendweißen Blütenkopf.

Die frischen Blütenböden der Silberdistel sind fleischig und saftig und schmecken nach Haselnüssen oder Mandeln. In manchen Gegenden werden sie heute noch von den Kindern sehr gern gegessen. Die Silberdistel trägt deshalb auch Namen wie Stachelkäse, Jagerbrot, Wiesenkas oder Kraftwurz. Da sie früher auch als gewitterabwehrend galt, heißt sie auch Wetterdistel oder Donnerkäse.

Silberdistel

Der Wein

Wann der Mensch die Wildrebe aus dem Wald nahm und auf die sonnigen Hänge pflanzte, wann der erste Weinberg angelegt wurde, läßt sich nicht nachweisen. Wir wissen nur, daß die Ägypter schon im Jahre 3000 v. Chr. Wein anbauten und sechs verschiedene Weine kannten. Von ihnen kam die Kulturrebe durch die Phönizier zu den Griechen und schließlich zu den Römern. Im deutschen Raum wurden bis zum Einbruch der Römer die zahlreichen einheimischen Wildreben nur als Früchtespender geschätzt, wurden die Weinbeeren entweder frisch oder getrocknet gegessen. Im alten Gallien aber wurden etliche dieser europäischen Wildreben dann doch kultiviert. Denn als sich die Römer im 1. Jahrhundert der Kaiserzeit die nordischen Völker unterwarfen, war Gallien bereits ein blühendes Weinland. Man nimmt heute an, daß aus jenen alten kultivierten gallischen Reben die berühmte Burgunderrebe hervorgegangen ist.

Am Rhein und am Bodensee begannen die Römer bald mit einem systematischen Weinanbau, der seine erste Blütezeit unter dem Kaiser Probus (276–282 n. Chr.) erlebte. Er förderte den Weinbau zugleich in Österreich, Ungarn, in der Schweiz. Die Römer pflanzten am Rhein, an der Mosel, im Breisgau, am Kaiserstuhl und am Bodensee ihre südeuropäischen Kultursorten, vor allem die »Elblinge«, eine reichtragende Weißweinsorte mittlerer Güte, die bei uns jedoch immer nur minderwertige Trauben trug. Auch der römische »Gänsfüßler« wurde damals eingeführt. Beide

Sorten befriedigten die späteren Winzer nur wenig. Die Elblinge bilden heute nur noch sogenannte Massenträger in schlechten Weinlagen, der Gänsfüßler aber fristet sein Dasein bescheiden an Häuserwänden.
Von den 5000 Rebsorten, die es auf der Erde gibt, können nur wenige bei uns gedeihen und reifen. Den Weißwein gewinnen wir hauptsächlich aus folgenden Traubensorten: Riesling, Silvaner, Müller-Thurgau, Traminer, Ruländer und Gutedel; Rotweine liefern Burgunder-, Portugieser- und Trollingertrauben.
Der Weinstock ist wie die wilde Weinrebe eine Kletterpflanze, und zwar ein Rechtswinder. Er wird heute in allen Gegenden der Erde angebaut, wo das Klima sein Gedeihen fördert. In Deutschland ist das vor allem am Rhein, an der Mosel und Ahr, am Main und Neckar, am Kaiserstuhl und Bodensee. In den geschützten und klimatisch günstigen Landschaften gedeiht er auch auf den freien Feldern.

Weinrebe *Vitis vinifera* (Familie: Weinrebengewächse *Vitaceae*) Heimat: Mittelmeergebiet, Rhein- und Donautal, blüht 6–7, ♃, 1 bis 2 m, besitzt tiefgreifende Wurzeln, die selbst in steiniger Erde und während langer Trokkenzeiten genügend Wasser herbeischaffen können. Die Stämme und Äste sind von einer graubraunen Borke bedeckt. Der Stamm kann baumstark werden und das Alter von 100 Jahren erreichen.
Die Blätter sind fünflappig, grob gezähnt, zweizeilig angeordnet, die Stiele schräg aufwärts gerichtet, so daß die Blattflächen immer senkrecht vom Sonnenlicht getroffen werden. Die zweigabligen Ranken stehen gleich den Trauben immer einem Laubblatt gegenüber und sind sogenannte Stengelranken. Sie bewegen sich in der Richtung des Uhrzeigers langsam und tastend im Kreise, umwinden den gefundenen Halt, ziehen sich später korkenzieherartig zusammen und holen so die Rebe dicht an die Stütze heran. Nach und nach verholzen dann auch die Stengelranken.
Im Juni öffnen sich die kleinen Sträuße der winzigen, berauschend duftenden grünen Blüten.

Schwer ist der Kampf, den der Winzer gegen die pflanzlichen und tierischen Feinde des Weinstocks auszufechten hat. Zum einheimischen **Traubenwickler** *Clysia ambiguella* (Familie: Wickler *Tortricidae,* Ordnung: Schmetterlinge *Lepidoptera*) und zum **Rebenstecher** *Byctiscus betulae* (Familie: Rüsselkäfer *Curculionidae,* Ordnung: Käfer *Coleoptera*) gesellten sich in der Mitte des 19. Jahrhunderts der **Falsche Mehltau** *Plasmopara viticola* (Familie: Mehltaupilze *Erysiphaceae*) und die **Reblaus,** die besonders in Frankreich nach ihrer Einschleppung aus Nordamerika gewaltigen Schaden anrichteten. Inzwischen wurden unsere Reben auf reblausfeste amerikanische Sorten gepfropft. Der Reblausbefall ist heute meldepflichtig, seine Bekämpfung übernimmt der Staat.

Reblaus *Viteus vitifolii* (Familie: Zwergläuse *Phylloxeridae,* Ordnung: Schnabelkerfe *Hemiptera*) Europa, ungeflügelt, 0,35–1,34 mm, eiförmige Gestalt, gelb bis bräunlich, saugt an den Faserwurzeln des Weinstocks wie an den älteren Wurzeln, ruft bohnenförmige Anschwellungen, dicke Knoten und Fäulnis hervor. Diese Wurzelsauger sind immer weibliche Tiere, die unbefruchtet bis zu 800 Eier legen und wiederum jungfräulich fortpflanzungsfähige Nachkommen haben. Alljährlich 5–6 Generationen. Im Spätsom-

mer tauchen geflügelte Weibchen auf, die nur wenige Eier an oberirdische Teile des Weinstocks legen. Aus diesen Eiern schlüpfen ungeflügelte Männchen und Weibchen, die sich paaren. Das Weibchen legt dann ein einziges befruchtetes Ei, das überwintert und aus dem die Stammutter für weitere ungeschlechtliche Wurzellausgenerationen hervorgeht.
Befallanzeichen: vorzeitiges Gilben der Blätter, Einrollen der Blattränder, kürzere Triebe, wäßrige Beeren, die schlecht reifen. Alle Stöcke müssen ausgerissen werden, der Weinberg muß jahrelang brach liegen.

Von den Tieren

Die ersten Schmetterlinge des Jahres

Da der Frühling längs der sonnigen Südhänge ins Land zieht, folgen ihm auf diesen erwärmten Straßen nicht nur die ersten Zugvögel, sondern auch zahlreiche Insekten, die den Winter in totenähnlicher Starre verschliefen. Von diesen Winterschläfern haben wir den Zitronenfalter und die Hummeln schon kennengelernt. Gleich ihnen verschlafen als vollentwickelte Schmetterlinge auch das Tagpfauenauge, der Trauermantel, der Distelfalter, der Große und der Kleine Fuchs sowie der C-Falter und das Ochsenauge die weiße Jahreszeit. Schon Anfang März können wir sie wieder über die Hänge flattern sehen, wo sie die mittägliche Wärme genießen und die ersten Blumen besuchen. Sie alle machen ihre Verwandlung in frei und kopfüber an Halmen und Stämmen aufgehängten, sogenannten Stürzpuppen durch und fliegen in mehreren Generationen.

Tagpfauenauge *Nymphalis io* (Familie: Edelfalter *Nymphalidae,* Ordnung: Schmetterlinge *Lepidoptera*) Europa, §, spannt 50–60 mm, braunrote Flügel mit vier großen blauen Augen, schwarzen Flecken, auf den Vorderflügeln kleine weiße Punkte, eine dunkle Saumnaht, gezackte Flügelränder (Eckflügler).
Die glänzendschwarze, fein weißpunktierte Raupe sitzt an Brennesseln und Hopfen.

Tagpfauenauge

Trauermantel (Abb. S. 160) *Nymphalis antiopa* (Familie: Edelfalter *Nymphalidae*) Mitteleuropa, §, gefährdet, spannt 66–76 mm, dunkel samtbraune, sanft geeckte Flügel mit schwefelgelbem Saum, der nach dem Winterschlaf stark verblaßt, blaue Punktreihe längs des Saumes. Die schwarz bedornte, gelb und rot punktierte Raupe an Weiden, Birken, Pappeln und Rüstern.

Distelfalter *Vanessa cardui* (Familie: Edelfalter *Nymphalidae*) Kosmopolit, §, spannt 45–55 mm, sanft gerundete Vorderflügel, an der Spitze schwarzweiß, am Grunde schwarzrot gefleckt, Unterseiten grüngrau, schwarz und hellbraun, auf der Unterseite der sanftgeeckten Hinterflügel vier kleine Augen. Die schwarzgraue, gelb bedornte, gestreifte und gefleckte Raupe vor allem an Kletten, Disteln und Brennesseln.

Großer Fuchs *Nymphalis polychloros* (Familie: Edelfalter *Nymphalidae*) Süd- und Mitteleuropa, §, stark gefährdet, fast völlig verschwunden, spannt 55–65 mm, sanft geeckte, schwarzgefleckte, rotbraune Flügel mit schwarzem und rotbraunem Saum, auf den Hinterflügeln blaue, schwarzgeränderte Mondflecken längs des Saumes, rotbrauner Haarpelz am Flügelgrund.
Die schwarzblaue oder rostbraune Raupe ist gelb gestreift und bedornt, sitzt an Obstbäumen, Weiden, Rüstern und Pappeln.

Kleiner Fuchs, Nesselfalter (Abb. S. 152) *Vanessa urticae* = *Aglais urticae* (Familie: Edelfalter *Nymphalidae*) §, spannt 40 bis 50 mm, Flügelzeichnung ähnlich wie beim Großen Fuchs, vor der Flügelspitze weißer Fleck, die blauen Mondflecken laufen längs des Saumes über die Vorder- und die Hinterflügel. Die schwarze, grüngelb bedornte und längsgestreifte Raupe gesellig an Brennnesseln.

C-Falter, Weißes C *Polygonia c-album* (Familie: Edelfalter *Nymphalidae*) Mitteleuropa, §, spannt um 50 mm, die braungelben Flügel sind schwarz gefleckt und auffällig und schwungvoll gezackt, auf der dunklen Unterseite leuchtet ein weißes C.
Die schwarz-grüne, weißbedornte, rot-gelb gefleckte Raupe sitzt am Hopfen, an Brennnesseln und Beerensträuchern.

Ochsenauge *Maniola jurtina* (Familie: Augenfalter *Satyridae*) Europa, §, spannt etwa 30–50 mm, Flügel einfarbig ockergelb oder bräunlich, das Auge in den Spitzen der Vorderflügel rot umrandet, schwarz gekernt, ♀ mit orange gefärbter Querbinde, Flügelrand glatt und rund, fliegt hüpfend, langsam, niedrig. Die Raupe ist grün, weiß behaart.

Distelfalter

Trauermantel

C-Falter,
rechts Flügelunterseite

Unsere schönsten Falter

Doch nicht nur im zeitigen Frühjahr, auch im Laufe des Sommers, vor allem während der Paarungszeit, werden die sonnigen Höhen viel von den Schmetterlingen beflogen. Oft wirbeln sie hier scharenweise umeinander und sind ihren Liebesspielen so selbstvergessen hingegeben, daß wir sie dann am schönsten beobachten können. Die meisten von ihnen, besonders die Ritter, wurden ob ihrer großen Schönheit leider so sehr verfolgt, daß sie heute schon kostbare Seltenheiten sind und unter strengem Naturschutz stehen. Wer heute als wirklicher Naturfreund gelten will, darf nur noch mit dem Fotoapparat auf Schmetterlingsjagd gehen, da der Artenreichtum dieser bezaubernd schönen Tiere überall stark gefährdet ist.

Apollo *Parnassius apollo* (Familie: Ritter oder Schwalbenschwänze *Papilionidae,* Ordnung: Schmetterlinge *Lepidoptera*) Europa, §, gefährdet, fliegt 4–9, spannt 70 bis 75 mm, weichgerundete weiße Flügel mit vier roten Augen, schwarzen Flecken und lichtem blauem Saum, fliegt langsam, flatternd.
Die samtschwarz behaarte Raupe hat stahlblaue Wärzchen und rötlichgelbe oder hellgelbe Fleckenreihen.

Apollo

Segelfalter

Segelfalter *Papilio podalirius* (Familie: Ritter *Papilionidae*) Süd- und Mitteleuropa, §, gefährdet, fliegt 4–6 und 8/9, spannt 70–75 mm, glattgerundete Vorderflügel, tiefgezackte und langgeschwänzte Hinterflügel mit je einem roten Fleck und blauen Monden, Grundfarbe der Flügel strohgelb mit schwarzen Streifen, fliegt schwebend, segelnd.
Die am Kopf verdickte grüne Raupe ist mit gelben Strichen und Linien sowie rotbraunen Flecken geschmückt, sitzt an Schlehe, Weißdorn und Kirsche.

Schwalbenschwanz *Papilio machaon* (Familie: Ritter *Papilionidae*) Europa, fliegt 4/5 und 7/8, spannt rund 80 mm, glattgerundete Vorderflügel und tiefgezackte, langgeschwänzte Hinterflügel mit großen blauen Monden und einem herrlichen roten Auge. Grundfarbe der Flügel gelb bis orangefar-

Schwalbenschwanz

ben, schwarz gestreift, fliegt langsam, schaukelnd und schwebend.
Raupe bläulichgrün, trägt schwarze Ringelbinden mit roten Punkten.

Goldne Acht, Gelber Heufalter, Kleiner Postillon *Colias hyale* (Familie: Weißlinge *Pieridae*) Süd- und Mitteleuropa, §, fliegt 5–9, spannt 40–50 mm, glattgerandete gelbe Flügel mit breitem schwarzem Spitzensaum, auf dem Vorderflügel ein schwarzes, auf dem Hinterflügel ein rötliches Auge. Er ist sehr wanderlustig, kommt alljährlich aus dem Mittelmeerraum.
Die samtartig blaugrüne oder grasgrüne Raupe hat gelbe Längsstreifen und schwarze Punkte, sitzt vor allem an Wicke, Klee und Luzerne.

Admiral *Vanessa atalanta* (Familie: Edelfalter· *Nymphalidae*) Europa, §, fliegt 5–8, spannt 55–60 mm, die sanftgeeckten samtschwarzen Flügel an der Spitze weiß gefleckt, dahinter rot gebändert, am Hinterflügel ist das rote Band der untere Saum und zeigt in der Spitze einen kleinen blauen Mond. Liebt auch Baumsäfte.
Die walzenförmige, bedornte Raupe ist bald fleischfarben, bald gelbgrün, bald braunrot, meist jedoch schwarz, immer gelb gestreift, sie trägt auf jeder Körperseite je einen gelben Streifen und gelbe Dornen, sie ist ein ausgesprochener Einzelgänger, sitzt an Brennesseln zwischen zusammengewebten Blättern.

Großes Posthörnchen, Postillon *Colias crocea* (Familie: Weißlinge *Pieridae*) Süd- und Mitteleuropa, §, fliegt 7/8, spannt 40–50 mm, sanftgerundete orangegelbe

Admiral

Großes Posthörnchen

Flügel mit breitem schwärzlichem Saum, im Vorderflügel ein schwarzes, im Hinterflügel ein rötliches Auge. Das Weibchen hat gelbliche Flecken im schwärzlichen Saum. Gehört zu den wanderlustigen Faltern.
Die Raupe ist hell- bis dunkelgrün mit weißem Seitenstreifen und schwarzen und rotgelben Punkten, sitzt am Klee.

Kleine Falter auf sonnigem Plan

Fast genauso reizvoll in Farbe und Form, unbedingt aber interessanter in ihren Lebensgewohnheiten als die großen auffälligen Edel- und Ritterfalter sind die kleinen Schmetterlinge aus den Familien der Bläulinge und Widderchen.
Unter den grünen und asselartig verkürzten und verdickten Raupen der Bläulinge – bei denen die Weibchen fast durchweg ein sehr schlichtes bräunliches Flügelkleid tragen – gibt es viele sogenannte Mordraupen, die nicht nur von Pflanzenstoffen leben, sondern auch andere Insektenlarven überfallen. Diese Mordraupen gehen oft überraschende Schutz- und Trutzgemeinschaften mit den Ameisen ein. Teilweise übersiedeln sie sogar in die Ameisenburgen, wachsen dort ungestört heran und verpuppen sich auch in ihrem Schutz. Ihre Duldung erkaufen sie sich mit einer duftenden und berauschenden Körperausscheidung, die von den Ameisen begierig aufgeleckt wird, spielen also buchstäblich die wandelnden Parfüm- und Schnapsflaschen dieser Tierchen. Dafür werden sie von den Ameisen gefüttert oder vergreifen sich an deren Puppen und Eiern.
Die lichtgelben und schwarzpunktierten Raupen der Widderchen dagegen entziehen sich allen Gefahren des Raupenlebens durch einen acht- bis neunmonatigen Sommer- und Winterschlaf in der Erde, verschwinden halb erwachsen bereits im Juni–Juli und tauchen erst im nächsten Frühjahr wieder auf, um sich kurz darauf zu verpuppen.
Gerade auf den sonnigen Südhängen, Triften und Hügelkuppen – durchaus nicht vorwiegend in den Wäldern! – begegnen wir diesen Falterzwergen häufig, die alle recht langsam und immer dicht über dem Boden dahinschaukeln und schwirren.

Feuervogel, Feuerfalter *Lycaena phlaeas* (Familie: Bläulinge *Lycaenidae,* Ordnung: Schmetterlinge *Lepidoptera*) Europa, §, fliegt 4–10, spannt reichlich 30 mm, Flügel oberseits rotbraun, schwarz gerandet und schwarz gefleckt, unterseits ledergelb, rötlich bestäubt.
Die grünlichgelbe Raupe an Ampfer und Goldrute.

Feuervogel

Schöner Argus, Silberfleckbläuling *Plebejus = Lycaena argus* (Familie: Bläulinge *Lycaenidae*) Mitteleuropa, §, fliegt 5–8, spannt 25–33 mm, Männchen blaue Flügel, Weibchen schwarzbräunliche Flügel. Flügel mit schwarzem Saum und weißen Fransen.
Die grüne, weiß, rötlich und bräunlich gestreifte Mordraupe wird häufig von Ameisen besucht und betrillert.

Schwarzgefleckter Bläuling *Maculinea arion* (Familie: Bläulinge *Lycaenidae*) Mitteleuropa, §, fliegt 6–8, spannt knapp 30 mm, hat intensiv blaue Flügel mit schwarzer Fleckenkette.
Die blaugrüne mit einem dunklen Rückenstreif geschmückte Mordraupe lebt in Ameisenburgen; frißt dort Eier und Puppen und verpuppt sich selbst im Juni.

Schwarzgefleckter Bläuling

Steinbrechwidderchen *Zygaena filipendulae* (Familie: Widderchen *Zygaenidae*) Europa, §, fliegt von 6–9, spannt reichlich 30 mm, die schmalen und länglichen Vorderflügel tragen auf blaugrünem Grund sechs karminrote Flecken, die Hinterflügel sind rot, die geschwungenen Fühler an der Spitze verdickt (Widderchen!), fliegt langsam und schwerfällig, sitzt mit dachförmig zusammengelegten Flügeln.
Die Raupe ist lichtgelb, reihenweise schwarz gefleckt, die Flecken in der Mitte sind größer, ernährt sich von Hornklee, Kronwicke und Klee und anderen Schmetterlingsblütlern, übersommert und überwintert schlafend in der Erde.

Steinbrechwidderchen

Von den Grab-, Gold- und Wegwespen

Wir haben gerade beobachtet, wie sich eine dicke Bläulingsraupe von rauschsüchtigen Ameisen streicheln und massieren läßt, da wird unsere Aufmerksamkeit auf eine fast zwei Zentimeter lange, sehr schlanke, rot und blau beleibte Wespe gelenkt, die wie ein Hund im Sande scharrt und dazu lebhaft summt. Die Sandkörnchen stieben unter ihrem Leib hervor, die Vorderbeine wirbeln, ein Staubwölkchen steigt auf. Unermüdlich schafft die Wespe. Größere Steinchen trägt sie zwischen den Kiefern davon. Den angehäuften Sand fegt sie durch Flügelschläge auseinander. Bald ist das Loch so tief, daß sie gänzlich darin verschwindet. Bis zu 50 mm tief bohrt sie sich in den Hang, erweitert die Röhre zu einem kleinen Brutraum, verdeckt die Öffnung schließlich mit einem Steinchen oder Blättchen und surrt ab.
Wir haben das Weibchen der Gemeinen Sandwespe bei der Anlage ihrer Bruthöhle beobachtet. Nun geht das Tierchen auf die Jagd nach nackthäutigen Eulenraupen,

versetzt ihnen wohlgezielte Stiche, die nicht töten, sondern nur lähmen, stellt sich rittlings über sie, packt sie mit den Kiefern und schleift sie in die vorbereitete Höhle. Auf die Raupe legt sie dann ihr Ei, verschließt darauf die Bruthöhle sorgfältig und geht unverzüglich daran, eine zweite zu graben. Die aus dem Ei kriechende Wespenlarve aber bohrt sich in die frische Fleischkonserve, die die gelähmte Raupe darstellt, frißt sie aus, verpuppt sich und schlüpft in kurzer Zeit als fertig entwickelte Sandwespe.

Auf ähnliche Weise sorgen alle Grabwespen für ihre Nachkommen, während sie selbst nur harmlose Nektarnäscher sind. Ihr Wirken ist von hoher Bedeutung für das biologische Gleichgewicht im gesamten Insektenhaushalt. Überraschend sind die anatomischen Kenntnisse, die diese Wespen vom Körperbau ihrer Opfertiere haben, zu denen außer Raupen auch noch Heuschrecken, Grillen, Käfer, Fliegen, Spinnen und Blattläuse zählen.

Gemeine Sandwespe *Ammophila sabulosa* (Familie: Grabwespen *Sphegidae*, Ordnung: Hautflügler *Hymenoptera*) Europa, bis 20 mm, langer Hinterleibsstiel, kolbenförmiger Hinterleib, erste Hälfte rot, zweite dunkelblau bis schwarz, fliegt 6–9, trägt meist zwei unbehaarte Raupen ein, vorwiegend die des Kiefernschwärmers (s. S. 329), summt lebhaft.

Kreiselwespe, Wirbelwespe *Bembix rostrata* (Familie: Grabwespen *Sphegidae*) Mittel- und Südeuropa, bis 25 mm, Hinterleib gelb, schwarz geringelt, fliegt 7/8, schleppt größere Fliegen ein, sogar Schmeißfliegen, versorgt die Larve mindestens vierzehn Tage lang mit frischem Futter, betreibt also echte Brutfürsorge, baut gern gesellig, wirbelt beim Graben den Sand besonders heftig zur Seite (Name!).

Gemeine Wegwespe *Anoplius fuscus* (Familie: Wegwespen *Pompilidae*, Ordnung: Hautflügler *Hymenoptera*) Europa, fliegt 4–10, 12–14 mm, schwarz, die drei ersten Hinterleibsringe braunrot, läuft mit zitternden Flügeln, fliegt hüpfend, ist schon im zeitigen Frühjahr unterwegs, überfällt und lähmt ausschließlich größere Spinnen, die sie trotz ihrer gefährlichen Giftklauen immer zu überwinden weiß. Sie kann auch den Menschen empfindlich stechen.

Gemeine Sandwespe

Feuergoldwespe *Chrysis ignata* (Familie: Goldwespen *Chrysididae*, Ordnung: Hautflügler *Hymenoptera*) Europa, mißt bis 11 mm, metallisch grün und blau funkelnder Kopf und Mittelleib, Hinterleib tiefrot, legt als Schmarotzerwespe ihr Kuckucksei auf die eingeschleppten Opfertiere der Grabwespen, lungert um deren Höhlen herum, vermag sich igel- und asselartig einzurollen und so den Angriffen der Grabwespen zu entgehen, fliegt ab Juni–August.

Heuschreckentöter *Sphex maxillosus* (Familie: Grabwespen *Sphegidae*, Ordnung: Hautflügler *Hymenoptera*) Süd- und Mitteleuropa, fliegt 7–8, mißt bis 26 mm, kurzgestielter Hinterleib wird von gelblichen Flügeln fast ganz bedeckt, Brustseiten und Vorderkopf silbrig.
Der Heuschreckentöter schleppt große Laubheuschrecken ein, lähmt sie durch Stiche in Schlund und Brust, zuletzt durch Zusammenpressung der Nervenknoten, das Weibchen erleichtert sich die Arbeit, indem es am Ende der Röhre zwei bis drei Bruträume anlegt.

Bienenwolf *Philanthus triangulum* (Familie: Grabwespen *Spegidae*) bewohnt warme Teile Europas, fliegt 7–8, 14–16 mm, die schwarzen Leibesringe tragen gelbe Binden, hat glashelle Flügel, einen auffallend großen Kopf.

Bienenwolf

Der Bienenwolf überfällt und verschleppt Honigbienen, nimmt ihnen den Honig ab, belegt sie mit Eiern und mauert die gelähmten Bienen als Larvenfutter ein. Das Weibchen gräbt hierfür eine bis zu 1 m lange Röhre mit 5–7 Kammern in den Boden, die dann jeweils 3–6 Bienen enthalten.

Eidechse und Blindschleiche

Freunde sonniger und steiniger Halden, aller Südhänge und Weinberge sind die graziösen und flinken Eidechsen, denen wir aber auch in Feld und Wald begegnen können. Wundervoll ist ihr gezeichnetes Schuppenkleid der Farbe ihrer Umgebung angepaßt, und instinktiv wissen sie den Lebensraum zu finden, in dem ihnen dieses Tarnkleid besonderen Schutz gewährt. Da ihnen meist schon der Tau auf den Blättern und Steinen genügt, um ihren Durst zu stillen, und sie vorwiegend von Insekten und deren Larven leben, bieten ihnen die kargen Hänge genügend Nahrung. Gern bergen sie sich unter Geröll, größeren flachen Steinen und dichtem Dorngestrüpp, sind ausgesprochene Tagtiere und Sonnenanbeter. Den Winter verbringen sie schlafend und gemeinsam in tiefen Erdhöhlen, erstarren für drei, vier Monate so, daß man sie für tot halten kann.
Die Paarung erfolgt im Frühjahr. Die Männchen liefern sich hitzige Gefechte, wobei sie oft auch den Schwanz verlieren, der ihnen aber bald wieder nachwächst. Die

Weibchen werden ziemlich gewalttätig erobert. Sie legen ihre Eier – soweit sie nicht lebend gebären – einige Monate später ab, verscharren sie im Sand, Mulm, Moos und Moder. Die Jungen schlüpfen aus der lederartigen und weichen Hülle nach vier bis acht Wochen und sind sofort selbständig.

Smaragdeidechse *Lacerta viridis* (Familie: Echte Eidechsen *Lacertidae*, Ordnung: Schuppenkriechtiere *Squamata*) Süd- und Mitteleuropa, §, stark gefährdet, bis 40 cm, hat sehr langen Schwanz, oberseits lebhaft grasgrün, unterseits einfarbig hellgelb bis weißlich, Kehle und Kopfseiten des Männchens in der Paarungszeit himmelblau. Die Weinbergmauern ziehen sie besonders an. Von ihnen springen und schießen sie gleich bunten Pfeilen meterweit zwischen die Reben, flüchten sich auch auf Bäume, verteidigen sich mit wütenden Bissen. Paarung erfolgt im Mai. Im Juli legt das Weibchen 5–13 bohnengroße, fast kugelrunde, schmutzigweiße Eier. Nahrung: größere Insekten, Würmer, Schnecken, kleinere Frösche, junge Zaun- und Mauereidechsen.

Bergeidechse, Waldeidechse *Lacerta vivipara* (Familie: Echte Eidechsen *Lacertidae*) Mittel- und Nordeuropa, §, 14–18 cm, Schwanz kurz und dick, oberseits braun in allen Abstufungen, auf der Rückenmitte und auf jeder Seite einen dunkleren Streifen. ♂ unterseits gelbrot und schwarz getupft, ♀ gelblichweiß oder grau und ungetupft. Ist auf den sonnigen Hängen seltener als alle anderen Eidechsen, liebt die Nähe der Rinnsale und Bäche, Wasserfälle und schattigen Winkel, steigt hoch in die Berge, legt keine Eier, sondern gebiert ihre 8–10 Jungen lebend im Juli, und zwar immer nachts.

Mauereidechse *Lacerta muralis* (Familie: Echte Eidechsen *Lacertidae*) Süd-, Mittel- und Westeuropa, §, stark gefährdet, 18 bis 20 cm, sehr langer und spitzer Schwanz, oberseits graubraun bis rötlichbraun, im Licht bronzegrün schimmernd, beim Männchen schwarz gefleckt oder genetzt, beim Weibchen schwarz gestreift, unterseits milchweiß oder gelb oder ziegelrot, oft gewölkt oder gefleckt, am Übergang von Flanke zum Bauch tritt eine Längsreihe blauer oder schwarzer Flecken auf. Charaktertier der Weinberge, Ufermauern und Burgruinen. Läuft spielend an senkrechten Wänden empor und hinab, ist schneller und jäher als ihre Verwandten, paart sich zeitig im Frühjahr, legt ab Anfang Mai bis Ende Juli ihre Eier ab, oft zwei-, dreimal hintereinander je 2–8 Stück.

Smaragdeidechse (♂)

Zauneidechse *Lacerta agilis* (Familie: Echte Eidechsen *Lacertidae*) England, Mittel- und Osteuropa, §, 18–25 cm, Schwanz kurz und dick, oberseits braun oder grau mit breitem, dunklem Längsband, das von schwarzbraunen, weißgekernten Flecken flankiert wird, Rückenseiten beim Männchen im Frühling und Sommer lebhaft grün, beim Weibchen graubraun, Unterseite beim Männchen grünlich, beim Weibchen gelblich oder weißlich, schwarz gepunktet. Sie ist nicht so schnell und gewandt wie die Smaragdeidechse, klettert auch schlechter, sehr selten auf Bäume, paart sich ab Mitte April bis Mitte Juni. Das Weibchen legt von Ende Mai bis Mitte Juli seine Eier in lockeren Boden, zwischen warme Steine, auch in die Haufen der schwarzen Wegameisen.

Zauneidechse

Blindschleiche *Anguis fragilis* (Familie: Schleichen *Anguidae*, Ordnung: Schuppenkriechtiere *Squamata*) Europa, abgesehen vom hohen Norden, §, 40–48 cm, fußlose

Blindschleiche

Eidechse, oberseits bleigrau bis graubraun, auch kupfer- bis bronzefarben, oft mit feiner schwarzer Mittellinie, seitlich rötlichbraun, unterseits bläulichschwarz und gelbweiß punktiert. Alte Männchen tragen oberseits in Längsreihen angeordnet blaue Flecken und Punkte. Die Iris des Auges ist goldgelb bis gelbrot. Im Gegensatz zu den Schlangen besitzt die Blindschleiche Augenlider, und die Schuppen sind glatt und gleichartig. Opfert in der Bedrängnis ebenfalls ihren Schwanz, der aber nicht nachwächst, liebt sonnige Hänge, verlangt aber zugleich nach Bodenfeuchtigkeit und Gebüsch, wohnt gern unter flachen Steinen. Die Bewegungen sind langsam, schlängelnd, etwas starr und steif. Sie paart sich im Mai, gebiert ab Mitte August bis Mitte September. Die Jungen schlüpfen sofort aus der dünnen Haut der Eier. Nahrung: Nacktschnecken, Regenwürmer, glatte Raupen und Insekten.

An Quelle und Bach

Scharbockskraut

Jäh aus einem Felsentor kann die Quelle schießen, sprudelnd dem moosigen Waldboden entspringen, heimlich aus der Tiefe des Wiesengrundes aufsteigen – immer aber ist uns ihr klarer und kühler Ursprung der Inbegriff der Reinheit, ein Symbol des ursprünglichen und unerschöpflichen Lebens, ein Sinnbild des großen Wasserkreislaufes. Die kleinen Quellen sind es, die Bäche und Flüsse speisen, deren Murmeln und Geplätscher Teiche und Seen entstehen lassen.

Wo undurchlässige Gesteinsschichten das Versickern des Wassers in die Tiefe verhindern, dort brechen sie als Sturzquellen hervor, quellen sie als Tümpelquellen herauf, sickern sie als Sumpfquelle unbemerkt aus der Tiefe.

Gering ist das Pflanzen- und Tierleben unmittelbar am Geburtsort der Sturzquelle, reicher schon dort, wo sie sich erst in einem kleinen Tümpel sammelt, der gemächlich überfließt. Das Quellmoos wiegt seine feinen Ästchen im kalten Wasser. Quellschnecken und Strudelwürmer, kleine Muscheln und Flohkrebse tummeln sich in der kristallklaren Flut. Aber dicht an sie heran drängen sich zahlreiche Moose, Farne und Schachtelhalme, feuchtigkeitsliebende Gräser und Blumen, die dann auch den Rand der Quellbäche säumen und mit ihnen von den Bergen bis in die Täler, von der nassen Wiese bis weit ins Ackerland, vom Sumpf bis zu den Flüssen wandern.

Und je breiter der Bach wird, um so mehr siedeln sich dann auch Büsche und Bäume längs seines Laufes an, um so häufiger blitzen in ihm die silberschuppigen

Leiber der Fische, wird er zur Heimat der Muscheln und Krebse, zum Jagdrevier der Wasseramseln, Eisvögel und Stelzen, der Wasserspitzmäuse und Fischottern, wimmelt es in ihm von Kleingetier, von Köcherfliegenlarven und Kriebelmücken.

Von den Pflanzen

Der grüne Saum der Quelle

Die lebhaft sprudelnde Quelle verhindert das Ansammeln einer nährenden Faulschlammschicht, hat einen kalten, sandigen oder kiesig-steinigen Grund, in dem sich kaum eine Pflanze anzusiedeln vermag. Und so sind es eigentlich nur das Quellmoos und die Brunnenkresse, die in dieses Wasser eintauchen, während die anderen Moose und Pflanzen auf den von Feuchtigkeit übersprühten Felsen oder in unmittelbarer Nähe der Quelle siedeln.

Quellmoos, Brunnenmoos *Fontinalis antipyretica* (Familie: Quellmoose *Fontinalaceae*) Europa, hat bis 40 cm langen, im Wasser flutenden, verzweigten Stengel, dunkelgrüne bis schwarzgrüne Äste, die dreireihig mit dicht dachziegelförmig anliegenden, eiförmig zugespitzten Blättchen bedeckt sind. Die verhältnismäßig großen dunkelbraunen und eiförmig zugespitzten Fruchtkapseln sind kurz gestielt, schmiegen sich dicht an die Pflanze, reifen im August.

Brunnenkresse

Brunnenlebermoos

Brunnenkresse *Nasturtium officinale* (Familie: Kreuzblütler *Cruciferae* = *Brassicaceae*) Europa, ⚕, blüht 5–9, ♃, wurzelt und schwimmt in Quellen wie in Bächen, hat 30–90 cm langen hohlen, runden Stengel mit dunkelgrünen, fleischigen, unpaarig gefiederten Blättern und weiße vierblättrige Blüten, die in einer trugdoldigen Traube zusammengefaßt sind.

Brunnenlebermoos *Marchantia polymorpha* (Familie: Brunnenlebermoose *Marchantiaceae*) Europa, auf den übersprühten

Steinen, breit bandförmig und gabelig verzweigt, erinnert an ein glänzend-grünes, hellpunktiertes, gefiedertes Blatt, das sich mit einem dichten Filz von Wurzelhaaren an seine Unterlage schmiegt.
Auf der Oberseite des Brunnenlebermooses entwickeln sich zahlreiche kleine hellgrüne Brutbecherchen, in denen kleine Zellkörper liegen, aus denen neue Moospflanzen hervorsprießen, entwickelt aber auch auf bis zu 8 cm hohen Stielen scheibenförmige Geschlechtsorgane, die männlichen sind am Rand gelappt, die weiblichen gleichen mehrstrahligen Sternen.

Wechselblättriges Milzkraut *Chrysosplenium alternifolium* (Familie: Steinbrechgewächse *Saxifragaceae*) Europa, ⚕, blüht 3–6, ♃, bildet dicht an den Quellrändern große gelblichgrüne Polster, hat kantigen, leicht zerbrechlichen, 2–15 cm hohen Stengel, an dessen Spitze die runden, nierenförmigen, gekerbten Blätter goldgelb überlaufen sind und als Blumenkrone für die winzigen goldgelben, vierblättrigen Blüten dienen.

Wechselblättriges Milzkraut

Sprossender Bärlapp, Schlangenmoos *Lycopodium annotinum* (Familie: Bärlappgewächse *Lycopodiaceae*) Europa, §, 30–120 cm lang, 10–30 cm hoch, wächst in der Nähe der Waldquellen, auch in moosigen Heiden und Mooren, hat kriechenden Stengel, von dem die Äste mehr oder weniger emporstreben. Die Blättchen sind nadelförmig, stehen waagerecht vom Stengel ab, die gründgelblichen, keulenförmigen Sporenähren stehen einzeln an den Spitzen der Äste.

Sprossender Bärlapp

Verwandt ist der **Tannenbärlapp** *Huperzia selago,* §, dessen Blätter dichter stehen und der die Sporenbehälter zwischen den normalen Blättern trägt, also keine Sporenähre ausbildet.

Teichschachtelhalm *Equisetum fluviatile* (Familie: Schachtelhalmgewächse *Equisetaceae*) Europa, 30–120 cm, Stengel aus »ineinandergeschachtelten« Abschnitten aufgebaut, gerillt, Zweige stehen in Quirlen, ist oft auch unverzweigt, die Blattscheiden tragen 10–30 winzige schwarze Zähnchen, entwickelt von Mai–Juni kurze, eiförmige Sporenähren. Der verwandte **Ackerschachtelhalm** oder **Zinnkraut** *Equisetum arvense* schiebt einen 10–20 cm hohen, unverzweigten, bräunlichen Frühjahrsstengel mit der Sporenähre an der Spitze und einen 50 cm hohen grünen, verzweigten und unfruchtbaren Sommerstengel. Wegen seines hohen Gehaltes an Kieselsäurekristallen wurde der Sommerstengel früher zum Scheuern von Zinngeschirr benutzt.

Teichschachtelhalm

Scharbockskraut (Abb. S. 169) *Ranunculus ficaria* (Familie: Hahnenfußgewächse *Ranunculaceae*) Europa, (†), ⚕, blüht 3–5, ♃, umdrängt den von der Waldquelle gebildeten Tümpel, verwächst zu großen, saftiggrünen Teppichen, die glänzendgelben Blüten tragen 8–12 Blütenblätter, hat 10–20 cm hohen, glänzendglatten Stengel, gekerbte oder eckige, herz-nierenförmige Blätter, pflanzt sich auch durch kleine Brutknöllchen fort, die in den Achseln der unteren Laubblätter sitzen.

Sumpf-Vergißmeinnicht *Myosotis palustris* (Familie: Borretschgewächse *Boraginaceae*) Europa, blüht 5–10, ♃, 15–50 cm, hat anfangs kriechenden, dann aufsteigenden, kantigen, meist abstehend behaarten Stengel, fünfblättrige blaue, seltener rosa- oder weißfarbige Blüten, die flach ausgebreitet sind, 3–8 mm groß, auf nassen Wiesen, Ufern, in Wäldern.
Häufige Verwandte sind noch das **Acker-Vergißmeinnicht** *Myosotis arvensis,* ⚕, dessen zottig behaarte Blätter am Boden rosettenartig beieinanderstehen, und das **Wald-Vergißmeinnicht** *Myosotis silvatica,* das wollig behaart ist, dem Sumpf-Vergißmeinnicht ähnelt, aber im Gegensatz zu diesem an der Kelchröhre zahlreiche abstehende hakige Haare trägt.

Der Bach und seine Blumen

Vom März und April bis zum September und Oktober ist der Bach nie ohne reichen Blütenschmuck. Wiesen- und Waldblumen drängen sich dicht an seine Ufer. Weiden und Erlen (S. 383) kennzeichnen seinen Weg. Er hat aber auch zahlreiche Blumenfreunde, die wir als seine typischen Begleitpflanzen ansprechen dürfen, die ihm treu bis zum Fluß und See folgen.

Gemeine Pestwurz, Rote Pestwurz *Petasites hybridus* (Familie: Korbblütler *Compositae = Asteraceae*) Europa, ‡, blüht 3–4, ♃, hebt ihren blattlosen, mit bräunlichrötlichen Schuppen bedeckten, röhrigen Blütenschaft 30–60 cm hoch empor, trägt in einer eiförmigen Traube zahlreiche schmutzigpurpurne oder blaßrosafarbene Korbblüten. Ihre grundständigen, sehr lang gestielten, herzförmigen, unterseits grau behaarten Blätter erscheinen erst nach der Blüte und entwikkeln sich zu den größten Blattspreiten unserer einheimischen Flora.

Bachnelkenwurz *Geum rivale* (Familie: Rosengewächse *Rosaceae*) Europa, ‡, (†), blüht 4–6, ♃, 30–50 cm, hat behaarten, mehrblütigen, nickenden Stengel, große

Gemeine Pestwurz

Bachnelkenwurz

rundliche Fiederblätter, sanftgeneigte, gelbe, rötlich geäderte und außen rot überhauchte Blüten mit rotbraunen Kelchzipfeln.

Sumpfdotterblume *Caltha palustris* (Familie: Hahnenfußgewächse *Ranunculaceae*) Europa, (†), blüht 3–6, ♃, 15–50 cm, steht oft im Wasser, hat hohlen, leicht aufsteigenden Stengel, große herzförmige, langgestielte, leuchtendgrüne Blätter und glänzende fünfblättrige, goldgelbe Blüten.

Beinwell

Beinwell *Symphytum officinale* (Familie: Borretschgewächse *Boraginaceae*) Mittel- und Südeuropa, ⚕, (†), blüht 5–9, ♃, hat 30–100 cm hohen, derben, saftigen, hohlen, haarigen Stengel, große eiförmig zugespitzte, rauhaarige Blätter, die am Stengel herablaufen. Die glockigen Blüten hängen in langgestielten Trauben über und sind bald weiß, bald rot, bald violett, bald gelblichweiß.

Gemeiner Gilbweiderich, Gemeiner Felberich *Lysimachia vulgaris* (Familie: Primelgewächse *Primulaceae*) Europa, blüht 6–8, ♃, in Auwäldern und sumpfigen Niederungen, hat 50–120 cm hohen, runden, vielverzweigten Stengel mit quirligen oder gegenständigen lanzettlichen Blättern, durch deren Haut ölhaltige rote Drüsen schimmern. Die goldgelben fünfblättrigen Blüten bilden eine pyramidenförmige, unten beblätterte Rispe.

Wasserdost, Kunigundenkraut *Eupatorium cannabinum* (Familie: Korbblütler *Compositae* = *Asteraceae*) Europa, ⚕, (†), blüht 7–9, zweijährig bis ♃, 70–150 cm, hat rotbraunen Stengel, gegenständige, drei- bis fünfteilige, grobgesägte, lanzettliche Blätter. Die duftenden, matt purpurroten, unscheinbaren Korbblüten bestehen nur aus Röhrenblüten, bilden große Trugdolden.

Gemeiner Gilbweiderich

Gemeine Nachtkerze *Oenothera biennis* (Familie: Nachtkerzengewächse *Onagraceae*) seit dem Anfang des 17. Jahrhunderts in ganz Europa eingeschleppt, Island und Finnland ausgenommen, und später auch aus Gartenpflanzungen verwildert, gegenwärtig verbreitet und völlig eingebürgert an Bahndämmen, Kanalböschungen, Wegrändern, Fluß- und Bachufern, in Kies- und Sandgruben, Steinbrüchen, an Mauern und ähnlichen Stellen, aber auch in natürlichen Pflanzengesellschaften an trockenen, steinigen Hängen und auf Sandflächen, steigt im Gebirge bis in eine Höhe von 600–900 m, ⚕, blüht 6–8, zweijährig, hat 60–100 cm hohen, aufrechten Stengel, der reich mit kurzgestielten länglich-keilförmigen Blättern besetzt ist, aus deren Achseln dem Gipfel zu die großen schwefelgelben und am Tage stets geschlossenen Blüten brechen, Blütenstand traubig, die Blätter bilden am Boden eine enganliegende Rosette.

Gemeine Nachtkerze

Von den Tieren

Die letzten Muscheln und Krebse

Die mit ebenso großem wie kurzsichtigem Eifer bis zum kleinsten Wiesenbach vorgetriebene Regulierung unserer Gewässer, die darauf hinausläuft, den Bachlauf zu begradigen, die Mäanderschleifen zu beseitigen, die Ufer zu befestigen und ein Überfluten zu verhindern, hat nicht nur vielerorts den Wasserspiegel gesenkt, hat uns nicht nur wertvolle wasserspeichernde und windgeschützte Feld- und Auengehölze gekostet, sondern auch so manchem heimlichen Getier die Schlupfwinkel genommen. Vor allen anderen wurde den Flußperlmuscheln und den Krebsen der Lebensraum so sehr entzogen, daß sie heute schon auf der Aussterbeliste stehen, während unsere Väter als Buben noch eifrig krebsen gingen. Zugleich werden die Bäche und Flüsse in steigendem Maße durch die giftigen Abwässer der Industrie verseucht, schleichen sie heute so trüb und übelriechend dahin, daß es nicht einmal die Jugend noch wagt, in ihnen zu baden.

Flußperlmuschel *Margaritana margaritifera* (Familie: Flußperlmuscheln *Margaritanidae,* Ordnung: Echte Blattkiemer *Eulamellibranchiata*) West-, Nord- und Mitteleuropa, §, bis 7 cm breit und 16 cm lang, hat schwere, matt tiefschwarze bis braunschwarze Schale mit flachen Wirbeln, innen mit mehr oder weniger irisierender Perlmutterschicht. Sie fühlt sich nur in schnellströmenden und kalkarmen Bächen wohl. Wir finden sie in geringer Anzahl noch in den aus dem Fichtelgebirge, dem Bayerischen Wald, dem Odenwald, dem Hunsrück und der Eifel abfließenden Bächen.

Die winzigen Eier, oft bis zu 1 Million, werden von den Weibchen zuerst in den Kiemen aufbewahrt, dann ins Wasser abgestoßen, gelangen in die Kiemen der Forellen und Elritzen, wo die ausschlüpfenden Larven 1–2 Monate lang schmarotzen, dann sinken sie auf den Bachgrund und führen das eintönige Muschelleben.

Die Entstehung der Perlen wird durch das Eindringen von Fremdkörpern, Muschelfinnen und anderen Parasiten eingeleitet, die als Abwehrmaßnahme von der Muschel mit dünnen Perlmutterschichten umgeben werden.

Malermuschel *Unio pictorum* (Familie: Flußmuscheln *Unionidae,* Ordnung: Echte Blattkiemer *Eulamellibranchiata*) Europa nördlich der Alpen, §, hat gelblichgrüne bis gelbbraune, schmal zungenförmige, oben oft stumpfeckige, hinten stark verlängerte Schale, steckt meist tief im Schlamm, ist auch in durchströmten Teichen zu finden. Sie dient dem Bitterling (S. 177) als Kinderstube für seinen Nachwuchs. Das Bitterlingsweibchen legt seine Eier mit Hilfe einer langen rötlichen Legeröhre blitzschnell in die Muschel, wo sie heranreifen und selbst die ausgeschlüpften Jungfische noch rund vier Wochen verbleiben. Die jungen Malermuscheln heften sich dafür an vorüberschwimmende Fische, schlagen ihre Schalenzähnchen in deren Haut und wachsen in der sich bildenden pustelförmigen Hautwucherung heran.

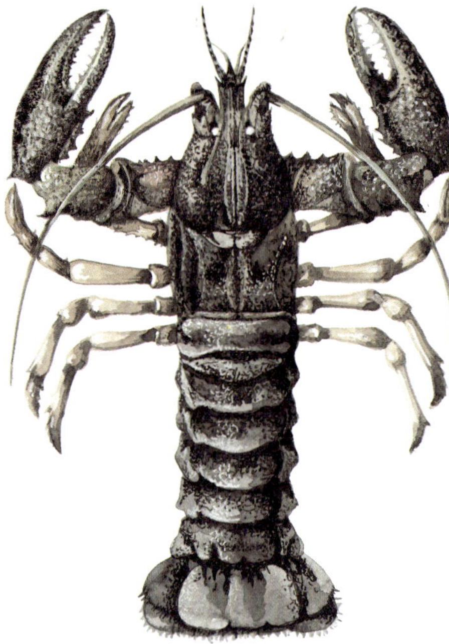

Flußkrebs

Flußkrebs, Edelkrebs *Astacus astacus* (Familie: Flußkrebse *Astacidae,* Ordnung: Zehnfußkrebse *Decapoda*) Italien, nördlich der Alpen bis Südengland, 12–22 cm, zeitweise geschont, trägt schwarz- oder braungrünlichen Panzer, hat kurze, aber kräftige Scheren und rötliche Fußspitzen, legt dunkelbraunrote Eier, liebt kalkreiche Bäche und Flüsse, bezieht ebenso häufig auch saubere Teiche und Seen, birgt sich tagsüber im schlammigen und löchrigen Steilufer, gern hinter Steinen und Wurzeln, wird erst nachts richtig munter, betätigt sich als Räuberhauptmann, vor dem nicht einmal die Artgenossen sicher sind, ist schon sehr selten geworden.

Steinkrebs *Astacus torrentium* (Familie: Flußkrebse *Astacidae*) Süddeutschland, nördlich bis zum Main, gefährdet, zeitweise geschont, 7–8 cm, die kleinere Ausgabe des Flußkrebses, kennzeichnet sich durch ein schmales, fast walzenförmiges Kopfbruststück, das sich rauh anfühlt, und durch weißliche Füße, ist nur in schnellfließenden, steinigen und sehr klaren Gebirgsbächen zu finden, legt grünlichgraue Eier.

Die Silbergeschuppten

Widerstands- und anpassungsfähiger als die Muscheln und Krebse haben sich bisher die Fische der Bäche erwiesen, obwohl auch sie sehr häufig durch giftige Abwässer in Massen dahingerafft werden und ihr Bestand ohne die Hilfe der Sportfischerei schon ernstlich gefährdet wäre. Die typischen Bachbegleiter unter ihnen brauchen nun einmal kaltes, klares, reines und sauerstoffreiches Wasser, genügend Schlupfwinkel an den Uferwänden und kiesige Laichbänke. Nur gut, daß sie in den Bächen bis hoch in die Berge steigen und so der Ausrottung auszuweichen vermögen. Da es im Anfang gar nicht so leicht ist, die schnellen Fische richtig auszumachen, wollen wir sie hier der Größe nach besprechen.

Fingerlange Fische (Abb. S. 179):

Elritze *Phoxinus phoxinus* (Familie: Weißfische *Cyprinidae*) gemäßigtes Europa, 8–15 cm, laicht 4–6, hat ölgrünen oder schmutziggrauen, dunkelgefleckten Rücken, während der Laichzeit trägt das ♂ grüngelbe, metallisch glänzende Seiten, scharlachrote Brust, schwarze Kehle, karminrote Maulwinkel, ♀ u. ♂ kennzeichnen sich außerdem durch einen goldglänzenden Längsstreifen, der bei den Augen beginnt und bis zur Schwanzwurzel läuft, durch blaßgelbe Flossen, die oft purpurrot überhaucht sind. Liebt klare Bäche mit sandigem oder kiesigem Grund, springt hoch aus dem Wasser, ist sehr spiellustig, sehr scheu, recht gesellig und tummelt sich dicht unter dem Wasserspiegel.

Bitterling bei der Eiablage
in die Malermuschel

Bitterling *Rhodeus amarus* = *sericeus* (Familie: Weißfische *Cyprinidae,* Ordnung: Karpfenfische *Cypriniformes*) Mitteleuropa, Osteuropa, 5–9 cm, laicht 4–6, hat graugrünen Rücken, silberglänzende, mit einem grünen Längsstrich gezierte Seiten, blaßrötliche Flossen, die auf dem Rücken und am

Schwanz schwärzlich getönt sind. Das Männchen erglüht während der Laichzeit in leuchtenden Regenbogenfarben, ist stahlblau und violett am Rücken, smaragdgrün an den Seiten, orangegelb an der Brust, rot an den Flossen und prangt mit weißen Warzen auf der Oberlippe und am oberen Rand der Augenhöhlen. Liebt reines, seichtes Wasser mit weichem Grund. Das Weibchen entwickelt während der Laichzeit eine lange rötliche Legeröhre, mit der es seine Eier in die Ausfuhröffnung der Malermuschel (S. 179) legt.

Steinbeißer *Cobitis taenia* (Familie: Schmerlen *Cobitidae,* Ordnung: Karpfenfische *Cypriniformes*) Europa, 8–12 cm, laicht 4–6, hat graugelben, in Reihen braungefleckten Rücken und Seiten, blaßgelbe Brust-, Bauch- und Afterflossen, 6 kurze Barteln, unter dem Auge einen beweglichen, aufrichtbaren, spitzen Dorn. Liebt Schlammgrund, birgt sich unter Steinen.

Handlange Fische (Abb. S. 179):

Gründling *Gobio gobio* (Familie: Weißfische *Cyprinidae*) West-, Mittel- und Osteuropa, 12–16 cm, laicht 5–7, hat schwärzlichgrauen Rücken mit dunkelgrünen oder schwarzblauen Flecken, die sich auch an den Seitenlinien entlangziehen, silberglänzenden Bauch, gelbliche, schwarzbraun gefleckte Rücken- und Schwanzflossen, blaßgelbe Bauchflossen, großen Kopf und zwei kleine Barteln am Maul. Liebt reines kaltes Wasser, ist auch in unterirdischen Höhlengewässern zu finden.

Ukelei, Laube *Alburnus alburnus* (Familie: Weißfische *Cyprinidae*) Europa nördlich der Alpen ohne äußersten Norden, 10–18 cm, laicht 5/6, hat stahlblauen Rücken, silberglänzende Seiten, silbernen Bauch, graue Rücken- und Schwanzflossen, gelbliche Brust- und Bauchflossen, sehr lange Afterflosse, steil nach oben gerichtetes Maul, ändert vielfach in der Färbung ab. Schnellt gern aus dem Wasser, schwimmt scharenweise knapp unter der Oberfläche, ist spiellustig und flott, beißt leichtfertig an. Aus seinen Schuppen wird Perlenessenz gewonnen.

Groppe *Cottus gobio* (Familie: Groppen *Cottidae,* Ordnung: Panzerwangen *Scorpaeniformes*) West-, Mittel- und Osteuropa, 10–18 cm, laicht 3/4, hat breites Maul, großen, mit Stacheln versehenen Kopf, der Körper verjüngt sich stark zum Schwanz hin, die Flossen sind groß und weichstrahlig. Die Groppe ist meist graubraun und dunkel gefleckt, die Haut immer schuppenlos. Liebt klares Wasser mit sandigem Grund, birgt sich viel unter Steinen, schießt wie ein Pfeil dahin, wird erwachsen ein ziemlicher Räuber, legt seine Eier in eine vorbereitete Grube unter Steinen, die dann vom Männchen 4–5 Wochen lang behütet werden.

Schneider *Alburnoides bipunctatus* (Familie: Weißfische *Cyprinidae*) West-, Mittel- und Osteuropa, 9–16 cm, laicht 4–6, hat stahlblauen bis dunkelgrünen Rücken wie der Ukelei, ähnelt ihm auch sonst, wirkt aber gedrungener und kennzeichnet sich durch zwei schmale schwarze Fleckenbinden, die die Seitenlinie gleich einer Naht einfassen. Liebt klare, schnellfließende Bäche, hält sich mehr am Grund auf.

Fußlange Fische (Abb. S. 179):

Bachforelle *Salmo trutta fario* (Familie: Lachse *Salmonidae,* Ordnung: Lachsfische *Salmoniformes*) Mittel- und Westeuropa, Skandinavien, zeitweise geschont, gefährdet, 25–60 cm, laicht 10–2, hat dunklen Rücken, helle und punktierte Seiten, lichten Bauch, die Grundfärbung wechselt sehr, spielt von einem schönen Olivgrau bis zu Dunkel- oder Blaugrün, und die Punkte sind

Von oben nach unten: Steinbeißer – Elritze (♂) während der Laichzeit – Gründling – Ukelei – Groppe – Bachforelle – Regenbogenforelle – Bachneunauge

schwarz und rot, letztere auffallend mit einem hellen Kreis umgeben. Die Gestalt ist verhältnismäßig gedrungen, das Maul kurz und abgestumpft, die Schwanzflosse in der Jugend tief ausgeschnitten, im Alter senkrecht abgestutzt, die Bauch- und Brustflossen gestreckt und abgerundet. Hinter der Rückenflosse sitzt die für alle Lachse kennzeichnende kleine Fettflosse. Hält sich tagsüber gern verborgen, steht immer mit dem Kopf gegen die Strömung, verweilt lange an einem Fleck, schießt wie der Schatten eines Pfeiles durchs Wasser, springt hoch aus der Flut nach Insekten, auch wenn ein Gewitter im Anzug ist, wächst sich zu einem beachtlichen Raubfisch aus.

Regenbogenforelle *Salmo gairdneri irideus* (Familie: Lachse *Salmonidae*) Heimat: Nordamerika, in Europa eingebürgert, 30–60 cm, laicht 12–5, hält sich auch gut in Teichen, hat dunkel bläulichgrünen oder bräunlichen, schwarzgefleckten Rücken, gefleckte Rücken-, Fett- und Schwanzflosse, aufhellende bis silberglänzende und durch einen rosafarbenen Streifen gezierte Seiten, die während der Laichzeit regenbogenbunt schimmern.

Bachneunauge *Lampetra planeri* (Familie: Neunaugen *Petromyzontidae,* Ordnung: *Petromyzoniformes*) Europa, sehr selten geworden, ganzjährig geschont, gefährdet, 8–36 cm, laicht 3–6, hat aalartigen Leib, derbe schuppenlose Haut, keine Bauch- und Brustflossen, eine Rückenflosse, die von der saumartigen Schwanzflosse durch einen Einschnitt getrennt ist, grünlichen Rücken, gelblichweiße Seiten, silberhellen Bauch. Kennzeichnend ist der kleine Kopf mit dem seltsamen Saugmund, der sich gleich einem Schröpfkopf an den Beutetieren festsaugt, das eine unpaare Nasenloch und die sieben offenen Kiemenlöcher.
Liebt weichsandigen, steinigen Grund, baut während der Laichzeit aus Steinen runden Wall um die Laichgruben. Aus den Eiern schlüpfen wurmartige, geringelte, mattsilbern glänzende Tiere, die sich 2–4 Jahre im Schlamm bergen, ehe sie zu Neunaugen heranreifen. Die alten sterben fast unmittelbar nach der Paarung.

Nase *Chondrostoma nasus* (Familie: Weißfische *Cyprinidae,* Ordnung: Karpfenfische *Cypriniformes*) Mittel- und Osteuropa, 25–50 cm, laicht 3–5, hat schwärzlichgrünen Rücken, glänzend silberweiße Seiten, weißen Bauch, dunkle Rückenflossen, sehr unterständiges Maul. Liebt schnellfließende Bäche und Flüsse, lebt gesellig, stets am Grunde, schabt mit der »Nase« bzw. weitvorragenden Schnauzenspitze die Algen von den Steinen, wälzt sich dabei oft, so daß man ihre silberglänzenden Seiten weithin leuchten sieht.

Vögel am Bach

Viele Vögel finden sich zum Bach: Uferschwalben und Pieper, Blau- und Braunkehlchen, Rohrsänger und Fliegenfänger, Stare und Fischreiher. Aber so eng und so ausschließlich an das Leben am schnellfließenden und brausenden Wasser gewöhnt und gebunden wie die Wasseramsel und die Gebirgsstelze, wie der Eisvogel und die Bachstelze sind sie alle nicht.

Wasseramsel, Wasserschmätzer, Wasserstar, Bachamsel *Cinclus cinclus* (Familie: Wasseramseln *Cinclidae,* Ordnung: Sperlingsvögel *Passeriformes*) Europa, §, gefährdet, ↓, mit 18 cm drosselgroß, unser einziger schwimmender und tauchender Singvogel, oberseits schieferfarbig mit scharfen Rändern, an Kopf, Nacken und Hinterhals fahlbraun, an Kehle, Gurgel und Hals milchweiß, an Oberbrust rotbraun, hat hohe starke Füße mit gekrümmten Nägeln, ungewöhnlich kurze, stark abgerundete Flügel, fast stummelhaften Schwanz.
Liebt klare, brausende, gischtende Wasser, ist in der Klamm wie am Wasserfall zu Hause, balanciert geschickt und schwanzwippend über die Steine, watet tief ins Wasser, läuft auf dessen Grund umher, wälzt dort die Steine um, schwimmt mit rudernden Flügeln, taucht, kann die Nasenöffnungen durch eine Hautfalte verschließen, wagt sich im Winter sogar unter die Eisdecke, fängt Fische wie Wasserinsekten und Würmer.
Paart sich im April, versammelt ihr Gelege von 4–6 glänzendweißen Eiern in einem halbkugeligen Nest, das sie oft unter die Wasserfälle, zwischen Steine, in Uferhöhlen stellt und mit Blättern polstert.
Schnurrt, schnalzt und schwätzt angenehm.

Wasseramsel

Eisvogel *Alcedo atthis* (Familie: Eisvögel *Alcedinidae,* Ordnung: Rackenvögel *Coraciformes*) Europa außer Skandinavien und Island, §, stark gefährdet, ↓↑, mit 16,5 cm reichlich sperlingsgroß, hat prachtvoll buntes Gefieder, großen Kopf, kurzen Hals, kurze Flügel, kurzen Schwanz, sehr langen schwarzen Bajonettschnabel, sehr kleine lackrote Füße. Dunkelmeergrün an Schultern und Flügeldecken, oberseits türkisblau, unterseits lebhaft zimtrot, an Kinn und Kehle gelblichweiß, meerblaue Spitzenflecken zieren die Flügeldeckfedern.
Sitzt lauernd und unbeweglich auf überhängenden Zweigen knapp über dem Wasserspiegel, auf Wehrpfosten, stürzt sich kopfüber in den Bach, taucht nach den erspähten Fischen, fliegt pfeilschnell, aber immer nur kurze Strecken und sehr heftig flügelnd, hackt einen 50–100 cm langen, aufsteigenden Gang in die Uferwand, erweitert ihn am Ende zu einem mit Gräten gepolsterten

Nistraum, paart sich Ende März/Anfang April, legt im Mai 6–7 rundliche, glänzendweiße Eier, durch die der rotgelbe Dotter schimmert, beginnt sofort zu brüten, noch ehe das ganze Gelege versammelt ist, pfeift während der Paarungszeit ein hohes schneidendes »Tit-tit« oder »Si-si«.

Eisvogel

Gebirgsstelze *Motacilla cinerea* (Familie: Stelzen *Motacillidae*, Ordnung: Sperlingsvögel *Passeriformes*) Brutgebiet: Europa abgesehen vom hohen Norden, §, ↓, ~, 4–9, 18–20 cm, oberseits aschgrau, an der Kehle schwarz, unterseits schwefelgelb, ein weißer Streifen scheidet deutlich die Ober- von der Unterseite, weißer Streifen auch über dem Auge. Geht den Bächen bis hoch in die Berge entgegen, läuft graziös, flott, nickt mit dem Kopf, wippt mit dem Schwanz, fliegt bogig, ist gar nicht scheu, paart sich im April und im Juni/Juli, versammelt ihre 4–6 Eier in einem kunstlos geflochtenen Nest, das sie in Felsennischen, Mauer- und Erdlöcher, unter Gewurzel und überhängende Uferböschungen stellt, pfeift und singt angenehm, besonders in den Morgenstunden.

Bachstelze *Motacilla alba* (Familie: Stelzen *Motacillidae*) Brutgebiet: Europa, §, ~, 3–10, 18–20,5 cm, oberseits grau, am Hinterhals und Nacken samtschwarz, ebenso an Kehle, Gurgel und Oberbrust, unterseits weiß, ebenso an Stirn, Zügel, Backen und Halsseiten.

Meidet den Hochwald und das Gebirge über der Holzgrenze, wippt häufig mit dem Schwanz, läuft weit ausschreitend, hält dabei Leib und Schwanz waagerecht, fliegt bogig und niedrig, paart sich Ende März, versammelt im April das erste Gelege von 4–6 Eiern, stellt ihr Nest an die gleichen Örtlichkeiten wie die Gebirgsstelze, oft auch auf Weidenköpfe, in Baumhöhlen, auf Dachbalken, versammelt sich im Herbst an den Teichen und Stromufern, neckt sich gern mit anderen Vögeln, stößt mutig nach Eulen und Greifen.

Schafstelze, Kuhstelze *Motacilla flava* (Familie: Stelzen *Motacillidae*) Brutgebiet: Europa außer hoher Norden, §, ~, 4–9, 16–19 cm, hat kürzeren Schwanz als die beiden anderen Stelzen, einen spornartigen langen Nagel an der Hinterzehe, Gefieder oberseits olivgrün, an Oberkopf, Zügel, Nacken aschgrau, unterseits schwefelgelb, ebenso an Kehle und Kinn.

Liebt überschwemmtes und sumpfiges Land an den Bächen und Flüssen, stellt ihr Nest auf die Erde und ins Gras, brütet Ende Mai/Anfang Juni, fliegt fast hüpfend, steht oft rüttelnd in der Luft, stellt sich viel beim weidenden Vieh ein, dem es Fliegen und Larven abliest, lockt pfeifend.

Weißsterniges Blaukehlchen *Luscinia svecica cyanecula* (Familie: Drosseln *Turdidae*, Ordnung: Sperlingsvögel *Passeriformes*) Brutgebiet: Europa außer Südeuropa und Großbritannien, §, stark gefährdet, ~, 4–9,

Schafstelze (♂)

mit 14 cm rotkehlchengroß, Gefieder oberseits tief erdbraun, unterseits schmutzigweiß, seitlich und hinterwärts graubraun überlaufen, Kehle prachtvoll lasurblau mit deutlichem weißen Stern, Schwanz von der Wurzel bis zur Mitte lebhaft rostrot, an der Spitze dunkelbraun, Schwingen braungrau, hat einen weißen Streifen über den dunkelbraunen Augen, der über der Stirn zusammenfließt, schwärzlichen Zügel, schwarzen Schnabel. Beim Weibchen sind alle Farben matter und blasser, die Kehlfärbung kaum angedeutet.

Liebt die Busch- und Röhrichtzone in der Nähe der Gewässer, hüpft so rasch, daß man meint, es renne oder rolle dahin, hält sich aufrecht, stelzt den Schwanz, fliegt in geringer Höhe von Busch zu Busch, stellt sein Nest nahe am Wasser auf die Erde, versammelt Mitte Mai 6–7 Eier, brütet 14 Tage, lockt »Fid-fid-tak-tak«, singt hellpfeifend, sanft und angenehm, ahmt andere Vogelstrophen nach, schnurrt leise dazwischen.

Die skandinavische Rasse trägt einen rostroten Fleck auf der blauen Kehle und wird deshalb das **Rotsternige Blaukehlchen** *Luscinia svecica svecica,* §, genannt.

links: Bachstelze; oben: Gebirgsstelze (♂)

Braunkehlchen *Saxicola rubetra* (Familie: Drosseln *Turdidae*) Brutgebiet: Europa außer Süd- und nördlichstes Nordeuropa, §, gefährdet, ~, 4–9, mit 12,5 cm kleiner als Blaukehlchen, Gefieder oberseits schwarzbraun mit breiten rostgrauen Federrändern, unterseits rostgelblich, am Kinn, neben dem Vorderhals, über den Augen und auf der Flügelmitte weiß, hat dunkelbraune Augen, schwarzen Schnabel und Fuß.

Braunkehlchen

Liebt feuchtes Wiesengelände in der Nähe bebuschter Gewässer, sitzt viel auf erhöhten Punkten, hüpft sehr schnell, fliegt nur niedrig, stellt sein lockergeflochtenes Nest auf die Erde, unter Büsche, versammelt Ende Mai/Anfang Juni 5–7 bauchige, glänzend hellblaugrüne, zuweilen gelbrot gepunktete Eier, die das Weibchen in 13–14 Tagen ausbrütet, lockt sanft und schnalzend »Tiütza«, singt und flötet angenehm, abwechslungsreich und oft andere Vogelstrophen nachahmend.

Schwarzkehlchen *Saxicola torquata* (Familie: Drosseln *Turdidae*) Brutgebiet: Europa außer hoher Norden, §, stark gefährdet, ↓, ~, 3–9, genauso groß wie das Braunkehlchen, Gefieder oberseits schwarz, unterseits rostrot, Bürzel und Unterbauch sowie ein Flügel- und ein Halsseitenfleck weiß, hat schwarze Kehle und schwarzen Kopf.

Liebt neben dem feuchten Wiesengelände, in dem es gern brütet, auch die kahlen Berghänge der Flußtäler, sitzt ebenfalls viel auf erhöhten Punkten, wippt dabei mit dem ausgebreiteten Schwanz abwärts, stellt sein Nest auf die Erde, legt 5–6 grünlichblaue, rotgelb gefleckte Eier, brütet oft zweimal, lockt hoch »Fid« oder »Ist-ist«, hängt ein rauhes »Tak-tak« daran, hat in seinem Liedchen fast nur rauhe Töne.

Wasserspitzmaus und Fischotter

Von den Säugetieren, die sich dem Leben am fließenden Wasser so angepaßt haben, daß sie zu ausgezeichneten Schwimmern und Tauchern, zu fast ausschließlichen Fisch- und Krebsfressern wurden, daß sie Ohren, Augen und Nase mit besonderen Häuten verschließen können und sich teilweise sogar Schwimmhäute zulegten, sind der Biber und der Nerz oder Sumpfotter bereits auf die Aussterbeliste zu setzen. Von Jahr zu Jahr seltener wird auch der Fischotter. Nur die kleine Wasserspitzmaus, die an den Bächen bis hoch ins Gebirge kommt, konnte sich der unerbittlichen Verfolgung durch die Fischer und Angler entziehen. Als winziger Räuberhauptmann kann sie freilich nicht viel Schaden anrichten, dennoch müssen wir sie als eines der blutgierigsten und unersättlichsten Raubtiere ansehen, das sich, verglichen mit der eigenen Körpergröße, auch an 50- bis 60mal größere (!) und stärkere Fische, Molche, Frösche, Krebse und Wasservögel wagt.

Wasserspitzmaus

Wasserspitzmaus *Neomys fodiens* (Familie: Spitzmäuse *Soricidae,* Ordnung: Insektenfresser *Insectivora*) Mitteleuropa, 7–11 cm lang, 5–6 cm Schwanz, Pelz oberseits schwarz, unterseits weiß oder grauweiß, hinter den Augen kleiner weißer Fleck, hat an den Seiten der Füße je eine dichte und spreizbare Wimpernleiste, die ihr die Schwimmhäute ersetzt. Sie schwimmt und taucht gut, läuft auf dem Grund der Gewässer so gewandt wie auf dem Land, wird erst gegen Abend munter, pfeift und zwitschert viel vor sich hin, haust in selbstgegrabenen oder eroberten Maus- und Maulwurfhöhlen nahe am Ufer, hat gern einen Aus- und Eingang unter dem Wasserspiegel.

Das Weibchen wirft im Mai 6–10 fast nackte, fleischfarbene Junge, die es säugt und betreut, führt und unterweist, bald aber wegbeißt und die begriffsstutzigen unter ihnen kurzerhand auffrißt. Auch unter den Geschwistern ist Kannibalismus keine Seltenheit.

Fischotter *Lutra lutra* (Familie: Marderartige *Mustelidae,* Ordnung: Raubtiere *Carnivora*) Europa, in Mitteleuropa fast ganz ausgerottet, ganzjährig geschont, stark gefährdet, 80–100 cm lang, 40–45 cm Schwanz, trägt einen dichten, dunkelbraunen, knapp anliegenden Pelz aus derben, starren, glänzenden Oberhaaren und sehr feinem dichtem Wollhaar; Brust, Vorderhals und Kopfseiten sind weißlichgrau; hat schlanken, flachen Leib, länglichrunden Kopf mit abgerundeter Schnauze, kleine Augen, fast ganz im Pelz versteckte, rundliche Ohren, sehr kurze Beine und Schwimmhäute zwischen den Zehen.

Er ist an Bächen wie Flüssen, Teichen wie Seen zu Hause, liebt besonders waldige Ufer, in denen er seine zahlreichen Kessel anlegt. Einen halben Meter unter dem

Wasserspiegel ist die Einfahrt, dann steigt der Gang etwa zwei Meter schief aufwärts, endet im grasgepolsterten und mit Luftschacht versehenen Kessel. Auf dem Lande kriecht er fast schlangenartig dahin, schlittert gern über das Eis oder die Böschung, kann sich hoch aufrichten, im Wasser aber ist er ein unübertroffener Meister im Schwimmen und Tauchen, ist schneller als die meisten Fische und so wendig wie ein Seehund. Kleine Fische verschluckt er schwimmend, größere trägt er an Land, frißt in erster Linie die kranken Fische, ist also ein sehr nützliches Raubtier, jagt vor allem auch die Bisamratten. Meistens im Mai oder Juni wirft das Weibchen 2–4 blinde Junge, die es gut ein halbes Jahr lang säugt und betreut, führt und anlernt. Fühlt sich die kleine und sehr spiellustige Räuberbande wohl, hört man weithin ihr Kichern, ihr helles und wohlklingendes Pfeifen, das im Zorn und Schreck in ein lautes Kreischen übergeht.

Fischotter

An Fluß und Strom

Hohler Lerchensporn

Wie die meisten Bäche haben auch unsere Flüsse und Ströme längst ihre urwüchsige Art und ihre Freiheit verloren. Während sie noch vor zweihundert Jahren breit und majestätisch, wild und willkürlich ihre Wege durch die Täler und Ebenen zogen, im Frühjahr und Herbst das Land an ihren Ufern überschwemmten, von Teichen und Tümpeln, toten Armen, breiten Sand- und Geröllbänken, üppigen und urigen Auwäldern flankiert wurden, rauschen sie heute gebändigt und gemaßregelt im regulierten, eingedeichten Bett dahin. An die Stelle der Busch- und Auwälder sind hohe Dämme getreten, hinter denen sich Felder und Wiesen breiten. Zugeschüttet wurden die toten Arme, entwässert die Überschwemmungswiesen. Staustufen und Wehre bestimmen ihren Lauf. In den meisten Fällen sind sogar die letzten Büsche und Bäume von ihren Ufern verschwunden, verwandelten sie sich in langweilige und triste Kanäle. Vor allen Dingen werden auch sie durch den Unrat der Zivilisation verunreinigt, wenn nicht verseucht, stinken wahrhaftig oft zum Himmel, sind erfüllt von vergifteten, bauchoben schwimmenden Fischen.

Bei einer genauen Wasseruntersuchung kann man meist nur mit Schrecken feststellen, welche Mengen an Abfallstoffen einem Gewässer und seinen Bewohnern zugemutet werden. Eine gründliche Analyse des Rheinwassers ergibt, daß täglich bis zu 30 000 t Salz, 3 t Arsen, 450 kg reines Quecksilber und rund 100 t organische Chlorverbindungen, die als stark krebsfördernd gelten, in den Rhein geleitet werden. Das ergibt insgesamt eine Last von mehr als 30 000 t täglich. Der bequeme Wassertransport durch Vater Rhein bedeutet für die Industrie vor allem eine riesige Kostenersparnis, denn um die gleiche gewaltige Dreckmenge per Bahn zu transportieren, müßte sie täglich mehr als 30 Güterzüge zu 50 Wagen einsetzen. Daß von einer derartigen Schmutzlawine jegliches Leben im Gewässer erstickt wird, ist nur zu verständlich.

Um den Zauber einer unberührten Flußlandschaft erleben zu können, müssen wir heute schon bis in die Vorberge wandern oder die Flüsse während ihres Laufes durch weite Wälder aufsuchen, wo noch Weiden und Erlen, Pappeln und Eschen, Eichen und Ulmen ihre Ufer säumen, wo sich noch große Auwälder ausbreiten, wo die Fische noch atmen können und auch die anderen Tiere sich nicht scheuen, dem Wasser zu nahen. Dort spüren wir erst so richtig, was aus unseren Flüssen geworden ist, wieviel wir ihnen von ihrem Reiz nahmen, empfinden wir aufatmend den erfrischenden Hauch dieser großen Lebensadern der Natur, die bestimmt sind, blühendes, farbiges, wimmelndes Leben an ihren Ufern zu verbreiten. Dort schöpfen wir auch die Hoffnung, daß die naturentfremdete Zeit, die in den Flüssen bereitgestellte Unratkübel, billige Arbeitskräfte und Transportbänder erblickte, die man ungestraft mißbrauchen durfte, recht bald wieder der Vergangenheit angehört. In steigendem Maße sind wir heute darauf angewiesen, auch unser Trinkwasser aus den Flüssen zu holen. Und schon aus diesem Grunde muß der heillosen Verschmutzung endlich und gründlich Einhalt geboten werden.

Von den Pflanzen

Die Blumen der Auwälder

Weicher und nährstoffreicher Humus, gut vermengt mit den Mineralstoffen des feinen Schwemmsandes, das ist der Grund des Auwaldes, der sein reiches Pflanzenleben den Überschwemmungswassern des Flusses verdankt, der immer wieder neue Zufuhren an Schlick und Schlamm erhält und darum die anspruchvollsten und besonders feuchtigkeitsliebenden Kräuter, Büsche und Bäume in sich versammelt. Schon Anfang April, wenn sich in den Buchenwäldern kaum die Frühblüher herauswagen, wuchert es grün und üppig zwischen den Bäumen des Auwaldes.

Bärenlauch *Allium ursinum* (Familie: Liliengewächse *Liliaceae*) Mitteleuropa, §, blüht 4–6, ♃, verrät sich durch seinen Knoblauchduft, hat 20–30 cm hohen Stengel mit zu kugelförmiger Scheindolde vereinigten weißen, langgestielten, sechsblättrigen Blüten, die vor dem Erblühen von einem häutigen Hüllblatt umfaßt werden, hat zwei lanzettliche, langgestielte, frischgrün glänzende Blätter.

Bärenlauch

Gefleckter Aronstab *Arum maculatum* (Familie: Aronstabgewächse *Araceae*) Mitteleuropa, §, blüht 4–5, ♃, 10–30 cm, schiebt im März seine großen, pfeilförmigen und oft schwärzlich gefleckten Blätter an langen Stielen empor, in deren Schutz sich der dunkelviolette Blütenkolben entwickelt, der von einem großen, tütenähnlichen Blatt eingehüllt wird, das auf der Innenseite weißlich oder rötlichgrün gefärbt ist und als Werbeplakat dient. Am Grunde des Kolbens, an dem die weibl. und männl. Blüten übereinandersitzen, bildet das Blütenblatt einen bauchigen Kessel, aus dem die Pflanzenwärme emporsteigt.

Die bestäubenden kleinen Fliegen und Mücken werden vom üblen Duft des Kolbens und der Wärme angezogen, dringen in den bauchigen Kessel ein und leben in ihm als sehr fidele Gefangene, bis alle weibl. Blüten bestäubt sind. Sie bekommen reichlich Nektar gespendet, werden zuletzt von den sich jetzt erst öffnenden Staubgefäßen

Gefleckter Aronstab, Blüte und Früchte

bepudert und können sich nun am einschrumpfenden Haarkranz, der ihnen bis dahin den Ausgang nach oben versperrt hatte, vorbeidrücken.

Vierblättrige Einbeere

Vierblättrige Einbeere *Paris quadrifolia* (Familie: Liliengewächse *Liliaceae*) Europa, †, blüht 5–7, ♃, hat 10–30 cm hohen Stengel mit vier großen, groben, dunkelgrünen, im Quirl stehenden Blättern, eine kleine gelbgrüne Blüte, deren Fruchtknoten zu einer großen, runden, blauschwarzen und sehr giftigen Beere heranwächst.

Hohler Lerchensporn (Abb. S. 187) *Corydalis cava* (Familie: Mohngewächse *Papaveraceae*) Europa, ⚕, †, blüht 3–5, ♃, hat 15–40 cm hohen Stengel, nur zwei zarte, tief eingeschnittene, dreizählige Blätter, die fast von den in reichen endständigen Trauben zusammengefaßten Blüten verdeckt werden, 10–20 gespornte Blüten in einer Traube, wuchert meist in großen purpurroten Teppichen, hat manchmal auch weiße Blüten, duftet fein harzig.

Etwas kleiner ist der **Gefingerte Lerchensporn** *Corydalis solida*, bei dem der Sporn leicht nach oben gestellt ist und dessen Blätter fingerförmig zerschlitzt sind.

Maiglöckchen *Convallaria majalis* (Familie: Liliengewächse *Liliaceae*) Europa, §2, ⚕, †, blüht 5–6, ♃, 15–25 cm, hat glatten, blattlosen Blütenstiel, der die nickende Blütentraube mit den stark duftenden, alle nach einer Seite gewendeten weißen Glöckchen trägt.

Echter Baldrian *Valeriana officinalis* (Familie: Baldriangewächse *Valerianaceae*) Europa, ⚕, (†), blüht 5–7, ♃, 1–2 m, hat starr aufrechten, stielrunden, gefurchten Stengel, den die gegenständigen, eschenähnlich gefiederten Blätter scheidig umfassen. Die kleinen hellroten, stark duftenden Blüten stehen in einer endständigen Doldenrispe.

Große Sterndolde, Stranze *Astrantia major* (Familie: Doldengewächse *Umbelliferae* = *Apiaceae*) Europa, blüht 6–9, ♃, hat 30–100 cm hohen, dünnen, feingerieften,

Großes Springkraut

hohlen Stengel, den große, handförmig tiefgespaltene Blätter scheidenartig umfassen, trägt endständig 30–50 winzige weiße Blütchen, die von einem Kranz gelblichweißer oder rosenroter Hüllblätter umgeben werden.

Kleines Springkraut *Impatiens parviflora* (Familie: Balsaminengewächse *Balsaminaceae*) in Europa eingebürgert, blüht 6–9, einjährig, (†), hat 20–60 cm hohen Stengel, hellgrüne, eiförmige, gesägte Blätter, aufrecht stehende gelbe Blüten mit geradem Sporn. Der Fruchtknoten wächst sich zu einer langen schmalen Schotenkapsel aus, die sich bei Berührung spiralig zusammenrollt und die Samenkörner fortschleudert.

Großes Springkraut, Rühr-mich-nicht-an *Impatiens noli-tangere* (Familie: Balsaminengewächse *Balsaminaceae*) Heimat: Nordamerika, bei uns eingebürgert, blüht 7–9, einjährig, (†), hat 30–80 cm hohen, an den Gelenken geschwollenen Stengel, große, kurzgestielte, hellgrüne, gezähnte, eirunde Blätter, die sich über die großen goldenen Blüten breiten, die einen gekrümmten Sporn tragen. Wie beim Kleinen Springkraut rollt sich die Samenschote spiralig zusammen und wirkt als Samenschleuder.

Waldengelwurz, Brustwurz *Angelica sylvestris* (Familie: Doldengewächse *Umbelliferae = Apiaceae*) Europa, ⚕, (†), blüht 7–9, ♃, hat 1–2 m hohen, dicken, hohlen, leicht gefurchten Stengel, der am Grunde oft rot überhaucht, weißlich bereift ist, mit bauchiger Scheide von großen, dreifach gegliederten Blättern umfaßt wird. Die zahllosen weißen Blütchen stehen in großen, 20–40strahligen, gewölbten Schirmen beisammen.

Echter Baldrian

Große Sterndolde

Sträucher im Auwald

Wie im Moor, spielen auch im Auenwald die Erlen, Weiden und Faulbäume sich stark in den Vordergrund. Neben ihnen setzen sich hier nun aber auch noch die Hasel und der Schneeball, die Traubenkirsche und der Spindelbaum durch, taucht auch der Schlehdorn ziemlich häufig auf. Sie alle wuchern um die Wette und wachsen sich nicht selten zu recht beachtlichen Bäumen aus.

Hasel *Corylus avellana* (Familie: Haselgewächse *Corylaceae*) Europa, blüht 2–4, ♃, entwickelt erst graugrüne, dann gelbliche, stäubende Troddelkätzchen, die weiblichen Blüten sitzen als sehr unscheinbare, sehr kleine, knospenartige Gebilde dicht an den Zweigen, winken mit einem winzigen karminroten Narbenbüschelchen. Der Busch wird 5–6 m hoch, treibt erst lange nach der Blüte kurzgestielte, spitzeiförmige, behaarte und doppelt gesägte Blätter.

Traubenkirsche

Hasel, links oben: Früchte; links unten: ♀ Blüten
rechts unten: ♂ Blütenkätzchen

Traubenkirsche *Prunus padus* (Familie: Rosengewächse *Rosaceae*) Europa, ‡, blüht 5–6, ♃, belaubt sich im April mit langen, scharfgesägten, unterseits beträchtlich helleren Blättern, ist reich mit großen, weißen, aufdringlich duftenden Blütentrauben behangen, trägt im Juli erbsengroße, glänzendschwarze Steinfrüchte, ist ein starker hoher Strauch, der sich zu einem Baum von 60 cm Umfang und gut 15 m Höhe entwikkeln kann, steigt in den Tälern bis in die Berge.

Spindelbaum, Pfaffenhütchen *Euonymus europaea* (Familie: Spindelstrauchgewächse *Celastraceae*) Europa, †, ⚕, blüht 5–6, ♃, belaubt sich im April mit gegenständigen, scharfgesägten, spitzeiförmigen Blättern, trägt kleine hellgrüne Blüten, die kaum auffallen, prunkt um so lebhafter im September/Oktober mit leuchtend karmesinroten Samenkapseln, aus denen sich gestielte, orangegelbe Samenkerne drängen, ist ein 2–3 m hoher Strauch, der sich zu einem 6 m hohen Bäumchen auswachsen kann. Die hübschen Samenkerne sind giftig! Steht oft im Wasser, kennzeichnet sich noch besonders durch kleine helle Korkwarzen auf älteren Zweigen.

Gemeiner Schneeball *Viburnum opulus* (Familie: Geißblattgewächse *Caprifoliaceae*) Europa, ⚕, †, blüht 5–6, ♃, belaubt sich im April mit ahornähnlichen, gelappten Blättern, die oberseits kahl und dunkelgrün, unterseits bläulichgrün und flaumig behaart sind, trägt viele weiße Blütenschirme, die aus einem Kranz großer flacher Scheinblüten und einem von diesen umrahmten Kreis kleiner Geschlechtsblüten bestehen, prangt im September mit erbsengroßen, glasig glänzenden, korallenroten, ungenießbaren Beeren, die selbst von den Vögeln verschmäht werden, ist ein 5 m hoher Busch, der sich auch zu einem kleinen Baum entwickeln kann.

Spindelbaum

Gemeiner Schneeball

Windende und kletternde Pflanzen

Das dichte Buschwerk der Auwälder wird in ungewöhnlich reichem Maße von einer Anzahl windender und kletternder Pflanzen zu einem wallartigen und undurchdringbaren Bollwerk verflochten. Sie alle, der Wilde Hopfen wie die Waldrebe, der Bittersüße Nachtschatten wie das Geißblatt, der Efeu wie das Klettenlabkraut, sind zwar keine Würger wie die überseeischen Lianen, auch keine Schmarotzer wie die saugenden Seidenpflanzen, überwuchern die Büsche und jungen Bäume aber doch oft so dicht, daß deren Blätter kaum noch Luft und Licht bekommen.

Wilder Hopfen *Humulus lupulus* (Familie: Hanfgewächse *Cannabaceae*) in niederen Lagen häufig, Europa außer Island, blüht 7–9, ⚕, ♃, ist zweihäusig, ein Rechtswinder, die sechskantigen, dünnen, oft 5–6 m langen Zweige sind reihenweise mit zweispitzigen Klimmhaaren besetzt, verholzen später, tragen paarweise gegenständige, drei- bis fünflappige, grobgesägte Blätter. Die männl. Pflanzen entwickeln unscheinbare gelblichgrüne Blüten, die in rispenartigen Trugdolden beisammen stehen. Die Blüten der weibl. Pflanzen sitzen paarweise unter einem herzförmigen, blaßgrünen Deckschüppchen (s. auch S. 131).

Wilder Hopfen mit ♀ Blüte

Gemeine Waldrebe, Weiße Waldrebe *Clematis vitalba* (Familie: Hahnenfußgewächse *Ranunculaceae*) Europa außer Nordeuropa, †, blüht 6–9, ♃, ein Blattkletterer und Linkswinder, hält sich mit den Blattstielen fest, hat einen oft 2–3 cm starken und bis zu 12 m langen braunen Stamm, länglich herzförmige, unpaarig gefiederte, dunkelgrüne Blätter, in den Blattachseln stehende, üppige, ebensträußige Blütenrispen, die angenehm duften, schmückt sich im Herbst mit silbrig schimmernden, weißgrauen, in Köpfchen beisammenstehenden Fruchtständen. Jedes Samenkorn trägt einen langen, fasrig-bärtigen, spiraligen Griffel, der ihm als Flugapparat und Erdbohrer dient.

Wildes Geißblatt, Waldgeißblatt *Lonicera periclymenum* (Familie: Geißblattgewächse *Caprifoliaceae*) Mitteleuropa und Westeuropa, ⚕, †, blüht 6–10, ♃, ein rechtswindender Schlingstrauch, der sich spiralig emporschraubt, oft 50 Jahre alt wird, dicke, lianenartige Stränge entwickelt. Hat gegenständige, ganzrandige, ovale Blätter, die nicht wie die Hochblätter des **Echten Geißblattes**

Lonicera caprifolium, ⚕, †, paarweise zusammenwachsen. Die gelblichweißen, oft auch purpurn überlaufenen Blüten stehen in köpfchenartigen Büscheln, haben vier aufgebogene und einen abwärtsgerichteten Zipfel, duften nachts süß und betäubend.

Bittersüßer Nachtschatten (Abb. S. 196) *Solanum dulcamara* (Familie: Nachtschattengewächse *Solanaceae*) Europa außer Island, †, ⚕, blüht 5–9, ♃, ein kletternder Halbstrauch, der sich mit dünnen, kantigen, rötlich überlaufenen, im Winter absterbenden Zweigen an stärkere Büsche lehnt, sie durchwächst und über ihren Zweigen seine kräftig gestielten, spießförmigen Blätter ausbreitet. Die kleinen, violettblauen, radförmig ausgebreiteten, fünfzipfligen Blüten mit den kegelförmig zusammengefaßten und weit herausragenden, dottergelben Staubgefäßen sind unverkennbar. Oft hängen neben ihnen schon die korallenroten oder braunroten, eiförmigen und gestielten Beeren.

Gemeine Waldrebe mit Blüten, rechts unten: Fruchtstand

Efeu

Efeu *Hedera helix* (Familie: Efeugewächse *Araliaceae*) Europa, ⚕, †, blüht 8–10, ♃, bis 20 m lang, ein Wurzelkletterer, der an seinen Zweigen kleine, borstenartige, dicht beieinandersitzende Klammerwurzeln entwickelt, die sich in jede Unebenheit und Ritze schmiegen und sehr fest haften, hat langgestielte, fünflappige, immergrüne, mosaikartig geordnete Blätter, abstehende freie Blütenzweige mit in kleinen Dolden vereinten, grünlichen, süßlich unangenehm duftenden Blüten. Die im nächsten Frühjahr heranreifenden schwarzen Beeren sind giftig.

Klettenlabkraut, Klebkraut *Galium aparine* (Familie: Rötegewächse *Rubiaceae*) Europa, ⚕, blüht 5–10, einjährig, hat bis 150 cm langen, liegenden oder klimmenden, brüchigen, ästigen, vierkantigen, an den Gelenken verdickten, klettenartig haftenden Stengel zum Ranken.
Die rauhen, stachelspitzigen und außerdem noch mit Stachelzähnchen besetzten Blätter des Klettenlabkrauts stehen in 6- bis 8blättrigen Quirlen.
Die unansehnlichen weißen oder grünlichweißen Blütchen sind zu kleinen Trugdolden in den Blattwinkeln vereinigt. Haarig und widerhakig-borstig sind auch die kugeligen Teilfrüchtchen.

Bittersüßer Nachtschatten

Die Bäume am Fluß und im Auwald

Ausschließlich Laubbäume sind es, die Fluß und Strom begleiten, die Auwälder bilden und ihr grünes Dach über die Kräuter und Blumen, die Büsche und Schlinggewächse wölben. Von diesen Bäumen lernten wir die eingeführte Pyramidenpappel, den Feldahorn und die Feldulme bereits an der Landstraße (S. 63/64), die verschiedenen Erlen, Weiden und Birken im Moor (S. 432 ff.) kennen. Sehr dem feuchten, reich humösen und nährstoffreichen Boden zugetan sind vor allem noch die Stieleiche, die Hainbuche, die Esche und alle unsere einheimischen Pappeln.

Stieleiche, Sommereiche *Quercus robur* (Familie: Buchengewächse *Fagaceae*) Europa außer Nordeuropa, ⚕, †, blüht 4–5, ♃, belaubt sich im Mai, und zwar immer nur an den äußersten Zweigenden, mit zumeist büschelig gehäuften, kurzstieligen, gebuchteten Blättern mit zweilappigem, herzförmigem Grund, hat in der Jugend eine grünlichgraue und glänzende Rinde, im Alter eine tiefrissige, dicke, graubraune bis schwärzliche Borke, starke, gekrümmte, knorrige, weit ausladende Äste, die eine tiefangesetzte, stockwerkartige, gewaltige Krone aufbauen, kann das Alter von 500–600 Jahren, in Ausnahmefällen von fast 1000 Jahren erreichen, wird durchschnittlich 20 m, höchsten 30–35 m hoch, schließt ihr Höhenwachstum zwischen dem 120.–200. Lebensjahr ab,

nimmt aber auch später noch an Stärke zu. Stammdurchmesser von 2–3 m sind keine Seltenheit. Blüht im geschlossenen Waldverband erst zwischen dem 70.–80. Lebensjahr, im Freistand oft schon 20 Jahre eher, trägt alle 3–7 Jahre reichlich Eicheln.
Die männl. Blütenkätzchen sind eigenartige, hängende, hellgrüne bis gelbe Klunkertroddeln, die weibl. Blüten sehr kleine, bräunliche oder grünliche, kürzer gestielte, kugelige Knospengebilde, aus denen ein Büschelchen rötlicher Narben lugt. Die Eicheln sitzen meist einzeln, höchstens zu dritt an langem Stiel, wachsen Ende Juni aus ihren Näpfchen, reifen Ende Oktober, kennzeichnen sich durch hellbraune Farbe und grünlichgraue Längsstreifen.

Stieleiche, links unten: ♂ Blütenkätzchen
rechts oben: Früchte

Traubeneiche, Steineiche, Wintereiche *Quercus petraea* (Familie: Buchengewächse *Fagaceae*) Europa, ‡, |, blüht 4–5, ♃, bis 45 m, meidet meistens den Auwald, belaubt sich im Mai mit langgestielten, oberseits glänzend dunkelgrünen Blättern, erreicht das gleiche Alter und fast die gleiche Höhe und Stärke der Stieleiche, hat aber hellere, mehr schuppige und nicht so tiefrissige Rinde. Ihr Stamm geht fast geradlinig bis zur Wipfelspitze empor, und die Äste bilden eine geschlossene Krone. Bis zu 7 Eicheln sitzen dichtgedrängt und sehr kurzstielig in den Blattachseln. Das harte, zähe und gerbstoffreiche Eichenholz verwendet der Eisenbahn-, Schiffs-, Brücken- und Möbelbau.

Gemeine Esche *Fraxinus excelsior* (Familie: Ölbaumgewächse *Oleaceae*) Europa, ‡,

Gemeine Esche, links unten: Früchte; unten Mitte: Teil der ♀ Blütenrispe mit Zwitterblüten; rechts unten: ♂ Blüten

blüht 4–5, ♃, belaubt sich im Mai mit großen Fiederblättern mit 9–13 Fiedern, die sie im Herbst grün abwirft, hat in der Jugend bräunliche und glatte Rinde, im Alter rissige und hellgraue Borke, kann einen Durchmesser von 2 m, ein Alter von 200–300 Jahren erreichen, setzt ihre starkästige und lockere Krone tief an, verankert sich mit langer Pfahlwurzel.
Die Blüten brechen als kleine dunkelpurpurrote und violette Büschelchen aus den dunklen Knospen, hängen später herab und verlängern sich zu Trauben. Die einsamigen Nüßchen schließt ein zungenförmiger, hellbrauner Flügel ein, der ihnen als Propeller dient.
Das weißgelbe Holz ist ungemein zäh und elastisch, besonders für Sportgeräte geeignet, wird viel im Waggon-, Wagen- und Möbelbau verwendet.

Schwarzpappel, unten links: ♂ Kätzchen, rechts: ♀ Kätzchen

Schwarzpappel *Populus nigra* (Familie: Weidengewächse *Salicaceae*) Mittel- und Südosteuropa, blüht 3–4, ♃, belaubt sich im April mit fast dreieckigen, oberseits dunkelgrünen, unterseits mattgrünen, langgestielten, fein gesägten Blättern, hat in der Jugend eine grauweiße Rinde, im Alter eine tiefgefurchte, längsrissige, schwarzbräunliche Borke, die den geraden Stamm, den hohe Tafel- und Plankenwurzeln stützen, bis hoch hinauf bedeckt, kann die Höhe von 20–30 m bereits mit 40–50 Jahren erreichen, ist also sehr schnellwüchsig, baut eine lockere Krone auf.
Die männl. Bäume – alle Pappeln sind getrennt geschlechtlich zweihäusig – tragen dickwalzige Kätzchen mit leuchtendroten Staubbeuteln, die weibl. Bäume beträchtlich schlankere und grüngelbliche Kätzchen.

Silberpappel *Populus alba* (Familie: Weidengewächse *Salicaceae*) West-, Mittel- und Südosteuropa und Iberische Halbinsel, blüht 3–4, ♃, belaubt sich im April/Mai mit handförmig gelappten, efeuähnlichen, oberseits dunkelgrünen, unterseits weißfilzigen Blättern, treibt außerdem noch kleine eiförmige Blätter mit stumpfem Zahnrand, hat fast die gleiche Rinde und Borke wie die Schwarzpappel, kann die Höhe von 30 m, den Durchmesser von 1 m bereits mit 30–40 Jahren erreichen, wird dann aber noch beträchtlich stärker, erlangt ein Alter von 300–400 Jahren, blüht erstmals mit 20 Jahren.

Zitterpappel, Aspe, Espe *Populus tremula* (Familie: Weidengewächse *Salicaceae*) Europa, blüht 3–4, ♃, belaubt sich erst Mitte April mit fast kreisrunden, am Rand geschweiften, oberseits dunkelgrünen, unterseits hellgrünen, an langen dünnen Stielen sitzenden Blättern, die jeder Windhauch zittern und flattern läßt, hat in der Jugend eine glatte, gelbliche graue, im Alter eine längsrissige und graue Borke, erreicht mit

30–40 Jahren die Höhe von 20–30 m, die Stärke von fast 1 m, wird aber nicht viel älter als 100 Jahre, blüht dafür bereits mit 20 Jahren. Die männl. wie die weibl. Bäume tragen dicke, lange, graue oder meergrüne Kätzchen, aus denen die karminroten Staubbeutel oder Narben lugen. Im Juni fliegen die kleinen gelblichen Samen mit Hilfe seidigweißer Haarschöpfe wie Schneeflokken davon.

Das Pappelholz ist weich und leicht, ein beliebtes Schnitzholz, das auch für die Papier- und Möbelindustrie von Wert ist.

Hainbuche, Weißbuche *Carpinus betulus* (Familie: Haselnußgewächse *Corylaceae*)

Zitterpappel, rechts: ♂ Kätzchen; unten rechts: vergrößerte Staubbeutel; unten links: ♀ Blüte mit roter Narbe (aus ♀ Kätzchen entfernt)

Hainbuche, links: ♀ Fruchtkätzchen mit Nüßchen; rechts: ♂ Blütenkätzchen

gemäßigtes Europa, blüht 4–5, ♃, ist eine Verwandte der Hasel, belaubt sich im April mit doppelt gesägten, länglich eiförmigen, gefalteten Blättern, hat helle, glatte, graue Rinde, die im Alter längsrissig aufreißt, wächst langsam, Höhe bis 25 m, einen Stammdurchmesser von 2 m, wird 150 Jahre alt, blüht bereits im 20. Lebensjahr.

Die schlanken weibl. Kätzchen ähneln belaubten Knospen, sind bleichgrün und hängen herab wie die dicken männl. Kätzchen. Die kleinen Nüßchen reifen erst nach dem Laubfall. Das gelblichweiße, sehr harte Holz wird für Handwerkszeuge, Holzschuhe, Holzleisten, Holzschrauben und als Brennholz verwendet.

Von den Tieren

Unsere häufigsten Flußfische

Ebenso klares und kaltes, sauerstoffreiches und schnellfließendes Wasser wie die Fische des Baches lieben auch die Silbergeschuppten im noch kiesigen, sandigen und steinigen Oberlauf der Flüsse. Hier tummeln sich die Äschen und Döbel, Quappen und Haseln, Lachse und Rapfen. Wärmeres und trüberes Wasser, das eine reiche Kleintierwelt birgt und langsamer dahinfließt, bevorzugen die Barben und Rotfedern, Flußbarsche und Zander, Plötzen und Brachsen oder Brassen, Stinte und Huchen. Ganz streng halten sich die Fische freilich nicht an die einzelnen Flußregionen, wandern während der Laichzeit oft bis hoch in die Bäche hinauf, fühlen sich teilweise auch in Teichen und Seen recht wohl. Immerhin aber erleichtert uns das Wissen um ihren bevorzugten Lebensbereich die Aufgabe, die in den Flüssen beobachteten Fische sicherer und schneller auszumachen.

Im Oberlauf der Flüsse, in der sogenannten Äschenregion (Abb. S. 201):

Äsche *Thymallus thymallus* (Familie: Lachse *Salmonidae,* Ordnung: Lachsfische *Salmoniformes*) Mittel- und Nordeuropa, 30 bis 50 cm, laicht 3–5, hat kleinen Kopf, auffallend lange und hohe, purpurrote, schwarzgefleckte Rückenflosse, grünlichbraunen bis bläulichgrauen Rücken, silberweiße Bauchseiten, schwarze Flecken hinter dem Kopf, eine kleine Fettflosse hinter der Rückenflosse, schmutziggelbe Brust- und Bauchflossen, violette After- und Schwanzflossen. Erinnert im Benehmen an die Forellen, steht lange unbeweglich im Wasser, springt nach vorüberfliegenden Insekten hoch empor, schimmert während der Laichzeit goldgrün, wühlt mit der Schwanzflosse kleine Gruben im sandigen Grund, setzt bis zu 6000 Eier und bedeckt sie mit Sand und Steinchen. Fast nur in Flüssen zu Hause.

Döbel *Leuciscus cephalus* (Familie: Weißfische *Cyprinidae,* Ordnung: Karpfenfische *Cypriniformes*) Süd- und Mitteleuropa, 30–50 cm, laicht 5/6, hat großen Kopf, rötliche Lippen, Körper gestreckt, walzenförmig, Rücken graugrün bis dunkelgrau, Bauch silberweiß, die Schuppen sind netzartig schwarz eingefaßt, die Flossen leicht gelbrot getönt, legt bis zu 200000 Eier, bewohnt auch Seen, ist sehr schnell und scheu, frißt sogar Mäuse, ist sehr grätenreich.

Quappe *Lota lota* (Familie: Dorsche *Gadidae,* Ordnung: Dorschfische *Gadiformes*) Europa, 30–60 cm, laicht 11–3, hat kleinen Kopf, langgestreckten, kleinschuppigen Leib, zwei ölgrüne Rückenflossen, die zweite Rückenflosse ist sehr lang, ölgrünen Rükken, ölgrüne Seiten und oft schwarzbraun gefleckt, weißliche Kehle, einen langen Bartfaden am Kinn, eine kurze Bartel an jedem Nasenloch, weißliche Bauchflossen, die am Boden als Stütze dienen, sehr lange Afterflosse. Hält sich tagsüber unter Steinen verborgen, ist ein arger Räuber, liebt tiefe Gewässer, vor allem tiefe Seen.

Hasel *Leuciscus leuciscus* (Familie: Weißfische *Cyprinidae,* Ordnung: Karpfenfische

Von oben nach unten: Lachs – Rapfen – Döbel – Hasel – Äsche – Quappe

Cypriniformes) Mittel- und Nordeuropa, 20–30 cm, laicht 4/5, hat unterständiges enges Maul, seitlich zusammengedrückten Kopf und Leib, metallisch schimmernden, schwarzblauen Rücken, gelbliche Seiten, weißglänzenden Bauch, blaßgelbe oder orangerote Flossen, schnappt viel nach fliegenden Insekten, liebt auch Teiche und Seen.

Rapfen *Aspius aspius* (Familie: Weißfische *Cyprinidae,* Ordnung: Karpfenfische *Cypriniformes*) Mittel- und Osteuropa, 40–60 cm, laicht 3–6, hat bis unter die Augen gespaltenes Maul, vorstehende Unterkiefer, kleine Schuppen, grün- bis schwarzblauen Rükken, bläulichweiße Seiten, weißen Bauch, blaue Rücken- und Schwanzflosse, rötliche Brust-, After- und Bauchflossen. Räubert einzeln, bekommt in der Laichzeit körnigen Ausschlag, legt die Eier im strömenden Wasser auf kiesigen Grund.

Lachs, Salm *Salmo salar* (Familie: Lachse *Salmonidae,* Ordnung: Lachsfische *Salmoniformes*) Atlantischer Ozean, Nord- und Ostsee, 80–150 cm, laicht 10–2, steigt vom Meer in den Flüssen aufwärts, schnellt sich in gewaltigen Sprüngen über jedes Hindernis, frißt während seines Flußaufenthaltes nichts, kann bis zu 8 Monaten hungern, zehrt von seiner Seitenmuskulatur. Er hat einen sehr gestreckten, seitlich zusammengedrückten Leib, sehr kleinen Kopf, lang vorgezogenes Maul, blaugrauen Rücken, silberglänzende, schwarzgefleckte Seiten, weißen Bauch, dunkelgraue Rückenflosse, blasse Brust- und Bauchflossen. Verfärbt sich während der Laichzeit, wird dunkler, bekommt rote Flecken, oft auch purpurroten Bauch, rote Flossenränder, verdickt seine Haut. Bei den sich heftig bekämpfenden Männchen bildet sich am Unterkiefer ein Haken heraus. Nach dem Laichgeschäft lassen sich die restlos erschöpften Lachse wieder flußabwärts zum Meer zurücktreiben, sie sind in unseren unreinen Flüssen schon sehr selten geworden.

Im Mittel- und Unterlauf der Flüsse, in der sogenannten Barben- und Brachsenregion (Abb. S. 203):

Flußbarbe *Barbus barbus* (Familie: Weißfische *Cyprinidae,* Ordnung: Karpfenfische *Cypriniformes*) Europa außer Skandinavien, zeitweise geschont, gefährdet, 50–70 cm, laicht 5/6, hat in der Rückenflosse starken Stachelstrahl, am Maul vier Bartfäden wie die Karpfen, ist gestreckt gebaut, kennzeichnet sich durch olivgrünen Rücken, grünweiße Seiten, grünweißen Bauch, weiße Kehle, bläuliche Rückenflosse, schwärzlich gesäumte Afterflosse, rötliche Brust-, Bauch- und Schwanzflosse, birgt sich gern unter Steinen und in Uferhöhlen, wühlt im Schlamm, ist sehr gesellig, wird nachts munter, frißt Abfälle, hat giftigen Rogen.

Rotfeder *Scardinius erythrophthalmus* (Familie: Weißfische *Cyprinidae*) Europa ohne Schottland und Skandinavien, 23–40 cm, laicht 4–6, hat braungrünen Rücken, messinggelb glänzende Seiten, grünlichweißen Bauch, blutrote Spitzen an den Bauch-, Schwanz- und Afterflossen, messinggelbe Augen, ist rasch, vorsichtig und scheu, wühlt im Schlamm, ist sehr gesellig.

Flußbarsch, Egli, Kretzer *Perca fluviatilis* (Familie: Echte Barsche *Percidae,* Ordnung: Barschfische *Perconiformes*) Europa, 20 bis 45 cm, laicht 3–6, hat zwei Rückenflossen, weites Maul, 5–9 schwärzliche Querbinden, die vom Rücken zum Bauch über den gedrungenen Leib laufen, hat messinggelben oder grünlichen Rücken, goldgelbe Seiten, weißlichen Bauch. Die erste Rückenflosse zeigt am Ende einen dunklen Augenfleck, die zweite ist grünlichgelb, die Bauch-, Schwanz- und Afterflosse sind rötlich getönt.

Von oben nach unten: Zander – Flußbarbe – Brachsen – Rotfeder – Flußbarsch

Er hält sich ebenso gern in Seen unter der 1000-m-Grenze auf, wandert bis zur Ostsee, ist gesellig, lebt räuberisch, schwimmt blitzschnell.

Plötze, Rotauge *Rutilus rutilus* (Familie: Weißfische *Cyprinidae,* Ordnung: Karpfenfische *Cypriniformes*) Europa außer Südeuropa, 30–40 cm, laicht 4/6, gleicht sehr der Rotfeder, hat blauen oder grünschwarzen Rücken, aufgehellte Seiten, silberglänzenden Bauch, rote Bauch- und Afterflossen, gräulichweiße Brustflossen, graurötliche Rücken- und Schwanzflosse, das Auge hat eine rote Iris, lebt sehr gesellig, tritt scharenweise auf, wühlt im Schlammgrund, steigt in den Flüssen empor und setzt unter großem Geplätscher und Aufspringen die Eier an grasigen Stellen ab.

Brachsen, Blei, Brasse *Abramis brama* (Familie: Weißfische *Cyprinidae*) Europa nördlich der Alpen, 60–70 cm, laicht 4–6, hat stark seitlich zusammengedrückten und hohen Leib, keine Barteln, schwärzlichen Oberkopf und Rücken, silberglänzende, bläuliche Seiten, weißen Bauch, schwarzblaue Flossen; die Afterflosse ist auffallend lang.
Wühlt mit dem rüsselähnlich verlängerten Maul im Schlamm, ist sehr gesellig, gebärdet sich in der Laichzeit aufgeregt und laut, schlägt mit dem Schwanz, schmatzt, setzt die gelblichen Eier an Wasserpflanzen ab.

Zander *Lucioperca lucioperca* (Familie: Echte Barsche *Percidae,* Ordnung: Barschfische *Perconiformes*) Europa außer Süden und Westen, 1 m, laicht 4–6, ist spindelförmig, hat braungemarmelten Kopf, grünlichgrauen Rücken, streifig braun gewölkte oder gebänderte Seiten, silberweißen Bauch, schwärzlich gefleckte Flossen, trägt zwei Rückenflossen, liebt tiefe Gewässer, hält sich am Grunde auf, ist sehr raubgierig, fehlt im Rhein und in der Weser, wird in unseren Flüssen selten länger als 60–80 cm.

Huchen *Salmo hucho* (Familie: Lachse *Salmonidae,* Ordnung: Lachsfische *Salmoniformes*) in der Donau und ihren südlichen Nebenflüssen, von den nördlichen nur in Laber, Regen und Ilz; zeitweise geschont, gefährdet, 1,5–2 m, laicht 3/4, ein Riese mit langgestrecktem, walzenförmigem Leib, grünlichbraunem oder blaugrauem Oberkopf und Rücken, oft dunkelgrau oder schwärzlich punktiert und gefleckt, mit silberweißem Bauch und weißlichen bis rötlichgrauen Flossen, kleine Fettflosse hinter der Rückenflosse. Die sehr alten und großen Tiere sind oft fein rot überhaucht.
Er steht oft stundenlang unbeweglich an tiefen und dunklen Stellen, ist schlau und gewitzt, unbändig stark, raubt vorwiegend in den ersten Morgen- und Abendstunden, jagt unter anderem Forellen, kleine Wasservögel, Frösche, auch Würmer und Schnecken.

Huchen

Gäste aus Übersee

Zu der Regenbogenforelle, die wir bereits im Bach (S. 179) kennenlernten, gesellen sich als eingeführte und auch bereits recht gut eingelebte Gäste aus Amerikas Flüssen noch der **Bachsaibling** *Salvelinus fontinalis* (Familie: Lachse *Salmonidae,* Ordnung: Lachsfische *Salmoniformes*), der **Sonnenbarsch** *Eupomotis gibbosus,* der **Schwarzbarsch** *Grystes nigricans* und der **Forellenbarsch** *Micropterus salmoides* (Familie: Echte Barsche *Percidae,* Ordnung: Barschfische *Perconiformes*). Die letzten drei finden wir vor allem in Teichen und Seen. Selbst eingeführt hat sich der **Amerikanische Zwergwels** *Ameiurus nebulosus* (Familie: Echte Welse *Siluridae,* Ordnung: Welse *Siluriformes*), der aus einem Pariser Bassin entwich und auch in etlichen unserer Seen heimisch wurde. Verschleppt wurde aus den fernen Gewässern um China und Korea herum die Chinesische Wollhandkrabbe.

Wollhandkrabbe *Eriocheir sinensis* (Familie: *Grapsidae,* Ordnung: Zehnfußkrebse *Decapoda*) Heimat: China, 1912 das erste Mal in der Aller gefangen, gelangte wahrscheinlich als Larve mit dem Ballastwasser der Ostasienfahrer nach Europa, hat große Wanderzüge unternommen und eine gewaltige Vermehrung durchgemacht, ist heute in den Flüssen von Finnland, Schweden, Dänemark, Deutschland, Holland und Belgien heimisch; 7 cm lang, 9 cm breit, also etwa handgroß, graugrün, das Männchen hat oberseits wollähnlich gepolsterte Scheren. Die geschlechtsreifen Tiere wandern von Mitte Juni ab wieder zum Meer zurück, um sich dort, meistens schon im Brackwasser, fortzupflanzen. Die Weibchen entwickeln fast eine Million Eier. Vom nächsten Mai an steigen dann die Jungtiere scharenweise wieder flußaufwärts.

Das massenhafte Auftreten der Wollhandkrabbe, besonders in Elbe und Havel, richtet große Schäden an. Sie zerschneidet Netze, verstopft Fischreusen, frißt Köder und gefangene Fische und unterwühlt die Flußufer mit tiefen Gängen.

Wollhandkrabbe

Fliegende Feuerfunken

Zum stillen Zauber der abendlichen Flußlandschaft gehört auch der funkelnde Reigen der Leuchtkäferchen. Gleich grüngoldenen Feuerfunken taumeln sie zwischen den Stämmen und über den Büschen, leuchten aus dem Grase, blitzen auf und verlöschen. Zwei in Fett eingehüllte, aus Fettzellen entstandene, reichlich mit Nerven und Luftröhren versorgte Leuchtorgane an der Bauchseite des Hinterleibes senden dieses Glühen aus. Zur Verstärkung des Lichtes befindet sich unter dem Leuchtorgan noch eine reflektierende Schicht. Der Leuchtstoff ist das sogenannte Luziferin, das in den Zellen oxidiert wird und bei diesem Verbrennungsprozeß eine Lichtausbeute von 98% abgibt, so daß also ein kaltes Licht entsteht und nur 2% der umgesetzten Energie als Wärme verlorengeht. Diese Leuchtorgane strahlen um so stärker, je heftiger der Käfer atmet, je mehr er sich erregt.
Die fliegenden Laternchen sind alle den männlichen Käfern zu eigen, die im Grase blitzenden Lämpchen gehören den plumpen, larvenähnlichen und flügellosen oder flugunfähigen Weibchen.

Großer Leuchtkäfer *Lampyris noctiluca* (Familie: Weichkäfer *Cantharidae,* Ordnung: Käfer *Coleoptera*) Mitteleuropa, ♂ 11–12 mm, schwarzbraun, Halsschild gelblich, leuchtet smaragdgrün, ♀ 16–18 mm, gelblichgrau, flügellos, hat auch keine Flügeldecken mehr, Leuchtorgan auf der Unterseite an den 3 letzten Hinterleibsringen.

Kleiner Leuchtkäfer *Phausis splendidula* (Familie: Weichkäfer *Cantharidae*) Mitteleuropa, ♂ 8–10 mm, unsere häufigste und fluglustigste Art, hat am Vorderrand des Halsschildes zwei glasartig durchscheinende Fensterflecken, das Weibchen ist 9–10 mm lang, hat keine Flügel, aber noch ganz kurze, schuppenartige Flügeldecken. Bei beiden befinden sich die Leuchtorgane auf den 2 letzten Hinterleibsringen, das ♀ leuchtet auch noch an den Seiten der Hinterleibsringe, sogar die Eier und Larven können leuchten.

Kleiner Leuchtkäfer
links ♂, rechts ♀

Die Mückenplage

Schön sind die Abende am rauschenden Fluß, wenn sich das Glührot der untergegangenen Sonne und dann das Silberlicht des Mondes in den Wellen spiegelt, wenn die Fische schnalzen und springen, die Leuchtkäfer schwirren, die harmlosen Zuckmücken in großen Säulen ihre munteren Tänze aufführen.
Dann aber trifft unser Ohr ein wohlbekanntes leises, sirrendes Singen, und schon verspüren wir das abscheuliche Jucken, schwillt die rote Quaddel, die der mit dem Stich eingespritzte Mückenspeichel verursacht. Dieser brennende Speichel verhindert das Gerinnen des Blutes, während die Stechmücke tankt. Lautlos fliegt sie uns an, unspürbar läßt sie sich nieder, unbemerkt dringen ihre vier hauchzarten und biegsamen Stechborsten in unsere Haut. Und immer sind es nur die Weibchen, die uns so überfallen. Die Mückenmännchen sind harmlose Nektarnäscher und Pflanzensauger oder nehmen überhaupt keine Nahrung zu sich. Wir erkennen sie leicht an den sehr buschig behaarten Fühlern, während sich die Weibchen durch dünne, fadenförmige Fühler kennzeichnen.

Gemeine Stechmücke *Culex pipiens* (Familie: Stechmücken *Culicidae,* Ordnung: Zweiflügler *Diptera*) Europa, 6 mm, blaßgelbe Füße, 1 Paar schmale, braungeäderte und fleckenlose Flügel, auf dem braunen Hinterleib weiß geringelt, stößt ihre Eier in Gestalt eines kleinen schwimmenden Floßes in stehendes Wasser ab.
Die ausschlüpfenden Larven hängen kopfunter am Wasserspiegel, sinken sofort in die Tiefe, wenn sie sich bedroht fühlen, verpuppen sich nach etwa 8 Tagen, sind nun sehr großköpfige, seltsam gehörnte Geschöpfe, die mit dem freibeweglichen Hinterleib kräftige Ruderschläge ausführen. Nach weiteren 2 Tagen schlüpft die Mücke.

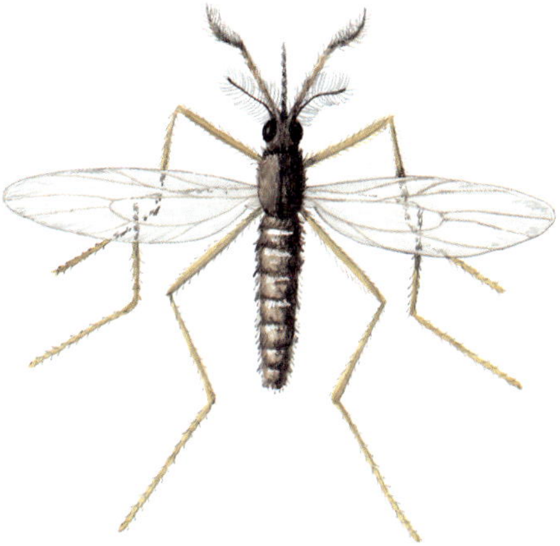

Gemeine Stechmücke (♂)

Geringelte Stechmücke *Culex annulatus* (Familie: Stechmücken *Culicidae*) 7–9 mm, der Hinterleib und die Füße tragen auf braunem Grund weiße Ringel, der Rücken zwei dunkle Striemen, die Flügel 3–5 dunkle Fleckchen. Hat die gleiche Entwicklung wie die Gemeine Stechmücke, ist ebenso blutdürstig und sticht genauso empfindlich.

Federmücke, Zuckmücke *Chironomus plumosus* (Familie: Zuckmücken *Chironomidae,* Ordnung: Zweiflügler *Diptera*) Europa, 10–12 mm, sticht nicht, die Männchen tanzen in hohen Säulen an Brücken, Wehren, Uferbäumen. Sie ist sehr schlank, trägt auf dem hellgelblichen oder grünlichen Mittelleib drei graue Streifen, hat einen schwarzen Punkt auf den milchweißen Flügeln, zuckt sitzend unaufhörlich mit den Vorderbeinen. Ihre blutroten, wurmartigen Larven stecken in Schlammröhren auf dem Grund der Gewässer.

Kohlschnake *Tipula deracea* (Familie: Erdschnaken *Tipulidae*, Ordnung: Zweiflügler *Diptera*) Europa, bis 26 mm, sticht nicht, hat dunkelgestriemten Rückenschild, grauen oder ockergelben Hinterleib, sehr lange Hinterbeine, dreimal länger als der Hinterleib, fliegt ab Juli/August, tänzelt an den Baumstämmen auf und ab, flügelt dicht übers Gras, legt ihre Eier einzeln in die Erde. Die grauen Maden der Kohlschnake ernähren sich von toten Pflanzenstoffen im Humus der Auwälder.

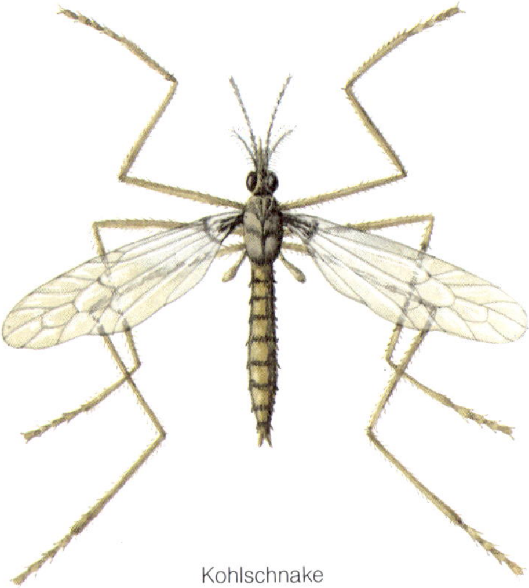
Kohlschnake

Sumpfschnake, Wiesenschnake *Tipula paludosa* (Familie: Erdschnaken *Tipulidae*), Europa, bis 25 mm, ähnelt der Kohlschnake, sticht nicht, hat gelbliche Flügel und am Vorderrand derselben einen rotbraunen Längsstreifen. Ihre Larven fressen die Wurzeln der Wiesengräser, des Klees und auch des Getreides und können dadurch sehr schädlich werden.

Eifrige Mückenjäger

Gleich dunklen Pfeilen und Ankern schießen die Schwalben und Mauersegler durch die Säulen der tanzenden Mücken. Schon im Flug erkennen wir leicht die Mehlschwalbe am leuchtenden weißen Bürzel, die Uferschwalbe an der zierlichen Gestalt und der weißen Unterseite, die Rauchschwalbe am besonders tiefgegabelten Schwanz mit den langen Spießen. Die größte »Schwalbe«, die mit den weißen Flecken an Kinn und Kehle und mit dem rauchbraungrauen Gefieder aber ist der Mauersegler.

Uferschwalbe *Riparia riparia* (Familie: Schwalben *Hirundinidae*, Ordnung: Sperlingsvögel *Passeriformes*) Brutgebiet: Europa außer Island, §, gefährdet, ~, 4–9, mit 12 cm kleiner als Rauch- und Mehlschwalbe, Gefieder oberseits aschgrau oder erdbraun, unterseits weiß, hat ein graubraunes Brustband, keinen tiefgegabelten Schwanz, nistet in den steilen Wänden der Ufer, auch der Sand- und Kiesgruben oder Hohlwege, gräbt sich in 2–3 Tagen mit Schnabel und Füßen einen 1–2 m tiefen Stollen, der

4–6 cm weit ist und an seinem Ende zu einer warm mit größeren Federn gepolsterten Nisthöhle erweitert wird, versammelt Ende Mai/Anfang Juni 5–6 weiße Eier, die sie in 14 Tagen ausbrütet, hat einen sanften schwebenden Flug, flügelt fast so schwankend wie ein Tagschmetterling, flattert dicht über den Wasserspiegel der Gewässer hin, lockt etwas rauh »Tschrr« oder »Scherr« oder »Zerr«, vereinigt singend fast nur diese Töne zu einem sehr schlichten Liedchen.

Rauchschwalbe

Rauchschwalbe *Hirundo rustica* (Familie: Schwalben *Hirundinidae*) Brutgebiet: Europa abgesehen vom hohen Norden, §, ~, 4–10, 18 cm, Gefieder oberseits blauschwarz, metallisch glänzend, an Stirn und Kehle kastanienbraun, dunkelblaues Kropfband, unterseits lichtrostgelb, hat lange schmale Flügel, tiefgegabelten Schwanz mit langen Spießen, kurze schwache Füße, die weder zum Sitzen auf dem Boden noch zum Laufen taugen.

Nistet im Inneren der Gebäude, in Ställen, Fluren, Dachböden, baut ihr Nest, das dem Viertel einer Hohlkugel ähnelt und einen waagerechten oberen Rand hat, aus eingespeichelter fettiger Erde, verwendet auch Halme und Haare als Bindemittel, polstert die Wiege mit weichen Stoffen, legt im Mai 4–6 reinweiße Eier mit aschgrauen und rotbraunen Punkten, die das Weibchen in 15 Tagen ausbrütet, zieht oft drei Bruten auf, lockt »Diwitt« oder »Widediwitt«, zwitschert weich und sanft.

Mauersegler *Apus apus* (Familie: Segler *Apodidae,* Ordnung: Seglervögel *Apodiformes*) Brutgebiet: Europa abgesehen vom äußersten Norden, §, ~, 5–8, trifft meist genau am 1. Mai ein, ist mit 18–21 cm größer als Rauch- und Mehlschwalbe, wird oft mit ihnen verwechselt, Gefieder rauchbraungrau, metallisch schwarzgrün schimmernd, hat rundlichen weißen Fleck an Kinn und Kehle, tiefbraune Augen, kurzen, schwarzen, weitgespaltenen Schnabel, lichtbräunliche Füße, schmale lange Sichelflügel, kurzen gegabelten Schwanz.

Ist einer der besten und schnellsten Flieger, ganz dem Luftraum verschworen, paart sich auch fliegend, kann mit seinen kurzen Krallenfüßen überhaupt nicht mehr sitzen und laufen, benutzt sie lediglich zum Festhaken an Mauern und Wänden, ist ein ehemaliger Felsenbewohner, nistet heute vorwiegend an Kirchtürmen, hohen Bauwerken, unter Dachrinnen und Wasserspeiern, vertreibt Stare und Sperlinge aus den Nistkästen, wirft selbst deren Brut hinaus oder überkleistert Eier wie Nestküken mit seinem Speichel.

Legt im Juni/Juli 2–3 walzenförmige Eier, die das Weibchen allein in 18 bis 20 Tagen ausbrütet, ernährt sich von kleinen Insekten in hohen Luftschichten, schreit laut und schrill während des reißenden Fluges »Srie-srie!«.

Mauersegler

Mehlschwalbe *Delichon urbica* (Familie: Schwalben *Hirundinidae,* Ordnung: Sperlingsvögel *Passeriformes*) Brutgebiet: Europa außer Island, §, ~, 4–10, 15–16,5 cm, trifft etwas später als die Rauchschwalbe ein. Gefieder oberseits blauschwarz, ohne metallischen Glanz, unterseits weiß, ohne braune Kehle, hat aber einen weißen Bürzel, an dem man sie beim Fliegen schnell erkennt, auch ist ihr Schwanz kürzer und wesentlich leichter gegabelt, aber ohne Schwanzspieße.

Nistet vorzugsweise und fast ausschließlich an den Außenwänden der Gebäude, mauert ihr Nest bis auf ein kleines Schlupfloch zu, verwendet weniger Stroh als Bindestoff, legt im Mai 4–6 schneeweiße Eier, die vom Weibchen 13 Tage lang bebrütet werden, lockt »Tschr« und »Tschär«, warnt »Sihr«, zwitschert leise.

Mehlschwalbe

Greife am Strom

Reich ist die Fracht der Flüsse und Ströme an toten Tieren und eklen Abfallstoffen, groß ist zugleich die Anzahl der Bisamratten und Wühlmäuse in den Dämmen, der Maulwürfe und Feldmäuse in den Uferwiesen. Und so versammeln sich an den Ufern zahlreiche gefiederte Straßenkehrer der Natur, vor allen anderen die Krähen sowie ausgesprochene Mäusejäger wie die Turmfalken und Bussarde. Unheikle Aufräumer sind neben den Krähen auch die Milane, die im Mittelalter die städtischen Müllräumer spielten.

Roter Milan, Königsweih, Gabelweih *Milvus milvus* (Familie: Greife *Accipitridae,* Ordnung: Greifvögel *Falconiformes*) Brutgebiet: Süd-, Mittel- und Osteuropa, ganzjährig geschont, gefährdet, ↓, ~, 3–10, wird 65 bis 72 cm groß, spannt 140–150 cm, kennzeichnet sich eindeutig durch den 6–9 cm tief ausgeschnittenen oder gegabelten Schwanz, Gefieder ist fast durchweg rostrot und schwarzbraun, der Kopf weißlich und dunkel gestreift, das Auge silberfarben, der Schnabel bläulichschwarz, der Fuß gelb.

Roter Milan

Er fliegt langsam und schwimmend, kreist an den Talhängen oft viertelstundenlang, ohne die Flügel zu bewegen, hüpft auf der Erde ziemlich ungeschickt, ein wenig geierartig, sitzt auch mit eingezogenem Hals und aufgehocktem Kopf, ruft lachend und mekkernd: »Hihi-hiäh!« Verzehrt jegliches Aas, tote Fische, jagt leidenschaftlich Frösche, Mäuse, Eidechsen und Schlangen, begnügt sich auch mit Heuschrecken, Käfern und Regenwürmern, raubt während der Brutzeit Jungvögel. Er scheut aber jeden ernsten Kampf.

Sein Horst steht auf Bäumen am nächsten Waldrand, hat etwa 1 m Durchmesser, wird mit Lumpen und Papier, getrockneten Kuhfladen und Fellresten gepolstert. Die 2–3 glanzlosen, grünlichweißen, rotbraun bekritzelten Eier brütet das Weibchen allein aus.

Schwarzer Milan *Milvus migrans* (Familie: Greife *Accipitridae*) Brutgebiet: Süd-, Mittel- und Osteuropa, ganzjährig geschont, gefährdet, ~, 3–10, 55 cm groß, spannt rund 115 cm, ist dem Wasser noch mehr zugetan, gaukelt gern über den Strömen, baut seinen Horst am liebsten auf Strominseln, auch in Auwäldern, und zwar auf halber Baumhöhe zwischen Stamm und starkem Ast, brütet im April/Mai, gleicht im Wesen, im Aussehen und in der Ernährung dem Roten Milan sehr, der Schwanz ist jedoch nur schwach gegabelt, das Gefieder viel dunkler, jagt oft den großen Greifen die Beute ab, liest die Fische unter den Reiherkolonien auf.

Turmfalke *Falco tinnunculus* (Familie: Falken *Falconidae,* Ordnung: Greifvögel *Falconiformes*) Europa außer Island, ganzjährig geschont, ↓↑, wird 32–34 cm, spannt 70 cm, ist oberseits rostrot, an Kopf, Nacken und Schwanz aschgrau, Schwanz mit breiter schwarzer Endbinde, an der Kehle weißgelblich, unterseits blaßgelb und schwarz gefleckt, Auge dunkelbraun, Schnabel hornbraun, Wachshaut und eine nackte Augenstelle grünlichgelb, Fuß zitronengelb.

Nistet am liebsten in Kirchtürmen, Burgruinen, in Felsenwänden am Stromdurchbruch, sehr oft auch mitten in den Städten, ist unser bester und tüchtigster Mäuse- und Insektenjäger, steht rüttelnd über den Wiesen und Feldern, stürzt wie ein Stein ab, ruft jubelnd sein helles »Klikliklikii!«, schießt wie ein Pfeil dahin, brütet Ende Mai/Anfang Juni, sitzt genau 4 Wochen lang auf seinen 4–6 Eiern.

Turmfalke (♂)

Mäusebussard *Buteo buteo* (Familie: Greife *Accipitridae*) Europa abgesehen vom äußersten Norden, ganzjährig geschont, ↓↑, liebt die Wälder an den Talhängen sehr als Nistplatz, ist aber auch mitten in der Ebene wie im Gebirge häufig, 53 cm groß, spannt rund 130 cm. Das Gefieder ist gleichmäßig schwarzbraun oder braun oder lichtbraungrau, unten weiß gefleckt, Auge rötlichbraun, Schnabel bläulich und schwärzlich, Wachshaut und Fuß gelb. Kreist im zeitigen Frühjahr in wundervollen Spiralen, im Flug gekennzeichnet durch breite Flügel und abgerundeten Schwanz, lenkt die Aufmerksamkeit auf sich durch seinen lauten und weithin schallenden, katzenähnlichen Ruf, der wie »Hiääh!« klingt, schlägt vorwiegend Mäuse, Ratten, Maulwürfe, Hamster, Schlangen und Frösche, begnügt sich oft mit Insekten, raubt wohl hin und wieder einmal Jungvögel und Junghasen, verdient aber weitgehend unseren Schutz. Den Horst stellt er in Waldbäume, nahe an den Stamm, meist nicht sehr hoch, brütet Ende April/Anfang Mai.

Rauhfußbussard *Buteo lagopus* (Familie: Greife *Accipitridae*) Brutgebiet: Nordskandinavien, kommt im Winter nach Mittel- und Osteuropa, ganzjährig geschont, gefährdet, ~, 10–3, mit 51–61 cm fast genauso groß wie der Mäusebussard, unterscheidet sich von diesem durch bis zu den Zehen befiederte Beine und weißen bis grauweißen Schwanz mit breiter dunkler Endbinde. Er hält sich meist auf Feldern, in Sümpfen und an Gewässern auf, macht Jagd auf kleine Nager.

Mäusebussard

Wespenbussard *Pernis apivorus* (Familie: Greife *Accipitridae*) Brutgebiet: Europa außer Großbritannien, Island und Norwegen, ganzjährig geschont, gefährdet, ~, 4–8, 51 bis 58 cm, spannt 120–126 cm, liebt die Auen-

und Eichenwälder als Nistplatz, Gefieder einfarbig braun, Kopf gräulich, ähnelt sehr dem Mäusebussard, hat einen längeren Schwanz, nicht so eng gebändert, mit breiten schwarzen Binden an der Wurzel und an der Spitze, ist ein scheuer Greif, ein spezialisierter Insektenfresser, der es auf die Wespen und Hummeln, ihre Brut und ihre Honigwaben abgesehen hat, fliegt matt und immer niedrig, ist träg, sitzt stundenlang auf Bäumen, Grenzsteinen, Zaunpfosten, brütet im Juni, benutzt meist fremde Horste.

Unerwünschte Dammuntermieter

Alle Uferdämme und Kunstbauten der Wasserwirtschaft sehen die einheimische Wasserratte, Scher- oder Mollmaus oder Wühlmaus (S. 146) wie die eingewanderte, aus Nordamerika stammende Bisamratte als eigens für sie aufgeworfen und aufgerichtet an. Hier finden sie ihre Schlupfwinkel, bauen sie ihre Burgen, wühlen sie ihre Gänge, die sämtlich unter Wasser münden, und haben schon so manchen Deich- und Dammbruch auf dem Gewissen.

Bisamratte *Ondatra zibethica* (Familie: Wühlmäuse *Microtidae,* Ordnung: Nagetiere *Rodentia*) wegen des sehr begehrten Pelzes 1905 aus Nordamerika eingeführt, in der Nähe von Prag ausgesetzt, inzwischen in ganz Europa heimisch, 30 cm lang, 25 cm Schwanz, hat gedrungenen Leib, kurzen breiten Kopf, dicke abgestumpfte Schnauze, im Pelz versteckte und verschließbare Ohren, kleine Augen, lange Hinterbeine mit breiten Füßen, trägt einen seitlich zusammengedrückten, schuppigen Ruderschwanz, dichten, glatt anliegenden, weichen und glänzenden Pelz, der oberseits braun bis gelblich, unterseits heller und rötlich überflogen ist. Sie ist wie die Wasserratte ebenfalls vorwiegend ein Pflanzenfresser, vergreift sich aber hin und wieder an Fischen, ist gar nicht scheu, sehr spiellustig, wehrt sich energisch, wenn sie bedrängt wird, paart sich erstmalig im April/Mai und wirft mehrmals im Jahre 6–8 Junge.

Bisamratte

An Teich und Tümpel

Wasserfrosch

Hinter grünem Gras und Schilf hervor blinken die Wasserflächen der kleinen Teiche und Tümpel, die wir im Feld wie im Wald aufspüren, die alle irgendwie geheimnisvoll und verwunschen auf uns wirken. Recht flach sind meistens ihre Becken und immer der Gefahr ausgesetzt, im Sommer auszutrocknen. Dennoch sind sie von wimmelndem Leben so sehr erfüllt wie eine brausende Großstadt. Nur ist dieses Leben ebenfalls so heimlich, so still, spielt sich so verborgen zwischen den üppig wuchernden Wasserpflanzen und im Schlammgrund ab, daß die meisten Wanderer nicht viel mehr als einige ins Wasser plumpsende Frösche und etliche dahinschlitternde Wasserläufer entdecken.

Still an den Teichrand müssen wir uns setzen und geduldig warten, ehe sie alle wieder auftauchen, die unsere Schritte und Schatten verscheuchten: die Wasserkäfer und Wasserspinnen, die Wasserwanzen und Wasserasseln, die Würmer und Schnecken, die Larven der Libellen und Köcherfliegen, die winzigen Ruderfüßer und Hüpferlinge, die Frösche und Kröten, die Unken und Molche. Und bis es soweit ist, können wir vom Rand aus bis zur Mitte des Teiches die große und wunderbare Anpassungsfähigkeit der Pflanzen bestaunen, die zuerst gleichsam schüchtern und geschürzt in das feuchte Element steigen, dann das Schwimmen und endlich auch noch das Tauchen lernen.

Als echte Amphibien treten uns am Saum der Wasserknöterich, das Pfeilkraut, der Froschlöffel und der Wasserhahnenfuß entgegen, die es verstehen, auf dem Lande wie auch im Wasser zu leben, die also eine Trockenperiode nicht zu fürchten brauchen. Schon ganz dem Wasser anvertraut haben sich die See- und die Teichrose, der Froschbiß und die Wasserlinse, die eine Tiefe von zwei, drei und vier Metern durchwachsen. Und dichte unterseeische Wälder bilden die Tauchpflanzen, wie das Tausendblatt, das Laichkraut, das Hornblatt und die Wasserpest, die nur noch ihre kleinen Blütenkerzen über den Wasserspiegel heben.
Sehr oft fehlt den Tümpeln und Teichen die Schilfrandzone, die wir deshalb beim See näher betrachten, um dann auch zugleich seine häufigsten Bewohner, nämlich alle Wasservögel, kennenzulernen.

Von den Pflanzen

Die amphibienhaften Wasserpflanzen

Sie sind dem Leben im flachen Teich und Tümpel ganz besonders angepaßt, da sie, wenn diese kleinen Gewässer einmal austrocknen, an Stelle ihrer zarten Tauch- und Schwimmblätter derbe Luftblätter entwickeln können und umgekehrt bei zeitweiligen Überflutungen ihre Schwimmblätter in Tauchblätter umzuwandeln vermögen.

Wasserknöterich (Abb. S. 217) *Polygonum amphibium* (Familie: Knöterichgewächse *Polygonaceae*) Europa, ⚕, blüht 6–9, ♃, 20–100 cm, hat kriechenden Wurzelstock, verzichtet bei langwährendem Wasserhochstand auf seine Grundwurzel und wird zu einer schwimmenden Pflanze. Hat längliche, lanzettliche, ledrig-derbe, dunkelgrün glänzende Blätter, die auf der Wasseroberfläche schwimmen, kerzenförmige und rosafarbene Blütenähre.

Wasserhahnenfuß *Ranunculus aquatilis* (Familie: Hahnenfußgewächse *Ranunculaceae*) Europa, blüht 5–8, ♃, 150 cm, entwikkelt nierenförmige, drei- bis fünflappige Schwimmblätter und feinzerschlitzte Tauchblätter, wuchert oft so üppig, daß seine zierlichen weißen, fünfblättrigen Blüten mit den gelben Saftmalen den Weiher wie Schnee bedecken.

Wasserhahnenfuß

Pfeilkraut

Froschlöffel

Pfeilkraut *Sagittaria sagittifolia* (Familie: Froschlöffelgewächse *Alismataceae*) Europa, ‡, blüht 6–8, ♃, 1 m und entwickelt lange, riemenförmige, im Wasser flutende und sehr lang gestielte, aus dem Wasser aufragende Blätter von eindeutiger Pfeil- oder Speerspitzenform. Die weißen, purpurrot gepunkteten, dreiblättrigen Blütchen sitzen in Quirlen, immer zu dritt, an dem starken, hohen, dreikantigen Stengel. In China werden die eßbaren Wurzelknollen kultiviert.

Froschlöffel *Alisma plantago-aquatica* (Familie: Froschlöffelgewächse *Alismataceae*) Europa, ‡, blüht 6–9, ♃, bildet breitwegerichähnliche Luftblätter, schiebt einen bis zu 1 m hohen, ziemlich sperrigen, pyramidenförmigen Blütenstand empor, an dem in Quirlen zahlreiche 1 cm große, dreiblättrige, weiße Blüten stehen.

Gras-Froschlöffel, Lanzettlicher Froschlöffel *Alisma lanceolatum* (Familie: Froschlöffelgewächse *Alismataceae*) ganz Europa, blüht 6–8, ♃, sehr ähnlich dem Gemeinen Froschlöffel, aber Blätter lanzettähnlich, allmählich in den Blattstiel übergehend.

Krebsschere *Stratiotes aloides* (Familie: Froschbißgewächse *Hydrocharitaceae*) fast ganz Europa, §$_2$, blüht 6–8, ♃, untergetauchte Wasserpflanze mit 10–30 cm großen

Blattrosetten aus sehr derben, stachlig gezähnten Blättern. Die dreiblättrigen weißen Blüten werden bis zu 4 cm groß, männliche und weibliche Blüten stehen auf getrennten Pflanzen. In stehenden oder langsam fließenden Gewässern, in Altwässern und Gräben ist die Krebsschere stellenweise sehr häufig anzutreffen, sie kann Wassergräben sogar vollständig ausfüllen. In Deutschland ist sie besonders im nördlichen Flachland weit verbreitet, fehlt jedoch auf den Nordseeinseln. Häufig kommt die Pflanze in großen Gebieten nur in einem Geschlecht vor, so daß vollkommene Früchte mit ausgebildeten Samen nur selten anzutreffen sind. Auch bei ausbleibender Befruchtung wachsen die Früchte jedoch zur normalen Größe heran, die Samen sind dann aber taub. Ersatzweise findet eine starke Vermehrung durch Ausläufer statt.

Wasserknöterich

Die Schwimmpflanzen

Unter ihnen verzichtet nur die kleine Wasserlinse auf eine Grundwurzel. Die anderen entwickeln, wenn das Wasser tief ist, zuerst einmal zarte Tauchblätter und schieben dann an langen Stielen ihre großen, eingewachsten und festgerandeten Schwimmblätter empor, bei denen die Atemporen auf der Blattoberseite liegen. Diese Schwimmblattstengel haben zahlreiche Luftkanäle, in denen der Sauerstoff schnell und reichlich zu dem im Schlammgrund steckenden Wurzelstock geleitet wird.

Weiße Seerose (Abb. S. 218) *Nymphaea alba* (Familie: Seerosengewächse *Nymphaeaceae*) Europa, §$_1$, (†), blüht 6–9, ♃, siedelt am liebsten in 1–2 m tiefen Gewässern, hat dicken, rundlichen Wurzelstock, große, herzeiförmige, dunkelgrüne Schwimmblätter. Die Blüten, die als Knospen am Wurzelstock überwintern, öffnen sich gegen 7 Uhr morgens und schließen sich gegen 5 Uhr abends. Die Blütenblätter sind außen bräunlichgrün, innen reinweiß, und dottergelb leuchten die rund hundert Staubgefäße. Blütenblätter und Staubblätter sind durch verschiedene Übergangsformen miteinander verbunden.

Der Fruchtknoten reift unter Wasser zu einer 3–4 cm großen, hartschaligen Beere heran, bricht auf und entläßt die dunkelgrünen Samen in einem sackförmigen, schleimigen Mantel, der sich allmählich auflöst. Dann

sinken die Samen auf den Grund, wo sie nach 9–24 Monaten keimen.
Als Bestäuber kommen vor allem die Schilfkäfer (S. 237) und die metallisch grünglänzenden Rosenkäfer (S. 294) in Frage, die beide leidenschaftliche Pollenfresser sind.

Gelbe Teichrose, Mummel *Nuphar lutea* (Familie: Seerosengewächse *Nymphaeaceae*) Europa, $§_1$, (†), blüht 4–9, ♃, durchwächst auch noch 3–4 m tiefe Gewässer, entwickelt aus dem Wurzelstock zuerst gelbgrüne, krause Tauchblätter, dann die Schwimmblätter. Die 5 dottergelben Blütenblätter sind außen oft grünlichgelb und riechen unangenehm. Der Fruchtknoten erinnert an eine Mohnkapsel, reift unter Wasser, die schwimmenden Samen sinken nach einiger Zeit zu Boden, heften sich teilweise auch an das Gefieder der Wasservögel.

Weiße Seerose

Froschbiß

Gelbe Teichrose

Kleine Wasserlinse *Lemna minor* (Familie: Wasserlinsengewächse *Lemnaceae*) Europa, ⚕, blüht 4–7, ♃, 2–5 mm lang, Wurzel 1–10 cm lang, vermehrt sich meistens durch seitlich hervorwachsende Sprossen, hat hellgrüne runde Blättchen, die frei im Wasser schwimmen, streckt kleine weißliche Wurzeln in die Flut.
Die Blütenstände der kleinen Wasserlinse sind äußerst winzig und unscheinbar. In einem kleinen Hochblatt befinden sich eine weibliche Blüte, die nur aus einem Fruchtknoten besteht, und 1–2 männliche Blüten, die nur aus je einem Staubblatt bestehen.

Froschbiß *Hydrocharis morsus-ranae* (Familie: Froschbißgewächse *Hydrocharitaceae*) Europa, blüht 5–9, ♃, 12–15 cm, ist in seichten Tümpeln verwurzelt, schwimmt in tieferen Teichen frei im Wasser, hat runde herzförmige Schwimmblätter, vermehrt sich vorwiegend durch Ausläufer und Brutknollen. Die zarten, weißen, dreizähligen Blüten ragen knapp über den Wasserspiegel.

Die Tauchpflanzen

Der Mitte des Teiches zu bilden die Tauchpflanzen mit ihren feinzerschlitzten, oft quirlig angeordneten Blättern üppige Wälder unter Wasser, die das rechte Dorado für das heimliche Wassergetier sind. Die Tauchpflanzen wurzeln fest im Grund und pflanzen sich meist durch wurzellose, leicht zerbrechliche Sprosse fort, von denen jedes einzelne Stück sich wieder zu einer neuen Pflanze entwickeln kann. Ihre Blütenähren, die sich nur knapp über den Wasserspiegel erheben, werden vom Winde bestäubt. Etliche Laichkräuter blühen sogar unter Wasser und lassen die Pollen von den Wasserschnecken zu den Narben tragen.

Schwimmendes Laichkraut *Potamogeton natans* (Familie: Laichkrautgewächse *Potamogetonaceae*) Europa, ⚕, blüht 5–9, ♃, hat 15–120 cm langen, im Wasser treibenden Stengel mit schmalen, scheidenartigen Tauchblättern und langgestielten, elliptischen Schwimmblättern. Die kleine blaugrüne Blütenähre ist zart rötlich überhaucht, die Fruchtknoten entwickeln sich zu kleinen Nüssen. Von den Laichkräutern gibt es in unseren Gewässern rund zwanzig verschiedene Arten mit herzeiförmigen oder länglichen, krausen oder ledrigen, gras- oder haarförmigen Blättern. Ihre Blütenähren gleichen sich untereinander sehr.

Rauhes Hornblatt *Ceratophyllum demersum* (Familie: Hornblattgewächse *Ceratophyllaceae*) Europa, blüht 6–9, ♃, entwickelt oft meterlange, frei im Wasser schwimmende Sprosse mit sehr zerbrechlichen und borstenartigen Tauchblättern, die 1–2mal gegabelt sind und den Stengel in dichten Quirlen umstehen.

Ährenblütiges Tausendblatt *Myriophyllum spicatum* (Familie: Seebeerengewächse *Haloragoceae*) Europa, blüht 6–9, ♃, bis 1,25 m lang, hat in haarfeine Fiederchen aufgelöste und in vierzähligen Quirlen angeordnete Tauchblätter, bildet weite unterseeische Wiesen, hebt die verhältnismäßig kräftige, grünrötliche Blütenähre ziemlich hoch aus der Flut. Die Spitze der Blütenähre bilden etliche Quirle zwittriger Blüten, denen einige Stockwerke tiefer die Quirle männl. Blüten und schließlich die Quirle weibl. Blüten folgen.

Kanadische Wasserpest *Elodea = Helodea = Anacharis canadensis* (Familie: Froschbißgewächse *Hydrocharitaceae*) Europa, blüht 6–9, ♃, bis 3 m, pflanzt sich in Europa meistens durch Sprosse und Winterknospen fort, entwickelt oft meterlange, schleimigschlüpfrige Stengel mit dichtgedrängten drei- bis fünfblättrigen Quirlen. Sie durchwucherte kurz nach ihrer Verschleppung aus Nordamerika zwischen 1836–1866 fast alle europäischen Teiche, Seen und Flüsse so sehr, daß Fischzucht wie Schiffahrt ernstlich gefährdet waren. In den letzten Jahren ist ein Rückgang der Wasserpest zu beobachten. In Europa gibt es übrigens fast nur weibliche Pflanzen, die kleine weiße und langgestielte Blüten tragen, wenn sie überhaupt zur Blüte kommen.

Kanadische Wasserpest

Von den Tieren

Hüpfendes und schwebendes Kleingetier

Wimmelndes Leben erfüllt den kleinsten Tümpel. Wir brauchen mit einem feinmaschigen Netz nur einmal durch das Wasser zu fahren, um reiche Beute heraufzubringen: Wasserflöhe, Hüpferlinge und Kiemenfüßer in Hülle und Fülle. Alle sind sie winzige Krebse, messen einen oder etliche Millimeter, sind durchsichtige, kleine gläserne Modelle des Lebens, rudern mit langen und ästigen Fühlern, schweben hüpfend durchs Wasser, pflanzen sich oft durch Jungfernzeugung fort, sind das Futter für Larven und Fische, Muscheln und Molche und räubern teils selbst oder leben schmarotzerisch oder sind harmlose Pflanzenfresser. Trocknet der Tümpel ein, gehen sie meistens zugrunde, ihre Eier aber überstehen lange Trocken- und harte Frostzeiten.

Wasserspringschwanz *Podura aquatica* (Familie: *Poduridae,* Ordnung: Springschwänze *Collembola*) Kosmopolit, 1 mm, ein plumpes schwarzblaues Tierchen mit rötlichgelben Beinen und Fühlern, hat einen gabelförmigen Schwanzanhang, der nach vorn unter den Leib eingeschlagen ist und als Schnellgabel dient, wenn er niedergedrückt wird. Die Springschwänze treten stark vergesellschaftet auf, liegen scharenweise wie schwarzes Schießpulver auf dem Wasser, hüpfen bei der leisesten Störung wild auseinander.

Gemeiner Wasserfloh

Gemeiner Wasserfloh *Daphnia pulex* (Familie: Wasserflöhe *Daphnidae,* Ordnung: Blattfußkrebse *Phyllopoda*) Kosmopolit, bis 4 mm, von einer zarten, sattelförmigen, glasartig durchsichtigen Schale umgeben, hat schnabelartig verlängerten Kopf, ein großes schwarzes Facettenauge, kräftige, sehr zierlich gefiederte Ruderarme. Am Körperende trägt er einen kurzen dornenbesetzten Stachel, wodurch er sich von seinem nächsten Verwandten, dem **Langspornigen Wasserfloh** *Daphnia longispina,* unterscheidet, der reichlich 2,5 mm lang wird.

Vierhörniger Hüpferling *Cyclops quadricornis* (Familie: Hüpferlinge *Cyclopoidae,* Ordnung: Ruderfußkrebse *Copepoda*) Kosmopolit, etwa 2 mm lang, trägt zwei Paar sehr langer und kräftiger Antennen, zwischen denen ein einzelnes schwarzes Auge (Name!) gut zu erkennen ist. Der Körper ist schlank eiförmig, trägt am Hinterleib eine mehrfach verzweigte und borstenbesetzte Schwanzgabel. Die Fortbewegung ist gleichsam ein hüpfendes Schwimmen, das durch das Schlagen der Antennen entsteht.

Wasserassel *Asellus aquaticus* (Familie: Wasserasseln *Asellidae,* Ordnung: Asseln *Isopoda*) sehr häufig, 8–12 mm, hat flachen, abgeplatteten, dunkelbraunen bis dunkelvioletten Leib, 1 Paar kurze und 1 Paar körperlange Fühler, zwei gegabelte Griffel am Hinterleib, setzt ihre beborsteten 6 Beinpaare weit auswärts, kriecht träge umher, kann aber auch flott schwimmen. Das Weibchen trägt einen Brutsack an der Unterseite, in dem wie in einem Liliputaquarium die Assellarven heranwachsen.

Köcherfliegenlarven (Ordnung: Köcherfliegen *Trichoptera*) Europa, sie kennzeichnen sich durch 3 Beinpaare, 1 Paar bekrallte Fortsätze am Hinterleibsende, die sehr kurz sein können, tragen oft Kiemen, sehen meist raupenähnlich aus; sie leben entweder frei im Wasser oder bauen sich Gehäuse aus Blätter-, Rinden- und Stengelstückchen, aus Sandkörnchen und Muschelschalen oder Schneckenhäuschen, aus denen sie nur den Kopf und die Brustbeine strecken, wenn sie fressen oder sich fortbewegen wollen. Der Innenraum ist röhrenförmig und fein ausgesponnen. Unter den freilebenden Larven gibt es auch etliche, wie z. B. die der **Bachwassermotte** *Hydropsyche angustipennis* (Familie: Wassermotten *Hydropsychidae*), die trichterförmige Fangnetze im Bachgrund aufspannen. Sind die Larven herangewachsen, so verpuppen sie sich meist in ihrem Köcher. Zu diesem Zwecke wird das Gehäuse an beiden Enden bis auf kleine Öffnungen für die Wasserzirkulation verschlossen. Ist die Entwicklung abgeschlossen, öffnet die Puppe ihren Köcher und schwebt mit Hilfe von Gasblasen zur Wasseroberfläche. Hier platzt die Puppenhülle, und es schlüpft eine mottenähnliche,

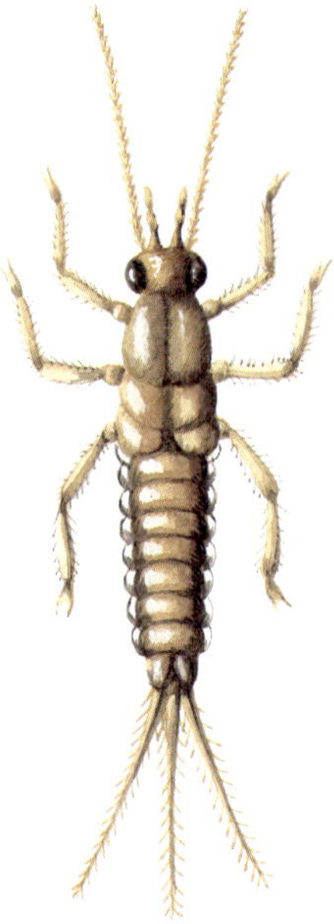

Eintagsfliegenlarve

dunkle Köcherfliege mit dichtbehaarten Flügeln und langen fadenförmigen Fühlern, die in der Ruhe meist eng zusammengelegt nach vorne gestreckt werden, stark vorgewölbten Facettenaugen und verkümmerten Mundteilen. Die Männchen vereinigen sich zu abendlichen Schwärmen. Nach der Paarung stoßen die Weibchen ihre Eier ins Wasser ab oder kitten sie an Steine und Halme.

Eintagsfliegenlarven (Ordnung: Eintagsfliegen *Ephemeroptera*) werden mit ihren drei Schwanzborsten bis zu 40 mm lang, ähneln schon den Vollinsekten, sind schlank und geschmeidig, haben kräftige Kiefer, räubern jahrelang im Schlamm und Pflanzengewirr, verlassen schließlich das Wasser und nehmen fast vollendete Insektengestalt an, sind bereits beflügelt und befähigt, freie Luft zu atmen. Dennoch platzt ihnen nochmals die Rückenhaut, und es schlüpft aus diesem Insekt ein noch vollkommeneres, noch feineres Insekt, nämlich die schlanke Eintagsfliege, die sich alsbald zum Hochzeitstanz erhebt, sich paart und selten den anderen Morgen erlebt.

Die seltsamen Egel

Sie sind sehr hübsche, bunte und stattliche Würmer mit abgeplattetem, borstenlosem Körper, schwimmen flott und verfügen über je eine Haftscheibe am Kopf wie am Hinterende. Beim Blutegel arbeitet der umstülpbare Mund mit seinen halbkreisförmigen, zähnchenbesetzten Kiefern wie eine Kreissäge, zersticht und zerreißt die Haut der unfreiwilligen Blutspender und hinterläßt eine dreistrahlige Wunde, die etwa 1,5 mm tief ist. Aus den Speicheldrüsen wird Hirudin abgeschieden, welches die Gerinnung des Blutes verhindert, eine weitere Flüssigkeit sorgt außerdem noch für die Betäubung der Y-förmigen Wunde. Die Haftscheibe setzt sich wie ein Schröpfkopf auf, und der mit zehn Blindsackpaaren ausgestattete, sehr dehnbare Mitteldarm wird so vollgepumpt, daß der Leib des Wurmes um das Drei- bis Fünffache seines Umfanges anschwillt. Davon zehrt der Blutegel dann oft bis über 18 Monate.

Medizinischer Blutegel *Hirudo medicinalis* (Familie: Blutegel *Hirudinidae,* Ordnung: Egel *Hirudinea*) Europa, 10–20 cm, war früher in allen unseren Teichen und Tümpeln häufig, ist heute selten, hat stark abgeflachten, schmutzig braungrünen, durch sechs gelbliche oder rötliche Längsstreifen verzierten Körper, schwimmt bei schönem Wetter munter umher, ruht sonst eingerollt auf dem Grund, wobei er den Kopf in die hintere Haftscheibe steckt und eine leierförmige Gestalt annimmt, heftet sich oft auch an Steine und Strünke.
Nach der gegenseitigen Befruchtung – die Egel sind Zwitter – werden die von einem zuerst schaumigen, dann sich schwammig erhärtenden Kokon umgebenen Eier in die Ufererde abgelegt. Die jungen Würmer sind erst im 5. Lebensjahr ausgewachsen.
In der Heilkunde spielt er von alters her eine bedeutsame Rolle, noch heute werden aus ungarischen Zuchtteichen alljährlich viele Millionen Stück eingeführt.

Pferdeegel *Haemopis sanguisuga* (Familie: Blutegel *Hirudinidae)* Europa, bis 12 cm, ist noch häufig, erinnert sehr an den Blutegel, hat bräunlichgrünlichen, oft bräunlichen bis schwarzen Rücken, der an den Seiten von einer gelben Linie geschmückt sein kann, ist kein Blutsauger, obwohl er sich z.B. bei trinkenden Tieren im Schlund festsaugen kann, sondern macht Jagd auf Würmer, Schnecken und Insektenlarven.

Pferdeegel

Fischegel *Piscicola geometra* (Familie: *Piscicolidae,* Ordnung: Egel *Hirudinea*) Europa, 2–10 cm, schön grün und weiß gefleckt, hat walzigen, drehrunden Leib, streckt in der Ruhe den Körper schräg ins Wasser, saugt an Fischen, turnt auf ihnen spannerartig herum, schwimmt auch frei mit flossenartig ausgebreiteten Haftscheiben.

Unsere häufigsten Wasserschnecken

Die in unseren Tümpeln und Teichen lebenden Wasserschnecken gehören fast alle zu den großen Familien der Schlamm- und der Tellerschnecken, sind Lungenatmer, haben nur ein Paar Fühler, das weder eingezogen noch ausgestülpt, sondern höchstens ein wenig zusammengezogen werden kann, tragen dünne und oft durchscheinende, rechts- oder linksgewundene Gehäuse. Sie lieben von Pflanzen durchwucherte Gewässer, sind zwischen diesen wie auf dem Schlammgrund zu Hause, rutschen oft auch mit ihrer Sohle, also gleichsam kopfunter auf ihrem selbst erzeugten Schleimband am Wasserspiegel entlang. Sie haben je eine männliche Geschlechtsöffnung nahe den Fühlern, eine weibliche nahe dem Atemloch und können bei der oft kettenweisen Begattung zu gleicher Zeit männlich aktiver und weiblich passiver Teil sein. Ihre Augen liegen am Grunde der beiden Fühler.

Große Schlammschnecke, Spitzhorn *Lymnaea stagnalis* (Familie: Sumpfschnekken *Lymnaeidae,* Ordnung: Wasserlungenschnecken *Basommatophora*) Europa, schmutzig gelbgrau bis dunkelolivgrün, gelb gepunktet und dunkel besohlt, hat horngelbes, 4–6 cm langes, 2–3 cm breites, rechtsgewundenes Gehäuse, das sich von der bauchig aufgetriebenen Mündung aus in sehr schlanke und spitze Windungen auszieht, legt ihren Laich in Gestalt langer Gallertbänder auf Steine und Blätter.

Große Schlammschnecke

Kleine Schlammschnecke *Lymnaea truncatula* (Familie: Sumpfschnecken *Lymnaeidae*) Europa, nur in kleinen Tümpeln, kriecht oft ans Land, ist der Zwischenwirt des Großen Leberegels der Schafe, hat 10 mm langes und 5 mm breites, rechtsgewundenes, stufig abgesetztes Gehäuse ohne bauchig aufgetriebenen letzten Umgang.

Sumpfschlammschnecke *Galba palustris* (Familie: Sumpfschnecken *Lymnaeidae*) Europa, hat bis 3,5 cm hohes, 1,5 cm breites, dunkelbraunes, rechtsgewundenes Gehäuse von verlängerter Eiform mit spitzkonischem Gewinde, dessen Oberfläche oft runzlig ist.

Posthornschnecke

Posthornschnecke *Planorbis corneus* (Familie: Tellerschnecken *Planorbidae,* Ordnung: Wasserlungenschnecken *Basommatophora*) fehlt in Süddeutschland, ist selbst dunkelrotbraun bis schwärzlich, kommt auch in hellrötlichen Abarten vor, hat ein glänzend rotbraunes, scheiben- oder tellerförmig aufgerolltes, linksgewundenes Gehäuse, das oben trichterartig eingesenkt ist, es ist 12 mm hoch und 28–30 mm breit.

Gerandete Tellerschnecke

Gerandete Tellerschnecke *Tropidiscus planorbis* (Familie: Tellerschnecken *Planorbidae*) Europa, hat 3–4 mm hohes, bis 20 mm breites, gelbliches Gehäuse mit deutlichem Kiel nahe der Unterseite, ist häufig. Die Tellerschnecken laichen nicht in Bändern, sondern in runden, flachen Häufchen.

Ohrschlammschnecke

Ohrschlammschnecke *Radix auricularia* (Familie: Sumpfschnecken *Lymnaeidae*) Großteil Europas, hat breites, rechtsgewundenes Gehäuse mit sehr großer, ohrenförmig ausgeweiteter Mündung und stark gedrehter Spindel von 26–30 mm Länge und 20–28 mm Breite.

Bernsteinschnecke *Succinea putris* (Familie: Bernsteinschnecken *Succineidae*, Ordnung: Wasserlungenschnecken *Basommatophora*) Großteil Europas, hat bernsteinfarbenes oder blaß grünlichgelbes, glasartiges Gehäuse von 17–20 mm Höhe und 8 bis 10 mm Breite mit einer breiten eiförmigen Mündung und einem stark gebauchten letzten Umgang, lebt zwischen Uferpflanzen.

Bernsteinschnecke

Sumpfdeckelschnecke *Viviparus viviparus* (Familie: Sumpfdeckelschnecken *Viviparidae*, Ordnung: Höhere Vorderkiemerschnecken *Monotocardia*) Großteil Europas, ist ein Kiemenatmer, schwarz, orangerot punktiert, hat lange, dünne, spitze Fühler, verfügt über hornigen Deckel, der am hinteren Fußabschnitt angewachsen ist und mit dem sie ihr rundlich kegelförmiges Gehäuse verschließen kann, das sich durch sehr gewölbte Umgänge, tiefe und stufig angesetzte Nähte und eine feine scharfe Spitze kennzeichnet, eine Höhe von 30 bis 40 mm und eine Breite von 24–30 mm hat. Sie ist getrenntgeschlechtlich und gebärt

Sumpfdeckelschnecke

lebende Junge. Beim Männchen ist der rechte, kolbig verdickte Fühler zum Begattungsorgan umgestaltet.

Teichnapfschnecke *Ancylus lacustris* (Familie: Napfschnecken *Ancylidae,* Ordnung: Wasserlungenschnecken *Basommatophora*) Europa, hat hornfarbige, hochgewölbte, napfförmige, schmale Schale mit nur noch angedeuteten Windungen von etwa 7,5 mm Länge und 2 mm Höhe, mit eiförmiger Mündung.
Die Teichnapfschnecke legt ihre Eier zu je 4–6 Stück sternförmig an Steine.

Die Frösche

Kein Teich und Tümpel ist ohne seine braunen oder grünen Quaker, ohne das schwarze Gewimmel der Kaulquappen. Denn alle unsere Froschlurche verbringen ihre Jugendzeit im Wasser, machen hier ihre Verwandlungen durch, und etliche bleiben dem feuchten Element auch weiterhin treu, während andere dann weit über die Wiesen und in die Wälder wandern. Im Wasser paaren sie sich, legen sie ihre Eier ab, schlüpfen sie als winzige Kaulquappen aus, sind zuerst algenabweidende Vegetarier und Kiemenatmer, werden später zu kleinen Räubern und Lungenatmern. Im Wasser überwintern sie auch bis zum nächsten Frühjahr.
Stimme haben sie alle, große Lungen und einen wohlausgebildeten Kehlkopf, eine bunte, nackte und schleimbedeckte Haut, deren Farbe sich je nach Temperatur und Gemütsverfassung oft geradezu chamäleonhaft verändert, einen stark abgeflachten Kopf, nur die Andeutung eines Halses, eine zumeist mit ihrem Vorderteil am Unterkiefer befestigte Schleuderzunge, große, schöne und sehr bewegliche Augen, etwas erhöhte und verschließbare Nasenlöcher auf der Maulspitze.

Laubfrosch *Hyla arborea* (Familie: Laubfrösche *Hylidae,* Ordnung: Schwanzlose Lurche *Anura*) Europa, §, 3,5–5 cm, laicht 4/5, mehr ein Dämmerungs- als ein Tagtier, oberseits blattgrün, unterseits gräulichweiß, hat beiderseits schwarzen Längsstreifen, der bei der Nase beginnt, bis zum Hinterschenkel verläuft und oft weißlich oder gelb gesäumt ist.
Das Männchen hat große kehlständige Schallblase, die es kugelig aufblähen kann, gelb- bis graubraune Kehle, ruft vom Frühjahr bis in den Sommer hinein laut und kräftig „Krak-krak-krak“, bewohnt im Sommer Sträucher und Bäume, vor allem Brombeerbüsche. Die Kaulquappen haben einen olivfarbenen, goldig schimmernden Leib.

Laubfrosch

Wasserfrosch (Abb. S. 214) *Rana esculenta* (Familie: Echte Frösche *Ranidae*, Ordnung: Schwanzlose Lurche *Anura*) Europa außer Iberische Halbinsel, 8–12 cm, laicht 5/6, hat goldberingte Augen, waagerechte Pupille, zugespitztes Maul, beiderseits eine vom Auge bis zum Hinterbein verlaufende, oft gelbliche oder grünlichweiße Drüsenleiste, ist oberseits grasgrün, selten hellbraun, manchmal auch blaugrün, hat oft hellgrünen oder gelblichen Rückenstreifen, ist unterseits weiß oder gelblich, trägt an den Hinterfüßen große Schwimmhäute zwischen den Zehen. Das Männchen kann aus einem Spalt hinter den Mundwinkeln zwei weißliche oder hellgraue Schallblasen ausstülpen. Ist in allen stehenden Gewässern häufig, singt oft die ganze Nacht hindurch, stößt seine rund 10 000 hellgelben Eier in gallertartigen Klumpen ab, aus denen nach etwa 6 Tagen die millimetergroßen Kaulquappen schlüpfen und sich in 4 Monaten zum Frosch entwickeln, der seinem Gewässer meist treu bleibt und nach 5 Jahren ausgewachsen ist.

Moorfrosch *Rana arvalis* (Familie: Echte Frösche *Ranidae,* Ordnung: Schwanzlose Lurche *Anura*) Mittel- und Nordeuropa, §, stark gefährdet, 4–7 cm, laicht 3/4, oberseits braun, entweder ungefleckt oder dunkelbraun bis schwarz gefleckt, unterseits weiß bis gelblich und immer ungefleckt, hat auf jeder Rückenseite einen stark vorspringenden hellbraunen Drüsenwulst, einen hellen, dunkel eingefaßten Rückenstreifen und einen großen dunklen Ohrfleck, die Schwimmhäute sind kaum ausgebildet.
Das Männchen hat zwei innere Schallblasen, verfärbt sich zur Laichzeit himmelblau, quakt wie eine blubbernde Flasche unter Wasser, also gar nicht laut, ist ein sehr stürmischer Liebhaber, dem auf dem 1. Finger der Vorderhand schwarze Greifschwielen wachsen, treibt sich nach der Laichzeit auf sumpfigen Wiesen, in Mooren, Rieden, Brüchen und Auwäldern herum.

Grasfrosch, Taufrosch *Rana temporaria* (Familie: Echte Frösche *Ranidae*) Mittel- und Nordeuropa, 7–10 cm, laicht 2/3, ist oberseits gelb- oder rot- oder schwarzbraun, meist dunkel gefleckt und getüpfelt, hat ebenfalls großen dunklen Ohrfleck, manchmal hellen Rückenstreifen, milchweißen bis gelblichen Bauch, der beim Männchen grau, beim Weibchen bräunlich oder rötlich gefleckt oder marmoriert ist. Den Rücken zieren zwei leicht vorspringende, sanft bogenförmig gekrümmte Drüsenleisten. Das

Grasfrosch

Männchen hat zwei innere Schallblasen, schwarze Fingerschwielen während der Laichzeit und eine bläulichgraue Kehle, quakt grunzend, nicht laut, treibt sich später überall herum, Ende Oktober sucht der Grasfrosch ein Gewässer auf, überwintert im Schlamm, oft in Gesellschaften von 100 bis 500 Fröschen.

Springfrosch *Rana dalmatina* (Familie: Echte Frösche *Ranidae*) Süd- und Südwesteuropa, Südwestdeutschland und Bayern, §, gefährdet, 6–8 cm, laicht 3/4, in Waldteichen, oberseits zart ziegelfarben, rötlichbraun oder lichtbräunlich, manchmal fast weißlich, meist ungefleckt oder spärlich betüpfelt, trägt schwarzbraunen Ohrfleck, hat milchweißen, ungefleckten Bauch, nur schwach hervortretende, oft unterbrochene Drüsenleisten. Seine Beine können 10–13 cm messen, und Sätze von 2 m Länge und 1 m Höhe bedeuten für ihn eine Durchschnittsleistung. Das Männchen hat keine Schallblasen, ruft rasch hintereinander „Ko-ko-ko“ oder „Kor-kor-kor“, wandert Mitte Mai ab, hüpft durch Laub- und Mischwälder, über Waldwiesen.

Die Kröten und Unken

Die Kröten sind gedrungener und plumper als die Frösche, haben dicke, oft unförmige Beine, eine warzige, runzlige Haut. Sie laufen und hüpfen meist schlecht, schwimmen schwerfällig, sind langsam in ihren Bewegungen. Die meisten werden erst gegen Abend munter, gehen dann auf die Jagd nach Würmern, Schnecken, Insekten, Erdraupen, sind uns also sehr nützlich. In Angst und Schrecken versetzt, schwitzen sie Säfte und Schleime aus, blähen sich auf, erheben sich auf die langausgestreckten Beine. Niemals aber vermögen sie ihren Angstschweiß auszuspritzen oder etwa gar die Augen des Menschen zu erreichen. Ebensowenig vermögen sie jahrelang zu hungern, halten aber oft erstaunlich lange bei kärglichster Nahrung aus. Ihre Jugend verleben sie wie die Frösche im Wasser, wo sich die meisten von ihnen auch paaren und zur Überwinterung einfinden.

Erdkröte *Bufo bufo* (Familie: Echte Kröten *Bufonidae,* Ordnung: Schwanzlose Lurche *Anura*) Europa, §, 8–13 cm, laicht 3/4, hat glänzend orangerote Augen mit waagerechter Pupille, ist oberseits düster rotbraun oder graurot oder schwarzbraun, bisweilen auch ölgrün, dick mit Warzen bedeckt, die hinter dem Ohr eine große Drüse freilassen, regelmäßig dunkel gefleckt, unterseits gelbbraun oder hellgrau oder schmutzigweiß, meist graubraun gefleckt.
Frißt Würmer, Schnecken, Asseln, Insekten, die sie unheimlich schnell erschnappt, bläht

Erdkröte

sich in der Not auf und wimmert wie ein Kind, überwintert in tiefen Erdhöhlen, kann rund 50 Jahre alt werden.
Das Männchen hat keine Schallblasen, bellt schwach, birgt sich tagsüber unter Steinen und in Erdlöchern, ist meist nachts unterwegs. Das Weibchen setzt den schwärzlichen Laich in zwei 3–5 m langen Schnüren ab und streift dann ebenfalls weit umher.

Kreuzkröte *Bufo calamita* (Familie: Echte Kröten *Bufonidae*) Mittel-, West- und Südwesteuropa, §, 5–8 cm, laicht 4/5, trägt rötliche Warzen, hat grünlichgelbe Augen mit waagerechter Pupille. Sie ist oberseits olivbräunlich oder olivgrünlich, unterseits schmutzigweiß, dunkelgrau gefleckt, die Rückenmitte ziert ein hell schwefelgelber Streifen.

Kreuzkröte

Ist auch tagsüber unterwegs, springt und hüpft nicht, sondern läuft auf allen vieren fast so schnell wie eine Maus, gräbt sehr geschickt, klettert gut, wird sie bedroht, so bläht sie sich auf und erzeugen ihre Hautdrüsen einen widerlichen Geruch.
Das Männchen ruft laut »Ra-ra-ra«, wobei die große kehlständige Schallblase größer als der Kopf anschwellen kann, hat dunkelgraue bis bläuliche Kehle, braunschwarze Schwielen an den ersten drei Fingern. Die kurzen Laichschnüre enthalten etwa 3000–4000 Eier.

Wechselkröte

Wechselkröte *Bufo viridis* (Familie: Echte Kröten *Bufonidae*) Mittel-, Ost- und südliches Nordeuropa, §, gefährdet, 7–9 cm, laicht 4/5, trägt Wärzchen mit rosen- bis ziegelroten Spitzen, ist oberseits hellgrau bis olivfarben, schwarzgrün gefleckt, hat grünliche Augen mit waagerechter Pupille, meidet den Wald, kommt in Gärten, Parkanlagen und Städte, lebt vorwiegend nächtlich, hüpft rasch, macht große Sätze, klettert ganz geschickt, legt die 10000–12000 winzigen schwarzen Eier in zwei langen Schnüren ab. Das immer etwas dunklere Männchen ruft langanhaltend und trillernd, überraschend hell.

Knoblauchkröte *Pelobates fuscus* (Familie: Krötenfrösche *Pelobatidae,* Ordnung: Schwanzlose Lurche *Anura*) Mittel- und Osteuropa, §, stark gefährdet, 6–8 cm, laicht 4/5, schlanker und beweglicher als die echten Kröten, trägt nur flache oder gar

Knoblauchkröte

keine Warzen, hat hellbraunen oder hellgrauen Rücken mit großen sich scharf abhebenden, oliv- bis dunkelbraunen Flekken, manchmal gemischt mit ziegelroten Fleckchen, wirkt also ziemlich bunt, hat vor der kleinsten Zehe des Hinterfußes eine große hornige Grabschaufel, bis zu den Zehenspitzen reichende Schwimmhäute, senkrechte Pupille, lebt nächtlich. In der Not scheidet sie ein nach Knoblauch riechendes Sekret aus. Das Männchen ist ohne Schallblase, grunzt oft auch unter Wasser. Der Laich ist eine kurze dicke Gallertschnur.

Geburtshelferkröte, Glockenfrosch *Alytes obstetricans* (Familie: Unken, Scheibenzüngler *Discoglossidae,* Ordnung: Schwanzlose Lurche *Anura*) Iberische Halbinsel, Westeuropa außer Britische Inseln, westliches Deutschland, Schweiz, §, stark gefährdet, 3,5–5 cm, laicht 4–7, trägt weißliche Warzen, ist oberseits aschgrau bis bräunlichgrau, fein gefleckt, unterseits weißlich und stark gekörnelt, bevorzugt das Hügelland, felsige Gegenden, Mauerwerk, Steinhaufen, lebt nächtlich, hat senkrechte Pupille. Das glockenrein und klangvoll rufende Männchen hilft dem Weibchen beim Laichen, wickelt sich die Laichschnüre um die Hinterbeine, trägt sie 2–3 Wochen herum, sucht dann wieder das Wasser auf, wo die Kaulquappen meist sofort schlüpfen.

Gelbbauchunke, Berglandunke *Bombina variegata* (Familie: Unken, Scheibenzüngler *Discoglossidae*) Mittel- und Südeuropa außer Iberische Halbinsel, §, gefährdet, 4–5 cm, laicht 5–9, trägt viele starke, gestachelte Warzen, ist oberseits lehm- oder erdfarben, meist dunkel gefleckt, oft bronzeschimmernd, unterseits blaugrau bis schwarz, leuchtend gelb gefleckt. Ist auch im kleinsten Tümpel zu finden, läßt ihren schwachen und melancholischen Glockenruf vor allem abends und nach warmen Regen erschallen.

Geburtshelferkröte

Wird sie an Land bedroht, so wirft sie sich auf den Rücken und versucht den Bedränger mit den grellen Farben ihrer Bauchseite, ihrer Hand und Fußflächen zu erschrecken, gleichzeitig quillt aus dem warzigen Rücken und den Hinterschenkeln seifenähnlicher Schaum.

Rotbauchunke, Tieflandunke *Bombina bombina* (Familie: Unken, Scheibenzüngler *Discoglossidae*) nordöstliches Flachland Europas, häufig um Berlin, §, gefährdet, 4 bis 4,5 cm, laicht 5–9, trägt auf dem Rücken kegelförmige, am Bauch erhabene Warzen, ist oberseits grauschwarz oder graubraun, dunkel gefleckt, ist unterseits schwarz oder blauschwarz, unregelmäßig mennigrot gefleckt und weiß getüpfelt. Die Füße und Zehenspitzen sind schwarzbraun.
Sie nimmt die gleiche Schreckstellung wie die Gelbbauchunke ein.

Rotbauchunke

Molche und Salamander

In den gleichen kleinen Gewässern, in denen sich die Frösche, Kröten und Unken tummeln, verbringen auch die Molche und Salamander ihre Jugendzeit. Und wie jene wandern auch sie nach vollbrachter Verwandlung vom Kiemen- zum Lungenatmer über Land, bergen sich an feuchten und dunklen Orten, scheuen fast durchweg den Tag und die Sonne.

Ihre körperlichen Merkmale sind: langgestreckter, walzenförmiger, etwas plump wirkender Leib, eine meist glatte, sehr drüsenreiche Haut, die in regelmäßigen Zeitabständen abgestoßen wird, ein langer runder Schwanz, der an den der Eidechsen erinnert. Sie leben von Weichtieren, Würmern, Spinnen, Insekten, sind ziemlich gefräßig und werden uns recht nützlich.

Kamm-Molch *Triturus cristatus* (Familie: Molche und Salamander *Salamandridae,* Ordnung: Schwanzlurche *Urodela = Caudata*) Mittel-, Süd- und Osteuropa, §, gefährdet, 13–16 cm, laicht 4/5, hat goldgelbe Augen, ist oberseits dunkel- bis schwarzbraun, meist schwarz gefleckt, seitlich kreideweiß punktiert, unterseits dotter- bis orangegelb, schwarz gefleckt. Das Männchen trägt während der Paarungszeit hohen, scharf gezackten Hautkamm auf Rücken und Schwanz, schmückt sich an den Schwanzseiten mit einem weißlich-bläulichen, perlmutterfarbenen Streifen, bekommt orangefarbenen Bauch, führt regelrechte Werbetänze auf, versprüht Duftstoffe.

Das Weibchen legt die Eier einzeln an Wasserpflanzen ab, nach 2–3 Wochen schlüpfen die fadenförmig beschwänzten Larven. Überwintert auf dem Lande, sucht das Gewässer oft schon im Februar wieder auf, verläßt es fast unmittelbar nach der Eiablage.

Bergmolch *Triturus alpestris* (Familie: Molche und Salamander *Salamandridae*) Mittel- und Südeuropa, §, 8–11 cm, laicht 3–7, hat goldgelbe Augen, ist oberseits schiefer- bis schwarzgrau, manchmal leicht bläulich, dunkel gefleckt, seitlich auf hellem Grund schwarz getüpfelt, unterseits orangegelb bis orangerot, ungefleckt.

Das Männchen trägt während der Paarungszeit einen niedrigen, ungezackten, hellgelben, schwarzgestreiften Kamm, schmückt sich an den Flanken mit einem himmelblauen Längsband, am Schwanz mit schwarzen und bläulichweißen Flecken, am

Kamm-Molch (♂) zur Paarungszeit

Bauch mit einer feuerroten Weste. Bevorzugt die Gewässer des bewaldeten Hügellandes und Gebirges, hält sich im Hochsommer, Herbst und Winter auf dem Lande auf, die Larven bleiben oft bis zum Herbst im Wasser.

Feuersalamander

Fadenmolch *Triturus helveticus* (Familie: Molche und Salamander *Salamandridae*) West- und Südeuropa, §, gefährdet, 7–9 cm, laicht 3–7, ist sehr schlank, hat eine vorspringende Hautleiste auf beiden Seiten des Rückens, das ♂ trägt einen etwa 5–8 mm langen und fadenförmigen Fortsatz des Schwanzes, ♀ und ♂ oberseits olivbraun bis olivgrünlich, schwach goldglänzend, dunkel gefleckt und getüpfelt, unterseits meist ungefleckt, selten spärlich gefleckt mit stroh- bis orangegelber Weste.
Das Männchen trägt während der Paarungszeit keinen Kamm, sondern eine Rückenleiste sowie einen Flossensaum am Schwanz, Schwimmhäute zwischen den Zehen, bekommt metallisch gelbschimmernde Kopfseiten, weißliche untere Seiten und orangegelben Bauch.
Bevölkert die gleichen Lebensräume wie der Bergmolch, führt ein langes Landleben.

Teichmolch, Streifenmolch *Triturus vulgaris* (Familie: Molche und Salamander *Salamandridae*) Europa, §, 8–11 cm, laicht 4/5, trägt eine Doppelreihe eingedrückter Drüsen und fünf dunkle Längsstriche auf dem Kopf, hat besonders langen Schwanz, ist oberseits olivgrün oder olivbraun, oft dunkel gefleckt, seitlich weißgelblich, zart silberglänzend, unterseits weißlich mit strohgelber bis orangeroter Weste, dunkel gefleckt. Das Männchen bekommt während der Paarungszeit hohen Flatterkamm und gewellten gelben Schwanzsaum, der durch einen perlmutterblauen Streifen, eine orangefarbene Kante und schwarze Flecken verziert ist. Erwacht im Februar aus dem Winterschlaf, sucht sofort das nächste Gewässer auf, paart sich, geht danach wieder an Land, ist in der Ebene wie im Hügelland zu Hause, begnügt sich mit der kleinsten Pfütze.

Feuersalamander *Salamandra salamandra* (Familie: Molche und Salamander *Salamandridae*) Mittel- und Südeuropa, §, 20–30 cm, oberseits samtschwarz, unregelmäßig gelb gestreift oder gefleckt, trägt auch auf den Wurzeln der Oberarme und Oberschenkel sowie auf dem oberen Augenlid je einen gelben Fleck. Er ist unterseits einfarbig schwarzgrau, oft grünlichgelb gefleckt, bevorzugt als nächtlich lebender Landmolch feuchte tiefe Täler, dunkle Wälder, läßt sich tagsüber nur bei Regen erblicken, watschelt langsam und schwerfällig dahin, schleift den Schwanz, paart sich im Frühjahr und Sommer, auf dem Lande wie im Wasser.
Die etwa 16–24 Larven werden rund 10 Monate später lebend geboren, im flachen Wasser abgesetzt, haben je einen gelben Fleck an den Beinwurzeln, sind schwärzlichgrau bis grünlich, schimmern metallisch, sind golden gepunktet. Der angegriffene Salamander verteidigt sich durch das Entleeren seiner Drüsen, die einen giftigen und brennenden Saft absondern. Manchmal überwintert er in großen Gesellschaften, man kann den Wanderzug zu den Winterruheplätzen im Herbst beobachten.

Die kunstfertigen Wasserspinnen

Spinnen sind überall zu Hause, auf den Feldern und Wiesen, in den Wäldern und Mooren. Sie segeln an ihren langen selbstgesponnenen Fäden hängend weit über das Land, siedeln sich in allen Baulichkeiten des Menschen an und haben auch das Schwimmen und Tauchen gelernt.
Während aber in einem einzigen Busch viele Spinnenarten dicht nebeneinander leben können, entdecken wir am Teich nur zwei Spinnenarten, nämlich die tauchende und schwimmende Wasserspinne und die floßfahrende Jagdspinne. Beide wollen wir uns nun näher betrachten.

Wasserspinne *Argyroneta aquatica* (Familie: Trichterspinnen *Agelenidae,* Ordnung: Webspinnen *Araneae*) Mittel- und Nordeuropa, ♂ 15 mm, ♀ 12 mm, im Gegensatz zu allen anderen Spinnen ist das Männchen größer und kommt zwischen beiden Geschlechtern auch kein Kannibalismus vor. Beide haben nackte, rostrote, durch mehrere dunkle Striche verzierte Kopfbrust und schwärzliche Seiten, olivbraunen, weißgrau behaarten, mit zwei Pünktchenreihen geschmückten Hinterleib.
Beide spinnen sich, oft dicht nebeneinander, ein zwischen Wasserpflanzen befestigtes, etwa walnußgroßes Wasserschloß in Gestalt einer hellen Taucherglocke. Sie fertigen sich zuerst ein dichtes, deckenartiges Gespinst an, tragen dann Luftperlen in großen, zwischen den Spinnwarzen hängenbleibenden Blasen herunter, streifen sie unter der Gespinstdecke ab und wiederholen das so lange, bis die am Entweichen verhinderten Luftperlen das Gespinst hoch aufbauschen. Zum Luftholen strecken sie den Hinterleib über den Wasserspiegel, kreuzen schnell die Hinterbeine, tauchen, und reißen so die Luftperle unter das Wasser, die nunmehr den ganzen Leib silbern umfließt. Zahlreiche vom Wasserschloß ausgehende Fäden sind ihnen Brücken und Laufstege in ihrem unterseeischen Jagdgebiet. Die Beute, Wasserinsekten und Krebschen, verzehren sie in der Taucherglocke, in die das Weibchen auch seinen Eierkokon hängt, in der die Jungen schlüpfen und wohnen. Überwintert gern in leeren, ebenfalls mit Luft angefüllten Schneckenhäusern, deren Mündung sie mit einem festen Gewebe verschließt.
Ihr Biß ist auch für den Menschen sehr schmerzhaft.

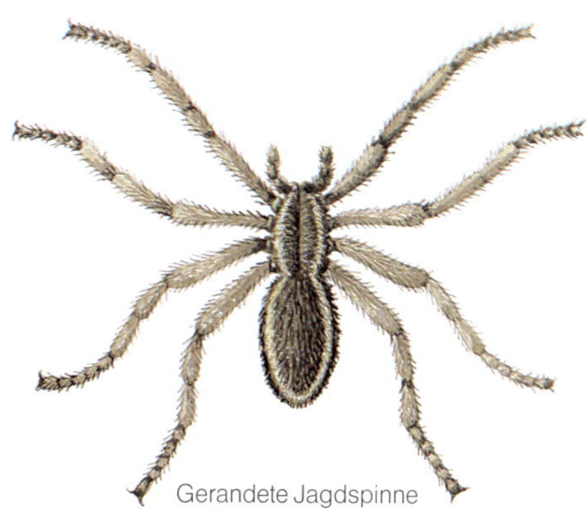
Gerandete Jagdspinne

Gerandete Jagdspinne, Floßspinne, Piratenspinne *Dolomedes fimbriatus* (Familie: Jagd- oder Raubspinnen *Pisauridae,* Ordnung: Webspinnen *Araneae*) Europa, größte einheimische Spinne, ♂ 10–11 mm, ♀ 22–26 mm, oberseits samtartig olivbraun, seitlich gelblichweiß breit gesäumt, kann tauchen und schwimmen, läuft aber auch flott über den Wasserspiegel ohne einzusinken, baut sich öfters ein etwa 5 cm^2 großes Floß aus dürren, zusammengewebten Pflanzenteilen, das ihr als Schiff, Speisetafel, auch als Schlupfwinkel dient, wenn sie von oben angegriffen wird. Die Beute sind ins Wasser gestürzte Insekten, Wasserinsekten und kleine Fische. Das Weibchen trägt seinen blaugrauen, kugelförmigen Eierbeutel zwischen den Kieferfühlern mit sich herum.

Das Volk der Wasserwanzen

Ungewöhnlich reich ist das Insektenleben der Teiche und Tümpel. Da schwirren Libellen, gaukeln Eintags-, Stein- und Köcherfliegen, tanzen Mücken, flattern Rohr- und Schilfeulen, tummeln sich Schwimmkäfer, schlittern Wasserläufer, steigen Stabwanzen und Wasserskorpione umher, rudern Rückenschwimmer, Ruder- und Schwimmwanzen.
Die zahlreich vertretenen Wasserwanzen verfügen alle über zwei bauchwärts am Hinterleib mündende Stinkdrüsen, die bei Gefahr in Funktion treten und üble Düfte verbreiten. In der Gestalt weichen sie oft weit voneinander ab, haben aber durchweg einen Rüssel, den sie nach unten oder eingeschlagen tragen. Sie sind umherschweifende kleine Räuber, die nicht nur Wasserinsekten oder ins Wasser gestürzte Insekten, sondern auch Kaulquappen, Zwergkrebse, Jungfische, Insektenlarven und Würmer angreifen.

Teichläufer *Hydrometra stagnorum* (Familie: Wasserreiter *Hydrometridae,* Ordnung: Wanzen = Schnabelkerfe *Hemiptera*) Europa, bis 13 mm, hat nadeldünnen, kahlen, schwarzbraunen Körper, läuft mit allen 6 Beinen, der Kopf ist vor den Augen doppelt so lang wie hinter ihnen, fast so breit wie Hinterleib und ohne halsförmige Einschnürung, trägt 1 Paar lange Fühler, schießt bei Störung ruckweise über den Wasserspiegel, kann wie alle Wasserreiter weder schwimmen noch tauchen.

Gemeiner Wasserläufer, Wasserschneider *Gerris lacustris* (Familie: Wasserläufer *Gerridae,* Ordnung: Wanzen = Schnabelkerfe *Hemiptera*) Mitteleuropa, 13–17 mm, läuft auf den 4 hinteren Beinen, die beiden kurzen Vorderbeine werden nach vorne gestreckt und dienen zum Festhalten der Beute, hat oben abgeplatteten, unten stark gewölbten, schmalen Hinterleib, lederartige Flügeldecken, kann auch fliegen.

Rückenschwimmer *Notonecta glauca* (Familie: Rückenschwimmer *Notonectidae,* Ordnung: Wanzen = Schnabelkerfe *Hemiptera*) Mitteleuropa, 15 mm, kehrt die flache gelbe Bauchseite dem Wasserspiegel zu, liegt auf dem stumpfkieligen Rücken, rudert mit behaarten, verlängerten Hinterbeinen, muß immer wieder an die Oberfläche, um Luft zu schöpfen, saugt seine Beute, Wasserinsekten, deren Larven und junge Fischbrut, mit dem Stechrüssel aus. Kann auch den Menschen sehr schmerzhaft stechen und wird deshalb auch »Wasserbiene« genannt. Das Weibchen schiebt die Eier mit Hilfe einer langen Legeröhre in Pflanzenstengel. Die Larven leben ebenfalls räuberisch.

Große Ruderwanze *Corixa punctata* (Familie: Ruderwanzen *Corixidae,* Ordnung: Wanzen = Schnabelkerfe *Hemiptera*) Mitteleuropa, 12–14 mm, oberseits schwarzgrün, unterseits gelb, hat kurze, dornenbesetzte, zu Schaufeln verbreiterte Vorderbeine, die mittleren Beine sind am längsten, ist auf dem Halsschild und auf den Flügeldecken gelb gesprenkelt, treibt sich mehr in der Tiefe des Teiches herum, kommt nur an die Oberfläche, um sich einen Luftvorrat unter den Deckflügeln zu speichern, fliegt in den Sommernächten von Teich zu Teich.

Rückenschwimmer

Gemeine Schwimmwanze *Naucoris cimicoides* (Familie: Schwimmwanzen *Naucoridae,* Ordnung: Wanzen = Schnabelkerfe *Hemiptera*) Mitteleuropa, 12–16 mm, hat platten, eiförmigen Körper mit schwach gewölbter, glänzend grünlichgrauer Rükkenfläche, kann die Vorderbeine wie ein Taschenmesser gegen die dicken, unterseits behaarten Schenkel einschlagen, fängt damit seine Beute, der Stich ist auch für den Menschen sehr schmerzhaft.

Wasserskorpion *Nepa cinerea* (Familie: Wasserskorpione *Nepidae,* Ordnung: Wanzen = Schnabelkerfe *Hemiptera*) Europa, bis 20 mm, hat sehr platten, eiförmigen, eintönig graubraunen Körper, der meist so schlammverkrustet ist, daß auch der mennigrote Hinterleibsrücken verborgen wird, kann seine scherenartigen Vorderbeine taschenmesserähnlich einschlagen, fällt besonders durch zwei lange rinnenförmige Hinterleibsfortsätze auf, die er zusammenlegen und als Atemrohr benützen kann, liegt gern im schlammigen Uferwasser, lauert träg, stelzt langsam auf dünnen Beinen dahin, kann empfindlich stechen, fliegt zur Paarungszeit weit umher.

Stabwanze *Ranatra linearis* (Familie: Wasserskorpione *Nepidae*) Europa, 30–35 mm ohne Atemrohr, hat dünnen, walzigen, oft schlammbedeckten Leib, roten Hinterleibsrücken, gelbe Seiten, sehr lange Stakelbeine, langes Atemrohr am Hinterleib, stelzt langsam auf dem Grund der Gewässer dahin, lebt räuberisch, kann gut fliegen.

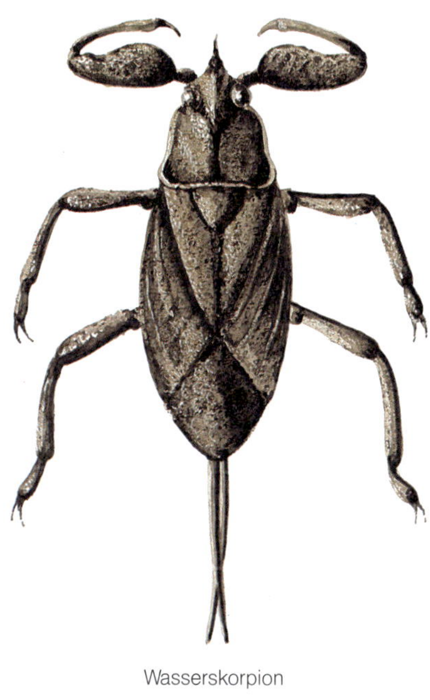

Wasserskorpion

Die Schwimm- und Wasserkäfer

Unter ihnen gibt es harmlose Vegetarier wie den stattlichen Kolbenwasserkäfer, gefährliche Räuber wie den großen Gelbrandkäfer und kleine Buschklepper wie die lustigen Taumelkäfer. Alle sind sie ausgezeichnete Schwimmer und Taucher, erheben sich in den warmen Nächten zu weiten Flügen, speichern die Atemluft in einem Hohlraum unter den Flügeldecken, haben zu Rudern verflachte und verbreiterte Hinterbeine, die sie stets gleichzeitig bewegen, auch als Seitensteuer gebrauchen, während die Mittelbeine als Vertikalsteuer und Anker dienen.

Gelbrandkäfer *Dytiscus marginalis* (Familie: Echte Schwimmkäfer *Dytiscidae*, Ordnung: Käfer *Coleoptera*) Europa, 36–40 mm, oberseits dunkel olivgrün, ölglänzend, unterseits braungelb, am Halsschild und den Flügeldeckenrändern gelb gesäumt. Das Männchen hat glatte Flügeldecken und beträchlich verbreiterte, zu Haftscheiben und Saugnäpfen verwandelte Fußglieder am vorderen Beinpaar, die es während der Paarung auf den Halsschild des Weibchens heftet, kann dabei ein knackendes, tickendes Geräusch hervorbringen, indem es die Oberschenkel der Hinterbeine über die scharfe Kante des Schenkelrings springen läßt.
Das Weibchen hat stark gefurchte Flügeldecken, legt seine Eier mit Hilfe eines säbelförmigen Legebohrers in Pflanzen. Die Larven sind noch gefräßiger als die Käfer, überfallen alle andere Wasserinsekten, Larven, Kaulquappen sowie junge und kleine Fische.

Furchenschwimmer *Acilius sulcatus* (Familie: Echte Schwimmkäfer *Dytiscidae*) Europa, 16–18 mm, oberseits braun bis schwarzbraun, unterseits schwarz, am Bauch gelb gefleckt, hat licht umrandeten Halsschild mit einer querlaufenden gelben Mittellinie, das Weibchen kennzeichnet sich durch stark geriefte und lang behaarte Flügeldecken.

Gelbrandkäfer (♂)

Taumelkäfer *Gyrinus natator* (Familie: Taumelkäfer *Gyrinidae*) Europa, stellenweise sehr häufig, 6 mm, ist oberseits rein schwarz, glänzend, hat hinten gestufte Flügeldecken, die das Ende des Hinterleibes unbedeckt lassen, armartig verlängerte Vorderbeine als Ruder, kurze, fast verkümmerte hintere Beinpaare. Die Augen sind durch ein breites Band in eine obere und untere Hälfte geteilt, so daß er gleichzeitig ins Wasser und über das Wasser schauen kann. Er fällt vor allem durch sein unermüdliches, meist geselliges Kreisen an der Oberfläche des Wassers auf.

Großer Kolbenwasserkäfer *Hydrous piceus* (Familie: Wasserkäfer *Hydrophilidae,* Ordnung: Käfer *Coleoptera*) Mitteleuropa, §, 34–38 mm, glänzend pechschwarz, hat kurze, keulenartig verdickte Fühler und lange fadenförmige Kiefertaster, stark abgeplattete, mit dichten Schwimmhaaren besetzte Mittel- und Hinterbeine, mit denen er ungleichmäßig rudert und wackelnd und schwerfällig dahinschwimmt.
Er atmet nicht wie die Schwimmkäfer mit dem Hinterleib, sondern streckt den Kopf aus dem Wasser und fächelt sich gleichsam mit den Fühlern die Luft zu seinen Atemöffnungen. Die verbrauchte Luft bleibt an der seidigen Behaarung seines Bauches hängen und läßt diesen silbrig schimmern.
Das Weibchen baut im April eine schwimmende Eierwiege mit einem schnabelartigen Aufsatz, der nicht nur als Luftschlot dient, sondern auch das Kentern des Eierkahnes verhindert. Die Larven leben räuberisch, die ausgewachsenen Käfer bevorzugen Pflanzenkost sowie Frosch- und Fischlaich.

Dickbeiniger Schilfkäfer *Donacia crassipedes* (Familie: Blattkäfer *Chrysomelidae,* Ordnung: Käfer *Coleoptera*) Mitteleuropa, 9–13 mm, kann weder schwimmen noch tauchen, ist metallisch grün oder goldgrün, hat purpurrote, gold-, kupfer- oder messingglänzende, metallisch grün und blau schimmernde Flügeldecken, ist unterseits goldgelb behaart, erscheint von Ende Mai bis Juli oft massenhaft im Röhricht, auf Schwimmpflanzen, besonders auf den See- und Teichrosen, die er auch bestäubt.
Das Weibchen durchbohrt die Schwimmblätter, legt die Eier an deren Unterseite. Die ausschlüpfenden Larven leben unter Wasser an den Pflanzenwurzeln, spinnen sich dort einen mit Luft gefüllten, äußerlich braunen, innen weißen Kokon, in dem sie ihre Verwandlung zum Käfer durchmachen.

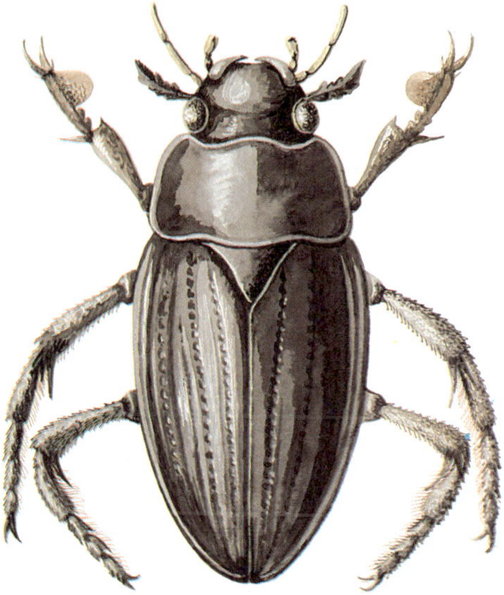

Großer Kolbenwasserkäfer

Dickbeiniger Schilfkäfer

Der Fischreiher

Von den vielen Vögeln an unseren stehenden Gewässern sei hier nur der Fischreiher angeführt, der sich fast ausschließlich an die durchwachsenen, seichten, kleinen Tümpel und Teiche hält, die möglichst umbuscht und umwaldet sein müssen. Die anderen Wasservögel alle, die Rohrsänger und Schwirle, Uferläufer und Regenpfeifer, Rallen und Sumpfhühnchen, Teich- und Bläßhühner, Taucher und Schwimmenten, Wildgänse und Möwen, Seeschwalben und Seeadler, die mehr oder weniger an das Röhricht gebunden sind, werden wir im nächsten Kapitel (S. 255 ff.) kennenlernen.

Fischreiher, Graureiher *Ardea cinerea* (Familie: Reiher *Ardeidae,* Ordnung: Schreitvögel *Ciconiiformes*) Europa außer Nordeuropa, ganzjährig geschont, stark gefährdet, ↑↓, ~, 3–10, mit etwa 90 cm storchengroß, Gefieder überwiegend grau, auf Stirn und Oberkopf weiß, am Halse grauweiß, auf dem Rücken aschgrau, weiß gebändert, an den Seiten des Unterkörpers schwarz. Seine weiteren Kennzeichen sind: schwarzer Augenstreif, drei lange schwarze Schopffedern, die einen Federbusch bilden, eine dreifache schwarze Fleckenreihe am Vorderhals, Schwingen unterseits schwarz, Schnabel gelblich und dolchförmig.

Schleichend wie die Rohrdommel steigt er gesenkten Kopfes und gekrümmten Halses langbeinig durch das seichte Wasser, die Riede und Moräste, sticht blitzschnell nach kleineren Fischen, Schlangen, Wasserinsekten und Insektenlarven. Sein Horst steht in hohen Bäumen, die vom Kot wie gekalkt erscheinen, brütet gern in Kolonien, sitzt 25–26 Tage auf seinen 3–6 grünen Eiern und füttert die gierigen Jungen volle 8 Wochen lang. Weithin stinkt die Kolonie dann zum Himmel.

Er ruft kreischend „Kräit“ und warnt kurz „Ka“, ist sehr mißtrauisch und vorsichtig.

Für die Fischzucht ist der Graureiher nicht schädlich, ganz im Gegenteil! Zwei Drittel seiner Nahrung besteht aus fischereischädlichen Käfer- und Libellenlarven und vor allem aus großen Mengen an Feldmäusen. Nur zu einem Drittel ernährt er sich von Fischen. Er fängt aber ausschließlich an der Oberfläche treibende oder schwimmende Tiere, da er ungern tiefer als 10 cm ins Wasser stößt. Auf diese Weise erbeutet er vor allem kranke Fische oder Lauben und kleine Weißfische, die in der Fischzucht unerwünscht sind, da sie den Edelfischen zuviel Futter wegfressen. Seine Beutefische sind außerdem meist nicht größer als 20 cm.

Fischreiher

Graue Gaukler über stiller Flut

Eine besondere Anziehungskraft üben die Tümpel und Teiche wie auch die toten Flußarme auf unsere einheimischen Fledermäuse aus. Bewundernswert sicher und flott flattern und schaukeln sie vom späten Nachmittag an dicht über die glatten Wasserspiegel und sind im nächsten Augenblick wie aus dem Luftraum gewischt. Die Fledermäuse sind auf der Insektenjagd! Einundzwanzig verschiedene Arten gibt es in Deutschland, von denen wir nun etliche kennenlernen wollen.

Mäuse nennen wir sie, weil sie fast durchweg mausklein und auch graupelzig sind. Die Vorsilbe »Fleder« aber soll ausdrücken, daß sie nicht wie die Vögel fliegen, sondern nur flattern, schweben und gleiten. Sie haben ja auch keine richtigen Flügel, sondern eine Flughaut, die sie ausspannen und wieder zusammenlegen können. Diese Flughaut liegt wie eine große Hautfalte am Körper und stellt eine Fortsetzung der Körperhaut dar. Ausgespannt wird sie durch die ausgebreiteten Arme und Beine. Bei den Armen helfen besonders die unheimlich verlängerten vier Finger, diese Haut zu straffen, sie wie einen Fächer aufzuschlagen oder wie einen Schirm aufzuspannen. Die Flughaut läßt von allen Gliedern nur die Zehen der Füße und den Daumen der Hand frei.

Mit den langbekrallten Zehen hängen sich die Fledermäuse kopfunter auf, wenn sie ausruhen oder schlafen wollen. Mit dem starkkralligen Daumen hangeln sie sich kletternd an Wänden empor und Balken entlang. Vor dem Abfliegen, das ihnen vom Boden aus nur schwer gelingt, fetten sie die Flughaut immer wieder frisch ein. Aus der hängenden Stellung kommen sie viel leichter in Fahrt, brauchen sich praktisch nur fallen zu lassen, die Flughäute auszuspannen und schnell auf die Luft zu schlagen. Während des nächtlichen Fluges erfolgt die Orientierung weniger mit den Augen – die gar nicht viel taugen –, sondern mit Hilfe des Gehörs. Die fliegenden Fledermäuse stoßen ununterbrochen kleine Schreie aus, die für unsere Ohren unhörbar sind. Die obere Hörgrenze des menschlichen Ohres liegt je nach Alter zwischen 21000 und 12000 Schwingungen pro Sekunde. Die Schreie der Fledermaus müssen wir bereits dem Bereich der Ultraschallwellen zuordnen, sie erzeugen 30000–70000 Schwingungen pro Sekunde. Diese hohen Töne werden in einer rhythmischen Folge bis zu 170mal in der Sekunde ausgestoßen. Gebildet werden die Signale im Kehlkopf und durch den Mund oder die Nase ausgestoßen. Treffen diese Ultraschallwellen nun auf ein fliegendes Insekt, so werden sie zurückgeworfen, und das Echo wird von den sehr kompliziert gebauten Ohren der Fledermaus aufgefangen. In der Technik nennt man einen solchen Apparat ein »Echolot«. Die Fledermäuse sehen also mit den Ohren! Unsere einheimischen sind alle Winterschläfer, die zum Teil bis zur Leblosigkeit erstarren und während des Schlafes von ihrem angespeicherten Fett zehren.

Kleine Hufeisennase *Rhinolophus hipposideros* (Familie: Hufeisennasen *Rhinolophidae,* Ordnung: Fledermäuse *Chiroptera*) Europa außer Nordeuropa, §, stark gefährdet, 7 cm, spannt 23 cm, Pelz hellfarbig graubraun, oberseits etwas dunkler, hat hufeisenförmigen Nasenaufsatz, der ihr als Ultraschall-Richtvisier dient, hüllt sich ruhend ganz in ihre Flughäute ein, fliegt niedrig und schnell, hält sich tagsüber in unterirdischen Gewölben, Kellern, Bergwerken, Ruinen, Felsenhöhlen auf, wird erst spät am Abend munter, verschläft den Winter in Höhlen nahe ihrem sommerlichen Jagdgebiet, unternimmt also keine weiten Herbstwanderungen, erscheint erst im späten Frühjahr wieder, lebt vor allem von Mücken.

Große Hufeisennase *Rhinolophus ferrumequinum* (Familie: Hufeisennasen *Rhinolophidae*) Südeuropa und südliches Mitteleuropa, §, stark gefährdet, 10 cm, spannt 35 cm, Pelz des ♂ oberseits aschgrau mit weißlichen Haarwurzeln, unterseits hellgrau, das ♀ oberseits lichtrötlichbraun, unterseits rötlichgrau, hat einen sehr großen, bauchig gerundeten Nasenaufsatz, ist reich und lang behaart, hat breite Flughäute, schaukelt langsam und niedrig dahin, bevorzugt als Ruheplätze ruhige Gehöfte, Dachböden und Ruinen, zieht sich zum Winterschlaf in Keller, Bergstollen und Höhlen zurück, wo sie dann oft zu Hunderten hängen, bleibt auch den Winter über in ihrem Jagdgebiet.

Großohrfledermaus, Langohrfledermaus *Plecotus auritus* (Familie: Glattnasen *Vespertilionidae,* Ordnung: Fledermäuse *Chiroptera*) Europa, §, gefährdet, 8–9 cm, spannt 24–25 cm, Pelz lang, oberseits graubraun, unterseits etwas heller, hat keinen Nasenaufsatz, langbehaartes Gesicht mit weißlichen Backenbarthaaren, sehr große lange Ohren, die auf der Stirn eng aneinanderstoßen, mit aufgerichteten Deckeln, sendet ihre Richtungswellen durchs Maul aus, Flughäute schmal und dünn, fliegt gut, aber nur selten über 15 m hoch, liebt die Nähe der Ortschaften, ruht gern unter Dächern, hinter Fensterläden, in hohlen Parkbäumen, kommt oft in die Zimmer, überwintert in Kellern, Gewölben und Stollen, fängt nicht nur fliegende Insekten, sondern liest auch Raupen rüttelnd ab, bringt ihr Junges im Juni/Juli zur Welt, trägt es im Brustfell lange mit sich herum

Mopsfledermaus, Breitohrige Fledermaus *Barbastella barbastellus* (Familie: Glattnasen *Vespertilionidae*) Süd- und Mitteleuropa, §, stark gefährdet, 9 cm, spannt 27 cm, Pelz oberseits dunkelschwarzbraun, unterseits graubraun, Flughäute und Ohren schwarzbraun, die Ohren sind groß und breit, sie berühren sich auf der Stirn, hat dicke Flughäute, lebt nicht so gesellig wie die anderen Fledermäuse, kommt meist vereinzelt vor, ruht gern in Mauerritzen, hängt sich seltener frei auf, fliegt auch tagsüber, weicht dem Winter in südlichen Wanderzügen aus, schläft ab November, erwacht oft wieder, verläßt das Winterquartier in unterirdischen Höhlen bereits im März.

Abendsegler, Frühfliegende Fledermaus, Speckmaus *Nyctalus noctula* (Familie: Glattnasen *Vespertilionidae*) Europa, §, gefährdet, 11-13 cm, spannt 42 cm, Pelz rötlichbraun, Flughäute schmal und dunkelschwarzbraun, Ohren dickhäutig und rundlich mit kurzem, nach oben verbreitertem Ohrdeckel, liebt das Flachland, Parks und Gärten, weite Täler, alte Wälder, ruht in Baumritzen, Spechtlöchern, Waldhütten, fliegt schnell und hoch mit flachen und fördernden Schlägen, oft schon nachmittags, tritt im Herbst weite Wanderungen an, überwintert oft zu Hunderten auf Schloß- und Kirchböden, jagt am liebsten an Waldrändern.

Von oben nach unten: Abendsegler – Kleine Hufeisennase – Zwergfledermaus

Breitflügelfledermaus, Spätfliegende Fledermaus *Eptesicus serotinus* (Familie: Glattnasen *Vespertilionidae*) Europa, §, stark gefährdet, 12–13 cm, spannt 32–35 cm, Pelz oberseits rauchbraun, unterseits fahl gelblichbraun, Flughaut breit, Ohrdeckel kurz und ziemlich schmal, fliegt langsam und flatternd, hält sich an die Ortschaften, jagt bis zu den Waldrändern, taucht erst bei eingebrochener Dunkelheit auf, fängt auch große Insekten, besonders Maikäfer, beginnt zeitig ihren Winterschlaf, aus dem sie erst im Mai erwacht, schläft in Baumhöhlen, Gewölben und Ritzen.

Zwergfledermaus (Abb. S. 241) *Pipistrellus pipistrellus* (Familie: Glattnasen *Vespertilionidae*) Europa außer Nordeuropa, §, gefährdet, 7 cm, spannt 17–18 cm, Pelz oberseits dunkelbraun bis gelblichbraun, unterseits etwas lichter, Flughäute schlank und dunkelbraunschwarz, Ohren dickhäutig, unsere häufigste und kleinste Fledermaus, wiegt nur 3–4 g, liebt die Nähe der Gehöfte und Ortschaften, ruht unter Dächern, in Mauer- und Balkenritzen, Baumlöchern, fliegt sehr behend, ziemlich hoch, sehr knapp über Gewässern, meidet sonst aber freie Plätze, kommt oft in erhellte Zimmer, klemmt sich während des Winterschlafes am liebsten in Ritzen, hängt sich selten frei auf, schläft erst spät ein, taucht im Februar schon wieder auf, bringt ihre ein oder zwei Jungen im Mai zu Welt.

Wasserfledermaus *Myotis daubentonii* (Familie: Glattnasen *Vespertilionidae*) West-, Mittel- und Südeuropa, §, gefährdet, 7–9 cm, spannt 23–25 cm, Pelz oberseits rötlichbraungrau, unterseits trübweiß, hat dünne Flughäute, kurze graubraune Ohren, liebt wasserreiche und gebirgige Gegenden, baumumstandene Teiche in der Nähe der Ortschaften, jagt dicht über dem Wasserspiegel, ruht in Baumhöhlen und Dachböden, fliegt rasch und gut, bereits in der ersten Dämmerung, von März bis Oktober, hängt sich ausruhend oft auch frei an Äste und Zweige nahe dem Wasser.

Mausohr, Riesenfledermaus *Myotis myotis* (Familie: Glattnasen *Vespertilionidae*) Mittel- und Südeuropa, §, gefährdet, 12–13 cm, die größte deutsche Fledermausart, spannt 38–40 cm, Pelz oberseits lichtrauchbraun, roströtlich überflogen, unterseits schmutzigweiß, hat durchaus keine kleinen Mausohren, doch sind sie sehr dünnhäutig und durchscheinend, Flughäute lichtgraubraun, Schwanzspitze ragt aus der Flughaut hervor, ist häufig, jagt über Straßen und Alleen, fliegt fast gemächlich und sehr geradlinig, ruht in Dachstühlen und Gewölben, ist meist sehr gesellig, hängt sich zum Winterschlaf in großen Gemeinschaften an die Decken von Scheunen und Heustadeln, Kellern und Felsenhöhlen.

Am See

Rohrammer

Die blauen Augen des Landes sind die Seen, die sich mitten in der Ebene oder hoch in den Bergen, zwischen rauschenden Wäldern oder steilen Felsenhängen ausbreiten. Raschelnde Schilfwälder, breite flache Sandsäume, moorige Wiesen, Sümpfe, Riede und Brüche sind ihr wechselvoller Rahmen. Erlen und Weiden, Birken und Kiefern rücken hier und dort dicht an ihre Ufer. Karpfen und Karauschen, Schleien und Brachsen, Felchen und Schmerlen, Hechte und Aale tummeln sich in ihrem Wasser. Teich- und Bläßhühner, Rallen und Rohrdommeln, Schilf- und Drosselrohrsänger birgt der Schilfwald. Enten, Taucher und Gänse schwimmen auf der blinkenden Wasserfläche. Regelmäßige Gäste sind die Fisch- und Seeadler, die Lachmöwen und Seeschwalben.
Nicht so sehr die Größe, sondern mehr die Tiefe des Gewässers läßt uns den See vom Teich unterscheiden. Denn in diese oft recht beachtliche Tiefe vermag die lebenerweckende Wärme der Sonnenstrahlen nicht zu dringen. Im Sommer ist der See längst nicht so sanft temperiert wie der Teich. Andererseits kühlt die große Wasserfläche im Winter nicht so schnell ab und friert längst nicht so schnell zu wie ein kleines und seichtes Gewässer. Das Sonnenlicht kann auch nur bis zu einer bestimmten Tiefe in das Wasser eindringen. Sieben bis acht Meter unter dem

Wasserspiegel herrscht etwa die gleiche Beleuchtungsstärke wie am Boden eines Buchenwaldes. Der Anteil von rotem und blauem Licht fällt in der Tiefe von neun Metern völlig aus. Das grüne Licht dringt noch bis zu 13 Meter unter den Wasserspiegel. Da die grünen Pflanzen das rote und blaue Licht benötigen, um aus anorganischen Stoffen organische aufzubauen – man nennt diesen Vorgang Photosynthese –, können sie nur im Bereich dieses Lichtes leben, also bis zu einer Tiefe von höchstens neun Metern. Aus den genannten Gründen ist das Pflanzen- und Tierleben in der Mitte des Sees auch verhältnismäßig gering und wird erst in Richtung auf die Ufer zu wieder reicher und vielfältiger. Das trifft um so mehr zu, wenn der See selbst hoch im Hügel- oder Gebirgsland liegt, wo der Winter lang und das Klima rauher ist. Dementsprechend birgt der See im Hochland fast die gleiche Tierwelt wie der Gebirgsbach und der Oberlauf der Flüsse. Wir finden andererseits im See des Flachlandes und der Tiefebene die Pflanzen und Tiere, denen wir bereits im Mittel- und Unterlauf der Flüsse und Ströme, zum Teil auch im Teich begegneten. Leider ist das Tierleben wie die Pflanzenwelt unserer Seen ebenfalls weitgehend gestört. Es ist schon ein großes Glück, eines dieser großen Gewässer ohne Badestrand, Passagierdampfer, Motorboote und vor allem ohne giftige Abwässer zu entdecken.

Die schäumenden und übel riechenden Abwässer sind für unsere Seen noch weitaus schädlicher als für die langsam oder schnell dahinfließenden Ströme und Bäche. Das stehende Gewässer mit seiner ruhigen Wasseroberfläche erfährt nämlich eine viel geringere Sauerstoffzufuhr, und je niedriger diese Sauerstoffzufuhr ist, desto geringer ist auch die Fähigkeit des Gewässers, sich wieder selbst zu reinigen. Alle organischen Abfallstoffe sind zunächst einmal gute Nährstoffe für die Kleinstlebewesen im See, für die winzigen Krebse, für Einzeller, für Bakterien, ein- und mehrzellige Algen, also für das gesamte Plankton. Tritt jedoch ein Überangebot ein, dann kann folgendes passieren: Das Plankton und auch größere Algen vermehren sich sehr stark, infolge ihrer Kurzlebigkeit sterben sie schnell wieder ab, sinken in riesiger Anzahl zu Boden und verbrauchen hier für ihre Zersetzung so viel Sauerstoff, daß für die Bewohner des Sees bald kaum mehr etwas übrigbleibt. Wegen des eintretenden Sauerstoffmangels können nicht alle Stoffe zersetzt werden, und es bildet sich am Grunde des Sees stinkender Faulschlamm, aus dem Blasen von Methangas aufsteigen und den Geruch von faulen Eiern verbreiten. Bei fortschreitender Zersetzung und dem damit immer weiter ansteigenden Sauerstoffverbrauch gehen alle größeren Tiere und Fische zugrunde. Der See »kippt um«, er wird ein toter See ohne jegliches Leben. Einige sehr stark verschmutzte Seen, wie z.B. den Schliersee und den Tegernsee, hat man buchstäblich in letzter Minute durch den Bau einer Ringleitung, die alles Abwasser auffängt, vor dem »Umkippen« gerettet. Vielerorts versucht man auch durch Einblasen von Sauerstoff den Sauerstoffmangel am Grunde des Sees zu beheben.

Von den Pflanzen

Der raschelnde Schilfwald

Es ist eine echte Entdeckungsreise, langsam im flachen Boot durch den dichten Schilfgürtel eines Sees zu gleiten. Die Welt hinter uns versinkt. Wie in einem dichten Dschungel sind wir rings von geheimnisvollen Geräuschen, von Gluckern und Plätschern, Sirren und Singen umgeben. Die hohen Stengel und Halme schlagen über uns zusammen. Ihre kräftigen Wurzelstöcke kriechen durch den Schlamm und Schlick, verflechten sich, schicken immer neue Erdsprossen aus und rücken Jahr um Jahr tiefer in den See. Luftröhren und Luftkammern in den Stengeln und Wurzelstöcken sorgen dafür, daß es ihnen nicht an Sauerstoff mangelt.

Schilf, Rohr *Phragmites communis* (Familie: Süßgräser *Gramineae* = *Poaceae*) Kosmopolit, häufig, blüht 7–9, ♃, größtes einheimisches Gras, schiebt die jungen Sprosse Anfang Mai. Die mit scharfrandigen Blättern besetzten Halme können die Höhe von 3–4 m erreichen. Die ausgebreitete Blütenrispe setzt sich aus langbehaarten Ährchen zusammen, auch die einzelne Blüte ist seidig behaart.
Aufgrund der tiefen Wurzeln und Ausläufer bodenfestigende Uferschutzpflanze und Verlandungspionier. Bei uns beträgt der Ufergewinn bis zu 1 m pro Jahr. Verwendung: ergiebige Streupflanze, Zellulosegewinnung, Dekoration, Dachbedeckung, Rohrmatten, Weberspulen, Mundstücke für Musikinstrumente.

Rohrähnliches Glanzgras *Typhoides arundinacea* (Familie: Süßgräser *Gramineae* = *Poaceae*) Kosmopolit, häufig, blüht 7–9, ♃, hat 1–2 m hohen Halm mit großen graugrünen Blättern. Die aufrechte und spitze, oft rötlich oder violett überlaufene Blütenrispe besteht aus einblütigen Ährchen, die zur Blütezeit gelappt, vor- und nachher zusammengezogen sind. Verwendung: Uferbefestiger, Streu- und Futterpflanze, bildet die ergiebigsten Wiesentypen.

Breitblättriger Rohrkolben *Typha latifolia* (Familie: Rohrkolbengewächse *Typhaceae*) Kosmopolit, häufig, blüht 7–8, ♃, treibt 1–2 m hohe, knotenlose Halme, hat breit lineare, am Grunde scheidenartige Blätter. Die Blüten stehen in zwei walzenförmigen, dicht

Schilf

übereinanderstehenden Kolben, von denen der obere die mit weißlichen Haaren untermischten männl. Staubgefäße, der untere die von schwärzlichen Haaren umgebenen weibl. Stempel trägt. Die reifen, mit Flugschirmchen versehenen Samen quellen und platzen aus dem unteren Kolben, den in der Reife der lange Griffel des entblätterten oberen Kolbens wie ein Blitzableiter ziert.
Verwendung: Blätter ergeben nach Natronlaugenbeize eine Spinnfaser, Flecht- und Verpackungsmaterial, dienen zum Abdichten von Fässern – Küfergras!, zum Dachdecken oder als Brennmaterial; stärkehaltige Wurzelstöcke ergeben in Notzeiten sogar eine Nahrung; früher wurden die Fruchthaare als Polsterung, Bettfüllung oder Watteersatz verwendet; Blütenstände ergeben dekorative Trockensträuße.

Schmalblättriger Rohrkolben *Typha angustifolia* (Familie: Rohrkolbengewächse *Ty-*

Breitblättriger Rohrkolben

Ästiger Igelkolben

phaceae) Europa, blüht 7–8, ♃, hat 0,5–1 cm breite, lineare Blätter, wird 1–2 m hoch, seine Blütenkolben stehen in Abständen von 2 bis 4 cm.

Kalmus

Ästiger Igelkolben *Sparganium erectum* (Familie: Igelkolbengewächse *Sparganiaceae*) gemäßigtes Europa, blüht 6–8, ♃, hat bis zu 1 m hohe Halme mit langen schwertförmigen Blättern. Seine 20–100 Blütenstände, von denen die männl. oben, die weibl. unten sitzen, erinnern an Morgensterne oder kleine grüne Igel. Außerdem finden wir noch relativ häufig den **Einfachen Igelkolben** *Sparganium simplex* mit unverzweigtem Blütenstand und 6–15 Köpfchen und den **Kleinen Igelkolben** *Sparganium minimum* mit 2–5 Köpfchen.

Kalmus *Acorus calamus* (Familie: Aronstabgewächse *Araceae*) Heimat: subtropisches Asien, zerstreut, ⚕, blüht 6/7, ♃, treibt 60 bis 120 cm lange, breit lineare, schwertförmige Blätter, erhebt grünen oder gelben, kegelförmigen Blütenkolben auf drei- oder vierkantigem Stengel. Es sieht aus, als ob dieser Kolben seitlich aus dem Stengel wächst, in Wirklichkeit ist er endständig und wird nur vom schwertförmigen Hüllblatt zur Seite gedrängt. Die frischgrünen, unten rötlich überlaufenen Blätter duften aromatisch, wenn man sie reibt.

Verwendung: Altes Arzneimittel, Wurzelstockextrakt galt als magenstärkend und verdauungsfördernd, wird auch in der Parfümerie und zur Likörbereitung verwendet, ist stärkehaltig und kann kandiert gegessen werden, pulverisiert dient er als Zahnputzmittel und für schwach hautreizende Bäder; Blütenkolben dienen als Zimmerschmuck.

Die blühenden Pflanzen der Uferzone

Schilf und Glanzgras, Rohr- und Igelkolben, Kalmus und Binsen erhöhen unaufhaltsam den Schlammgrund des Rohrwaldes, so daß sich zwischen ihnen auch etliche blühende Pflanzen ansiedeln können. Von ihnen haben wir den Wasserschierling (S. 105), das Mädesüß, den Baldrian, das Sumpfherzblatt, die Wasserschwertlilie, den Gilbweiderich, das Sumpfvergißmeinnicht, die Sumpfdotterblume, das Helmkraut, den Blutweiderich, den Sumpfziest, den Wasserdost bereits im Moor (S. 430 ff.) und am Bach (S. 173 ff.) kennengelernt. Außerdem finden wir hier dem Leben im Faulschlamm angepaßte Formen der Schafgarbe, des Labkrautes, des Ehrenpreises und des Hahnenfußes. Neue und unbekannte Gestalten aber sind:

Dreiblättriger Fieberklee, Bitterklee *Menyanthes trifoliata* (Familie: Fieberkleegewächse *Menyanthaceae*) Europa, ⚕, blüht 4–6, ♃, 15–30 cm, hat dreizählige, kleeblattartige, aber größere und langgestielte Blätter. Seine rosa überlaufenen Blüten stehen in dichten Trauben und haben 5 gefranste Kronblätter.

Blumenbinse, Schwanenblume, Wasserliesch *Butomus umbellatus* (Familie: Wasserlieschgewächse *Butomaceae*) Europa,

Dreiblättriger Fieberklee

Blumenbinse

selten, blüht 6–8, ♃, hat runden 60–140 cm hohen Blütenschaft, lange, grundständige, schilfartige Blätter und trägt eine große rosenrote Blütendolde, die aus langgestielten, sechsblättrigen Einzelblüten zusammengesetzt ist.

Wolfstrapp *Lycopus europaeus* (Familie: Lippenblütler *Labiatae* = *Lamiaceae*) Europa, ⚕, blüht 7–8, ♃, hat bis 1 m hohen Stengel, kreuzgegenständige, grob gezähnte Blätter, in deren Achseln die kleinen weißen, innen rot punktierten, 4–5zipfligen Blüten zu dichten Scheinquirlen vereinigt stehen.

Wasserfeder

Wasserfeder *Hottonia palustris* (Familie: Primelgewächse *Primulaceae*) fast ganz Europa, §2, blüht 5–7, ♃, 60 cm, erhebt sich zwischen Schilf und Binsen aus dem Wasser, in dem sie untergetauchte, quirlständige, kammförmig gefiederte Blätter entwickelt, aus deren Achseln nun gleich kleinen Kandelabern die gestielten Blüten brechen. Die Blüten stehen in drei- bis sechsblütigen Quirlen, die 5 Blütenblätter sind rötlichweiß mit gelbem Schlundring.

Sumpfblutauge

Sumpfblutauge *Comarum* = *Potentilla palustris* (Familie: Rosengewächse *Rosaceae*) Europa außer Südosten, selten, blüht 6–7, ♃, hat 10–50 cm hohen, braunrot überlaufenen, haarigen Stengel, drei-, fünf- oder siebenteilige, unterseits blaugraue Blätter, eine düster dunkelrote Blüte mit 5, spitzenwärts höchstens bis zu 7 schmalen blutroten Blütenblättern und braunroten Kelchzipfeln.

Wasserminze *Mentha aquatica* (Familie: Lippenblütler *Labiatae* = *Lamiaceae*) Europa, blüht 7–10, ♃, hat 30–100 cm hohen Stengel mit kreuzgegenständigen, gestielten, eiförmigen, am Rande gesägten Blättern, an dem die vierblättrigen, lilafarbenen Blütchen in lockeren Scheinquirlen und in einem endständigen kugeligen Köpfchen beisammenstehen.

Knotige Braunwurz *Scrophularia nodosa* (Familie: Braunwurzgewächse *Scrophulariaceae*) Europa, ⚕, (†), blüht 6–9, ♃, hat 60–140 cm hohen, scharf vierkantigen Stengel mit doppelt gesägten, kreuzgegenständigen Blättern und endständiger, lockerer und kurzer Blütenrispe. Die einzelne grünlichgelbe Blüte ist bauchig-kugelig, hat fünfzipfligen Kelch und eine tiefrotbraune Oberlippe.
Nicht ganz so häufig anzutreffen ist die **Geflügelte Braunwurz** *Scrophularia umbrosa*. Wichtigstes Unterscheidungsmerkmal ist ihr breit geflügelter Stengel.

Knotige Braunwurz

Von den Tieren

Die Fische der durchwachsenen Schilfrandzone

Wie die Frösche und Molche halten sich auch die meisten Fische in der gut durchwärmten und flachgründigen, schlammbedeckten und durchwachsenen Schilfrandzone auf, kreuzen noch hinaus bis zur Region der Schwimm- und Tauchpflanzen, meiden aber bis auf wenige Ausnahmen die freie Mitte des Sees. Von den silbergeschuppten Bewohnern unserer Seen haben wir die Forelle und den Gründling, die Groppe und den Döbel, die Quappe und die Plötze, den Brachsen und den Huchen bereits im Bach (S. 177 ff.) und Fluß (S. 200 ff.) kennengelernt. In der Ufer- und Schilfzone begegnen wir nun noch dem Karpfen und der Schleie, der Karausche und der Schmerle, dem Schlammpeitzger und dem Moderlieschen, dem Flußaal, dem kleinen wehrhaften Stichling und dem räuberischen Hecht. Wir betrachten sie uns wieder der Größe nach.

Großer Stichling *Gasterosteus aculeatus* (Familie: Stichlinge *Gasterosteidae,* Ordnung: Stichlingsfische *Gasterosteiformes*) Europa, 7–10 cm, laicht 4/5 u. 7/8, trägt ein blau- oder grausilbriges, oberseits dunkleres Kleid mit senkrechten dunklen Tarnstreifen und drei spitze Stacheln auf dem Rükken. Die paarigen Bauchflossen sind ebenfalls zu einem Stachelpaar umgebildet. Das Männchen schlüpft während der Laichzeit in ein prächtiges Hochzeitskleid, wird oberseits rötlichgelb und grün, unterseits tiefrot, wechselt seine Farben jäh nach seiner Gemütsverfassung, übernimmt die gesamte Brutpflege, baut das Nest aus Pflanzenstoffen, veranlaßt die Weibchen zur Eiablage, bewacht und befächelt die Eier, behütet die ausgeschlüpften Jungen, greift in dieser Zeit tollwütig jeden Wasserbewohner an, der sich seinem Schlupfwinkel nähert.

Moderlieschen *Leucaspius delineatus* (Familie: Weißfische *Cyprinidae,* Ordnung: Karpfenfische *Cypriniformes*) Europa, 5 bis 7 cm, laicht 4/5, ist oberseits grünlichbraun, seitlich und unterseits silberweiß, trägt stahlblauen Längsstreifen an den hinteren Seiten, das Seitenlinienorgan ist sehr kurz, hat steil nach oben gestelltes Maul, vorstehende Unterkiefer, weit nach hinten stehende Rückenflosse, legt die Eier in Ringen um Pflanzenstengel, wo sie vom Männchen bewacht und befächelt werden, überwintert im Schlamm.

Schmerle, Bartgrundel *Noemacheilus barbatulus* (Familie: Schmerlen *Cobitidae,* Ordnung: Karpfenfische *Cypriniformes*) Europa außer Südeuropa, 10–15 cm, laicht 3/4, ist oberseits dunkelgrün, seitlich gelblich, unterseits hellgrau, durchweg braunschwarz punktiert, gefleckt und gestreift, trägt sechs Barteln am Maul, liebt sandige und kiesige Uferstellen, hält sich tagsüber verborgen.

Schlammpeitzger *Misgurnus fossilis* (Familie: Schmerlen *Cobitidae*) Mittel-, Nord- und Osteuropa, 20–30 cm, laicht 4/5, hat aalartig runden, schwärzlichen Leib, den fünf gelbe und braune Längsstreifen zieren, lichten, schwarz getüpfelten Bauch, trägt zehn Barteln am Maul, faßt sich schleimig an, birgt sich tagsüber im Schlamm, kreiselt und springt an der Oberfläche, wenn ein Gewitter im Anzug ist, gilt als guter Wetterprophet, vermag, wenn das Gewässer austrocknet, durch den Darm freie Luft zu atmen, einen Sommerschlaf im Schlamm zu halten, gibt typische Darmlaute von sich.

Blaufelchen *Coregonus wartmannii = lavaretus* (Familie: Lachse *Salmonidae,* Ordnung: Lachsfische *Salmoniformes*) bewohnt alle Alpenseen, besonders zahlreich im Bodensee und Züricher See, bis 50 cm, laicht 11/12, ist oberseits hellblau und silberglänzend, seitlich und unterseits silberweiß, hat schwärzlich punktierte Seitenlinien, gelblichweiße, schwarz gesäumte Flossen, nährt sich fast ausschließlich von winzigen Krebsen, kommt selten an die Oberfläche und kaum an die Ufer. Nur die laichenden Blaufelchen sind an der Wasseroberfläche zu sehen und verhalten sich beim Laichgeschäft so stürmisch, daß das Wasser regelrecht zu kochen scheint. Häufig werden dabei auch Fische verletzt.

Bodenrenke, Weißfelchen *Coregonus acronius* (Familie: Lachse *Salmonidae*) lebt in den großen Tiefen der Alpenseen und der Eifelseen, bis 60 cm, laicht 11–3, ist schmaler als das Blaufelchen.

Schleie *Tinca tinca* (Familie: Weißfische *Cyprinidae,* Ordnung: Karpfenfische *Cypriniformes*) Europa, bis 70 cm, laicht 4–8, ist oberseits meist dunkel ölgrün, goldschimmernd, seitlich hell- oder rötlichgrau, violett schimmernd, hat kleine goldgelb schimmernde Schuppen, zwei Barteln an den

Maulwinkeln, dicke schleimige Oberhaut, liebt lehmigen und schlammigen Grund, möglichst stark bewachsen, schaufelt den Schlamm, dem sie ihre Nahrung entnimmt, legt an die 300000 Eier ab.

Karausche *Carassius carassius* (Familie: Weißfische *Cyprinidae*) Mittel-, Nord- und Osteuropa, bis 40 cm, laicht 5–7, ist meist messinggelb, auf dem Rücken stahlblau schimmernd, an den Flossen rötlich überlaufen, hat stumpfes, enges Maul ohne Barteln, sehr breite Stirn, schwach ausgeschnittene Schwanzflosse, liebt schlammige, stark durchwachsene Gewässer, hält sich am Schlammgrund auf, laicht sehr lebhaft, schmatzt und schnattert, jagt und spielt, legt rund 200000 Eier an Wasserpflanzen ab.

Karpfen *Cyprinus carpio* (Familie: Weißfische *Cyprinidae*) Europa, bis 1 m, in Ausnahmefällen noch größer, laicht 5/6, hat weites, von dicken Lippen und 4 langen Barteln umgebenes Maul, halbmondförmig ausgeschnittene Schwanzflosse, ist gewöhnlich oberseits grau, bäuchlings gelblich, an den Flossen rötlich überflogen, wechselt stark in der Färbung, kann auch goldgelb und blaugrün schimmern.
Wir unterscheiden den nur wenige große Schuppen tragenden **Spiegelkarpfen** und den schuppenlosen **Lederkarpfen** sowie noch viele andere Spielarten. Er liebt gut durchwachsene, seichte, schlammige, warme und weiche Gewässer, schluckt alles, auch modernde Pflanzenstoffe, schaufelt Schlamm, legt über 300000 Eier an dicht durchwachsene Stellen, wird schon von alters her gezüchtet.

Hecht (Abb. S. 254) *Esox lucius* (Familie: Hechte *Esocidae,* Ordnung: Hechtfische *Esociformes*) Europa, 1–2 m, laicht 2–4, ist oberseits meist schwärzlich, seitlich grau marmoriert und gefleckt, unterseits weiß, schwarz getüpfelt, hat rötliche Brust- und Bauchflossen, bräunliche Rücken- und Afterflosse, eine schwarzgefleckte Schwanzflosse, stark abgeflachten Kopf, entenschnäbliges und weitgespaltenes Maul, das mit 700 Zähnen bewehrt ist.
Er ist in allen Gewässern zu Hause, im Bach und Fluß, Strom und Brackwasser, Teich und See, schießt wie ein Pfeil durchs Wasser, ist scharfäugig, gefräßig, verschlingt außer Fischen auch Frösche und Molche, Wasservögel und Wasserratten, kann bis 35 kg schwer und bis 70 Jahre alt werden.

Flußaal *Anguilla anguilla* (Familie: Echte Aale *Anguillidae,* Ordnung: Aalfische *Anguilliformes*) Europa, ♀ bis 120 cm, ♂ bis 45 cm, hat schlangenartig gestreckten, seitlich zusammengedrückten Leib mit winzigen, kaum sichtbaren Schuppen, einen die hintere Körperhälfte umgebenden Flossensaum, spitzzähniges Maul, ist oberseits dunkelgrünlich, auf dem Kopf fast bräunlich, unterseits weiß und matt silberglänzend. Er kommt als durchsichtiger Glasaal aus dem Sargassomeer, erreicht im dritten Jahr als schon kräftig gefärbter Steigaal unsere Flußmündungen, wandert in den Flüssen empor, überwindet dabei jedes Hindernis, auch den Rheinfall bei Schaffhausen, rutscht notfalls auch über Land, lebt an die sechs Jahre als Gelbaal in den süßen Gewässern aller Art, räubert, wächst heran, wird zum Blankaal und geht wieder auf die große Reise, wandert zurück zum Sargossomeer, in die großen Tangwälder vor der Küste Nordamerikas, wo er sich dann paart, laicht und zugrunde geht.

Bildtafel, von oben nach unten: Moderlieschen – Karpfen – Schlammpeitzger – Karausche – Großer Stichling, (♂) im Hochzeitskleid – Schleie

Wels, Waller *Silurus glanis* (Familie: Echte Welse *Siluridae,* Ordnung: Welse *Siluriformes*) Mittel- und Osteuropa, 2–3 m, laicht 5–7, ein nackter Riese mit massigem Kopf, mit einem weiten, von Bartfäden umstandenen Maul, ist oberseits blauschwarz, seitlich grünlichschwarz, gegen den Bauch hin ölgrünlich gefleckt, unterseits rötlich oder gelblichweiß, bläulichschwarz gemarmelt, hat zwei kopflange weißliche Barteln am Oberkiefer und vier kurze rötliche Barteln am Unterkiefer.
Bevorzugt große ruhige Gewässer mit Schlammgrund. Er ist ein gewaltiger Grundräuber und in vielen bayerischen Seen zu Hause, setzt seine 100 000 Eier in Röhricht und Ried ab, kann mindestens 50 Jahre alt werden.

oben: Wels unten: Hecht

Die braunen Sänger im Rohr

Stimmungsvolle Sumpf- und Wasserlieder, die an das Schwirren und Sirren des Schilfs, das Quarren der Frösche, das Knarren der Wasserhühner, das Quaken der Reiher erinnern, singen die braunen Rohrsänger. Akrobatisch geschickt rutschen und klettern sie dabei an den Halmen hinab und hinauf, reißen den emporgerichteten Schnabel weit auf, zittern mit hängenden Flügeln und sind mit einem Eifer bei der Sache, als gäbe es landauf, landab keine schöneren Lieder.
Mit ihrem schlanken Leib, dem flachstirnigen Kopf, dem pfriemförmigen Schnabel, den hohen kräftigen Läufen, den kurzen abgerundeten Flügeln und der lichten Unterseite sind sie leicht auszumachen. Kunstvoll flechtend und webend hängen sie ihre tief napfförmigen Nester zwischen die Rohrhalme, die sie als Stützpfeiler in die Wandung einbeziehen, stellen sie aber auch in Büsche oder auf den Sumpfboden.

Großer Rohrsänger, Drosselrohrsänger, Rohrspatz *Acrocephalus arundinaceus* (Familie: Grasmücken *Sylviidae,* Ordnung: Sperlingsvögel *Passeriformes*) Brutgebiet: Europa außer Nordeuropa, §, gefährdet, ~, 4–9, mit 20 cm knapp starengroß, oberseits dunkelbraun, unterseits rostgelblichweiß, an der Kehle und Brustmitte lichter, hat dunkelbraune Schwingen und weißlich gesäumte Steuerfedern, dunkelbraune Augen.
Schimpft wirklich wie der sprichwörtliche Rohrspatz, schmettert laut und hell, im Mai oft Tag und Nacht, sein »Karle-karle-kiek!« Er rutscht dabei am Halm empor, baut sein Nest auf die Wasserseite des Rohrwaldes und dort ziemlich an den Rand, paart sich im Mai, versammelt sein Gelege Mitte Juni, sitzt 14–15 Tage auf 4–5 bläulichen oder graugrünlichweißen Eiern.

Teichrohrsänger, Kleiner Rohrspatz *Acrocephalus scirpaceus* (Familie: Grasmücken *Sylviidae*) Brutgebiet: Europa außer Nordeuropa, §, ~, 5–10, mit 15–16 cm etwas kleiner als der Stadtspatz, gleicht im Gefieder und Gesang seinem großer Vetter, hat lebhaft rostgelbe Flügel- und Schwanzdecken, Hals- und Körperseiten, einen weißlichen Ring um das Auge.
Baut sein Nest ins Rohr, öfter auch in Ufergebüsche, versammelt seine 4–5 Eier Mitte Juni, stimmt sein Lied in hoher Tonlage an, singt eifrig im Juni.

Sumpfrohrsänger, Sumpfspötter *Acrocephalus palustris* (Familie: Grasmücken *Sylviidae*) Brutgebiet: Mittel- und Osteuropa, §, ~, 5–8, knapp 13 cm, ähnelt dem Teichrohrsänger sehr, ist aber unterseits etwas heller und insgesamt plumper, braucht nur den Schnabel aufzureißen, um sich als beachtlicher Gesangskünstler und Nachahmer fremder Lieder auszuweisen. Glockenrein perlen und wirbeln die klangschönen und kunstvollen Motive in buntem Wechsel aus der kleinen Kehle, erschallen noch tief in der Nacht. Baut sein Nest in niedriges Gebüsch nahe dem Gewässer, oft auch in Weiden, meidet den Schilfwald, brütet im Juni.

Schilfrohrsänger, Bruchweißkehlchen *Acrocephalus schoenobaenus* (Familie: Grasmücken *Sylviidae*) Brutgebiet: Europa außer Iberische Halbinsel, §, gefährdet, ~, 4–10, 12,5 cm, gleicht im Gefieder seinen Vettern, hat aber kräftig gestreifte Oberseite und einen auffälligen rahmfarbenen Augenstreif.

Stellt das Nest ins Seggengras, zwischen Büsche, auf niedrige Weidenköpfe, ist wenig scheu, flötet und trillert angenehm, klettert singend an den Halmen empor und erhebt sich singend zum Balzflug, huscht auf der Erde mausflink dahin. Das Weibchen legt 4–7 bräunliche Eier, brütet im Juni.

Schilfrohrsänger

Binsenrohrsänger, Seggensänger *Acrocephalus paludicola* (Familie: Grasmücken *Sylviidae*) Brutgebiet: vor allem Italien und nördliches Mittel- und Osteuropa, §, ~, 4–9, knapp 13 cm, ähnelt dem Schilfrohrsänger, unterscheidet sich von ihm durch gefleckten Bürzel und gelblichweißen, schwarz eingefaßten Kopfstreifen.
Bevorzugt sumpfige Wiesen, Riede, Brüche, Seggenbestände, stellt sein Napfnest auf den Boden, brütet Anfang Juni, singt ähnlich wie der Schilfrohrsänger, wiederholt sich aber häufiger.

Rohrammer, Mohrenköpfchen (Abb. S. 243) *Emberiza schoeniclus* (Familie: Ammern *Emberizidae,* Ordnung: Sperlingsvögel *Passeriformes*) Brutgebiet: Europa, §, ~, 3–10, mit 15–17,5 cm buchfinkengroß, dicklich, farbenfreudig, hat sattrotbraunes bis schwarzbraunes Gefieder, ♂ an Kopf und Kehle schwarz, ein Nackenring, der Bartstreifen und die Brust sind hellweiß. ♀ mit braunem Kopf, braungelbem Augen- und Bartstreif.
Turnt in Röhricht, Ried, Moor und Sumpf an den Halmen herum, hüpft rasch dahin, schwingt sich hoch empor, zuckt schwirrend dahin, fällt jäh nieder, stammelt fleißig sein anspruchsloses, halb gewürgtes, stark abgehacktes »Ziatit-tai-zissis!« Stellt sein Nest auf den Boden, brütet im Mai und Juli.

Rohrschwirl *Locustella luscinioides* (Familie: Grasmücken *Sylviidae,* Ordnung: Sperlingsvögel *Passeriformes*) Brutgebiet: Iberische Halbinsel, Frankreich, Osteuropa und Norddeutschland, §, stark gefährdet, ~, 4–9, mit 15–16 cm von der Größe des Teichrohrsängers, Gefieder aber intensiver rötlichbraun, weswegen er auch Nachtigallenrohrsänger genannt wird. Ungestreifte Oberseite, kurzer undeutlicher Augenstreif, Unterseite bräunlichweiß mit rötlichbraunen Flanken.
Bevorzugt fast ausschließlich die Rohrwälder, baut sein Nest aus Schilfblättern, versteckt es gut zwischen die Halme, singt schwirrend und rollend wie eine Laubheuschrecke.

Schlagschwirl, Flußrohrsänger *Locustella fluviatilis* (Familie: Grasmücken *Sylviidae*) Brutgebiet: östliches Mitteleuropa und Osteuropa, §, gefährdet, ~, 5–8, sperlingsgroß, hat olivbraune Oberseite und eine weißliche, schwach braun gestreifte Kehle. Liebt Brüche und Riede, Sumpfwälder und Flußauen mit viel Buschwerk, stellt sein tiefes Napfnest auf den Boden, versammelt sein Gelege Ende Mai, streckt beim Singen den Kopf fast senkrecht empor, trillert sein schwirrendes Liedchen mit großer Ausdauer.

Feldschwirl, Heuschreckensänger *Locustella naevia* (Familie: Grasmücken *Sylviidae*) Brutgebiet: Europa außer Nord- und

Südeuropa, §, ~, 4–9, mit 14 cm knapp spatzengroß, oberseits olivbraun, Rücken gestreift, über dem Auge hellgrauer, unten dunkel abgegrenzter Augenstreif, unterseits rostfahlgelb, fast weißlich.
Bevorzugt sumpfiges Wiesengelände, moorige Wälder, stellt sein Nest auf den Boden, singt leise schwirrend, fängt oft erst nach Sonnenuntergang an und läßt sich die ganze Nacht hindurch hören.

Weidenmeise, Mattköpfige Sumpfmeise *Parus montanus* (Familie: Meisen *Paridae*, Ordnung: Sperlingsvögel *Passeriformes*) Brutgebiet: West-, Mittel- und Osteuropa, §, ↓, ~, 11,5 cm, gleicht sehr der Nonnenmeise (S. 507), ist oberseits braungrau, unterseits weißlich, hat braunschwarzen, fast glanz-

Weidenmeise

losen Oberkopf, ausgedehnten schwarzen Kehlfleck, hellen Flügelfleck an den Armschwingen, deutlich gestuften Schwanz, liebt feuchte Mischwälder, Erlenbrüche, Auwaldungen, bevorzugt als Nistbaum die Kopfweide, zimmert sich zur Not selbst eine Höhle im morschen Stamm, legt 7–8 Eier, ruft gedämpft und langgedehnt »Dä-dä«, lockt »Tschih«, singt recht klangvoll und abwechslungsreich, ist sehr scheu.

Bartmeise *Panurus biarmicus* (Familie: Meisen *Paridae*) Brutgebiet: Nord- und Ostseeküste, Mittelmeerküste und Teile Osteuropas, §, gefährdet, ↑↓, mit 16,5 cm noch größer als die Kohlmeise, Gefieder auf der Oberseite zimtbraun, langer zimtbrauner Schwanz, Unterseite hellrötlich grau, ♂ mit aschgrauem Kopf und auffallendem schwarzem Bartstreifen. Klettert geschickt im Röhricht, stellt sein Nest nahe ans Wasser, liebt einsame Rohrdickichte.

Lasurmeise *Parus cyanus* (Familie: Meisen *Paridae*) Brutgebiet: Rußland, streift umher bis Mitteleuropa, Schweden, Holland und Frankreich, §, gefährdet, 13,5 cm, sieht aus wie eine weißlich gefärbte Blaumeise, trägt einen längeren Schwanz, ein schneeweißes Köpfchen mit dunkelblauem Augenstreif, Gefieder oberseits graublau, unterseits weiß. Besucht vor allem Weiden und Büsche an Teichen und Flußufern, ist allgemein bei uns ein sehr seltener Gast.

Die heimlichen Wasserläufer

Schilfbewachsene und seichte sowie sandige und flache Seeufer gefallen auch den Vögeln, die man als Wasserläufer zusammenfaßt. Sie kennzeichnen sich durchweg durch einen langen weichen Schnabel, der eine rechte Schlammsonde darstellt, durch hohe, bis über die Fersen nackte Beine, sind gute Läufer, wippen mit Kopf und Leib, können aber auch schwimmen und tauchen, brüten auf der Erde, meist in flüchtigen Nestern, und sind eher gute Pfeifer und Rufer als kunstvolle Sänger.

Flußuferläufer, Sandpfeifer *Tringa hypoleucos* (Familie: Schnepfen *Scolopacidae*, Ordnung: Watvögel *Charadriiformes*) Brutgebiet: Europa, §, stark gefährdet, ~, 4–9, mit 19,5 cm etwa lerchengroß, hat unter allen Wasserläufern die niedrigsten Beine und den kürzesten Schnabel, Gefieder oberseits öl- bis erdbraun, schimmert grünlich oder purpurn, unterseits grau und weiß, hat weiße Flügelbinde und weiß eingefaßten Schwanz. Birgt sich im Schilf und Röhricht, läuft so flott und wippend wie die Bachstelze, fliegt so knapp über den Wasserspiegel dahin, daß er sich fast die Flügel netzt, pfeift zart, hell und hoch »Hididi!« Versammelt seine 4 blaßrostgelben Eier Anfang Mai, brütet 22 Tage, lebt von Larven und Insekten.

Waldwasserläufer

Rotschenkel, Sumpfwasserläufer *Tringa totanus* (Familie: Schnepfen *Scolopacidae*) Brutgebiet: Europa, §, stark gefährdet, ~, 3–9, mit 28 cm etwa amselgroß, hat gestreckten roten Schnabel mit schwarzer Spitze, hohe zinnoberrote Beine, langen und dünnen Hals, Gefieder oberseits gräulichbraun, schwarz gefleckt, an Bürzel und Unterrücken weiß, am Schwanz schwarzweiß gebändert, am Flügel weiß gesäumt.
Er ist etwas steifbeinig, balzt sein Weibchen mit nickendem Kopf, hängenden Flügeln und hübschen Knicksen und Verbeugungen an, trillert und flötet angenehm, weist ihm mehrere gedrehte Nestmulden vor, hilft ihm auch beim Ausbrüten der vier kreiselförmigen, braun gefleckten Eier.

Bruchwasserläufer *Tringa glareola* (Familie: Schnepfen *Scolopacidae*) Brutgebiet: Norddeutschland, Nord- und Osteuropa, §, gefährdet, ~, 4–9, mit 20 cm etwa haubenlerchengroß, Gefieder oberseits grünlichbraun, grau und weiß gefleckt, an Kopf und Hinterhals fein weißlich gestreift, unterseits reinweiß. Stellt sein Nest auf die Erde oder benutzt alte fremde Nester in Büschen und Bäumen, gibt sich sehr heimlich, fällt nur durch seinen Balzflug auf, steigt jodelnd und dudelnd empor, schwebt dahin, sinkt ab, steigt wieder auf, erinnert im Gesang fast an die Heidelerche.

Waldwasserläufer *Tringa ochropus* (Familie: Schnepfen *Scolopacidae*) Brutgebiet:

Norddeutschland, Nord- und Osteuropa, §, gefährdet, ~, 4–9, mit 23 cm etwa drosselgroß, Gefieder oberseits dunkelbraun, weiß gefleckt, unterseits weiß, bräunlich längsgestreift, erscheint grob gesehen im ganzen schwarzweiß.
Liebt bewaldete Ufer, lockt deutlich »Giff!« Balzt fliegend nach Lerchenart, nistet oft auf Bäumen, die Jungen springen sofort aus dem Nest, auch wenn es sehr hoch steht.

Flußregenpfeifer

Flußregenpfeifer *Charadrius dubius* (Familie: Regenpfeifer *Charadriidae,* Ordnung: Watvögel *Charadriiformes*) Brutgebiet: Europa außer Norden und Nordwesten, §, gefährdet, ~, 4–9, mit 16–19 cm etwa lerchengroß, liebt die flachen Kies- und Sandufer der Seen und Flüsse, hat viel kürzeren Schnabel als die eigentlichen Wasserläufer, schmales schwarzes Band über dem Schnabelansatz, an das sich ein breites weißes anschließt, das wiederum durch ein schwarzes begrenzt wird, ist oberseits erdgrau, unterseits weiß bis auf die breite Halszeichnung. Läuft sehr flott, fliegt gut, verbirgt sich tagsüber, wird erst gegen Abend munter, versammelt seine 4 Eier in einer einfachen Mulde auf kiesigem Grund, brütet 22–24 Tage.

Die Wasser- und Teichhühner

Sümpfe und Riede, Brüche und Moore in der Nähe der Teiche und Seen sind die Heimat der Rallen, der Sumpf- und Wasserhühnchen. Tagsüber halten sich diese dunklen, lerchen- bis rebhuhngroßen, an und für sich gar nicht scheuen Hühnchen im Riedgras und Schilf verborgen, werden erst in der Dämmerung munter und verraten sich dann durch ihre eigenartigen hellen Rufe. Sie laufen ebenso gut wie sie schwimmen und tauchen, sind schlangengewandte Schlüpfer und auf ihre Tarnfarben vertrauende Drücker, meist recht schlechte Flieger, brüten durchweg auf der Erde, betätigen sich als tüchtige Insektenvertilger, aber auch als Nesträuber. Die drolligen schwarzwolligen Jungen sind flotte Nestflüchter.

Wasserralle *Rallus aquaticus* (Familie: Rallen *Rallidae,* Ordnung: Kranichvögel *Gruiformes*) Brutgebiet: Europa außer hoher Norden, §, gefährdet, ↓, ~, 3–10, mit 28 cm knapp rebhuhngroß, Gefieder oberseits gelbbraun, schwarz gefleckt, unterseits schiefergrau, hat überkopflangen, sanft gebogenen, am Grunde roten Schnabel, sehr kurzen Schwanz. Läuft geduckt, reckt sich beobachtend hoch auf, wippt dabei mit

dem Schwanz, schwimmt flott, flieht halb fliegend, halb laufend über die Wasserfläche, erhebt sich nur selten in die Luft, zappelt dann wie eine Fledermaus, ihr Pfiff erinnert an einen sausenden Rutenschlag.
Die balzenden und kämpfenden Männchen quieken, kreischen, knurren, grunzen, rülpsen und brummen. Das Weibchen sitzt Ende Mai/Anfang Juni auf seinen 6–10 Eiern, brütet fast drei Wochen lang.

Wiesenralle, Wiesenschnarre, Wachtelkönig *Crex crex* (Familie: Rallen *Rallidae*) Brutgebiet: Europa außer Süden und hoher Norden, §, gefährdet, ~, 5–9, mit 28 cm knapp rebhuhngroß, Gefieder oberseits schwarzbraun, ölgrau gefleckt, Flügel rostrot, seitlich braungrau und braunrot gefleckt, unterseits aschgrau.
Entfernt sich oft weit vom Gewässer, bewohnt auch Getreidefelder und Wiesen, fällt durch ihren sonderbaren schnarrenden Ruf auf, der genauso klingt, als wenn ein Holzkamm gestrichen wird, ist dennoch nur schwer zu entdecken, da sie auf ausgetretenen Wechseln durch die Wiesen läuft, wieselflink rennt, sich tief duckt.
Brütet im Juni, sitzt knapp drei Wochen lang auf den 6–12 gelblichen und grünweißen, rotgefleckten Eiern.

Tüpfelsumpfhuhn *Porzana porzana* (Familie: Rallen *Rallidae*) Brutgebiet: Europa außer Nordeuropa, §, gefährdet, ~, 4–8, mit 23 cm etwa drosselgroß, Gefieder oberseits olivbraun, schwarz gefleckt und weiß getüpfelt, an Stirn, Kehle und Kropf schiefergrau, an Brust und Bauch schwarzweiß, wellenförmig gebändert. Ist in Norddeutschland häufig, meidet Hügelland und Gebirge sowie die freie Wasserfläche, verbirgt sich tagsüber, lockt hell, fast quiekend, quakt in der Angst, ruft in der Balz laut und scharf »Trick-träck«, brütet Ende Mai/Anfang Juni, sitzt 18 Tage auf seinen 9–12 Eiern.

Kleines Sumpfhuhn, Bruchhühnchen *Porzana parva* (Familie: Rallen *Rallidae*) Brutgebiet: Osteuropa und östliches Mitteleuropa, §, stark gefärdet, ~, 4–9, mit 19 cm knapp starengroß, Gefieder oberseits olivbraun, schwarz gefleckt, vereinzelt weiß getüpfelt, unterseits aschblau, der Schnabel an der Wurzel hochrot, sonst grün, hat grüne Füße.
Ist sehr anmutig, läuft, schwimmt und taucht gut, fliegt flatternd und mit hängenden Beinen, quiekt und pfeift hoch und hellgellend, lockt und gluckst »Tuk-tuk«, brütet Ende Mai/Anfang Juni, sitzt auf 8–10 Eiern.

Wasserralle

Zwergsumpfhuhn *Porzana pusilla* (Familie: Rallen *Rallidae*) Brutgebiet: hauptsächlich Frankreich, Iberische Halbinsel, südliches Osteuropa, Süddeutschland, §, stark gefährdet, ~, mit 17,8 cm lerchengroß, hat grünen Schnabel und rötlichgraue Füße, gleicht sonst in Farbe und Wesen dem Kleinen Sumpfhuhn, schwimmt schwanzwippend, lockt »Djakdjak«, trillert »Terr-ter-ter«, pfeift und quiekt wie die Wasserralle.

Bläßhuhn, Schwarzes Wasserhuhn *Fulica atra* (Familie: Rallen *Rallidae*) Europa außer hoher Norden, ↓↑, mit 38 cm fast entengroß, Gefieder einförmig schwarz, hat blendendweiße Stirnplatte, einen weißlichen Schnabel, graugrüne Beine mit gelblichen Zehen. Ist fast immer auf dem Wasser, schwimmt gut und taucht noch besser, rudert flügelschlagend weite Strecken unter Wasser, vermag sich nur schwer aufzuschwingen, muß erst weit und flügelschlagend übers Wasser rennen, ruft viel und durchdringend »Köw« oder »Kröw«, baut sich ein Schwimm- oder Ufernest, sitzt ab Mitte Mai auf 7 bis 12 blaßlehmgelben oder gelbbraunen Eiern, brütet 22–24 Tage. Die Jungen sind schwarzdunig, haben brennendroten Kopf, verleben die ersten Tage im Schilf und sind bald selbständig.

Bläßhuhn

Grünfüßiges Teichhuhn *Gallinula chloropus* (Familie: Rallen *Rallidae*) Brutgebiet: Europa außer hoher Norden, §, ↓↑ ~, 3–10, mit 33 cm reichlich rebhuhngroß, Gefieder schwärzlich, an den Weichen weiß gefleckt, am Steiß reinweiß, hat große hochrote Stirnplatte, an der Wurzel lackroten, an der Spitze grüngelben Schnabel, sehr langzehige grüngelbe Füße.
Ist stärker als die Rallen und Sumpfhühnchen dem Wasserleben angepaßt, ein guter

Grünfüßiges Teichhuhn

Schwimmer und Taucher, klettert wie die Rohrsänger durch Schilf und Rohr, auch in die Büsche und Bäume, lockt »Terr-terr«, führt die Jungen »Gurr-gurr« oder »Duck-duck«, zuckt beim Schwimmen mit dem aufrecht getragenen weißen Schwanz, brütet in schwimmenden oder in bodenständigen Nestern, sitzt 20–21 Tage auf 8–10 blaßrostgelben Eiern.

Die farbenprächtigen Taucher

Auf der freien Fläche der großen Teiche und Seen tummeln sich die bunten Taucher, die sich durch lappige Hornplatten an den Zehen und eine besondere Brutpflege auszeichnen. Als Fischfresser wurden sie lange verfolgt, ehe man erkannte, daß sie eine Art Gesundheitspolizei für die Fische sind. Sie bergen ihre Jungen in besonderen Tragtaschen, die aus verlängerten Federn bestehen, wie in körpereigenen Wärmestuben, tauchen mit ihnen und nehmen sie auch mit in die Luft. Später turnen die Jungen auf dem breiten Rücken der Alten herum, spazieren, sonnenbaden und ruhen gleichsam auf Oberdeck.

Haubentaucher *Podiceps cristatus* (Familie: Echte Lappentaucher *Podicipedidae,* Ordnung: Lappentaucher *Podicipediformes*) Brutgebiet: Europa außer hoher Norden, ganzjährig geschont, gefährdet, ↓↑, ~, mit 48 cm gut stockentengroß, Gefieder oberseits glänzend schwarzbraun, seitlich rostfarben und schwarzgrau gefleckt, am Vorderhals und Unterleib atlasweiß. Die Kennzeichen sind: grauer, oben geteilter Federbusch, prächtiger rostroter, schwarzbraun gerandeter Halskragen, blaßroter bajonettstarker Schnabel, karminrote Augen, schwanenlanger Hals. Ist fast immer auf dem Wasser, läuft und fliegt schlecht, erscheint schon gepaart, brütet Ende Mai, im Juni, oft auch erst Anfang Juli, sitzt 25 Tage lang auf den 3–4 grünlich weißen, später lehmgelben Eiern, fast regelmäßig auf einem schwimmenden Nest im Schilf und Röhricht. Sein Ruf ist ein kräftiges, weithinschallendes »Köck-köck-köck«, im Zorn ein knarrendes »Kraor«, ist ausgesprochen angriffslustig.

Schwarzhalstaucher *Podiceps nigricollis* (Familie: Echte Lappentaucher *Podicipedidae*) Brutgebiet: Mittel-, Ost- und Südosteuropa und Italien, ganzjährig geschont, gefährdet, ↓, im Winter an den Küsten, bis Westeuropa und Südeuropa umherziehend,

Haubentaucher

mit 30 cm kleiner als der Haubentaucher, Gefieder zur Brutzeit oberseits, an Kopf und Hals schwarz, an den Seiten rostbraun, unten weiß, trägt einen fächerförmigen goldgelben Federbüschel an jeder Kopfseite. Brut und Lebensweise wie beim Haubentaucher.

Rothalstaucher *Podiceps griseigena* (Familie: Echte Lappentaucher *Podicipedidae*) Brutgebiet: Osteuropa und östliches Mitteleuropa, ganzjährig geschont, ↿, ~, 3–10, rund 5 cm kleiner als der Haubentaucher, Gefieder oberseits grauschwarz mit lichten Federsäumen, unterseits atlasweiß, dunkelgrau geschaftet, an Oberkopf, Nacken und Hinterhals schwarz, schwach grünglänzend, am Vorderhals rostrot.
Ist verhältnismäßig selten, stärker im Osten vertreten, ruft schauerlich und geisterhaft wie ein wieherndes Fohlen oder ein quiekendes Schwein aus dem nächtlichen Röhricht.

Zwergtaucher *Podiceps ruficollis* (Familie: Lappentaucher *Podicipedidae*) Brutgebiet: Europa außer hoher Norden, ganzjährig geschont, ⇂, ~, 3–10, mit 27 cm knapp halb so groß wie der Haubentaucher, Gefieder oberseits glänzendschwarz, leicht bräunlich schimmernd, unterseits grauweiß, dunkel gewölkt, an der Kehle und vor dem Auge schwärzlich, mit kennzeichnendem, gelblichweißem Fleck im Schnabelwinkel, an den Kopf- und Halsseiten kastanienbraunrot. Liebt stille kleine Teiche und Seen mit reichem Röhricht und Schlammgrund, Brüche und Moräste, meidet das freie Wasser, baut schwimmendes Nest, brütet Ende April/Anfang Mai, sitzt 23 Tage auf den 4–6 grüngelblichweißen, später bräunlichen Eiern.

Unsere häufigsten Schwimmenten

Im Gegensatz zu den bisher besprochenen Wasservögeln sind die Schwimmenten ausgezeichnete Flieger, ebenso gute Schwimmer und Taucher, aber schlechte Läufer. Jedermann kennt den behäbigen Watschelgang, der ihnen eigen ist, kennt auch das Flugbild mit dem weit vorgestreckten Hals und Kopf, das an ein verlängertes Kreuz erinnert. Ihre Jungen sind die frühreifsten Vogelkinder, kommen in einem dichten Dunenkleid zur Welt, gehen sofort ins Wasser und ernähren sich ohne jegliche Anleitung. Die Paarung erfolgt immer auf dem Wasser. Das Männchen beteiligt sich nie am Brutgeschäft und recht unterschiedlich an der Aufzucht der Jungen.

Stockente *Anas platyrhynchos* (Familie: Enten *Anatidae,* Ordnung: Gänsevögel *Anseriformes*) Europa, ⇂↿, ♂ 57 cm, ♀ 49 cm, die Wildente schlechthin, typische Gründelente, von der unsere Hausente abstammt. Im Prachtkleid hat der Erpel metallisch schimmernden grünen Kopf und Hals, der sich durch einen leuchtendweißen Ring von der kastanienbraunen Brust absetzt. Nach der Mauser, von Ende Juni–Oktober, trägt er das schlichte braune Kleid des Weibchens und behält gleich ihm von aller Pracht nur noch den blauvioletten, schwarzweiß gesäumten Flügelspiegel.
Liebt schlammige, schilf- und riedbedeckte Gewässer, meidet die freien Flächen, ist sehr

wachsam, der Warner aller anderen Wasservögel, ruft, quäkt und schnattert wie unsere Hausente, brütet auf dem Land, im Ried, unter Büschen, aber auch in verlassenen Greifen- und Krähennestern auf Bäumen, sitzt 25–26 Tage lang auf seinen 8 bis 14 schmutzigweißen, leicht grünlichen oder bläulichen Eiern.

Stockente

Löffelente *Anas clypeata* (Familie: Enten *Anatidae*) Brutgebiet: hauptsächlich West- und Osteuropa, Raum um die Ostsee, ganzjährig geschont, gefährdet, ↓↑, ~, 3–9, 50 cm, hat löffelartigen Schnabel, der 6 bis 7 cm lang und an der Spitze fast doppelt so breit wie in der Mitte ist, ♂ mit flaschengrünem Kopf, Gefieder an der Brust weiß, am Bauch kastanienbraun, ♀ braun gefleckt wie die Stockente, aber mit blauen Schultern, beide Geschlechter an den Spiegelfedern schimmernd metallgrün.
Gründelt weniger als die Stockente, schnattert mehr die Oberfläche des Wassers mit ihrem Spezialseiher ab, ruht fast den ganzen Tag über, wird in der Dämmerung munter, stellt ihr Nest gern so auf, daß es von Wasser umgeben ist.

Pfeifente *Anas penelope* (Familie: Enten *Anatidae*) Brutgebiet: Nord- und Nordosteuropa, ganzjährig geschont, ↑↓, ~, 3–9, 44–49 cm, stattlich wie Löffelente, Erpel an Kopf und Oberhals rostrot mit hellgelbem Scheitel, auf dem Rücken und an den Seiten grau, fein schwarz gewellt, an Bauch und Steiß weiß, Brust rosenholzfarben, am Spiegel metallisch dunkelgrün, schwarz gesäumt. Das Weibchen gelbgrau, dunkel gefleckt, an Brust und Bauch weiß, am Spiegel grau, weiß gesäumt. Durchzugsvogel, der selten bei uns brütet.

Pfeifente (♂)

Spießente *Anas acuta* (Familie: Enten *Anatidae*) Brutgebiet: Nord- und Osteuropa, Britische Inseln und nördliches Mitteleuropa, zweitweise geschont, stark gefährdet, ↓, ~, 3–11, 56 cm, Erpel erkenntlich an der bandförmigen, senkrechten, weißen Halszeichnung, am purpurbraunen Kopf, der weißen Brust und den beiden spießartig verlängerten schwarzen Steuerfedern, sein Spiegel

Spießente (♂)

schimmert grün, ist schwarzweiß gesäumt, die Armschwingen leuchten kupfern und purpurrot; das ♀ ist braun mit dunklem Spiegel und spitzem Schwanz. Brütet nur selten bei uns, meidet Gewässer in Wäldern.

Knäkente *Anas querquedula* (Familie: Enten *Anatidae*) Brutgebiet: Mittel- und Osteuropa, Westeuropa außer Britische Inseln, zeitweise geschont, gefährdet, ~, 3–10, mit 38 cm reichlich taubengroß, Erpel an Kopf und Oberhals braunrot, weiß gestrichelt, an Oberkopf und Kinn schwarz, am seitlichen Oberkopf bis zum Oberhals breit weiß gestreift, an der Oberbrust braungelb, an der Unterbrust weiß und an den Spiegelfedern bronzeglänzend blaugrün mit schwarzem Saum und weißer Endbinde. Das Weibchen einfarbig graugelblich, Spiegel weißlich und schwach blaugrün.

Knäkente

Krickente *Anas crecca* (Familie: Enten *Anatidae*) Brutgebiet: Europa außer Südeuropa, zeitweise geschont, gefährdet, ~, 3–11, mit 36 cm reichlich taubengroß, Erpel an Kopf und Hals braun, beiderseitig von einem grünvioletten, gelblich gesäumten Streifen durchzogen, am Spiegel halb glänzendgrün, halb samtschwarz und weiß gesäumt. Das Weibchen schlicht graugelblich mit glänzend grünem Spiegel. Ist unsere

Krickente

kleinste Wildente, bevorzugt dicht bewachsene und verschilfte, kleinere Gewässer.

Tafelente *Aythya ferina* (Familie: Enten *Anatidae*) Brutgebiet: Großbritannien, Mittel- und Osteuropa, zeitweise geschont, ↓, mit 46 cm kleiner und gedrungener als die Stockente, Erpel mit einfarbig kastanienbraunem Kopf und Hals, schwarzer Brust und hellgrauem Körper. Das Weibchen mit dunkelbraunem Kopf und Vorderkörper. Nistet im dichten Röhricht.

Wildgänse

Die hochbeinigen und langhalsigen Gänse sind dem Wasser nicht derartig verbunden wie die Enten, wandern oft weit über die Wiesen und Saatfelder, um dort als reine Pflanzenfresser zu weiden. Sie fliegen auch besser und anhaltender, und zwar immer klar gestaffelt, liegen leichter und höher auf dem Wasser, verbinden sich auf Lebzeiten mit dem Ehepartner und gehen nach dessen Tod keine neue Bindung ein. Ebenso stark ist der Zusammenhalt der Familien und Sippen.

Graugans *Anser anser* (Familie: Enten *Anatidae,* Ordnung: Gänsevögel *Anseriformes*) Brutgebiet: nördliches Europa, Teile Mittel- und Südosteuropas, ↓, ⁓, 2–10, 76 bis 92 cm, die Wildgans schlechthin, Stammmutter unserer Hausgans, Gefieder oberseits bräunlichgrau, unterseits gelblichgrau, Kopf und Hals nicht dunkler als der Körper, hat braune Augen, gelbroten Schnabel mit weißlichem Nagel, trüb fleischfarbene Füße. Brütet bei uns nur noch an den holsteinischen und mecklenburgischen Seen, liebt ausgedehnte, von Sümpfen, Rieden und Brüchen gesäumte Gewässer, steht mit polterndem Flügelschlag auf, geht geräuschvoll auf dem Wasser nieder, ist immer vorsichtig und mißtrauisch, legt das Erdnest mit den eigenen Dunen aus, sitzt 27 Tage auf ihren Eiern.

Saatgans *Anser fabalis* (Familie: Enten *Anatidae*) Sommer: Nordskandinavien, Winter: Mittel- und Teile Südeuropas, ⁓, 71 bis 89 cm, Schnabel schwarz mit orangegelber Binde, hat sehr dunkelgraubraunes Gefieder, Beine orangegelb.

Bläßgans *Anser albifrons* (Familie: Enten *Anatidae*) Wintergast aus Nordrußland und Grönland, kommt im Sommer ins nördliche West- und Mitteleuropa, ins östliche Südeuropa, §, 66–76 cm, erkenntlich an der auffälligen weißen Stirnzeichnung am Grunde des rötlichen Schnabels und an den großen schwarzen Bauchflecken.

Graugans

An Binnengewässern brütende Möwenvögel

Möwe und Meer sind uns ein Begriff. Aber es gibt auch einige Möwenvögel, echte Möwen wie Seeschwalben, die wir fast ausschließlich an unseren größeren Seen und Teichen, Flüssen und Strömen beobachten können, die also regelrechte Süßwassermöwen sind und verhältnismäßig selten unmittelbar am Meer nisten und brüten.

Lachmöwe im Sommerkleid

Lachmöwe *Larus ridibundus* (Familie: Möwen *Laridae,* Ordnung: Möwenvögel *Lariformes*) Brutgebiet: Europa außer Südeuropa, ↓ ↑, ~, 4–7, 37 cm, kommt viel in die Großstädte, läßt sich mit den Enten und Schwänen an den Brücken füttern, Gefieder an Kopf und Oberhals nußbraun, an Nacken, Unterseite, Schwanz und Schwingen weiß, an den Mantelfedern aschblau. Sie hat dunkelbraune Augen mit rotem Augenring, lackroten Schnabel und Fuß. Im Winter wird die braune Kopfkappe ebenfalls weiß, in der Jugend ist das Gefieder oberseits bräunlich. Bevorzugt von Feldern und Sümpfen umgebene Gewässer, möglichst mit unzugänglichen Inseln, brütet hier in großen Kolonien auf der Erde, wo viel Zank und Streit herrscht, läuft gewandt und flink, schwimmt gut, liegt hoch und leicht auf dem Wasser, lockt kreischend »Kräää«, lacht »Gagaga« oder heiserer »Grägrägrä«, warnt »Kreckkeckkeck«, vermag kaum zu tauchen, richtet kaum Fischereischaden an, geht auf den Insekten- und Larvenfang auf Feldern und Wiesen, läuft hinter dem Pflug her.

Trauerseeschwalbe *Chlidonias niger* (Familie: Seeschwalben *Sternidae,* Ordnung: Möwen *Lariformes*) Brutgebiet: Mittel- und Osteuropa, §, ~, 4–8, mit 25 cm etwa amsel-

Trauerseeschwalbe im Sommerkleid

groß, Körper samtschwarz, Rücken und Flügel blaugrau oder dunkelgrau, in der Steißgegend weiß, Schnabel grauschwarz, Fuß braunrot. Im Winter ist die Unterseite weiß, der Kopf schwarzweiß gescheckt.
Bevorzugt stehende Gewässer mit ausgedehnten Sümpfen und Brüchen, meidet Flüsse und Ströme, läuft schlecht, schwimmt selten, fliegt leicht und zierlich, brütet im Sumpf auf hochgetürmten Haufennestern, versammelt Anfang Juni ihr Gelege von drei Eiern, auf denen sie fast drei Wochen lang sitzt.

Flußseeschwalbe *Sterna hirundo* (Familie: Seeschwalben *Sternidae*) Brutgebiet: Mittel- und Osteuropa, Küstengebiete, §, stark gefährdet, ~, 4–7, mit 35 cm etwa taubengroß, Gefieder an Oberkopf und Nacken

Flußseeschwalbe

schwarz, an Mantel und Schulter bläulich-aschgrau, sonst durchweg weiß, hat roten Fuß und Schnabel.
Brütet an allen größeren Binnengewässern, auch viel an Flüssen, am liebsten auf niedrigen Inseln und Kiesbänken, legt ihre 2–3 gut getarnten Eier in eine leichte Bodenvertiefung, sitzt rund drei Wochen.

Zwergseeschwalbe *Sterna albifrons* (Familie: Seeschwalben *Sternidae*) Brutgebiet: Hinterland der Nord- und Ostseeküste, Frankreich und alle sonstigen Küstengebiete Europas ausgenommen Nordeuropa, §, gefährdet, ~, 5–8, mit 20 cm etwa mauerseglergroß, Gefieder an Oberkopf und Nacken schwarz, an Mantel- und Flügelfedern aschgrau, sonst fast durchweg weiß, besonders fallen die weiße Stirn, der schwarze Augenstreif, der gelbe Schnabel und Fuß auf.
Brütet an allen süßen Gewässern, bevorzugt größere Flüsse und Ströme, legt ihre Eier auf umflossene Kiesbänke in flache Mulde, sitzt rund drei Wochen fest, ist flott, zierlich und gewandt, ein Flugkünstler.

Adler über dem See

Zwei unserer schönsten Adler, der Seeadler und der Fischadler, haben sich ganz auf den Fang von Fischen und Wasservögeln eingestellt, horsten in der Nähe der großen Binnengewässer, wurden in den letzten Jahren wieder in Ostholstein und in der Lübecker Bucht heimisch. Sie sind die geborenen Stoßtaucher, die aus großer Höhe sausend in die aufspritzende Flut schießen, die Fische mit ihren unbefiederten Fängen ergreifen und erdolchen.

Seeadler *Haliaeëtus albicilla* (Familie: Greife *Accipitridae,* Ordnung: Greifvögel *Falconiformes*) Brutgebiet: östliches Südeuropa, vereinzelt Nord- und Osteuropa, in Norddeutschland vor allem als Wintergast, ganzjährig geschont, stark gefährdet, ↑, ~, 1 m groß, spannt um 2,50 m, Gefieder fast durchweg erd- und dunkelbraun, lichtgelblichgrau gerandet, dunkelbraun geschaftet, am Schwanz weiß, an Kopf, Nacken und Kehle licht fahlgraugelb. Der weiße Schwanz verrät ihn weithin. Augenring, Schnabel, Wachshaut und Füße sind gelb.

Seeadler

Der Horst, ein Bau von 1,5–2 m Durchmesser und bis zu 1 m Höhe, ist mit armdicken Knüppeln unterbaut und aus dünneren Ästen aufgeschichtet, mit Zweigen bedeckt und weich ausgepolstert. In ihm liegen Ende März die 2–3 Eier, die 35 Tage bebrütet werden. Er steht entweder auf hohen freien Bäumen mit guter Rundsicht oder auf Felsklippen, manchmal auch in Büschen oder mitten im Röhricht. Die Ehepartner halten auf Lebenszeit fest zusammen.
Neben lebender Beute, zu der auch die meisten kleineren Säuger zählen, nimmt er jedes Aas an, fast so gern wie die Geier.

Fischadler *Pandion haliaeëtus* (Familie: Fischadler *Pandionidae,* Ordnung: Greifvögel *Falconiformes*) Brutgebiet: Nord- und Osteuropa, Südküste Spaniens, ganzjährig geschont, stark gefährdet, ~, 3–9, mit 55 cm reichlich bussardgroß, spannt bis zu 1,5 m, sein fast fettiges Gefieder liegt glatt an, ist oberseits braun, licht gerandet, an Kopf und Nacken auf gelblichweißem Grund schwarzbraun längsgestreift, auf der hellen Brust bilden braune Federn einen deutlichen Schild, zumindest ein breites Halsband, vom Auge läuft bis zur Halsmitte ein breites dunkles Band, aus dem das hochgelbe Auge feurig leuchtet. Wachs- und Fußhaut bleigrau, Schnabel und Krallen sind glänzendschwarz.
Der Horst steht hoch in starken Bäumen, hat Durchmesser von 1 m, eine Höhe bis über

2 m, denn er wird alljährlich erhöht. In ihm liegen Ende April/Anfang Mai die 2 bis 4 länglichen weißen Eier, die drei Wochen lang bebrütet werden.
In etwa 20–50 m Höhe kreist er über den Gewässern, rüttelt oft wie der Turmfalke, stürzt wie ein Stein in die Tiefe, stößt mit vorgestreckten Beinen ins Wasser, das hoch aufspritzt, taucht nach einigen Sekunden mit seiner Beute wieder auf, wartet bis der Fisch nicht mehr so sehr zappelt und erhebt sich wieder mit kräftigen Flügelschlägen aus dem Wasser, ist fast ausschließlich auf Fischkost eingestellt, manchmal gehören zu seinen Beutetieren jedoch auch kleine Säugetiere, Schildkröten, Frösche, Enten, Krebse und sogar Wasserschnecken, deren Schneckenhäuser er auf den Felsen zertrümmert, er nimmt aber niemals Aas an. Obwohl er selbst nur 1,7 kg wiegt, kann seine Fischbeute bis zu 2 kg wiegen.

Fischadler

Im Buchenwald des Mittelgebirges

Dreilappiges Leberblümchen

Ein gewaltiges, gründämmerndes Gewölbe ist der Buchenwald. Gleich glatten Säulen ragen die starken silbergrauen Stämme empor. Zu einem dichten Dach schließen sich die mächtigen Wipfel. Kaum ein Lichtstrahl erreicht den mit gilbendem Laub bedeckten Boden, der deshalb auch arm an Unterholz, an Zwerggesträuch und Büschen ist. Die Buche steht gern im dichten Bestand, auf beschattetem Boden, und was unter ihr gedeihen will, muß die kurzen Vorfrühlingswochen vor ihrer Belaubung nützen, muß im ersten Lenz sprießen und erblühen oder es lernen, mit dem stark zerstreuten Licht zu ihren Füßen auszukommen.

So begegnen wir gerade im Buchenwald allen zeitigen Frühlingsboten vom Schneeglöckchen bis zum Buschwindröschen, von der Leberblume bis zum Lungenkraut, vom Seidelbast bis zum Waldveilchen, finden wir die Schattenfreunde, wie den Sauerklee und das Immergrün, die Schattenblume und das Salomonssiegel. Dagegen werden wir vergeblich nach einem Heidel- oder Preiselbeerteppich, nach Heidebewuchs und Himbeerbeständen suchen.

Um so reicher aber ist das Tierleben im Buchenwald. Von der Assel und dem Tausendfüßler bis zur Schnecke, von der Milbe und der Spinne bis zur Baumwanze, von der Mücke und dem Käfer bis zum Schmetterling, vom Frosch bis zum Molch und

Salamander, von der Eidechse bis zur Blindschleiche und Ringelnatter, vom kleinen Singvogel bis zum Specht und Kauz, von der Waldmaus bis zum Igel und Bilch, vom Eichhörnchen und Marder bis zum Fuchs, vom Dachs und Wildschwein bis zum Reh und Hirsch sind sie alle im Buchenwald vertreten. Und notgedrungen werden wir, um den Rahmen dieses Kapitels nicht allzusehr zu sprengen, auf viele Tiere, die zugleich auch den Nadelwald (S. 312 ff.) und den Wald im Hochgebirge (S. 344 ff.) bewohnen, erst in den folgenden Kapiteln zu sprechen kommen.
In der Bundesrepublik bedeckt der Wald heute genau 30% der Gesamtfläche. Zwei Drittel des Waldbestandes werden von den Nadelhölzern eingenommen, also von Fichte, Tanne, Lärche und Kiefer. Für den Laubwald bleibt nur noch ein Drittel übrig, wobei die Buche heute noch genau 23% unseres Waldes beherrscht.
Immer wieder hört man, wie lebensnotwendig der Wald für Mensch, Tier und Pflanze ist, welche verheerenden Folgen die Abholzung großer Waldflächen oder ganzer Gebirgszüge nach sich ziehen kann. Worin liegt diese lebenserhaltende Bedeutung und der große Nutzen des Waldes begründet?
Die Holzproduktion selbst kann hier sicher nicht angeführt werden, denn gerade die maßlose und unüberlegte Nutzung des Rohstoffes Holz war es, die zum Beispiel in vielen Mittelmeerländern und auch bei uns in Deutschland zu nicht wiedergutzumachenden Schäden führte. Besonders rücksichtslose Verbraucher des Holzreichtums waren bei uns die Salzbrenner. Sie schafften es zum Beispiel, den ehemaligen Lüneburger Wald in die heutige Lüneburger Heide zu verwandeln, ferner die Erzschürfer, die ihre Stollen mit ganzen Wäldern von kräftigen Baumstämmen abstützten, weiter die Schiffs- und Städtebauer und auch die Köhler, die bis zur Mitte des 18. Jahrhunderts riesige Mengen von Holzkohle produzieren mußten, und zwar vor allem für die Eisenhütten, die damals in ihren Schmelzöfen noch keinen Koks verwenden konnten.
Die eigentliche und ganz große Bedeutung des Waldes ist also woanders zu suchen, und zwar in der sehr günstigen Beeinflussung des gesamten Landschaftshaushaltes. Ein gesunder Mischwald erzeugt den tiefsten und fruchtbarsten Humusboden, verhütet den schnellen oberflächlichen Abfluß der Niederschläge und speichert das Wasser. Ein Moospolster kann noch 14 Tage nach dem letzten Regen Wasser an den Boden abgeben. Der Wald speist regelmäßig das Grundwasser und die Quellen und stellt eine riesige Kläranlage für das gesamte Niederschlagswasser dar. Er wirkt ausgleichend auf die Temperaturgegensätze zwischen Tag und Nacht und erhöht die Luftfeuchtigkeit.

Neben dem Wasser reinigt er auch die Luft. Ein Kubikmeter Luft enthält über einer Industriestadt zwischen 100000 und 500000 Staub- und Rußteilchen, im Wald jedoch nur 500. Ein ha Buchenwald kann jährlich etwa 70 t Staub aus der Luft herausfiltern. Außerdem gibt eine große Buche stündlich rund 1,7 kg Sauerstoff ab,

das entspricht ungefähr dem täglichen Bedarf von 3 Menschen. Der Wald bremst darüber hinaus auch die Tätigkeit des Windes. Mit seinen tiefreichenden Wurzeln hält er den Boden fest, so daß dieser weder durch heftige Stürme noch durch prasselnde Niederschläge weggewaschen werden kann. Er schützt das Land somit vor Bodenerosion, das darunterliegende Gestein vor möglicher Verkarstung. Wären die Berghänge heute noch so dicht bewaldet wie früher, so müßten wir auch keinen Steinschlag und keine Geröllawine fürchten, und es könnte nicht passieren, daß ein ganzer Hang ins Rutschen gerät und ganze Dörfer darunter begraben werden.
Neben allen diesen günstigen Einflüssen auf den gesamten Landschaftshaushalt dürfen wir einen Punkt nicht vergessen. Ein gesunder Wald birgt gerade für den modernen Menschen noch einen weiteren, sehr wichtigen Nutzen. Er steht an der Spitze der bevorzugten Erholungsgebiete. So wird der Schönbuch bei Stuttgart an einem Wochenende von bis zu 35000 Menschen besucht.
Bei uns in der Bundesrepublik finden wir die schönsten Buchenwälder in Baden-Württemberg, Unterfranken, Hessen, Niedersachsen und in Rheinland-Pfalz.

Von den Pflanzen

Rotbuche *Fagus silvatica* (Familie: Buchengewächse *Fagaceae*) hauptsächlich West-, Mittel- und Südeuropa, (†), blüht 4–5, bis 45 m, belaubt sich im April/Mai mit spitzeiförmigen, schwach gezähnten Blättern, die in den ersten Wochen maiengrün und an den Rändern wie an den Rippen ihrer Unterseite seidig behaart sind. Später verlieren die Blätter diesen Verdunstungsschutz, bekommen eine glänzend dunkelgrüne Oberseite und eine helle Unterseite. Die sich gleichzeitig entfaltenden kleinen, schmal zungenförmigen, dünnhäutigen und bräunlichen Nebenblätter fallen bald wieder ab. Das Laub verfärbt sich im Herbst leuchtend gelb und braunrot, bleibt oft bis zum Frühjahr an den Zweigen.
Der Baum ist nicht tief verankert, die Wurzeln streichen stark seitwärts, der Stamm hat eine helle, glatte, silbergraue Rinde, die zumeist ein breites schwärzliches, vom Wipfel bis zum Fuß verlaufendes Band aufweist, die

Rotbuche, oben rechts: ♀ Blüten, darunter: ♂ Kätzchen, unten links: Bucheckern

Spur des abfließenden Regenwassers. Mit dem Wachstum läßt sich die Rotbuche Zeit, erreicht erst im 100. bis 120. Lebensjahr ihre volle Höhe von 30–45 m und den Durchmesser von 80–100 cm, fängt so richtig zu wachsen erst nach dem 50. Jahr an, ist mit 150 Jahren aber oft schon kernfaul und kann höchstens 300 Jahre alt werden.
Zu blühen und zu fruchten beginnt die Rotbuche ebenfalls erst nach dem 50. Lebensjahr, im Freistand manchmal etwas eher. Die männlichen Blütenstände bilden kugelige, rötliche Kätzchen, die aus den untersten Blattachseln der jungen Zweige brechen und leicht herabhängen. Die weiblichen Blüten stehen immer zu zweit und straff aufgerichtet in den obersten Blattachseln. Sie sind bis auf die hervorlugenden rötlichen Narben ganz von einem vierteiligen, weichstachligen, seidig-zottigen Becher umgeben, der schon die Gestalt der späteren Früchte andeutet.
Nach der Befruchtung verholzt dieser behaarte Becher, wird gelbbraun, springt im Sept./Okt. mit vier Klappen auf und gibt die beiden scharf dreikantigen, glänzend rotbraunen Samenkerne, die Bucheckern oder Bucheln, frei, die ungefähr ein halbes Jahr keimfähig sind und reichlich Öl enthalten. Der Baum trägt etwa alle 5–8 Jahre reiche Frucht. Die Früchte werden von Eichelhähern und Eichhörnchen weit verbreitet, sind das Leibfutter der Wildschweine und Dachse, ergeben ein gutes Speiseöl.
Groß ist der Wert und Nutzen des harten Buchenholzes, das der Eisenbahn- und Brückenbau anfordert, gute Treppen und Holzpflaster abgibt, in der Möbelindustrie viel verarbeitet wird, Rohstoff für Zellwolle liefert und vorzüglich brennt.

Die blühenden Buchenbegleiter

Von den Blumenkindern des Buchenwaldes kennen wir schon vom Auwald (S. 188 ff.) her das Maiglöckchen, die Vierblättrige Einbeere, den Lerchensporn, das Scharbockskraut, den Bärenlauch, den Aronstab, das Springkraut und – von der Wiese her – die Schlüsselblume (S. 100). Sie alle betreiben entweder eine intensive Vorratswirtschaft in Wurzelstöcken und Zwiebeln oder sind Freunde des milden und zerstreuten Lichtes. Die Frühblüher unter ihnen, wie das Schnee- und Märzglöckchen, das Veilchen, das Scharbockskraut, das Buschwindröschen, die Haselwurz, der Lerchensporn, das Leberblümchen und der Bärenlauch, versehen ihre Samen mit einem angehefteten Nährkörper für die Ameisen, die ihnen als Samenverbreiter dienen.

Es blühen Anfang März–April:

Schneeglöckchen *Galanthus nivalis* (Familie: Narzissengewächse *Amaryllidaceae*) Mittel- und Südeuropa, selten, §2, gefährdet, ♃, 8–20 cm, die braune Zwiebel treibt zwei blaugrüne Laubblätter, zwischen die der Blütenstengel eingebettet ist, er trägt nur eine hängende weiße Blüte, die aus drei langen äußeren und drei inneren kurzen, grün geränderten Zipfeln besteht.

Märzenbecher, Frühlingsknotenblume *Leucojum vernum* (Familie: Narzissengewächse *Amaryllidaceae*) Mittel- und Südeuropa, selten, §2, gefährdet, †, ♃, 10–30 cm, treibt 3–4 dunkelgrüne Laubblätter. Die nickende, mehr glockenförmige weiße Blüte besteht aus sechs gleichgroßen Blumenblättern mit je einem grünlichen Fleck an der Spitze.

Dreilappiges Leberblümchen, Märzblümchen (Abb. S. 271) *Hepatica nobilis* (Familie: Hahnenfußgewächse *Ranunculaceae*) Europa, §2, (†), ♃, 8–25 cm, hat zahlreiche behaarte, rötliche, fingerlange Stengel, die je eine himmelblaue, von zottiger Hülle umgebene sechsblättrige Blüte tragen. Die überwinternden, ledrigen Laubblätter erscheinen meist erst nach der Blüte, sind langgestielt, haben dreilappige Gestalt, sind oberseits lebhaft grün.

Märzenbecher

Braune Haselwurz *Asarum europaeum* (Familie: Osterluzeigewächse *Aristolochiaceae*) Europa, †, ♃, 5–10 cm, meist 2 glänzende, tiefdunkelgrüne, rundliche, nierenförmige, zum Teil überwinternde Blätter, zwischen deren Stielen die wenig beachtete, kurzstielige, braunrote, glockige Blüte entspringt, besteht aus 3 Blütenblättern, riecht pfeffer- und kampferartig.

Braune Haselwurz

Rötliche Schuppenwurz *Lathraea squamaria* (Familie: Rachenblütler = Braunwurzgewächse *Scrophulariaceae*) Europa, selten, ♃, 10–25 cm, mit kurzen breiten Schuppen besetzte bleiche Triebe, die an ihrem Ende eine nickende Traube rotvioletter, nach einer Seite ausgerichteter, zweiseitig symmetrischer Rachenblüten tragen. Einzelblüte von hellrotem vierzipfligem Kelch umschlossen, hat eine dunkelrote helmförmige Oberlippe und dreilappige blasse Unterlippe. Entwickelt keine grünen Blätter, schmarotzt auf den Wurzeln der Holzpflanzen, blüht erst im Alter von 10 Jahren.

Echtes Lungenkraut *Pulmonaria officinalis* (Familie: Borretschgewächse *Boraginaceae*) Europa, ⚕, ♃, 15–30 cm, behaarter Stengel, dicht ansitzende, längliche bis eiförmige, rauh behaarte und oft gefleckte

Blätter, mehrere eng beisammenstehende, leuchtend weinrote, fünfzipflige Röhrenblüten, die sich nach der Befruchtung blauviolett verfärben.

Gemeiner Seidelbast *Daphne mezereum* (Familie: Seidelbastgewächse *Thymelaeaceae*) Europa, §$_1$, †, ♃, 50–150 cm, ausgesprochener Schattenfreund, dessen dünne gelbgraue Rutenzweige dicht mit rosaroten, vierzipfligen, seltsam wächsernen, betäubend nach Mandeln duftenden Blüten bedeckt sind. Die lanzettlichen, 5–8 cm langen Blätter entspringen dichtgedrängt erst nach der Blüte den Zweigenden.

Gemeiner Seidelbast
Blüten und Beeren

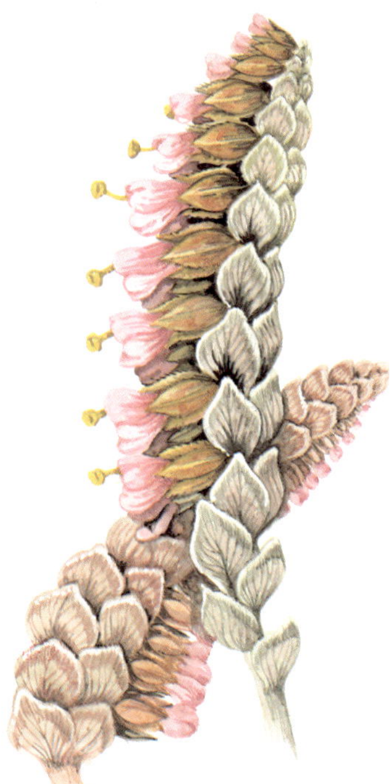

Rötliche Schuppenwurz

Echtes Lungenkraut

Wohlriechendes Veilchen, Märzveilchen *Viola odorata* (Familie: Veilchengewächse *Violaceae*) Europa, ⚕, ♃, 1–10 cm, Blütenstiele sind nicht beblättert, entspringen der Blattrosette, dunkelviolette, gespornte, stark duftende Blüte, eiförmige, am Grund herzförmig ausgeschnittene, am Rand gekerbte Blätter.

Wohlriechendes Veilchen

Es blühen Anfang April–Mai:

Buschwindröschen, Weiße Osterblume *Anemone nemorosa* (Familie: Hahnenfußgewächse *Ranunculaceae*) Europa, sehr häufig, †, ♃, 15–25 cm hoher Blütenstengel, drei tief eingeschnittene Laubblätter, weiße, sechsblättrige Blüte, die sich bei Sonnenschein sternförmig ausbreitet, in der Nacht und bei Regenwetter schließt und senkt.

Gelbes Windröschen *Anemone ranunculoides* (Familie: Hahnenfußgewächse *Ranunculaceae*) Europa, †, ♃, 15–30 cm, 5 Blütenblätter, trägt meist 2 Blüten, erblüht rund 14 Tage später als das Buschwindröschen, sieht ihm sehr ähnlich.

Immergrün, Singrün, Wintergrün *Vinca minor* (Familie: Immergrüngewächse *Apocynaceae*) Mittel- und Südeuropa, ⚕, ♃, bis 60 cm langer, kriechender Stengel, kurzgestielte, lanzettliche, später lederartige Blätter, große himmelblaue, fünfblättrige, manchmal auch weiße Blüten mit nach links gedrehten Blütenzipfeln, bildet sehr schöne große Teppiche.

Waldveilchen *Viola reichenbachiana* (Familie: Veilchengewächse *Violaceae*) Europa, ♃, 3–20 cm, beblätterter Stengel mit grund-

Immergrün

ständigen Blättern, hell- oder dunkelviolette, gespornte, geruchlose Blüte, herz- bis nierenförmige Blätter und lanzettliche, gefranste Nebenblätter.

Hundsveilchen *Viola canina* (Familie: Veilchengewächse *Violaceae*) Europa, ♃, 5 bis 15 cm, Blütenstiel beblättert, keine grundständigen Blätter, sehr blaßblaue, duftlose Blüte mit gelblichweißem Sporn.

Waldsauerklee

Waldsauerklee, Hainsauerklee *Oxalis acetosella* (Familie: Sauerkleegewächse *Oxalidaceae*) Europa, (†), ♃, 8–15 cm, kleiner zarter Stengel, dreigeteilte, kleeähnliche Blätter, die sich bei Nacht, Regen und grellem Licht falten, erfrischend säuerlich schmecken, zarte, fünfblättrige, weiße Blüte mit blaßvioletten Adern, Blütenblätter am Grunde mit einem gelben Fleck, bildet oft Rasen und Teppiche.

Frühlingsplatterbse *Lathyrus vernus* (Familie: Schmetterlingsblütler *Fabaceae*) Europa, ♃, 20–60 cm hoher, vierkantiger Stengel, eiförmige, ganzrandige, zwei- oder dreipaarig gefiederte Blätter ohne Ranke, nur mit einem kurzen Spitzchen, pfeilförmige Nebenblättchen, langgestielte, leuchtend-himbeerrote Schmetterlingsblüten, die sich nach der Befruchtung erst leuchtendblau, dann schmutzig blaugrün verfärben.

Es blühen Anfang Mai–Juni:

Gemeine Weißwurz, Salomonssiegel *Polygonatum odoratum* (Familie: Liliengewächse *Liliaceae*) Europa, †, ♃, 30–70 cm, der Vielblütigen Maiblume sehr ähnlich, die Blüten sind aber größer, hängen vereinzelt oder zu zweien in den Blattachseln, sind wohlriechend. Alte Zauberpflanze.

Gemeine Weißwurz

Waldmeister, Wohlriechendes Labkraut *Galium odoratum* (Familie: Rötegewächse *Rubiaceae*) Europa, ⚕, ♃, 10–30 cm hoher Stengel, dicht mit in Quirlen stehenden, stachelspitzigen, lanzettlichen Blättern besetzt, reinweiße, winzige vierblättrige Blüten, in kleinen Trugdolden, duftet stark wie Heu und Kiefernholz, gibt der Maibowle das Aroma.

Waldmeister

Walderdbeere *Fragaria vesca* (Familie: Rosengewächse *Rosaceae*) Europa, ♃, 8–15 cm, Stengel mit 3–10 Blüten, lange haarige Stiele, große dreizählige Blätter, eiförmige, gesägte, unterseits seidig behaarte Einzelblättchen, zarte weiße, fünfblättrige Blüte, deren Blütenblätter sich berühren, mit tellerförmig erweitertem Blütenboden, verlangt sonnige Fleckchen.

Zweiblättrige Schattenblume *Maianthemum bifolium* (Familie: Liliengewächse *Liliaceae*) Europa, †, ♃, 15–20 cm hoher Stengel, hat nur zwei dunkelgrüne, herzförmige, gestielte, bogenrippige Blätter, winzige weiße Blüten mit 4 Blütenblättern in kleiner endständiger Traube.

Vielblütige Weißwurz, Vielblütige Maiblume *Polygonatum multiflorum* (Familie: Liliengewächse *Liliaceae*) Europa, †, ♃, 30–60 cm, runder Stengel, bis zu 15 cm lange, hellgrüne in 2 Reihen stehende Blätter, in deren Achseln jeweils 3–5 längliche, grünlichweiße, geruchlose Blüten hängen.

Schwalbenwurz

Schwalbenwurz *Cynanchum vincetoxicum* (Familie: Schwalbenwurzgewächse *Asclepiadaceae*) Europa, †, ♃, 30–100 cm, hohe, kräftige Staude, rutenförmige, biegsame Stengel, gegenständige, oberseits glänzend dunkelgrüne, unterseits hellgrüne Blätter, deutlich genervt und länglich-lanzettlich; gelblichweiße, radförmige und unauffällige fünfblättrige Blüten, die in Trugdolden stehen.

Weißer Diptam *Dictamnus albus* (Familie: Rautengewächse *Rutaceae*) Mittel- und Südeuropa, §$_1$, gefährdet, †, ♃, 50–100 cm, hohe, dicht flaumig behaarte, schwarzdrüsige Stengel, derbe, dunkelgrüne, verkehrt eiförmige, unpaarig gefiederte, durch Öldrüsen punktierte Blätter, große rosarote zimt- oder zitronenartig duftende, zweiseitig symmetrische Blüten mit dunklen Adern und grüner Spitze in reicher verlängerter Traube.

Es blühen im Juni–Juli:

Türkenbundlilie *Lilium martagon* (Familie: Liliengewächse *Liliaceae*) Mittel- und Südeuropa, §$_1$, ♃, aus der goldgelben Zwiebel steigt der starke Stengel bis zu 100 cm empor, trägt schmale lanzettliche Blätter und in lockerer Traube große nickende, trübrosafarbene, purpurbraun gepunktete, süß duftende Blüten mit 6 stark zurückgerollten Blütenblättern und weit herausragenden Staubgefäßen und Stempeln.

Waldakelei *Aquilegia vulgaris* (Familie: Hahnenfußgewächse *Ranunculaceae*)

Weißer Diptam

Türkenbundlilie

Europa, §1, (†), ♃, 40–60 cm hoher, dünner, verzweigter Stengel, dicht ansitzende, einfach dreiteilige Blätter, große, nickende, violettblaue Blüten, bei denen jedes einzelne der 5 Blumenblätter in einen hakig gekrümmten Sporn ausgezogen ist.

Schwarze Tollkirsche *Atropa belladonna* (Familie: Nachtschattengewächse *Solanaceae*) Mittel- und Südeuropa, †, ♃, kräftige Staude, bis zu 2 m hohe, starke, stumpfkantige, verästelte, bläuliche, oben fein behaarte, teilweise verholzte Stengel, große eiförmig zugespitzte, mattgrüne, flaumig behaarte Blätter, die sich im Alter blau verfärben und immer so angeordnet sind, daß ein großes Blatt einem kleineren gegenübersteht. Zwischen diesen ungleich großen Blättern entfalten sich die einzelnstehenden Blüten, die außen braunviolett, innen schmutziggelb und purpurrot geadert sind. Die Früchte sind kirschgroße, glänzendschwarze, süßlich schmeckende, tödlich giftige Beeren und liegen in dem fünfspaltigen, sternförmig ausgebreiteten Kelch.

Waldgeißbart *Aruncus vulgaris = dioicus = silvester* (Familie: Rosengewächse *Rosaceae*) Mitteleuropa, Alpen, Pyrenäen, §2, ♃, 90–200 cm, doppelt gefiederte Blätter, bis zu 50 cm lange, federbuschartige Blütenrispen, meist zweihäusig, männliche Blütenstände elfenbeinweiß, weibliche rein weiß. Die Blüten werden häufig von goldschimmernden Rosenkäfern besucht. Liebt es feucht, drängt sich an die Bachränder.

Schwarze Tollkirsche

Waldgeißbart

Von den Tieren

Die sogenannten Tausendfüßler

Tausend Füße haben die braunen Stein- und Erdläufer, die Schnurfüßler und Kugler alle nicht, immerhin aber doch etliche Dutzend, und zwar meist ein oder zwei Paar je Körperglied. Als Stammväter der Insekten sind sie eine viele Millionen Jahre alte Tierklasse, meiden das Licht, sind der Feuchtigkeit zugetan. In der Nacht erst werden sie richtig munter, schweifen umher, leben räuberisch, überfallen Insekten und Spinnen, Schnecken und Würmer, töten mit Giftklauen. Wir entdecken sie unter Steinen, hinter Baumrinden, in alten Baumstümpfen und unter dem modernden Laub.

Brauner Steinläufer, Steinkriecher *Lithobius forficatus* (Familie: Steinläufer *Lithobiidae,* Ordnung: Steinläufer *Lithobiomorpha*) Mitteleuropa, 30 mm, glänzend kastanienbraun, schimmert auf der Rückenseite rötlich, hat große, vielgliedrige Fühler, 15 Beinpaare, läuft in schlangenförmigen Windungen, kriecht auch rückwärts, wehrt sich mit Giftbissen, die unsere Haut nicht durchdringen können.

Brauner Steinläufer

Langfühleriger Erdläufer *Geophilus longicornis* (Familie: Erdläufer *Geophilidae,* Ordnung: Erdläufer *Geophilomorpha*) Mitteleuropa, 30–40 mm, gelb, die feinbehaarten Fühler erreichen halbe Körperlänge, 40 bis 70 Beinpaare, lebt unterirdisch, oft an fleischigen Pflanzenwurzeln, kann an der Kartoffel sogar schädlich werden, kommt beim Umgraben der Gartenbeete oft zahlreich zum Vorschein, hat größeren hellgelben Vetter, *Geophilus flavidus,* von 65 mm Länge.

Sandschnurfüßler *Julus sabulosus* (Familie: Schnurfüßler *Julidae,* Ordnung: *Chilognatha*) Mitteleuropa, ♂ 20–40 mm, ♀ 36–46 mm, hat bis 100 Beinpaare, 2 Paar je Körperring, ist stark glänzend dunkelbraun bis schwarz, gleitet schlangengleich dahin, rollt sich wie Uhrfeder zusammen, läßt angegriffen aus zahlreichen Wehrdrüsen Saft austreten, lebt im Fallaub, kriecht auch an Baumstümpfen, Stämmen und Pilzen herum.

Getupfter Schnurfüßler *Blaniulus guttulatus* (Familie: *Blaniulidae,* Ordnung: *Chilognatha*) West-, Mittel- und Südeuropa, bis 20 mm, fadendünn, blaßbraun, trägt auf beiden Seiten blutrote Fleckenreihen, nagt an fleischigen Wurzeln, frißt Samen aus, verdirbt Früchte durch stinkende Drüsenausscheidungcn.

Getupfter Saftkugler *Glomeris pustulata* (Familie: Saftkugler *Glomeridae,* Ordnung: *Chilognatha*) Mitteleuropa, 4,5–14 mm, ähnelt den Asseln, glänzend schwarz mit weißlichen Ringkanten, auf dem hochgewölbten und festgepanzerten Rücken zwei Reihen gelbroter Flecke, kann sich fest zusammenrollen, verfügt über Wehrdrüsen, harmloser Fresser von Verwesungsstoffen.

Sandschnurfüßler

Milben und Zecken

Spinnentiere, die sich innerhalb dieser großen Tierklasse durch ihre Winzigkeit und ihren ungegliederten Körper kennzeichnen, sind die Milben und Zecken. Viele leben als Schmarotzer auf Tieren und Menschen, rufen oft sehr schmerzhafte und ekelerregende Krankheiten hervor und werden besonders in den Tropen zu regelrechten Geißeln. Ausgerüstet sind sie mit beißenden, stechenden und saugenden Mundwerkzeugen, mit Klauen, Scheren und Stechborsten, mit acht Beinen und zwei oder vier einfachen Augen. Die meisten pflanzen sich durch Eier fort.

Gemeine Samtmilbe *Trombidium holosericum* (Familie: Laufmilben *Trombidiidae,* Ordnung: Milben *Acarina*) sehr häufig, 2 bis 3 mm, scharlachrot, läuft flott, hat weichen, birnenförmigen, hochgewölbten Leib, Blattlausjäger. Die fast kugelrunden roten Larven, winzige rote Punkte, lauern im Gras auf Insekten und Spinnen, verankern sich dann mit den Mundteilen fest am Wirt.

Käfermilbe *Gamasus crassipes* (Familie: Käfermilben *Gamasidae,* Ordnung: Milben *Acarina*) Europa, 1 mm, goldbraun, nährt sich von Pilzen. Die Larven oft am Bauche von Roß- und Mistkäfern, Totengräbern, von denen sie sich nur umhertragen lassen, ohne ihnen zu schaden.

Gemeiner Holzbock

Gemeiner Holzbock, Zecke (Abb. S. 283) *Ixodes ricinus* (Familie: Zecken *Ixodidae,* Ordnung: Milben *Acarina*) Europa, 1–2 mm, schwarzbraun, abgeflachter Körper, lauert auf Zweigen, bohrt sich in die Haut der Säuger, saugt sich voll Blut, kann erbsengroß werden, ruft juckende rote Pusteln hervor. Nicht herausreißen, sondern die Befallstelle mit Öl oder einer Salbe betupfen, da dann der Schmarotzer in Atemnot gerät, die eingeschlagenen Saugwerkzeuge löst und mühelos herausgezogen werden kann, während sonst der Kopf in der Haut steckenbleibt und dann oft äußerst üble Entzündungen verursacht.

Mulmbewohner – die Asseln

In modernden Stämmen und mulmigen Baumstümpfen sitzen oft die Keller- und Mauerasseln, die uns von zu Hause bekannt sind. Es sind uralte Krebstiere, die schon vor vielen Jahrmillionen an Land gingen, aber heute noch zusätzlich durch Kiemen atmen und ihre Jungen in einem körpereigenen Miniaturaquarium aufziehen. Hochinteressant sind diese als häßlich und widerwärtig verschrienen Landasseln und wichtig als Beschleuniger des Holzzerfalls, als kleine Aufräumer und Straßenkehrer der Natur.

Kellerassel *Porcellio scaber* (Familie: *Porcellionidae,* Ordnung: Asseln *Isopoda*) Europa, sehr häufig, bis 16 mm, grau, hat 14 Lauffüße, zweigliedrige Fühler, hübsch gezackten, fein gekörnten Rückenpanzer.

Mauerassel *Oniscus asellus* (Familie: *Oniscidae,* Ordnung: Asseln *Isopoda*) Europa, sehr häufig, bis 18 mm, der Kellerassel sehr ähnlich, der Panzer ist aber glatter, noch feiner gekörnt, Oberseite hellgraubraun mit 2 Längsreihen heller Flecken und hellen Seitenrändern.

Rollassel, Kugelassel *Armadillidium vulgare* (Familie: *Armadillidae,* Ordnung: Asseln *Isopoda*) Europa, abgesehen vom äußersten Norden, 15 mm, glänzend grau oder braun, Körper stark hochgewölbt. Die Rollassel kann sich wie der Saftkugler fest zusammenrollen, lugt aber noch mit Kopf und Augen hervor.

Rollassel

Die bunten Landwanzen

Die durchweg räuberisch lebenden und sehr flotten Wasserwanzen lernten wir am Teich kennen. Harmloser und phlegmatischer, dafür aber schöner und bunter sind mit wenigen Ausnahmen die Landwanzen, die sich vorwiegend von Pflanzensäften ernähren. Sie haben einen stark abgeplatteten Leib und besonders gebaute Flügel, die sich durch einen lederartigen, chitinisierten Wurzelteil und einen häutigen Endabschnitt kennzeichnen. Das hintere Flügelpaar ist immer häutig. Der Saugrüssel wird zumeist nach unten zurückgeschlagen und entpuppt sich bei den wenigen räuberisch lebenden Arten als ein beachtlicher Dolch. Die zwei Stinkdrüsen münden bauchwärts, bei den Jungtieren auf dem Rücken.

Kohlwanze *Eurydema oleracea* (Familie: Schildwanzen *Pentatomidae,* Ordnung: Schnabelkerfe = Wanzen *Hemiptera*) Europa, 6–7 mm, metallisch glänzendgrün oder grünblau, das ♀ rot, das ♂ weiß gezeichnet, saugt an wilden und kultivierten jungen Kohlpflanzen, kann ganze Felder vernichten, fliegt lebhaft brummend im Sonnenschein, spießt auch Blattläuse auf.

Grüne Stinkwanze, Faule Grete *Palomena prasina* (Familie: Schildwanzen *Pentatomidae*) Europa, 10–15 mm, oberseits grün, unterseits meist rötlich, stinkt abscheulich, überwintert als Vollinsekt, wird dann schokoladebraun, sitzt gern an reifen Himbeeren.

Rotbeinige Baumwanze *Pentatoma rufipes* (Familie: Schildwanzen *Pentatomidae*) Europa, sehr häufig, 12–14 mm, oberseits gelblich oder rötlichbraun, eingestochen schwarz punktiert und bronzeschimmernd, Hinterleibsrücken glänzend schwarz, rote Fühler, Beine und Schildspitze, erweiterter Halsschild, saugt auch kleine Raupen aus, nährt sich jedoch hauptsächlich von Pflanzensäften, fliegt gut und surrt bei Störungen davon, viel auf Birken.

Hottentottenwanze *Eurygaster nigrocucullata* (Familie: Schildwanzen *Pentatomidae*) 12 mm, gelblich, schwarzbraun oder schwarz, hat oft zwei lichte Seitenfleckchen an der Wurzel des längsgekielten Schildchens, das bei ihr bis zur Hinterleibsspitze reicht und an den Rändern nur einen schmalen Saum der Hautdecken freiläßt, sitzt häufig auf Gräsern und blühenden Dolden.

Kohlwanze (♀)

Rote Mordwanze, Blutrote Schreitwanze *Rhinocoris iracundus* (Familie: Schreitwanzen *Reduviidae,* Ordnung: Schnabelkerfe = Wanzen *Hemiptera*) Mitteleuropa, sehr häufig, 16–18 mm, blutrot, aufgeworfener scharfer Hinterleibsrand mit schwarzen Fleckenreihen und drei Reihen schwarzer Punkte am Bauch, hat auffallend großen Stechrüssel, lauert in Blüten auf Insekten, sticht empfindlich.

Streifenwanze *Graphosoma lineatum* (Familie: Schildwanzen *Pentatomidae*) Südeuropa und warme Gebiete Mitteleuropas, bis 10 mm, ist blutrot gefärbt, trägt oberseits schwarze Längsstreifen, ist häufig auf Doldenblüten zu finden.

Flügellose Feuerwanze *Pyrrhocoris apterus* (Familie: Feuerwanzen *Pyrrhocoridae*) Mitteleuropa, häufig, 9–11 mm, blutrot, schwarz gezeichnet, Flügeldecken mit zwei großen schwarzen Punkten, keine häutigen Flügel, sitzt oft massenhaft am Fuße alter Linden, auch an Mauern, ist Pflanzensauger und Aasfresser.

Saumwanze *Coreus marginatus* (Familie: Saumwanzen *Coreidae*) Europa, sehr häufig, 14 mm, graurötlich, lederartiges Aussehen, schwarz geädert, roter Hinterleibsrükken, viereckiger Kopf, stark vorspringende, zu einem Dorn erweiterte Fühlerhöcker, duftet nach Äpfeln, sitzt viel in Gebüschen.

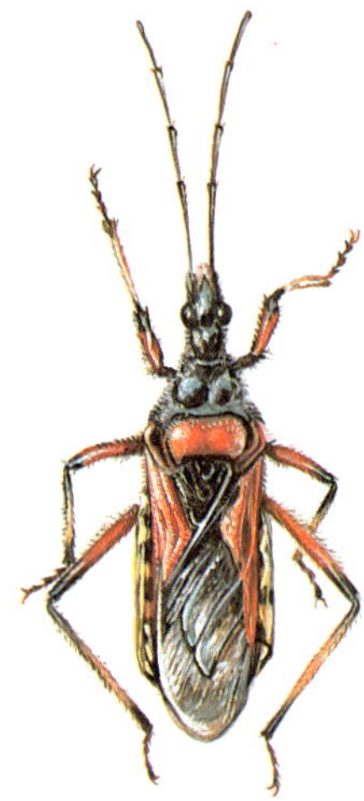

Rote Mordwanze

Schnecken auf Waldwegen, in Hecken und auf Bäumen

Im Gegensatz zu den Wasserschnecken, die wir am Teich kennenlernten, können die Landschnecken ihre Fühler, von denen sie nicht nur ein Paar wie jene, sondern zwei Paar haben, einkrempeln und ausstülpen. Ihre Gehäuse sind auch nicht so dünn und durchsichtig, sondern verhältnismäßig stabil, oft schön bunt, und nur wenige Arten wie die Weg-, Egel- und Ackerschnecken sind ohne diesen Schutz. Fast alle bevorzugen kalkreichen Boden, denn Kalk benötigen sie zum Aufbau des Gehäuses, und sind darum in den Buchenwäldern, die am besten auf kalkreichen Böden gedeihen, sehr häufig. Hier finden sie zugleich den schützenden Schatten und die feuchten Winkel, die sie, die zu 85% aus Wasser bestehen, unbedingt brauchen. Weitaus die meisten sind Zwitter, befruchten sich gegenseitig, legen ihre Eier in die Erde. Sie ernähren sich von frischen und welken Pflanzenstoffen, Pilzen, Wurzeln, Knollen, Früchten und Flechten, etliche haben auch Raubgelüste oder nehmen Aas an.

Schnecken mit Gehäuse:

Weinbergschnecke *Helix pomatia* (Familie: Schnirkelschnecken *Helicidae,* Ordnung: Landlungenschnecken *Stylommatophora*) Südostengland, Mitteleuropa bis Balkan, §, nicht selten, Gehäuse bis 45 mm breit und 45 mm hoch, braun bis schmutzig strohgelb, oft braun gebändert, Rücken graubräunlich mit feinen runzligen Längsmaschen. Die geschlechtsreifen Tiere begatten sich im Mai/Juni, richten sich nach langem Betasten und Befühlen aneinander auf, ruhen Sohle an Sohle, wiegen sich hin und her, schießen sich gegenseitig einen kalkigen Liebespfeil in die Fußsohle.

Im Herbst wühlen sie sich in lockere Erde, verschließen ihr Gehäuse mit einem dicken weißen Kalkdeckel und verschlafen den Winter.

Weinbergschnecke

Gartenschnirkelschnecke *Cepaea hortensis* (Familie: Schnirkelschnecken *Helicidae*) Mittel- und Westeuropa, Gehäuse 19 mm breit, 14 mm hoch, mit hellem Mundsaum und 4½ Umgängen, in der Farbe wechselnd, meist aber schwefel- oder zitronengelb getönt und bräunlich gebändert. Ist in Wäldern häufiger als in Gärten anzutreffen, hat grauen, hinten spitz zulaufenden Leib, klettert auf Büsche und Bäume, verzehrt frisches Grün.

Hainschnirkelschnecke *Cepaea nemoralis* (Familie: Schnirkelschnecken *Helicidae*) Mittel- und Westeuropa, Gehäuse 23 mm breit, 17 mm hoch, mit umgebogenem braunem Mundsaum, sonstige Färbung ähnlich wie bei der Gartenschnirkelschnecke.

Hainschnirkelschnecke

Baumschnecke *Arianta arbustorum* (Familie: Schnirkelschnecken *Helicidae*) Gehäuse 22–24 mm breit, 16–18 mm hoch, dunkelbraun, unregelmäßig gelb gestrichelt, mit sechs Umgängen und glänzendweißer Innenlippe am Mundsaum, hat graublauen bis schwarzen Leib, hält sich sehr viel am Boden auf.

Schließmundschnecke

Weiße Turmschnecke *Zebrina detrita* (Familie: Vielfraßschnecken *Enidae,* Ordnung: Landlungenschnecken *Stylommatophora*) Mittel-, West- und Südeuropa, Gehäuse 2 cm hoch, 1 cm breit, sehr dickschalig, glänzend weiß und oft mit braunen Längsstreifen, 7–8 Umgänge.

Schließmundschnecke (Abb. S. 287) *Clausilia ventricosa = biplicata* (Familie: Schließmundschnecken *Clausiliidae,* Ordnung: Landlungenschnecken *Stylommatophora*) hauptsächlich West- und Mitteleuropa, häufig, Gehäuse 14–18 mm hoch, 6 mm breit, graubraun, rein spindelförmig mit 9 bis 14 linksgewundenen Umgängen und stumpfer Spitze, das sie mit einem Plättchen automatisch verschließt, wenn sie sich zurückzieht, hat dunkelbraunen bis schwarzen Leib.

Schnecken ohne Gehäuse:

Rote Wegschnecke *Arion empiricorum* (Familie: Wegschnecken *Arionidae,* Ordnung: Landlungenschnecken *Stylommatophora*) Mittel- und Westeuropa, 12–15 cm, rot oder dunkelbraun oder schwarz , mit rotem Fußsaum, hat stark gewölbten Rücken, vorn und hinten abgerundeten Leib mit groben runzligen Längsmaschen, trägt das Atemloch vor der Mitte der rechten Schildseite, frißt Pilze, raspelt welke Pflanzenstoffe sowie frisches Grün, in Laubwäldern häufig.

Große Egelschnecke *Limax maximus* (Familie: Egelschnecken *Limacidae,* Ordnung: Landlungenschnecken *Stylommatophora*) hauptsächlich Süd- und Mitteleuropa, 12–15 cm, schlank, schwarz oder grau oder weißgrau, deutlich gekielter Rücken, bedeutend feinere Längsmaschen, lebhafter als die Wegschnecke, zieht sich nach vorn zusammen, wenn sie beunruhigt wird, während die Wegschnecke zurückzuckt. Ihr Atemloch liegt hinter der Mitte der rechten Schildseite, frißt Pilze, nimmt Aas an, erlaubt

Große Egelschnecke

sich räuberische Übergriffe gegenüber anderen Schnecken.

Ackerschnecke *Limax agrestis* (Familie: Egelschnecken *Limacidae*) hauptsächlich Süd- und Mitteleuropa, 3–6 cm, weißlich bis dunkelbraun, dunkel gestrichelt oder genetzt, läßt sich an einem Schleimseil schnell fallen, häufig auch in Gärten und auf Feldern, frißt frisches Grün.

Wespen und Hornissen

Von der Familie der Wespen lernten wir auf der Wiese bereits diejenigen Arten kennen, die unterirdische Nester bauen. Mit dem gleichen Stoff, mit zerkautem Holz, arbeiten auch andere Arten der Wespenfamilie, hängen ihre kleineren, kugel- und ballonförmigen Nester aber frei an Zweige und Äste oder bauen die Waben in hohle Bäume oder unter natürliche Simse und Vorsprünge, oft auch in Vogelnistkästen. Auch bei ihnen ist es ein einzelnes überwintertes Weibchen, das das große Werk beginnt. Der »Staat« umfaßt jedoch längst nicht so viele Bürger, meist nicht viel mehr als 200, oft noch viel weniger. Nur bei den Hornissen kann das Volk auf 3000 bis 4000 Tiere anwachsen.

Hornisse *Vespa crabro* (Familie: Faltenwespen *Vespidae,* Ordnung: Hautflügler *Hymenoptera*) Europa, stellenweise häufig, ♀ bis 35 mm, Arbeiterinnen und Männchen sind wesentlich kleiner, hat schwarze, rotbraun getönte Brust, rotbraunen ersten Hinterleibsring, die weiteren Ringe sind gelb mit je zwei, drei kleinen braunen Punkten. Der Kopf ist hinter den Augen stark verbreitert.
Sie hängt ihre von einer dreifachen Schutzhülle umgebenen Waben nur selten frei auf, baut sie meist in hohle Bäume, unters Dachgebälk, in Nistkästen, bevorzugt rotfaules Eichenholz, verengt den Eingang der Baumhöhle wie des Nistkastens mit Wülsten aus Holzbrei, lebt räuberisch, füttert auch die Larven mit zerkauten Insektenleibern, sticht sehr empfindlich.

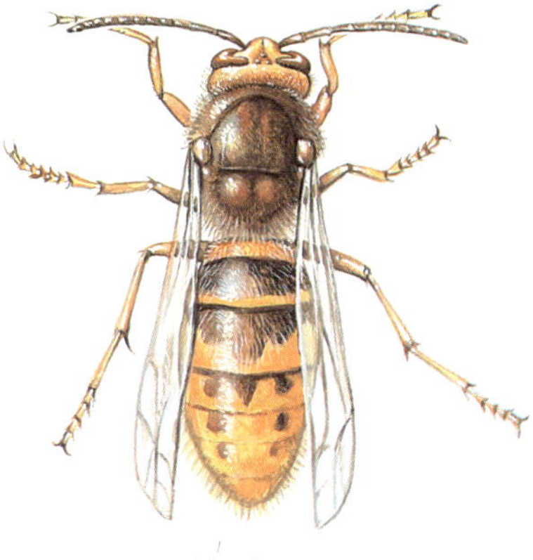

Hornisse

Waldwespe *Vespa silvestris* (Familie: Faltenwespen *Vespidae*) Europa, bis 20 mm, reiche gelbe Färbung, gelber Kopfschild, manchmal mit winzigen schwarzen Pünktchen, deutliche Zwischenräume zwischen Augenrand und Vorderkieferwurzel, hängt ihr glattes, meist nur apfelgroßes, kugeliges Nest frei an Baumzweige, liebt Bergwälder.

Mittlere Wespe *Vespa media* (Familie: Faltenwespen *Vespidae*) Europa, bis 25 mm, Brust des ♀ ist rostbraun wie bei der Hornisse, eine schmale gelbe Brustquerlinie bildet auf jeder Seite einen spitzen Winkel mit der gelben Längslinie vor den Flügeln, die Einbuchtung des Auges ist ganz gelb, hat auf dem Scheitel drei gut sichtbare Punktaugen.
Sie hängt ihr etwas längliches Ballonnest frei an Zweige, versieht es mit einem Mantel, der aus dachziegelartig übereinandergreifenden, muschelförmig gewölbten Schuppen besteht, oft auch in Gärten und Anlagen.

Sächsische Wespe *Vespa saxonica* (Familie: Faltenwespen *Vespidae*) Europa, bis 17 mm, sticht selten, hat deutliche Wangen, schwarze Längsflecken auf dem zahnartig vorspringenden Kopfschild, rötlichen 2. Hinterleibsring, hängt ihr zierliches Ballonnest gern unter Dachschindeln, in Jagdhütten, auch in die Räume hinein, versieht es mit einem Mantel aus drei Hüllen, von denen die äußerste Glockenform hat, die inneren sich dagegen trichterförmig verengen.

Feldwespe, Gallische Wespe *Polistes gallicus* (Familie: Faltenwespen *Vespidae*) Mittel- und Südeuropa, bis 17 mm, hat eiförmig gestreckten, schwarzen, reich gelb gezeichneten Hinterleib, der gestielt erscheint, läßt während des lautlosen und schwebenden Fluges die rostgelben Beine hängen, heftet nur eine einzige rosettenförmige, unbemantelte, kräftig gestielte Wabe an Büsche und Kräuter, Steine und Mauern, auch unter Dächer, ernährt ihre Larven nicht mit Fliegenfleisch, sondern mit gesammeltem Honig.

Gallenerzeugende Insekten

Zahlreiche kleine Wespen, Mücken und Läuse legen und stechen ihre Eier in Blätter und Knospen hinein. Früher glaubte man, mit dem Einstich würden auch bestimmte Wirkstoffe in die Pflanze gespritzt, die sie zur Bildung einer sogenannten Galle veranlassen. Heute weiß man, daß diese chemischen Wachstumsstoffe erst von der Larve selbst gebildet werden; die Zusammensetzung dieses Stoffes ist aber immer noch unbekannt. In den Gallen können die Larven wohlgeborgen heranwachsen und werden von der Pflanze auch noch ernährt.

Gemeine Eichengallwespe *Cynips quercusfolii* (Familie: Gallwespen *Cynipidae,* Ordnung: Hautflügler *Hymenoptera*) Europa, 4 mm, zart, schlank, schwarz, mit glashellen Flügeln, die weit über das Hinterleibsende hinausragen, der Einstich erfolgt im Mai/Juni, die Larven verursachen die Bildung der zuerst gelben, im Herbst rot angehauchten, 2–3 cm dicken Galläpfel auf den Eichenblättern. Im November/Dezember schlüpft ein ♀, bohrt die festen Winterknospen an, legt seine Eier hinein und stirbt. Aus diesen Eiern schlüpfen im nächsten Frühjahr dann sich paarende Männchen und Weibchen.

Schwammgallwespe *Biorrhiza pallida* (Familie: Gallwespen *Cynipidae*) Europa, häufig, 5 mm, hat gelblichen Vorderleib, braunrote Hinterleibswurzel, schwarzbraunen Hinterleib, durchscheinend helle, bräunlich geaderte Flügel.
Das ungeflügelte, jüngferliche, schwarz gegürtelte Weibchen sticht im Dezember/Januar in die Eichenknospen, es bilden sich wie durchlöchert erscheinende, schwammig-saftige, 4 cm große Gebilde an den Zweigspitzen, die sich im Frühjahr weiß und rot färben, später eindunkeln, aus denen im Juli geflügelte Männchen und wiederum ungeflügelte Weibchen schlüpfen und sich paaren.
Diese Weibchen graben sich tief in die Erde, legen ihre Eier an die Wurzeln alter Eichen, dort entstehen erbsen- bis kirschgroße Gallen, aus denen dann im Winter das eingangs beschriebene jüngferliche Weibchen schlüpft.

Rosengallwespe *Rhodites rosae* (Familie: Gallwespen *Cynipidae*) Großteil Europas, häufig, 3 mm, schwarz, Hinterleib in der vorderen Hälfte rot, gelbrote Beine, sticht in die Blattknospen der wilden Rosen, es entwickeln sich die sonderbaren, moosartigen, fasrig-zottigen, bis 5 cm großen Gebilde, die grün, rot und gelb schimmern, im Volksmund »Rosenkönige« oder »Schlafäpfel« heißen und denen man früher heilkräftige Wirkungen zuschrieb.

Rosengallwespe (♀) und Galle bzw. »Rosenkönig«

Buchengallmücke *Mikiola fagi* (Familie: Gallmücken *Cecidomyiidae,* Ordnung: Zweiflügler *Diptera*) Europa, 2–3 mm, hat breite, stumpfe, leicht behaarte, an den Rändern lang bewimperte Flügel, zugespitzten Hinterleib, fast körperlange Legeröhre, ihre Larven erzeugen auf der Oberseite der Buchenblätter die in größeren Gruppen beisammenstehenden, zwiebelförmigen, fast steinharten und rotbäckigen Gallen.

Große Fichtengallaus *Sacchiphantes abietis* (Familie: Afterblattläuse *Adelgidae,* Ordnung: Gleichflügler *Homoptera*) 1,5 mm, grünlich oder bräunlich, von wolligen Wachsausscheidungen bedeckt, verlegt etwa ihre 150 winzigen gelblichen Eier an den Grund junger Zweigknospen, die Fichte erzeugt ein tannenzapfen- oder ananasähnliches Gebilde mit zahlreichen kleinen Kämmerchen, die sich automatisch öffnen, wenn die Larven entwickelt sind und ihre Kinderstube verlassen wollen.

Die schlanken Bockkäfer

Stattliche Käfer, flott auf den Beinen, fluglustig und oft ausgesprochen sonnenselig sind die schlanken Bockkäfer, die sich besonders durch ihre ungewöhnlich langen und großen Fühler kennzeichnen. Als Larven sind sie weiche und weißliche, unter der Rinde und im Holz lebende Tiere, die entweder verstümmelte Beine oder kümmerliche Gangwülste haben, sich wurmartig fortbewegen und gemächlich, oft jahrelang durchs Holz fressen. Als entwickelte Käfer bevorzugen sie leichtere Kost, den Nektar der Blumen, die Säfte der Bäume und frisches Blattgrün.
Wir beschränken uns hier auf die Bockkäfer der Laubwälder und werden die Nadelholzfreunde unter ihnen in einem der nächsten Kapitel (S. 330 ff.) beschreiben.

Großer Eichenbock, Heldbock *Cerambyx cerdo* (Familie: Bockkäfer *Cerambycidae,* Ordnung: Käfer *Coleoptera*) Europa, §, bis 50 mm, schwarz, hat dunkelbraune, hinten rotbraune Flügeldecken, grobgerunzelten, seitlich bedornten Halsschild, überkörperlange Fühler, taucht ab Ende Mai auf, sitzt am Fuß besonnter Eichen, fliegt in den warmen Sommernächten meist niedrig über dem Boden, braucht vier Jahre zu seiner Entwicklung.

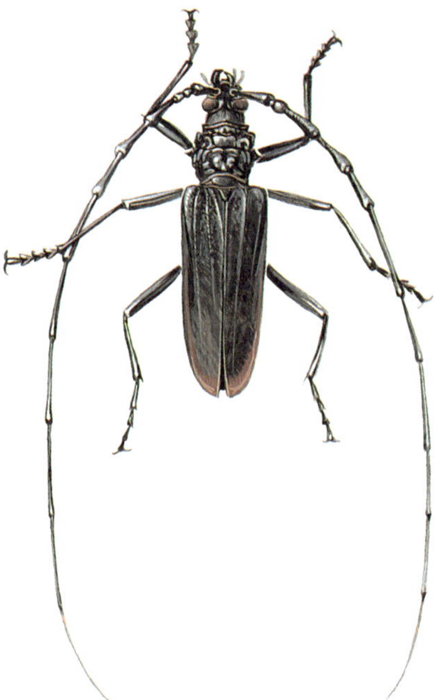

Großer Eichenbock

Weberbock *Lamia textor* (Familie: Bockkäfer *Cerambycidae*) Europa, 26–32 mm, glanzlos schwarz, gelblich behaart, gedrungene Gestalt, Halsschild auf beiden Seiten mit kräftigem Seitendorn, kurze knorrige Fühler, kräftige Beine, sitzt oder kriecht träge in Weidenbüschen, wird nachts munter.

Großer Pappelbock *Saperda carcharias* (Familie: Bockkäfer *Cerambycidae*) Europa, 24–30 mm, schwarz, dicht gelblich behaart, Flügeldecken breiter als Halsschild, körperlange Fühler, sitzt im Juni/Juli träge an Pappeln, Weiden und Espen, bringt als Larve oft die jungen Bäume zum Absterben.

Großer Pappelbock

Kleiner Pappelbock, Aspenbock *Saperda populnea* (Familie: Bockkäfer *Cerambycidae*) Europa, 9–15 mm, schwarz, grau oder grünlich oder gelblichgrau behaart. Halsschild hat zwei bis drei gelbe Längslinien, die Flügeldecken mit je einer Längsreihe gelber Flecken, erscheint im Mai/Juni, fliegt im Sonnenschein, ist lebhafter als der Große Pappelbock.

Die Verwandten des Maikäfers

Unser Maikäfer gehört zu der großen Überfamilie der Blatthornkäfer *(Scarabaeoidea),* die alle frisches grünes Laub verzehren, als Larven aber vorwiegend von Wurzeln leben. Was sie dabei zu leisten vermögen und welchen Schaden sie anrichten können, exerziert uns der Maikäfer immer wieder einmal vor.
Die Blatthornkäfer bilden eine der umfangreichsten Käfergruppen. An ihren keulenförmigen Fühlerenden kann man alle Mitglieder gut und schnell erkennen. Diese Keulen setzen sich aus etlichen beweglichen Lamellenblättern zusammen, die mit vielen winzigen Riechkegeln bestückt sind. So besitzt z.B. das Maikäfermännchen 50 000, während das Weibchen »nur« über 8 300 solcher Näschen verfügt.

Maikäfer *Melolontha vulgaris* (Familie: Laubkäfer *Scarabaeidae,* Ordnung: Käfer *Coleoptera*) Europa, 20–25 mm, Kopf, Brust und Hinterleib schwarz, gelbbraune Flügeldecken, bräunlichroter Bauch, ebensolche Fühler, schwarzweiße Zackenbinde an den Seiten.
Er lebt drei Jahre als bleicher Engerling in der Erde, verpuppt sich, überlebt einen Winter und erscheint im vierten Jahr, deshalb rechnet man alle 4 Jahre mit einem »Maikäferjahr«.

Junikäfer (Abb. S. 294) *Amphimallus solstitialis* (Familie: Laubkäfer *Scarabaeidae*) Europa, 15–17 mm, ähnelt dem Maikäfer sehr, hat aber eine rötlichgelbe Brust und ebensolche Flügeldecken, Färbung stark wechselnd, Flügeldecken bisweilen auch grün oder blau, schwärmt auch gegen Abend, aber erst von Mitte Juni bis Mitte Juli, frißt das Laub von Nadel- wie Laubhölzern, wühlt 3 Jahre als Engerling in der Erde.

Julikäfer *Anomala aenea* (Familie: Laubkäfer *Scarabaeidae*) Europa, 12–15 mm, auf Kopf, Halsschild und Unterseite grün, bräunliche Flügeldecken mit grünlichem Schimmer, fliegt im Juni/Juli, sitzt viel auf Büschen und Bäumen und Getreide.

Nashornkäfer *Oryctes nasicornis* (Familie: Laubkäfer *Scarabaeidae*) Europa, §, 26 bis

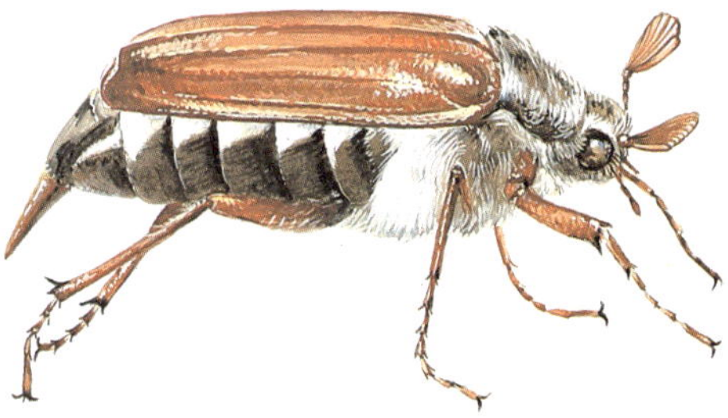

Maikäfer

Engerling

37 mm, glänzendrotbraun, hoch gewölbt, das Männchen trägt ein etwa 10 mm langes dunkles Horn auf dem Kopf und drei Höcker auf dem gewulsteten Halsschild, ist unterseits und seitlich fuchsrot behaart, erscheint im Juni/Juli, legt seine Eier gern in Komposthaufen oder faulende Eichenstrünke.

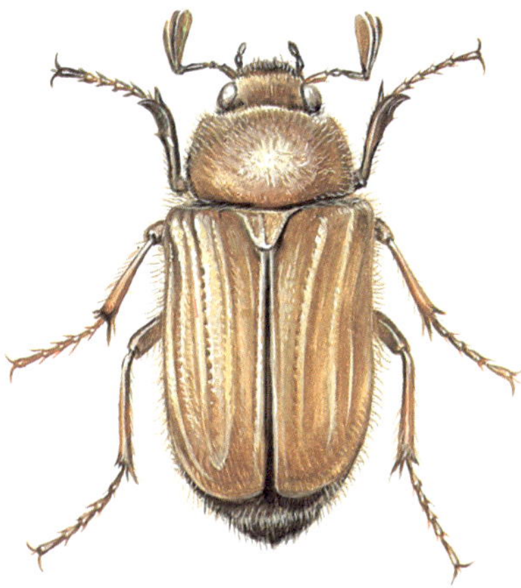

Junikäfer

Rosenkäfer, Goldkäfer *Cetonia aurata* (Familie: Laubkäfer *Scarabaeidae*) Europa, §, 14–20 mm, oberseits metallisch goldgrün, unterseits kupferrot, auf der Flügeldecke weißbeschuppte und vertiefte Querflecken, fliegt im Mai/Juni, sitzt auf Blüten, trinkt gern Eichensaft, wehrt sich durch das Ausscheiden eines schmierigen weißen, widerlich riechenden Saftes, lebt als Larve im Mulm alter Laubbäume oder in den Burgen der Roten Waldameisen.

Hirschkäfer *Lucanus cervus* (Familie: Hirschkäfer *Lucanidae*) Europa außer Ost- und Nordeuropa, §, gefährdet, mißt 25 bis 75 mm, schwankt sehr in der Größe, ist mattschwarz, hat kastanienbraune glänzende Flügeldecken, beim Männchen ist der Kopf oft breiter als der Halsschild und mit einem breit ausladenden, mächtigen Zangengeweih bewaffnet, mit dem er ganz nett kneifen kann. Deutlich ist der goldfarbene Pinsel zwischen den Mundwerkzeugen zu erkennen, mit dem er den Saft aus Rindenwunden aufsaugt, frißt als Larve 5 Jahre lang im morschen Eichenholz.

Hirschkäfer, links ♂ und rechts ♀

Rosenkäfer

Rehschröter *Systenocerus caraboides* (Familie: Hirschkäfer *Lucanidae*) West- und Mitteleuropa, §, selten, mißt 10–14 mm, oberseits metallisch blau, blauschwarz oder grün schimmernd, manchmal auch violett oder bronzefarbig, fein punktiert, unbehaart, Beine meist schwarz, manchmal auch rostbraun, bewohnt vor allem Eichen- und Buchenwälder, kommt sowohl in den Niederungen als auch in höheren Gebirgslagen vor, ist stellenweise noch zahlreich anzutreffen, ernährt sich von Knospen und jungen Blättern, fliegt an sonnigen Tagen, erscheint schon sehr zeitig im Frühjahr, ist der farbenprächtigste und unser kleinster Hirschkäfer.

Die kleinen kunstfertigen Rüsselkäfer

Unter diesen kleinen Käfern, die sich durch eine auffällige rüsselförmige Verlängerung des Vorderkopfes, gekniete Fühler, runde, gewölbte Flügeldecken und besonders harte Panzerung kennzeichnen, gibt es viele, die dem Gärtner wie dem Förster große Sorgen bereiten, sich als beachtliche Pflanzen- und Fruchtschädlinge entpuppen. Wir werden etliche noch im Nadelwald (S. 330 f.) besprechen, hier nur auf die Rüsselkäfer unserer Laubbäume eingehen.

Haselnußbohrer *Curculio nucum* (Familie: Rüsselkäfer *Curculionidae*, Ordnung: Käfer *Coleoptera*) Mitteleuropa, sehr häufig, 6 bis 9 mm, rotbraun, gelbgrau, sparsam fleckig behaart, hat hochstehenden Haarkamm längs der Flügeldeckennaht, behaarte Fühler, fliegt im Mai/Juni, bohrt ein Loch in die noch weichschaligen Haselnüsse, dreht sich dabei um seinen Rüssel und versenkt sein Ei. Die Larve frißt die Nuß aus, nagt sich ein Schlupfloch und verpuppt sich in der Erde.

Haseldickkopfkäfer, Haselroller *Apoderus coryli* (Familie: Rüsselkäfer *Curculionidae*) Mitteleuropa, mißt 6–8 mm, schwarzer Kopf, rote Flügeldecken und Oberschenkel, erscheint im April/Mai, viel auf Haseln. Das Weibchen fertigt Blattwickel für die Larven an, schneidet die Spreite von einer Seite ein, führt den Schnitt senkrecht bis zur Mittelrippe, durchtrennt auch diese, rollt die fast ganz abgetrennte Blatthälfte zusammen, legt in die Tüte die bernsteingelben Eier. Die

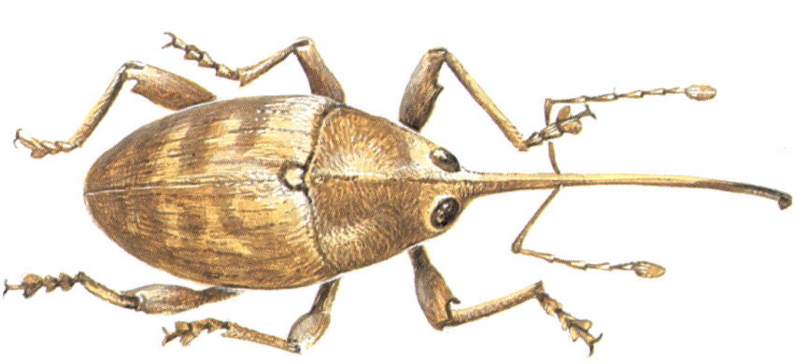

Haselnußbohrer

dottergelben Larven bleiben in der Tüte, weiden das Blatt ab.

Eichenblattroller *Attelabus curculionides* (Familie: Rüsselkäfer *Curculionidae*) Mitteleuropa, 4–6 mm, schwarz, roter Halsschild, rote Flügeldecken, stark behaart, mit rüsselförmigem Kopf. Das Weibchen zerschneidet die Blattspreite von beiden Seiten aus, und zwar so, daß sich die Schnitte an der Mittelrippe treffen.

Trichterwickler, Birkenstecher *Rhynchites betulae* (Familie: Rüsselkäfer *Curculionidae*) Mitteleuropa, 4,4 mm, glänzend schwarz, Flügeldecken mit groben Punktreihen. Das Weibchen führt den Schnitt von beiden Blattseiten aus gewunden, in bogiger S-Form und formt eine trichterförmige Tüte, wobei die eine Blattseite zu einem Innentrichter aufgerollt wird, die andere als Außentrichter darübergewickelt, bevorzugt vor allem Birken, Erlen, Haseln und Hainbuchen.

Schmetterlinge im Laubwald

Groß ist die Anzahl der Schmetterlinge im Laubwald, und viele von ihnen können sich zu beachtlichen Schädlingen entwickeln. Doch sind die Buchenwälder, in denen es an Vögeln und Schlupfwespen, Raupenfliegen und Raubkäfern nicht mangelt, weniger bedroht als die Fichten- und Kiefernwälder.
Die meisten dieser Schmetterlinge gehören zu den Nachtfaltern, den Familien der Spinner, Spanner, Wickler, Holzbohrer, Eulen und Glucken, deren Raupen auch erst in der Nacht auf Fraß ausziehen. Um uns das Erkennen der Schmetterlinge und ihrer Raupen zu erleichtern, ordnen wir sie nach ihren bevorzugten Fraßbäumen. Schmetterlinge der Nadelholzwälder besprechen wir im nächsten Kapitel (S. 328ff.).

An den Eichen:

Eichenspinner, Quittenvogel *Lasiocampa quercus* (Familie: Glucken *Lasiocampidae*, Ordnung: Schmetterlinge *Lepidoptera*) Europa, §, in den Bergen häufiger, fliegt 6–8, spannt 6–7 cm, eine der schönsten Glucken, ♂ hat kastanienbraune, ♀ ockergelbe Flügel mit je einem weißen Mittelfleck auf dem Vorderflügel, das kleinere ♂ trägt außerdem noch einen kräftig hellgelben Längsstreifen auf beiden Flügeln.
Raupe 80 mm, graugelb, büschelig behaart, hat samtschwarze Querbinden mit je zwei weißen Punkten.

Eichenspinner

Grüner Eichenwickler *Tortrix viridana* (Familie: Wickler *Tortricidae*) Europa, fliegt 6/7, spannt 18–23 mm, hellgrüne Vorderflügel, graue Hinterflügel, hellgrüner Vorderkörper, grauer Hinterleib.

Raupe schwärzlich graugrün, Kopf und Warzen schwarzbraun, bohrt sich in Knospen, sitzt später unter umgeschlagenen und versponnenen Blattzipfeln, zigarrenartige Wickel an Eichenblättern, oft Kahlfraß, Eichen sind dann wie von einem weißen Schleier überzogen.

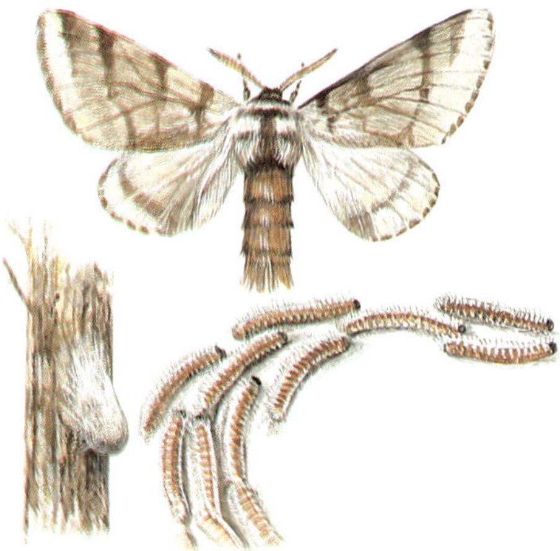

Eichenprozessionsspinner (♀)
unten links: Nest, unten rechts: »Raupenprozession«

Eichenprozessionsspinner *Thaumetopoea processionea* (Familie: Prozessionsspinner *Thaumetopoeidae*) in Nordwestdeutschland fast ganz fehlend, ebenso in Südbayern, Verbreitung: Mittel- und Südeuropa, fliegt 8/9, spannt 29–32 mm, düster graubraune Vorderflügel mit schwärzlichen Querlinien, grauweiße Hinterflügel.
Raupe ist bläulich dunkelgrau, an den Seiten weißlich, trägt mehrere Reihen rostbrauner, sehr lang behaarter Warzen. Ihre Haare lösen sich leicht, haben Widerhaken, bohren sich in die Schleimhäute der Säuger, jucken fürchterlich. Die Raupen leben gesellig, sitzen tagsüber in großen Gespinsternestern, ziehen abends gemeinsam zum Fraß aus, bilden eine lange Raupenschlange, halten enge Tuchfühlung.

Schwammspinner *Lymantria dispar* (Familie: Schadspinner *Lymantriidae*) Europa, sehr schädlich, fliegt 7–9, das schlanke Männchen spannt 38–40 mm, hat graubraune Vorderflügel mit verwischten schwarzen Zackenbinden, hellere bräunliche Hinterflügel, Fühler mit langen Kammzähnen, das plumpe Weibchen spannt 65–70 mm, hat fast weiße Flügel, von denen die vorderen schwärzlichbraune Zackenbinden tragen, dicken Leib, der in einem Wulst brauner Afterwolle endet, fliegt schlecht und mühsam, nur abends, legt seine 300–500 Eier in großen bräunlichen, aus Schleim und Afterwolle bestehenden Schwämmen ab, kittet sie an Baumstämme und Zäune.
Raupe 40–70 mm, mit langen starren Haaren, auf dem vorderen Körperabschnitt 2 blaue, auf dem hinteren 2 rote Warzenreihen, schlüpft im nächsten Frühjahr.

Großer Eichenkarmin *Mormonia = Astioides sponsa* (Familie: Eulenfalter *Noctuidae*) Europa, fliegt 7–9, spannt 60–70 mm, dem Roten Ordensband sehr ähnlich, ebenfalls graubraun marmorierte Vorderflügel, rote, schwarzgesäumte Hinterflügel, lange, fadendünne Fühler, aber die schwarze Querbinde der Hinterflügel ist W-förmig und reicht bis zum Innenrand der Hinterflügel, schlürft gern Eichensaft.
Raupe grau oder rotbraun, zwei Höcker und heller Querwulst auf dem 8. Körperabschnitt, 70 mm, an Eichen.

Schattenkönigin, Weißer Waldportier *Brintesia circe* (Familie: Augenfalter *Satyridae*) Europa außer Nord- und Nordwesteuropa, §, gehört zu den Tagfaltern, fliegt 6–8, spannt 60–80 mm, schwarzbraune, samtige Flügel, bindenförmig angeordnete weiße Fleckenreihe auf Vorderflügel mit einem dunklen Augenfleck, durchgehende weiße Binde auf Hinterflügel, sitzt viel an blutenden Eichen, stets kopfunter.

Schattenkönigin

Raupe gelbbraun, hat dunkle, licht eingefaßte Rückenlinie und mehrere hell- und dunkelbraune Längslinien.

An den Buchen:

Buchenspinner *Stauropus fagi* (Familie: Zahnspinner *Notodontidae*) gemäßigtes Europa, §, fliegt 4–8, spannt 55 mm, graubraune, rindenartig gemusterte lange Vorderflügel, ungezeichnete Hinterflügel, ist dickleibig.
Raupe 60 mm, gelbbraun, trägt abenteuerliche Höcker und Zitzen, hat sechs dünne Brustfüße und aufrichtbare Schwanzgabel, nimmt Schreckstellung ein, richtet den Vorderleib auf, zittert mit den dünnen Brustbeinen, schwingt Schwanzgabel nach vorn, beißt wild um sich.

Rotschwanz, Streckschwanz *Dasychira pudibunda* (Familie: Schadspinner *Lymantriidae*) Europa, im Süden seltener, fliegt 5/6,

Buchenspinner, links Raupe, rechts ♂ Falter

spannt 55 mm, weißgraue Vorderflügel mit olivgrauem Mittelfeld, Fransen schwarz gefleckt, graugelbliche Hinterflügel, sitzt tagsüber an Stämmen.
Raupe 45 mm, gelb oder grünlich, trägt vier gelbe Haarbürsten, langen roten Haarpinsel am Körperende, zahlreiche behaarte Knopfwarzen in Längsreihen.

Nagelfleck *Aglia tau* (Familie: Nachtpfauenaugen *Saturniidae*) Europa, §, fliegt 3–6, ♂ spannt 60 mm, rötlichbraune Flügel, ♀ spannt 75 mm, ockergelbe Flügel, beide haben in jedem Flügel einen großen violetten, schwarz eingefaßten Augenfleck mit einer T-förmigen weißen Zeichnung in der Mitte, sitzen mit zusammengeklappten Flügeln gleich welken Blättern am Boden.
Raupe 60 mm, saftig- bis bläulichgrün, in der Jugend mit roten Dornen auf dem Rücken, frißt eigenartige ankerförmige Figuren aus den Blättern.

Großer Frostspanner *Erannis defoliaria* (Familie: Spanner *Geometridae*) gemäßigtes Europa, sehr häufiger Schädling, fliegt 9–11, das Männchen spannt 46 mm, hat zarte, dünnbeschuppte, hell ockergelbe Flügel mit einem schwarzen Mittelpunkt und feiner Sprenkelung, auf den Vorderflügeln ist das Mittelfeld breit rostbraun gesäumt, das 10 mm lange Weibchen ist flügellos, gelb und schwarz gescheckt, kriecht auf sechs langen Beinen an den Baumstämmen empor, legt seine Eier in die Knospen, aus denen Mitte April des nächsten Jahres die braunroten, bäuchlings schwefelgelben und rotbraun gestrichelten Spannerraupen schlüpfen und die Fruchtknospen zerstören.

An den Pappeln:

Kupferglucke *Gastropacha quercifolia* (Familie: Glucken *Lasiocampidae*) Europa, §, fliegt 6–8, ♂ spannt 62 mm, ♀ 82 mm, kupferfarben, feine dunkle Längsbinden, dicht wollig behaart, wellenförmig ausgeschnittene Flügelränder, schiebt in der Ruhelage die gekerbten Ränder der Hinterflügel unter den dachförmig zusammengelegten Oberflügeln so weit hervor, daß sie täuschend einem welken Blatt gleicht.
Raupe bis 120 mm, schwarz behaart, roter Dorn am Hinterende, vorne zwei blaue Querbinden, rostrot bewarzt, auch an Weiden, Weißdorn, Schlehe und Obstbäumen.

Nagelfleck

Ringelspinner *Malacosoma neustrium* (Familie: Glucken *Lasiocampidae*) Europa, häufiger Schädling, fliegt 6/7, ♂ spannt 24 mm, gelblich, ♀ spannt 32–34 mm, ockergelblich, kittet die überwinternden Eier in dichten Spiralreihen ringförmig an dünne Zweige.
Raupe 50 mm, hellblau, braungelb und rotgelb gestreift, sitzt gesellig im gemeinsamen Gespinst, auch auf Birken, Eichen, Weiden und Obstbäumen.

Goldafter *Euproctis chrysorrhoea* (Familie: Schadspinner *Lymantriidae*) Europa, fliegt 6–8, ♂ spannt 30 mm, ♀ 36–38 mm, Flügel weiß, Hinterleibsspitze rotbraun. Das Weibchen bedeckt die in Häufchen abgelegten Eier mit goldgelber Afterwolle.
Raupen dunkelbraun, stark behaart, rot bewarzt, rot gestreift, seitlich weiße Streifen,

sitzen gesellig im gemeinsamen faustgroßen Gespinst, in dem sie auch überwintern.

Großer Eisvogel *Limenitis populi* (Familie: Edel- oder Fleckenfalter *Nymphalidae*) gemäßigtes Europa, §, gehört zu den Tagfaltern, fliegt 6/7, ♂ spannt 55 mm, ♀ 75 mm, die schwarzbraune Oberseite der Flügel ist weiß gefleckt, am Saum mit einer Reihe gelber oder rötlicher Mondflecken verziert, die rostgelbe Unterseite leuchtet lebhaft, ist ähnlich gezeichnet. Sitzt gern an feuchten Stellen, liebt stark riechende, verwesende Stoffe und Tierdung.
Raupe erst braun, dann grün, trägt zwei größere behaarte, braune Hautzapfen hinter dem Kopf und kleinere auf dem Rücken.

Blaues Ordensband *Catocala fraxini* (Familie: Eulenfalter *Noctuidae*) Europa, ausgenommen Südeuropa, §, fliegt 7–9, spannt 10 cm, größter Eulenfalter Europas, grauschwarze Vorderflügel, rindenartig gezeichnet, schwarzbraune Hinterflügel mit breiter hellblauer Binde.
Raupe 80–90 mm, gelbgrau, fast nackt, auch auf Eichen, Weiden, Buchen und Eschen.

Blaues Ordensband

Hornissenschwärmer *Sesia apiformis* (Familie: Glasflügler *Sesiidae*) Mitteleuropa, ein Schmetterling, der in Gestalt, Flügeln, Zeichnung und Summton die wehrhaften Hautflügler nachahmt, fliegt 6/7, spannt 42 mm, hat braunschwarzen Vorderleib, zwei große gelbe Flecken vor den Flügelwurzeln, braune und zitronengelbe Ringe auf dem Hinterleib, durchsichtige, nur am Rande und auf den Rippen braun geschuppte Flügel, summt wie eine Hornisse, sitzt an Baumstämmen. Raupe nackt, weiß und mit braunem Kopf, frißt platzweise unter der Rinde der Pappel und im Holz, verrät sich durch den ausgestoßenen sägespanähnlichen Kot.

Hornissenschwärmer

An den Weiden:

Weidenspinner, Ringelfuß, Pappelspinner *Stilpnotia salicis* (Familie: Schadspinner *Lymantriidae*) Europa, häufig, fliegt 6/7, spannt 50 mm, ist glänzend atlasweiß, an Schienen und Füßen schwarz geringelt, klebt seine Eier in kleinen Häufchen zwischen die Rindenschuppen und bettet sie in weißglänzenden Schleim.
Raupe rotbewarzt, braunrückig, schwefelgelb oder weiß gefleckt, schlüpft erst im nächsten Frühjahr, frißt auch an Pappeln. Falter nachts oft auch in Pappelalleen fliegend.

Weidenbohrer *Cossus cossus* (Familie: Holzbohrer *Cossidae*) Europa, fliegt 6, spannt 80 mm, braungraue Flügel, dunkel

gewellt, an Kopf und Hals gelbgrau, am Hinterleib weiß geringelt, plump.
Raupe 90 mm, fingerdick, oberseits rotbraun, seitlich und unterseits schmutzig fleischfarben, beißt kräftig, sondert Wehrsaft ab, frißt 3 Jahre in Weiden und Pappeln, verpuppt sich oft in der Erde, riecht nach Holzessig.

Großer Gabelschwanz *Cerura vinula* (Familie: Zahnspinner *Notodontidae*) Europa, §, fliegt 5–7, spannt 7–8 cm, weißgraue Vorderflügel mit verwischten schwarzen Flecken und Zeichnungen, graue Hinterflügel mit mattschwarzer Punktreihe am Saum, sehr starker plumper Leib, Hinterleib schwarz geringelt.
Raupe dick, grün, braunköpfig, mit großem violettem bis schwarzem Sattelfleck und aufrichtbarer Schwanzgabel, aus der lange hochrote Fäden spielen und züngeln, wenn sie beunruhigt wird, nimmt Schreckstellung ein, sondert übelriechenden Saft ab.

An den Birken:

Birkenspinner, Scheckflügel *Endromis versicolora* (Familie: Scheckflügel *Endromididae*) Europa, häufig, fliegt 4/5, spannt 60–64 mm, ist bräunlich und dickleibig, hat drei weiße Male in den Spitzen der Vorderflügel und zwei unregelmäßige schwarze Längsbinden, sehr dicht behaarten Hinterleib. Raupe nackt, glatt, grün, seitlich weiß gestrichelt, auch an Erle und Hasel.

Birkenspanner (♂) und Raupe in Tarnstellung

Birkenspanner *Biston betullaria* (Familie: Spanner *Geometridae*) Europa, fliegt 5/6, spannt 45–50 mm, weiße Flügel mit vielen schwarzbraunen Punkten und Sprenkeln,

Großer Gabelschwanz (♀) und Raupe

gute Nachahmung der Birkenrinde. In Gebieten mit hoher Luftverschmutzung gibt es auch völlig schwarze Formen. Ruht tagsüber mit halb klaffenden Flügeln an den Stämmen.

Raupe grünlichgrau oder bräunlich oder gelblich, hält sich bei Beunruhigung nur mit den hinteren Füßen am Zweig fest, streckt den Leib starr und steif in die Luft, gleicht einem Zweig oder Stengel, kriecht katzbukkelnd wie alle Spannerraupen.

Birkenwollafter *Eriogaster lanestris* (Familie: Glucken *Lasiocampidae*) Europa, fliegt 3/4, spannt 40 mm, bräunliche Flügel mit hellen Malen und Längslinien, ungewöhnlich dickleibig, legt die Eier spiralig um dünne Zweige, bedeckt sie mit schwarzgrauer Afterwolle.

Raupe 50 mm, langhaarig, schwarz, mit zwei Reihen rotgelber Flecken auf dem Rücken, lebt gesellig in gemeinsam hergestelltem spindelförmigem Gespinstsack.

Kleine Vögel in Busch und Baum

Im grünen Laubwald, im rauschenden Wipfelbereich wie unten im Buschwerk, leben viele kleine Sänger aus den großen Familien der Sperlings- und Finkenvögel. Wir beschreiben hier diejenigen, die den Laubwald bevorzugen, aber natürlich auch im Nadelwald angetroffen werden können, und kommen im nächsten Kapitel (S. 336ff.) auf die zu sprechen, die wiederum vorwiegend im Nadelwald nisten, obwohl wir ihnen auch im Laubwald begegnen können. Zahlreiche kleine Waldvögel, wie z.B. die Meisen und Grasmücken, Rotschwänze, Baumläufer und Singdrosseln, die sich zu ausgesprochenen Kulturfolgern entwickelten, besprechen wir im Kapitel »Im Park« (S. 486ff.).

Nachtigall *Luscinia megarhynchos* (Familie: Drosseln *Turdidae,* Ordnung: Sperlingsvögel *Passeriformes*) Brutgebiet: Europa außer Nordeuropa und nördliches West- und Osteuropa, §, ~, 4–9, 16,5 cm, oberseits braun mit braunrotem Schwanz, unterseits licht-gelblichgrau, hat rotbraune Augen, gestreckten pfriemförmigen Schnabel, hohe Läufe.

Sitzt tief in den Büschen, hüpft wenig durchs Gesträuch, aber in großen Sätzen auf dem Boden, schnellt oft den Schwanz, fliegt niedrig von Busch zu Busch, selten über freie Strecken, nistet auf der Erde, unter dichten Büschen, gern auf welkem Laub, brütet im Mai, sitzt 13 Tage auf 4–6 Eiern,

Nachtigall

singt oft die ganze Nacht hindurch, läßt sich im Frühjahr auch am Tage immer wieder hören, vereinigt 20–24 Strophen in ihrem wundervollen und wohltönenden Gesang.

Zaunkönig *Troglodytes troglodytes* (Familie: Zaunkönige *Troglodytidae,* Ordnung: Sperlingsvögel *Passeriformes*) Europa abgesehen vom äußersten Norden, §, ↓, mit 9,5 cm unser zweitkleinster Vogel, hat einen rundlichen Körper, ist rostbraun oder rostgrau, dunkelbraun gewellt, hat braune Augen mit braunem Zügelstreif und mit schmaler bräunlichweißer Braue.
Huscht mausflink durchs Gesträuch, geduckt auf dem Boden, stelzt oft den kurzen Schwanz, verbeugt sich viel, fliegt zitternd und niedrig, warnt laut: »Zeck-zeck-zeck«, auch »Zerr« und »Zerz«, pfeift und trillert erstaunlich laut und hell, singt auch im Winter. Baut neben großen Brutnestern auch Schlaf- und Spielnester, gern aus Moos, fast kugelig, teils auf der Erde, teils in Büschen und Höhlen, brütet im April und Juli, sitzt 13 Tage auf 6–8 Eiern, schläft auch in seinen Nestern.

Zaunkönig

Gelbspötter *Hippolais icterina* (Familie: Grasmücken *Sylviidae,* Ordnung: Sperlingsvögel *Passeriformes*) Brutgebiet: Mittel- und Osteuropa, §, ⌒, 4–8, 13 cm, oberseits gelblich olivfarben, Augenstreif und Unterseite leuchtend zitronengelb, hat lichtblaue Füße, starken graubraunen Schnabel.
Sitzt, hüpft und singt in den höchsten Bäumen, fliegt schnell und gut, kommt selten auf den Boden, brütet im Mai/Juni, stellt sein zierliches, beutelförmiges Nest in dichte Büsche, ist ein Genie im Nachahmen anderer Vogellieder und ein fleißiger Sänger.

Waldlaubsänger *Phylloscopus sibilatrix* (Familie: Grasmücken *Sylviidae*) Brutgebiet: Europa, ausgenommen der äußerste Norden und Süden, §, ⌒, 4–8, 13 cm, oberseits hellolivgrün, seitlich verwaschen olivfarbig, unterseits weiß, der Augenstreif, die Kopfseiten, das Kinn, die Kehle und die unteren Flügeldecken sind gelb.
Brütet im Bodenlaub, baut kunstvolles, backofenförmiges Nest, versammelt im Mai/Juni 5–6 Eier, singt schwirrend hoch im Baum, schwebt dabei von Ast zu Ast.

Fitislaubsänger *Phylloscopus trochilus* (Familie: Grasmücken *Sylviidae*) Brutgebiet: Europa außer Südeuropa und Island, §, ⌒, 4–9, 11 cm, oberseits olivbraungrünlich, unterseits blaßgelblich, am Bauche weiß, hat blaßgelben Augenstreif und bräunlichen Zügelstreif, stellt sein gut überdachtes Nest tief ins Gesträuch, immer in Bodennähe, brütet April/Mai, singt wohltönend und sanft: »Hüid-hüid-hoid-hoid-hoid.«

Baumpieper *Anthus trivialis* (Familie: Stelzen *Motacillidae,* Ordnung: Sperlingsvögel *Passeriformes*) Brutgebiet: Europa außer Südeuropa, Irland und Island, §, ⌒, 4–9, 15 cm, oberseits braun, streifenartig dunkelbraun längsgefleckt, unterseits zart gelblich mit gestreifter Brust und gestreiften Seiten, trillert und pfeift fast wie ein Kanarienvogel, meist von Baumspitzen aus, steigt singend empor, flattert in der Luft, kommt singend herab, stellt sein gut getarntes Nest auf die Erde, bebrütet im Mai 4–5 Eier.

Zilpzalp, Weidenlaubsänger *Phylloscopus collybita* (Familie: Grasmücken *Sylviidae*) Brutgebiet: Europa, ausgenommen der äußerste Norden, §, ~, 3–11, 11 cm, oberseits lebhaft olivgrüngrau, seitlich olivgelbbraun, unterseits weiß, hat schmalen gelben Augenstreif, gelbe untere Flügeldecken, stellt sein überdecktes Nest auf die Erde oder niedrig in Büsche, versammelt Ende April 5–7 Eier, singt etwas einförmig, aber unermüdlich »Zilp-zalp« oder »Dilm-delm«, ist abgesehen vom Gesang leicht mit dem Fitislaubsänger zu verwechseln.

Zilpzalp

Kernbeißer *Coccothraustes coccothraustes* (Familie: Finken *Fringillidae,* Ordnung: Sperlingsvögel *Passeriformes*) Brutgebiet: Europa, abgesehen vom äußersten Norden, §, ↿, ~, 3–11, 18 cm, gedrungen, kräftig, oberseits schokoladen- und kastanienbraun, unterseits grauweiß, an den Schwingen metallisch blau mit auffallend weißen Schulterflecken, hat schwarzen Stirnstreif, schwarze Zügel und schwarze Kehle, großen, dicken, kreiselförmigen Schnabel.
Klettert flink im Gezweig, hüpft ungeschickt auf der Erde, fliegt schwerfällig, frißt am liebsten Kirschkerne und Bucheckern, stellt sein flaches Nest in Büsche und Bäume, singt klirrend und schwirrend.

Kernbeißer

Hänfling *Acanthis = Carduelis cannabina* (Familie: Finken *Fringillidae*) Brutgebiet: Europa abgesehen vom äußersten Norden, §, ⇃↿, ~, 13 cm, ♂ auf dem Scheitel und an den Brustseiten lebhaft karminrot, auf dem Hinterrücken und den Schultern zimtbraun, Kehle und Bauch weiß, singt auf den höchsten Wipfelspitzen, bringt es zu klangvollen Flötentönen, ♀ ohne Karminrot im Gefieder, grauer, mehr gestreift, baut im April sein Nest in niedrige Büsche. Frißt ausschließlich Sämereien.

Halsbandschnäpper *Ficedula albicollis,* (Familie: Fliegenschnäpper *Muscicapidae*)

Hänfling (♂)

Brutgebiet: Italien, südliches Osteuropa, östliches Mitteleuropa, §, ~, 4–7, 13 cm, dem Trauerfliegenschnäpper sehr ähnlich, aber das Männchen trägt weißes Halsband, singt lauter und abwechslungsreicher als der kleinere Vetter, ahmt gut nach.

Trauerfliegenschnäpper *Ficedula hypoleuca* (Familie: Fliegenschnäpper *Muscicapidae,* Ordnung: Sperlingsvögel *Passeriformes*) Brutgebiet: Spanien, Mittel-, Nord- und Osteuropa, §, ~, 4–9, 13 cm, ♂ oberseits schwarz, unterseits weiß, weiße Stirn, Flügeldecken und Schwanzseiten, ♀ oben braun mit kleinen weißen Flügelflecken, ist sehr flott, zuckt mit den Flügeln, wippt mit dem Schwanz, flattert von Zweig zu Zweig, singt und pfeift schon vor Sonnenaufgang, brütet in Baumhöhlen und Nistkästen, lebt von fliegenden Insekten, notfalls auch von Beeren.

Girlitz

Girlitz *Serinus serinus* (Familie: Finken *Fringillidae*) Brutgebiet: Süd- und Mitteleuropa und Westeuropa außer England, §, ↓, ~, 3–11, 11,5 cm, oberseits grün, verwaschen schwärzlich längsgefleckt, unterseits blaßgoldgelb, hat einen leuchtendgelben Bürzel und auffallend kurzen Schnabel.
Stellt sein Nest in Büsche und Bäume, brütet Mitte April, das balzende Männchen legt sich flach auf einen Ast, sträubt die Kehlfedern, spreizt den Schwanz, dreht und wendet sich, schwankt fliegend um den Baum, singt dabei schwirrend.

Große Waldvögel

Die größeren Waldvögel unterscheiden sich in Farbe, Lied und Wesensart wie Gewohnheiten so sehr, daß sich selbst der unbewanderte Naturfreund nicht im Zweifel sein kann, ob er es mit einem Pirol oder Star, Wendehals oder Wiedehopf, Kuckuck oder Specht, einer Wildtaube oder Blauracke zu tun hat. Auf die Wildtauben kommen wir übrigens im Nadelwald (S. 339 ff.), auf die Spechte, Eulen, Waldhühner und Greife im Bergwald (S. 367 ff.) zu sprechen.

Kuckuck *Cuculus canorus* (Familie: Kuckucke *Cuculidae,* Ordnung: Kuckucksvögel *Cuculiformes*) Brutgebiet: Europa außer Island, §, ~, 4–9, mit 33 cm etwa turmfalkengroß, oberseits graublau, unterseits grauweiß, schwärzlich quergewellt, Schwingen schiefergrau, Steuerfedern schwarz, weiß gefleckt, hat hochgelbe Augen, gelbe Füße, schwarzen Schnabel und langen Schwanz. Das ältere Weibchen trägt am Hinter- und Unterhals schwache rötliche Binden, das jüngere Weibchen ist oberseits oft rostbraun. Bewegt sich fast ausschließlich im Wipfelbereich, fliegt leicht und falkenschnell, hüpft auf der Erde ungeschickt, schreit zu jeder Tageszeit, während das Weibchen eigentümlich kichert und trillert. Es legt seine Eier in die Nester zahlreicher Singvögel. Der noch blinde und nackte Jungkuckuck befördert Eier wie Küken der Zieheltern aus dem Nest.

Pirol *Oriolus oriolus* (Familie: Pirole *Oriolidae,* Ordnung: Sperlingsvögel *Passeriformes*) Brutgebiet: Europa außer Nordeuropa, Britische Inseln und Island, §, gefährdet, ⁓, 5–8, mit 24 cm etwa starengroß, Gefieder beim ♂ gold- oder orangegelb, Zügel, Schwingen und Schwanzfedern samtschwarz, hat karminrote Augen, schmutzigroten Schnabel, bleigraue Füße, ♀ gelblichgrün, Flügel und Schwanz dunkler, Unterseite weiß und dunkel gestreift. Lebt im Wipfelbereich, ist auf dem Waldboden ungeschickt, fliegt viel, leicht und schnell, lockt hell »Jäck-jäck«, singt leise plaudernd und grasmückenhaft, flötet am Ende laut »Tu-düdlio«, hängt sein kunstvoll geflochtenes Nest gewöhnlich in eine waagerechte Astgabelung, brütet Anfang Juni.

Star *Sturnus vulgaris* (Familie: Stare *Sturnidae,* Ordnung: Sperlingsvögel *Passeriformes*) Brutgebiet: Europa außer Spanien, §, ⁓, ↓, 2–10, 22 cm, ♂ im Frühling schwarz, grün und purpurfarbig schimmernd, im Sommer geperlt und gefleckt wie das Weibchen während des ganzen Jahres, hat braune Augen, im Frühjahr goldgelben, im Sommer schwarzen Schnabel, rotbraune Füße.
Singt schon Anfang März, bewegt dabei Flügel und Schwanz, schwätzt munter schnalzend drauflos, ahmt andere Vogellieder und Geräusche aller Art trefflich nach, brütet in Baumhöhlen und Nistkästen, legt seine 4–5 grünblauen Eier Ende April, treibt sich nach dem Brutgeschäft weit im Lande herum, schlägt sich zu großen Scharen zusammen, übernachtet in Wäldern und Röhricht.

Rosenstar *Pastor roseus* (Familie: Stare *Sturnidae*) Brutgebiet: Südosteuropa, westwärts bis Ungarn und Italien, streift im Sommer und Herbst durch ganz Europa bis

Kuckuck

Island, §, gefährdet, genauso groß wie der Star, Gefieder auffallend rosenrot, Kopf, Hals, Flügel und Schwanz glänzend schwarz, trägt deutliche Kopfhaube. Lebt mehr im offenen Gelände als im Wald, nistet in Höhlen, unter Steinen oder auf freiem Boden. Ernährt sich mit Vorliebe von Heuschrecken.

Star

Blauracke, Mandelkrähe *Coracius garrulus* (Familie: Racken *Coraciidae,* Ordnung: Rackenvögel *Coraciiformes*) Brutgebiet: Süd- und Osteuropa, östliches Mitteleuropa, §, stark gefährdet, sehr selten, ~, 4–8, 30,5 cm, Gefieder prachtvoll himmel- und ultramarinblau, Mantel- und Schulterfedern zimtbraun, hat lange Flügel, kurze Beine, nistet in Baumhöhlen. Die Blauracke schnarrt »Rack-rack-rack« oder kreischt »Räh-räh«, späht von Bäumen aus nach ihrer Beute, Insekten, Fröschen, Eidechsen, spießt sie schnell auf und kehrt zum Ausguck zurück, bebrütet ihre 4 weißen Eier 19 Tage lang.

Wiedehopf *Upupa epops* (Familie: Wiedehopfe *Upupidae,* Ordnung: Rackenvögel *Coraciformes*) Brutgebiet: Europa außer Britische Inseln und Nordeuropa, §, stark gefährdet, ~, 4–9, mit 28 cm etwa dohlengroß, orangebräunlich, Schwingen und Schwanz schwarz und gelblichweiß quergestreift, hat langen, schwach gebogenen Schnabel, hohen Federbusch mit schwarzen Spitzen, abgestutzten Schwanz.
Trippelt wie eine Taube, hebt, spreizt und senkt viel die Haube, stochert im weichen Boden, schlenkert den Fund in die Luft und fängt ihn so geschickt auf, daß er gleich bis zum Schlund rutscht, fliegt wellenförmig mit langsamem Flügelschlag, drückt sich bei Gefahr aus der Luft flach auf die Erde, spreizt Schwanz und Flügel, biegt den Kopf zurück, reckt den Schnabel empor, ruft in der Paarungszeit hohl »Hup-hup«, läßt häufig verschiedene miauende Laute hören, nistet am liebsten in Baumhöhlen und Nistkästen, brütet im Mai, hält sein Nest genauso sauber wie jeder andere Vogel.

Wiedehopf

Wendehals *Jynx torquilla* (Familie: Spechte *Picidae,* Ordnung: Spechtvögel *Piciformes*) Brutgebiet: hauptsächlich West-, Mittel- und Osteuropa, §, gefährdet, ~, 4–8, 16,5 cm, oberseits lichtaschgrau, braun und rostgelb gemustert, dunkel gewellt und gepunktet, unterseits weiß, dunkel gefleckt, Kehle und Unterhals gelb, quergewellt, hat kleinen

Kopf, länglichen, gerundeten Schwanz, die Füße sind spechtartig, zwei Zehen sind nach vorne, zwei nach hinten gerichtet.
Nistet in Baumhöhlen und alten Spechthöhlen, legt seine 7–12 weißen Eier Mitte Mai aufs nackte Holz, brütet 14 Tage. Die Jungen fauchen und zischen, wenn sie sich bedroht fühlen, und auch die Alten sind Meister im Verrenken und Verdrehen des Halses, im Grimassenschneiden und schlangenartigen Zischen.

Wendehals

Eichelhäher *Garrulus glandarius* (Familie: Rabenvögel *Corvidae,* Ordnung: Sperlingsvögel *Passeriformes*) Brutgebiet: Europa, abgesehen vom äußersten Norden, ↓↑, mit 34 cm etwa taubengroß, rötlichbraun, oberseits dunkler, unterseits heller, hat schwarzweiß gestreifte Scheitelfedern, schwarzen Schnurrbart, weißen Bürzel, auffallend weißen Flügelfleck und himmelblauen Spiegel auf dem Oberflügel.
Ist äußerst wachsam und mißtrauisch, der Warner für alle Waldtiere, immer unterwegs, sträubt oft die Scheitelfedern, krätscht laut »Räätsch« oder »Räh«, ist ein vorzüglicher

Eichelhäher

Nachahmer vieler Vogelrufe, nährt sich von Pflanzen, plündert Vogelnester, vertilgt Schlangen und Schmetterlingseier.
Baut sein Nest bereits im März, stellt es in Bäume, legt Anfang April seine 5–7 Eier, die er 17 Tage lang bebrütet, füttert die herangewachsenen Jungen viel mit Nestküken der Singvögel auf, pflanzt aufgrund seiner Freßgewohnheiten viele Eicheln, Bucheln und Haselnüsse in den Boden.

Bienenfresser *Merops apiaster* (Familie: Bienenfresser *Meropidae,* Ordnung: Rakkenvögel *Coraciiformes*) Brutgebiet: Süd- und Südosteuropa, verirrt sich selten nach Mitteleuropa, §, gefährdet, 28 cm, Gefieder sehr bunt: braun, gelb, blaugrün, grün und schwarz. Auffallend ist die leuchtend gelbe Kehle und der lange gebogene Schnabel. Bevorzugt freies Gelände mit Büschen und wenigen Bäumen. Die Nisthöhlen werden in lehmige oder sandige Wände gegraben, die 5–6 weißen Eier 19–20 Tage lang vom ♀ bebrütet. Die Nahrung besteht aus Insekten, die im Flug gefangen werden.

Die Bilche oder Schlafmäuse

Die Bilche stehen zwischen den Mäusen und Eichhörnchen, sind scheue Baumtiere, werden erst in der Dämmerung und Nacht munter, turnen behend durch die Wipfel, leben von Samen, Früchten, Insekten und Vogelbrut, halten einen tiefen und langen Winterschlaf in unterirdischen Erdhöhlen. In der Gestalt erinnern sie stark an die Eichhörnchen, sind aber kleiner, haben geschickte weiße Hände, große dunkle Augen, sind bissig und unverträglich.

Siebenschläfer *Glis glis* (Familie: *Gliridae,* Ordnung: Nagetiere *Rodentia*) Mittel- und Südeuropa, fehlt in Norddeutschland, §, 16 cm lang, 13 cm Schwanz, Pelz oberseits aschgrau seitlich bräunlichgrau, unterseits glänzend milchweiß, hat lange schwarze Schnurrhaare und ist an der unteren Schnauze, den Backen, der Kehle und bis hinter die Ohren weiß.
Liebt trockene Laubwälder, verdöst den Tag in allerlei Schlupfwinkeln, sammelt im Herbst Vorräte, paart sich Ende Mai, wirft Ende Juni 3–7 Junge, wacht während des siebenmonatigen Winterschlafes immer wieder einmal auf, um sich etwas zu bewegen und zu fressen.

Gartenschläfer *Eliomys quercinus* (Familie: Bilche *Gliridae*) Süd-, Mittel- und Osteuropa, §, 13 cm lang, 9 cm Schwanz, Pelz oberseits rötlichgraubraun, unterseits weiß, hat glänzend schwarz umringte, schwarzbraune Augen und schwarzen Streifen bis zum Hals, ebenso an den Vorderfüßen.
Ist ein schlimmer Nestplünderer, klettert und springt besser als sein Vetter, dringt auch in Häuser ein, plündert Obstgärten. Er paart sich im Mai, rast dann zischend und schnaubend umher, beißt den Nebenbuhler oft tot. Das Weibchen wirft nach vierwöchiger

Gartenschläfer

Siebenschläfer

Tragzeit 3–7 nackte, blinde Junge, gern in einem Eichhörnchenkobel oder Nistkasten, verteidigt sie auch dem Menschen gegenüber mit wütenden Bissen, hält seinen Winterschlaf gern in Gehöften, auf Heu- und Dachböden.

Baumschläfer *Dryomys nitedula* (Familie: Bilche *Gliridae*) Mittel- und Osteuropa, §, gefährdet, 10 cm lang, 8 cm Schwanz, Pelz oberseits rötlichbraun oder bräunlichgrau, unterseits weiß, ein großer schwarzer Streifen bettet die Augen ein, zieht sich bis zu den Ohren. Er ist in Westdeutschland selten.

Haselmaus *Muscadirnus avellanarius* (Familie: Bilche *Gliridae*) West-, Mittel- und Osteuropa, §, 7,5 cm lang, 7 cm Schwanz, Pelz gelblichrot, an Brust und Kehle weiß, um Augen und Ohren hellrötlich.
Liebt unterholzreiche Laubwälder, baut ihr kunstvoll geflochtenes Nest in dichte Büsche, 1–2 cm über dem Boden, klettert wieselflink im Gezweig, paart sich im Juli, wirft im August 3–4 nackte, blinde Junge, zieht sich Mitte Oktober in unterirdische Schlupfwinkel zurück, wickelt sich in Gras, Laub und Moos, rollt sich zusammen und schläft neben ihren eingetragenen Vorräten.

Haselmaus

Schniefnase, der Stachelritter

Eigentlich ist unser Igel heute überall zu Hause, obwohl er ursprünglich zweifellos ein Waldtier war. Wir können ihn auf den Feldern und Wiesen wie in den Gärten und Parkanlagen, ja mitten in den Dörfern und Städten treffen, und er ist überall dasselbe harmlose Nachttier, das sich uns durch die Vertilgung von Drahtwürmern und Schnecken, Engerlingen und Käfern recht nützlich macht, hier und dort wohl auch einmal ein Mäusenest ausbuddelt, eine Kreuzotter stellt und nebenbei noch Frösche und Kröten, Blindschleichen und Ringelnattern verzehrt, das Fallobst nicht verschmäht und sich leider auch für frische Vogeleier und Jungvögel interessiert.

Igel *Erinaceus europaeus* (Familie: Igel *Erinaceidae,* Ordnung: Insektenfresser *Insectivora*) Europa abgesehen vom äußersten Norden, §, 20–29 cm, Schwanz 2,5 cm, Körper dick, kurz und gedrungen, Rüssel spitz und vorn gekerbt, Maul weit gespalten, Ohren breit, Augen klein und schwarz, sein rauher Pelz ist am Hals und Bauch lichtrot-

Igel

gelb oder weißgrau, seine sehr spitzen Stacheln sind am Grunde bräunlich, in der Mitte gelblich, an der Spitze schwarz oder dunkelbraun.

Rollt sich bei Gefahr blitzschnell zusammen, bildet dann einen eiförmigen Klumpen, der mit Gewalt kaum aufzubrechen ist, hat sehr empfindliche Geruchswerkzeuge, spürt mit der triefenden Nase an der Erde, schnauft und schnüffelt dabei hörbar, haßt Lärm, zeigt sich durchaus nicht tölpisch oder langsam, vermag vielmehr blitzschnell anzugreifen, sehr zielsicher zuzubeißen, sammelt seine Erfahrungen, zeigt sich anpassungsfähig.

Er paart sich im Mai/Juni, das Weibchen wirft zwischen Juni–August nach etwa 4- bis 6wöchiger Tragzeit 3–7 nackte, blinde, weiße, knapp 6,5 cm lange Junge, denen die weißen Stacheln noch tief in der aufgeschwollenen Haut liegen, sie werden ungefähr 6–8 Wochen lang gesäugt, vermögen schon bald selbständig und schmatzend Nahrung aufzunehmen, folgen der Mutter noch den ganzen Sommer hindurch. Zum Winterschlaf zieht sich der Igel im Herbst in eine tiefe, selbstgegrabene oder vorgefundene Höhle zurück, die er warm mit Stroh, Heu, Laub und Moos polstert, schläft ohne Nahrung bis zum März.

Im Nadelwald

Steinpilz

Strenger und enger als die der Laubbäume sind die Formen der Fichten, Tannen, Kiefern und Lärchen, dunkler die schmalen Nadeln. Der von der Erde bis zum Wipfel glatt durchgehende und die Baumgestalt beherrschende Stamm hält die Zweige dichter an sich, vor allem im angepflanzten Nutzforst, in dem die Bäume eng beieinander stehen und die Sonne den dichten Filter der Wipfel kaum zu durchdringen vermag.

Arm an Moosen und Farnen, Gräsern und Blumen, Kräutern und Büschen, Vögeln und Säugern sind die meisten unserer Nadelwälder. Sichtlich gestört ist die natürliche, sonst artenreiche Lebensgemeinschaft. Die Bäume stehen so vereinsamt wie die Nutzpflanzen auf einem Gemüseacker und sind wie diese den Angriffen ihrer Feinde schutzlos ausgesetzt.

Riesige Vermehrungsfeste können in diesen Nadelwäldern die Borken- und Rüsselkäfer, die Nonnen und Ringelspinner, die Schwammspinner und Kieferneulen feiern, da ihre natürlichen Feinde nicht mehr genügend Schlupfwinkel oder Nistplätze vorfinden. Ihre gefräßigen Kiefer richten ungeheuren Schaden an, ihre Bekämpfung verschlingt noch heute jährlich viele Millionen. Aber auch den Naturgewalten sind diese Wälder in erhöhtem Maße ausgesetzt: die Stürme reißen gewaltige Lücken, der zündende Blitzstrahl oder eine glimmende Zigarette, die ein unachtsamer Wanderer wegwirft, entfesseln verheerende Brände. Darum pflanzt man heute die Rot- und Hainbuche zwischen die bisher einseitig bevorzugten Fichten und Kiefern,

läßt alte Bäume als Niststätten für die höhlenbewohnenden Waldvögel stehen und versucht, möglichst bald wieder einen natürlichen Waldbestand zu erreichen, der auch seine vielen anderen Aufgaben zu erfüllen vermag.
Zum Glück haben sich zwischenzeitlich auch die Schädlingsbekämpfungsmethoden verändert. Früher wurden hauptsächlich chemische Giftstoffe eingesetzt, die leider nicht nur für die Schädlinge tödlich waren, sondern auch für viele andere Waldbewohner und mit ihren giftigen Rückständen die ganze Landschaft und das Wasser zu verpesten drohten. Jetzt ist man weitgehend zur biologischen Bekämpfung übergegangen. Man setzt zum Beispiel Schlupfwespen und Raupenfliegen ein, deren Larven in anderen Insektenlarven leben und diese dadurch abtöten. Zahlreiche Schädlinge leiden auch an Bakterien- und Viruserkrankungen. So gibt es Viren, die nur ganz bestimmte Insektenarten befallen und die deshalb ohne Gefahr für Mensch und Säugetier zur Bekämpfung der Schädlinge verwendet werden können. In einigen Gebieten Europas hat man damit die gefräßigen Raupen der Nonne und des Schwammspinners sogar völlig ausrotten können.

Von den Pflanzen

Unsere drei wichtigsten Nadelhölzer

Die Wald- und die Moorkiefer lernen wir noch in der Heide (S. 411) und im Moor (S. 432) kennen. Die größten deutschen Kiefernwälder stehen östlich der Elbe in West- und Ostpreußen, Schlesien und Brandenburg und in der Provinz Sachsen, kleinere in Niedersachsen und Westfalen, in der Oberrhein-Ebene sowie in der Umgebung von Nürnberg und Bamberg. Meistens sind sie reich an Zwerggesträuch, an Heidelbeeren, Preiselbeeren und Heidekraut.
Fast ebenso anspruchslos wie die Kiefer ist auch die Fichte, die in den deutschen Mittelgebirgen wie in den Alpen meist die Baumgrenze bildet, gut in den flachgründigen und felsigen Gebirgsböden gedeiht, selbst noch auf schlechten Sumpfböden fortkommt. Ihre Wurzeln streichen sehr flach, außerdem verträgt sie hohe Kälte und verlangt wenig Licht. Zweifellos aber verarmt in den angepflanzten Fichtenwäldern nicht nur die Vegetation und das Tierleben, sondern auch der Grund selbst, den sie übermäßig auslaugt, mit ihrer dicken Nadelschicht erstickt und allmählich vertorft. Die Fichte ist unsere wichtigste Baumart und für die Forstwirtschaft der bedeutendste Holzlieferant. Wesentlich höhere Ansprüche an die Boden-, Licht- und Feuchtigkeitsverhältnisse stellt die Tanne, der tiefgründige und sandige Lehmböden zusagen und die deshalb stark vernachlässigt wurde. In Bayern ist sie beispielsweise nur zu 3% an der Waldfläche beteiligt.

Fichte, Rottanne *Picea abies* (Familie: Kieferngewächse *Pinaceae*) fast ganz Europa, blüht 4/5, hat ebenmäßigen, pyramidenförmigen Wuchs, kann eine Höhe von 40–55 m, einen Stammdurchmesser von 2 m erreichen, die junge Rinde ist glatt und hellbraun, später grau oder rotbraun und schuppig, kann ein Alter von 500–600 Jahren erreichen. Ihre Äste hängen leicht durch, tragen spiralig um den Zweig geordnet vierkantige Nadeln, die vereinzelt auf erhöhten Blattkissen stehen und eine Lebensdauer von 5–10 Jahren haben.

links: Fichte mit ♀ Zapfen
rechts: Tanne mit ♀ Zapfen

Zum erstenmal blüht die Fichte im engen Waldbestand zwischen dem 60.–70. Lebensjahr, im Freistand 20–30 Jahre eher, blüht dann alle 3–5 Jahre. Die männl. Blütenstände sind eiförmig, zuerst fein erdbeerrot, nach dem Verstäuben gelblich. Die weiblichen Blütenzapfen stehen zuerst aufrecht auf den Spitzen vorjähriger Wipfelzweige, drehen sich nach der Bestäubung abwärts, entwickeln sich noch im gleichen Jahre zu den 10–16 cm langen, 2–4 cm dicken, hängenden Zapfen mit dachziegelartig übereinandergelegten und noch dicht geschlossenen Deckschuppen, klaffen im nächsten Frühjahr, lassen die Samen herausfallen und purzeln wenige Wochen später selbst von den Zweigen.

Tanne, Weißtanne *Abies alba* (Familie: Kieferngewächse *Pinaceae*) Europa außer Nordeuropa, blüht 5, hat weißliche glatte Rinde, erst bei alten Bäumen schuppige Borke, kann die Höhe von 40–50 m, einen Stammdurchmesser von 2 m, ein Alter von 500–600 Jahren, in Ausnahmefällen von fast 1000 Jahren erreichen, läßt ihre Äste nicht so stark durchhängen, hat vielmehr die Neigung, sie abzuspreizen und aufzurichten, sie auch dann noch wachsen zu lassen, wenn das Höhenwachstum beendet ist, so daß sie den Wipfeltrieb überragen und einen storchennestartigen Wipfel bilden.

Die flachen, an der Spitze eingekerbten Nadeln sind am Grunde scheibenförmig verbreitert und haben unterseits zwei längslaufende weiße Wachsstreifen, stehen kammförmig gescheitelt an den Zweigen, erhalten sich 7–11 Jahre.

Im Waldstand blüht die Tanne zum erstenmal zwischen dem 60.–70. Lebensjahr. Die männlichen und die weiblichen Blüten stehen getrennt auf verschiedenen Zweigen des Baumes, die männlichen Blütenkätzchen dicht gebüschelt an den Triebenden, in den Achseln der Nadeln, die bleichgrünen weiblichen 3–5 cm langen Zapfenblüten aufrecht auf der Oberseite vorjähriger Zweige, aber nie an der Spitze. Sie wachsen sich bis zum August desselben Jahres zu 7–17 cm langen, 3–5 cm dicken, kerzengerade aufgerichteten, walzenförmigen Fruchtzapfen aus, lockern und lösen Anfang Oktober ihre Deckschuppen, die gleichzeitig mit den Samen abfallen, so daß zuletzt nur noch die Zapfenspindel auf dem Zweig steht.

Der Pilzreichtum unserer Wälder

Durchaus nicht nur im Nadelwald selbst, sondern auch an seinen Rändern, auf den Waldwiesen sowie im Misch- und Laubwald wachsen die Pilze, von denen wir hier die häufigsten und wichtigsten beschreiben und jeweils den bevorzugten Standort dazu vermerken. Die größte Pilzernte ist vom Juli bis zum November zu erwarten, doch schießen etliche schon im Frühjahr und zahlreiche im Mai/Juni aus der Erde.
Den Pilzsammlern sei ans Herz gelegt, die Pilze nicht danach zu beurteilen und zu behandeln, ob sie eßbar, unbrauchbar oder giftig sind. Für den Wald sind alle Pilze von solcher Bedeutung, daß man sagen könnte: ohne Pilze kein Wald! Denn das, was wir begehren, das sind ja nur die Fruchtkörper der Pilze, während der Pilz selbst als bleiches, weißes, unterirdisches Gespinst durch den Waldboden rankt, die Pflanzenwurzeln umschlingt, sie oft so dicht wie ein Fingerhut umhüllt und der grünen Pflanze wertvolle Nährstoffe zuträgt. Keine Waldpflanze vermag ohne diese hilfreichen Pilzzwerge zu leben. Darum sollen die Pilze auch nicht abgebrochen oder abgeschnitten, sondern recht behutsam aus dem Boden gehoben und gedreht werden, da sonst der im Boden verbleibende Fruchtkörperrest sowie das Pilzgeflecht, das sogenannte Myzel, verfaulen und verderben.
Das Abbrechen und Abschneiden empfiehlt sich auch deshalb nicht, weil gerade die im Boden steckende Knolle recht oft das entscheidende Merkmal eines giftigen Pilzes ist. Irgendwelche andere Hilfsmittel für diese wichtige Unterscheidung gibt es übrigens nicht. Weder der silberne Löffel im Pilzgericht noch das Salz- und Natronwasser, weder die Schnecke am Pilz noch die Milchabsonderung, weder der schlechte noch der gute Geruch und Geschmack, weder die Verfärbung des Fleisches noch die Beschaffenheit der Haut können uns sagen, ob wir einen giftigen oder eßbaren Pilz gefunden haben. Ganz allein die genaue Kenntnis der Pilze vermag uns vor gesundheitlichen Schäden zu bewahren.

Gute Speisepilze:

Steinpilz (Abb. S. 312) *Boletus edulis* (Familie: Röhrenpilze *Boletaceae*) wächst 6–11, Laub- und Nadelwald, wird oft mit dem ungenießbaren Gallenröhrling, dem nur bedingt genießbaren Hexenröhrling und dem giftigen Satanspilz (S. 321) verwechselt. Hut 6–20 cm, hellrot- oder schwarzbraun, mit leicht lösbaren weißen, gelblichen oder grünlichen Röhren. Stiel blaßbraun, sehr zart hellbraun genetzt, zuerst gebaucht, dann walzenförmig. Riecht und schmeckt angenehm. Der bittere Gallenröhrling *Tylopilus felleus* besitzt ein ausgeprägteres Netz am Stiel, seine Röhren sind weiß bis rosa. Hexen- und Satansröhrling sind aufgrund ihrer roten Röhrenmündungen gut vom Steinpilz zu unterscheiden.

Butterpilz *Suillus luteus* (Familie: Röhrenpilze *Boletaceae*) wächst 7–10, Nadelwald, Kiefer. Hut 5–12 cm, zuerst dunkelbraun, später verblassend, schleimüberzogen, mit

Schleier zwischen Hutrand und Stiel, der später reißt und zur weißen oder violetten Manschette wird. Hutfutter: butter- bis braungelbe Röhren. Riecht und schmeckt gut.

Goldröhrling *Suillus grevillei* (Familie: Röhrenpilze *Boletaceae*) wächst 7–11, unter Lärchen. Hut 5–12 cm, zuerst leuchtend rötlichbraun, dann gelb und schleimig, später glänzend, reif verflacht und gebuckelt, wulstig beringt, mit gelben Röhren. Riecht und schmeckt angenehm.

Maronenröhrling *Xerocomus badius* (Familie: Röhrenpilze *Boletaceae*) wächst 6–10, Nadelwald. Hut 6–12 cm, kastanienbraun mit grünlichgelben Röhren, die leicht blau anlaufen. Stiel gelblichbraun, oft gekrümmt, das Fleisch ist weiß und läuft ebenfalls blau an. Schmeckt und riecht angenehm.

Birkenpilz *Leccinum scabrum* (Familie: Röhrenpilze *Boletaceae*) wächst 6–10, unter Birken, Espen, Erlen. Hut 6–20 cm, grau- bis ockerbraun, glatt, feucht, leicht klebrig, polsterförmig, mit weißen bis grauweißen Röhren. Stiel schlank, schwärzlich geschuppt, auch längsgefurcht. Riecht und schmeckt angenehm.

Maronenröhrling

Wiesenchampignon

Rotkappe *Leccinum testaceo-scabrum* (Familie: Röhrenpilze *Boletaceae*) wächst 7–11, unter Birken und Zwergsträuchern, Hut 6–20 cm, gelborange bis rotbraun, leicht befilzt, flachpolstrig, mit grauen oder weißlichen bis gelblichen Röhren. Stiel weißgrundig und sehr dicht schwärzlich beschuppt, schlank, unten etwas verdickt. Riecht und schmeckt angenehm.

Grünling *Tricholoma flavovirens* (Familie: Ritterlinge *Tricholomataceae*) wächst 9–11, Kiefernwald, wird oft mit dem giftigen Schwefelritterling verwechselt, der sich durch einen unerträglichen Geruch nach verbranntem Gummi kennzeichnet. Beim Grünling mißt der Hut 5–10 cm, gelb mit rötlichbrauner Mitte, leicht schmierig, oft sandig, unregelmäßig ausgebreitet. Hutfutter: schwefelgelbe Blätter. Stiel kurz, tief im Sand, schwefelgelb. Schmeckt und riecht nach Mehl.

Wiesenchampignon, Feldchampignon *Agaricus campester* (Familie: Edelpilze

Agaricaceae) wächst 5–11, auf Wiesen, nie im Wald, wird oft mit den giftigen Knollenblätterpilzen (S. 321 f.) verwechselt. Diese besitzen jedoch am Stielgrund eine Knolle, die von einer Hülle umgeben ist. Beim Wiesenchampignon mißt der Hut 5–12 cm, erst weiß, dann bräunlich, mit zuerst fleisch- oder rosafarbenen, dann dunkelbraunen Blättern. Stiel mit weißem Ring. Riecht und schmeckt ausgesprochen angenehm.

Wilder Egerling, Zweisporiger Egerling *Agaricus bisporus* (Familie: Edelpilze *Agaricaceae*) wächst 5–10, Weg- und Straßenränder, Wiesen. Hut bis 10 cm, schmutzigbraun, fasrigschuppig, meist mit weißer Randzone, später verflacht und dickfleischig. Hutfutter: erst sattrosa, später schokoladenbraun. Stiel weiß, mit angewachsenem Ring. Riecht und schmeckt angenehm.

Waldchampignon *Agaricus silvaticus* (Familie: Edelpilze *Agaricaceae*) wächst 9–10, Laubwald, Waldwiesen, wird ebenso wie der Wiesenchampignon oft mit den giftigen Knollenblätterpilzen verwechselt. Hut 4 bis 8 cm, braun, fein geschuppt, mit grauroten bis rotbraunen Blättern. Stiel bräunlichweiß mit braunem Ring. Riecht und schmeckt angenehm.

Schafchampignon *Agaricus arvensis* (Familie: Edelpilze *Agaricaceae*) wächst 7–10, Waldränder, Waldwiesen. Hut 5–15 cm, leicht gelb fleckend, seidig bis flockig, mit langen blassen, später schokoladenbraunen Blättern. Stiel weiß, unten knollig verdickt, leicht gilbend, mit unterseits zerklüftetem Ring. Riecht und schmeckt nach Anis.
Wird ebenfalls häufig mit dem Weißen Knollenblätterpilz verwechselt. Sehr ähnlich ist auch der giftige Karbolegerling *Agaricus xanthoderma,* der jedoch unangenehm nach Karbol riecht und bei Verletzung der Knolle buttergelb anläuft.

Stockschwämmchen *Kuehneromyces mutabilis* (Familie: Schüpplinge *Pholiotaceae*) wächst 5–12, büschelig, auf moderndem Laubholz. Hut 3–6 cm, wäßrig- bis ockerbraun, mit hellerem Ring und durchwässerter Randzone, erst gewölbt, dann verflacht und gebuckelt. Hutfutter: hellrostbraune Blätter. Stiel bräunlich bis düsterbraun, mit bräunlichem Ring, oft stark gekrümmt. Riecht und schmeckt angenehm, wird gern mit dem schwach giftigen Grünblättrigen Schwefelkopf *Hypholoma fasciculare* verwechselt, der sich an den grünlichen Lamellen und dem bitteren Geschmack unterscheiden läßt.

Stockschwämmchen

Milchbrätling *Lactarius volemus* (Familie: Milchlinge *Lactariaceae*) wächst 7–11, Laub- und Nadelwald, wird oft mit dem bedingt eßbaren Braunroten Milchling *Lactarius rufus* verwechselt, der eine weiße und scharfe Milch absondert. Beim Milchbrätling mißt der Hut 5–12 cm, rötlichgelbbraun, kahl, matt, dickfleischig, geschweift. Hutfutter: erst gelbliche, dann bräunliche Blätter. Stiel gleichfarbig oder etwas heller, leicht bauchig. Fleisch sondert reichlich weiße und mild schmeckende Milch ab. Riecht erst süßlich, dann nach Heringslake, schmeckt süß.

Edelreizker *Lactarius deliciosus* (Familie: Milchlinge *Lactariaceae*) wächst 6–11, Nadelwald, wird oft mit dem giftigen Gift- oder Birkenreizker *Lactarius torminosus* (S. 323) verwechselt, der jedoch einen weißen, scharf brennenden Milchsaft absondert. Beim Edelreizker mißt der Hut 5–12 cm, ziegelrot, später verblassend, kreisförmig rötlich und grünlich gefleckt, klebrig, erst gewölbt, dann trichterig. Hutfutter: orangefarben bis ziegelrot, bei Druck grünlich. Fleisch sondert roten Milchsaft ab. Stiel verjüngt sich konisch nach unten, gleichfarbig, brüchig. Riecht angenehm, schmeckt würzig.

Mairitterling *Calocybe gambosa* (Familie: Ritterlinge *Tricholomataceae*) wächst 5/6, Wiesen, Waldränder, wird oft mit dem sehr giftigen Mairißpilz (S. 323) verwechselt, der zur gleichen Zeit erscheint. Dieser hat jedoch einen spitzkegeligen Hut und stark rötendes Fleisch. Beim Mairitterling mißt der Hut 5–12 cm, weißlich bis gelb, manchmal fahlgrau, mit feinfilzigem Rand und lang eingerollt, später buchtig. Hutfutter: blasse, buchtig ausgerandete Blätter. Stiel blaß, kurz, dick. Riecht und schmeckt nach frischem Mehl.

Pfifferling

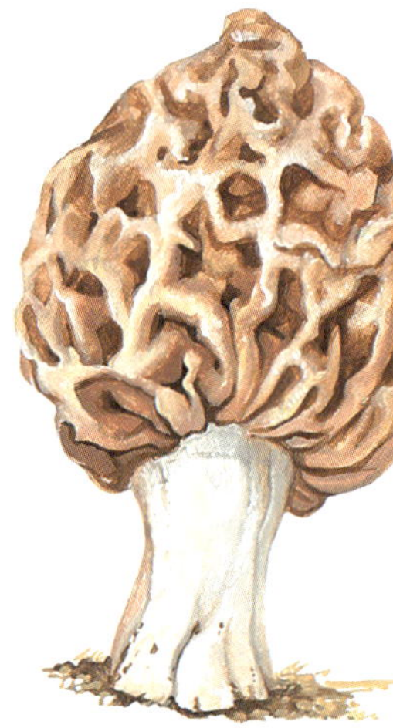

Speisemorchel

Speisemorchel *Morchella esculenta* (Familie: Morcheln *Morchellaceae*) wächst 3–5, Auwald, Wiese, wird mit der giftigen Frühjahrslorchel (S. 323) verwechselt, die jedoch unregelmäßig hirnartig gefurcht ist. Bei der Speisemorchel ist der Kopf eiförmig, ockerfarben bis rußgrau, auch hellbraun, grau- oder dunkelbraun, mit netzartiger Oberfläche, faltigen Gruben. Stiel weißlich mit faltigen Rinnen. Riecht und schmeckt angenehm.

Pfifferling *Cantharellus cibarius* (Familie: Leistenpilze *Cantharellaceae*) wächst 6–11, Laub- und Nadelwald, wird mit dem zwar eßbaren, aber minderwertigen Falschen Pfifferling *Hygrophoropsis aurantiaca* verwechselt, der mehr orangerot und oberseits filzig ist. Beim Pfifferling mißt der Hut 3–7 cm, dottergelb, erst gewölbt, später verflacht, dann trichterig und unregelmäßig gelappt. Hutfutter: niedrige, dicke, sich gabelnde Leisten. Stiel von gleicher Farbe, unten schmäler. Riecht nach Aprikosen, schmeckt etwas scharf.

Speisetäubling *Russula vesca* (Familie: Sprödblätterpilze *Russulaceae*) wächst 6–10, Laub- und Nadelwald, wird oft mit dem giftigen Speitäubling (S. 323) verwechselt, der sich durch einen leuchtendroten Hut und brennend scharfen Geschmack kennzeichnet. Beim Speisetäubling ist der Hut fleischrot, oft rostig gefleckt, genabelt, 7–12 cm, Huthaut etwas verkürzt, so daß die weißen Lamellen am Hutrand hervorschauen. Hutfutter: dichtstehende weißblasse Blätter. Stiel weiß bis rosafarben, am Grunde verjüngt, kurz und dick. Riecht kaum, schmeckt nach Nuß.

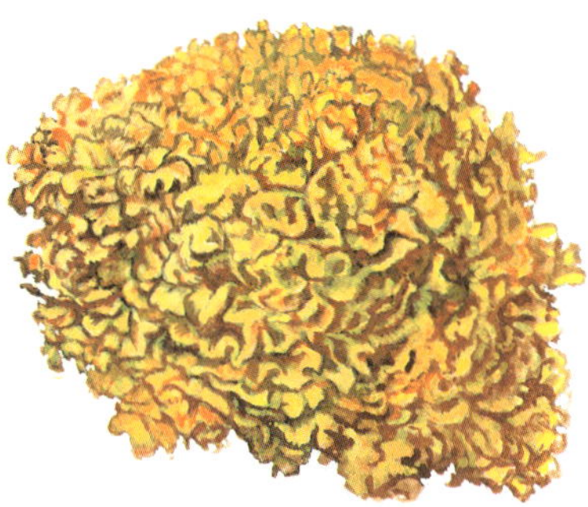

Krause Glucke

Krause Glucke *Sparassis crispa* (Familie: Korallenpilze *Clavariaceae*) wächst 7–10, unter Kiefern, Buchen, Eichen, auf Baumstümpfen. Blaßgelber bis hellbrauner, schwammähnlich gestalteter Fruchtkörper. Stiel kurz und dick, dicht verzweigte Äste. Riecht wie die Speisemorchel.

Totentrompete *Craterellus cornucopioides* (Familie: Leistenpilze *Cantharellaceae*) wächst 8–11, Laubwald, unter Buchen. Hut und Stiel nicht getrennt, trichterförmig hohl, innen grau bis schwarz gekräuselt und runzlig. Riecht gut, schmeckt mild.

Parasol, Riesenschirmling *Macrolepiota procera* (Familie: Edelpilze *Agaricaceae*) wächst 6–11, Lichtungen, Hut 10–30 cm, braune Haut, die in Schuppen und Täfelchen zerreißt, entblößte Oberfläche dann zottig-schuppig. Huttutter: weißliche Blätter. Stiel 10–30 cm hoch, damit unser größter einheimischer Pilz, schlank, braun gesperbert, mit außen brauner, innen weißer Manschettenkrause, die sich verschieben läßt, Stiel unten knollenförmig, aber ohne Hülle. Nur junge Hüte sind schmackhaft, keine Stiele mit verwenden! Riecht und schmeckt nach Nuß.

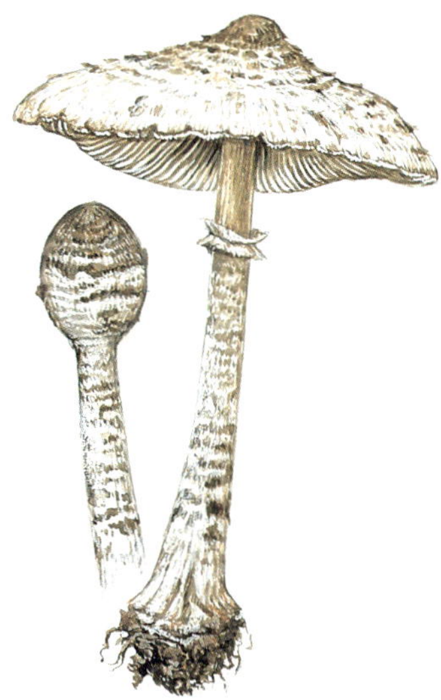

Parasol – jung und alt

Eßbare Pilze, die mit großer Vorsicht zu behandeln sind:

Hallimasch *Armillariella mellea* (Familie: *Armillariaceae*) wächst 8–11, auf gesundem wie faulendem Holz, büschelig. Der Hallimasch wird oft mit ungenießbaren Schüpplingen sowie mit dem schwach giftigen Grünblättrigen Schwefelkopf verwechselt, ist nur abgekocht genießbar, bekommt nicht

jedem. Hut 5–15 cm, braungelb bis rotbraun, erst grüngelblich, dann dunkel und kreisförmig beschuppt, gerieft gerandet.
Hutfutter: erst weißliche bis rosagelbe, dann fleischbräunliche, später weißmehlig überstäubte Blätter. Stiel blaßbräunlich, oben fleischrötlich, oft gekrümmt, mit derbem, watteartig dickem Ring. Riecht schwach süßlich, schmeckt süßsäuerlich.

Hallimasch

Perlpilz *Amanita rubescens* (Familie: Wulstlingartige *Amanitaceae*) wächst 7–10, lichte Wälder, wird mit dem giftigen Panther- und Fliegenpilz (S. 322) verwechselt. Hut 6–15 cm, grau, ledergelb, schmutzigrot, weißlich-flokkig bewarzt, Warzen oft auch abgewaschen, erst glatt, dann schwach gerieft, mit weißen bis rötlichen Blättern. Stiel lang, schlank, bis 14 cm hoch, weiß, auch weinrötlich, mit einer weißlichen, längsgefurchten Manschette. Riecht nicht, schmeckt erst mild, dann scharf nach. Das Fleisch ist weiß, bei Verletzung rötet es immer nach, dies ist das wichtigste Unterscheidungsmerkmal gegenüber den schwergiftigen Wulstlingen. Haut immer abziehen, dunkle Stücke aussortieren!

Schopftintenpilz *Coprinus comatus* (Familie: Tintlinge *Coprinaceae*) wächst 8–11, Wiesen, Gärten und Schutthalden, nur frische, noch geschlossene Hüte sind eßbar. Hut 3–6 cm breit, 6–13 cm hoch, weiß mit bräunlicher Haube, später mit schwärzlichem Rand, erst zylindrisch, dann glockenförmig und schuppig-zottig. Stiel lang, dünn, weiß mit weißem Ring. Hutfutter erst weiß bis rosafarben, bald schwarz.

Semmelstoppelpilz *Hydnum repandum* (Familie: Stachelpilze *Hydnaceae*) wächst 8–9, Nadelwald, frische Baumstümpfe. Hut sehr unregelmäßig, buckelig, buchtig, semmelgelb, Hutunterseite mit spitzigen gelben Stacheln besetzt, die sehr zerbrechlich sind. Stiel dick, unförmig. Junge Pilze sind wohlschmeckend, ältere bitter.

Stinkmorchel *Phallus impudicus* (Familie: Rutenpilze *Phallaceae*) wächst 6–10, Wälder und Weinberge, erscheint im Jugendsta-

Schopftintenpilz

dium als 3–4 cm großes, weißes »Hexenei«. Hut weißlich, klein, knapp anliegend, mit olivgrünem Sporenschleim überzogen, der starken Aasgeruch verbreitet. Stiel stark, lang, bis 15 cm hoch, weiß. Nur die jungen, frischen »Hexeneier« sind für manche Pilzfreunde genießbar!

Schwärzlicher Bovist, Eierbovist *Bovista nigrescens* (Familie: Staubpilze *Lycoperdaceae*) 7–11, Wiesen, wird oft mit dem giftigen Kartoffelbovist (S. 323) verwechselt, dieser ist jedoch sehr schuppig und rissig, innen rosa bis schwarz. Beim Eierbovist ist der Fruchtkörper ein eiförmig kugeliges Gebilde von 3–6 cm Durchmesser, erscheint mit derber weißer Haut, die sich ablöst und die hellbraune, später nachdunkelnde Innenhülle entblößt. Die Sporen rauchen als Staub aus der Kugel. Nur junge weiße, frische Fruchtkörper genießbar!

Stinkmorchel und »Hexenei«

Ziegenlippe *Xerocomus subtomentosus* (Familie: Röhrenpilze *Boletaceae*) wächst 7–10, Laub- und Nadelwald, unter Büschen.

Ziegenlippe

Hut 5–15 cm, gelb-, rotbraun, manchmal gelbrissig, verflacht feinfilzig. Hutfutter: zuerst leuchtendgelbe, später grünliche Röhren. Stiel gelb- bis hellrotbraun, netzstreifig, längsgerippt. Riecht kaum, schmeckt angenehm. Nur junge Pilze sind bekömmlich!

Giftige Pilze:

Satanspilz *Boletus satanus* (Familie: Röhrenpilze *Boletaceae*) sehr selten, 7–10, Laubwälder, Waldwiesen, †, ähnelt dem Steinpilz (S. 312/315). Hut 8–25 cm, polstrig, grauweiß bis grünlich, immer sehr blaß. Hutfutter: blaßgelb, später grün, bei Druck blaugrün, Röhrenmündungen rot. Stiele zuerst bauchig-kugelig, später nur in der Mitte gebaucht, rot genetzt auf gelblichem Grund, fast so dick wie lang. Riecht streng würzig, im Alter widerwärtig nach Aas.

Grüner Knollenblätterpilz *Amanita phalloides* (Familie: Wulstlingartige *Amanitaceae*) 7–10, Laubwald, unter Eichen, †, ähnelt den guten Champignonpilzen. Hut 8–12 cm, olivgrün oder braungrün oder gelbgrün, dunkel gestrichelt, erst glockig, zuletzt ausgebreitet. Hutfutter: gedrängte weiße bis grünliche Blätter. Stiel weiß, bisweilen grünlich gefleckt, mit hängender weißer oder grünlicher Manschette. Riecht schwach. Das tödliche Gift wirkt nach 9–12 Stunden. Auf die Knolle mit der zipflig zerrissenen, häutigen Hülle oder Scheide achten, steckt oft im Boden, ist sein wichtigstes Kennzeichen!

Weißer Knollenblätterpilz

Weißer Knollenblätterpilz *Amanita virosa = verna* (Familie: Wulstlingartige *Amanitaceae*) 7–11, feuchte Nadel- und Mischwälder, †, ähnelt den guten Champignonpilzen. Hut 5–8 cm, weiß, seidig glänzend, schmierig, erst spitzkegelig und glockig, dann bucklig und ausgebreitet. Hutfutter: weiche weiße Blätter mit flockiger Schneide. Stiel auffällig lang, schlank, weiß, rissig-faserig mit zarter weißer Manschette, wächst aus sackartiger, gelappter Knolle. Riecht dumpf nach Rüben. Tödlich giftig!

Gelblicher Knollenblätterpilz *Amanita mappa* (Familie: Wulstlingartige *Amanitaceae*) 7–11, trockene Nadelwälder, Waldränder, Waldwiesen, (†), ähnelt den guten Champignons, Hut 5–8 cm, weiß oder gelblich, hellbräunlich und weißgelblich beflockt. Hutfutter: weißliche Blätter. Stiel gelblich mit weißlicher oder gelblicher Manschette, wächst aus großer kugeliger Knolle mit scharfrandiger Hülle. Riecht nach Kartoffeltrieben, ist leicht giftig.

Pantherpilz *Amanita pantherina* (Familie: Wulstlingartige *Amanitaceae*) 7–10, Laub- und Nadelwald, †, ähnelt dem Perlpilz (S. 320). Hut 6–12 cm, hell- bis dunkelbraun, klebrig, weiß beflockt, stark verflacht, zerbrechlich. Hutfutter: weiße Blätter. Stiel 8 bis 13 cm hoch, schlank, weiß, mit weißer Manschette, wächst aus verborgener Knolle, die einen wulstartigen Ring besitzt, riecht unangenehm dumpf, tödlich giftig.

Fliegenpilz

Fliegenpilz *Amanita muscaria* (Familie: Wulstlingartige *Amanitaceae*) 6–10, Nadelwald, auch unter Birken, †, ähnelt dem Perlpilz (S. 320). Hut 8–10 cm, gelb- bis leuchtendrot, weiß beflockt, zuerst klebrig, dann glänzend. Hutfutter: gedrängte weiße bis gelbliche Blätter.
Der Stiel des Fliegenpilzes ist weiß, 10–20 cm

hoch, mit herabhängender Manschette, wächst aus verborgener Knolle, die mit warzigen Ringen versehen ist. Ist stark giftig.

Mairißpilz, Ziegelroter Rißpilz *Inocybe patouillardii* (Familie: Rißpilze *Inocybaceae*) 5–8, lichte Laubwälder, Parkanlagen, †, ähnelt dem Mairitterling (S. 318) und dem Champignon (S. 316). Hut 3–9 cm, zuerst weiß, dann strohgelb und ockerbräunlich, zuletzt intensiv rot, rissig-faserig, kegelig-glockig, dann ausgebreitet, bucklig und radial eingerissen. Hutfutter: zuerst weiße, dann olivbräunliche, zuletzt rötliche Blätter. Stiel dünn, verbogen, zuerst weiß, dann gerötet. Riecht süßlich-fad, enthält zwanzigmal soviel Gift wie der Fliegenpilz.

Mairißpilz

Speitäubling *Russula emetica* (Familie: Sprödblätterpilze *Russulaceae*) 7–10, Laub- und Nadelwald, auf Moospolstern, †, dem Speisetäubling (S. 319) ähnlich. Hut 7–12 cm, kirschrot oder schmutzigweißrot, später gelbfleckig, verflacht, vertieft. Hutfutter: weiße bis zartgelbliche Blätter. Stiel weiß und glatt. Riecht nach Obst, schmeckt scharf, eine kleine Kostprobe ist ungefährlich.

Giftreizker, Birkenreizker *Lactarius torminosus* (Familie: Milchlinge *Lactariaceae*) 8–10, lichte Gehölze, unter Birken, †, dem Edelreizker (S. 318) sehr ähnlich. Hut 3 bis 10 cm, zuerst hellrosa oder gelbweißlich, dann schmutzigrötlich, in Ringen rot gefleckt, in der Mitte vertieft. Hutfutter: gelbweiß bis gelblichrosa. Stiel von Hutfarbe, blaß, oft grubig. Fleisch sondert Milch ab, riecht nach Terpentin, schmeckt scharf und brennend, eine kleine Kostprobe ist ungefährlich.

Kartoffelbovist *Scleroderma aurantium* (Familie: Hartboviste *Sclerodermataceae*) 6–10, Laub- und Nadelwald, †, dem Eier- wie dem Flaschenbovist entfernt ähnlich. Der knollige Fruchtkörper ohne Stiel, hat hellbräunliche, auch gelbliche Außenhaut, sie ist sehr hart und etwa 3 mm stark, trägt Schuppen und Warzen, enthält eine erst weißliche, dann blauschwarze, zuletzt graue stäubende Sporenmasse. Alte Fruchtkörper sehr giftig!

Frühjahrslorchel, Giftlorchel *Gyromitra esculenta* (Familie: Lorcheln *Helvellaceae*) 3–5, Kiefernwald, †, der Speisemorchel ähnlich. Hut bis 10 cm breit, kaffeebraun, bald heller, bald dunkler, hirnartig gefaltet und gefurcht. Stiel weißlichgrau, meist kurz und dick. Riecht angenehm. Oft tödlich giftig!

Frühjahrslorchel

Von den Tieren

Die Waldameisen

Was die Regenwürmer für Garten, Feld, Wiese und Acker bedeuten, das sind die Ameisen für den Wald, nämlich unermüdliche Durchlüfter und Zerkrümler des Bodens. Bis zu zwei Meter tief dringen die umfangreichen Burgen unter den Nadelhaufen ins Erdreich, das die Ameisen um und um wenden, in der Gesamtheit tonnenweise bewegen, mit Gängen und Kammern zerklüften und so der Wärme, der Feuchtigkeit und der Luft freien Zutritt zum Waldboden verschaffen.
Die Roten Waldameisen, die in großen Gemeinschaften leben, sind außerdem noch wichtige Schädlingsbekämpfer und halten als rote Waldpolizei den Insektenhaushalt des Waldes weitgehend in Ordnung. Sie stehen deshalb unter Naturschutz und werden heute in den Wäldern wieder verstärkt angesiedelt.
Die schwarzen Holzameisen und die großen Roßameisen dagegen sind mehr als Beschleuniger des Holzzerfalls und damit als Förderer des Kreislaufes der Stoffe anzusehen. Sie zernagen und zerraspeln die Baumstümpfe wie die im Mark kranken Bäume.
Der obere Teil der Ameisenburg, der bis zu 1,50 m aufgetürmte Nadelhaufen, ist praktisch nichts anderes als ein Sommerdach und ein gedeckter Dachgarten. Er wird geschaffen, um der Sonne eine möglichst große Fläche darzubieten und um die mit ihm aufgefangene Wärme in die Tiefe der unterirdischen Burg leiten zu können. Er ist zugleich der riesige Ventilator des Ameisenreiches, der bei großer Hitze eine ausreichende Entlüftung und Durchlüftung der unzähligen unterirdischen Räume ermöglicht. Daß er nebenbei die ganze Anlage gleich einem großen Dach bei jedem Wetter gut schützt, versteht sich von selbst. In den Kammern des oberirdischen Nadelhaufens werden die Eier, Larven und Puppen gesonnt, und ununterbrochen ist ein Strom von Tieren unterwegs, um den Nachwuchs dort hinauf und wieder hinunter zu schleppen.
Zuerst kommen die von der Königin gelegten Eier in tiefgelegene Erdkammern, wo sie sorgsam untersucht, aufgeschichtet und beleckt werden. Das Belecken erfolgt vor allem, um eine Verpilzung der wertvollen Eier zu verhindern. Sind die Eier schließlich reif und die gänzlich hilflosen Maden geschlüpft, dann setzt eine hochentwickelte Brutpflege ein. Kindergärtnerinnen betreuen diese Madenkinder, füttern sie aus ihren Kröpfen, tragen sie an die Sonne und rechtzeitig wieder in die Erdkammer, wenn sie sich schließlich verpuppen wollen. Nunmehr werden auch diese Puppen – die fälschlicherweise immer als Ameiseneier bezeichnet werden – sorglich betreut, beleckt, gesonnt, peinlichst vor Unterkühlungen wie Überhitzungen bewahrt.

Nach vollzogener Verwandlung während dieser Puppenruhe beginnt das fertig entwickelte Insekt sich sehr lebhaft zu bewegen und zeigt damit den Hebammen an, daß es ausschlüpfen will. Die Hebammen schieben ihre Kiefer vorsichtig in das seidene Gespinst und schneiden es geschickt der Länge nach auf. Die neugeborene Ameise wird dann aus der Puppenhülle gehoben, saubergeleckt und aus den Kröpfen gefüttert.

Ist die junge Ameise eine Arbeitsameise, so kommt sie ohne Flügel zur Welt und muß in den ersten Tagen ihres Lebens eine Art von Innendienst verrichten. Sie wird also Kindergärtnerin oder Brutpflegerin, Hebamme oder Dienerin der Königin, Straßenkehrerin oder kommt zu einem Bautrupp, gräbt Gänge und Kammern, schichtet Nadelbalken und steigt allmählich bis zur Torhüterin auf. Ihr obliegt es dann, zu kontrollieren, wer die Tore passiert, die Ankommenden auf den Nestgeruch hin zu prüfen, Fremdlinge und unerwünschte Gäste abzuweisen, die Tore je nach Bedarf und Wetter und Tageszeit zu öffnen und zu schließen. Später wird sie einem Landdienst zugeordnet, sammelt vielleicht Blumensamen, streichelt und melkt Rinden- und Blattläuse, säubert die angelegten Straßen, sammelt Baustoffe und schleppt sie zur Burg, gesellt sich zu den Jägern, die andere Insekten und allerlei Kleingetier überfallen, streift als Späher weit umher und sichert die Grenzen des Ameisenreiches.

Im Verlauf dieser Tätigkeit bildet sich bald eine besondere Vorliebe und zugleich eine betonte Anlage für diese oder jene Arbeit aus, die dann bevorzugt und oft auch ausschließlich verrichtet wird. Es bilden sich also gleichsam Spezialisten und Facharbeiter aus. Dennoch vermag jede Arbeitsameise im Notfall jegliche anfallende Arbeit zu leisten, also dort einzuspringen, wo gerade Not am Mann ist.

Ameisen gibt es natürlich auch in den Laubwäldern, genauso wie wir viele der uns schon bekannten Wiesen-, Rasen- und Wegameisen (S. 418) auch in den Wäldern antreffen.

Große Rote Waldameise *Formica rufa* (Familie: Ameisen *Formicidae,* Ordnung: Hautflügler *Hymenoptera*) ganz Europa außer Südeuropa, §, 9–10 mm, Arbeiterinnen 5–7 mm, weinroter Rücken, Kopf und Hinterleib schwarz.

Das Reich, in dem sich nur eine Königin befindet, wird meist um einen Baumstumpf als Mittelpunkt gegründet, die bis zu 1½ m hohe und steile Kuppel im Inneren aus dürren Ästchen aufgerichtet. In der untersten Erdkammer sitzt die unermüdlich eierlegende Königin, die gleich nach dem Hoch-

Große Rote Waldameise, Arbeiterin

zeitsflug die Flügel abstößt und ein unterirdisches Leben führt, das oft 20 Jahre währt, wohingegen die Arbeiterinnen das für Insekten ebenfalls noch ungewöhnliche Alter von 6 Jahren erreichen, die geflügelten Männchen aber kurz nach der Begattung sterben. Es entstehen auch Zweigniederlassungen, sogenannte Zweignester, die über Ameisenstraßen miteinander in Verbindung stehen.

Schwarzrote Waldameise *Formica exsecta* (Familie: Ameisen *Formicidae*) Europa außer Südeuropa, 4–9 mm, Kopf und Hinterleib schwarz, im Brustteil etwas aufgehellt, baut ihr flach gewölbtes Nest meist am Waldrand.

Hellrote Waldameise *Formica truncicola* (Familie: Ameisen *Formicidae*) Europa, 6 bis 11 mm, Kopf, Rücken und halber Hinterleib hellrot, baut ihr unregelmäßiges Nest meistens an alte Baumstümpfe.

Blutrote Raubameise *Formica sanguinea* (Familie: Ameisen *Formicidae*) Europa, 6 bis 9 mm, der Roten Waldameise sehr ähnlich, roter Rücken und Stiel, schwarzer Hinterleib, braunschwarzer Kopf, dreieckiger Ausschnitt am Vorderrand des Kopfschildes. Baut selten aufgewölbte Kuppeln, sondern meist kleine, unregelmäßige und flache Nester, trägt die Baustoffe nur am Nestrand zusammen, nimmt auch gern Baumstümpfe als Mittelpunkt des Nestes, baut ebenso gern unter besonnten Steinen, lebt räuberisch, hält sich Sklaven aus den Völkern kleinerer schwarzer Ameisen, überfällt deren Burgen und raubt die Puppen.

Glänzendschwarze Holzameise *Lasius fuliginosus* (Familie: Ameisen *Formicidae*) Europa, 4–5 mm, durchweg schwarz, glänzend, baut in hohle Bäume und alte Stümpfe, bevorzugt Pappeln und Weiden. Das Nest kann auch frei am Baum hängen, ihr Winternest befindet sich im Boden. Als Sommernest fertigt sie Kartonnester aus zerkauten Holzfasern, läßt sich von einem Pilzmyzel die Nestwände versteifen, legt schmale Straßen zu den Büschen und Bäumen an, auf denen die Blatt- und Rindenläuse weiden, deren süße Ausscheidungen sie sammelt, riecht nach Holzessig, gebärdet sich sehr kriegerisch, ist oft recht volkreich, legt Zweignester an.

Roßameise *Camponotus ligniperdus* (Familie: Ameisen *Formicidae*) Nord- und Mitteleuropa, hauptsächlich in Niederungen, mit 8–14 mm größte deutsche Ameise, schwarz gefärbt, nistet in abgestorbenem Holz, Baumstümpfen, Wurzelstrünken, aber auch in gesunden Stämmen, vor allem in Fichten. Die Holznester reichen oft bis zu 10 m hoch in den Stämmen hinauf. Da sie dadurch die Bäume zerstört und außerdem noch eifrig Blattläuse züchtet, rechnet man sie zu den Waldschädlingen.

Ameisenjungfer und Ameisenlöwe

An sonnigen und trockenen Stellen im Nadelwald, vor allem aber im sandigen Kiefernwald können wir oft kleine Trichter von etwa 7 cm oberem Durchmesser und 4 cm Tiefe im Sand entdecken. Meistens liegen sie in der Nähe der Ameisenstraßen, und immer wieder geschieht es, daß eine Ameise in diese Trichter stürzt und vergeblich versucht, seine lockeren Wände zu erklimmen. Scheint ihr der Aufstieg wirklich zu gelingen, so spritzen auf einmal kleine Sandfontänen aus der Tiefe des Trichters, treffen das flüchtende Tier und bringen es zum Absturz. Dann schieben sich zwei große starke Kiefernzangen aus dem Sandgrund, packen die Ameise, durchbohren sie, träufeln zersetzenden Magensaft in ihren Leib, und bald ist sie ausgesaugt, wird ihre leere Chitinhülle aus dem Trichter geschleudert. Der verborgene Hersteller dieser Fallgrube ist die Larve der Ameisenjungfer, eines Netzflüglers, der entfernt an eine Libelle erinnert.

Ameisenjungfer *Myrmeleon formicarius* (Familie: Ameisenjungfern *Myrmeleonidae,* Ordnung: Netzflügler *Planipennia*) Europa ohne Britische Inseln, in Mitteleuropa häufig, §, Flügelspannweite 6,5 cm, Länge 3–3,6 cm, grauschwarz, an Kopf und Brust gelbfleckig, an den Hinterrändern der Leibesringe lichtbraun, hat vier fast gleich große durchsichtige Netzflügel mit deutlichem dunklem Adernetz, auffallend kurze, platte, keulenförmige Fühler, fliegt von Juli bis September in sandigen Nadelwäldern, langsam und taumelnd, meist erst in der Dämmerung, legt ihre 5–6 Eier in warmen Sand. Die ausschlüpfende bräunliche Larve hat platten Borstenkopf, stark entwickelte Kieferzangen, borstigen Leib, bohrt sich mit zuckenden Bewegungen rücklings in den Sand und schleudert die sie bedeckenden Sandkörnchen empor. So entsteht langsam der Trichter. Die gerinnten Ober- und Unterkiefer bilden eine Röhre, durch die der Magensaft in das gepackte Opfer träufelt.

Im Juni spinnt sich der Ameisenlöwe einen kugeligen Kokon aus verwobenen Sandkörnchen, in dem er sich verpuppt und schon bald darauf als Ameisenjungfer ausschlüpft.

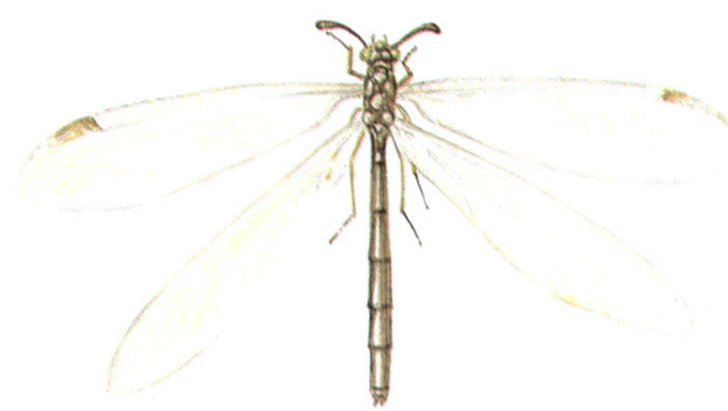

Ameisenjungfer

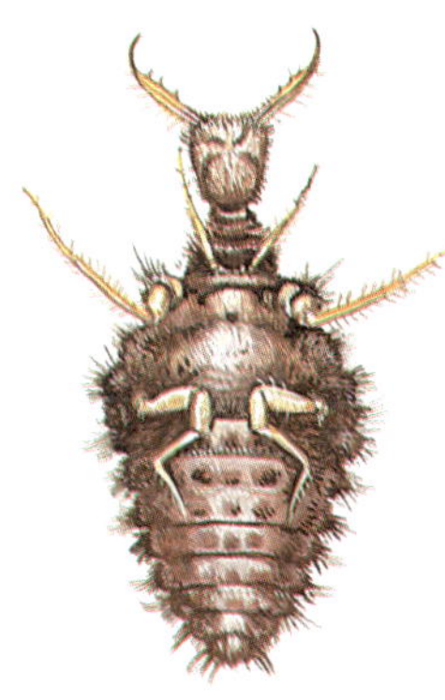

Ameisenlöwe, Bauchseite

Gefürchtete Schmetterlinge

Sosehr der Mensch den Schmetterlingen zugetan ist, einige von ihnen sieht der Förster nur mit Grausen. Ihr Auftauchen löst gleichsam die höchste forstwirtschaftliche Alarmstufe aus, wird mit größter Aufmerksamkeit verfolgt, damit die Bekämpfung auch rechtzeitig genug einsetzen kann. Denn den Raupen dieser Falter sind schon oft Zehntausende Hektar Wald zum Opfer gefallen, und ihr Kot fiel in solchen Massen von den befressenen Bäumen, daß er die Luft weithin verpestete. Millionen Festmeter mußten dann vorzeitig eingeschlagen werden, denn die kahlgefressenen Bäume ersticken und vermögen sich nicht zu erholen.
Berüchtigt unter diesen Forstschädlingen, sind vor allem die Nonne, der Kiefernspinner, der Kiefernspanner und die Kieferneule.

Kiefernspinner *Dendrolimus pini* (Familie: Glucken *Lasiocampidae,* Ordnung: Schmetterlinge *Lepidoptera*) ganz Europa außer England und Südeuropa, fliegt 6–8, ♂ spannt 40–65 mm, ♀ 48–80 mm, ist dicht behaart, braun, schwankt sehr in der Färbung, hat aber immer auf den braunen Vorderflügeln, in die sich viele graue Töne mischen, ein kleines weißes Mondfleckchen. Das Weibchen legt 100–200 lauchgrüne Eier häufchenweise an Kiefernzweige.
Raupe 6–10 cm mit zwei blauen Flecken im vorderen Abschnitt, sonst braun und weiß, behaart, frißt die Nadeln mit Stumpf und Stiel, überwintert im Waldboden, klettert im zeitigen Frühjahr wieder auf die Bäume, frißt jetzt noch gieriger, vertilgt in ihrem Leben mindestens 750 Kiefernnadeln, verpuppt sich im Juni, hängt sich in ihrem spindelförmigen Kokon senkrecht an die Rinde, die Zweige, zwischen die Nadeln.
Schutz vor Frühjahrsfraß: Leimringe.

Kiefernspinner

Kiefernprozessionsspinner *Thaumetopoea pinivora* (Familie: Prozessionsspinner *Thaumetopoeidae*) Nord- und Mitteleuropa, östlich der Elbe häufig, fliegt 5–7, spannt 30–35 mm, dunkelgraue Vorderflügel mit dunklen Zeichnungen, graue bis grauweiße Hinterflügel mit schwarzgescheckten Fransen. Das Weibchen legt die kugelrunden weißen Eier in Häufchen um ein Kiefernnadelpaar der jüngsten Triebe, kittet sie fest, bedeckt sie mit hellbraunen Schuppen.
Raupe 35 mm, zuerst schwärzlichgrün, später hellgrün, mit großen samtschwarzen, rotgelb gesäumten Flecken auf dem Rükken, wenig behaart, gesellig in Klumpen an Kiefernzweigen, spinnen während ihrer nächtlichen Wanderungen, ziehen im Gänsemarsch dahin, verpuppen sich im Sandboden.

Kiefernspanner *Bupalus piniaria* (Familie: Spanner *Geometridae*) Mittel- und Nordeuropa, fliegt 5–7, spannt 30–35 mm, ♂ weißgelbe und schwarzbraune Vorderflügel, dunkelbraune Hinterflügel, ♀ hellrostrote Vorder- und Hinterflügel, Färbung sehr veränderlich, sitzen mit erhobenen und zusammengeklappten Flügeln wie ein Tagfalter. Das Weibchen legt die weißgrünen Eier reihenweise an die Unterseite der Kiefernnadeln, meistens hoch oben in der Krone. Raupe grün mit drei weißen Rücken- und zwei gelben Seitenlinien, hängt oft an langen Fäden herunter, verpuppt sich im Oktober/November unter der Nadelstreu.

Kieferneule, Forleule *Panolis flammea* (Familie: Eulen *Noctuidae*) Europa außer im Süden, fliegt 3–5, spannt 30–35 mm, rotbraune bis ziegelrote Vorderflügel mit weißgesäumten Linien. Hinterflügel dunkelgrau mit weißen Fransen, ist eine der schlimmsten Waldverwüsterinnen. Das Weibchen legt die erst blaßgrünen, dann hellrötlichbraunen, zuletzt violetten und schwarzblauen Eier reihenweise an die Unterseite der Kiefernnadeln.
Raupe saftiggrün, weiß gestreift, braunköpfig, bewegt sich wie eine Spannerraupe, frißt zuerst die jungen Triebe, später die Nadeln, verpuppt sich unter der Bodendecke und überwintert.

Kiefernschwärmer *Sphinx pinastri* (Familie: Schwärmer *Sphingidae*) Europa außer Nordeuropa, stark verbreitet in Mitteleuropa, fliegt 5–7, spannt 75–76 mm, rindengraubraun, unterscheidet sich kaum vom Stamm, an dem er sitzt. Hat einen plumpen Körper, sehr lange Vorderflügel und kleine dunklere Hinterflügel. Das Weibchen legt seine zuerst hellgrünen, später ockergelben Eier einzeln oder zu mehreren an die Nadeln.
Raupe 60 mm, hellgrün, hat dicke braunrote Rückenlinie, weißliche oder gelbliche Längsstreifen, schwarzbraunes Horn am Hinterende, frißt auch an Fichten und Lärchen, verpuppt sich unter der Bodendecke.

Nonne *Lymantria monacha* (Familie: Schadspinner *Lymantriidae*) häufig in ganz Europa, fliegt 7/8, ♂ spannt 32–42 mm, ♀ 38–60 mm, beide bräunlichweiße Vorder- und Hinterflügel, Vorderflügel mit gezackten braunschwarzen Binden, Leib rosarot überflogen. Das Weibchen schiebt die glänzend braunen Eier in kleinen Häufchen unter die Borkenschuppen, in die Rindenrisse aller Laub- und Nadelhölzer, bevorzugt Fichten, Kiefern und Buchen, kittet sie leicht fest.

Nonne (♀) mit Legeröhre

Raupe grau mit schwarzer Rückenzeichnung und sehr langen Haarbüscheln, wandert zum Fraß in die Kronen, seilt sich bei Beunruhigung ab, verliert später ihre Spinnfähigkeit, frißt sehr verschwenderisch, benagt die Nadeln vom Ansatz her, so daß sie halb verzehrt abfallen, verpuppt sich zwischen den Nadeln. Massenvermehrungen häufig, oft wurden an einem Stamm bis zu 140 000 Eier gezählt. Raupen hin und wieder von Seuchen befallen.

Die kleinen, heimlichen Borkenkäfer

Die Borkenkäfer messen meist nur wenige Millimeter, sind braun oder schwarz, haben geknietе Fühler und leben in den Rinden, im Holz, in den Wurzeln zahlreicher Bäume, bevorzugen aber die Nadelhölzer. Zeitig im Frühjahr schwärmen sie und paaren sich in genagten Hochzeitskammern unter der Rinde. Das Weibchen frißt dann einen Muttergang aus, legt hier seine Eier ab, und die ausschlüpfenden, augen- und beinlosen Larven fressen sich meist im rechten Winkel zum Muttergang weiter durch das Holz, verpuppen sich in einer kleinen Endkammer, der Puppenwiege. Die geschlüpften Jungkäfer durchbohren die Rinde.
Durch den Larvenfraß werden die Saftleitbahnen der Bäume zerstört, wird das Holz im Wert gemindert. Da aber alle unsere Borkenkäfer von Natur aus die angekränkelten Bäume bevorzugen, kann man sie gut abfangen, indem man genügend alte Bäume im Forst stehenläßt. Im Grunde sind auch sie eingesetzt, den Zerfall kranker Bäume zu beschleunigen, und konnten sich nur in den allzu sauber aufgeräumten Nutzforsten oder nach Windbruch und Raupenfraß zu gewaltigen Schädlingen entwickeln.

Großer Waldgärtner, Kiefernmarkkäfer *Blastophagus piniperda* (Familie: Borkenkäfer *Scolytidae = Ipidae,* Ordnung: Käfer *Coleoptera*) Nordeuropa und Mitteleuropa, fliegt 3/4, mißt 3,5–4,8 mm, schwarz, gelbrote Fühler und Füße, lang behaarter Kopf und Halsschild, bevorzugt starkborkige Kiefern, nagt 10 cm langen, leicht gekrümmten Muttergang, jede Larve frißt seitwärts einen Larvengang. Die alten wie die jungen Käfer bohren sich außerdem in die jungen Kieferntriebe und fressen sie der Länge nach aus, bringen sie zum Abbruch oder rufen buschigen Neutrieb hervor.

Kleiner Waldgärtner *Blastophagus minor* (Familie: Borkenkäfer *Scolytidae = Ipidae*) fast ganz Europa, schwärmt 3/4, mißt 3,5–4 mm, schwarz oder rotbraun, gelbrote Fühler und Füße, bevorzugt dünnborkige, glanzrindige Kiefern, nagt doppelarmige waagrechte Muttergänge, von denen die Larvengänge nach oben und nach unten abgehen, frißt sich als Käfer in die Astspitzen.

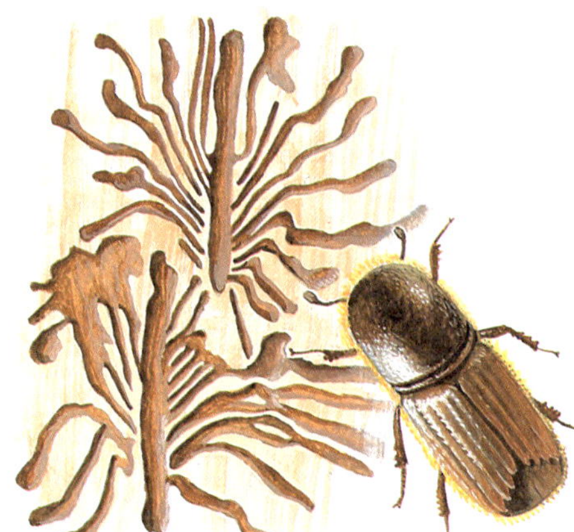

Buchdrucker mit Fraßbild

Buchdrucker *Ips typographus* (Familie: Borkenkäfer *Scolytidae = Ipidae*) Europa, fliegt 4/5, mißt 4,2–5,5 mm, schwarzbraun, jederseits 4 Zähne an den ausgehöhlten Flügeldecken, bevorzugt Fichten, nagt einen sehr geraden senkrechten Muttergang, von dem die zahlreichen 5–6 cm langen Larvengänge leicht geschlängelt, aber in sehr regelmäßiger und zeilenartiger Anordnung (Name!) abgehen, um in einer schüsselförmigen Puppenkammer zu enden. Neigt zur Massenvermehrung, zerstört die Basthaut der befallenen Bäume weitgehend.

Riesenbastkäfer *Dendroctonus micans* (Familie: Borkenkäfer *Scolytidae* = *Ipidae*) Mitteleuropa, fliegt 5/6, mißt 7–9 mm, der größte europäische Borkenkäfer, schwarzbraun, stark gewölbt, gelblich behaart, bevorzugt Fichten, frißt in die untere Stammregion unregelmäßige, kurze, röhrenförmige oder platzförmige Muttergänge. Die Larven sammeln sich zu einer Fraßkolonne, die sich in geschlossener Front durch den Bast nagt. Wer satt ist, spielt hinter dieser Front den Aufräumer, preßt Kot und Spänchen zu einer Bohrmehlplatte zusammen, stellt Verbindungen zu anderen Kolonnen her; der Riesenbastkäfer kann kräftige Fichten zum Absterben bringen.

Ungleicher Holzbohrer *Anisandrus dispar* (Familie: Borkenkäfer *Scolytidae* = *Ipidae*) Europa, fliegt 4, ♀ 3–3,5 mm, schwarzbraun, gelbe Fühler und Beine, ♂ 2 mm, kugelig, oft braun und gelb, länger behaart, flugunfähig, geht nach der Paarung zugrunde, bei beiden das Halsschild vorne grob gekörnt, hinten fast glatt.
Das Weibchen bohrt in gefällte oder kranke Laubbäume aller Arten dicht an den Jahresringen eine Brutröhre, bestiftet sie mit seinen Eiern und sät zugleich Pilzsporen aus. Der schwarze Pilzrasen bekleidet bald alle Fraßgänge der Larven, die sich nicht vom trockenen Stammholz, sondern von diesen ausgesäten Pilzen ernähren.

Blatt-, Buschhorn- und Holzwespen

Gleichfalls auf den Nadel- und Holzfraß spezialisiert sind zahlreiche Wespen, die den Familien der Buschhorn-, Blatt- und Holzwespen angehören. Auch sie können sich bei Massenvermehrungen zu schlimmen Waldschädlingen auswachsen und ebensoviel Unheil wie die entsprechenden Schmetterlinge und Käfer anrichten.

Kiefernbuschhorn-Blattwespe *Diprion pini* (Familie: Buschhorn-Blattwespen *Diprionidae,* Ordnung: Hautflügler *Hymenoptera*) Mittel- und Nordeuropa, fliegt 4/5 und 7/8, ♂ mißt 6,5 mm, schwarz, äußerste Hinterleibsspitze rot, Beine gelb, Fühler federbuschähnlich, ♀ 8,5 mm, plumper, schmutziggelb und schwarzbraun, Fühler ganz kurz gesägt, schlitzt mit der Legesäge die Nadelkante auf, legt 10–20 Eier in den Spalt, verkittet ihn.
Die Larven gleichen Schmetterlingsraupen, haben aber 22 Füße, sind gelblichgrün, leben gesellig, sitzen oft in Klumpen an den Zweigen, fressen die Nadeln, schnellen bei Beunruhigung empor, spucken gegen den Bedränger. Die 1. Generation verpuppt sich an Nadeln und Zweigen, die 2. überwintert im Waldboden und verpuppt sich dort erst 14 Tage vor dem Schlüpfen. Massenvermehrungen meist im Herbst.

Kieferngespinstwespe *Pamphilius stellatus* (Familie: Gespinstblattwespen *Pamphilidae,* Ordnung: Hautflügler *Hymenoptera*) fast ganz Europa, fliegt 5, mißt 10–13 mm, schwarz, rötliche Hinterleibsränder, zahlrei-

che gelbe Fleckchen auf Brust und Kopf.
Afterraupe ist schmutziggrün, rotbraun, längsgezeichnet, sitzt gesellig in dichten Gespinsten mit roten Kotmengen in den Kiefernkronen, frißt innerhalb derselben alle erreichbaren Nadeln, läßt sich im August fallen, überwintert im Boden, verpuppt sich meist erst im dritten Jahr.

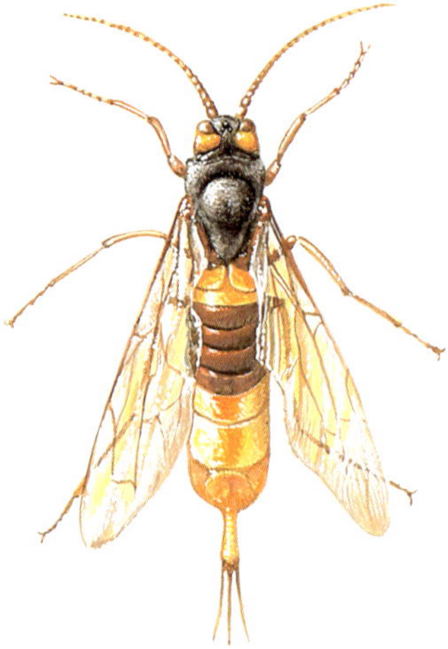

Fichtenholzwespe (♀) mit Bohrstachel

Fichtengespinstblattwespe *Cephaleia abietis* (Familie: Gespinstblattwespen *Pamphilidae*) Mittel- und Nordeuropa und Italien, fliegt 4–6, mißt 12–13 mm, glänzend schwarz, hellgelb gezeichnet, Hinterleib, Fühler und Beine gelb.
Afterraupen zuerst graugrün, später vielfach Farben wechselnd, schwarze X-förmige Zeichnung auf der Stirn, innerhalb des Gemeinschaftsnestes in kleinen Gespinströhren mit grünen Kotbällchen, befressen jüngere Triebe, lassen sich Ende August fallen, bohren sich tief in den Boden, haben in den Wäldern der Mittelgebirge oft schon großen Schaden angerichtet.

Kiefernholzwespe *Sirex juvencus* (Familie: Holzwespen *Sirecidae*) ganz Europa, fliegt 6–9, mißt 15–30 mm, schillernd blauschwarz, rotgelbe Beine, ♂ rostgelben mittleren Hinterleib, ♀ treibt den gezähnelten Legebohrer durch die Kiefernrinde und tief ins Holz, versenkt ein Ei an jeder Bohrstelle.
Die weiße augenlose Larve frißt sich durchs Holz, braucht oft zwei, drei und vier Jahre, ehe sie sich verpuppen kann, schlüpft manchmal erst dann, wenn der Balken schon längst verbaut wurde und tobt gegen die Fensterscheibe.

Fichtenholzwespe, Riesenholzwespe *Urocerus = Sirex gigas* (Familie: Holzwespen *Sirecidae*) Europa, ♂ bis 32 mm, rotbraune Binde auf schwarzbraunem Hinterleib, ♀ bis 45 mm, schwarzblaue Binde auf hellgelbem Hinterleib, beide haben schwarzen Kopf, schwarze Brust, gelbe Fühler, Schenkel und Füße. Das Weibchen wählt gefällte Stämme und kränkelnde Bäume zur Eiablage, bevorzugt Fichten.

Tannenholzwespe, Schwarze Kiefernholzwespe *Xeris spectrum* (Familie: Holzwespen *Sirecidae*) Europa, 15–30 mm, schwarz oder braunschwarz, vom Auge bis zur Flügelwurzel läuft jederseits ein weißlicher Streifen, Fühler lang, reichen bis zum Hinterleib, Legebohrer des Weibchens hat fast Körperlänge, bevorzugt Tannen, Kiefern und Fichten für die Eiablage.

Wespen als Schädlingsbekämpfer

Den Schaden, den die Blatt- und Holzwespen anrichten, macht die Gruppe der Schlupfwespen reichlich wieder gut. So klein diese Schlupfwespen sind, so wenig sie beachtet werden, im Insektenhaushalt des Waldes spielen sie neben den Roten Waldameisen und den Raupenfliegen die wichtigste Ausgleichsrolle. Fast alle Insekten haben ihren ganz speziellen Schlupfwespenfeind, der ihre Larven, Maden und Raupen mit seinen Eiern belegt. Oft ist der Hinterleib der Schlupfwespen sehr langgestielt, beweglich und biegsam, haben die Weibchen einen besonders raffiniert konstruierten Legebohrer, der es ihnen ermöglicht, die Haut der ausersehenen Wirtstiere zu durchstechen und ihnen gleichzeitig und blitzschnell die Eier einzuverleiben. Ihre ausschlüpfenden Larven zehren dann vom Fett ihrer unfreiwilligen Wirte, fressen sie endlich ganz und gar aus.
Andere Schlupfwespen versenken ihre Eier in Schmetterlingspuppen oder wissen die im Holz fressenden Larven von außen zu erwittern, das Holz zu durchbohren und also die lebendige Nährwiege für die Nachkommen zu erreichen. Es gibt ferner Schlupfwespen, die ihre Eier in die bereits im Wirtstier befindliche Schlupfwespenlarve versenken, die also gleichsam Überschmarotzer sind. Andere wieder beimpfen Spinnen- und Käfereier oder Gallenbewohner mit ihren Eiern, steigen sogar zu den Köcherfliegenlarven in die Gewässer hinab.

Weißlingsschmarotzer *Apanteles glomeratus* (Familie: Brackwespen *Braconidae,* Ordnung: Hautflügler *Hymenoptera*) ganz Europa, 4 mm, schwarz, gelbbraune Beine, legt seine rund 100 Eier in junge Kohlweißlingsraupen. Die Larven schlürfen erst das Fett der Raupe, bekommen dann fressende Mundwerkzeuge, höhlen die Raupe gänzlich aus, durchbrechen ihre Haut und verpuppen sich auf ihrem Opfer. Ihre länglichen gelben Kokons werden oft irrtümlicherweise für Raupeneier gehalten. Nach 12–14 Tagen schlüpfen aus ihnen die Jungwespen.

rechts: Eier des Weißlingsschmarotzers auf Kohlweißlingsraupe
links: Weißlingsschmarotzer

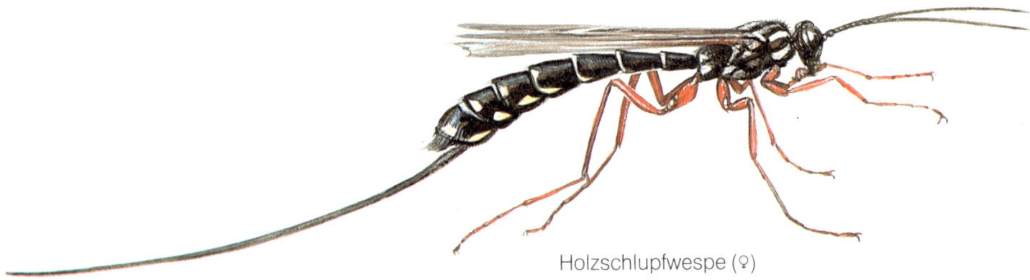

Holzschlupfwespe (♀)

Gemeine Schlupfwespe *Pimpla instigator* (Familie: Schlupfwespen *Ichneumonidae*) Europa, 11–24 mm, schwarz, hat gelbe Beine, schmarotzt in den Raupen der Nonne, des Kiefern- und Prozessionsspinners. Das Weibchen läuft mit leicht angehobenen Flügeln suchend an Baumstämmen, auf Hecken, an Lehmwänden umher, fliegt wippend.

Riesenschlupfwespe *Protichneumon pisorius* (Familie: Schlupfwespen *Ichneumonidae*) Europa, 22–28 mm, schwarz, an Kopf und Brust mit leuchtend gelben Schildchen, Hinterleib gelb, Schienen und Füße gelblich, Flügel ebenfalls gelblich. Die Riesenschlupfwespe beimpft größere Schwärmerraupen, besonders die des Kiefernschwärmers, mit je einem Ei. Ihre Larve wird bis zu 45 mm lang.

Holzschlupfwespe *Rhyssa persuasoria* (Familie: Schlupfwespen *Ichneumonidae*) Europa, bis 32 mm, schwarz, weißlich gefleckt, rotgelbe Beine, Bohrer mit 35 mm körperlang, zwei lange Schwanzgabeln, fliegt in Nadelwäldern, erspürt die im Holz fressenden Larven der Holzwespen, versenkt den Legebohrer, trifft die Larve und belegt sie mit ihrem Ei.

Puppenzehrwespe *Pteromalus puparum* (Familie: Zehr- oder Erzwespen *Chalcididae*) Mitteleuropa, mißt 3 mm, schillert erzgrün, schiebt ihre Eier zwischen die noch weichen Körperringe frisch verpuppter Eckfalter und Weißlinge. Die Larven fressen die Puppe leer, verpuppen sich selbst in ihr und bohren sich schließlich als Jungwespe jede ein besonderes Tor in die Freiheit, so daß die Puppe wie zersiebt aussieht.

Raupenfliegen

Ähnliche Gewohnheiten wie die Schlupfwespen haben auch die Raupenfliegen angenommen, die mehr schlüpfend als fliegend und eifrig suchend das Gras, die Büsche und Bäume durchstreifen, um vor allem den Raupen der Schmetterlinge und den Afterraupen der Blattwespen ihre Eier an den Leib zu heften. Sie stechen also die auserwählten Wirtstiere nicht an, sondern reiten nur kurz auf ihnen. Die ausschlüpfende Fliegenmade bohrt sich dann selbst in die wandelnde Fleischkammer und verläßt sie erst kurz vor ihrer eigenen Verpuppung. Einige Raupenfliegen überlassen es sogar ihren lebendgeborenen Maden, sich selbst ein Wirtstier zu suchen, und setzen sie nur auf den Futterpflanzen der Raupen ab. Von den über 500 mitteleuropäischen Arten, die uns bis jetzt bekannt wurden, seien hier die drei größten und häufigsten aufgeführt.

Große Raupenfliege *Echinomyia = Tachina grossa* (Familie: Raupenfliegen *Tachinidae,* Ordnung: Zweiflügler *Diptera*) Europa, 17,5 mm, glänzend schwarz, hat breiten, kurzen, eiförmigen Hinterleib, ist dicht stachelborstig behaart, am Kopf und der Flügelwurzel rotgelb, fliegt scheu und hastig.

Nonnenbremse *Phorocera agilis = Parasetigena segregata* (Familie: Raupenfliegen *Tachinidae*) Europa, 10–12 mm, grünlich glänzend, schwarz gestreift, ist ebenfalls dicht und borstig behaart, legt ihre Eier auf die Raupen der Nonne, des Schwammspinners und des Pappelspinners.

Igelfliege *Echinomyia = Tachina fera* (Familie: Raupenfliegen *Tachinidae*) Europa, 7 bis 12 mm, stachelborstig, schwarzer Längsstreifen auf der Hinterleibsmitte, hellrostgelber Hinterleib, Beine und Fühler dunkler rostgelb. Das Weibchen legt seine Eier an die Futterpflanzen der Nonne *(Lymantria monacha)*, des Schwammspinners *(Lymantria dispar)* und verschiedener Eulenfalter. Die ausschlüpfenden Larven befallen die Schmetterlingseier, um in den Schmetterlingsraupen zu parasitieren.

Nonnenbremse

Singvögel im Nadelwald

Ist der Nadelwald auch dunkel und düster, so hat doch auch er genügend Lichtungen, hin und wieder auch eingesprengte Laubhölzer und Buschwerk, so daß auch in ihm helle Vogellieder erschallen. Ja, einige unserer kleinen Singvögel können wir wirklich als Nadelholzfreunde bezeichnen, obwohl wir sie auch in Laubwäldern und Feldgehölzen und vielleicht sogar in größeren Parkanlagen antreffen können.

Wintergoldhähnchen *Regulus regulus* (Familie: Goldhähnchen *Regulidae,* Ordnung: Sperlingsvögel *Passeriformes*) Brutgebiet: ganz Europa außer Spanien, südliches Osteuropa und nördliches Nordeuropa, §, ↓↑, mit 9 cm unser kleinster Vogel, wiegt nur 4–5 g, trägt leuchtendgelbe Scheitelfedern, beim Männchen oft leicht orange gefärbt, die schwarz eingefaßt sind, ist oberseits olivgrün, hat olivbraune Flügel mit gelblichweißen Binden, unterseits trüb weißlich.

Wintergoldhähnchen

Liebt lichte kleine Nadelwälder, bevorzugt Kiefern, flattert und turnt wieselgeschwind und wispernd durchs Geäst, fliegt schwirrend, oft rüttelnd, singt auch im Winter, brütet im Mai und Juli, stellt das ballförmige, dickwandige, aus Flechten und Moosen gewobene, mit Raupengespinst durchwirkte Nest auf die Spitze langer Fichten und Kiefernäste, legt 8–10 weißlichgraue oder blaßfleischfarbene Eier.

Rotkehlchen

Sommergoldhähnchen *Regulus ignicapillus* (Familie: Goldhähnchen *Regulidae*) Brutgebiet: Mittel- und Südeuropa, südliches West- und Osteuropa, §, ~, 3–10, 9 cm, unterscheidet sich vom Wintergoldhähnchen durch einen schwarzen Augenstreif hinter dem Auge und einen weißen über dem Auge, bevorzugt die Fichte, ist gewandter, unruhiger und ungeselliger als sein Vetter, wispert und lockt lauter, baut das gleiche Nest.

Rotkehlchen *Erithacus rubecula* (Familie: Drosseln *Turdidae,* Ordnung: Sperlingsvögel *Passeriformes*) Brutgebiet: ganz Europa, ausgenommen der äußerste Norden, §, ↓, ~, 3–10, 14 cm, oberseits olivbraun, unterseits gräulich, an Stirn, Kopfseiten und Kehle satt orangefarben, hat große tiefbraune Augen, singt gern in der abendlichen Dämmerung, setzt mit halblauten, fast mühsam hervorgewürgten Tönen ein, denen bald perlende Tonreihen, klangvolle Triller und schöne Flötentöne folgen, stellt sein Nest tief in Büsche oder auf die Erde, bedacht es sorglich, legt im April/Mai 5–7 gelblichweiße, rotgelblich gepunktete Eier.

Heckenbraunelle *Prunella modularis* (Familie: Braunellen *Prunellidae,* Ordnung: Sperlingsvögel *Passeriformes*) Brutgebiet: fast ganz Europa, §, ⁓, 3–10, mit knapp 15 cm sperlingsgroß, dunkler dünner Schnabel, an Kopf, Hals und Kehle aschgrau, an Brust und Bauch weißlich, an den Seiten bräunlich, Schwingen und Steuerfedern braunschwarz, liebt den Nadelwald, vor allem die Schonungen, ist ein sehr gewandter Schlüpfer, hüpft flink, fliegt niedrig von Busch zu Busch, sitzt singend auf den Wipfelspitzen, läßt wirbelnd sein »Dididehideh« vernehmen, paart sich im April, stellt sein kunstvolles Erdmoosnest in niedere Fichten, das erste Gelege im Mai, das zweite im Juli.

Gimpel, Dompfaff *Pyrrhula pyrrhula* (Familie: Finken *Fringillidae,* Ordnung: Sperlingsvögel *Passeriformes*) Brutgebiet: ganz Europa abgesehen vom äußersten Norden und Süden, §, ↓, 14,5–17 cm, ♂ hat schwarze Kappe, schwarzen, kräftigen Schwanz und schwarze Flügel, leuchtendrote Weste, blaugrauen Frack mit weißen Schößen, ♀ mit ähnlicher Zeichnung, aber unten rötlichbraun, oben graubraun. Wirkt würdevoll, gemessen, behäbig, flötet sanft, gedämpft und knarrend, baut sein umfangreiches Flachnest in junge Fichten, dicht an den Stamm, legt im Mai 5 Eier.

Gimpel (♂)

Fichtenkreuzschnabel *Loxia curvirostra* (Familie: Finken *Fringillidae*) Brutgebiet: ganz Europa außer Westeuropa und nördliches Mitteleuropa, §, ↑↓, 16,5 cm, ♂ am Kopf und unterseits lebhaft rot, oberseits graurot, am Bürzel lebhaft rot, ♀ schlicht graugrüngelb. Ober- und Unterschnabel kreuzen sich in langen und gekrümmten Spitzen, stellen ein Spezialwerkzeug zum Entkernen der Zapfen dar, dienen ihm auch als Kletterhilfe genauso wie dem Papagei.
Er lockt deutlich »Gip-gip«, piept oft wie ein Küken, singt laut und endet mit schwachen zwitschernden Tönen. Brütet praktisch dann, wenn sein Tisch besonders reich gedeckt ist, also auch mitten im Winter; versteckt sein tiefmuldiges Nest gut zwischen Fichtenzweigen, legt durchschnittlich 3–4 Eier. Die Jungen werden mit geraden Schnäbeln geboren, die sich erst nach 3 Wochen langsam zu krümmen beginnen.

Kiefernkreuzschnabel *Loxia pytyopsittacus* (Familie: Finken *Fringillidae*) Brutgebiet: Südfinnland und Skandinavien, bei uns als Wintergast, §, ↑↓, etwas größer als der Fichtenkreuzschnabel, hat höher gewölbten und stärker gekrümmten Schnabel, ist ihm sonst in Farben, Wesen und Gewohnheiten sehr ähnlich, doch stärker an die nordische Kiefer gebunden.

Tannenmeise, Holzmeise *Parus ater* (Familie: Meisen *Paridae,* Ordnung: Sperlingsvögel *Passeriformes*) Brutgebiet: ganz Europa abgesehen vom äußersten Norden, §, ↓, ~, 11 cm, schwarz an Kopf, Kinn und Kehle, mit auffallendem weißem Nackenfleck, Wangen schmutzig weiß, Oberseite olivgrau mit je zwei schmalen, weißen Flügelbinden, unterseits weißlich, ist sehr munter, keck, unruhig, zänkisch wie alle Meisen, lockt »Süiti« und »Suititit«, stellt ihr grünes Moosnest am liebsten in alte Spechthöhlen und Astlöcher, legt Ende April 6–10 weiße Eier, brütet Ende Juni nochmals, nimmt gern Nistkästen an.

Haubenmeise *Parus cristatus* (Familie: Meisen *Paridae*) Brutgebiet: ganz Europa außer Italien, Britische Inseln, Island und Nordskandinavien, §, ↓, 11,5 cm, auffallender schwarzweiß gesprenkelter Federbusch, oberseits rötlichgraubraun, unterseits grauweißlich, Schwingen und Steuerfedern dunkelgraubraun. Wangen weiß. Augenzügelstreif und Nackenband schwarz.

Haubenmeise

Wispert zischend »Sitt«, lockt hell »Zizigürr«, ist kein großer Sangeskünstler, dreht und wendet sich aber dabei und sträubt die Haube wie ein eitler Sänger, stellt ihr Nest gern in enge Baumhöhlen, hohle Stümpfe, oft auch in alte Krähen-, Elstern-, Greifen- und Eichhörnchennester, meißelt notfalls kleine Asthöhlen aus, lebt ausschließlich von den Eiern und Larven der wichtigsten Forstschädlinge, liebt den Nadelwald.

Schwanzmeise *Aegithalos caudatus* (Familie: Meisen *Paridae*) Brutgebiet: ganz Europa, abgesehen vom äußersten Norden, §, ↑↓, Körper 6 cm, Schwanz 8 cm, oberseits schwarzweiß und rötlich gezeichnet, unterseits weiß, trägt eine weiße Kappe, liebt lichte Wälder und Feldgehölze, plaudert zischend

»Tserrp«, lockt pfeifend »Si-si-si«, singt recht leise und wohltönend, baut ein sehr kunstvolles Nest, am liebsten in einen Astquirl, tarnt es großartig mit Flechten und Raupengespinst, legt im April 9–12 Eier, manchmal noch mehr, brütet 13 Tage.

Erlenzeisig *Carduelis spinus* (Familie: Finken *Fringillidae*) Brutgebiet: hauptsächlich Mittel- und Osteuropa und südliches Skandinavien, §, ↓, 12 cm, ist gelbgrün, Männchen am Scheitel und am Kinn schwarz, ♂ und ♀ haben am Schwanz seitlich gelbe Flecken, ist ein akrobatisch gewandter Turner und Kletterer, immer bewegt, auch auf der Erde schnellfüßig, fliegt leicht und wogend, paart sich im April, singt dann gemütlich zwitschernd und hängt an den Schluß das lustige »Dididlidideidääh«. Der Erlenzeisig stellt sein Moosnest fast auf die Spitze der Nadelholzzweige in mehr als 20 m Höhe, versteckt und tarnt es so gut, daß es wirklich eine Kunst ist, es zu entdecken, Gelege im Juni, füttert seine Jungen mit Insekten groß, während er selbst Sämereien bevorzugt.

Misteldrossel *Turdus viscivorus* (Familie: Drosseln *Turdidae*, Ordnung: Sperlingsvögel *Passeriformes*) Brutgebiet: ganz Europa außer nördlichstes Nordeuropa, §, ↕, ~, 3–10, knapp 27 cm, Gefieder oberseits braungrau und ungefleckt, unterseits gelblichweiß, auf der Unterseite dicht braunschwarz gefleckt, hat braune Augen, dunklen Schnabel, lichthornfarbene Füße. Bevorzugt den Nadelwald und die Beeren der Mistel, baut Ende März ihr geflochtenes und mit Lehm und Erde verpichtes Nest, stellt es in Nadelbäume, legt 4–5 kleine rosafarbene Eier mit braunroten Punkten, lockt laut »Schnerr«, hält Stimmfühlung mit leisem »Sieh«, warnt sehr schrill, singt fast so schön wie die Amsel.

Wenn der Tauber ruft

Unsere Wildtauben nisten in Laub- wie in Nadelwäldern, in Feldgehölzen wie in Parkanlagen, entwickeln sich immer mehr zu echten Kulturfolgern. Zu den drei einheimischen Wildtauben, der Ringeltaube, der Hohltaube und der Turteltaube, gesellte sich in den letzten Jahren die aus Vorderasien und Südosteuropa zugewanderte Türkentaube.
Sie kennzeichnen sich durch einen verhältnismäßig kleinen Kopf, schön gefärbte Augen, sanfthakig gebogenen Schnabel, dicht anliegendes, oft schillerndes Gefieder, gehen gut und kopfnickend, fliegen ausgezeichnet und mit laut pfeifendem Geräusch, fressen vorwiegend Sämereien und als Zukost Raupen, Larven und Puppen, ernähren ihre Jungen in den ersten Tagen mit einer käsigen Absonderung ihres Kropfes, später mit im Kropf aufgeweichten Sämereien.

Ringeltaube *Columba palumbus* (Familie: Tauben *Columbidae*, Ordnung: Taubenvögel *Columbiformes*) Brutgebiet: ganz Europa, abgesehen vom äußersten Norden, ganzjährig geschont, ↓, ~, 3–10, 40 cm, unsere größte Wildtaube, Gefieder an Kopf, Nacken und Kehle mohnblau, auf Oberrükken graublau, unterseits lichtgraublau, hat

am metallisch grün und purpurn schimmernden unteren Hals jederseits einen glänzendweißen Fleck und weiße Flügeldekken.
Liebt den Nadelwald, sitzt gern in den höchsten und wipfeldürren Bäumen, fliegt klatschend auf, ruft »Grugruh-grugrugru«, stellt das sehr flüchtig gebaute, flache Nest in Bäume, bebrütet vom April an zwei glänzendweiße Eier, die sie bei der geringsten Störung aufgibt.

Hohltaube *Columba oenas* (Familie: Tauben *Columbidae*) Brutgebiet: ganz Europa, abgesehen vom äußersten Norden, ganzjährig geschont, stark gefährdet, ↓, ~, 3–10, 33 cm, Gefieder fast durchweg mohnblau, nur am Kropf weinrot, am Nacken prachtvoll schimmernd, hat kurze schwarze Binden auf den Armschwingen und einen grauen Bürzel, ruft fast heulend »Huuh«, steigert oft das Tempo des Vortrages und wiederholt den Ruf viele Male, nistet in Baumhöhlen, Anfang April das erste Gelege, sitzt sehr fest und treu auf ihren zwei weißen Eiern, brütet oft dreimal im Jahr.

Turteltaube *Streptopelia turtur* (Familie: Tauben *Columbidae*) Brutgebiet: ganz Europa außer Island und Skandinavien, ganzjährig geschont, gefährdet, ~, 5–9, 28 cm, oberseits rostbraun mit schwarzen Federmitten, an der Brust weinrot, unterseits bläulichrot, die Halsseiten mit vier schwarzen, silberfarben gesäumten Querstreifen verziert, schwarzer Schwanz mit weißen Enden, liebt trockene Nadel- und Mischwälder, gurrt sanft und eintönig »Turrturr«, paart sich im April/Mai, stellt ihr kunstloses, oft sehr dünnes und von unten her wahrhaftig durchsichtiges Nest in Laub- und Nadelbäume, meist in geringer Höhe.

Türkentaube *Streptopelia decaocta* (Familie: Tauben *Columbidae*) Brutgebiet: Mitteleuropa und südliches Osteuropa und östliches Südeuropa, ganzjährig geschont, ↓, 28 cm, ähnelt sehr der zahmen Lachtaube, erinnert auch an die Turteltaube, kennzeichnet sich besonders durch das breite schwarze, deutlich weiß gesäumte Genickband, das Gefieder ist oberseits aschgrau,

Türkentaube

unterseits hellgraublau, an Hals, Kopf und Brust hellrötlichgrau, nistet oft in Parkanlagen, Dörfern, Feldgehölzen, stellt ihr Nest gern in Nadelbäume, Anfang März erstes Gelege von zwei Eiern, brütet oft dreimal im Jahr, ruft weich und melodisch »Du-duuudu«.

Die Waldmäuse

So scheu und vorsichtig die Waldmäuse sind, in die Jagdhütten und Waldgehöfte kommen sie doch, überwintern gern auf den Dachböden und sind im übrigen genauso diebisch wie die Hausmäuse.

Waldmaus *Apodemus sylvaticus* (Familie: Mäuse *Muridae,* Ordnung: Nagetiere *Rodentia*) ganz Europa, sehr häufig, Körper 10 cm lang, 10 cm Schwanz, oberseits braungrau, weinrot überhaucht, Kehle mit gelbem Längsfleck, unterseits weißlich, hat größere Ohren und Augen als die Haus- und Feldmaus, ist blitzschnell, hüpft in Bogensprüngen dahin, 80 cm weit, klettert in Büsche und Bäume, nährt sich von Sämereien, Beeren und Baumfrüchten aller Art, nascht Grasspitzen, trinkt gern Vogeleier, vertilgt Käfer, Larven und Puppen, durchwühlt die Bodenstreu, sammelt sich kleine Vorräte für den Winter, hält aber keinen Winterschlaf, wirft im Durchschnitt 2–3mal im Jahr 4 bis 6 Junge, die sich bei Gefahr so fest an die Zitzen der Mutter saugen, daß sie mitgeschleift werden können.

Gelbhalsmaus *Apodemus flavicollis* (Familie: Mäuse *Muridae*) Europa außer Norden und Südwesten, Körper 11,6 cm, Schwanz 13 cm, größer als die Waldmaus, ähnelt ihr sonst sehr in Farbe, Wesen und Gewohnheiten, Färbung des Pelzes seitlich heller, der rostgelbe Kehlfleck bildet meist ein durchgehendes dreieckiges Halsband. Bevorzugt Au- und Mischwälder, hat es gern etwas feucht.

Brandmaus *Apodemus agrarius* (Familie: Mäuse *Muridae*) Osteuropa, östliches Mitteleuropa, in Mitteldeutschland häufig, Körper 11,5–12 cm, Schwanz 8 cm, Pelz oberseits rotbraun, unterseits weiß, den Rücken ziert ein dunkler Streifen, bevorzugt Waldränder und Gebüsche, ist etwas langsam und ungeschickt, wirft 3–4mal im Jahr 4 bis 8 Junge, begnügt sich mit Pflanzennahrung, Insekten und Regenwürmern.

Rötelmaus, Waldwühlmaus *Clethrionomys glareolus* (Familie: Mäuse *Muridae*) Europa außer Südeuropa, in ganz Deutschland häufig, 10 cm lang, 4,5 cm Schwanz, Pelz oberseits braunrot, seitlich grau, unterseits weiß, liebt Laubwälder, klettert gut, trinkt

Waldmaus

Vogeleier, frißt Jungvögel, benagt Rinden, vernichtet dadurch bisweilen ganze Schonungen, verzehrt aber auch viele Insekten, Puppen und Larven, Sämereien und Wurzelknollen, sehr gern Würmer, versteckt ihr kunstvolles, aus Grashalmen geflochtenes Kugelnest in dichte Büsche, wirft 3–4mal im Jahr 6–8 Junge, die schon nach 9 bis 10 Wochen geschlechtsreif sind.

Waldspitzmaus *Sorex araneus* (Familie: Spitzmäuse *Soricidae*, Ordnung: Insektenfresser *Insectivora*) in ganz Europa häufig außer in Irland und am Mittelmeer, §, 7,5 cm lang, 4,5 cm Schwanz, Pelz oberseits schwarzbraun, seitlich lichter und rötlichbraun, unterseits weißlichgrau, hat lange, spitze Schnauze und lange schwarze Schnurrhaare. Ist keine echte Maus, sondern ein Insektenfresser, ein kleines gieriges nächtliches Raubtier wie alle Spitzmäuse, zwitschert leise und scharf vor sich hin, ist bei Tage fast blind, verströmt bei Gefahr einen starken Moschusgeruch, verzehrt in sehr großen Mengen die Larven und Puppen zahlreicher Waldschädlinge, ist sehr nützlich und deshalb auch gesetzlich geschützt, baut ihr Nest gern unter Baumstümpfe und Wurzeladern, wirft zwischen Mai und Juli 5–10 Junge.

Zwei nächtliche Wühler

Obwohl sie wenig gemeinsam haben und aus zwei verschiedenen Tierordnungen kommen – der Dachs gehört zu den Raubtieren, das Wildschwein zu den Paarhufern –, nächtliche Wühler und Allesfresser sind sie beide und außerdem noch urige, unverfälschte Tieroriginale. Wir begegnen ihnen im Nadel- wie im Laubwald, nicht selten auch auf Wiesen und Feldern.

Wildschwein *Sus scrofa* (Familie: Schweine *Suidae,* Ordnung: Paarhufer *Artiodactyla*) außer im Norden in ganz Europa verbreitet, wird gut 1,50 m lang, Schwanz 25 cm, bis zu 95 cm hoch, kann ein Gewicht von 150–200 kg, ein Alter von 20–30 Jahren erreichen,

Wildschwein, Eber

trägt schwarze oder rußbraune, steife, lange Borstenhaare, die auf dem Rücken einen Kamm bilden und unter die sich je nach der Jahreszeit schwächer oder stärker feines Wollhaar mischt, hat eiförmige behaarte Ohren, kurzen, gedrungenen Leib, starke Läufe, buschigen Schwanzzopf.

Liebt ausgedehnte Waldungen, feuchte Niederungen, wühlt sich als Lager eine einfache, manchmal gepolsterte Mulde, verdöst den Tag, erhebt sich gegen Abend, suhlt sich gern, bricht den Boden mit der Rüsselscheibe nach Erdmast auf, verschlingt pflanzliche wie tierische Stoffe, nimmt Aas an, paart sich ab November, wirft rund 16 Wochen später 4–12 Frischlinge, die auf braungelbem Grund dunkle Längsstreifen tragen.

Im 2. Jahr erheben sich bei den jungen Keilern die Hauer aus Ober- und Unterkiefer, die unteren Eckzähne wachsen schräg aufwärts, sind weißglänzend, werden im Laufe der Jahre zu spitzen und scharfen Waffen, die mit Kraft und Schwung auch während der Rausch- oder Brunftzeit gebraucht werden. Die alten Keiler sondern sich vom Rudel, das eine Bache führt, ab und führen dann ein einsames und unstetes Leben bis zur nächsten Rauschzeit.

Dachs *Meles meles* (Familie: Marderartige *Mustelidae,* Ordnung: Raubtiere *Carnivora*) außer im hohen Norden und auf einigen Mittelmeerinseln in ganz Europa verbreitet, Körper 75 cm lang, Schwanz 18 cm, bis 30 cm hoch, kann ein Gewicht von 20 kg, ein Alter von 10–15 Jahren erreichen, trägt ein straffes, langes, glänzendes Haarkleid, oberseits weißgrau, unterseits schwarzbraun, Kopf weiß, beiderseits der Schnauze laufen zwei breite mattschwarze Streifen bis zu den Augen und weißbehaarten Ohren.

Liegt tagsüber dösend und schlafend im tiefen, sehr sauber gehaltenen, weichgepolsterten Kessel, zu dem mehrere Röhren und Luftschächte führen, gräbt ihn am liebsten auf bewaldeten, sonnigen Höhen und Hängen, wird in der Dämmerung munter, verläßt unter vielen Vorsichtsmaßregeln den Bau, löst sich und geht wurzeln wie ein Wildschwein, entwickelt dabei den gleichen unverwüstlichen Appetit, verzehrt Würmer und Schnecken, Larven und Puppen, Wurzeln und Knollen, Baumfrüchte und Beeren, nimmt auch die Mäuse und Frösche, Eidechsen und Schlangen mit, die ihm ins Maul laufen, trinkt Vogeleier aus, frißt die Jungvögel der Erdbrüter, sammelt für den Winter einen kleinen Vorrat, hält aber keinen Winterschlaf, sondern verdöst die weiße Jahreszeit, riskiert immer wieder einen Spaziergang im Schnee, zehrt im übrigen von der angefressenen Speckschwarte.

Dachs

Er paart sich Ende Juli/Anfang August bis zum Oktober. Das Weibchen wirft nach halbjähriger Tragzeit im zeitigen Frühjahr 3–5 blinde Junge. Kennt kein Familienleben.

Der Wald im Hochgebirge

Damhirsch

Wenn wir von den blumenreichen Wiesen des Bergtales kommen und der freien felsigen Höhe zustreben, nimmt uns zuerst, ganz wie im Hügelland, der rauschende Laubwald auf. Er bildet den untersten Vegetationsgürtel des Gebirges und klettert mit seinen Rotbuchen, Eichen, Birken und Ebereschen an den Nordhängen bis zu einer Höhe von 1000 m, an den Südhängen bis zu 1300 m empor, ist schon stark mit Fichten und Kiefern durchsetzt und an seinen lichten Stellen mit prächtigen Exemplaren des Bergahorns bestückt. Viele Pflanzen und Tiere, die wir schon im Laubwald kennenlernten, beleben ihn.

Dann aber schieben sich die Nadelhölzer beherrschend in den Vordergrund und behaupten das Feld bis zu 1700–1800 m. Zu den Fichten, Tannen und Kiefern gesellen sich die Eibe, die Lärche und auch schon die Zirbelkiefer, von den Laubbäumen halten nur noch die Ebereschen und der Bergahorn Schritt. Der Nadelwald bildet den zweiten Vegetationsgürtel und ist schon mit alpinen Charakter annehmenden Blumen und Kräutern durchwachsen, ist reich an Flechten, Moosen und Farnen. Sein Tierleben zeigt ebenfalls schon zahlreiche dem Bergleben angepaßte Formen. Bei 1800 m haben wir die Baumgrenze erreicht, wenigstens die des in sich geschlossenen, festgefügten und hochaufstrebenden Waldes. Was sich an Bäumen noch höher hinauf wagt, wird von der Wucht der Elemente in die Knie gezwungen, nimmt verkümmerte und zwergenhafte Formen an oder steht einsam auf verlorenem Posten. Windgekämmt, zerzaust, verbogen und gesplittert kämpfen noch etliche Lärchen und Zirbelkiefern um ihr Leben, ragen hoch über die weiten dunklen Inseln des Krumm- und Zwergholzes, die geduckten Latschenkiefern, die strauchartigen Grünerlen und Zwergweiden. Bis in eine Höhe von 2000–2300 m reicht dieser Knieholzgürtel und wird dann von dem Zwergstrauchgürtel und der Mattenregion abgelöst, die erst bei etwa 2500–2700 m ihre Grenze findet und dann in die Fels- und Geröllregion übergeht.

Indem wir die einzelnen Vegetationsgürtel durchsteigen, wandern wir gleichsam von Süden, vom gemäßigten Europa Richtung Nordpol bis hinauf in die Gletscherregion. Der gesamte Gebirgswald mit seinen verschiedenartigen Vegetationsgürteln bildet zusammen mit dem Zwergstrauchgürtel und den Matten einen lebendigen Schutzwall für die Bewohner der fruchtbaren Gebirgstäler. Er kann es verhindern, daß Steinschläge und Schneelawinen den Talboden erreichen. Seine Wurzeln krallen sich tief ins Geröll und umklammern es wie mit Millionen zähen Fasern. Von größter Bedeutung für die Festigung des verwitterten Felsbodens sind auch die kleinen rankenden Schutt- und Geröllpflanzen, die unwahrscheinlich zähen und wetterfesten Polsterpflanzen, die bis zu einer Höhe von 3500 m emporklettern. Allen diesen großen und kleinen Pflanzen der Berge, den Blumen und Gräsern wie den Büschen und Bäumen, haben wir es zu verdanken, daß sich die zerfallenden Gebirge nicht in breiter Front in die Täler wälzen, daß die ungeheuren Schutt- und Geröllmassen fast ausschließlich von den Bergbächen und Gletschern transportiert und schadlos in die Flüsse und Seen geschwemmt und getragen werden.

Wo diese Schutzwälder abgeholzt werden, wo unvernünftige Bergbauern ihre Schaf- und Ziegenherden die Alpenpflanzen bis zu den Wurzeln verbeißen lassen, wo die Kühe die Hänge niedertreten, wo sogenannte Naturfreunde die Blumenwelt der Berge plündern, dort ist bald kein Raum mehr für Tier und Pflanze, dort sehen wir nur noch nackte Felsen über verödeten und verkarsteten Tälern und Matten, dort ist nur noch ein Gewirr von toten und düsteren Schluchten.

Wir brauchen gar nicht weit zu fahren, um solche trostlose Karstlandschaften sehen zu können. Schon in den Alpen, besonders aber in Italien, Spanien, Griechenland und Jugoslawien sind weite Bergtäler ein einziges trostloses Steintrümmermeer und waren vor knapp zweitausend Jahren noch von prächtigen Wäldern und fruchtbaren Ackerterrassen bedeckt.

Wenn wir zum Beispiel an Griechenland denken, so spielte sich in den klassischen Sagen der Griechen das Leben der Naturgottheiten noch in undurchdringlichen, tiefdunklen Bergwäldern ab, nach denen wir heute sicher vergeblich suchen werden, da sie vom Menschen inzwischen fast spurlos ausgelöscht worden sind.

Von den Pflanzen

Die Bäume des Laub- und des Nadelwaldgürtels

Von ihnen kennen wir bereits die Rotbuche (S. 273), die Eiche (S. 196), die Birke (S. 63), die Esche (S. 197), die Eberesche (S. 63), die Fichte (S. 314), die Tanne (S. 314) und die Waldkiefer (S. 412). An neuen Baumgestalten begegnen wir:

Bergahorn *Acer pseudoplatanus* (Familie: Ahorngewächse *Aceraceae*) Mittel- und Südeuropa, blüht 5/6, belaubt sich im April/Mai, wird 25–30 m hoch, ist ein echter Bergbaum, sein Stamm ist moosbedeckt, hat eine dünne hellbraune Borke, die schuppig schilfert und die weißgraue Rinde freilegt. Wir erkennen ihn leicht an den

Bergahorn

handförmigen, fünflappigen, kantig gesägten, oberseits glänzend dunkelgrünen, unterseits hellgraugrünen Blättern, die in den Aderwinkeln der Unterseite weißflaumig behaart sind. Die im spitzen Winkel zum Stamm aufstrebenden Äste bilden eine geschlossene, oft pyramidenförmige, tief angesetzte Krone.
Er blüht zum erstenmal zwischen dem 35.–40. Lebensjahr, fruchtet alle 2–3 Jahre, kann ein Alter von 400–500 Jahren, einen Durchmesser von 2–3 m erreichen. Die zarten grüngelben Blüten hängen in Trauben an den Spitzen der Laubtriebe und werden von Bienen, Hummeln und Fliegen bestäubt. Die Doppelfrüchte bilden einen spitzen Winkel, sind mit je einem langen grünen Flügelpropeller versehen, die fast parallel zueinander ausgerichtet sind und als Schraubenflieger weit vom Stamm trudeln.
Das harte weiße, seidig glänzende und astreine Holz wird von Schnitzern und Kunsttischlern sehr geschätzt, liefert wertvolle Möbel und gute Parkettböden.

Spitzahorn *Acer platanoides* (Familie: Ahorngewächse *Aceraceae*) fast ganz Europa, blüht 4–5, wird ebenfalls bis 30 m hoch, klettert aber nicht so hoch ins Gebirge hinauf wie der Bergahorn, trägt glänzende Blätter mit wenigen großen, scharfspitzigen Zähnen, die Fruchtflügel stehen fast waagrecht zueinander, sein Stamm ist dunkelgrau, längsrissig, die Rinde schuppt nicht ab. Das Holz wird von Tischlern und Wagenbauern verwendet.

Lärche *Larix decidua* (Familie: Kieferngewächse *Pinaceae*) hauptsächlich Gebirge Mitteleuropas, blüht 4/6, begrünt sich im März/April mit frischen gebüschelten Nadeln, die sie alljährlich fallen läßt, ist das Kind der Hochgebirge, im Freistand am schönsten entwickelt, verlangt viel Licht und Sauerstoff. Geradschäftig geht der Stamm bis zur Wipfelspitze, trägt eine dicke, graubraune, innen braunrote Borke, die Äste streben waagerecht vom Stamm und hängen stark durch.

Bis zum 20.–30. Lebensjahr ist sie schnellwüchsig, wächst dann gemächlich, wird dennoch 30–50 m hoch und kann in den Bergen das Alter von 600–800 Jahren erreichen. Zu fruchten beginnt sie bereits zwischen dem 10. und 20. Jahr. Die männlichen Blütenkätzchen sind hellgrün wie die maigrünen Nadeln, werden später gelb und hängen an kurzen Seitentrieben. Die leuchtend karminroten weiblichen Blütenzäpfchen sind doppelt so groß und richten sich steil empor, wachsen noch im gleichen Jahr zu kleinen hellbraunen Zapfen von 3–4 cm Länge und 2 cm Stärke heran, entlassen die geflügelten Samen aber erst im nächsten Frühjahr.
Das dauerhafte, harzreiche Holz wird vom Schiffsbau, von der Bau- und Möbelschreinerei gleich dem Eichenholz geschätzt.

Eibe

Lärche

Eibe *Taxus baccata* (Familie: Eibengewächse Taxaceae) ganz Europa, ist sehr selten geworden, häufig nur in Parks und Gärten, §2, gefährdet, †, blüht 3–5, hat 2–3 cm lange, 2 mm breite, weiche, sehr flache, oberseits dunkelgrüne, unterseits hellgrüne, zweiseitig gescheitelte Nadeln, die sehr giftig sind, das Herz und die Atmungsorgane lähmen. In noch stärkerem Maße ist dieses Gift in den Zweigen und in der Rinde enthalten.
Die rotbraune, harzlose Rinde blättert in dünnen Schuppen und Streifen ab, die starken Äste streben vom kurzen Stamm fast waagerecht ab, bilden eine gelockerte, fast stockwerkartig aufgebaute, meist tief angesetzte Krone. Die Eibe wird selten höher als 10–15 m, ist sehr trägwüchsig, kann das hohe Alter von 1000–2000 Jahren erreichen. Die männlichen Staubblüten sind kleine gelbe Sträußchen, die sich an der Unterseite der Zweige in den Achseln einjähriger Nadeln befinden. Die noch kleineren weiblichen Fruchtblüten sind lichtgrüne Knospen, entwickeln sich zu dunklen erbsengroßen Samen, die von einem leuchtendroten, becherförmigen Mantel umgeben sind. Dieser rote Becher ist nicht giftig.
Die Eibe ist zweihäusig, männliche und weibliche Blüten befinden sich jeweils auf getrennten Bäumen. Früher wurden aus Eibenholz Bogen und Armbrüste hergestellt.

Zirbelkiefer, Arve *Pinus cembra* (Familie: Kieferngewächse *Pinaceae*) in Österreich §2, blüht 6/7, ebenfalls ein typischer Hochgebirgsbaum, der wie die Eibe fast ausgerottet wurde, hat derbe, dreikantige, 5–9 cm lange Nadeln, die zu fünft an den Kurztrieben sitzen, ist sehr trägwüchsig, erreicht in den Bergen mit 10 Jahren die Höhe von 15 bis

45 cm, entwickelt sich im Freistand dann aber doch zu einem mächtigen Baum, der über 1000 Jahre alt und bis zu 18 m hoch werden kann, hat in der Jugend eine glatte, im Alter eine querrissige rötliche Borke.
Die an der Spitze aufgerichteten Äste bilden zuerst eine schmale, kegelförmige, sehr tief angesetzte Krone, wachsen später fast senkrecht empor, bilden Nebenwipfel neben dem Hauptwipfel, bis der alte Baum schließlich eine kandelaberähnliche Gestalt annimmt. Die eiförmigen, 5–8 cm langen, 3 bis 5 cm dicken Zapfen sind zuerst dunkelblau bereift, später braun, enthalten eßbare Samen, die Zirbelnüsse, die nicht nur von den Menschen, sondern auch von Bilchen, Murmeltieren, Eichhörnchen und Tannenhähern gern verzehrt werden. Das rötliche Holz wurde früher viel zu Wandtäfelungen und auch zu Schnitzereien verwendet.

Das altehrwürdige Geschlecht der Farne

Die jungen Farnwedel sind eingerollte und oft dicht mit derben Spreuschuppen besetzte Gebilde, die in ihrer Form an einen Bischofsstab erinnern. Diese Einrollung der jungen Wedel hängt mit der Art des Blattwachstums zusammen. Alle Blätter der Blütenpflanzen wachsen von der Basis her, beim Farn ist das Wachstumsgewebe auf die Spitze beschränkt, und deshalb muß gerade diese Wachstumsspitze möglichst gut geschützt werden. Auf der Unterseite der ausgebreiteten Blätter erscheinen im Juni kleine schildförmige grüne Kapseln, die sich später bräunen und aufplatzend die schwärzlichen Sporen ausschleudern. Aus diesen Sporen entwickeln sich kleine Zellfäden und endlich ein sogenannter Vorkeim. Dieser bildet weibliche Eizellen und männliche Schwärmzellen aus, die sich gleich winzigen Schraubendampfern im Schleim und Wasser bewegen. Dringt ein solches Spermatozoid in eine Eizelle, so wird diese entwicklungsfähig und wächst sich zu einer neuen Farnpflanze aus.
Uralt sind die Farne. Vor 350 Millionen Jahren waren sie zusammen mit dem Bärlapp und dem Schachtelhalm die allerersten Pflanzenpioniere, die den festen Erdboden dicht besiedelten. Damals bildeten sie gewaltige und hochaufragende Urwälder mit Farnbäumen von durchschnittlich 10 m Höhe. In den tropischen Regenwäldern können einige Farne auch heute noch zu dieser stattlichen Größe heranwachsen. Unser größter einheimischer Farn, der Adlerfarn, wird jedoch nur 2 m hoch.

Adlerfarn *Pteridium aquilinum* (Familie: Tüpfelfarne *Polypodiaceae*) ganz Europa, Sporenkapseln reifen 7–9, ♃, 50–200 cm hoch, dreifach gefiederte, vereinzelt stehende Wedel mit länglich-lanzettlichen, am Rande zurückgerollten Fiederblättchen, die Sporenkapselhäufchen sind in einer zusammenhängenden Linie am umgeschlagenen Rand des Fiederblättchens aufgereiht, liebt sandige, trockene Wälder.

Wurmfarn *Dryopteris filix-mas* (Familie: Tüpfelfarne *Polypodiaceae*) ganz Europa, Sporenkapsel reifen 7–9, ♃. Der Wurmfarn wird 50–150 cm hoch; er hat doppelt gefiederte, eng beieinanderstehende Wedel mit lanzettlich zugespitzten, zarten Blättchen, große nierenförmige Sporenkapselhäufchen auf der Unterseite der Blattfiedern, liebt es schattig.

Adlerfarn

Tüpfelfarn, Gemeines Engelsüß *Polypodium vulgare* (Familie: Tüpfelfarne *Polypodiaceae*) ganz Europa, Sporenkapseln reifen 8–10, ♃, wird 10–40 cm hoch, hat im Umriß lanzettlichen, überwinternden Wedel, ist einfach fiederschnittig, trägt die Sporenkapseln in einfacher Reihe zu beiden Seiten der Mittelrippe der Fiederblättchen. Die Sporenkapselhäufchen sind groß und haben keinen Schleier. Auf Felsen.

Braunstieliger Streifenfarn *Asplenium trichomanes* (Familie: Tüpfelfarne *Polypodiaceae*) ganz Europa, Sporenkapseln reifen 6–11, ♃, wird 8–15 cm hoch, einfach gefiederte, schmal lanzettliche, glänzend rot- oder schwarzbraun bestielte Wedel mit eiförmigen oder fast kreisrunden Blättchen, auf Felsen, Mauern und lockerem Boden.

Wurmfarn

Mauerraute *Asplenium ruta-muraria* (Familie: Tüpfelfarngewächse *Polypodiaceae*) ganz Europa, Sporenkapseln reifen 6–10, ♃, wird 5–20 cm hoch, hat mattgrünen, höchstens am Grund kastanienbraunen Wedelstiel mit kleinen, meist mehrfach geteilten ledrigen Blättern von rhombischer Gestalt, die Sporangien liegen längs der Blattnerven, wächst auf Mauern und Felsen.

Braunstieliger Streifenfarn

Hirschzunge *Phyllitis scolopendrium* (Familie: Tüpfelfarne *Polypodiaceae*) ganz Europa außer hoher Norden, §$_1$, Sporenkapseln reifen 7–9, ♃, wird 15–60 cm hoch, steht in Büscheln; ungeteilter, zungenförmiger, am Grunde herzförmiger, überwinternder Wedel von derber, fast ledriger Beschaffenheit, in schattigen Bergwäldern.

Königsfarn *Osmunda regalis* (Familie: Rispenfarne *Osmundaceae*) ganz Europa außer Nordeuropa und in den Hochgebirgen, bei uns sehr selten, §$_2$, Sporenkapseln reifen 7–9, ♃, wird 50–150 cm hoch, gelbgrüne, langgestielte, doppelt gefiederte Wedel mit unregelmäßig geschweiften, länglichen Blättern, entwickelt die Sporangien an rispenartigen bräunlichen Wedelspitzen oder an gesonderten Wedeln, liebt feuchte Standorte.

Gemeiner Rippenfarn *Blechnum spicant* (Familie: Tüpfelfarne *Polypodiaceae*) Sporenkapseln reifen 7–10, ♃, wird 20–50 cm hoch, immergrüne im Umriß länglich lanzettliche, einfach gefiederte Wedel, von denen wir die fruchtenden mit schmalen und weit auseinanderstehenden von den unfruchtbaren mit breiteren und eng zusammenstehenden Blättchen unterscheiden können, liebt schattige, moosige und sandige Gebirgswälder.

Hirschzunge

Gemeiner Rippenfarn

Unsere schönsten Orchideen

Mit den prächtigen tropischen Orchideen, diesen meist auf Bäumen wachsenden Pflanzen, können sich unsere einheimischen Orchideen nicht messen. Wer aber Augen für ihre zierlichere Gestalt und Sinn für ihr besonderes Wesen hat, wird sie zu den schönsten und eigenartigsten unserer Blumen zählen.
In unseren Laub- und Nadelwäldern wie auf den Waldwiesen und Matten blühen noch immer zahlreiche Orchideen und reizen die Blumenfreunde, sie auszugraben und daheim in den Garten zu pflanzen. Ganz abgesehen davon, daß das verboten ist und streng bestraft wird, denn sie stehen alle unter Naturschutz, ist es auch sonst ein törichtes Unterfangen. Keine Orchidee kommt ohne ihren hilfreichen Wurzelpilz fort, mit dem sie ein inniges Lebensbündnis eingeht und ohne den sie nicht mehr zu bestehen vermag. Dieser Wurzelpilz aber gedeiht nur dort, wo die Pflanze von Natur aus ihren Standort hat. Nicht einmal der Orchideensamen kann ohne diese hilfsbereiten Pilzzwerge keimen und aufgehen.

Kleines Knabenkraut, Gemeines Knabenkraut *Orchis morio* (Familie: Orchideengewächse *Orchidaceae*) fast ganz Europa, §$_1$, stark gefährdet, blüht 4–6, auf feuchten Wiesen, in Auwäldern, ♃, 8–30 cm hoher, krautiger Stengel, 4–6 grundständige und 2–3 scheidenartige Blätter mit deutlichen Längsrippen, meist wenigblütiger, gedrungener Blütenstand. Einzelblüte sechsteilig, purpurfarben, dunkel punktiert mit waagerecht abstehendem Sporn, unterster Zipfel groß und dreilappig, die sogenannte Lippe.

Geflecktes Knabenkraut *Orchis = Dactylorhiza maculata* (Familie: Orchideengewächse *Orchidaceae*) ganz Europa, §$_1$, blüht 5–7, auf feuchten Wiesen, in nassen Wäldern, ♃, 20–60 cm hoher markerfüllter Stengel, schwarzbraun gefleckte, fleischige, längliche Blätter, üppiger lilafarbener Blütenstand.

Breitblättriges Knabenkraut *Orchis latifolia = Dactylorhiza majalis* (Familie: Orchideengewächse *Orchidaceae*) fast ganz Europa, §$_1$, blüht 5/6, auf feuchten Wiesen, in Auwäldern, ♃, 10–40 cm hoher, hohler

Kleines Knabenkraut

Stengel, auffallend weiche und schlaffe, breitlanzettliche und dickfleischige, meist schwarzbraun gefleckte Blätter, walzenförmiger, reich mit violett-purpurnen, dunkel punktierten Blüten besetzter Blütenstand, im Blütenstand lange und krautige Hochblätter.

Kugelknabenkraut *Traunsteinera = Orchis globosa* (Familie: Orchideengewächse *Orchidaceae*) hauptsächlich Mittel- und Südeuropa, §$_1$, blüht 5–8, ♃, auf feuchten, kalkhaltigen Bergwiesen, bis 50 cm hoher Stengel, ausgesprochen kugeliger Blütenstand mit vielen, dichtgedrängt sitzenden hellrosafarbenen Blüten.

Helmknabenkraut *Orchis militaris* (Familie: Orchideengewächse *Orchidaceae*) Europa außer Nordeuropa, §$_1$, blüht 4–6, ♃, auf lichten Waldstellen, Berg- und Moorwiesen, Stengel 20–45 cm hoch, glänzende, längliche Blätter, oberstes tütenförmig. Die rosaroten Blütenblätter bilden einen eiförmigen Helm, die Lippe ist in der Mitte hell gestreift.

Helmknabenkraut

Stattliches Knabenkraut

Stattliches Knabenkraut, Kuckucks-Knabenkraut *Orchis mascula* (Familie: Orchideengewächse *Orchidaceae*) Europa außer Island, §$_1$, gefährdet, blüht 5–7, ♃, in lichten Wäldern, auf feuchten Wiesen, Stengel 15 bis 60 cm. Der sehr reichblütige Blütenstand trägt hellpurpurne bis hellviolette Blüten mit stark gefleckter, am Grunde heller Lippe.

Steifblättriges Knabenkraut *Dactylorhiza incarnata* (Familie: Orchideengewächse *Orchidaceae*) Europa außer Island und Türkei, §$_1$, blüht 5/6, ♃, in feuchten Wäldern, Wiesen, Mooren, Stengel 15–80 cm. Die grünlichen Tragblätter überragen auffällig die rotvioletten Blüten in dem dichten zylindrischen Blütenstand.

Sumpfknabenkraut *Orchis palustris* (Familie: Orchideengewächse *Orchidaceae*) Mittel- und Südosteuropa, §$_1$, stark gefährdet, blüht 3–6, ♃, auf sumpfigen Wiesen, feuchten Waldlichtungen, Stengel 30–50 cm hoch, Blätter länglich und sehr schmal. Die großen roten Blüten bilden eine lockere Ähre, der Sporn steht waagerecht ab, Lippe deutlich dreilappig.

Rotes Waldvögelein

Purpurknabenkraut, Purpurorchis *Orchis purpurea* (Familie: Orchideengewächse *Orchidaceae*) Europa außer Nordeuropa, §$_1$, gefährdet, blüht 5/6, auf trockenen grasigen Plätzen, in lichten Bergwäldern, bis 80 cm hoher Stengel, grundständige Blätter, dichter großer Blütenstand. Einzelblüte aus fünf Blütenhüllblättern zu einem kleinen Helm zusammengebogen, der außen purpurn gefleckt, innen grünlichweiß und ebenso verziert ist, eine breite weißliche, rot gefleckte und punktierte Lippe hat.

Rotes Waldvögelein *Cephalanthera rubra* (Familie: Orchideengewächse *Orchidaceae*) fast ganz Europa, sehr selten, §$_1$, blüht 5–7, ♃, 20–60 cm, in kalkreichen, lichten Au und Bergwäldern, schmal lanzettliche Blätter, kleiner lockerer, rispenartiger Blütenstand mit 6–12 großen purpurroten Blüten, Blüten ohne Sporn, Lippe spitz.

Frauenschuh *Cypripedium calceolus* (Familie: Orchideengewächse *Orchidaceae*) fast ganz Europa, sehr selten, §$_1$, gefährdet, blüht 5/6, in kalkreichen Au- und Bergwäldern, ♃, 15–80 cm hoher Stengel, der meist nur eine der schönen Pantoffelblüten trägt. Die duftende Blüte hat vier äußere purpurbraune Blütenblätter, zwei breitlanzettliche und zwei schmallanzettliche und leicht

Frauenschuh

gedrehte, sowie ein zu einer gelben Pantoffellippe umgestaltetes Blatt. Im Inneren ist der »Schuh« rot punktiert, hat oben eine kleine eirunde, glatt polierte Öffnung. Die auf der Lippe landenden Insekten rutschen wie auf einem glatten Parkett aus, stürzen in die Kesselfalle und werden so lange gefangengehalten, bis sie die Blume bestäubt haben.

Mücken-Händelwurz

Mücken-Händelwurz, Große Händelwurz *Gymnadenia conopsea* (Familie: Orchideengewächse *Orchidaceae*) ganz Europa, §1, blüht 5–8, ♃, auf kalkreichen Bergwiesen bis zu 2400 m, 20–60 cm hoher Stengel mit walzenförmigem Blütenstand. Einzelblüte klein, langer abstehender Sporn, zweimal so lang wie der Fruchtknoten, Blüten schwach duftend, blaßlila gefärbt. Die **Wohlriechende Händelwurz** *Gymnadenia odoratissima,* §1, ist kleiner und zierlicher, duftet sehr stark nach Vanille.

Weißes Waldvögelein *Cephalanthera damasonium* (Familie: Orchideengewächse *Orchidaceae*) fast ganz Europa, §1, blüht 6–8, in kalkreichen Au- und Bergwäldern, ♃, 20–50 cm, rundlich eiförmige Blätter, Blütenstand trägt 8–12 große weiße, spornlose Blüten.

Großes Zweiblatt *Listera ovata* (Familie: Orchideengewächse *Orchidaceae*) ganz Europa, §1, blüht 5–7, ♃, 20–50 cm, am Grunde nur zwei große gegenständige Blätter, lockere Blütenähre mit rundlichkleinen, unscheinbar grünweißen Blüten, die keinen Sporn, aber eine lange und gespaltene Unterlippe haben. Das **Kleine Zweiblatt** *Listera cordata,* §1, wird nur 20 cm hoch, trägt rötlichgrüne Blüten.

Pyramiden-Spitzorchis, Rote Spitzorchis *Anacamptis pyramidalis* (Familie: Orchideengewächse *Orchidaceae*) fast ganz Europa, §1, gefährdet, blüht 5–7, ♃, in Gebüschen, lichten Wäldern, auf Wiesen, Stengel 10–60 cm hoch. Die wohlriechenden, purpurroten Blüten tragen einen sehr dünnen, langen Sporn, stehen zunächst in einer kegelförmigen, dann in einer ovalen Ähre.

Nestwurz, Vogelnestwurz *Neottia nidusavis* (Familie: Orchideengewächse *Orchidaceae*) ganz Europa außer Island, §1, blüht 6–8, der knollige Wurzelstock erinnert an ein Vogelnest, ♃, 15–60 cm hoher, fleischiger, fahlbrauner Stengel, scheidenförmige, fahle Schuppenblätter, reichblütiger, gelblichbrauner, walzenförmiger Blütenstand, Lippe ohne Sporn, gedeiht auf faulem Laub und Holz, liebt es schattig.

Ragwurz *Ophrys* (Familie: Orchideengewächse *Orchidaceae*) fast ganz Europa außer Nordeuropa, §1, blüht 4–6 oder 6/7, ♃, auf trockenen, kurzrasigen Standorten, 20–30 cm hoher Stengel, der meist nur 3 bis 6 vereinzelte, übereinanderstehende Blüten trägt, bei denen die auffallend ausgebildete und gewölbte Lippe in Form, Farbe und

Hummelragwurz

Zeichnung an ein Insekt erinnert. Wir unterscheiden die **Fliegenragwurz** *Ophrys insectifera,* §1, mit brauner Lippe und 3 grünen und 2 kurzen braunen Blütenblättern, die **Hummelragwurz** *Ophrys fuciflora,* §1, stark gefährdet, mit breiter hakenförmig aufgebogener, samtartig behaarter, rotbrauner Lippe, trübgelber Zeichnung und 5 rosafarbenen, weißen oder grünen Blütenblättern, die **Spinnenragwurz** *Ophrys sphegodes,* §1, stark gefährdet, mit ausgerandeter rotbrauner Lippe und 5 gelbgrünen Blütenblättern und die **Bienenragwurz** *Ophrys apifera,* §1, stark gefährdet, mit fünfspaltiger, schmaler brauner Lippe und 3 großen rosafarbenen und 2 kleinen grünlichen Blütenblättern. Die Ähnlichkeit der Blüten mit Insekten ist so groß, daß diese Blumen oft nicht bestäubt werden!

Korallenwurz *Coralliorrhiza trifida* (Familie: Orchideengewächse *Orchidaceae*) fast ganz Europa, §1, blüht 5/6, ♃, 10–30 cm, in feuchten Fichtenwäldern, korallenartiger Wurzelstock, lebt auf faulem Holz und Laub, hat grüngelbe Blüten mit weißer, dunkelrot punktierter Unterlippe.

Die Blumen im Bergwald

Außer den Orchideen blühen, besonders im Sommer, noch viele andere Blumen im Bergwald, von denen wir etliche wohl auch in den Wäldern der Mittelgebirge finden können, die aber erst hier ihre ganze Schönheit und Farbenpracht entfalten. Zugleich entdecken wir Blumen, die ausschließlich nur in den Wäldern der Hochgebirge gedeihen und alpinen Charakter tragen.

Roter Fingerhut (Abb. S. 356) *Digitalis purpurea* (Familie: Rachenblütler = Braunwurzgewächse *Scrophulariaceae*) West- und Mitteleuropa, †, blüht 6–8, zweijährige Pflanze, in lichten Gebirgswäldern, 60 bis 120 cm hoher, starker, weichbehaarter Stengel, lanzettliche, runzelige, unterseits graufilzige Blätter, langer einseitswendiger Blütenstand. Einzelblüte ist eine leicht geschweifte, fünfteilige, purpurrote Röhrenkrone mit fünfspaltigem Saum, weißem, dunkelrot geflecktem Schlund.

Blauer Eisenhut *Aconitum napellus* (Familie: Hahnenfußgewächse *Ranunculaceae*) ganz Europa, selten, §1, †, blüht 6–9, ♃, in feuchten Bergwäldern, steigt über die Baumgrenze hinaus, bis 150 cm hoher Stengel, vielgeteilte Blätter, dichtbesetzte Blütenrispe. Das oberste Kelchblatt der blauvioletten Blüte hat die Form eines mittelalterlichen Sturmhelms.

Roter Fingerhut

Blauer Eisenhut

Großblütiger Fingerhut, Blasser Fingerhut *Digitalis grandiflora* (Familie: Rachenblütler = Braunwurzgewächse *Scrophulariaceae*) Mittel- und Südeuropa, selten, §1, †, blüht 6–9, ♃, 50–130 cm, in trockenen Mittelgebirgswäldern, gleicht dem Roten Fingerhut sehr, hat trüb schwefelgelbe Blüten mit braungeädertem Schlund. Ebenfalls streng geschützt ist der kleinere **Gelbe Fingerhut** *Digitalis lutea*, §1. Er wird nur 70 cm hoch, ist nicht behaart und hat ungeäderte gelbe Blüten.

Gelber Eisenhut, Wolfseisenhut *Aconitum vulparia* (Familie: Hahnenfußgewächse *Ranunculaceae*) fast ganz Europa, selten, §1, †, blüht 7/8, in lichten Bergwäldern, ♃, bis 150 cm hoher Stengel, gespaltene Blätter, hat eine aufrechte, lockere Blütenrispe mit blaßgelben Blüten.

Echte Goldrute *Solidago virgaurea* (Familie: Korbblütler *Compositae* = *Asteraceae*) ganz Europa, häufig, ⚕, blüht 7–10, ♃, bis 100 cm hoher Stengel, breitlanzettliche Blätter, trägt in einer lockeren Traube oder Rispe zahlreiche kleine goldgelbe Körbchenblüten, die sich außen aus 5–12 Zungenblüten, innen aus Röhrenblüten zusammensetzen.

Fichtenspargel *Monotropa hypopitys* (Familie: Wintergrüngewächse *Pyrolaceae*) ganz Europa, selten, blüht 6–9, ♃, Blüte mit 4–5 Blütenblättern, schmarotzt auf Fichtenwurzeln, 15–25 cm hoher, saftiger, fast spargelähnlicher, mit weißlichen Schuppen besetzter Stengel, der kleine gelbliche Blüten in einseitswendiger Traube trägt.

Klebriger Salbei *Salvia glutinosa* (Familie: Lippenblütler *Labiatae* = *Lamiaceae*) ganz Europa, blüht 6–9, ♃, in Bergwäldern. Der

Fichtenspargel

Echte Goldrute

klebrige Salbei ist ein 50–120 cm hohes mageres Kraut mit klebrigen Stielen, grobgesägten, rauhen, spießförmigen Blättern, gelben Lippenblüten mit großer Oberlippe, die in quirlständigen Stockwerken übereinanderstehen, deren sichelförmige Unterlippe weit vorspringt.

Weißer Germer

Weißer Germer *Veratrum album* (Familie: Liliengewächse *Liliaceae*) ganz Europa, †, blüht 6–8, ♃, feuchte Gebirgswiesen, 50 bis 150 cm, kräftiger Stengel, der bis hoch hinauf mit großen, spitzeiförmigen, längsgefalteten, starknervigen Blättern besetzt ist und eine hohe dichte Blütenrispe trägt. Die kleinen hellgrünen bis gelblichweißen Blüten haben 6 Blütenblätter und sind einzeln recht unscheinbar.

Roter Hasenlattich *Prenanthes purpurea* (Familie: Korbblütler *Compositae* = *Asteraceae*) Mittel- und Südeuropa, blüht 7/8, zweijährige Pflanze, 60–150 cm hoher Stengel, stengelumfassende Blätter, purpurviolette Blütenkörbchen, rispig angeordnet mit nur 3–5 Zungenblüten in einem Körbchen.

Alpenmilchlattich *Cicerbita alpina* (Familie: Korbblütler *Compositae* = *Asteraceae*) ganz Europa, blüht 7–9, ♃, in feuchten, lichten Bergwäldern, steigt über Baumgrenze hinaus, 150–200 cm hoher Stengel mit braunen Drüsenhaaren, große, weiche, tief eingeschnittene und grobgesägte Blätter am Grund, braunrot überhauchte, schmale Hochblätter, reiche Trauben lichtblauer Blütenköpfchen, führt einen scharfen und bitteren Milchsaft.

Waldweidenröschen, Staudenfeuerkraut *Epilobium* = *Chamaenerion angustifolium* (Familie: Nachtkerzengewächse *Onagraceae*) ganz Europa, blüht 7–9, ♃, auf Lichtungen und Kahlschlägen, 60–120 cm hoher, rötlich überlaufener Stengel, schmallanzettliche, weidenähnliche Blätter, sehr lange lockere Blütentraube aus zarten rötlichen Blüten mit 4 Blütenblättern. Die Samen haben lange silbrige Haarschöpfe.

Rundblättriges Wintergrün Waldweidenröschen

Rundblättriges Wintergrün, Großes Wintergrün (Abb. S. 357) *Pyrola rotundifolia* (Familie: Wintergrüngewächse *Pyrolaceae*) Nord- und Mitteleuropa, selten, ‡, blüht 6–8, ♃, in Bergwäldern bis zu 1700 m, 30 cm hoher Stengel, immergrüne, rundliche, lederartige, rosettenartig angeordnete, oberseits lebhaft glänzende Blätter, trägt zahlreiche weiße, gleichmäßig um den Stiel verteilte Blüten mit 5 Blütenblättern und einem weit herausragenden Griffel.

Waldwachtelweizen

Waldwachtelweizen *Melampyrum silvaticum* (Familie: Rachenblütler = Braunwurzgewächse *Scrophulariaceae*) Europa, (†), blüht 6–8, einjährige Pflanze, 15–25 cm, in Nadelwäldern, ein Halbschmarotzer, ganzrandige lanzettliche bis lineale Blätter, einseitswendige Ähre lebhaft gelber Rachenblüten.

Graublättriger Alpendost *Adenostyles alliariae* (Familie: Korbblütler *Compositae* = *Asteraceae*) Mitteleuropa, Alpen, Pyrenäen, blüht 7/8, ♃, in feuchten, felsigen Nadelwäldern, bis 1 m hoher Stengel, sehr große herz- bis nierenförmige, grob gezähnte, unterseits graufilzige Blätter, vielköpfige, hellfleischrote Doldenrispe, Blütenköpfe zwei- bis dreiblütig.

Einblütiges Wintergrün, Einblütiges Moosauge *Pyrola uniflora* (Familie: Wintergrüngewächse *Pyrolaceae*) Nord- und Mitteleuropa, selten, ‡, blüht 5–7, ♃, im Unterholz der Bergwälder, 8–10 cm hoher Stengel, grundständige Blattrosette, trägt nur eine weiße, nickende, fünfstrahlige, weit ausgebreitete Blüte mit kräftigem, herausragendem Griffel.

Europäischer Siebenstern *Trientalis europaea* (Familie: Primelgewächse *Primulaceae*) Nord- und Mitteleuropa, blüht 5–6, ♃, steigt bis zum Krummholzgürtel empor, 10–20 cm hoher Stengel, eiförmige bis lanzettliche, in Wirteln stehende Blätter, trägt eine einzelne weiße siebenzählige Blüte.

Alpenveilchen *Cyclamen europaeum* (Familie: Primelgewächse *Primulaceae*) Mitteleuropa, §$_1$, †, ‡, blüht 8–10, ♃, 6–15 cm, in steinigen Bergwäldern, gleicht der bekannten Topfblume, ist nur beträchtlich kleiner.

Von den Tieren

Auch Lurche klettern in dic Borge

Von den uns schon bekannten Lurchen und Kriechtieren begegnen uns im Bergwald die Ringelnatter (S. 436) wie die Kreuzotter (S. 436), die sogar noch bis in den Krummholzgürtel vordringen und erst in 2000 m zurückbleiben. Die Bergeidechse (S. 167) wagt sich bis zu 3000 m empor. Innerhalb des obersten Waldgürtels hüpft auch der Grasfrosch (S. 227) herum, schwänzelt in den dunklen Moortümpeln der Bergmolch (S. 231). Sie alle sind hier oben dunkler als im Tal, die Kreuzotter oft ganz schwarz. Diese dunklere Tönung ist in der Tierwelt der Alpen eine fast durchgängige Erscheinung, und so ist auch der Salamander der Alpen, das »Tattermanndl«, kohlrabenschwarz.

Alpensalamander *Salamandra atra* (Familie: Salamander *Salamandridae,* Ordnung: Schwanzlurche *Urodela*) Alpen, Jugoslawien, Albanien, §, 12–16 cm, glänzendschwarz, kleiner und schmächtiger, träger und langsamer als der Feuersalamander (S. 232), bewegt sich wie im Zeitlupentempo, watschelt, sich ganz eigentümlich um seine Achse windend, liebt die tiefen und feuchten Tobel, haust gesellig unter Steinen und Moos, hält sich in der Höhe zwischen 1000–3000 m. Gebiert lebende Junge, aber immer nur zwei und die schon im weit entwickelten Zustand, in einer Größe von 45–50 mm, denn sie leben im Mutterleib von der Dottermasse der übrigen Eier, können sich nach der Geburt sofort als Landmolche weiterhelfen, brauchen ihre Jugend also nicht wie andere Molche im Wasser zu verbringen. Damit ist das Salamanderweibchen der Sorge ledig, in den großen Höhen ein eisfreies Gewässer ausfindig machen zu müssen.

Alpensalamander

Die achtbeinigen Fallensteller

Kaum ein Tier ist im gleichen Maße überall zu Hause und praktisch in jedem Lebensraum anzutreffen wie die Spinne. Nur einige wenige, wie die uns schon bekannten Wasserspinnen (S. 233), können einer bestimmten Lebensstätte zugesprochen werden. Jetzt, da wir am Berg durch alle Vegetationsgürtel steigen, werden wir alle die Spinnen besprechen, die Fall- und Fangnetze herstellen. Auf die frei umherschweifenden Krabbenspinnen, die Springspinnen und Weberknechte aber kommen wir im Kapitel »Im Park« zu sprechen.
Die hier aufgeführten Spinnen töten ihre Opfer mit Giftbissen und saugen sie dann aus. Die menschliche Haut vermögen ihre Kieferklauen meist nicht zu durchdringen.

Gemeine Kreuzspinne *Araneus diadematus* (Familie: Radnetzspinnen *Araneidae,* Ordnung: Webspinnen *Araneae*) häufig in ganz Mitteleuropa, §, ♀ 20 mm, ♂ 11 mm, hell- oder dunkelbraun mit gräulichen

Gemeine Kreuzspinne

Tönen, trägt lichte weißliche oder gelbliche Flecken auf dem feisten, glänzenden, fast kugeligen Hinterleib, die ein Kreuz bilden, hat acht deutlich sichbare Stirn- und Scheitelaugen, acht stark behaarte Beine. Der Spinnapparat befindet sich am Ende des beweglichen Hinterleibes in der Gestalt von 3 Paar Spinnwarzen und besteht aus rund 400–600 Drüsen.
Ihr großes Radnetz, das sie senkrecht aufhängt, stellt sie in etwa 40 Minuten her, es besteht aus einem trapezförmigen Rahmen, hat einen durchschnittlichen Durchmesser von 18 cm und ist dann meist aus 20 Speichen und 24 Spiralfäden aufgebaut. Die Spinne benötigt dazu rund 18 m Faden. Junge Kreuzspinnen fertigen bedeutend kleinere Radnetze an.
Ihr Biß ruft auf der menschlichen Haut höchstens ein leichtes Jucken hervor und fühlt sich an wie ein kurzer feiner Nadelstich.

Langgestreckte Streckerspinne *Tetragnatha extensa* (Familie: Kieferspinnen *Tetragnathidae,* Ordnung: Webspinnen *Araneae*) Mitteleuropa, stark verbreitet, 15 bis 20 mm, langgestreckter, fast stäbchenförmiger Leib, sehr lange Beine, von denen sie die vorderen Paare gerade nach vorn, die hinteren Paare nach hinten ausstreckt, Vorderleib und Beine rötlichgelb, Hinterleib meist gelblichweiß, seitlich silberweiß, auf dem Rücken blattartig rotbraun gezeichnet, hängt ihr senkrecht aufgespanntes Radnetz ziemlich niedrig zwischen Gräser, Binsen, Rohrstengel, liebt feuchte Winkel.

Wespenspinne, Zebraspinne *Argiope bruennichi* (Familie: Radnetzspinnen *Araneidae,* Ordnung: Webspinnen *Araneae*) häufig auf sonnigen Wiesen, Hinterleib beim ♀ 10 mm, beim ♂ 3 mm lang, wespenartig schwarz, weiß und gelb gestreift, ebenso geringelte Beine.
Sitzt regelmäßig kopfunter in ihrem senkrecht aufgespannten Radnetz, das sie niedrig zwischen Gräsern und Kräutern aufspannt und mit einer eigenartigen, watteähnlichen, zickzackförmigen Wendeltreppe versieht, die von der Mitte des Netzes meist nach oben und unten verläuft. In der Nähe des Netzes hängt auch der kunstvolle Eikokon, ein etwa 3 cm hohes, hellbraunes, vasenähnliches Gebilde. Das ♂ wird nach der Begattung vom ♀ aufgefressen. Die Wespenspinne fängt vorwiegend Heuschrecken.

Baldachinspinnen *Linyphia* (Familie: *Linyphiidae,* Ordnung: Webspinnen *Araneae*) im Gebüsch, im Kiefern- und Fichtenwald in sehr vielen Arten vertreten, sehr häufig, höchstens 6–8 mm, spinnen ein waagerecht ausgebreitetes Deckennetz, über dem sich zahlreiche Fangfäden nach allen Seiten ausspannen, sitzen meist mit dem Bauch nach oben unter dem dichten Baldachin.

Labyrinthspinne *Agalena labyrinthica* (Familie: Trichterspinnen *Agalenidae,* Ordnung: Webspinnen *Araneae*) häufig an sonnigen Stellen, 8–14 mm lang, graugelber Vorderleib mit zwei schwarzen Längsstreifen, Hinterleib mit rötlichen Haarstreifen in der Mitte, orangefarbener Fleck über den Spinnwarzen, gelbe Hüften und Schenkel, rotgelbe Beine.
Spannt ihr waagerechtes Fangnetz gleich einer Hängematte in Büschen und zwischen Gräsern aus, überbaut es mit einem Chaos von gekreuzten und verschlungenen Fäden, verengt die Hängematte nach unten zu trichterförmig und läßt sie in eine Röhre mit einem Notausgang münden, in der sie sich dann verbirgt.

Wespenspinne

Tag- und Nachtfalter

Von der untersten Grenze des Laubwaldgürtels, durch den Nadelwald hindurch, über die Waldwiesen und Bergmatten bis hoch hinauf zum Krummholzgürtel begleiten uns zahlreiche Schmetterlinge, von denen wir viele noch nicht kennen. Wir wollen uns jetzt mit den Gattungen der Perlmutterfalter, Scheckenfalter und Schillerfalter beschäftigen.

Kaisermantel, Silberstrich *Argynnis paphia* (Familie: Edelfalter *Nymphalidae,* Ordnung: Schmetterlinge *Lepidoptera*) ganz Europa bis Südskandinavien, §, häufig, fliegt 6–8, spannt bis 70 mm, hat leuchtend hellockergelbe bis orangerote, schwarzgezeichnete Vorder- und Hinterflügel, beide

Kaisermantel

Flügel tragen am Saum drei Reihen schwarzer Flecken, Hinterflügel beim ♂ unten grünlich mit drei großen violett schimmernden Silberstrichen und am Rande mit Augenreihen geschmückt. Das Weibchen legt die Eier in Rindenritzen.
Raupe 50 mm, dick, hellgelb, braun und schwarz gestreift, dunkelgelb bedornt, an Himbeeren und Veilchen.

Großer Perlmutterfalter *Mesoacidalia aglaja* (Familie: Edelfalter *Nymphalidae*) fast ganz Europa, §, häufig, fliegt 6–8, spannt 50–54 mm, rotgelbe Vorder- und Hinterflügel, auf der Unterseite der Hinterflügel perlmutterglänzende Flecken auf grünlichem Grund, am Saum eine schimmernde Augenreihe auf ledergelbem Grund. Raupe 48 mm, schwarzbraun, fein weiß gefleckt, doppelte weiße Rückenbinde, an den Seiten rote Flecken und schwarze Dornen.

Kleiner Perlmutterfalter *Issoria lathonia* (Familie: Edelfalter *Nymphalidae*) in Mitteleuropa, sehr häufig, §, fliegt 5–10, spannt 40 mm, dem vorhergehenden sehr ähnlich, hat aber unterseits auf den Hinterflügeln sehr große Silberflecken, diese sind in zwei Reihen angeordnet mit einer rotbraunen Querbinde dazwischen, die ebenfalls kleine Silberflecken trägt. Raupe 40 mm, schwarzgrau, rote Wärzchen mit roten Dornen, weißbraun-schwarze Rückenstreifen.

Damenbrett, Schachbrett *Melanargia galathea* (Familie: Augenfalter *Satyridae*) Mittel- und Südeuropa, §, häufig, fliegt 6–8, spannt 50 mm, kreide- bis gelbweiße Vorder- und Hinterflügel mit würfelartiger schwarzer oder schwarzbrauner Zeichnung. Raupe 30 mm, lebhaft grün oder sandfarben.

Großer Waldportier *Hipparchia fagi* (Familie: Augenfalter *Satyridae*) südliches Mitteleuropa und Südosteuropa, §, gefährdet, wird immer seltener, fliegt 7/8, spannt 62–70 mm, schwarzbraune Vorder- und Hinterflügel mit breiten helleren Binden, die rauchbraun überflogen sind, auf dem Vorderflügel zwei gekernte Augenflecken, auf dem Hinterflügel einer. Raupe 40 mm, rötlichgrau, schwarzer Rückenstreifen, braungraue Seitenstreifen.

Kleiner Waldportier *Hipparchia aelia* (Familie: Augenfalter *Satyridae*) Mitteleuropa, §, gefährdet, stellenweise noch häufig, fliegt 6–9, spannt 45 mm, gleicht dem vorhergehenden sehr, hat aber auf dem Hinterflügel kein Auge, liebt Kiefernwälder. Die Raupe ist beingelb mit einem dunklen Rückenstreifen.

Kleiner Waldportier

Kleiner Scheckenfalter, Maivogel *Euphydryas maturna* (Familie: Edelfalter *Nymphalidae*) Mittel- und Südeuropa, §, stark gefährdet, nur vereinzelt, fliegt 5–7, spannt 46 mm, dunklbraune Flügel mit breiter rotgelber Fleckenbinde und vielgestaltigen hellgelben und rötlichen Flecken. Raupe 40 mm, schwarz, unterbrochener schwefelgelber Rückenstreifen und schwarze Dornen.

Brauner Bär

Gemeiner Scheckenfalter *Melitaea cinxia* (Familie: Edelfalter *Nymphalidae*) fast ganz Europa, §, gefährdet, selten geworden, fliegt 5–7, spannt 45 mm, blaßrotgelbe Flügel, schachbrettartig schwarz gefleckt und mit weißgescheckten Saumfransen. Raupe schwarz, bläulich und weiß punktiert, schwarze Hautdornen.

Großer Schillerfalter *Apatura iris* (Familie: Edelfalter *Nymphalidae*) Mitteleuropa, §, gefährdet, fliegt 6–8, spannt 62–66 mm, schwarzbraune Flügel, die beim Männchen blau schillern, weiße Flecken im Vorderflügel, weiße Binde im Hinterflügel sowie ein rotgesäumtes Auge, auf Waldwegen, sitzt viel an feuchten Stellen, an Aas und Exkrementen.

Raupe 5 cm, trägt gelbe Längs- und Schrägstreifen, ist hellgrün, spindelförmig, trägt am Kopf zwei lange grüne Hörner.

Großer Schillerfalter (♂)

Kleiner Schillerfalter *Apatura ilia* (Familie: Edelfalter *Nymphalidae*) Mitteleuropa, häufiger als der Große Schillerfalter, §, gefährdet, fliegt 6–8, gleicht dem vorhergehenden sehr, spannt 60 mm, hat auf dem Hinterflügel wesentlich schmalere weiße Binde und auf allen vier Flügeln ein braungelb gesäumtes Auge.

Brauner Bär *Arctia caja* (Familie: Bärenspinner *Arctiidae*) ganz Europa, abgesehen vom äußersten Süden, §, häufig, fliegt 6/7, spannt 60 mm, samtartig rotbraune Vorderflügel mit weißlichen Zeichnungen, die ineinanderfließen, zinnoberrote Hinterflügel mit fünf oder auch mehr schwarzblauen Flecken, rotbrauner Kopf und Mittelleib, zinnoberroter Hinterleib. Raupe schwarz, fuchsrot behaart, mit weißen Warzen, hinten schwarz behaart, läuft sehr flott.

Buntgemischtes Käfervolk

Vielen Käfern, die wir schon kennen, begegnen wir auch im Bergwald. Rein alpine Arten gibt es nur wenige, wie z.B. den bunten Alpenbock. Doch müssen wir gerade aus der Familie der Böcke (S. 291) noch etliche kennenlernen und uns außerdem mit einigen Rüsselkäfern, Prachtkäfern, Buntkäfern und Laufkäfern (S. 366) beschäftigen.

Alpenbock *Rosalia alpina* (Familie: Bockkäfer *Cerambycidae,* Ordnung: Käfer *Coleoptera*) Süd- und Mitteleuropa, §, gefährdet, 22–36 mm, fein blaßblau behaart, meist eine samtschwarze Querbinde und häufig 4 schwarze Flecken auf den Flügeldecken, nur in höheren Gebirgen, meist auf alten angekränkelten Buchen, sehr selten.

Gerber, Sägebock *Prionus coriarius* (Familie: Bockkäfer *Cerambycidae*) ganz Europa, 19–45 mm, ♂ schwarz, ♀ düsterbraun, je drei spitze Dornen an den Seiten des schmalen Halsschildes, Brust dicht gelblich behaart, Flügeldecken rauh und lederartig, runzlig punktiert, sitzt an den Wurzeln alter Bäume, fliegt brummend in der Dämmerung, entwikkelt sich in alten Baumstümpfen.

Mulmbock, Zimmermann *Ergates faber* (Familie: Bockkäfer *Cerambycidae*) ganz Europa, wird immer seltener, 23–60 mm lang, dunkelrotbraun bis pechbraun, sehr breiter Halsschild, beim ♂ mit zwei punktierten Schwielen, beim ♀ mit vielen kleinen Höckern, dicht gelblich behaarte Brust, Fühler beim ♂ länger wie der Körper, beim ♀ etwa halbe Körperlänge, entwickelt sich in starken alten Kiefernstümpfen.

Alpenbock

Waldbock, Balkenschröter *Spondilis buprestoides* (Familie: Bockkäfer *Cerambycidae*) ganz Europa, stellenweise zahlreich, 12–22 mm, mattschwarz, unterseits kurz braun behaart, kurze Fühler, Kopf fast so breit wie gerundeter Halsschild, seitlich raspelartig gekörnt. Der Waldbock hat kräftige, deutlich vorstehende Oberkiefer, kneift tüchtig, entwickelt sich gesellig in alten Kiefernstöcken.

Zimmermannsbock (♂)

Zimmermannsbock, Schreiner *Acanthocinus aedilis* (Familie: Bockkäfer *Cerambycidae*) Europa, 13–19 mm, hell- oder graubraun bis grau getönt, mit undeutlichen wolkigen Binden, Flügeldecken körnig punktiert, Halsschild mit 4 gelblichen Höckern, hat ungewöhnlich lange, dünne, geringelte Fühler, beim Männchen von 4facher, beim Weibchen von 2facher Körperlänge, außerdem ragt beim Weibchen am Hinterleib die Legeröhre hervor, entwikkelt sich in altem Kiefernholz.

Langhornbock, Schusterbock *Manochamus sutor* (Familie: Bockkäfer *Cerambycidae*) europäische Mittelgebirge und Alpen, ist heute seltener geworden, 1,5–2,5 cm, ist einfarbig schwarz, die Flügeldecken sind gekörnt, trägt bis zu 5 cm lange Fühler. Der Langhornbock lebt vor allem in geschlossenen Nadelwäldern, auf Fichten und Kiefern.

Vierfleckbock *Pachyta quadrimaculata* (Familie: Bockkäfer *Cerambycidae*) Alpen und Nordskandinavien, Nadelwälder bis 1300 m Höhe, ist gebietsweise noch häufig, 1–2 cm, trägt auf seinen gelben Flügeldecken vier große schwarze Flecken, besucht mit Vorliebe die Blüten des Mädesüß, um Nektar zu naschen.

Ameisenbuntkäfer *Thanasimus formicarius* (Familie: Buntkäfer *Cleridae*) Europa, in ganz Mitteleuropa häufig, 7 bis 10 mm, schwarz, unterseits rot, Halsschild und Flügeldeckenwurzel rot, zwei weiße Querbinden auf den Flügeldecken, läuft flink wie

Ameisenbuntkäfer

eine Ameise, sucht die von Borken- und Rüsselkäfern befallenen Stämme ab, packt und verzehrt die Schädlinge, wütet schon als rosenrote Larve unter den Larven dieser Holzkäfer, gehört zu den sehr nützlichen Käfern.

Bienenwolf, Gemeiner Immenkäfer *Trichodes apiarius* (Familie: Buntkäfer *Cleridae*) hauptsächlich Süd- und Mitteleuropa, stellenweise häufig, 10–16 mm, Brust und Beine blau bis grünlich glänzend, Flügeldecken rot und blau quergestreift, besucht gerne Doldenblütler, auf denen er kleine Insekten jagt, entwickelt sich als fleischfressende Larve in den Nestern wilder Bienen, manchmal auch in vernachlässigten Honigbienenstöcken.

Großer Puppenräuber *Calosoma sycophanta* (Familie: Laufkäfer *Carabidae*) ganz Europa, §, stark gefährdet, sehr nützlich, 24–30 mm, dunkelgrün, golden und purpurn schimmernde Flügeldecken mit sechs Punktreihen, ein schneller Kletterlaufkäfer, ersteigt die Bäume und überfällt die Raupen der meisten forstschädlichen Schmetterlinge, ist Tag und Nach unterwegs, lebt 2–3 Jahre, überwintert in der Bodenstreu.

Waldsandläufer *Cicindela silvatica* (Familie: Sandläufer *Cicindelidae*) Europa, §, häufig in Kiefernwäldern, nützlich, 15–17 mm, oberseits schwarz, seidig glänzend, unterseits violett oder metallisch grün, gelbliche Querbinden und Flecken auf den Flügeldekken, sehr flink, läuft über sonnige Waldwege, fliegt kurz auf, jagt kleinere Insekten.
Die räuberisch lebende, abenteuerlich gestaltete Larve lauert in Erdlöchern auf vorüberkommende Insekten.

Großer Kiefernprachtkäfer, Marienprachtkäfer *Chalcophora mariana* (Familie: Prachtkäfer *Buprestidae*) Mitteleuropa, nur an wärmeren Stellen, §, 24–30 mm, länglich oval, oberseits erzbraun, an den vertieften Stellen messingglänzend, unterseits kupferglänzend, in norddeutschen Kiefernwäldern, fliegt und sitzt in der Sonne, läßt sich mit angezogenen Beinen fallen und schwirrt los, entwickelt sich unter der Rinde alter Baumstümpfe.

Großer Puppenräuber

Großer Brauner Rüsselkäfer, Fichtenrüßler *Hylobius abietis* (Familie: Rüsselkäfer *Curculionidae*) Europa, 8–13 mm, dunkelbraun, rostgelbliche bindenartige Zeichnungen auf den Flügeldecken, gelbfleckig behaarte Bauchseiten, kann leicht mit anderen Rüsselkäferarten verwechselt werden, ist jedoch die bekannteste und häufigste Art, der erwachsene Käfer kann mit 3–6 Jahre erstaunlich alt werden und ist bei Massenvermehrung ein großer Schädling an jungen Nadelbäumen, deren Rinde er benagt. Das Weibchen legt die Eier von April bis August in absterbende Nadelholzwurzeln, die Larven fressen im Splint und Bast der Wurzeln, richten kaum Schaden an.

Schwarzer Rüsselkäfer *Otiorrhynchus niger* (Familie: Rüsselkäfer *Curculionidae*) Mittel- und Südeuropa, in einer Höhe von 800 m bei uns sehr häufig, 9–12 mm, glänzend schwarz, bräunliche Beine, grau behaarte Grübchenreihe auf den Flügeldecken, fliegt nicht, hält sich tagsüber verborgen, frißt nachts an der Rinde junger Fichten. Das Weibchen legt die Eier in die Erde der Schonungen, die Larven befressen die zarten Wurzeln junger Fichten, schälen die stärkeren, richten oft einigen Schaden an.

Die bunten Trommler des Waldes

Nicht alle Spechte lieben den tiefen dunklen Forst, fühlen sich vielmehr im lichten Laub- und Randgehölz wohl, nicht allen werden wir deshalb im Bergwald begegnen. Dennoch wollen wir sie hier in ihrer Gesamtheit besprechen.
Was ein echter Specht ist, der verbringt sein Leben im »Hängen«. Er hängt an den Stämmen und Ästen, wenn er sein Futter sucht, wenn er trommelt, seine Nisthöhle meißelt, ja er hängt sich selbst zum Schlafen mit seinen großen, starken, halbmondförmigen Krallen oder Nägeln an den Wänden seiner Höhle auf. Wenn er nicht hängt, dann klettert er, vom Laufen jedoch hält er nicht viel, ist auch kein guter Flieger, sondern schießt mehr in wogenden Gleitflügen dahin.
Seine Anwesenheit verrät er meist durch sein fröhliches, bald schreiendes, bald wieherndes Gelächter sowie durch sein Rasseln, Trommeln und Hämmern. Blitzschnell prasseln die Schnabelhiebe gegen die Rinde, und mit seiner langen hornigen, klebrigen und mit Widerhäkchen besetzten Zunge angelt, bohrt und sticht er die im Holz fressenden Insekten samt ihrer Brut heraus. Deutlich zeigt er dem Förster die befallenen Bäume an, meißelt zumeist auch nur in angekränkelten oder kernfaulen Bäumen. Dadurch macht er sich für die Gesunderhaltung der Wälder nützlich.

Buntspecht *Dendrocopos major* (Familie: Spechte *Picidae*, Ordnung: Spechtvögel *Piciformes*) Europa, ausgenommen die nördlichsten Gebiete, §, ↓↑, mit 23 cm gut amselgroß, schwarzweißrotes Gefieder, schwarzer Rücken mit großen weißen Schulterflecken, scharlachrot leuchten beim Männchen der Hinterkopf, der Bürzel und die unteren Schwanzdecken, beim Weibchen fehlt der rote Fleck am Hinterkopf, bei den Jungen ist auch der Oberkopf karminrot, bevorzugt Kiefernwälder, meißelt seine Nist- und Schlafhöhlen am liebsten in Weichhölzer, und zwar etwa 30 cm tief, legt seine 4–5 weißen Eier auf den Holzboden, ruft laut »Tick-kick-tix-kix«, trommelt oft an dürren Ästen, meist in den frühen Morgenstunden, hat die Unsitte, Nistkästen aufzumeißeln und Vogelküken zu frühstücken.

Mittelspecht *Dendrocopus medius* (Familie: Spechte *Picidae*) Europa außer Spanien, Britische Inseln und Nordeuropa, §, ↓↑, mit knapp 22 cm fast amselgroß, scharlachroter Scheitel ohne schwarzen Rand, schwarze Gesichtszeichnung geht nicht bis zum Hinterkopf, hellroter Bauch und After, bevorzugt den Laubwald, ist nur selten am Berg, trommelt viel, ruft ähnlich wie der Buntspecht, aber schneller, ist auch sonst ruheloser, flotter und gewandter.

Kleinspecht *Dendrocopus minor* (Familie: Spechte *Picidae*) ganz Europa, §, ↓↑, mit 14,5 cm nur sperlingsgroß, eng schwarzweiß gebänderter Rücken, scharlachrot ist nur der Scheitel des Männchens, lebt sehr versteckt in Laub- und Mischwäldern, schweift höchstens bis zum Mittelgebirge, meidet tiefe Nadelwälder, liebt die Weide vor allen Bäumen, nistet auch gern in ihr.

Buntspecht (♂)

Dreizehenspecht *Picoides tridactylus* (Familie: Spechte *Picidae*) Nordeuropa, südliches Mitteleuropa und Südosteuropa, §, gefährdet, ↓↑, gut 22 cm, hat gelbes Käppchen und breiten weißen Rückenstreifen, lebt in den Wäldern der bayerischen Alpen und des Bayerischen Waldes, sonst selten, besitzt nur 3 Zehen, 2 nach vorne gerichtete und 1 Hinterzehe, während sonst bei allen Spechten 4 Zehen vorhanden sind, wobei die kleine Hinterzehe und die äußere Vorderzehe rückwärts gerichtet sind.

Grünspecht *Dicus viridis* (Familie: Spechte *Picidae*) ganz Europa, ausgenommen der äußerste Norden, §, ↓↑, 32 cm, Gefieder oberseits zart olivgrün, Bürzel auffallend gelb, auf dem Scheitel, im Nacken und am Schnabelwinkel scharlachrot, bevorzugt den Laubwald, meidet die Tiefe des Forstes, lacht durchdringend und wiehernd »Glück-glück-glück-glück-glück«, ist als eifriger Ameisenjäger oft auf dem Waldboden zu sehen, hackt tiefe Stollen in die Nadelhaufen oder in die Erde, sucht auch auf Wiesen nach Insekten und Würmern.

Grauspecht *Picus canus* (Familie: Spechte *Picidae*) Mittel- und Osteuropa, fehlt in Norddeutschland, §, ↓↑, gut 25 cm, trägt graugrünes Gefieder, scharlachroten Vorderkopf, grauen Hinterkopf, liebt Bergwälder, stellt ebenfalls den Ameisen und ihrer Brut nach, lacht ähnlich wie der Grünspecht.

Schwarzspecht *Dryocopus martius* (Familie: Spechte *Picidae*) ganz Europa außer Westeuropa, Spanien und Italien, §, ↓↑, unser größter Specht, 45 cm hoch, mattschwarzes Gefieder, Männchen mit karminrotem Oberkopf, Weibchen mit rotem Hinterkopf, liebt die tiefen wilden Bergwälder, klettert besonders gut, hat sehr starken Schnabel, ist ein unermüdlicher Meißler, frißt gern die großen Roßameisen und ihre Puppen, paart sich Ende März, baut Anfang April die Bruthöhle in einem kernfaulen Baum, 40 cm tief, 15 cm im Durchmesser, mit einem spitzbogigen Schlupfloch, legt seine 3–4 weißen Eier Mitte April, das Weibchen verläßt ihn oft unmittelbar nach dem Brutgeschäft und überläßt ihm die ganze Sorge der Aufzucht.

Eulen und Käuze

Großäugige, krummschnäblige, weichgefiederte, lautlos fliegende Mäusejäger sind die Eulen und Käuze, der Nacht zugetan, aber durchaus nicht tagblind und sonnenscheu. Ihr Gesang ist ein oft mißtöniges Fauchen, Zischen, Kreischen und Heulen, begleitet vom Knappen und Klappen des Schnabels, und steigert sich im Frühjahr zu einem schauerlichen nächtlichen Konzert.

Die mit den Fängen ergriffenen, mit dem Schnabel getöteten Beutetiere, vorwiegend Mäuse, würgen sie unzerstückelt hinunter und speien die unverdaulichen Haare und Knochen in der Gestalt wurstförmiger Gewölle wieder aus. Die großen halbkugeligen Augen sind nach vorne gerichtet und ermöglichen ihnen ein beidäugiges Sehen und das Auffangen des schwächsten Lichtstrahles.

Die meisten – außer der Sumpfohreule (S. 442) und der Waldohreule – sind Nischen- und Höhlenbrüter, legen ihre reinweißen Eier ohne jede Unterlage auf den blanken Boden. Zu ausgesprochenen Kulturfolgern entwickelten sich die Schleiereule und der Steinkauz, auf die wir im Kapitel »Im Park« (S. 436 ff.) zu sprechen kommen.

Uhu *Bubo bubo* (Familie: Eulen *Strigidae,* Ordnung: Eulenvögel *Strigiformes*) ganz Europa außer nördliches Westeuropa und nördliches Mitteleuropa, ist in vielen Gebieten vom Aussterben bedroht, ganzjährig geschont, stark gefährdet, ↓, 63–77 cm, spannt über anderthalb Meter, hat goldgelbe, am Rande rötliche Augen, hohe, schräg abstehende Federohren, rötlichgraues, schwarzgeflammtes Gefieder.

Liebt wilde Gebirgswälder, hält sich tagsüber verborgen, nimmt aber gern Sonnenbäder, fliegt in der Dämmerung auf die Jagd, greift alle Tiere, die er überwältigen kann, von der Maus bis zum Hasen, vom Singvogel bis zum Auerhuhn, auch Lurche und Schlangen, nimmt notfalls Aas an. Paart sich im März, stellt seinen Horst in Felsennischen, hohle Bäume, Erdhöhlen, auf hohe Bäume, bebrütet etwa 5 Wochen lang seine 2 bis 3 weißen Eier.

Uhu

Waldohreule *Asio otus* (Familie: Eulen *Strigidae*) Brutgebiet: ganz Europa abgesehen vom äußersten Norden, ganzjährig geschont, ↓↑, ~, mit knapp 36 cm von halber Uhugröße, schlanker, hat längere Flügel und Federohren, kürzere Beine, ist ebenfalls rostgelblich, erscheint aber viel heller, weil das Gefieder nicht so reich mit schwarzen Schaftstrichen und Querstrichen gezeichnet ist.

Die Waldohreule liebt den Laub- und Nadelwald. Sie frißt fast ausschließlich Mäuse, brütet in alten Krähen-, Tauben-, Eichhörnchen- und Greifennestern, legt im März 4 weiße Eier, brütet 27 Tage lang, ruft und trillert weich »Hu-u-u-u-u« oder »Hiuhuhuihuu«, verteidigt Horst, Weib und Kinder todesmutig, greift kühn an.

Waldohreule

Waldkauz *Strix aluco* (Familie: Eulen *Strigidae*) ganz Europa abgesehen vom äußersten Norden, ganzjährig geschont, ↑↓, mit 38 cm etwas größer als Waldohreule, hat dicken, großen Kopf, keine Federohren, kurzen Hals, gedrungenen Leib, sehr gekrümmten starken Schnabel, tiefdunkelbraune Augen, tiefgraues oder lichtrostbraunes Gefieder.

Liebt den Laub- und Nadelwald, das Feldgehölz und die Parkanlage, wenn er nur eine Baumhöhle und genügend Mäuse findet, ruft laut und hallend »Huhuhu«, auch sehr wohltönend »Kuwitt«, ist sehr neugierig, umkreist oft den nächtlichen Wanderer, vollführt im März ein heulendes Höllengelächter, brütet in Baumhöhlen wie in alten Horsten, lebt fast ausschließlich von Mäusen.

Rauhfußkauz *Aegolius funereus* (Familie: Eulen *Strigidae*) Teile Mittel-, Nord- und Osteuropas, ganzjährig geschont, gefährdet, ↑↓, mit 25 cm so groß wie eine Amsel, hat sehr breiten Kopf, große Ohrmuscheln, weißgrauen, scharf begrenzten Gesichtsschleier, oberseits braunes und weißlich geflecktes Gefieder, unterseits weiß mit hellbraunen Querflecken, goldgelbe Augen, horngelben Schnabel.

Liebt Gebirgswälder, brütet in Baumhöhlen, scheut das Licht, ruft hoch und wohltönend »Pu-pu-pu«.

Sperlingskauz *Glaucidium passerinum* (Familie: Eulen *Strigidae*) Skandinavien, Osteuropa und im Alpenraum, sehr selten, ganzjährig geschont, gefährdet, ↓, mit 16,5 cm reichlich gimpelgroß, oberseits dunkelbraun, weiß gefleckt, unterseits weiß, braun längsgefleckt, hat weißgraues, dunkel getuschtes Gesicht, hochgelbe Augen, horngelben Schnabel, auf Flügeln und Schwanz weiße Binden.

Liebt tiefe Gebirgswälder, geht in den Alpen bis zur Baumgrenze, jagt am Tage Vögel, in der Nacht Mäuse, flötet wie ein Gimpel, ruft »Dahit« und brütet mit Vorliebe in Spechthöhlen.

Waldhühner am Berg

Die Wald- oder Rauhfußhühner sind wilde Hühnervögel, die sich durch gedrungenen, kräftigen Leib, kurzen gewölbten Schnabel, niedrige Füße mit befiederten Wurzeln und kurze gerade Flügel auszeichnen. Wie unsere Haushühner laufen sie gut, fliegen nur mangelhaft, halten sich auf der Erde auf, sitzen nur nachts auf den Bäumen.

Die lange Zeit hindurch sehr rücksichtslos betriebene Jagd hat sie in vielen Gebieten schon ausgerottet. Schuld an ihrem immer selteneren Vorkommen ist aber auch die intensive Waldbewirtschaftung, das Fehlen von wilden Forsten mit dichtem Unterholz.

Das Birkhuhn werden wir noch in der Heide (S. 420) kennenlernen. Hier am Berg begegnen wir dem Auerhuhn als dem größten unserer Waldhühner, dem Haselhuhn und dem Schneehuhn. Zugleich wollen wir noch die Bekanntschaft der Waldschnepfe machen.

Auerhuhn *Tetrao urogallus* (Familie: Rauhfußhühner *Tetraonidae,* Ordnung: Hühnervögel *Galliformes*) Pyrenäen, Schottland, Nord- und Mitteleuropa, ganzjährig geschont, stark gefährdet, ↓, ♂ 94 cm, ♀ 67 cm, beim Männchen Gefieder auf dem Rücken aschgrau, auf der Brust glänzend stahlgrün, unterseits schwarz und weiß gefleckt, hat braune Augen, die von einer lackroten Warzenbildung umgeben sind, und einen runden Schwanz. Das Weibchen hat rotbraunes, gebändertes Gefieder, ist an der Brust rostfarben.

Liebt unzugängliche Gebirgswälder, geht bis über die Waldgrenze hinaus, sucht sich tagsüber laufend seine Nahrung: Insekten und Würmer, Beeren und Knospen, Blätter und Nadeln, Sämereien und Grasspitzen, sitzt gegen Abend auf den Bäumen, fliegt polternd und rauschend.

Im März beginnt das Männchen seinen seltsamen Balztanz, stößt mit aufgerichtetem Kopf, gesträubten Kopf- und Kehlfedern, erhobenem und gefächertem Schwanz, leicht gesenkten und abgespreizten Flügeln eigentümliche, glockig-schnalzende und schnappende Töne aus, zischt und wetzt, springt und tanzt. Das Weibchen legt seine 8–12 Eier in eine flache Bodenmulde, brütet 28 Tage lang, die Jungen sind nach wenigen Stunden lauffähig.

Auerhahn

Haselhuhn *Tetrastes bonasia* (Familie: Rauhfußhühner *Tetraonidae*) Mittel-, Ost-

und Nordeuropa, ganzjährig geschont, stark gefährdet, ↓, mit 36 cm rebhuhngroß, Gefieder rostrotgrau, schwarz gefleckt, hat länglichen Schwanz und kleine Kopfhaube, liebt die tiefen Mischwälder, ist sehr heimlich, läuft geduckt, springt und fliegt recht gut, durchstreift gesellig, paar- und familienweise ein großes Waldgebiet. Ist heute in manchen Gebieten nahezu ausgerottet. Während der Balz pfeift und trillert das Männchen vom Baum herab, findet sich wieder zur Familie, nachdem das Weibchen seine 8–10 Eier ausgebrütet hat, übernimmt die Führung.

Alpenschneehuhn *Lagopus mutus* (Familie: Rauhfußhühner *Tetraonidae*) Alpen, Pyrenäen und äußerster Norden Europas, ganzjährig geschont, gefährdet, ↓, mit 36 cm reichlich rebhuhngroß, mehr ein Felsen- als ein Waldhuhn, geht selten unter die 2000-m-Grenze, brütet in der Gletscherzone, hat im Winter ein reinweißes Gefieder, lediglich einen schwarzen Augenstreif und dunklere Augenfedern am Schwanz, im Sommer ist es recht bunt: schwarz, weiß und rostfarben. Das Männchen balzt mit emporschnellendem Kopf, aufgestelltem Schwanz, hängenden Flügeln, knarrt, erhebt sich fliegend.

Waldschnepfe *Scolopax rusticola* (Familie: Schnepfenvögel *Scolopacidae,* Ordnung: Watvögel *Charadriiformes*) Brutgebiet: ganz Europa außer Südeuropa und äußerstes Nordeuropa, zeitweise geschont, gefährdet, ↓, ~, 3–10, mit 34 cm reichlich rebhuhngroß, ein Waldvogel, der dichte Wälder mit Mooren und Sümpfen liebt, hat rindenfarbenes Gefieder, auf Scheitel und Nacken querverlaufende schwarze Bänder, sehr große braune Augen, langen, schwachen, biegsamen Schnabel, fliegt taumelnd wie eine Fledermaus, läuft geduckt, fast schleichend, sticht sich ihre Nahrung aus dem weichen Boden, murkst und schnarrt, ruft während der Balz »Püitz-püitz«, stelzt im Paradeschritt mit angedrücktem Schnabel, aufgestelltem und gefächertem Schwanz, hängenden Flügeln und gesträubten Federn um das Weibchen, das seine vier Eier allein in einer Bodenmulde ausbrütet und die Jungen bei Gefahr fliegend – und zwar unter den Hals geklemmt – wegzutragen vermag.

Haselhuhn

Gefiederte Räuber

Während Weihe und Milan, Fisch- und Seeadler die Nähe der Gewässer suchen, Bussard und Turmfalke weites und freies Land lieben, sind Habicht und Sperber, Baum- und Wanderfalke an den Wald gebunden, nisten auch vorwiegend in Wäldern und betreiben dort ihre Jagd. Zu ihnen gesellt sich als Strauchritter in den Bergwäldern der mächtige Kolkrabe, den wir deshalb anschließend an diese Greifengruppe besprechen wollen.

Habicht *Accipiter gentilis* (Familie: Greife *Accipitridae,* Ordnung: Greifvögel *Falconiformes*) ganz Europa außer Britische Inseln und Island, ganzjährig geschont, gefährdet, ↓↑, 54–62 cm, spannt 100–120 cm, gut bussardgroß, Gefieder oberseits schwärzlichgraubraun, fein aschblau überflogen, unterseits weiß und braunschwarz geschaftet und gewellt, hat weißlichen Streifen über den gelben Augen, schwarzen Schnabel mit gelber Wachshaut, gelbe Füße.

Habicht

Liebt große und zusammenhängende Wälder, scheut nicht die Nähe der menschlichen Ansiedlungen, ist ein echter Kurzstreckenjäger, der sehr gewandt um die Baumreihen schwenkt, pfeilschnell und dicht über der Erde dahinschießt, ernährt sich von Eichhörnchen und Mardern, Hasen und

Sperber (♂)

Kaninchen, Hamstern und Igeln, Rebhühnern und Fasanen, Tauben und Enten, Singvögeln und Haushühnern, zeigt sich ebenso listig wie mißtrauisch, tollkühn wie draufgängerisch, ist am Horst angriffslustiger als jeder Adler, verteidigt Weib und Kind mit zornigem »Iwiää« und Wiäawiä«.

Stellt seinen Horst auf hohe alte Bäume, schichtet ihn aus dünnen Ästen, belegt ihn mit grünen Nadelzweigen, polstert die Mulde mit eigenen Daunenfedern, bebrütet die 1–4 grünlichweißen Eier etwa 35–37 Tage

Baumfalke

Wanderfalke

lang. Die Jungen haben ein reinweißes Dunenkleid, schwarze Schnäbel und rosafarbene Füße.

Sperber (Abb. S. 373) *Accipiter nisus* (Familie: Greife *Accipitridae*) ganz Europa, ganzjährig geschont, gefährdet, wird immer seltener, ↓↑, mit 28–38 cm reichlich halbe Habichtgröße, Gefieder oberseits schwärzlichaschgrau, unterseits weiß und rostrot gebändert und gestrichelt, beim Weibchen weiß und schwärzlichbraun gestrichelt.
Liebt lichte Gebirgswälder und Randgehölze, sucht die Nähe menschlicher Ansiedlungen, schlägt vor allem die kleinen Sperlings- und Finkenvögel sowie Schwalben, während das oft doppelt so große Weibchen sich auch an Tauben, Drosseln und Eichelhähern vergreift, übertrifft an Verwegenheit noch den Habicht, stellt seinen Horst in Dickichte und Stangenhölzer, errichtet ihn auch oft auf alten Krähen-, Elstern- und Eichhörnchennestern, legt seine 4–6 Eier Mitte Mai, brütet 33 Tage lang, ruft hoch »Kjü-kjü-kjü« und »Güi-güi«.

Baumfalke *Falco subbuteo* (Familie: Falken *Falconidae*) Brutgebiet: ganz Europa, ausgenommen die nördlichen Gebiete, ganzjährig geschont, gefährdet, ~, 4–10, mit 30–36 cm etwa sperbergroß, Gefieder ist oberseits blauschwarz, unterseits weiß oder gelblich, schwarz längsgefleckt, am Steiß, den Unterschwanzdeckfedern und an den Hosen rostrot.
Liebt lichte Rand- und Feldgehölze, nistet auf hohen Bäumen, gern in alten Krähen- und Elsternnestern, denn er baut nicht selbst, legt seine 3–5 Eier im Juni, brütet 4 Wochen lang, ist ein Flugjäger, der schnellste aller Falken, schießt reißend dahin, schlägt seine Beute in der Luft, hauptsächlich Lerchen und Schwalben, aber auch alle anderen Vögel bis zu Taubengröße, schnappt nach fliegenden Insekten, ruft hoch und hell »Kih-kih-kih«.

Wanderfalke *Falco peregrinus* (Familie: Falken *Falconidae*) Brutgebiet: ganz Europa, ganzjährig geschont, stark gefährdet, ↓↑, ~, 38–48 cm, ♀ größer als ♂, Gefieder oberseits schiefergrau, dunkel dreieckig und bandartig gefleckt, unterseits rötlich weiß und eng schwarz gebändert, unter dem Auge kräftiger schwarzer, lappenförmiger Bartstreifen, Augen mit nackten gelben Stellen, gelbe Füße.

Liebt große Wälder mit felsigen Kuppen, auch waldlose Gebirge, kommt hin und wieder in die Großstädte, um hier den Dohlen, Krähen und Tauben nachzustellen, schlägt fast nur in der Luft, ernährt sich fast ausschließlich von Vögeln, fliegt pfeilschnell, sitzt oft auf der Erde, ruft »Kjiak-kjiak« und »Gä-gä-gä«, nistet am liebsten in alten Krähen- und Greifenhorsten, baut nie selbst, legt seine 3–4 Eier im April, brütet volle vier Wochen.

Kolkrabe *Corvus corax* (Familie: Rabenvögel *Corvidae*, Ordnung: Sperlingsvögel *Passeriformes*) ganz Europa außer Italien und Mitteleuropa nördlich der Alpen, ganzjährig geschont, ↓↑, mit 63,5 cm etwa bussardgroß, einfarbig schwarz, stahlblau schimmernd, braune Augen, klotziger, beborsteter, schwarzer Schnabel mit sehr großen Kehlfedern, liebt große wilde Gebirgswälder, ist ein echter Allesfresser, dessen Speisekarte in bunter Folge Schnekken und Würmer, Insekten und Frösche, Eidechsen und Schlangen, Vögel und Säuger verzeichnet, verzehrt aber auch Beeren, Baumfrüchte und Sämereien, nimmt Aas an. Stellt seinen Horst in starke hohe Bäume, erhöht und erweitert ihn alljährlich, legt seine 5–6 Eier im Januar/Februar, brütet drei Wochen lang, führt und leitet seine Jungen im festen Familienverband, lebt in Dauerehe.

Kolkrabe

Der rote Kobold und sein Todfeind

Flinke und behende Baumtiere, ausgezeichnete Kletterer und Springer sind das Eichhörnchen wie der Baummarder. Beide sind im Laub- wie im Nadelwald zu Hause, steigen hoch ins Gebirge, und der gut doppelt so große Marder sorgt nebst dem Habicht dafür, daß die Eichhörnchen nicht überhand nehmen.

Eichhörnchen *Sciurus vulgaris* (Familie: Hörnchen *Sciuridae,* Ordnung: Nagetiere *Rodentia*) ganz Europa, 25 cm lang, 20 cm Schwanz, den es sitzend hochgeschlagen trägt und der ihm bei seinen gewagten Sprüngen als Balancierstange und Fallschirm dient, Pelz oberseits bräunlichrot, unterseits weiß, kommt auch in einer schwärzlichen Form vor.

Bewegt sich auf der Erde flott und in kurzen Galoppsprüngen, springt an den Bäumen in kurzen Rucken empor, schraubt sich dabei um den Stamm, klettert affengewandt in den Zweigen, schwingt sich von einem Wipfel in den anderen, knabbert an den Samen der Nadelhölzer, den Früchten der Laubbäume, den Knospen und jungen Trieben, ringelt die Rinde junger Bäume, schleckt den Baumsaft, frißt Beeren und Pilze sowie die Blätter der Heidel- und Preiselbeeren, trinkt Vogeleier aus, verzehrt auch junge Vögel.

Sein Nest, der Kobel, steht hoch in den Bäumen, dicht am Stamm, ist ein kunstvoll aufgerichteter und bedachter Bau mit einem abwärts führenden und verschließbaren Eingang und einer kleinen Fluchtröhre am Stamm. Oft baut es mehrere Kobel. Das Weibchen trägt 38 Tage, wirft, sehr oft auch in Baumhöhlen, mehrere Male im Jahr 3 bis 7 nackte, blinde Junge, die nach 30 Tagen die Augen öffnen.

Für den Winter werden Vorräte gesammelt und vielerorts versteckt, denn durch den Frost wird das nur ruhende, nicht fest winterschlafende Eichhörnchen häufig geweckt, und es muß dann unbedingt etwas zu futtern haben. Die volkreiche Familie, die Kinder aller Würfe und die Eltern, hält lange und fest zusammen.

Baummarder

Baummarder, Edelmarder *Martes martes* (Familie: Marderartige *Mustelidae,* Ordnung: Raubtiere *Carnivora*) ganz Europa, 55 cm lang, 30 cm Schwanz, den er meist hängen läßt, Pelz oberseits dunkelbraun, an Schnauze, Stirn und Wangen lichtbraun, an den Beinen schwarzbraun schattiert. Die Kehle und der Unterhals sind dottergelb, manchmal nur gelblichweiß, niemals aber lang gegabelt wie beim Steinmarder.

Er klettert noch besser als das Eichhörnchen, springt weit, ist außerordentlich scharfsinnig, ungemein zäh, gewandt und kräftig, hat ein nadelscharfes Gebiß, stellt den Säugern von der Maus bis zum Jungdachs, den Vögeln vom Zaunkönig bis zum Waldhuhn nach, plündert die Nester, nascht gern Honig, schleckt süße Früchte und Beeren.

Schlägt sein Lager gern in alten Tauben- und Greifennestern, in Eichhörnchenkobeln und hohlen Bäumen auf, paart sich im Hochsommer. Das Weibchen wirft nach 9monatiger Tragzeit – das befruchtete Ei ruht monatelang, ohne sich zu teilen, damit das Tierkind im Frühjahr zur Welt kommen kann – 3–5 Junge in einem moosgefütterten hohlen Baum.

Eichhörnchen

Unsere Rehe und Hirsche

Nur noch drei geweihtragende Wiederkäuer beherbergen unsere Wälder: das Reh, der Edel- oder Rothirsch und der wiedereingeführte halbzahme Damhirsch. Reh wie Hirsch sind schlank, hochbeinig, haben große lebhafte Augen, aufrecht stehende, schmale und bewegliche Ohren, und nur die Männchen tragen ein Geweih. Im Gegensatz zu den Hornträgern werfen sie ihre Kopfzierde, die man vielleicht am besten als einen knöchernen Stirnbeinfortsatz bezeichnen könnte, alljährlich ab. Die Wunde an der Abwurfstelle überzieht sich dann mit einer haarigen, blutreichen Nährhaut, dem sogenannten Bast, unter der das neue Geweih sehr schnell heranwächst. Die reiche Kalkzufuhr verstopft nach Ausbildung des Geweihes die Blutgefäße dieser Nährhaut, läßt sie eintrocknen, und der Juckreiz veranlaßt das Tier, sich von dieser bald in Fetzen herabhängenden Haut zu befreien.

Reh *Capreolus capreolus* (Familie: Hirsche *Cervidae*, Ordnung: Paarhufer *Artiodactyla*) in fast ganz Europa außer Island, Mittelmeerinseln und Nordskandinavien, 130 cm lang, 2 cm Schwanz, 75 cm hoch, Pelz im Sommer rotgelb, im Winter graubraun, an Kinn, Unterkiefer und rechts wie links der Oberlippe weiß. Das Kitz trägt in den ersten Monaten kleine runde, weiße oder gelbliche Flecken auf rötlichem Grund.

Liebt größere wie kleinere Waldungen, möglichst mit viel Unterholz, lebt in kleineren Rudeln, die aus einigen Ricken mit ihren Jungen bestehen, während die älteren Böcke einsiedlerisch ziehen. Brunft ab Mitte Juli. Nach 9½monatiger Tragzeit – das befruchtete Ei macht eine lange Ruhepause durch! – wirft die Ricke ein bis drei Kitze, die bis zum Winter saugen, nach 4–5 Wochen aber auch schon äsen.

Dem Kitzböckchen sprießen im 5. Monat die ersten Kronenknöpfe, es heißt dann »Knopfspießer«, im nächsten Sommer wird es zum »Spießer«, manchmal auch gleich zum »Gabler« und dann zum »Sechser«, der seine Krone (nicht Geweih!) regelmäßig im Herbst abwirft, während des Winters neu »schiebt« und im zeitigen Frühjahr »fegt«. Mehr als sechs Enden entwickelt die Rehkrone nur selten, auch fehlen ihr die »Augensprossen« des Hirsches.

Im Wesen ist das anmutige und zierliche, schlanke und schnelle Reh meist noch recht scheu und schreckhaft, sehr launisch, wechselt von einem Revier ins andere, zeigt sich als ein naschhafter Feinschmecker und der Bock als ein jäher, heftiger, leicht gereizter und angriffslustiger Herr.

Reh

Rothirsch, Edelhirsch *Cervus elaphus* (Familie: Hirsche *Cervidae*) fast ganz Europa, gleiches Verbreitungsgebiet wie das Reh, 200–220 cm lang, 15 cm Schwanz, 150 cm hoch, breite Brust, stark hervortretende Schultern, gerader und flacher Rücken, Pelz im Sommer rötlichbraun, im Winter grau-

braun, Wollhaar aschgrau, braun bespitzt, Jungkälber in den ersten Monaten weiße Flecken auf rotbraunem Grund.
Liebt große bergige Wälder, lebt in Rudeln, liegt tagsüber im »Bett«, zieht gegen Abend auf Äsung, ist scheu, vorsichtig und mißtrauisch.
In der Brunftzeit, die im September beginnt, treten die in kleinen Rudeln lebenden starken Hirsche wie die einzelgängerischen Kapitalhirsche zu den größeren Rudeln der Alt- und Schmaltiere, Kälber, Spießer und Gabler, kämpfen miteinander um die Herrschaft, um den Besitz der Schmaltiere, orgeln und röhren. Auch der siegreiche Platzhirsch überläßt die Führung des erkämpften Rudels einem erfahrenen weiblichen Alttier. Das beschlagene Schmaltier wirft nach einer Tragzeit von 33–34 Wochen im Mai/Juni ein bis zwei Kälbchen.

Rothirsch

Das Hirschkalb schiebt bereits im 7. Monat die ersten Spieße, wird zum »Spießer«, trägt im nächsten Jahr ein Gabelgeweih, wird also zum »Gabler«, oft aber auch schon zum »Sechsender« und kann es im Laufe der Jahre zum Zehn-, Zwölf-, Vierzehn- und Sechzehnender bringen; schon vom Gabelgeweih an entsteht dicht über der Rose ein nach vorn gerichteter Sproß, der sogenannte Augensproß, über dem sich beim Achtender dann noch der Eissproß entwikkeln kann. Die Geweihstangen werden meist einzeln abgeworfen, und zwar im Februar (Hornung), das »Schieben« erfolgt ab Februar bis Juli, im neuen Kopfschmuck prangt der Hirsch dann ab August–Februar.
Im Gegensatz zu der hoheitsvollen und stolzen Erscheinung des Hirsches steht sein Wesen.
Den Hirschkühen wie den Kälbern gegenüber benimmt sich der Rothirsch grob und gewalttätig, mißhandelt alle schwächeren Tiere, ist ebenso jähzornig wie furchtsam, mißtrauisch wie unberechenbar.

Damhirsch (Abb. S. 344) *Dama dama* (Familie: Hirsche *Cervidae*) Heimat Mittelmeergebiet, heute auch im übrigen Europa stellenweise anzutreffen, 140–160 cm lang, 20 cm Schwanz, 90–100 cm hoch, Gestalt und Glieder erscheinen gegen Reh und Hirsch verkürzt, nur der Schwanz ist länger, das Sommerkleid weiß getüpfelt, Pelzfarbe ändert viel und stark, ist im Sommer oberseits braunrötlich, unterseits weiß, um Maul und Augen schwärzlich, im Winter oberseits schwärzlich, unterseits aschgrau, an Kopf, Hals und Ohren braungrau; es kommen auch schneeweiße und schwärzliche Stücke vor.
Die Geweihentwicklung beginnt erst im 2. Jahr, bleibt oft zwei Jahre lang in der Spießbildung stehen, zeigt erst im 5.–6. Jahr die Schaufelform. Abgeworfen wird im April/Mai, die Brunft ist im Oktober, geworfen wird im Juni/Juli.

Auf heimlichen Pfaden

Als die letzten größeren Raubtiere unserer Wälder vermochten sich bis heute nur noch der Fuchs und die Wildkatze zu halten. Luchs, Wolf und Bär gehören nicht mehr zu den Tieren unserer Heimat, obwohl heute der Versuch unternommen wird, sie in den verschiedenen Naturschutzparks wieder heimisch werden zu lassen. Hin und wieder kommt es auch noch vor, daß einzelne Wölfe von Ostdeutschland aus über die Elbe wechseln.

Fuchs *Vulpes vulpes* (Familie: Hundeartige *Canidae,* Ordnung: Raubtiere *Carnivora*) ganz Europa, 90 cm lang, 50 cm Schwanz, 35 cm hoch, Pelz fahlgraurot oder lebhaft goldrot, unterseits asch- bis weißgrau, hat gestreckten, sehr spitzschnäuzigen Kopf, gespitzte Ohren, niedere Beine und langen buschigen Schwanz. Er wittert ausgezeichnet, hat ein gutes Gedächtnis, hochentwickelte Erfahrungssinne, ist immer aufmerksam, ebenso listig wie raublustig, lebt vorwiegend von Mäusen, Käfern, Heuschrecken, Regenwürmern, Beeren und Obst, fängt aber auch Frösche und Fische, plündert Vogelnester, schlägt alle Vögel, deren er habhaft werden kann, vom Singvogel bis zum Fasan, sowie alle Säuger, von der Spitzmaus bis zum Igel, Hasen und Rehkitz,

Rotfuchs

wagt sich tollkühn in die Bauernhöfe und Ställe, reißt Hühner, Gänse und Enten, selbst wildernde Katzen. Seine Burg ist ein tiefer, weitverzweigter, röhrenreicher Bau, oft ein alter Dachsbau, meist trefflich getarnt, am liebsten zwischen Felsgeklüft und starken Baumwurzeln angelegt. Die Ranzzeit fällt in den Februar. Nach acht- bis neunwöchiger Tragzeit wirft die Fähe 4–7, manchmal noch mehr Junge. Der Fuchs spielt als Gesundheitspolizei eine wichtige Rolle in Wald und Feld, verschlingt alle kümmernden und kranken Tiere sowie jegliches Aas, verdient außerdem als eifriger Mäusejäger und Insektenvertilger ein besonderes Lob.

Wildkatze *Felis silvestris* (Familie: Katzenartige *Felidae,* Ordnung: Raubtiere *Carnivora*) ganz Europa, ganzjährig geschont, stark gefährdet, 99 cm lang, 35 cm Schwanz, 42 cm hoch, Pelz beim Kuder fahlgrau bis schwarzgrau, bei der Katze gelblichgrau, vom Rückgrat bis zum Bauch verwaschen quergestreift, unterseits gelblich und schwarz getüpfelt, von der Stirn aus ziehen sich vier dunkle Streifen zwischen die Ohren, von denen sich die zwei mittleren zu einem Mittelstreifen längs des Rückgrates vereinigen, auch der dicke, sich kaum verjüngende Schwanz wie die Beine weisen einige Querringe und Querstreifen auf. Die Wildkatze bevorzugt felsige und waldreiche Mittelgebirge, haust in alten Fuchs- und Dachsburgen, Erd- und Baumhöhlen, zwischen Felsgeklüft, ruht meist tagsüber, geht nachts auf Raub aus, lebt vorwiegend von Mäusen und Vögeln, schlägt aber auch Kaninchen und Hasen, Marder und Eichhörnchen sowie Frösche und Fische, paart sich im Februar, trägt rund neun Wochen, wirft Ende April/Anfang Mai 4–6 Junge.

Wildkatze

In der Wut und Bedrängnis greift sie schnaubend und zischend an und wehrt sich verzweifelt ihres Lebens. In den letzten Jahrzehnten vor dem Krieg wurde sie fast ausgerottet, hat sich bis heute in ihrem Bestand noch nicht erholt und gehört zu den vom Aussterben bedrohten Tierarten.

Vom Krummholzgürtel zum Firnbecken

Steinadler

Bis in eine Höhe von zweitausend Metern sind wir gestiegen. Um uns breiten sich große dunkle Inseln der Legföhre oder Latsche, hier und dort von einer sturmzerzausten Zirbelkiefer oder Sturmfichte überragt. Dazwischen kauern sich Gruppen des Zwergwacholders, der Zwergweiden und Grünerlen, leuchten die roten Teppiche der Alpenrosen. Breite Geröllhalden wechseln mit saftiggrünen Wiesen, Weiden und matten, vereinzelten Rasenbändern und Humuspolstern. Die Bäume sind bald nur noch kniende und kriechende Sträucher. Die Büsche nehmen einen zwergenhaften Wuchs an. Denn die Wurzeln schaffen es einfach nicht mehr, die genügende Feuchtigkeit in den wenigen Sommermonaten zu heben. Der scharfe Wind raubt den Pflanzen zuviel Wasser. Die Sonne ist zu grell, die Lichtflut zu stark und die Frostperioden sind zu lang und zu hart. Da hilft nur noch das Ducken, das Verholzen der Stengel, das Verknappen der Zweige und Blätter, das dichte Aneinanderschmiegen.

Meister dieser Anpassungskünste sind neben den Zwergsträuchern die Blumen der Alpen, die weit über die Bergwiesen hinaus, hinauf zu den Rasenbändern der steilen Felswände, den Wildheuplätzen und Schneemulden, bis zur Grenze des ewigen Eises steigen. In dichte Haarpelze gehüllt, mit verkürzten Stengeln, mit oft immergrünen, dicht an die Erde geschmiegten, ledrigen oder gewachsten Blättern, langen Wurzeln und kriechenden Sprossen vermögen sie den schroffen Wechsel zwischen

Hitze und Kälte, Wasserfülle und Trockenheit zu bestehen, rücken zu festen Polstern zusammen und prangen in herrlich leuchtenden Farben. Nur dort, wo die hungrigen Mäuler der Kühe, Schafe und Ziegen weiden, also ringsum die Sennhütten und in der sogenannten »Lägerflur«, können sie sich nicht halten, wuchern an ihrer Stelle die Brennesseln, Melden und Ampfer, schieben sich aber auch der Eisenhut und das Kreuzkraut in den Vordergrund.

Von den Pflanzen

Bäume und Büsche des Krummholzgürtels

Dieser Vegetationsgürtel, der sich in den Höhen zwischen 1700–2400 m ausbreitet, ist kein geschlossenes Ganzes wie der Bergwald, sondern gleicht einem aufgelösten Plänklertrupp, der geschickt auch die geringste Deckung zu nützen weiß. Breite Breschen in diesen Gürtel reißen die Steinschläge, Sturzbäche und Lawinen, aber auch die Axt des Bergbauern, der Weiden für sein Vieh braucht. Die Mäuler und Hufe der Weidetiere rupfen und treten dann ebenfalls so manche Lücke.

Bergkiefer, Krummholzkiefer, Latsche *Pinus mugo* (Familie: Kieferngewächse *Pinaceae*) in mitteleuropäischen Gebirgen, $§_1$, blüht 5–7, hat keine Pfahlwurzel und meist auch keinen Stamm, sondern sehr elastische, kriechende, windende, bis zu 12 m lange dunkelviolette Äste, die hin und wieder Wurzeln schlagen und einen sehr dichten 2–3 m hochen Busch bilden; ihre Rinde wird im Alter schwarz, bricht in kleinen Rechtecken auf. Die Latsche trägt 2–5 cm lange, beiderseits dunkelgrüne, kräftige stumpfe Nadeln, die 5–10 Jahre alt werden. Blüht zum erstenmal zwischen dem 6.–10. Jahr, blüht und fruchtet jährlich, entwickelt kurzgestielte, glänzend gelbbraune oder dunkelrotbraune Zapfen mit schwärzlichem Ring um den hellbraunen und gebuckelten Ansatznabel, die innerhalb von 2–3 Jahren reifen, kann das Alter von 200–300 Jahren erreichen, liebt Kalkboden, durchfilzt den Grund weithin mit ihren Wurzeln.

Grünerle, Bergerle *Alnus viridis* (Familie: Birkengewächse *Betulaceae*) Mittel- und Südosteuropa, blüht 4–7, 1–3 m hoher Strauch mit oberseits frischgrünen, unterseits blaßgrünen, eiförmigen, spitzen, doppelt gesägten, in der Jugend klebrigen Blättern, der sich kriechend verzweigt und den Kalkboden sichtlich meidet.

Netzweide *Salix reticulata* (Familie: Weidengewächse *Salicaceae*) Gebirge Europas, blüht 4–6, 10–20 cm hoch, liegt mit schlangenähnlich sich windenden, starken Zweigen dicht am Boden, ihre großen, runden, ledrigen, langgestielten Blätter sind am Rande eingerollt, oberseits dunkelgrün und vertieft-adrig, unterseits bläulichgrün und erhoben-adrig. Sie hat rot beschuppte, aufgerichtete Blütenkätzchen, steigt oft bis in die Schneemulden in 3000 m Höhe hinauf.

Stumpfblättrige Weide *Salix retusa* (Familie: Weidengewächse *Salicaceae*) Gebirge Nord- und Mitteleuropas, ähnelt der Netzweide, aber Blätter kleiner, 8–20 mm, länglich eiförmig, Kätzchen in Büscheln sitzend.

Zwergwacholder *Juniperus nana* (Familie: Zypressengewächse *Cupressaceae*) Europa, §1, †, ⚕, blüht 5/6, ♃, kleiner Polsterstrauch, dessen Zweige sich fächerförmig und spalierartig an den Boden schmiegen, sich höchstens 20–30 cm hoch aufrichten, weniger stachlig als der Heidewacholder, hauptsächlich zwischen 1700 und 2500 m, kann aber bis 3700 m Höhe emporsteigen.

Rostblättrige Alpenrose

Rostblättrige Alpenrose *Rhododendron ferrugineum* (Familie: Heidekrautgewächse *Ericaceae*) Pyrenäen, Alpen, Dinarisches Gebirge, §1, †, blüht 5–7, ♃, bis 90 cm hoher, langästiger, schwach verzweigter Strauch, hat leicht eingerollte, oberseits glänzend dunkelgrüne, unterseits rostrote Blätter mit würzig und balsamisch duftenden Drüsenschuppen, trichterförmige, fünfzipflige, trüb rosenrote, rostbraun gefleckte Blüten, die in kleinen Trauben zu viert bis acht an den Zweigenden stehen, liebt schattige, feuchte und humöse Nordlagen.

Bewimperte Alpenrose, Rauhblättrige Alpenrose, Steinrose *Rhododendron hirsutum* (Familie: Heidekrautgewächse *Ericaceae*) Alpen, §1, †, blüht 5–7, ♃, bis 90 cm, ist buschiger, hat hellere, dünnere, elliptische, langbehaarte und bewimperte Blätter, leuchtend rosenrote Blüten mit feinbehaarten Kelchen, liebt sonnige und kalkreiche Lagen.

Zwergalpenrose *Rhodothamnus chamaecistus* (Familie: Heidekrautgewächse *Ericaceae*) Alpen, §1, blüht 5–7, ♃, 10–15 cm hoher, dünner Strauch mit kleinen lanzettlichen Blättern, trägt an den Zweigspitzen ein bis zwei rötlichviolette Blüten, die stärker ausgebreitet als die der anderen Alpenrosen sind.

Steinröschen, Gestreifter Seidelbast *Daphne striata* (Familie: Seidelbastgewächse *Thymelaeaceae*) Gebirge Mitteleuropas, §1, blüht 5–8, ♃, ein 15–20 cm hoher Strauch mit schmalen, zungenähnlichen Blättern, hat helleuchtende, rosafarbene bis rote, fliederähnliche, vierzipflige Blüten in reicher endständiger Traube, die stark duften, vorwiegend zwischen 1700 und 2200 m.

Steinröschen

Silberwurz *Dryas octopetala* (Familie: Rosengewächse *Rosaceae*) fast ganz Europa, im Norden bis Meereshöhe, im Süden im Gebirge, blüht 5–8, ♃, rasenbildender, zwergiger Strauch, vielverzweigt, mit länglich-ovalen, oberseits dunkelgrünen, unterseits silberweißen, leicht eingerollten, gekerbten Blättern, weißen achtblättrigen, heckenrosenähnlichen Blüten, liebt felsige, steinige Standorte zwischen 1500 und 2900 m.

Herzblättrige Kugelblume *Globularia cordifolia* (Familie: Kugelblumengewächse *Globulariaceae*) Gebirge Mittel- und Südeuropas, blüht 5–7, ♃, rasenbildender winziger Strauch mit an der Spitze herzförmig verbreiterten, derben Blättern, hebt auf 2–10 cm hohen, blattlosen Stielen kugelige, himmelblaue Blütenköpfe empor, liebt trockene, kalkreiche, felsige Standorte bis 2700 m.

Silberwurz, Blüte und Samenstand

Blumen der Bergwiesen

Wie der Krummholzgürtel ist auch die Bergwiese kein einheitliches und in sich geschlossenes Pflanzenreich, sondern mehr eine Inselkette kleiner und größerer Matten, Wiesen und Weiden, hier steinig und trocken, dort feucht und moorig, hier windüberbraust, dort muldenstill, durchstoßen von steinigen Karen, gerahmt vom Knieholz, unterbrochen von berasten Schutthalden. Die Pflanzengemeinschaften der verschiedensten Lebensräume geben sich auf ihr ein Stelldichein.

Es blühen weiß

neben dem uns bereits bekannten Weißen Germer (S. 357) sowie dem Sumpfherzblatt (S. 430) und der Silberdistel (S. 157):

Frühlingskrokus *Crocus albiflorus* (Familie: Schwertliliengewächse *Iridaceae*) Alpen, Pyrenäen, Karpaten, blüht 2–4, ♃, 4–8 cm, weiße oder violette stengellose Trichterblüte, aus der die langen goldenen Griffel hängen, ist am Grunde von einer Blattscheide umgeben.

Berghähnlein, Narzissenblütiges Windröschen *Anemone narcissiflora* (Familie: Hahnenfußgewächse *Ranunculaceae*) mitteleuropäische Gebirge, §$_1$, †, blüht 4–6, ♃, bis 50 cm hoch. Stengel behaart mit 3 bis 8 Blüten in einer langstieligen Dolde, Blüten weiß mit 5–6 Blütenblättern.

Alpenmaßliebchen *Aster bellidiastrum* (Familie: Korbblütler *Compositae = Asteraceae*) Mittel- und Südosteuropa, blüht 5–7, ♃, aus der bodenständigen Blattrosette hebt sich die weiße Korbblüte auf 10–35 cm hohem Stengel, ähnelt sehr dem Gänseblümchen, hat aber spitze und haarige Hüllblätter, im Walde wie auf Weiden bis zu 2600 m.

Zwergmannsschild *Androsace chamaejasme* (Familie: Primelgewächse *Primulaceae*) Mitteleuropa, Italien und Frankreich, blüht 6–8, ♃, aus der Grundrosette lanzettlicher, am Rande bewimperter Blätter erhebt sich der 3–10 cm hohe, dicht behaarte Stengel mit einer wenigblütigen Dolde kleiner weißer, fünfblättriger Primelblüten mit gelblichem Schlund, auf Felsen bis zu 3000 m.

Alpenhahnenfuß *Ranunculus alpestris* (Familie: Hahnenfußgewächse *Ranunculaceae*) blüht 5–9, ♃, hat einen oder zwei 5–10 cm hohe Stengel, die meist eine weiße, fünfblättrige Blüte tragen, gelappte, langgestielte Grundblätter; sie wachsen auf feuchten Felsen, in Schneemulden, auf Gletscherboden bis 2900 m.

Alpenkuhschelle

Alpenkuhschelle, Teufelsbart, Alpenanemone *Pulsatilla alpina* (Familie: Hahnenfußgewächse *Ranunculaceae*) Pyrenäen, Alpen, Apennin, Dinarisches Gebirge, $\S_1$, blüht 6–8, ♃, hat 15–30 cm hohen, stark behaarten, kräftigen, unverzweigten Stengel, dreizählige, mehrfach gefiederte Stengel- und Grundblätter, große weiße oder gelbe Blüte mit 6 Blütenblättern, außen manchmal violett überlaufen und immer behaart, bis zu 2800 m.

Edelweiß

Edelweiß *Leontopodium alpinum* (Familie: Korbblütler *Compositae* = *Asteraceae*) Alpen, Pyrenäen und Karpaten, $\S_1$, stark gefährdet, blüht 7–9. ♃, hat 5–15 cm hohen Stengel mit schmalen, hellgrauen, weißpelzig behaarten Blättern, die als samtigweiße Hochblätter sternförmig die Dolde von 4–8 kugeligen Blütenköpfchen umgeben und dem Blütenstand den Anschein eines großen weißen Sternes verleihen. Das Edelweiß blüht auf Rasenbändern und Felsen bis 2900 m.

Es blühen blau

neben dem uns schon bekannten Blauen Eisenhut (S. 356), dem Alpendost (S. 358), der Flockenblume (S. 102), dem Vergißmeinnicht (S. 172) und Hasenlattich (S. 357):

Alpentroddelblume, Kleines Alpenglöckchen *Soldanella pusilla* (Familie: Primelgewächse *Primulaceae*) Mitteleuropa, blüht 4–6, ♃, hat 5–15 cm hohen, blattlosen Stiel, grundständige, rundliche, gestielte Blätter, fein gefranste, nickende, lilafarbene, weit trichterförmige Blütenglocke, die leicht abfällt, auf Weiden, in Schneemulden bis 3000 m.

Ausgeschnittner Enzian *Gentiana kochiana* (Familie: Enziangewächse *Gentianaceae*) Mitteleuropa, §1, blüht 6–8, ♃, hat 5–10 cm hohen Stengel, starke große Grundrosette, große blaue Blüte, deren Zipfel abstehen, ähnelt dem Stengellosen Enzian, hat aber breite Buchten zwischen den Kelchblättern, auf Weiden von 1500 bis 2700 m.

Alpentroddelblume

Frühlingsenzian *Gentiana verna* (Familie: Enziangewächse *Gentianaceae*) Mittel- und Südeuropa, §1, blüht 4/5, manchmal nochmals 7/8, ♃, aus der Rosette elliptischer und lanzettlicher, spitzer Blätter hebt sich der 5 bis 15 cm hohe Stengel, trägt eine himmelblaue Blüte, Kelch an den Kanten geflügelt, auf feuchten Wiesen von der Ebene bis zu 3300 m.

Frühlingsenzian

Lungenenzian *Gentiana pneumonanthe* (Familie: Enziangewächse *Gentianaceae*) Gebirge Europas, §1, gefährdet, blüht 7–10, ♃, hat 10–40 cm hohen, aufrechten Stengel mit schmallanzettlichen, gegenständigen Blättern, kurzgestielte, glockenförmige, fünfspaltige, tief azurblaue Blüten, außen mit fünf grünen Streifen, die in lockerer, ähriger Reihe am Stengel stehen, auf feuchten Weiden und moorigen Wiesen.

Kreuzenzian *Gentiana cruciata* (Familie: Enziangewächse *Gentianaceae*) Mittel- und Südosteuropa, §1, ⚕, blüht 7–10, ♃, hat 10 bis 40 cm hohen Stengel, länglich lanzettliche, kreuzgegenständige, dreinervige Blätter. In den Achseln der oberen und mittleren

Blätter stehen mehrere blaue, außen leicht grünliche Blüten; in Gebüschen, auf Wiesen, an Waldwegen.

Schwalbenwurz-Enzian *Gentiana asclepiadea* (Familie: Enziangewächse *Gentianaceae*) Gebirge Europas, §1, ⚕, blüht 7–9, ♃, hat 30–70 cm hohen Stengel mit gegenständigen, breitlanzettlichen, abstehenden Blättern, in deren Winkeln sich die großen tiefblauen Blüten gegenübersitzen.
Der Schwalbenwurz-Enzian wächst in Bergwäldern, Mooren, auf Waldwiesen und Abhängen

Schwalbenwurz-Enzian

Gefranster Enzian *Gentiana ciliata* (Familie: Enziangewächse *Gentianaceae*) Mitteleuropa, §1, blüht 8–10, ♃, hat 10–30 cm hohen Stengel mit langen lanzettlichen Blättern, hohe spitze Kelchblätter, himmelblaue große Blüte mit langen Fransen an den Kronzipfeln, liebt es trocken und steinig, von der Ebene bis zu 2200 m.

Stengelloser Enzian *Gentiana clusii* (Familie: Enziangewächse *Gentianaceae*) Alpen, Karpaten, Apenninen, §1, gefährdet, blüht 5–8, ♃, der große 5–8 cm hohe, blaue Kelch erhebt sich unmittelbar aus der Rosette schmaler, spitzer, ledriger Blätter, auf feuchten Wiesen bis zu 2700 m.

Schnee-Enzian *Gentiana nivalis* (Familie: Enziangewächse *Gentianaceae*) Mitteleuropa, §1, blüht 7/8, einjährige Pflanze, 1–15 cm, hat zarten, verzweigten Stengel mit kleinen gegenständigen Blättern, keine Blattrosette, sehr kleine, zierliche, leuchtende, fünfstrahlige Blüten mit langem grünlichem Kelch, auf Weiden und in Schneetälchen von 1600–3000 m.

Zarter Enzian *Gentianella tenella* (Familie: Enziangewächse *Gentianaceae*) Mitteleuropa, §1, blüht 7–9, einjährige Pflanze, Stengel 3–6 cm, nur am Grunde verzweigt, mit spärlicher Blattrosette, eilanzettförmigen, gegenständigen Blättern, vierspaltige, bläulichviolette, manchmal auch gelblichweiße Blüten, auf Weiden bis zu 2700 m.

Bitterer Enzian *Gentianella amarella* (Familie: Enziangewächse *Gentianaceae*) in ganz Europa weit verbreitet außer im Südosten, §1, ⚕, blüht 8–10, zweijährige Pflanze, hat 5 bis 15 cm hohen, reich verzweigten Stengel, kreuzgegenständige Blätter, in deren Achseln die rötlichvioletten Blüten zu mehreren auf verzweigten Stengelchen stehen, in Mooren und auf Wiesen.

Blauer Tarant *Swertia perennis* (Familie: Enziangewächse *Gentianaceae*) in fast allen süd-, mittel- und osteuropäischen Gebirgen, blüht 6–9, ♃, hat 10–50 cm hohen, aufrechten und kantigen Stengel mit unten gestielten, oben sitzenden Blättern, die stahlblauen bis purpurvioletten, radförmig ausgebreiteten, fünfblättrigen Blüten stehen in einfachen oder verzweigten Trauben, in Mooren und Sumpfwiesen

Halbkugelige Teufelskralle

Bärtige Glockenblume

Bärtige Glockenblume *Campanula barbata* (Familie: Glockenblumengewächse *Campanulaceae*) Mitteleuropa, blüht 6–8, ♃, hat 10–35 cm hohen, kräftigen, behaarten Stengel mit lanzettlichen Blättern, sehr hellblaue bis weiße, mit langen Wimpernhaaren gesäumte Glocken, reichen, traubigen Blütenstand, auf Bergwiesen von 1000 bis 3000 m.

Scheuchzers Glockenblume *Campanula scheuchzeri* (Familie: Glockenblumengewächse *Campanulaceae*) Mittel- und Südeuropa, blüht 7–9, ♃, hat 10–40 cm hohen, unverzweigten Stengel mit schmalen Blättern, Kelchblätter schmal, länger als die halbe Blüte, trägt meist nur eine große blaue Blütenglocke, auf Alpenwiesen von 1800 bis 3000 m.

Alpenglockenblume *Campanula alpina* (Familie: Glockenblumengewächse *Campanulaceae*) Gebirge Europas, blüht 7/8, ♃, hat 3–15 cm hohen, rauhbehaarten Stengel mit buschig angeordneten, schmallanzettlichen Blättern, mittelgroße blaue Glocken im traubigen Blütenstand, die an den Spitzen nur spärlich behaart sind, auf Bergwiesen bis zu 3000 m.

Bergaster *Aster amellus* (Familie: Korbblütler *Compositae* = *Asteraceae*) Gebirge von Mittel- und Südosteuropa, blüht 7–10, ♃, hat 30–60 cm hohen Stengel, verkehrt eiförmige Blätter, in Trugdolden stehende blauviolette Korbblüten, auf Felsenbändern und Karen bis 3000 m.

Alpenscharte *Centaurea raphontica* (Familie: Korbblütler *Compositae* = *Asteraceae*) Alpen, blüht 7–9, ♃, hat 40–150 cm hohen, starken Stengel, große, unterseits weißfilzige Blätter, sehr kräftigen, 5–11 cm breiten, rotbraun beschuppten Blütenkopf, distelartig, auf Grasbändern bis 2200 m.

Halbkugelige Teufelskralle *Phyteuma hemisphaericum* (Familie: Glockenblumengewächse *Campanulaceae*) Gebirge Mitteleuropas, blüht 7/8, ♃, hat einen etwa 4–10 cm hohen Stengel, Grundrosette aus langen lanzettlichen Blättern, vollen blauen Blütenkopf aus 10–12 Röhrenblüten, auf Wiesen bis 3500 m.

Es blühen gelb

neben dem uns bereits bekannten Gelben Eisenhut (S. 356), der Goldrute (S. 356), dem Hornklee (S. 106), dem Hahnenfuß (S. 101) und dem Wundklee (S. 154):

Brillenschötchen *Biscutella laevigata* (Familie: Kreuzblütler *Cruciferae* = *Brassicaceae*) ganz Europa außer Nordeuropa, fehlt auch in Norddeutschland, blüht 5–7, ♃, hat 10–40 cm hohen Stengel, fleischige, gezähnte und rauhhaarige Grundblätter, reiche Traube mit kleinen gelben, vierblättrigen

Kreuzblüten, Fruchtschötchen, die an gestielte Brillen erinnern, auf trockenen Wiesen und Hängen bis zu 2300 m.

Trollblume

Trollblume *Trollius europaeus* (Familie: Hahnenfußgewächse *Ranunculaceae*) Europa, §$_2$, †, blüht 5–8, ♃, hat 30–70 cm hohen Stengel mit kurzgestielten, handförmig fünfzähligen, tief eingeschnittenen, saftiggrünen Blättern, trägt nur eine große, goldgelbe, schwach duftende Blüte aus 5–10 Blütenhüllblättern, die sich zu einer Kugel schließen kann, auf feuchten Wiesen bis zu 2300 m.

Zweiblütiges Veilchen *Viola biflora* (Familie: Veilchengewächse *Violaceae*) Gebirge Europas, blüht 6–8, ♃, hat 8–15 cm hohen Stengel mit nur 1–2 breiten, nierenförmigen Blättern, zwei sich gegenüberstehende gelbe Blüten, auf feuchten, steinigen Plätzen bis zu 3000 m.

Alpen-Sonnenröschen *Helianthemum alpestre* (Familie: Cistrosengewächse *Cistaceae*) Alpen, blüht 6–8, ♃, hat 10–15 cm hohen, zarten Stengel, gegenständige, lanzettliche Blättchen, filzig behaarte Kelchblätter, lockere Traube kleiner fünfblättriger Blüten. Das Alpen-Sonnenröschen wächst auf steinigen Wiesen bis zu 2500 m.

Aurikel *Primula auricula* (Familie: Primelgewächse *Primulaceae*) Gebirge Mitteleuropas, §$_1$, blüht 5–7, ♃, hat 5–25 cm hohen Stengel, dicke fleischige Blattrosette, eine reichblütige, süß duftende Blütendolde mit kurzen Kelchen, ist von oben bis unten mehlig bestäubt, erinnert an die Schlüsselblume, auf kalkigen Felsen bis zu 2600 m.

Arnika

Arnika, Bergwohlverleih *Arnica montana* (Familie: Korbblütler *Compositae* = *Asteraceae*) Alpen, Pyrenäen, Karpaten, §$_2$, gefährdet, ‡, blüht 6–8, ♃, hat bis zu 60 cm hohen Stengel, Grundrosette breitlanzettlicher Blätter, aromatisch duftende goldgelbe Blüte, die an die gelbe Margerite erinnert, auf Wiesen bis 2000 m.

Goldfingerkraut *Potentilla aurea* (Familie: Rosengewächse *Rosaceae*) Alpen, ⚕, blüht 6–9, ♃, hat 4–35 cm hohen, geneigten Stengel, gefingerte, fünfteilige Blätter mit silberhaarigem Rand, einzelne gelbe Blüten mit fünf Blütenblättern, auf steinigen Wiesen bis zu 2700 m.

Strauß-Glockenblume *Campanula thyrsoidea* (Familie: Glockenblumengewächse *Campanulaceae*) Alpen, blüht 7–9, zweijährige Pflanze, hat 10–40 cm hohen, starren, rotbraunen Stengel, dicht mit abstehenden, lanzettlichen Blättern bedeckt, reiche, endständige, oft halbkugelförmige Blütenähre blaßgelber, enzianartiger Blüten, auf Felsen bis 2300 m.

Gelber Enzian

Gelber Enzian *Gentiana lutea* (Familie: Enziangewächse *Gentianaceae*) Mittel- und Südeuropa, §$_{1}$, gefährdet, ⚕, blüht 7/8, ♃, hat starken, 50–200 cm hohen Stengel, große, breite, gegenständige, tiefgefurchte Blätter, kleine gelbe Blüten mit 5–6 freistehenden, sich weit ausbreitenden Kronenblättern, auf Bergwiesen bis zu 2400 m.

Goldpippau *Crepis aurea* (Familie: Korbblütler *Compositae* = *Asteraceae*) Alpen, blüht 6–9, ♃, hat 15–30 cm hohen Stengel, löwenzahnähnlich gesägte Blätter, leuchtende tieforangegelbe bis feuerrote Blüte, Hülle dicht zottig. Der Goldpippau wächst auf Bergwiesen bis zu 2500 m.

Goldpippau

Zottiges Habichtskraut *Hieracium villosum* (Familie: Korbblütler *Compositae* = *Asteraceae*) Alpen, blüht 7–9, ♃, hat 15–30 cm hohen Stengel, ganzrandige Blätter, sehr lang und weiß behaart, löwenzahnähnliche gelbe Blüte, auf steinigen Hängen bis zu 2600 m.

Braunklee *Trifolium badium* (Familie: Schmetterlingsblütler *Leguminosae* = *Fabaceae*) Mitteleuropa, blüht 7/8, ein- bis dreijährig, 10–25 cm, ähnelt sehr dem Wiesenklee, hat gelbe Blütenköpfe, die nach der Blüte rundlich und braun werden und sich herabschlagen, auf Weiden und Geröll von 1500–2600 m.

Es blühen rot

neben dem uns schon bekannten Weidenröschen (S. 357), dem Kugelknabenkraut (S. 352) und dem Seidelbast (S. 276):

Mehlprimel *Primula farinosa* (Familie: Primelgewächse *Primulaceae*) Gebirge Europas, §$_1$, durch Entwässerung gefährdet, blüht 5–7, ♃, 5–20 cm, grundständige Blattrosette, Blätter unterseits mit Mehlstaub, Dolde rosaroter bis purpurvioletter Blüten, auf Flachmooren und feuchten Wiesen bis 2200 m.

Mehlprimel

Alpennelke

Zwergprimel *Primula minima* (Familie: Primelgewächse *Primulaceae*) Alpen und Karpaten, §$_1$, blüht 7/8, ♃, 1–4 cm, sehr kleine Blattrosette, fast stengellos, hat meist nur eine rosarote Blüte mit fünf gespaltenen Blättern, bevorzugt feuchte Wiesen und schiefriges Gestein bis zu 2800 m.

Orangerotes Habichtskraut *Hieracium aurantiacum* (Familie: Korbblütler *Compositae = Asteraceae*) Alpen, blüht 6–8, ♃, hat 20–45 cm hohen Stengel, schwach gezähnte, grundständige Blätter, 2–12 zu kleiner Dolde vereinigte, orange- bis purpurrote Korbblüten, bis zu 2500 m.

Alpennelke *Dianthus alpinus* (Familie: Nelkengewächse *Caryophyllaceae*) Alpen, blüht 6–8, ♃, hat 5–20 cm hohen Stengel, lange schmale Blätter, Grundrosette, große leuchtende rosarote Blüten, tief im Blütenschlund mit rot und weiß gesprenkelter Zeichnung, auf steinigen Hängen bis zu 2500 m.

Purpurfarbiger Enzian *Gentiana purpurea* (Familie: Enziangewächse *Gentianaceae*) Mittel- und Südeuropa, §$_1$, gefährdet, ⚕, blüht 7/8, ♃, hat 25–60 cm hohen Stengel mit großen, gegenständigen, breitlanzettlichen Blättern. Die außen hellpurpurroten, innen gelblichen, nach Rosen duftenden Blüten sind endständig oder in den oberen Blattwinkeln vereinigt, haben an der Seite aufgeschlitzten Kelch, auf Hängen bis zu 2700 m.

Ungarischer Enzian *Gentiana pannonica* (Familie: Enziangewächse *Gentianaceae*) Ostalpen und Karpaten, §$_1$, gefährdet, blüht 8/9, ♃, 15–50 cm, in Größe und Gestalt dem Purpurfarbigen Enzian sehr ähnlich, hat aber dunkelpurpurrote, schwarz punktierte Blüten, auf Bergwiesen bis zu 2200 m.

Purpurfarbiger Enzian

Blumen der Hochkare

Sie sind im unmittelbaren Gefolge der Flechten und Moose die kühnsten Pflanzenpioniere, große Lebens- und Anpassungskünstler, die es gelernt haben, nicht nur mit dem schroffen Temperaturwechsel, dem allzu starken wachstumhemmenden Sonnenlicht, dem ungewöhnlich zehrenden Wind fertig zu werden, sondern auch ihr so kurzes und schweres Leben auf die wenigen schneefreien Wochen auszurichten. Zu dichten Polstern vereinigt, tief geduckt, auf Sprossen von Ritze zu Ritze kriechend, den Schutt überwandernd und durchspinnend, stehen sie in der vordersten Front der den Berg festigenden und haltenden Pflanzen. Die meisten von ihnen stehen unter Naturschutz, und es sollte sie jeder wahre Freund der Berge vor den Händen sogenannter Blumenfreunde bewahren.

Es blühen weiß:

Felsenbaldrian *Valeriana saxatilis* (Familie: Baldriangewächse *Valerianaceae*) Mitteleuropa, blüht 6–8, ♃, 5–30 cm, hat grundständige, gestielte, lanzettliche Blätter, kahlen Blütenstengel, zierliche weiße Blüten in armblütigen Trugdolden, auf Geröll und Felsen bis zu 2300 m.

Blaugrüner Steinbrech *Saxifraga caesia* (Familie: Steinbrechgewächse *Saxifragaceae*) Alpen, §$_1$, blüht 6–9, ♃, bildet kleine, mit Kalk verkrustete, polstrige Rosetten aus dicken, stumpfen, bogig gekrümmten, bläulichen Blättchen, hat 5–7 cm hohen, beblätterten Stengel mit 2–5 fünfblättrigen, weißen Blüten, bis 3000 m.

Traubensteinbrech *Saxifraga paniculata* (Familie: Steinbrechgewächse *Saxifragaceae*) Gebirge Mittel- und Südeuropas, §$_1$, blüht 6–8, ♃, besitzt hohen, spärlich beblätterten Stengel, kugelige, strahlenförmige Rosette aus scharfgesägten, am Rande weißbeschuppten Blättern, runde Traube zierlicher, weißer, oft rot punktierter Blüten, auf Felsen bis 3000 m, sehr wärmeliebend, meist auf zerklüfteten Kalkfelsen.

Rundblättriger Steinbrech *Saxifraga rotundifolia* (Familie: Steinbrechgewächse *Saxifragaceae*) Gebirge Mittel- und Südeuropas, §$_1$, blüht 6–8, ♃, hat 10–60 cm hohen Stengel, keine Blattrosette, sondern rundliche, grobgesägte, langbewimperte Grundblätter, lockere Rispe fein rot und gelb punktierter, weißer Blüten, liebt es feucht und schattig, bis zu 2000 m.

Traubensteinbrech

Mannsschild – Steinbrech

Mannsschild-Steinbrech *Saxifraga androsacea* (Familie: Steinbrechgewächse *Saxifragaceae*) Gebirge Mitteleuropas, §$_{1}$, blüht 6–8, ♃, bildet Grundrosette aus weichen, zungenförmigen, am Rande gewimperten, meist dreizähnigen Blättern, hat 3–10 cm hohen, dicht behaarten Stengel, 1–3 weiße Blüten, auf feuchten Felsen bis zu 3000 m.

Alpenhornkraut *Cerastium alpinum* (Familie: Nelkengewächse *Caryophyllaceae*) Europa, blüht 7–9, ♃, hat 5–20 cm lange Stengel, gegenständige, breitlanzettliche Blätter, am Stengel 1–5 fünfteilige, ziemlich große, weiße Blüten, auf Geröll, Moränen, Gipfeln bis 3500 m.

Gletscherhahnenfuß *Ranunculus glacialis* (Familie: Hahnenfußgewächse *Ranunculaceae*) Nordeuropa und Hochgebirge, †, ⚕, blüht 7/8, ♃, hat 4–15 cm hohe Stengel, gefiederte Blätter, zahlreiche fünfblättrige Blüten, die innen weiß, außen rosa bis rot sind, Kelch von rotbräunlichen bis schwärzlichen Haaren dicht zottig, auf Urgestein bis zu 4250 m.

Weißer Alpenmohn *Papaver sendtneri* (Familie: Mohngewächse *Papaveraceae*) Alpen, blüht 7/8, ♃, hat 5–20 cm hohen, behaarten Stengel, gefiederte, grundständige Blätter, große, weiße Blüte, auf Kalkfelsen bis zu 2800 m.

Milchweißer Mannsschild *Androsace lactea* (Familie: Primelgewächse *Primulaceae*) Alpen, blüht 6–8, ♃, bildet rasenähnliche Rosetten aus schmalen, lanzettlichen Blättern, hat 5–20 cm hohen, kahlen Stengel, 1–5 weiße, fünfblättrige, primelähnliche Blüten mit gelbem Schlund, auf kalkigen Felsen auch noch bis zu 2400 m.

Schweizer Mannsschild *Androsace helvetica* (Familie: Primelgewächse *Primulaceae*) Alpen, §$_{1}$, blüht 5–7, ♃, 2–5 cm, bildet dichte, feste, halbkugelige Polster aus dicht geschindelten, graubehaarten Blättchen, auf dem die weißen, in der Mitte gelblichen Blüten wie angepreßt sitzen, auf Kalkfelsen bis zu 3500 m.

Gletschermannsschild *Androsace alpina* (Familie: Primelgewächse *Primulaceae*) Alpen, blüht 7/8, ♃, 2–5 cm, bildet lockere Polster aus samtig behaarten Blättchen, hat gestielte, weiße, fein rötlich überflogene Blüten, auf Urgestein, meidet Kalk, bis zu 4000 m.

Es blühen blau:

Alpenleinkraut *Linaria alpina* (Familie: Rachenblütler = Braunwurzgewächse *Scrophulariaceae*) Gebirge Mitteleuropas, blüht 6–9, ♃, hat niederliegende, 8–15 cm lange Stengel, längliche, quirlständige Blätter, blauviolette, gespornte Rachenblüten mit orangegelbem Gaumenfleck in kleiner Traube, auf kalkigem Schutt bis zu 3400 m.

Alpenleinkraut

Kleine Glockenblume *Campanula cochleariifolia* (Familie: Glockenblumengewächse *Campanulaceae*) Gebirge Mitteleuropas, blüht 6–8, ♃, bildet große dichte Rasen aus vielen Blattbüscheln, hat 8–15 cm hohen Stengel, zahlr. kleine hellblaue Blüten, im Geröll und auf Felsen bis zu 2900 m.

Schopfige Teufelskralle *Phyteuma comosum* (Familie: Glockenblumengewächse *Campanulaceae*) Alpen, §2, blüht 6–7, ♃, hat 5–12 cm hohen Stengel, gezähnte, längliche Hochblätter, gestielte, herzförmige, scharfgezackte Grundblätter, großen kugeligen Blütenkopf aus 3 cm langen, rosa bis violettroten, schwarzviolett bespitzten, röhrenförmigen Einzelblüten, in Felsspalten bis 3000 m.

Kurzblättriger Enzian *Gentiana brachyphylla* (Familie: Enziangewächse *Gentianaceae*) Alpen, §1, blüht 7/8, ♃, hat 3–6 cm lange Stengel, bodenständige Rosette aus rundlichen, kurz zugespitzten Blättern, kleine blaue Trichterblüten mit ungeflügelten Kelchkanten, auf Rasenplätzen der Gipfel und Grate bis zu 4200 m.

Es blühen gelb:

Kriechende Nelkenwurz *Geum reptans* (Familie: Rosengewächse *Rosaceae*) Mitteleuropa, blüht 7/8, ♃, hat 5–20 cm hohen Stengel, kriechende, lange, beblätterte Ausläufer, große Fiederblätter, sehr große leuchtendgelbe Rosenblüten, auf Geröll bis zu 3400 m.

Bergnelkenwurz *Geum montanum* (Familie: Rosengewächse *Rosaceae*) Alpen, blüht 5–8, ♃, 5–25 cm, der vorhergehenden in Gestalt sehr ähnlich, hat aber keine kriechenden Ausläufer und kleinere gelbe Blüten, Endfieder der Grundblätter sehr groß, auf Wiesen bis zu 2800 m.

Moschussteinbrech *Saxifraga moschata* (Familie: Steinbrechgewächse *Saxifragaceae*) Mitteleuropa, §1, blüht 7/8, ♃, bildet lockere Rasen aus grundständigen, 3- bis 5spaltigen Blättern, hat 2–10 cm hohen Stengel mit 1–3 endständigen, gelblichgrünen Blüten, bis zu 4000 m.

Immergrünes Felsenblümchen *Draba aizoides* (Familie: Kreuzblütler *Cruciferae* = *Brassicaceae*) Mittel- und Südosteuropa, §2, blüht 4–8, ♃, bildet zierliche Rosette aus kammförmig gewimperten Blättern, hat 4 bis 10 cm hohen Stengel mit kleiner Dolde goldgelber, vierblättriger Blütchen, auf Kalkfelsen bis zu 5000 m.

Es blühen rot:

Zwergbaldrian *Valeriana supina* (Familie: Baldriangewächse *Valerianaceae*) Mitteleuropa, blüht 7/8, ♃, bildet rasige, vielstenglige Büsche mit niederliegenden, nur am Ende aufsteigenden Trieben von 3–10 cm Länge, hat verkehrt eiförmige, am Rande gewimperte Blätter, kleine endständige Dolde winziger roter, röhrenförmiger Blüten, auf Kalkfelsen bis 2700 m.

Spinnwebige Hauswurz

Spinnwebige Hauswurz *Sempervivum arachnoideum* (Familie: Dickblattgewächse *Crassulaceae*) Alpen und Pyrenäen, §2, blüht 7/8, ♃, 5–12 cm, bildet kugelige Rosette aus fleischigen, spinnwebartig behaarten Blättern, hat hohen Stengel mit langen, lanzettlichen Blättern, reichen Stand purpurroter, vielstrahliger Blüten, auf Weiden bis zu 3000 m.

Stengelloses Leimkraut *Silene acaulis* (Familie: Nelkengewächse *Caryophyllaceae*) Nordeuropa und Hochgebirge, §2, blüht 6–9, ♃, 1–4 cm, bildet ausgedehnte, rasenartige Polster, hat niedrige, reich beblätterte Stiele, ist dicht mit kleinen rosaroten, fünfblättrigen Nelkenblüten bedeckt, kommt in männlichen und zwittrigen Exemplaren vor, auf Wiesen und Schutthalden auch noch bis 3600 m.

Stengelloses Leimkraut

Von den Tieren

Insekten der Schnee- und Felsregionen

Im Krummholzgürtel und auf den Wiesen, Matten und Weiden wimmelt es noch von Schmetterlingen, Käfern, Bienen, Hummeln, Wespen, Ameisen, Heuschrecken, Fliegen, Mücken, Landwanzen und Ohrwürmern, treffen wir zahlreiche uns bereits bekannte Insekten aus den Tälern und Ebenen. An den schroffen Hängen jedoch, über den weiten Geröllhalden, in den Schneetälchen, an den Gletschern und in der Zone des ewigen Schnees ist das Insektenleben arm. Denn dort oben sind die Lebensbedingungen so hart, daß selbst die an und für sich sehr zähen Insekten besondere Anpassungskünste entwickeln müssen, um sich zur Not erhalten zu können.

Gletscherfloh *Isotoma saltans* (Familie: Gleichringler *Poduridae,* Ordnung: Springschwänze *Collembola*) in allen europäischen Hochgebirgen, bis 2,5 mm, dicht schwarz behaart, ein Verwandter des uns schon bekannten Wasserspringschwanzes (S. 221), hüpft ebenfalls vermittels seines gabelförmigen Hinterleibsanhanges, den er kräftig gegen den Boden drückt, macht Sprünge von 10 cm, kommt auf den besonnten Gletschern und Firnbecken oft so häufig vor, daß die Stellen wie berußt erscheinen, birgt sich sonst unter Steinen und in Eisrissen, ist ein Staubfresser, der vor allem von dem heraufgewehten Blütenstaub der Nadelhölzer und Gräser lebt, legt seine winzigen gelbroten Eier an die Unterseite der dem Eis aufliegenden Steine, ist bis zu 4000 m Höhe anzutreffen, am häufigsten aber zwischen 2600 und 3000 m.

Schneefloh, Gletschergast *Boreus hiemalis* (Familie: Winterhafte *Boreidae,* Ordnung: Schnabelfliegen *Mecoptera*) Europa, 3 bis 5 mm, in norddeutschen Kiefernwäldern sehr verbreitet, häufig auch auf Moospolstern, Gletschern und in Firnbecken, erinnert an Heuschreckenlarven, Körper bräunlichgrün und glänzend, schlank, lange Fühler, lange Hinterbeine, die als Sprungbeine dienen, Flügel stark zurückgebildet, kann nicht fliegen, frißt tote und verletzte Insekten.

Felsenspringer *Machilis tirolensis* (Familie: Felsenspringer *Machilidae,* Ordnung: Felsenspringer *Archaeognatha = Thysanura*) Europa, 12–14 mm, metallisch braun mit längs verlaufender grauweißer Rückenbinde, hat körperlange Fühler, feinbeschuppten Leib, drei lange Schwanzborsten, von denen die mittlere und längste als Sprungstab dient, sonnt sich gern auf Steinen, unter denen er sich sonst birgt, das Weibchen hat eine Legeröhre, klebt seine Eier an Moose und Steine, schiebt sie in Spalten und Risse, kommt bis zu 4000 m vor.

Felsenspringer

Alpenapollo, Kleiner Apollo *Parnassius phoebus* (Familie: Ritter *Papilionidae,* Ordnung: Schmetterlinge *Lepidoptera*) Alpen, Schwarzwald, Jura, §, gefährdet, fliegt 6/7, spannt 62 mm, hat weiße Flügel, die schwarz und rot gefleckt sind, das Männchen ohne schwarzen Fleck am Hinterrand des Vorderflügels, das Weibchen dagegen an dieser Stelle mit einem schwarzen, oft rot gekernten Fleck die Hinterflügel bei ♂ und ♀ mit 2 roten

Alpenapollo (♀)

Flecken, Fühler bei beiden schwarzweiß geringelt, vertritt ab Knieholzgürtel den uns schon bekannten größeren Apollo (S. 161), fliegt nur bei Sonnenschein, ist sehr an den Fetthennenartigen Steinbrech gebunden, die Futterpflanze seiner samtschwarzen, zitronengelb gefleckten Raupe.

Schwarzer Apollo *Parnassius mnemosyne* (Familie: Ritter *Papilionidae,* Ordnung: Schmetterlinge *Lepidoptera*) von den Pyrenäen über Mitteleuropa bis Norwegen und bis zum Kaukasus, §, gefährdet, fliegt 5/6, spannt 62 mm, Flügel weiß, nur mit 2 schwarzen Flecken auf den Vorderflügeln, ihm fehlen die roten Flügelaugen, liebt feuchte Grasplätze zwischen 1000–1700 m, fliegt aber auch höher. Raupe walzenförmig, vorn und hinten verjüngt, schwarz behaart und orangerot gefleckt.

Alpenweißling *Synchloe callidice* (Familie: Weißlinge *Pieridae*) Alpen, §, fliegt 6–8, spannt 46 mm, Flügel weiß, Vorderflügel mit schwarzen oder bräunlichen Fleckenreihen, ist dem Kohlweißling sehr ähnlich, zwischen 2000 und 3000 m häufig.

Alpenbläuling *Albulina orbitulus* (Familie: Bläulinge *Lycaenidae*) Alpen, §, fliegt 5–8, spannt 26 mm, das Männchen ist oberseits leuchtend hellblau, das Weibchen dunkelbraun, auf Matten von 2000 m bis zur Schneegrenze.

Alpenwidderchen *Lycastes exulans* (Familie: Widderchen *Zygaenidae*) Alpen, §, fliegt 7/8, spannt 30–32 mm, hat plumpen Körper, ist auffallend schwarz und rot gezeichnet, fliegt nur im Sonnenschein zwischen 1600 und 3000 m.

Großer Alpenschwärzling *Erebia = Maniola pronoe* (Familie: Augenfalter *Satyridae*) Alpen, §, fliegt 7/8, ist düsterbraun, hat kleine schwarze Augen auf Vorder- und Hinterflügeln, die von einer helleren Binde eingefaßt sind, bis zu 3000 m häufig.

Kleiner Mohrenfalter *Erebia gorge* (Familie: Augenfalter *Satyridae*) Alpen, §, fliegt 6–8, ist düsterbraun, Vorderflügel mit rostrotem Band und je zwei schräggestellten Augenflecken, grau marmorierte Hinterflügel mit scharf begrenzter dunkler Binde, umflügelt oft den Bergsteiger, bis zu 4000 m Höhe.

Gletscherfalter *Oeneis aello* (Familie: Augenfalter *Satyridae*) Alpen, §, fliegt 6–8, spannt 48 mm, hat hellbraune Flügel mit dunklen Flecken, am häufigsten im Gebirge zwischen 2000 und 3000 m.

Vögel zwischen Sennhütte und Gipfelkreuz

Verhältnismäßig sehr eng umgrenzte Lebensstätten sind die Hochalmen und die Gipfelregionen der Alpen. Wir begegnen hier einer Anzahl Vögel, die wir sonst nirgendwo antreffen, dagegen recht wenigen alten Bekannten aus den Tälern und Wäldern. Zu den letzteren zählen der Wanderfalke (S. 375), der Uhu (S. 369), der Sperlingskauz (S. 370), der Kolkrabe (S. 375), das Auerhuhn (S. 371), das Schneehuhn (S. 372) und der Fichtenkreuzschnabel (S. 338). Alle anderen sind ausgesprochene Bergvögel, die nur selten und in sehr strengen Wintern in die Täler kommen.

Wasserpieper

Wasserpieper, Bergpieper *Anthus spinoletta* (Familie: Stelzen *Motacillidae*, Ordnung: Sperlingsvögel *Passeriformes*) Brutgebiet: Alpen, Süd- und Südosteuropa, §, gefährdet, ↓↑, ⌒, 16 cm, oberseits dunkelolivgrau, schwarzgrau längsgefleckt, unterseits grauweiß, hat breiten weißlichen Streif über den Augen, weißlich gesäumte Schwung- und Schwanzfedern, ist sehr zierlich.
Bewohnt die Alpenweiden und den Zwergstrauchgürtel zwischen 1800 und 2500 m, fliegt in kurzen Wellen und mit lockendem

»Ist-ist-ist« vor dem Bergwanderer her, erwartet ihn schwanzwippend, geht auch gern an den Bergbächen entlang, steigt in der Balzzeit lerchenartig trillernd in die Luft, brütet Ende Mai/Anfang Juni, das Weibchen sitzt etwa 14 Tage auf seinen 4–7 Eiern, das Nest steht auf der Erde oder im Knieholz oder zwischen Steinen.

Alpenbraunelle, Flühlerche *Prunella collaris* (Familie: Braunellen *Prunellidae,* Ordnung: Sperlingsvögel *Passeriformes*) Brutgebiet: Süd- und Südosteuropa, Alpen, §, gefährdet, ↓↑, 18 cm, oberseits asch- bis blaugrau, braun gefleckt, unterseits bräunlichgrau, seitlich zimtrote Flankenstreifen, hat weiße, schwarz gefleckte Kehle, weißgesäumte Unterschwanzdecken, rötlichgelbe Füße mit stark gebogenen Hinterzehen, erinnert in Gestalt und Farbe an die Feldlerche.
Bewohnt die steinreichen Hochtriften und Schuttfelder, hüpft sperlingsartig, sich oft bückend, zittert mit dem Schwanz, singt melodisch: »Diriwi-diriwie-düriediriwie«, stellt ihr kunstvoll geflochtenes Nest in Felsspalten, brütet erst im Juni.

Steinschmätzer *Oenanthe oenanthe* (Familie: Drosseln *Turdidae,* Ordnung: Sperlingsvögel *Passeriformes*) Brutgebiet: ganz Europa, §, gefährdet, ⌢, 4–9, 14–15 cm, oberseits hellaschgrau und weiß, unterseits weiß, hat schwarzbraune Schwingen und Schwanzspitze, Schwanzseiten weiß, gelbliche Brust, weißen Streif über den Augen, darunter schwarzen Zügelfleck, das Weibchen ist braunrückig.
Bewohnt die mit Felsblöcken übersäten Alpweiden zwischen 1000 und 2600 m, läuft flink, knixt oft, wippt mit dem Schwanz, ruft hart »Töck-töck«, singt trillernd und krächzend, stellt sein Nest zwischen Steine und in Erdhöhlen, bebrütet im April/Mai 5–7 hellblaue Eier.

Steinschmätzer

Mauerläufer *Tichodroma muraria* (Familie: Baumläufer *Certhiidae,* Ordnung: Sperlingsvögel *Passeriformes*) Brutgebiet: Alpen, Pyrenäen und Südosteuropa, §, gefährdet, ↓↑, mit 16,5 cm etwa sperlingsgroß, oberseits aschgrau mit dunkelgrauem Scheitel, unterseits schwarz, hat schwarzbraune Schwung- und Schwanzfedern, lebhaft karminrote bis rosenrote Flügeldecken, ist mit weißen Monden am Flügel wie Schwanz geziert,

Mauerläufer

kennzeichnet sich auch durch seinen sehr langen, dünnen, schwachgebogenen Schnabel.
Streift in den Alpen bis zu 3000 m Höhe, fliegt schmetterlingsartig, klettert an steilen Felswänden, stochert in Rissen und Spalten, läuft halb hüpfend, halb fliegend, stellt sein Nest in Felsenspalten, brütet im Juni.

Schneefink, Schneesperling *Montifringilla nivalis* (Familie: Sperlinge *Passeridae,* Ordnung: Sperlingsvögel *Passeriformes*) Pyrenäen, Alpen, Dinarisches Gebirge, §, gefährdet, ↓↑, mit 18 cm größer als Buchfink, oberseits graubraun überlaufen, Kopf aschgrau, Kehle schwarz, ist unterseits grauweiß, Schwungfedern weiß, braun und schwarz, Schwanzfedern schwarzweiß, Schnabel im Sommer schwarz, im Herbst und Winter wachsgelb mit schwarzer Spitze.
Bewohnt die Schutthänge, Moränen, Felsklippen und Schneefelder zwischen 2000 und 3000 m, nistet in Bergdörfern, Nistkästen und Felsenritzen als ein reiner Höhlenbrüter, legt seine 4–5 weißen Eier im Mai/Juni, zieht nach der Brut in Schwärmen umher, verirrt sich ganz selten in die Täler, hält Stimmfühlung durch ununterbrochene Rufe, die wie »Sittitsche-sittitsche« oder »Zuihk« klingen, hüpft und trippelt wie der Buchfink.

Ringdrossel, Alpenamsel *Turdus torquatus* (Familie: Drosseln *Turdidae,* Ordnung: Sperlingsvögel *Passeriformes*) Brutgebiet: südliches und nördliches Europa, §, ↓, ~, 3–10, mit 25 cm so groß wie die Misteldrossel, Gefieder braunschwarz mit weißlichen Federrändern, hat großen weißlichen, ringkragenähnlichen Fleck auf der Vorderbrust, der beim lichteren Weibchen schmäler und bräunlicher gewölkt ist, gleicht im Wesen und Benehmen der Schwarzamsel.
Bewohnt die oberste Waldgrenze bis über

Schneefink

den Knieholzgürtel hinaus, brütet selten unter 1000 m, singt vor der Morgendämmerung und nach Sonnenuntergang, ganz ähnlich wie die Misteldrossel, stellt ihr Nest in Legföhren, Grünerlen, zwischen Felsen, legt ihre 4–5 Eier ab Mitte Mai, fliegt nach der Brut höher ins Gebirge.

Felsenschwalbe, Steinschwalbe, Bergschwalbe *Ptyonoprogne rupestris* (Familie: Schwalben *Hirundinidae,* Ordnung: Sperlingsvögel *Passeriformes*) Brutgebiet: Alpen und Südeuropa, §, ↿, 15 cm, oberseits matt erdbraun bis hellbraungrau, Kinn und Kehle bräunlichweiß, ohne Brustband, sonst unterseits schmutzigweiß, hat schwärzlichen, breiten Schwanz, den ovale weiße Flecken zieren, nur beim gespreizten Schwanz zu sehen, schwarzen Schnabel, rötlich hornfarbene Füße.
Fliegt dicht an den Felswänden entlang, nistet und brütet unter vorspringenden und besonnten Simsen, aber nur selten in der alpinen Zone, sondern wesentlich tiefer, baut ihr Nest aus Lehm ganz ähnlich wie die Rauchschwalbe, nur etwas kleiner, verwendet bindende Halme so sparsam wie die Mehlschwalbe, brütet Ende Mai/Anfang Juni.

Felsenschwalbe

Ringdrossel

Tannenhäher (Abb. S. 402) *Nucifraga caryocatactes* (Familie: Rabenvögel *Corvidae,* Ordnung: Sperlingsvögel *Passeriformes*) Südskandinavien, Mittel- und Osteuropa, §, ⇃↿, mit 32 cm etwa von der Größe des Eichelhähers, durchweg dunkelbraun, auf dem Rücken, an den Kopfseiten, auf der Brust weiß gefleckt, weiße Unterschwanzdecken, hat langen, kräftigen, sehr spitzen Schnabel, kreischt laut »Krä-krä«. Bewohnt die oberste Waldgrenze bis weit über das Krummholz hinaus, schießt wie der Specht in Gleitflügen dahin, stellt sein kunstvoll geschichtetes, besonders warm gepolstertes Nest in Nadelbäume, legt ab Mitte März seine 3–4 Eier, beginnt schon nach der Ablage des ersten Eies zu brüten.

Bergdohle, Alpendohle *Pyrrhocorax graculus* (Familie: Rabenvögel *Corvidae*) Alpen und Südeuropa, §, ⇃↿, mit 38 cm etwa taubengroß, schlank, tiefschwarz, hat kurzen gelben

Schnabel, rote Beine. Bewohnt den Raum zwischen der Wald- und der Schneegrenze, verläßt die Höhen nur im Winter, ist recht gesellig, brütet oft in kleinen Kolonien, und zwar in den Spalten und Höhlen steiler, unzugänglicher Wände, legt ihre 4–5 gelblichen Eier im Mai/Juni, ist ziemlich zutraulich, oft recht dreist, trillert hell »Krü-krü-küri-krui«, wird oft mit der viel selteneren Alpenkrähe verwechselt.

Tannenhäher

Alpenkrähe *Pyrrhocorax pyrrhocorax* (Familie: Rabenvögel *Corvidae*) Küstengebiete von West- und Südeuropa, Spanien und Alpen, §, ↓, knapp 40 cm, also etwas größer als die Bergdohle, glänzend grün- und blauschwarz, hat langen, dünnen, bogenförmigen, korallenroten Schnabel, rote Füße.
Bewohnt den gleichen Raum wie die Bergdohle, tritt meist vereinzelt auf, fliegt sehr leicht und kunstvoll, ist vorsichtiger und zurückhaltender, nistet und brütet ebenfalls in Felswänden, legt ihre 5 Eier Mitte April, sitzt drei Wochen auf ihnen, streicht im Herbst und Winter in die tiefergelegenen Wälder und Täler.

Alpenkrähe

Steinadler (Abb. s. S. 382) *Aquila chrysaetos* (Familie: Greife *Accipitridae,* Ordnung: Greifvögel *Falconiformes*) Skandinavien, Südeuropa, Alpen und Karpaten, ganzjährig geschont, stark gefährdet, ↑↓, 76–89 cm lang, spannt über 2 m, ist der größte einheimische Adler, Gefieder in den ersten beiden Wurzeldritteln weiß, an der Spitze dunkelbraun, am Nacken und Hinterhals rostbraungelb, am Schwanz im Wurzeldrittel weiß, dann schwarz gebändert oder gefleckt, an den Hosen braun.
Horstet an steilen, unzugänglichen Felswänden der Hochgebirge, streift weit über die Gipfelwelt, jagt gern paarweise, wagt sich auch an größere Tiere wie Murmel, Schneehasen, Gemskitzen, Lämmer und Zicken, ist durchaus kein Kinderräuber, wie immer wieder behauptet wird, verteidigt nicht einmal seinen Horst, der ein gewaltiges Bauwerk mit einem Durchmesser bis zu 2 m ist, legt zwei, höchstens drei Eier, brütet 6 Wochen lang, zieht meist nur zwei Junge groß.

Kleine Säuger in großer Höhe

Über die Krummholzgrenze hinaus wagen sich nur wenige Säuger, und die wenigen echten Alpinisten unter ihnen können wir an unseren zehn Fingern abzählen. Wohl schnürt der Fuchs hin und wieder auch einmal um die Sennhütten und über die Almen, trollt der Dachs durch die Latschen, kobolzen das Hermelin und das Wiesel über die Kare, trippelt der Igel über die Weiden und besucht die Jagd- und Berghütten, turnt das schwarze Eichhörnchen durch die Wipfel der Sturmfichten und Zirbelkiefern, treten Hirsch und Reh auf die Matten hinaus, aber heimisch sind sie in der alpinen Region nicht. Immerhin paßt sich das Kleine Wiesel den Verhältnissen oberhalb der Waldgrenze schon so sehr an, daß es wie das Hermelin im Winter einen weißen Pelz trägt.

Alpenspitzmaus *Sorex alpinus* (Familie: Spitzmäuse *Soricidae,* Ordnung: Insektenfresser *Insectivora*) Alpen und Pyrenäen, §, Körper 7,5 cm, Schwanz bis 8 cm, hat den längsten Schwanz unter allen Spitzmäusen, eine sehr verlängerte Schnauze, ganz versteckte Ohren, rotbraune Zahnspitzen, Pelz oberseits schwärzlichgrau, unterseits weißlichgrau, wagt sich bis zu 2500 m empor, besucht die Gebirgsbäche wie die Berg- und Sennhütten, hält keinen Winterschlaf.

Murmeltier, Alpenmurmeltier *Marmota marmota* (Familie: Hörnchen *Sciuridae,* Ordnung: Nagetiere *Rodentia*) Alpen und Karpaten, ganzjährig geschont, mißt 48–57 cm, Schwanz 16–20 cm, Pelz dicht, lang, oberseits braunschwarz, im Nacken, an der Schwanzwurzel und unterseits rötlichbraun, an der Schnauze und den Füßen rostgelblichweiß, hat schwarze Augen und Krallen, braungelbe Vorderzähne, kommt aber auch in schwarzen, weißen und perlartig weißgefleckten Stücken vor.

Murmeltier

Bewohnt die Matten und Hochkare dicht unter der Schneegrenze, bevorzugt die südlichen, westlichen und östlichen Berghänge, gräbt sich kleine Höhlen für den Sommer, in denen es auch seine 2–4 Jungen wirft, wühlt größere und tiefere Winterwohnungen in der Nähe der Waldgrenze, in die es Heuvorräte einträgt und in denen es seinen langen Winterschlaf hält. Ist recht gesellig, lebt familien- und rudelweise, watschelt breitspurig dahin, setzt sich oft kerzengerade auf, lebt von Alpenpflanzen und ihren Wurzeln, stößt bei Gefahr gelle Schreie aus, die wie Pfiffe klingen, ist hier und dort schon so zutraulich geworden, daß es sich von den Bergwanderern füttern läßt.

Schneemaus, Alpenwühlmaus *Microtus nivalis* (Familie: Mäuse *Muridae,* Ordnung: Nagetiere *Rodentia*) ist das höchstlebende Säugetier der Alpen, mißt 14 cm, Schwanz bis 7,5 cm, ist also recht groß, Pelz hellgrau, dicht und lang, unterseits und zwischen den Schenkeln weißgrau, hat ovale Ohren, oben rötlichgrau behaarten und dicken weißgrauen Schwanz mit betonter Endquaste, läuft hochbeinig, trägt den Schwanz dabei frei.
Geht nicht tiefer als 1000 m, lebt im Bereich der Alpenrosen, Geröllhalden und Schneemulden zwischen 3000 und 4000 m, besucht Senn- und Berghütten, sammelt für den Winter große Samenvorräte, wirft zweimal im Sommer 4–7 Junge, hält ebenfalls keinen Winterschlaf.

Alpenfledermaus *Pipistrellus savii* (Familie: Glattnasen *Vespertilionidae,* Ordnung: Fledermäuse *Chiroptera*) Alpen, §, gefährdet, mißt 5 cm, Schwanz 3,4 cm, spannt 25 cm, ist oberseits dunkelbraun, goldschimmernd, unterseits etwas heller, hat kurzen Daumen, wagt sich bis zu 2600 m empor, flattert gleich nach Sonnenuntergang ziemlich hoch und weit über Weiden und Matten, birgt sich tagsüber unter den Dächern der Senn- und Berghütten, überwintert aber in tieferen und geschützteren Lagen, gern in Heuhütten.

Schneehase *Lepus timidus* (Familie: Hasen *Leporidae,* Ordnung: Hasenartige *Lagomorpha*) Alpen und nördliches Europa, ganzjährig, geschont, gefährdet, mißt 60 cm, Schwanz 6 cm, ist also kleiner als der Feldhase (S. 151), trägt im Winter einen weißen Pelz und behält vom braunen Sommerkleid nur die schwarzen Ohrenspitzen, verfärbt sich allmählich, ist in der Übergangszeit recht scheckig, nur der Schwanz ist immer rein weiß, hat höchstens ein paar graue Haare.
Bewohnt die Höhen zwischen 1300 und 3000 m, zieht sich im Winter in die Hochgebirgswälder zurück, hat in seinen weitgespreizten und dicht behaarten Zehen gute Schneeschuhe.

Auf schwindelnden Graten

Charaktertiere des Hochgebirges sind die Gemse und der Alpensteinbock, war vor der letzten Eiszeit auch das Wildschaf, der Mufflon, der hier und da versuchsweise wieder eingebürgert wurde. Der Steinbock war schon ganz ausgerottet, wurde aus den Beständen italienischer Schutzgebiete aber wieder eingebürgert und hält sich recht gut.

Gemse *Rupicapra rupicapra* (Familie: Rinderartige *Bovidae,* Ordnung: Paarhufer *Artiodactyla*) Hochgebirge Europas, mißt 100–130 cm, Schwanz 8 cm, Schulterhöhe 75 cm, trägt im Sommer ein schmutzig rostbraunes bis rostrotes Haarkleid, im Winter einen dunkelbraunen oder glänzend braunschwarzen Pelz, immer mit einem dunklen Aalstrich längs des Rückens, kennzeichnet sich durch die eigenartige Gesichtsmaske, zwei breite dunkle Streifen, die sich im sonst weißlichen Gesicht von der Nase über die Augen bis zu den Ohren hinziehen, sowie durch die angelhakenartig rückwärtsgekrümmten, nadelscharfen Hörner, die sogenannten Krickel oder Krucken, die etwa 25–30 cm lang werden, bei den Böcken weiter auseinander stehen und stärker gekrümmt als bei den Geißen sind, hat auf dem Rückenfirst bis zu 20 cm lange Haare, die den begehrten »Gamsbart« bilden.

Lebt vorwiegend in der Latschenregion unserer Alpen, steigt im Sommer auf die höchsten Gipfel und Grate, ist ein Tagtier, das vormittags bergabwärts äst, dann ruht, gegen Mittag wieder aufsteigt, danach eine Ruhepause einlegt und gegen Abend nochmals äst, zieht im Herbst und Winter auf die Sonnenseite der Berge und geht tiefer. Die Rudel führen erfahrene alte Geißen, die bei Gefahr aufstampfen und hell pfeifen.

Die Gemse springt bis zu 8 m weit und klettert unglaublich geschickt, wagt auch kühne Rutschfahrten, ist sehr scharfsinnig

Gemse

und vorsichtig. Die Brunftzeit dauert von Ende Oktober bis Dezember. Die Geiß trägt 26 Wochen, wirft in der Jugend ein Junges, später oft auch deren zwei und drei; die Kitze bleiben drei Jahre im Familienverband. Alte Böcke werden zu Einzelgängern.

Steinbock (Abb. S. 406) *Capra ibex* (Familie: Rinderartige *Bovidae,* Ordnung: Paarhufer *Artiodactyla*) Pyrenäen, Alpen und Kaukasus, ganzjährig geschont, gefährdet, mißt 150–160 cm, Schwanz 15 cm, Schulterhöhe 80–100 cm, trägt im Sommer ein rötlichgraues, im Winter ein gelblichgraues oder fahles Fell, immer ist der Rücken etwas dunkler und deutlich mit einem schwach abgesetzten hellbraunen Streifen geziert. Der starke, einzelgängerische Bock trägt ein stattliches, sichelförmig gebogenes, quergewulstetes Gehörn, das die Länge von 1 m erreichen kann, und einen kleinen runden Stutzbart, die Geiß ein wesentlich kleineres und schwächeres Gehörn von 20–30 cm Länge.

Die Geschlechter leben in getrennten Rudeln, die Geißen und Kitzen in tieferen Lagen als die Böcke, bevorzugen aber ebenfalls die Schattenseiten der Berge und erweisen sich gleichfalls als fast unempfindlich gegen Kälte, Sturm und Nahrungsmangel. Die Brunft fällt in den Dezember und Januar. Die Geiß trägt 5 Monate und wirft meist nur ein Junges. Zur Äsung zieht das nächtlich lebende Steinwild bis in die Knieholz- und die oberste Waldzone hinunter, ruht tagsüber auf hohen Gipfeln und Graten und bleibt auch im Winter den unwirtlichen Höhen treu.

Steinbock

Die braune Heide

Sumpfporst

Glockenheide

Sanfte braune Töne beherrschen das weite, flache, sanftgewellte Land, das wir Heide nennen. Blaubraun ist es am frühen Morgen, rotbraun am Mittag und purpurbraun beim Sonnenuntergang. Gelbbraun sind die sandigen Heidewege, kupferbraun die Stämme der Kiefern, dunkelbraun die Zweige des Heidekrautes, schwarz- und grünbraun die Wacholderbüsche, graubraun die einsamen Schafställe und Bienenstände und eisenbraun das Wasser in den Bächen und Tümpeln. Während der glühenden Sommertage liegt etwas vom violetten Flimmerdunst südlicher Wüsten über der Heide, und im weißen Schneekleid erinnert sie an die östlichen Steppen.

Die Heide siedelt sich auf moorigen, sandigen oder steinigen Böden an, also immer auf einem besonders nährstoffarmen oder stark wasserdurchlässigen Untergrund. Wir finden sie sehr häufig an den Waldgrenzen. So liegen die alpinen Heidegebiete an der Kältegrenze des Waldes, die großen Steppenheiden im Inneren Europas in der Übergangszone vom Wald zur Steppe, also an der Trockengrenze des Waldes.

Unser größtes deutsches Heidegebiet, die Lüneburger Heide, ist jedoch nicht durch natürliche Klimaeinflüsse oder ungünstige Bodenbeschaffenheiten entstanden, sondern ganz allein unter dem Einfluß des Menschen. Er hat durch den Raubbau an den ehemals riesigen Wäldern diese arme Landschaft selbst geschaffen. Ihr Boden ist heute genauso karg wie der Boden der Wüsten und Steppen, so daß selbst das bedürfnislose Volk der Zwergsträucher, der anspruchslose Ginster und Wacholder, die zähen Birken und Kiefern verhungern und verdursten müßten, wenn nicht der Wind vom nahen Meer immer wieder feuchte Luft über die Heide wehen würde. In trockener Luft könnten alle Heidepflanzen trotz ihrer Bündnisse mit den hilfreichen Wurzel- und Bodenpilzen, trotz ihrer hochentwickelten Anpassungskünste nicht bestehen. Und sie sind die Entbehrungen so sehr gewohnt, daß ihre durchweg sehr flach streichenden Wurzeln in einem nahrungsreichen Boden verfaulen. Mit anderen Worten: die Heidepflanzen sind es gewohnt, gleichsam von der Hand in den Mund zu leben. Nur das wenige Wasser und der unergiebige Rohhumus, der in dem kaum 20–30 cm tiefen Sand- und Moorboden anfällt, ist für sie nutzbar. Gleich darunter liegt der schieferartig gepreßte, fest verkittete, zementharte Ortstein, den keine Pflanzenwurzel und kein wühlendes Tier zu durchbohren vermag. Die Pflanzen der Heide sind wahre Hungerkünstler geworden, und von den Tieren wird dieses arme Land weitgehend gemieden, abgesehen von den Insekten und nur ganz wenigen Schlangen, Vögeln und Säugern.

Von den Pflanzen

Die Welt der Zwergsträucher

Unter den Pflanzen, die sich das Heideland eroberten, sich ihm anzupassen vermochten, stehen die kleinen Zwergsträucher an erster Stelle. Sie alle, ob Heidekraut oder Glockenheide, ob Heidel-, Preisel- oder Trunkelbeere, ob Moos- oder Krähenbeere, ob Rosmarinheide oder Sumpfporst, haben es gelernt, sich zu ducken, dicht verschränkte Polster zu bilden, ihre Stengel zu verholzen, sich schmale und ledrige, eingerollte und immergrüne Blätter zuzulegen. Auf diese Weise schützen sie den Grund vor Wind und Sonne, schaffen sie sich einen eigenen kleinen Tau- und Wasservorrat, verhindern sie eine zu rasche Verdunstung, widerstehen der Last des Schnees und bewahren sich vor den hungrigen Mäulern der Schafe.

Heidekraut, Besenheide *Calluna vulgaris* (Familie: Heidekrautgewächse *Ericaceae*) Europa, ♄, blüht 6–10, ♃, blüht oft so reich, daß das ganze Land rot erglüht. Die verholzten, 20–100 cm hohen Stengel tragen nadelförmig zusammengerollte, unterseits fein behaarte Blättchen und sind an ihren Enden mit einseitswendigen Trauben von rosenroten, glöckchenförmigen Blüten bedeckt. Die purpurbraunen Staubbeutel und der rosenrote Griffel überragen die Kronenblätter. Wächst nicht nur in der Heide, sondern auch in Kiefernwäldern wie auf den unbewaldeten Höhen unserer Mittelgebirge, klettert in den Alpen bis über den Latschengürtel hinaus.

Schnee-Glockenheide *Erica herbacea = carnea* (Familie: Heidekrautgewächse *Ericaceae*) Mitteleuropa außer Polen und Ungarn, blüht 2–6, ♃, bis 50 cm hoher, dicht verzweigter und reich beblätterter Strauch, hat bis 1 cm lange, nadelartige, wintergrüne, in dichten Quirlen stehende Blätter. Die dunkelroten, selten weißlichen Blüten stehen in vielblütigen, einseitswendigen Trauben, sind glockenförmig. Auf Felshängen, in lichten Wäldern.

Preiselbeere

Glockenheide, Sumpfheide (Abb. S. 407) *Erica tetralix* (Familie: Heidekrautgewächse *Ericaceae*) Europa außer Südeuropa, blüht 7–8, ♃, liebt moorigen Boden, hat 15–30 cm hohe Stengel, steifhaarig bewimperte hellgrüne Blättchen, hellrosafarbene Blüten, die in Köpfchen beisammen stehen. Die einzelne Blüte ist urnenförmig.

Preiselbeere, Kronsbeere *Vaccinium vitis-idaea* (Familie: Heidekrautgewächse *Ericaceae*) Europa außer Iberische Halbinsel, blüht 5–7, ♃, hat niederliegende Stämmchen, 10–30 cm hohe Stengel, die dichte Polster bilden, ledrige, immergrüne Blättchen. Die krugförmigen, nickenden, weißen oder rosafarbenen, vierspaltigen Blütchen stehen dichtgedrängt in kleinen Trauben. Die scharlachrote Beere ist reich an Zitronensäure. Heimisch auch in vielen Mittelgebirgen, Kiefern- und Fichtenwäldern, in den Alpen bis über 3000 m.

Heidelbeere, Bickbeere, Blaubeere *Vaccinium myrtillus* (Familie: Heidekrautgewächse *Ericaceae*) ganz Europa außer Türkei, ⚕, blüht 5/6, ♃, bildet eng verfilzte 15 bis 50 cm hohe Büsche, bedeckt weite Strecken der Heide, der Nadelwälder, der Höhenrücken aller Gebirge, steigt in den Alpen bis zu den Matten empor, hat krautige, spitzeiförmige, feingesägte, sehr frostempfindliche Blätter, die sich im Winter schwarzviolett verfärben. Die unterirdischen Kriechtriebe streichen meterweit, lassen keinen Graswuchs aufkommen. Die einzelnen rosig überhauchten, fünfzähnigen Blütenglöckchen der Heidelbeere sind unter dem Laub verborgen. Im Juli reifen die blauschwarzen Beeren.

Trunkelbeere, Moorbeere, Rauschbeere, Sumpfheidelbeere *Vaccinium uliginosum* (Familie: Heidekrautgewächse *Ericaceae*) Gebirge Mittel- und Südeuropas, (†), blüht 5–7, ♃, 25–90 cm, erinnert sehr an Heidelbeere, ist aber derber und hat ungezähnte,

Heidelbeere

ganzrandige, sommergrüne, netzadrige, unterseits bläulichgrüne Blätter an stielrunden Stengeln. Die weißen, oft rötlich überhauchten Blütenglöckchen hängen gehäuft unter den Blättern. Die schwarzen, blaubereiften Beeren schmecken fad, das grünliche Fruchtfleisch und der farblose Saft enthalten einen unbekannten Giftstoff, der vor allem Schwindel erregt. In allen Mooren, Gebirgen und in den Alpen.

Trunkelbeere

Moosbeere, Kranichbeere *Vaccinium oxycoccus* (Familie: Heidekrautgewächse *Ericaceae*) Europa außer Südeuropa, blüht 5–8, ♃, bis 80 cm, spinnt ihre langen, zierlichen rötlichen Ranken über Moospolster, hat lebhaft grüne, unterseits aschgraue Blättchen, hebt ihre nickenden roten Blüten mit den 4 zurückgeschlagenen Kronblättern an fadendünnen roten Stielen hoch empor. Die zu einer Hohlpyramide verwachsenen Staubfäden erinnern an einen roten Schnabel. Die roten, sehr säuerlichen Beeren werden nach dem ersten Frost gepflückt.

Krähenbeere *Empetrum nigrum* (Familie: Krähenbeerengewächse *Empetraceae*) fast ganz Europa außer Südosteuropa, (†), blüht 5/6, ♃, 15–60 cm, wächst niedrig, fast rasig, hat nadelartig eingerollte Blätter. Die rötlichen Blüten sind sehr klein, sitzen in Quirlen an den Stengeln und zwischen den Blättern. Die schwärzliche Beere schmeckt fad. In der Heide wie im Torfmoor und in den Alpen.

Rosmarinheide, Gränke *Andromeda polifolia* (Familie: Heidekrautgewächse *Ericaceae*) Europa, fehlt in Südeuropa mit Ausnahme Italiens, †, blüht 4–6, ♃, 10–40 cm, hat wintergrüne, ledrige, eingerollte Blätter und an langen Stielen hängende, krugförmige, rosenrote Blütenglöckchen, 2–8 in lockerer Traube, liebt moorige Böden.

Sumpfporst, Großer »Wilder Rosmarin« (Abb. S. 407) *Ledum palustre* (Familie: Heidekrautgewächse *Ericaceae*) Nord-, Mittel- und Osteuropa, fehlt in Süd- und Westdeutschland, †, blüht 5–7, ♃, in Torfmooren, feuchten Nadelwäldern, wird 60–120 cm hoch, hat immergrüne, schmale, ledrige, unterseits rostfarbene und filzige Blätter, die stark würzig und betäubend riechen. Die fünfblättrigen weißen, selten rötlich überhauchten Blüten bilden eine große endständige, reichblütige Dolde.

Echte Bärentraube *Arctostaphylos uva-ursi* (Familie: Heidekrautgewächse *Ericaceae*) ganz Europa außer Griechenland und Türkei, ⚕, blüht 4–7, ♃, in Kiefernwäldern, auch auf Felshängen, niederliegender, weitkriechender Spalierstrauch mit ledrigen, immergrünen, nicht eingerollten Blättern. Die fast kugeligen, tief fünfspaltigen Blüten stehen in Trauben, sind weiß bis rosa. Die roten Beeren sind eßbar.

Alpen-Bärentraube *Arctostaphylos alpina* (Familie: Heidekrautgewächse *Ericaceae*) Nordeuropa und Gebirge Mitteleuropas, blüht 4–7, ♃, kalkliebende Art, der Echten Bärentraube ähnlich, aber Blätter nur im Sommer grün, im Herbst eintrocknend, Blüten weiß mit grünem Schlund, Beere anfangs rot, dann blauschwarz.

Wacholder, Birke und Kiefer

Die ausgesprochenen Charakterpflanzen der Heide sind neben dem Heidekraut vor allen anderen der dunkle Wacholder, der flammende Ginster, die helle Birke und die anspruchslose Waldkiefer. Gleich dunklen Wächtern stehen die Wacholderbüsche auf den windgekämmten Hügeln und an den sandigen Wegen. Goldene Säume webt der Ginster um die Kiefernforste. Licht und Leben bringen die weißen Stämme und die hellgrünen, immer bewegten Wipfel der Birken in die gedeckten Töne des schwermütigen Landes.
Die Moorbirke, die auch in der Heide häufig vorkommt, stellen wir erst im nächsten Kapitel »Im Flach- und Hochmoor« (S. 434) vor. Den Besenginster (S. 85) und den Färberginster (S. 154) lernten wir schon auf den Bahndämmen und den sonnigen Hängen kennen.

Wacholder *Juniperus communis* (Familie: Zypressengewächse *Cupressaceae*) Europa, §1, ⚕, †, blüht 4–6, ♃, auf freier Heide ein bis zu 10 m hoher Strauchbaum in Säulenform, im Kiefernwald niedriger, struppiger und strauchartiger. Die braunen

Wacholder (♀), Strauch

Zweige tragen graugrüne, spitze, stachlige Nadelblätter. Der Wacholder ist getrenntgeschlechtlich zweihäusig. Die weiblichen Sträucher tragen winzige knospenartige Blüten und zugleich kleine grüne unreife wie reife blaue Beeren. Die männlichen Sträucher treiben im Frühjahr eiförmige gelbe Kätzchen in den Achseln der Nadelquirle. Vom Blühen bis zum Fruchten braucht der Wacholder drei Jahre, wächst auch sehr langsam, kann über 100 Jahre alt werden, duftet aromatisch. Aus den Beeren wird der Steinhäger, Gin und Genever gewonnen.
Ein naher Verwandter ist der in süddeutschen Heiden lebende hellgrüne, strauchartige **Sadebusch** *Juniperus sabina*, §1, †, blüht 4/5, ♃, bis 2 m, der kurze, dreieckige, den Zweigen so dicht wie Schuppen anliegende Nadeln hat.

Hängebirke, Weißbirke, Gemeine Birke *Betula pendula = verrucosa* (Familie: Birkengewächse *Betulaceae*) Europa, ⚕, blüht 4/5, ♃, bis 25 m, wir lernten sie bereits als Straßenbaum (S. 63) kennen. Die feinen, durchhängenden, bewegten Zweige und die hoch hinaufreichende, schwarz-weiß gefleckte, rissige Borke charakterisieren sie. Die jungen Zweige tragen kleine harzige Wärzchen.
Hier in der Heide gelingt es ihr nicht immer, einen glatten, hohen Stamm zu bilden, sie muß sich oft ducken und kümmert als halber Busch.

Waldkiefer, Gemeine Kiefer, Föhre *Pinus silvestris* (Familie: Kieferngewächse *Pinaceae*) Europa, blüht 5–6, ♃, gedeiht auf dem ärmsten Sand- und Moorboden, hat ein weitstreichendes, sehr entwickeltes Wurzelwerk, das von der Pfahlwurzel aus sich weit und flach durch den Boden zieht, ist in der Heide aber doch sehr wuchsgehemmt und vermag sich nicht voll zu entfalten. An günstigeren Standorten kann sie einen Stammdurchmesser von anderthalb Metern, eine Höhe von 40–45 m und das Alter von 500–600 Jahren erreichen

Ihre charakteristischen Merkmale sind: anfangs rötliche Rinde, später graubraune, leicht schilfernde Borke, pyramidenförmig gestaffelte, starke Äste, von denen die unteren bald absterben, so daß sich eine ausgeprägte Schirmkrone entwickelt, zu zweit stehende, lange, harte und trockene Nadeln. Die jungen hellgrünen Maitriebe stehen so gerade wie aufgesteckte Kerzen.

Die ♂ Staubblüten am Grunde der jungen Langtriebe gleichen den Kätzchen der Laubbäume. Die ♀ Samenblüten an der Spitze der Maitriebe sind rötliche Zäpfchen. Der Fruchtzapfen braucht drei Jahre, um zu reifen, löst sich erst im vierten Jahr vom Baume. Er ist 2–4 cm dick und 3–7 cm lang. Die Samen bleiben 3–4 Jahre keimfähig. Erstes Blühen und Fruchten zwischen dem 30. und 50. Lebensjahr.

Im Forstbetrieb wird sie für Grubenhölzer zwischen dem 40. und 60., für wertvolles Nutzholz zwischen dem 80. und 120. Lebensjahr geschlagen. Sie liefert Holz für

Waldkiefer

Bahnschwellen, Brückenbauten, Möbel, Parkette, Türen, Fensterrahmen, Rohstoff für Pappen und Packpapier, Terpentinöl, Kienöl, Teer, Schiffspech, Druckerschwärze, Schuhwichse und nicht zuletzt gutes Brennholz.

Die anspruchslosen Flechten

Wo der Boden so arm ist, daß selbst Birken und Kiefern nicht mehr zu leben vermögen, die Zwergsträucher verkümmern, Ginster und Wacholder fehlen, dort siedeln sich die Flechten an, bedecken weithin den nackten Sandboden und schaffen die erste dünne Rohhumusdecke. Sie sind die Pioniere der Pflanzenwelt, die Erstbesiedler des toten, sandigen und steinigen Landes. Als dünne, ledrige, graue, silbrige Kruste auf dem Grund, als farbenfreudiges Ornament auf den Steinen, als krauser Bewuchs und hängende Bärte kümmernder und sterbender Büsche und Bäume treten sie auf, saugen das Wasser und die Nährstoffe aus der Luft, werden zunderdürr und pulvertrocken in der Sonnenglut und quellen doch wieder auf, sobald es regnet.

Zwei der einfachsten und urtümlichsten Pflanzen, ein Pilz und eine Alge, haben in der Flechtengestalt eine Dauerehe für Lebenszeit geschlossen. Der Pilz sorgt für das Wasser und die Salze, die Alge liefert die organischen Baustoffe. Und immer sind es zahlreiche Algen, die sich mit einem Pilz zusammentun, die entweder vom Pilzgeflecht durchwachsen oder umsponnen werden oder aber im Pilzleib selbst wohnen. Ohne die Algen könnte der Pilz nicht bestehen, während sie durchaus ohne ihren Partner leben können.
In der Heide begegnen wir hauptsächlich folgenden Flechten:

Rentierflechte *Cladonia rangiferina* (Familie: Becherflechten *Cladoniaceae*) ♃, 8 cm, bildet silbrige Rasen und Polster, ist zierlich und strauchartig verästelt, häufig auch in kümmernden Kiefernwäldern, im hohen Norden weit verbreitet, in Lappland für Tiere und oft auch für Menschen die einzige Nahrung.

Rentierflechte

Becherflechte *Cladonia pyxidata* (Familie: Becherflechten *Cladoniaceae*) ♃, 2–3 cm, haftet in kleinen blattartigen, weißgrauen Schuppen am Boden, bildet graugrüne Fruchtträger aus, die an Trompeten und Becher erinnern und an ihrem oberen Rand kleine braun- bis dunkelrote Fruchtknöpfchen tragen. Im Kiefernwald auf Sandboden.

Islandflechte, Isländisches Moos *Cetraria islandica* (Familie: Schüsselflechten *Parmeliaceae*) ⚕, ♃, 15 cm, vielteilig gelappt, graubraungrünlich, mit braunen, scheibenförmigen Fruchtkörpern an den oberen Lappenrändern. Wurde lange Zeit als Heilpflanze gegen langwierige Katarrhe verwendet.

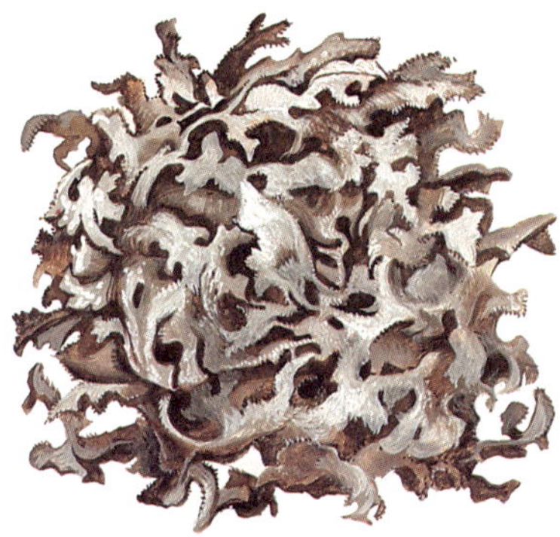

Islandflechte

Schildflechte *Parmelia physoides* (Familie: Schüsselflechten *Parmeliaceae*) ♃, 8 cm, laubartig gelappt, graugrün, überzieht die Stämme und Äste der in Heide und Moor um ihr Leben kämpfenden Bäume.

Astflechte *Ramalina calycaris* (Familie: Schüsselflechten *Parmeliaceae*) ♃, 10 cm, strauchartig, mit hängenden, plattgedrückten, grüngrauen Zweigen, auf denen große gelbliche, schüsselförmige Fruchtkörper sitzen, hängt von den Ästen herab, besonders häufig auf Eschen.

Gemeine Bartflechte *Usnea barbata* (Familie: Bartflechten *Usneaceae*) ♃, bis 50 cm, hängt als grüngrauer Bart an den Kiefern im Sand- und Moorboden wie an alten Nadelbäumen im Hochwald. Die gewimperten grünen Schildchen an den rundlichen Ästen sind die Fruchtträger.
Die Gemeine Bartflechte bildet in strengen Wintern eine Art Notnahrung für Rehe und Hirsche.

Gemeine Bartflechte

Von den Tieren

Die Honigbiene

Wenn die Heide blüht, kommen die Imker von weit her mit ihren Bienenvölkern. Tausende Zentner besten Honigs tragen die fleißigen Tierchen in wenigen Wochen allein in der Lüneburger Heide zusammen. Diese gewaltige Leistung versteht nur der zu würdigen, der weiß, daß die einzelne Honigbiene rund 500 einzelne Blüten besuchen muß, um ihre 50 mm^3 fassende Honigblase auch nur einmal zu füllen. Sie müßte, um 1 kg Honig einzutragen, etwa 60 000mal ausfliegen. Da die Lebensdauer der Arbeitsbiene während solch angestrengter Sammeltätigkeit höchstens 40 Tage währt, müssen also Hunderte von Bienen ihr Leben hingeben, um nur 1 kg Honig liefern zu können. Nunmehr leuchtet es auch ein, daß ein gutes Volk von 40 000–70 000 Bienen im Jahr durchschnittlich nicht mehr als 6–7 kg Honig bringt. Bei besonders günstigen Trachtbedingungen kann man allerdings auch 50 kg Honig und mehr ernten.
Entnimmt man dem Bienenstock das gesamte Sammelgut, so muß man wenigstens einen Teil durch Zuckerwasser wieder ersetzen, denn die Bienen benötigen unbedingt eine gewisse Futterreserve für den Winter und zur Aufzucht der Brut.

Honigbiene *Apis mellifera* (Familie: Bienen *Apidae*, Ordnung: Hautflügler *Hymenoptera*) weltweite Verbreitung, §.

Körperbau: Die Honigbiene hat einen dicht bepelzten Leib, vier durchsichtige, geäderte Flügel, die durch Häkchen am Vorderrand des Hinterflügels zu zwei Tragflächen verbunden werden. Sie hat knieförmig gebrochene, kurze Fühler, zwei große Netzaugen, drei kleine Punktaugen auf der Stirn, einen mäßig langen Saugrüssel mit Löffelchen an der Spitze sowie Haftballen und Krallen an den Füßen.

Arbeitsbiene: 13–15 mm, mit Körbchen, Pollenschieber und Bürste an den Hinterbeinen – der in die Körbchen abgestreifte Pollen bildet die sogenannten gelben Pluderhöschen –, trägt einen kräftigen Stachel am Ende des Hinterleibes, braucht 21 Tage zu ihrer Entwicklung in der Zelle, lebt weitere 21 Tage im Stock, hat Innendienst als Zellenreinigerin, Larvenfütterin, Bauarbeiterin und Wächterin und wird erst danach zur Feldbiene. Lebensdauer rund 6 Wochen.

oben links: Arbeitsbiene, unten links: Drohne, rechts: Königin

Drohne: männliche Biene, 17 mm, plumper und dicker als die Arbeitsbiene, die Netzaugen stoßen auf der Stirn zusammen, der Rüssel ist verkümmert, die Flügel sind länger als der breite Hinterleib, ist stachellos, fliegt schwankend und mit hängenden Beinen, summt stark, entwickelt sich aus unbefruchteten Eiern, braucht dazu 24 Tage, treibt sich untätig im Stock herum. Im Spätsommer werden in einer regelrechten »Drohnenschlacht« alle Drohnen aus dem Stock vertrieben oder erstochen. Die auserwählte Drohne, die auf dem Hochzeitsflug die junge Königin begattet, verliert dabei ebenfalls ihr Leben.

Königin: 19 mm, schlanker langer Hinterleib, den die Flügel nur zu ⅔ bedecken, starker Stachel, verkümmerter Rüssel, braucht zu ihrer Entwicklung in einer besonderen, größeren, sogenannten Weiselzelle nur 16 Tage, da sie auserwähltes Futter erhält. Legt täglich 1500–3000 Eier, wird gefüttert, verläßt während der Schwarmzeit und vor der Geburt neuer junger Königinnen den Stock, reißt einen großen Teil des Volkes mit sich.
Die auserwählte junge Königin wird nunmehr von den Arbeitsbienen aus ihrer Zelle befreit, tötet alle anderen noch ungeschlüpften Königinnen und übernimmt den alten Stock. Lebensdauer bis zu 5 Jahren.

Der Schwarm: Die Schwarmzeit setzt Mitte Mai ein und kann bis Mitte August andauern, sie zeigt sich dadurch an, daß die Arbeitsbienen in Klumpen untätig vor dem Flugloch sitzen. Meist fliegen die Bienen nicht weit, setzen sich bald in dichter Traube an Äste und werden von ihnen in daruntergehaltene Kästen abgeschlagen.

Der Stock: Die wilden Honigbienen bauen in einen hohlen Baum. Unsere Honigbienen bekommen vom Imker einen geflochtenen Korb oder einen Holzkasten angeboten, in dem in genau bemessenem Abstand etliche Holzrähmchen senkrecht zum Flugloch hängen. In die Rahmen können die Bienen nun bequem ihre Waben bauen. Das dazu benötigte Wachs sondern ihre Wachsdrüsen an den Bauchschienen der vier letzten Hinterleibsringe in Gestalt feiner Schüppchen ab. Jede einzelne Zelle ist genau sechseckig, am Grunde napfartig vertieft, am oberen Ende gerade abgeschnitten, zumeist 5 mm breit und 7 mm lang.

Die Sinnesfähigkeiten: Die Biene besitzt hoch entwickelte Sinne. Sie orientiert sich sehend, riechend, schmeckend und tastend, prägt sich in Probeflügen zuerst den Stock, dann die nähere Umgebung ein, richtet sich bei ihren oft kilometerweiten Flügen nach dem Stand der Sonne, vermag den anderen Bienen genau den Weg zur entdeckten Honigweide anzugeben, gebraucht dazu einige Ausdruckstänze, ist die Tracht nahe am Stock den sogenannten Rundtanz, ist die Tracht weiter entfernt als 35–85 m den sogenannten Schwänzeltanz. Je größer die Entfernung bis zur Honigquelle ist, desto langsamer wird geschwänzelt. Die Tänze werden entweder gleich vor dem Flugloch oder auf den senkrechten Waben ausgeführt.

Schwänzeltanz

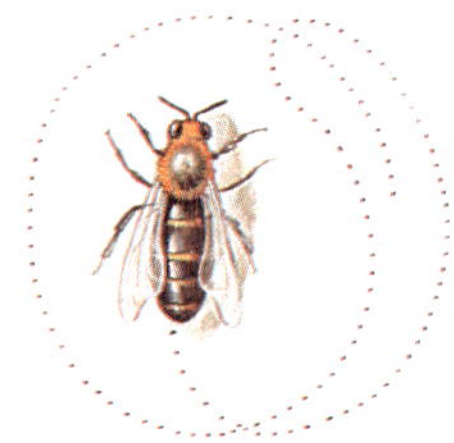

Rundtanz

Die wild und einzeln lebenden Bienen

Im Gegensatz zu den staatenbildenden Honigbienen und Hummeln und Wespen leben alle anderen Bienen einsam, fehlen bei ihnen die unentwickelten Weibchen, also die Arbeiter, und ruht die ganze Last der Brutfürsorge auf dem einzelnen weiblichen Tier. Wie bei den Honigbienen sind die Baufähigkeiten hoch entwickelt. Unter den Wildbienen gibt es besonders viele Erdarbeiter, Maurer und Tapezierer. Alle tragen ebenfalls Nektar und Blütenstaub ein, füllen damit die Brutzellen, bestiften sie mit ihren Eiern, überlassen die Larven dann aber ihrem Schicksal, lernen also ihren Nachwuchs nicht kennen. Viele bauen gern gemeinsam und sind wenigstens in dieser Zeit recht gesellig.

Wandpelzbiene *Anthophora parietina* (Familie: Bienen *Apidae,* Ordnung: Hautflügler *Hymenoptera*) Europa, hauptsächlich in wärmeren Teilen Südwestdeutschlands, §, 15 mm, schwarz behaart, Brust und Vorderteil des Hinterleibes gelbbraun, Hinterleib ohne helle Binden, hummelähnlich, nistet in alten Lehmwänden, schützt den Eingang zur röhrenartigen Bruthöhle durch ein wasserhahnähnliches Röhrchen aus Lehm.

Holzbiene *Xylocopa violacea* (Familie: Bienen *Apidae*) Süd- und Mitteleuropa, in wärmeren Gebieten Deutschlands häufig, §, 20–23 mm, einfarbig, glänzend blauschwarz, violette Flügel, dicker Kopf, hummelähnlich, nistet in morschen Bäumen und Pfählen, dringt schabend waagerecht ein, bohrt dann eine senkrechte, bis 30 cm lange Röhre, die mit einem gesonderten, unteren, rechtwinkligen Ausgang versehen wird. In der Röhre können bis zu zwölf Zellen übereinander stehen.

Hosenbiene *Dasypoda hirtipes* (Familie: Bienen *Apidae*) Europa, §, 11–15 mm, ♀ mit sehr langen, fuchsrot gefärbten Sammelhaaren an den Hinterbeinen, schwarzer Hinterleib mit gelben Haarbinden, gräbt im sandigen Boden eine 40–60 cm lange Röhre, die erst schräg aufwärts führt und zu mehreren Brutkammern erweitert wird, nistet gern gesellig.

Mörtelbiene *Chalicodoma muraria* (Familie: Bienen *Apidae*) Süd- und Mitteleuropa, in wärmeren Gebieten Deutschlands häufig, §, 16–20 mm, ♀ samtschwarz, rostrote Bauchsammelbürste, durchsichtige schwärzliche Flügel, ♂ fuchsrot, Flügel durchsichtig, bräunlich. Klebt an steinige Wände etliche kleine Fingerhüte aus Sand und Mörtel, füllt sie mit Honig, bestiftet sie mit Eiern und tarnt sie mit einem Anwurf so glänzend, daß das ganze Gebilde einem angespritzten Dreckklumpen gleicht.

Blattschneiderbiene *Megachile centuncularis* (Familie: Bienen *Apidae*) in warmen Gebieten Europas, §, 10–12 mm, schwarz, sparsam gelb behaart, weiße Hinterleibsbinden, am Bauch rotbraune Sammelhaare, schneidet aus Rosenblättern runde und ovale Stückchen, tapeziert damit ihre Bruthöhle, die sich oft in alten Käferbohrlöchern, Mauerspalten und Rohrstengeln befindet.

Mohnbiene *Osmia papaveris* (Familie: Bienen *Apidae*) fast ganz Europa, §, 10–11 mm, schwarz, gelb behaart, gräbt Bruthöhle in sandiges Erdreich, tapeziert sie ausschließlich mit den roten Blättern des Klatschmohns oder mit den blauen der Kornblume und füllt sie vorwiegend mit Nektar und mit Pollen von der blauen Kornblume.

Zweifarbige Mauerbiene *Osmia bicolor* (Familie: Bienen *Apidae*) Nord- und Mitteleuropa, §, 9–10 mm, Kopf und Brust blauschwarz, Hinterleib dicht bronzefarben bis rot behaart, baut ihre 3–4 Zellen in leere Schneckenhäuser, über die sie dann Kiefernnadeln zeltartig stellt, die Zwischenräume mit Moos verstopft und auf diese Weise das ganze Schneckenhaus versteckt.

Rote Mauerbiene *Osmia rufa* (Familie: Bienen *Apidae*) Europa, §, 12 mm, Kopf und Brust blauschwarz, Hinterleib bronzefarben, baut ihre Zellen aus Lehm, 12–20 nebeneinander, bevorzugt Mauer- und Hauswände.

Holzbiene

Hosenbiene (♀)

Die Weg-, Wiesen- und Knotenameisen

Im Schutz der Zwergsträucher entwickelt sich ein reiches, heimliches und weitgehend ungestörtes Insektenleben, wimmelt es von Laufkäfern, Heuschrecken, Wolfs- und Krabbenspinnen, sind besonders stark die kleinen gelben, braunen, schwarzen und roten Ameisen vertreten. Auch sie bilden langlebige und volkreiche Staaten, betreiben eine hochentwickelte Brutpflege, sind gelernte Erdarbeiter, betätigen sich als Blatt- und Wurzellauszüchter, als Wegelagerer, Insektenvertilger und Aasfresser, kleine Aufräumer und Straßenkehrer der Natur, lüften, lockern und verbessern das Erdreich.

Wie die Honigbienen sind sie in die Kasten der ungeschlechtlichen, bei ihnen ungeflügelten Arbeiter, der geflügelten größeren Männchen und Weibchen aufgeteilt.

Obwohl die einzelnen Ameisenarten untereinander immer im Krieg leben, sich sogar die Angehörigen der gleichen Art heftig bekämpfen, wenn sie aus verschiedenen Nestern stammen, kann man doch unter einem einzigen Stein oft die Nester verschiedener Weg-, Knoten- und Wiesenameisen finden. Auch die Ameisen scheinen also eine Art von Burgfrieden zu kennen, wenn sie sich an besonders günstigen Nistplätzen treffen. Alle die hier geschilderten Ameisen verdienen unseren Schutz. Auf die Brutpflege und das Leben im Ameisennest kamen wir bereits bei den Waldameisen (S. 324) ausführlich zu sprechen.

Rote Knotenameise *Myrmica laevinodis* (Familie: Ameisen *Formicidae,* Ordnung: Hautflügler *Hymenoptera*) fast ganz Europa, 4,5–5,5 mm, rotbraun, bald heller, bald dunkler, bevorzugt das sandige Heideland, gern unter Steinen, stachelbewehrt, angriffslustig.

Gelbe Wiesenameise *Lasius flavus* (Familie: Ameisen *Formicidae*) Europa, 2–4 mm, bernsteingelb bis bräunlich, lebt unterirdisch und fast ausschließlich von den Säften der Wurzelläuse, die sie wie Haustiere hegt und pflegt, denen sie Ställe und gedeckte Gänge bis zu den Pflanzenwurzeln gräbt, für deren Brut sie sorgt. Ihre Bisse sind sehr schmerzhaft.

Schwarzbraune Wegameise *Lasius niger* (Familie: Ameisen *Formicidae*) Europa, 3 bis 4 mm, Kopf und Hinterleib schwarzbraun bis schwarz, Brust bräunlich, überall in Feldern, Wiesen und Wäldern, gern unter Steinen, die Nester sind mit festen, bis 30 cm hohen, größeren Erdkuppeln versehen, legt gedeckte unterirdische Gänge bis zu den Plätzen der Blattläuse an, von deren Säften sie vorwiegend lebt und die auch in ihrem Nest überwintern.

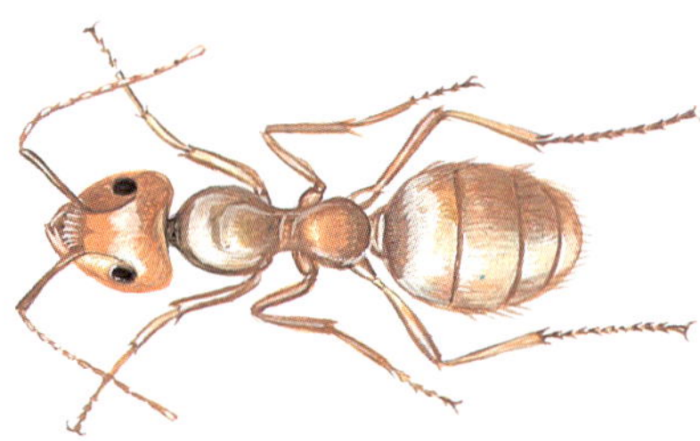

Gelbe Wiesenameise

Die drei Charaktervögel der Heide

Von den verhältnismäßig wenigen Vögeln, die im baumarmen Heideland, am Rand der Moore, in den lichten Kiefernwäldern leben, sind eigentlich nur die kleine Heidelerche, die seltsame Nachtschwalbe und das stattliche Birkhuhn als echte Charaktervögel der stillen Heide anzusehen.

Heidelerche *Lullula arborea* (Familie: Lerchen *Alaudidae,* Ordnung: Sperlingsvögel *Passeriformes*) Brutgebiet: Europa, abgesehen vom äußersten Norden, §, ↓, ~, 2–10, mit 15 cm kleiner als Feldlerche, oberseits rostfahlbraun, unterseits rostweißlich, hat braunschwarze Schwingen und weißliche, im Genick zusammenstoßende Augenstreifen, läuft mit kleinen schnellen Schritten, richtet ihre kleine Holle auf und legt sich bei Gefahr platt auf den Boden, frißt hauptsächlich Insekten.

Heidelerche

Das Nest steht in einer kleinen Vertiefung unter Wacholderbüschen, Zwergsträuchern, im Grase, birgt 4–5 grau und braun gefleckte, rötliche Eier. Brütet zweimal, bildet fest zusammenhaltende Familienverbände. Ihr Gesang ist Anfang März bis August zu hören. Sanft lockend steigt sie empor, schwebt flötend und trillernd lange im Luftraum, beendet das Lied dann gern auf einem Busch oder Baum, singt auch nachts.

Nachtschwalbe, Ziegenmelker, Tagschläfer *Caprimulgus europaeus* (Familie: Nachtschwalben *Caprimulgidae,* Ordnung: Nachtschwalben *Caprimulgiformes*) Brutgebiet: Europa, abgesehen vom äußersten Norden, §, gefährdet, ~, 4–8, mit 27 cm etwa amselgroß, weder eine Schwalbe noch ein Milchtrinker, sondern ein nächtlicher Insektenfänger mit rindenfarbigem, eulenartig weichem Gefieder, kurzem, breitgeschlitztem Schwalbenschnabel und sehr seitlich stehenden Augen. Trippelt flott und zierlich auf auffallend schwachen Füßen, fliegt lautlos und pfeilschnell, steht rüttelnd in der Luft, rutscht jäh ab, umkreist den nächtlichen Wanderer neugierig, fliegt aufs Licht wie die Eulen, wackelt vor der Landung wie ein wehendes Blatt, setzt sich stets in Längsrichtung auf die Äste, drückt sich flach auf den Boden, baut kein Nest, legt ihre zwei Eier auf den Boden, brütet 16 Tage lang. Ihr Lied erinnert an ein weithin hörbares, auf und ab klingendes Schnurren. Aufgestört, läßt sie ein heiseres »Dack-dack« vernehmen, bei Gefahr faucht sie gleich einer Eule.

Nachtschwalbe

Birkhuhn *Lyrurus tetrix* (Familie: Rauhfußhühner *Tetraonidae,* Ordnung: Hühnervögel *Galliformes*) Nord-, Ost- und Mitteleuropa, auch in England und Schottland, ganzjährig geschont, stark gefährdet, ↓, ♂ 61,5 cm, ♀ 42 cm, Männchen schwarzes Gefieder, am Kopf, Hals und Unterrücken stahlblau schimmernd, Flügel mit weißen Binden, Schwanz tief gegabelt und leierartig ausgebogen, Unterschwanzdecken schneeweiß, Auge braun, Schnabel schwarz, Augenbrauen und eine nackte Stelle ums Auge hochrot. Weibchen rostgelb und rostbraun mit weißer Flügelbinde und Gabelschwanz.

Die Balz beginnt in der zweiten Märzhälfte und endet Mitte Juni. Um Mitternacht beginnen die auf einem bestimmten Balzplatz versammelten Männchen mit gesträubten Federn, hängenden Flügeln und hochaufgeschlagenem Schwanz zu zischen, zu fauchen, zu kollern, im Kreis herumzuspringen, den Kopf tief auf den Boden zu drücken, sich um sich selbst zu drehen, heftig mit den Flügeln zu schlagen und endlich wütend aufeinander loszugehen. Die Balz findet immer auf der Erde statt und währt bis zum Sonnenaufgang.

Birkhahn

Im Mai scharrt sich die Henne eine Mulde unter Büschen, legt 6–15 gelbbraune Eier und bebrütet sie allein 26–27 Tage. Der Hahn lebt für sich. Das Birkhuhn bevorzugt Heiden und Moore, auch im Hochland, sitzt vorwiegend auf Birken, verlangt reiches Unterholz und beerentragende Sträucher, ist nur noch in der Rhön und in den Alpen in größeren Beständen anzutreffen.

Die Schafe

Es ist noch keine hundert Jahre her, da bestand der Reichtum des Heidebauern aus seinen Schafherden, aus seinen kleinen blaugrauen Heidschnucken, die mit dem bescheidensten Futter vorliebnahmen und doch gute Wolle und zartes Fleisch lieferten. Aber diese Schafherden sorgten dafür, daß die Heide immer trostloser und ärmer wurde. Denn das Schaf verbeißt die Gräser und Kräuter bis zu den Wurzeln, zertritt die dünne Humusschicht mit seinen scharfen Hufen und fördert also die Verödung und Verkarstung einer Landschaft.

Doch damals war man noch nicht darauf gekommen, die steinharte Ortsteinschicht unter der dünnen Bodennarbe mit Spezialpflügen aufzubrechen und also auch das Heideland wieder für den Ackerbau aufzuschließen. Damals gedieh und wuchs nur der Buchweizen und der kümmerlichste Hafer, lebten die Heidebauern vorwiegend

eben von der Schafzucht, der Bienenzucht und der Torfstecherei. Heute wogen dort schon weite Getreidefelder, wo damals noch die vielhundertköpfigen Schafherden dahinzogen.
Heute ist die große Zeit der Heidschnucken so endgültig vorbei, daß der Heideschäfer schon zu einer seltenen Erscheinung geworden ist. Leer stehen die meisten der großen grauen Schafställe mit den schönen alten Strohdächern und den gekreuzten Pferdeköpfen am Giebel. Es fehlt uns heute ganz einfach an Weideland, an Ödland für das Schaf. Wir sind aber auch nicht mehr so sehr auf die Schafwolle angewiesen. Und immer mehr setzt sich die Erkenntnis durch, daß der durch die Schafzucht erzielte Gewinn dem Aufwand nicht länger entspricht.

Heidschnucke *Ovis ammon aries* (Familie: Rinder *Bovidae,* Ordnung: Paarhufer *Artiodactyla*) weltweit verbreitet, 55–60 cm hoch, gehörnt, Wollpelz bis 15 cm lang, blaugrau bis hellgrau, am Kopf und an den Beinen schwarzhaarig und ohne Wolle. Durchschnittsgewicht 10–20 kg.
Das Weibchen wirft nach einer Tragezeit von 20–25 Wochen ein oder zwei Lämmchen, die fast unmittelbar nach ihrer Geburt schon fest auf den Beinen stehen und sofort imstande sind, der ziehenden Herde überall hin zu folgen.

Heidschnucke

Andere Schafrassen: In Deutschland gewannen wechselnde Bedeutung das mittelgroße, weiße, schwarzköpfige, hornlose **Rhönschaf,** das gleichfalls ungehörnte, aber größere und schwerere, weißköpfige **Frankenschaf,** das schwere und hohe **Ostfriesische Milchschaf** und das kurzschwänzige, hornlose und kräftige **Marschschaf.** Von den eingeführten Rassen setzte sich vor allem das wohlbeleibte und langwollige **Merinoschaf** sehr durch.

Europäisches Mufflon, Wildschaf *Ovis ammon musimon* (Familie: Rinder *Bovidae*) Körperlänge 120 cm, Schwanz 10 cm, Schulterhöhe 65–70 cm, oberseits rotbraun, Schnauze und Unterseite weiß. Der Bock trägt ein 80 cm langes rückwärtsgebogenes Horn mit vielen Ringen. Alle aufgeführten Schafrassen stammen höchstwahrscheinlich von diesem Wildschaf ab. Es lebt heute noch in geringen Restrudeln in den Gebirgen Korsikas und Sardiniens, war vor der letzten Eiszeit in ganz Europa zu Hause und ist heute in vielen europäischen Ländern, auch in Deutschland, wieder als Wildtier eingebürgert.

Das Wildkaninchen

Der lockere und warme Sandboden, der Reichtum an schmackhaften Rinden, der durch die verholzten Stengel der Zwergsträucher gegeben ist, die geringe Besiedlung des Landes durch seinen gefährlichsten Feind, den Menschen, und das verhältnismäßig geringe Auftreten von Wieseln, Mardern und Füchsen, Habichten und Großeulen, hat die Heide zur bevorzugten Heimat des Wildkaninchens werden lassen. Der Schaden, den der kleine flinke Nager sonst im bebauten Kulturland und im Nutzforst anrichtet, fällt hier nicht ins Gewicht.

Wildkaninchen *Oryctolagus cuniculus* (Familie: Hasen *Leporidae,* Ordnung: Hasenartige *Lagomorpha*) Europa, Gesamtlänge 52,5 cm, davon Schwanz 7 cm, der graue Pelz spielt oberseits ins Gelbbraune, an der Brust ins Rotgelbe, an den Seiten und Schenkeln ins Lichtrostfarbene, ist unterseits, am Schwanz und an der Innenseite der Beine weiß. Die Ohren sind kurz und haben keine schwarzen Spitzen. Es liebt sandige, verklüftete, buschige Landschaften, wühlt sich tiefliegende Kammern, im Winkel gebogene Röhren mit mehreren Ausgängen, baut gesellig, lebt aber streng paar- und familienweise getrennt. Die Rammelzeit beginnt im Februar/März, nach rund vier Wochen setzt die Häsin 5–10 nackte, blinde Junge, wirft noch sechs- bis siebenmal bis in den Oktober hinein, fast alle fünf Wochen.

Wildkaninchen

In Flach- und Hochmoor

Gemeine Seejungfer

Überall, wo sich heute die schwermütigen und dunklen Moore ausbreiten, blinkten einst, vielleicht vor tausend, vielleicht vor zehntausend und noch mehr Jahren, die grüngerandeten Spiegel großer Seen. Denn die Moore sind im wortwörtlichen Sinne gewachsene Erscheinungen. Im großen Haushalt der Natur spielen sie die Rolle von großen, wichtigen und praktisch unversiegbaren Wasserreservoiren, die den Grundwasserspiegel ihrer Umgebung weitgehend bestimmen und auch das örtliche Klima beeinflussen.

Eine Nutzbarmachung unserer Moore ist darum ein verfängliches und folgenschweres Unternehmen, und die Folge davon ist meistens, daß man wenige dürftige Äcker, die man gewinnt, mit der geringeren Fruchtbarkeit weiter Landstriche bezahlen muß.

Wie ein Moor entsteht

Auf dem Wege vom See bis zum Hochmoor hat fast jedes Moor viele und sich mit großer Regelmäßigkeit gleichbleibende Entwicklungsstufen zu durchlaufen, die ausschlaggebend von den verschiedensten Pflanzen bestimmt werden.

Die erste Rolle spielen die sogenannten Verlander, also die Seggen und Binsen, das Schilfgras und das Schilfrohr, die sich am Seeufer ansiedeln und sich aus ihren eigenen Lebensüberresten eine Vegetationsgrundlage, nämlich den Faulschlamm, schaffen. Dieser Faulschlammstreifen rückt von Jahr zu Jahr weiter in den See vor, und bald können vor dem Schilfgürtel schon die Tauch- und Schwimmpflanzen gedeihen, bedeckt sich der Spiegel des Gewässers mit den grünen Teppichen der Teich- und Seerosen, des Froschlöffels und Froschbisses, des Pfeilkrautes und Wasserknöterichs, der Wasserpest und Wasserlinsen, des Wasserhahnenfußes, des Tausendblattes, Laichkrautes und vieler anderer schwimmender und tauchender Wasserpflanzen.

Immer mächtiger wird nun die Faulschlammdecke auf dem Seegrund, füllt ihn von unten her auf. Die Luft vermag diesen Schlamm nicht mehr zu durchdringen, es bildet sich der erste Muddetorf, und das helle Auge des Sees erlischt. An die Stelle der tauchenden und schwimmenden Pflanzen treten nun beherrschend die sauren Gräser, die Seggen und Binsen. Aus dem See wird ein Grasmoor, ein Ried, ein Sumpfland, aus dem sich die Grashorste in hohen Bülten und kleinen Inseln bereits erheben.

In dieses Sumpfmoor, das typische Flachmoor, wandern nunmehr die Schwarzerlen ein, die einzigen Bäume unserer Heimat, die es fertigbringen, gleichsam auf Wurzelstelzen im Wasser zu stehen. Bald siedeln sich neben ihnen Weiden und Faulbäume an, rankt sich der Hopfen lianengleich an ihnen empor, blühen unter ihnen die gelben Wasserschwertlilien.

Unaufhörlich geht die Torfbildung vor sich. Jetzt rücken langsam auch Birken und Kiefern neben die wieder in den Hintergrund tretenden Erlen, wuchert der Sumpfporst, blühen zahlreiche Orchideen. Die Vegetationsdecke hebt sich beträchtlich in dieser Zeit. Schon können viele Zwergsträucher sowie die Himbeere, der Holunder, das Pfaffenhütchen, der Kreuzdorn Fuß fassen. Bis eines Tages das Grundwasser die starke Torfschicht nicht mehr zu durchdringen vermag, das Erlen- und Birkenmoor regelrecht erstickt, die Büsche und Bäume wieder verkümmern. Nur noch die Pflanzen können sich jetzt halten, die es verstehen, vom Regenwasser und Tau allein, ja vom angewehten Staub zu leben.

Es beginnt die große Zeit der Torfmoose. Öd, grau, bleich und trostlos wird das Flachmoor, anklagend ragen aus ihm, die nackten Stämme und Strünke der schon eingegangenen oder sterbenden Birken und Kiefern, die sperrigen Verhaue der verdorrten Büsche, die allmählich alle unter die sich unaufhaltsam erhöhende, immer üppiger wuchernde Moosdecke sinken. Neue Lagen von Moostorf schichten sich verhältnismäßig schnell auf, im Zentrum des Moores hebt sich der Grund dadurch uhrglasförmig: die Geburtsstunde des Hochmoores – das also durchaus nicht im Hochland liegen muß – hat geschlagen.

Wie von einem Hügel rinnen von diesem aufgewölbten Moor die Regenwasser ab. Das schon leidlich feste Standmoor wird wieder zu einem Schwingmoor, der Boden schwankt unter den Füßen des Wanderers, teefarbones Wasser füllt seine Fußstapfen und wird schnell wieder von den Moosen aufgesogen. Die Umgebung des Hochmoores bekommt reichlich von seinem Wasserüberschuß ab, wird ebenso langsam wie sicher in seinen Bann gezogen. Trostlose Gürtel ertrinkender Fichten- und Kiefernwälder, bleiche, gestürzte und modernde Stämme bilden seinen vorgerückten Saum. Das Hochmoor greift aus und an, bis seine überschüssigen Wasser den Weg in die nächsten Bäche und Flüsse gefunden haben und es damit seine Grenzen selbst absteckt.

Von den Pflanzen

Die Moospolster

Wie ein Schwamm saugt das Moos das Regenwasser und den Tau auf. Sechs bis sieben Liter speichert ein Quadratmeter Moosdecke und hält sie acht bis vierzehn Tage lang fest. Aus einer Handvoll des Torfmooses können wir mehr Wasser drükken, als wir mit zwei Händen zu schöpfen vermögen. Für den Wald ist das Moos darum einem wertvollen Feuchtigkeitsregulator gleichzusetzen, einem Wasserspeicher im kleinen, wie es das Moor einer im großen ist.
Als eine der urtümlichsten Pflanzen entwickelt das Moos auf zumeist getrennten Pflanzen wasserhelle Schläuche mit männlichen Schwärmzellen, die mit Hilfe zweier Wimpern schwimmen und in die flaschenförmigen Eizellen der weiblichen Pflanzen eindringen. Die befruchteten Eizellen entwickeln langgestielte, kleine rote Fruchtkapseln mit Sporen, die sich im Boden zu einem verzweigten Fadengeflecht auswachsen und aus deren Knoten die neuen Moospflänzchen sprießen.

Sumpf-Torfmoos *Sphagnum palustre* (Familie: Torfmoose *Sphagnaceae*) schattenliebend, in Wäldern und Mooren, 10–25 cm, fast farblose, bleiche, grüngraue, schwammige Polster. Stengel mit grau abblätternder Rinde. Die Äste am Stengel sind unten quirlständig, oben büschelförmig, dicht sternförmig gedrängt. Sporenkapsel kugelig und schwarzbraun.

Spitzblättriges Torfmoos *Sphagnum acutifolium* (Familie: Torfmoose *Sphagnaceae*) in feuchten Wäldern, Heiden und Mooren, 5–15 cm, große schwammige Polster von blaßgrüner, oft auch rötlich überhauchter, purpurner oder rotbrauner Farbe. Der Stengel trägt peitschenförmige Ästchen, die sich am Gipfel zu einem kleinen Schopf verdichten und schuppenartige, hohle, glatte

Blättchen tragen. Aus dem gipfelständigen Schopf wachsen die zahlreichen dunkelbraunen bis schwärzlichen Sporenkapseln.

Gemeines Widertonmoos, Goldenes Frauenhaar *Polytrichum commune* (Familie: Widertonmoose *Polytrichaceae*) 10–40 cm, üppig schwellende dunkel- bis blaugrüne Polster in allen feuchten Wäldern. Die Stengel tragen spiralig angeordnete 8 bis 12 mm lange, dünne, spitze, scharf gesägte Blättchen, die sich bei den männlichen Pflanzen am Gipfel rot färben, eine kleine Rosette bilden und die keulenförmigen Schläuche enthalten. Die weiblichen Pflanzen tragen eine gipfelständige, sehr lang gestielte grüne Sporenkapsel mit einer goldenen oder braunroten, seidig glänzenden Haube, die sich leicht abheben läßt.

Gemeines Widertonmoos

Spitzblättriges Torfmoos

Besen-Gabelzahnmoos *Dicranum scoparium* (Familie: Gabelzahnmoose *Dicranaceae*) bis zu 10 cm hoch, große, lockere, glänzend grün bis bräunlichgrüne Rasen, hat gabelästigen, mit Wurzelfilz überzogenen Stengel, einseitswendig, sichelförmig gekrümmte, schmale Blätter. Deckel der Fruchtkapseln sehr lang geschnäbelt.

Die Moorgräser

Seggen und Binsen, Sauer- und Riedgräser kennzeichnen das Flachmoor im Übergang zum Erlenmoor. Von den echten Gräsern unterscheiden sie sich durch ihre Härte und Saftlosigkeit, durch das Fehlen der Stengelknoten, durch die von weißem Mark erfüllten Stengel, durch ihre oft kratzenden, sägenden und schneidenden Blätter. Ihre Blütenstände scheinen seitlich aus den Stengeln zu brechen, sind aber ebenfalls endständig. Die Blütenscheide ist nur so lang, daß es aussieht, als ob sich der Stengel über dem Blütenstand fortsetzt.

Knäuelbinse *Juncus subuliflorus = conglomeratus* (Familie: Binsengewächse *Juncaceae*) Europa außer Island, blüht 6/7, ♃, hat 30–60 cm hohen, stielrunden, graugrünen, gestreiften Stengel mit hell- bis rotbraunen, dicht geknäuelten Rispenästen.

Flatterbinse *Juncus effusus* (Familie: Binsengewächse *Juncaceae*) Europa außer Island, blüht 6–8, ♃, hat 30–100 cm hohen, starren, dicken, dunkelgrünen, meist bleich-, seltener braunscheidigen Stengel, lockere Blütenrispe aus kleinen Zwitterblüten.

Hohe Teichsimse *Scirpus = Schoenoplectus lacustris* (Familie: Binsengewächse *Juncaceae*) Europa außer Island, blüht 6–7, ♃, hat fingerdicke, 1–3 m hohe, dunkelgrüne, zylindrische, von Bastfäden durchzogene Stengel. Die üppigen, leicht überhängenden Blütenrispen werden von den häutigen Tragblättern nur wenig überragt, die Rispe ist rotbraun gefärbt.

Sumpfsegge *Carex acutiformis* (Familie: Riedgrasgewächse *Cyperaceae*) ganz Europa, blüht 5–6, ♃, hat 60–120 cm hohen, scharf dreikantigen, rauhen Stengel, blaugrüne Blätter mit lebhaft roten Scheiden, oben 2–4 dicke ♂ Ährchen, weiter unten 2 bis 4 dünnwalzige ♀ Ährchen.

Scheiden-Wollgras *Eriophorum vaginatum* (Familie: Riedgrasgewächse *Cyperaceae*) Europa außer Island und Südosteuropa, blüht 3–5, ♃, wächst rasenförmig in starken Polstern, hat 10–50 cm hohen Stengel mit netzfasrigen Scheiden. Das Scheiden-Wollgras fruchtet im Sommer, trägt nur ein silberweißes, wolliges Haarbüschelchen mit geraden Wollhaaren.

Sumpf-Reitgras *Calamagrostis canescens* (Familie: Süßgräser *Gramineae = Poaceae*) Europa außer Südosteuropa, blüht 7/8, ♃, 60–120 cm, schilfähnliche Pflanze, hat rauhen Stengel mit scharfen, hellgraugrünen Blättern und zahlreichen kleinen Scheinähren.

Scheiden-Wollgras

Hohe Teichsimse

Flatterbinse

Fleischfressende Pflanzen

Im Moor und Sumpf vermögen sich nicht die winzigen Spaltbakterien anzusiedeln, die den Pflanzen die Nährstoffe des Bodens aufschließen und mundgerecht zubereiten. Moorboden ist Hungergrund. Großen Mangel leiden die Sumpfpflanzen vor allem an Eiweiß und Stickstoff. Um diesen Notstand überwinden zu können, verschaffen sich etliche der Moorpflanzen zusätzlich tierisches Eiweiß, werden zu Fallenstellern und Fleischfressern, fangen Insekten aller Art, von der Fliege bis zur Libelle, von der Mückenlarve bis zum Wasserfloh.

Echtes Fettkraut *Pinguicula vulgaris* (Familie: Wasserschlauchgewächse *Lentibulariaceae*) Europa außer Südosteuropa, §$_1$, blüht 5–7, ♃, erhebt auf dünnen, 5–15 cm hohen Stengeln zierliche violette Rachenblüten. Die grundständige Blattrosette ist gelbgrün, glänzt lebhaft und hat leicht eingerollte Blattränder. Setzt sich ein Insekt auf diese fettigen, drüsig-klebrigen Blätter, so bleibt es wie an einem Fliegenfänger haften. Das Blatt rollt sich dann noch stärker ein, wird zu einer kleinen Wanne, scheidet zersetzende Stoffe aus und saugt den Nahrungsbrei ein.

Echtes Fettkraut

Rundblättriger Sonnentau *Drosera rotundifolia* (Familie: Sonnentaugewächse *Droseraceae*) Europa außer Südosteuropa, §, ⚕, blüht 6–9, ♃, erhebt auf seinem 5–25 cm hohen Stengel einen ährigen Blütenstand mit kleinen, weißen, glöckchenförmigen Blüten, die sich nur in der Mittagssonne öffnen. Die löffelrunden Blätter strahlen rosettenartig aus, sind am Rande und auf der Oberseite mit zarten roten Drüsenhaaren besetzt. Jedes Haar endigt in einem kugeligen Kopf, der eine helle Flüssigkeit in kleinen Tropfen ausscheidet.

Rundblättriger Sonnentau

Läßt sich ein Insekt verführen, von diesen Tropfen zu naschen, so bleibt es mit dem Rüssel kleben. Das Drüsenhaar biegt sich nun der Mitte des Blattes zu, tupft das gefangene Tier auf dessen Fläche, wird dabei von allen umliegenden Drüsenhaaren unterstützt, bis der kleine Gefangene regelrecht ertränkt ist. Hierauf wölben sich die Blattränder, nehmen die Gestalt einer hohlen Hand an. Der Klebsaft zersetzt das Insekt. Nach einigen Tagen ist es verdaut.

Gemeiner Wasserschlauch

Langblättriger Sonnentau *Drosera anglica* (Familie: Sonnentaugewächse *Droseraceae*) Europa außer Südosteuropa, §$_1$, blüht 7/8, ♃, 5–25 cm, hat 5–10 cm lange und zum Teil aufrecht stehende Blätter, die, wenn das gefangene Tier zu groß ist, sich gegenseitig zuneigen und es gemeinsam festhalten.

Gemeiner Wasserschlauch *Utricularia vulgaris* (Familie: Wasserschlauchgewächse *Lentibulariaceae*) Europa außer Island und Türkei, §$_1$, blüht 6–9, ♃, Stiel 10–35 cm, Tauchpflanze der Moortümpel, die leicht rötliche Stengel mit goldgelben, zweilippigen Blüten über den Wasserspiegel hebt. Die untergetauchten Blätter sind fiederteilig und in so feine haarförmige Zipfel zerschlitzt, daß sie an ein schwimmendes Wurzelgeflecht erinnern.

Zwischen ihnen befinden sich zahlreiche kleine grüne Bläschen, raffiniert konstruierte Fangschläuche mit einer von steifen und schleimabsondernden Haaren umgebenen Mundöffnung, die wie eine Falltüre funktioniert. Die Opfertiere werden vom Schleim der Haare angezogen, von den strudelnden Haaren in die Fangblase gerissen, von Verdauungssäften aufgelöst und von den stickstoffhungrigen Blasenwänden aufgesogen.

Die schönsten Moorblumen

Zahlreiche Blumen, die wir schon an Bach und Fluß, an See und Teich, auf nassen Waldwiesen kennengelernt haben, siedeln auch im Flachmoor. Hier wollen wir jetzt nur eine kleine Auslese von ihnen betrachten, die so sehr an das Moor gebunden sind, sich sogar ins Hochmoor wagen, daß wir sie als seine Charakterpflanzen bezeichnen können.

Sumpfläusekraut *Pedicularis palustris* (Familie: Rachenblütler = Braunwurzgewächse *Scrophulariaceae*) fast ganz Europa, §$_1$, selten, (†), blüht 5–7, zweijährige Pflanze, hat bis zu 30 cm hohen Stengel mit feinen, farnwedelartig zerschlitzten Blättern und großen, dunkelrosafarbenen bis purpurroten Rachenblüten mit gleichlanger Ober- und Unterlippe, die in einem aufgetriebenen Kelch sitzen.

Sumpfherzblatt *Parnassia palustris* (Familie: Herzblattgewächse *Parnassiaceae*) Europa außer Portugal und Türkei, blüht 7–9, ♃, hat 20–30 cm hohen kantigen Stengel mit nur einem Stengelblatt, Grundblätter herzförmig und langgestielt, trägt immer nur eine sternförmige weiße Blüte. Zwischen Stempel und Blütenblatt streckt die Blume auf kleinen Stielen zusätzlich noch fünf kleine gelbe, knöpfchenartige Gebilde aus, sie sind ein Lock- und Schauapparat für die Insekten.

Sumpfdrachenwurz, Sumpfkalla *Calla palustris* (Familie: Aronstabgewächse *Araceae*) Mitteleuropa, §$_1$, †, blüht 5–8, ♃, 10 bis 40 cm, kriecht auf langen grünen Wurzelsprossen durch das Moorwasser, treibt langgestielte, herzeiförmige, glänzendgrüne Blätter mit bogig verlaufenden Nerven, schiebt einen übelriechenden grüngelben Blütenkolben empor, dem ein großes elliptisches, auf seiner Innenseite reinweißes Hüllblatt als Werbeplakat dient. Der Blüten- wie der Fruchtstand mit den scharlachroten Beeren erinnert an den des Aronstabes.

Sumpfschwertlilie, Wasserschwertlilie *Iris pseudacorus* (Familie: Schwertliliengewächse *Iridaceae*) Europa außer Island, §$_2$, ⚕, †, blüht 6/7, ♃, treibt im 1. Jahr ein Büschel bis zu 1 m langer, schwertförmiger Blätter, im 2. Jahr den 60–100 cm hohen, oft verästelten Stengel mit großen hellgelben Blüten, die denen der Schwertlilien im Garten sehr ähnlich sind.

Blutweiderich *Lythrum salicaria* (Familie: Weiderichgewächse *Lythraceae*) Europa, ⚕, blüht 6–9, ♃, 50–120 cm hohe purpurrote Blütenkerzen mit dichter quirlständiger Blütentraube, hat vierkantigen Stengel, an dem die lanzettlichen Blätter in Quirlen, der Spitze zu aber gegenständig stehen.

Sumpfziest *Stachys palustris* (Familie: Lippenblütengewächse *Labiatae* = *Lamiaceae*) Europa außer Island, blüht 6–8, ♃, hat 30–60 cm hohen, steifen, behaarten Stengel mit lanzettlich zugespitzten Blättern. Die purpurroten Blüten stehen in Quirlen, die dem Gipfel zu so eng zusammenrücken, daß sie eine Scheinähre bilden. Die Unterlippe der Blüte trägt weißlich geschlängelte Zeichnungen, die Blumenkrone ist zweimal so lang wie der Kelch.

Sumpfziest

Sumpfherzblatt

Sumpfläusekraut

Sumpfdrachenwurz

Blutweiderich

Sumpfschwertlilie

Die Bäume im Moor

Die Bäume im Moor müssen ein hohes Maß von Feuchtigkeit vertragen, wenn sie nicht im Mark verfaulen wollen. Sie müssen das Verlangen haben, ihre Wurzeln gleich langen Haarschöpfen im bewegten Grundwasser treiben zu lassen. Sie müssen es gelernt haben, auf hohen Wurzelstelzen zu stehen, und dürfen nicht empfindlich gegen längerwährende Überschwemmungen sein. Von allen unseren Laubbäumen erfüllt diese Bedingungen am besten die dunkle Schwarzerle, die denn auch das Bild der Flachmoore und Brüche bestimmt, aber auch an jedem Teich und Bach zu finden ist. Am nächsten kommen ihr die Weide und der Faulbaum und mit Abstand die Moorbirke und die Schwarz- und die Zwergkiefer oder Latsche.

Schwarzerle *Alnus glutinosa* (Familie: Birkengewächse *Betulaceae*) Europa, blüht 2–4, ♃, belaubt sich im April mit rundlichen, auffällig abgestutzten und fast schwarzgrünen Blättern, ist sehr raschwüchsig, hat schlanken Stamm, der im 20. Lebensjahr die

Schwarzerle, links: Fruchtzapfen
Mitte: oben ♀ Kätzchen, unten ♂ Kätzchen

Höhe von 20–25 m erreicht hat, sich bis zum lichten Wipfel fortsetzt und von dem die schwachen Äste in ziemlich großen Abständen ausstrahlen. In der Jugend ist die Rinde dunkelschokoladebraun, im Alter bildet sich eine schwarzbraune Borke. Älter als 100 bis 120 Jahre wird die Erle selten. Ihre Blütenkätzchen legt sie bereits im Sommer an, läßt sie überwintern, streckt sie im Frühjahr. Sie hängen dann über, und die gelben Staubgefäße lugen unter den violettbraunen Deckschüppchen hervor. Die Fruchtzapfen sind zuerst grün und klebrig, entsamen sich oft schon im Herbst, meist aber erst im nächsten Frühjahr, bleiben bis zum Sommer am Baum. Gefällte oder gestürzte Erlen schlagen am Stock immer wieder reich aus und bilden dichte Büsche und Hecken.

Grau-Erle *Alnus incana* (Familie: Birkengewächse *Betulaceae*) Nord-, Mittel- und Südosteuropa, blüht 2–3, ♃, unterscheidet sich von der Schwarzerle durch die silbergrau glänzende Rinde, die eiförmig zugespitzten, scharf doppelt gesägten, auf der Unterseite befilzten Blätter, steht seltener im Moor, häufiger an Bächen und Flüssen wie in Auwäldern.

Salweide *Salix caprea* (Familie: Weidengewächse *Salicaceae*) Europa, blüht 3/4, ♃, belaubt sich im April mit breit elliptischen, stark zugespitzten und an der Spitze zurückgebogenen, zuerst oberseitig flaumig behaarten, dann kahlen und dunkelgrünen Blättern, ist sehr raschwüchsig, erreicht mit 20–25 Jahren die Höhe von höchstens 10 m, wird selten älter als 60 Jahre, hat dann meist

schon einen ausgehöhlten Stamm. Die Rinde ist in der Jugend glatt und grüngrau, wird später eine hellgraue rissige Borke. Die glänzend braunroten Zweige bilden eine besenförmige, dichte Krone.
Die weiblichen Kätzchen sind im Knospenzustand silberweiß, später weißgrünlich, die männlichen Kätzchen dagegen oval und leuchtendgelb.

Kriechweide *Salix repens* (Familie: Weidengewächse *Salicaceae*) fast ganz Europa, blüht 4–5, ♃, ist die einzige weit verbreitete, niederliegende Weide des Flachlandes, 15–50 cm hoch, junge Blätter seidenhaarig, ältere oberseits fast kahl, 3–5mal so lang wie breit, Kätzchen nur 2,5 cm lang.

Korbweide *Salix viminalis* (Familie: Weidengewächse *Salicaceae*) Mitteleuropa, blüht 3–4, ♃, 3–4 m hoher Strauch oder Baum mit gelb- bis graugrünen behaarten, biegsamen Zweigen, die oft büschelartig an der Spitze des Stammes stehen, Blätter lang zugespitzt, dunkelgrün, oberseits kahl, unterseits seidig behaart, Kätzchen zylindrisch bis eiförmig.

Purpurweide *Salix purpurea* (Familie: Weidengewächse *Salicaceae*) Europa außer Nordeuropa, ⚕, blüht 3–4, ♃, schlanker 1,5 bis 5 m hoher Strauch mit purpurnen, später grünlich oder gelbgrau werdenden Zweigen, Blätter sehr schmal, fein gesägt, Kätzchen 2–5 cm lang mit auffallenden roten Staubbeuteln.

Bruchweide *Salix fragilis* (Familie: Weidengewächse *Salicaceae*) Europa, blüht 4–5, ♃, wird 12 m hoch, hat lang zugespitzte, unbehaarte, lanzettliche Blätter.

Silberweide *Salix alba* (Familie: Weidengewächse *Salicaceae*) Europa, ⚕, blüht 4–5, ♃, 10–25 m hoher Baum, Blätter lanzettlich zugespitzt, unterseits silbrig seidenhaarig.

Faulbaum *Rhamnus frangula* (Familie: Kreuzdorngewächse *Rhamnaceae*) Europa, (†), blüht 5/6, ♃, bis 7 m, belaubt sich im April mit verkehrt eiförmigen, oberseits glänzen-

Salweide, oben ♂ Kätzchen, unten ♀ Kätzchen

den Blättern, die an behaarten Stielen sitzen, bleibt oft ein Busch, hat auf seiner glatten, glänzenden und graubraunen Rinde zahlreiche weiße Korkwarzen sowie wechselständige, dornenlose Zweige. Die kleinen grünlichweißen Blüten stehen in spärlichen Trugdolden in den Blattachseln. Die anfangs grünlichen, später rötlichen, in der Reife aber schwarzvioletten Steinfrüchte hängen in allen Entwicklungszuständen am Baum, oft noch neben den Blüten. Die Rinde ist ein altes und bewährtes Abführmittel.

Faulbaum mit Blüten und Beeren

Zwergbirke *Betula nana* (Familie: Birkengewächse *Betulaceae*) Nord- und Mitteleuropa, blüht 4/5, ♃, niedriger, oft kriechender Strauch, wird höchstens 80 cm hoch, schwärzlich purpurne Zweige mit behaarten rotbraunen Knospen. Die Blätter der Zwergbirke sind klein, rund, mit regelmäßigen gerundeten Zähnen, die Fruchtkätzchen stehen aufrecht, sind 5 bis 10 mm lang, wächst vor allem in Torfmooren und in Schneetälchen des Hochgebirges.

Moorbirke *Betula pubescens* (Familie: Birkengewächse *Betulaceae)* Europa, §, blüht 4/5, ♃, bis 20 m, ähnelt sehr der Hängebirke (S. 63), aber Rinde grau, Stamm glatter, nicht tief rissig, Harzwarzen an den Ästen können fehlen, Blätter nicht so spitz zulaufend, junge Blätter und Zweige weich behaart, Blätter aromatisch duftend. Bastardbildung mit der Hängebirke ist häufig.

Von den Tieren

Die Libellen

Reich wie in der Heide ist das Insektenleben auch in den Flachmooren und Erlenbrüchen. Es wimmelt von Fliegen und Mücken, Schmetterlingen und Käfern, Wespen und Bienen, die wir aber auch in anderen Lebensräumen finden. Es seien darum hier nur die Libellen herausgegriffen, die schon seit Jahrmillionen die schwermütige Moorlandschaft beleben.

Ihre graugrünen und borstenbewehrten Larven führen ein monatelanges Räuberleben im Schlamm, können ihre Unterlippe gleich einer Fangmaske vorschleudern und klettern schließlich am Halm einer Wasserpflanze empor. Auch die ausschlüpfende Libelle bleibt ein Räuber, der Jagd auf alle anderen Insekten betreibt und dafür mit den wohl größten Insektenaugen, den kräftigsten Kiefern und dem wunderbarsten Flugapparat ausgerüstet ist. Fast alle Libellen fliegen ab Mai/Juni bis August/September. Sie stoßen ihre Eier entweder ins Wasser ab oder legen sie einzeln in die Halme der Wasserpflanzen, und zwar bis tief unter den Wasserspiegel.

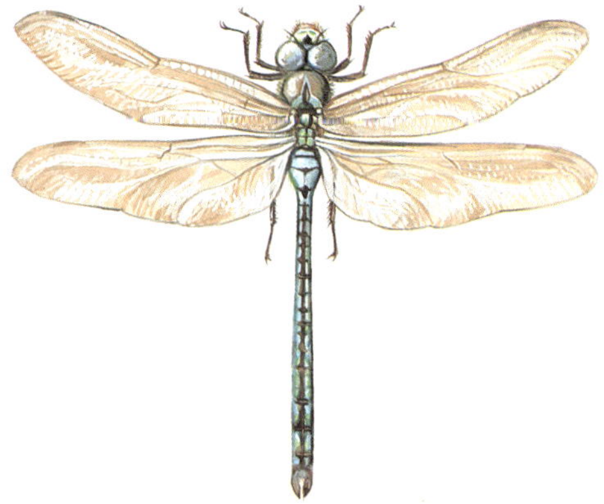

Königslibelle *Anax imperator* (Familie: Schmaljungfern *Aeschnidae,* Ordnung: Libellen *Odonata*) Süd- und Mitteleuropa, §, wird 60 mm lang, größte Libelle Mitteleuropas, gelbliche Flügel, der schlanke Hinterleib ist leuchtendblau, Kopf und Brust grün, ebenso die großen Augen, die sich in einer geraden Linie berühren, fliegt sehr schnell und ausdauernd.

Plattbauch-Libelle *Libellula depressa* (Familie: Wasserjungfern *Libellulidae,* Ordnung: Libellen *Odonata*) Europa außer Nordeuropa, §, 37 mm, am Grunde der Hinterflügel dreieckiger dunkler Fleck, eine rotbraune Zelle auf allen vier Glasflügeln. Der breite, flache, gelbbraune Leib ist an den Rändern gelb gefleckt, beim ♂ am Hinterleib himmelblau bereift.

Schlankjungfer, Azurjungfer *Agrion puella* (Familie: Schlankjungfern *Agrionidae,* Ordnung: Libellen *Odonata*) Europa, §, eine unserer häufigsten Libellen, 33–35 mm, hat nadeldünnen Leib, beim ♂ himmelblau, beim ♀ Seiten gelbgrün, Rücken schwarz. Die deutlich gestielten Flügel sind schmal, haben weite Maschen, erlauben einen mehr segelnden und schwebenden Flug. Alle Schlankjungfern haben hammerförmigen Kopf mit großen, weit auseinanderstehenden Augen, drehrunden Hinterleib und annähernd gleichgroße Vorder- und Hinterflügel, die sie sitzend nach oben zusammenschlagen.

Gemeine Seejungfer (Abb. S. 423) *Calopteryx virgo* (Familie: Schönjungfern *Calopterygidae,* Ordnung: Libellen *Odonata*) Mitteleuropa, §, sehr häufig, 35 mm, ♀ bräunliche Flügel, metallisch smaragdgrüner Leib, ♂ Flügel dunkelblau, Leib grünblau.

Abb. oben: Königslibelle – Mitte: Plattbauchlibelle – unten: Schlankjungfer

Harmlose Natter und giftige Otter

Mehr noch als Wiese und Acker, Heide und Wald sagen unseren beiden häufigsten Schlangen, der Ringelnatter und der Kreuzotter, die einsamen Moore, Riede und Brüche zu. Vor allem die Ringelnatter liebt die Nähe des Wassers so sehr, daß wir sie fast als eine Wasserschlange ansprechen können. Die Kreuzotter wiederum fühlt sich als Kulturflüchterin nur dort wohl, wo sie möglichst ungestört bleibt. Beide Schlangen miteinander zu verwechseln ist kaum möglich.

Kreuzotter *Vipera berus* (Familie: Vipern *Viperidae,* Ordnung: Kriechtiere *Reptilia*) Europa bis zum Polarkreis, §, 60–89 cm, wirkt kurz und gedrungen, hat breiten Kopf, rötlichbraunes Auge mit senkrechter Schlitzpupille, stark gewinkelten Unterkiefer, abgestumpfte Schnauzenspitze, auf dem Hinterkopf dunkler Fleck, der oft eine x-förmige Gestalt annimmt. Die Grundfarbe ist sehr veränderlich, fast immer aber ist auf der Rückenmitte das schwarze bzw. dunkelbraune Zickzackband zu erkennen, das an den Seiten oft von einer Reihe dunkler Flecken flankiert wird. Die Grundfarbe geht vom häufigen Asch- und Braungrau ins Gelb-, Rot- und Schwarzbraune hinüber. In den Mooren kommen auch ganz schwarze, in den Heiden braunrote Kreuzottern vor.

Kreuzotter

Liebt urwüchsiges Ödland, ist mehr ein Dämmerungs- als ein Tagtier, erwacht Mitte März aus dem Winterschlaf, den sie oft in Gemeinschaft mit vielen anderen unter Wurzeln und Baumstümpfen verbringt. Ihre Beutetiere sind vor allem Mäuse. Vor dem Angriff rollt sie sich zusammen, zieht den Hals zurück, zischt laut und stößt dann jäh vor, vermag aber weder zu springen noch einen Lederschuh zu durchbeißen, erhebt den Kopf nur selten höher als 15 cm.

Während der Paarung im April/Mai führen die Männchen Balzkämpfe aus, richten sich mit den Vorderkörpern aneinander empor, wiegen sich fast tänzerich, beißen sich aber nie. Im August/September gebiert das Weibchen 5–18 Junge lebend. Anfang Oktober verschwinden Junge wie Alte.

Die Gefährlichkeit der Kreuzotter wird maßlos übertrieben. In den letzten zehn Jahren sind in Westdeutschland keine Todesfälle durch ihren Biß bekanntgeworden, kam die ärztliche Hilfe immer noch zur rechten Zeit. Man schneide die Wunde an, damit sie ausbluten kann, und suche sofort den nächsten Arzt auf. Bei Begegnungen mit Kreuzottern heißt es: Ruhe bewahren! Das Tier wird bestimmt nicht angreifen, wenn es sich nicht bedroht oder in die Enge getrieben fühlt, verfolgt den Menschen auch nicht!

Ringelnatter *Natrix natrix* (Familie: Nattern *Colubridae,* Ordnung: Kriechtiere *Reptilia*) Europa, §, ♀ bis 150 cm, ♂ knapp 100 cm, wirkt schlank, ist nicht giftig, völlig harmlos, hat langen, sich allmählich verdünnenden Schwanz, einen schmalen Kopf, runde Pupille, keine gewinkelten Unterkiefer. Hinter den Schläfen fallen die ziemlich großen, zitronen- bis dottergelben halbmondförmigen Flecken auf, die hinten und vorn von schwarzen Flecken wirkungsvoll hervorgehoben werden. Die Grundfarbe ist oberseits Grau in den verschiedensten Tönungen, auf dem Rücken oft vier bis sechs Längsreihen kleiner schwarzer Flecken. Die Unterseite ist weiß, undeutlich schwarz gewürfelt.

Ringelnatter

Die Ringelnatter ist kein Kulturflüchter, meidet weder Dörfer noch bebautes Land, kommt in Gärten und Parkanlagen, ist ein Tagtier, erwacht aus dem Winterschlaf im April, sonnt sich viel, oft auch auf Bäumen, denn sie klettert genauso vorzüglich, wie sie schwimmt und taucht, jagt vor allem Frösche und Kröten, Molche und Fische. Wird sie bedrängt, so rollt sie sich zusammen, bläht sich auf, plattet Kopf und Hals ab, zischt laut und stößt jäh vor, beißt aber nur selten zu, obwohl ihre Zähne scharf sind und sich tief einschlagen können. In der höchsten Not entleert sie ihre Stinkdrüsen.

Sie paart sich im Mai/Juni, wobei sich die Tiere eng umschlingen. Das Weibchen legt 11–25 ovale und weichhäutige Eier in lockere Erde, feuchten Mulm, warme Misthaufen, meist im Juli und August, und nach spätestens zehn Wochen schlüpfen die 16–19 cm langen Jungtiere. Ende September/Anfang Oktober ziehen sie sich alle zum oft gemeinsamen Winterschlaf zurück.

Die seltsamen Weihen

Seltsame und immer seltener werdende Greifvögel sind die Weihen, die schwachen Buschklepper unter den kühnen Raubvögeln, die das freie weite Land lieben und alle auf dem Boden nisten. Mit ihren Gesichtsschleiern, ihren stark befiederten dünnen Krummschnäbeln und ihrem niedrigen Gaukelflug erinnern sie an die Eulen, jagen ebenfalls gern in der Dämmerung und schlagen hauptsächlich Bodengetier. Während der Balzspiele aber tummeln sie sich hoch in der Luft, ziehen Kreise, üben sich in Purzelbäumen und allen möglichen Flugkapriolen. Das Ried, der Erlenbruch, das Röhricht, die sumpfigen und moorigen Wiesen ziehen sie an. Hier sind sie der Schrecken des kleinen Getiers, von der Heuschrecke bis zur Maus, vom Frosch bis zur Eidechse, vom Fisch bis zum Molch, vom Vogelküken bis zum Junghasen. Sie haben lange dünne Läufe mit kurzzehigen Füßen, schmale Flügel, ein buntes Gefieder und können wohl als die schönsten unserer Greife angesehen werden.

Rohrweihe *Circus aeruginosus* (Familie: Greife *Accipitridae,* Ordnung: Greifvögel *Falconiformes*) Brutgebiet: Europa, außer Britische Inseln und Nordeuropa, ganzjährig geschont, stark gefährdet, ↓↑, ∼, 3–9, mit 52 cm etwa bussardgroß, hat aber längeren Schwanz und wirkt schlanker. Gefieder vorherrschend braun, beim ♂ an Vorderhals und Vorderbrust gelbbraun längsgefleckt, sonstiger Unterkörper rostrot, auf den Flügel-

Rohrweihe

decken aschgrau, Schwanz hellgrau, auffällige schwarze Handschwingen, ♀ dunkelbraun mit hellem Scheitel und hellen Schultern.

Paart sich im April, brütet ab Mai, Gelege umfaßt 4–5 glanzlose, grünweiße Eier, Horst steht im Röhricht und Sumpf auf erhöhten Grasbülten oder mitten im Riedgras, mitunter auch schwimmend auf dem Wasser im Rohr. Fliegt niedrig mit aufgebogenen Flügelspitzen, ruft quäkend, fast kläglich, hält sich tagsüber meist im Rohr verborgen.

Wiesenweihe *Circus pygargus* (Familie: Greife *Accipitridae*) Brutgebiet: Iberische Halbinsel, West-, Mittel- und Osteuropa, ganzjährig geschont, stark gefährdet, ∼, 4–9, 41–46 cm, ♂ blaugrau, schwarze Querbinde auf den Flügeln, Bauch und Hose weiß, braun gesprenkelt, ♀ oberseits braungrau, unterseits weiß mit rostfarbenen Sprenkelflecken, Bürzel weiß, Scheitel rostrot und schwarz gestreift, Färbung oft schwankend. Fliegt wie eine Möwe, jagt auch tagsüber.

Kornweihe

Kornweihe *Circus cyaneus* (Familie: Greife *Accipitridae*) Brutgebiet: Europa, abgesehen von den Mittelmeerländern, ganzjährig geschont, stark gefährdet, ↓, ∼, 3–9, 47 cm, kleiner und schlanker als Bussard, ♂ oberseits blaugrau, unterseits weiß, Schwingen schwarz, Bürzel weiß, ♀ oberseits fahlbraun, unterseits rostgelblich mit braunen Schaftstrichen und leuchtendweißem Bürzel.

Der Horst ist ein ungeordneter Haufen von Reisern, Rohrstengeln, Kartoffelkraut, Mistklumpen, liederlich mit Moos, Federn und Haaren gepolstert. Die 4–5 mattgrünlichweißen Eier werden 30 Tage bebrütet. Fliegt schaukelnd, schwankend, wie unsicher, schwebt und streicht niedrig dahin, ruft hoch, dünn und quäkend, setzt sich nur selten einmal auf erhöhte Punkte oder Bäume. Ist in Süddeutschland oft schon Standvogel.

Andere Vögel in Sumpf, Ried und Moor

Nicht nur die Weihen, auch viele andere Vögel wissen den Frieden und die Unberührtheit der Moorlandschaften zu schätzen. Die Erlenmoore hallen wider vom Gesang der Grasmücken, Pieper und Laubsänger, die Röhrichte vom Schnarren der Rohrsänger (S. 255 ff.). Doch sind diese kleinen Sänger auch an den Teichen und Seen zu Hause. Fast ausschließlich auf den Lebensraum der Sumpfwiesen und Moorwälder eingestellt sind verhältnismäßig wenige Vögel, zum Teil sehr scheue, absonderliche und auch schon recht seltene Gesellen, die wir nun einmal aufstöbern wollen.

Kiebitz *Vanellus vanellus* (Familie: Regenpfeifer *Charadriidae,* Ordnung: Watvögel *Charadriiformes*) Brutgebiet: Europa, außer Südeuropa und Nordskandinavien, §, ↓, ~, 2–9, mit 32 cm etwa taubengroß, oberseits schwarzgrün und unterseits weiß, breiter schwarzer, bunt schillernder Brustlatz, hat eine aus langen, schmalen Federn bestehende Haube, die er gern aufstellt.
Er paart sich im März, versammelt im April seine vier birnenförmigen olivgrünlichen Eier in einer flüchtig gepolsterten Bodenmulde, brütet 25–26 Tage. Er fliegt gut, oft betont verschnörkelt, taumelt und wuchtelt, sobald er höher steigt, greift kühn jedes Tier an, das sich seinen Eiern oder Jungen nähert, stößt mit lautem »Kiwit« in jähen Stürzen nieder, klatscht dem Räuber fast die Flügel um die Ohren, vertreibt selbst starke Greife, Marder und Füchse.
Im Laufen, das ein schnelles Schreiten mit schaukelndem Körper und wippendem

Kiebitz

Schwanz ist, hält er immer wieder kurz an, streckt das eine Bein zurück, stützt es auf die Zehenspitzen und späht umher, ohne den Kopf zu bewegen. Schnecken, Würmer und Insektenlarven sind seine Leibspeise.

Bekassine, Heerschnepfe, Himmelsziege *Capella gallinago* (Familie: Schnepfenvögel *Scolopacidae,* Ordnung: Watvögel *Charadriiformes*) Brutgebiet: Europa, außer Südeuropa, §, stark gefährdet, ↓, ⁓, 2–10, 27 cm, oberseits braunschwarz, längs der Kopfmitte breite rostgelbe Streifen, längs des Rückens vier lange rostgelbe Streifen, unterseits weiß, hat das lange Schnepfengesicht, ist langschnäblig und kurzbeinig.

Paart sich Anfang April, legt ihre vier braun gesprenkelten Eier ab Mitte April in einer einfachen Bodenmulde ab, brütet 19 bis 20 Tage. Während der Balz steigt das Männchen reißenden Fluges hoch empor, stürzt immer wieder ein Stück ab, dreht sich dabei um seine Achse, zuckt mit den Flügeln und läßt ein eigenartiges, gedämpftes, lachendes, meckerndes oder brummendes »Huhuhu!« vernehmen.

Bekassine

Großer Brachvogel *Numenius arquata* (Familie: Schnepfenvögel *Scolopacidae*) Brutgebiet: Mittel-, Ost- und Nordeuropa mit

Großer Brachvogel

Britischen Inseln, §, gefährdet, ↓, ⁓, 3–9, 53–58 cm, oberseits gelbbraun, rostgelb gerandet, unterseits rostgelblich, braun geschaftet und gefleckt, Schwingen sind schwarz, weiß gekantet und gefleckt, hat lange grünliche Beine, sehr langen dunklen, abwärts gebogenen Sichelschnabel, große Augen, fliegt in Keilformation, paart sich im März, versammelt seine vier kreiselförmigen olivgrünen Eier in einer dürftig gepolsterten Bodenmulde, brütet 27–28 Tage. Fliegt möwenartig, oft schwebend, flötet trillernd und sehr melodisch.

Weißstorch *Ciconia ciconia* (Familie: Störche *Ciconiidae,* Ordnung: Schreitvögel *Ciconiiformes*) Brutgebiet: Mittel- und Osteuropa und Iberische Halbinsel, ganzjährig geschont, stark gefährdet, ⁓, 3–8, 100 cm hoch, spannt 200 cm, Gefieder weiß, Schwingen schwarz, hat braune Augen, roten Schnabel und Fuß. Schreitet langsam und gemessen, aufgerichtet, fliegt gemächlich, dabei aber leicht und schön, erhebt sich mit einigen Sprüngen, ist ein geschickter Segelflieger, nimmt gern gebotene Niststätten auf Dächern und Türmen an, hält dem

Horst wie dem Ehepartner die Treue, verteidigt beide gegen Nebenbuhler auf Leben und Tod.
Das kleinere Weibchen legt 4–5 gänseeigroße weiße, manchmal leicht gelbliche Eier, bebrütet sie abwechselnd mit dem Männchen 30 Tage lang. Die Jungstörche haben weiße Erstlingsdunen, schwarze Schnäbel, kurze rosige Beine, stehen nach 3 Wochen im Horst, schlagen nach 6 Wochen mit den Flügeln, üben sich von Anfang an im Klappern und geben grunzende, piepende und miauende Töne von sich, wagen nach 8–10 Wochen die ersten Flüge, werden von den Alten zuerst mit Würmern, Schnecken und Insekten, später mit Fröschen und Fischen, Eidechsen und Schlangen, Maulwürfen und Mäusen, gelegentlich wohl auch mit Junghasen und Jungvögeln gefüttert, fliegen bald mit auf die nassen Wiesen auf die Futtersuche, bis die Familie sich im Juli mit anderen Storchenfamilien vereinigt, die großen Flugübungen mitmacht und dann gemächlich gen Süden zieht.

Weißstorch

Die westlich der Weser lebenden Weißstörche fliegen über Gibraltar und Westafrika bis nach Kapstadt. Die östlichen Störche erreichen das gleiche Ziel über Ungarn, den Balkan, Kleinasien und längs des Nils.

Kranich *Grus grus* (Familie: Kraniche *Gruidae,* Ordnung: Kranichvögel *Gruiformes*) Brutgebiet: hauptsächlich im Raum um die Ostsee und in Jugoslawien, §, stark gefährdet, ~, 3–10, größer noch als der Weißstorch, Schulterhöhe 70 cm, Gesamthöhe 120 cm, unser größter einheimischer Vogel, Gefieder aschgrau, an Kehle und Oberhals dunkler, Kopf- und Halsseiten weißlich, hat kahle ziegelrote Stelle am Hinterkopf, Schwungfedern schwarz und zum Teil fein gekräuselt, Schnabel graugrün, der Fuß schwärzlich, fliegt in Keilformation, in strenger Hakenlinie. Paart sich im April, bebrütet seine zwei gänseeigroßen, hellbraunen Eier rund vier Wochen. Sein Schreiten ist ebenso würdevoll wie anmutig, oft springt und verneigt er sich spielerisch, läuft mit ausgebreiteten Schwingen und hoch hüpfend umher, tanzt regelrecht, dreht sich fliegend im Kreise, stolziert im Paradeschritt hinter dem Weibchen her, wirft Schilfstengel und Halme in die Luft, schmettert seinen Trompetenruf heraus.

Kranich

Sumpfohreule *Asio flammeus* (Familie: Eulen *Strigidae,* Ordnung: Eulenvögel *Strigiformes*) Brutgebiet: Europa, im Süden seltener, ganzjährig geschont, stark gefährdet, ↕, ~, 3–9, bis 38 cm groß, Gefieder angenehm blaßgelb, Gesichtsschleier weißlichgrau, Augen hellgelb, schwarz umrandet, Schnabel schwarz. Paart sich im April, fällt durch schöne Balzflüge am hellen Tag auf,

Sumpfohreule

wobei sie die Flügel unter dem Leib zusammenschlägt, legt ihre 4–10 reinweißen Eier in eine einfache Bodenmulde im Sumpf, brütet fast vier Wochen. Sie ist unsere einzige Wiesen- und Tageule, eine einstige Tundrabewohnerin, die sich oft hoch erhebt, laut und dumpf »Bubububububub!« ruft. Sie frißt vorwiegend Mäuse, fliegt viel zu benachbarten Feldern.

Große Rohrdommel, Kuhreiher, Moorochse *Botaurus stellaris* (Familie: Reiher *Ardeidae,* Ordnung: Schreitvögel *Ciconiiformes*) Brutgebiet: Europa bis zur Nord- und Ostsee, §, stark gefährdet, ↓, ~, 4–10, bis 76 cm groß, wirkt durch das eulenartig lockere Gefieder sehr kräftig und stark. Gefieder rostgelb, schwarzbraun und rostbraun längs- und quergefleckt, gebändert und gestrichelt, am Oberkopf schwarz, am dicken Hinterhals grauschwarz und gelb gemischt. Der Schnabel ist gelb, und die Beine sind gelb bis grünlich.

Paart sich im Mai, legt ab Ende Mai ihre 3 bis 5 starkschaligen, rötlichbraunen Eier auf einem lose zusammengeschichteten Nestklumpen aus Rohr, Gras, Seggen und Binsen, brütet 25–26 Tage. Wird erst abends munter, steigt langsam dahin, bläht in der Wut das Gefieder, sticht jäh zu, zielt nach den Augen des Gegners. Will sie einer Gefahr ausweichen, so setzt sie sich auf die Fußwurzeln, reckt Rumpf, Kopf und Schnabel steil empor und erstarrt zu einem Pfahl. Ihr Ruf ist ein tiefer Brummton, der meist in der Morgendämmerung ausgestoßen wird und über 1 km weit zu hören ist.

Zwergrohrdommel *Ixobrychus minutus* (Familie: Reiher *Ardeidae*) Brutgebiet: Europa, im Norden bis zur Ostsee- und Nordseeküste, §, gefährdet, ~, 4–9, mit 36 cm etwa taubengroß, Gefieder an Oberkopf und Rücken schwarz, an Flügeln und Unterkörper rostgelb, an den Brustseiten schwarz längsgefleckt. Im Wesen der Großen Rohrdommel ähnlich, nimmt dieselben Tarnstellungen stehend zwischen den Halmen ein, klettert akrobatisch an den Schilfstengeln empor, ist weniger scheu. Ruf: ein lautes »Ru!«, das oft wiederholt wird.

Große Rohrdommel

Am Saum der Küsten

Bernhardkrebs

Langsam nähert sich die Flutwelle dem Land. Das weite Watt beginnt zu schimmern und zu glitzern. In unzähligen kleinen Rinnen leckt das Wasser heran, quillt gleichsam aus den Vertiefungen, den Rinnen, den Prielen, wird stürmischer und drängender, hat nun schon schaumgekrönte Wellen und rollt breit über den flachen und sandigen Strand. Mit sich bringt es eine bunte Fracht von allerlei Treibgut, von Pflanzen und Tieren und ihren Lebensresten. Darum sind sie auch sofort zur Stelle, die schmucken gefiederten Strandräuber: die Möwen und Seeschwalben, Austernfischer und Brachvögel, Strandläufer und Rotschenkel. Sie wissen, jetzt gibt es etwas zu schnabulieren. Reich deckt ihnen das Meer den Tisch. Da gibt es, fein mit grünem Meersalat garniert und in braune Tangzweige gepackt, vielerlei leckere Muscheln und Krebse, Seesterne und Blumentiere, Quallen und Würmer in Hülle und Fülle. Auch an kleinen und großen Fischen mangelt es nicht. Zu langen, breiten und hohen Spülsäumen häufen sich die angeschwemmten Pflanzen und Tiere, verderben und sterben in der Sonne und sind ein Dorado für aas- und dungfressende Käfer und Fliegenmaden. Diese Spülsäume zu untersuchen, das ist für jeden angehenden Naturforscher ein großes Abenteuer.

Einen noch tieferen Blick in die Tierwelt der Meeresküsten aber können wir werfen, wenn wir dann bei einsetzender Ebbe dem wieder zurückweichenden Wasser nachlaufen, durch das Watt stapsen und aufmerksam in die vielen kleinen Wasserrinnen und Lachen, in die Priele und Tiefs schauen. Wie gebänderte Glockenblumen schwimmen da in allen Farben schimmernde Quallen, stelzen Seeigel und Seesterne, kriechen Schnecken, ruhen Muscheln, flüchten Krabben und Krebse, leuchten die seltsamen Seerosen. So groß ist die Fülle der Erscheinungsformen, daß wir zum Beispiel die Seevögel alle erst im nächsten Kapitel (S. 470 ff.) besprechen können.

Wie alle bisher besprochenen Lebensräume leiden jedoch auch das Meer und seine Küstenregion bereits sehr stark unter den zunehmenden Umweltbelastungen. Für viele Industriebetriebe ist die See eine hochwillkommene Müllgrube, in die bedenkenlos und in riesigem Umfang Abfälle verschiedenster Art hineingekippt werden können. Deshalb siedeln sich auch immer mehr dieser großen Abfallproduzenten direkt an der Küste an, und für die binnenländische Industrie gibt es schon ganze Flotten von Spezialtankern, die täglich den zum Teil hochgiftigen Müll auf das Meer verfrachten. Ein Teil dieser schönen Ladung, bestehend aus Mineralsäuren, Schwermetallsalzen, hochprozentigen Laugen, Schlacken, Detergenzien, Resten von Sprengstoff und radioaktiven Abfällen, gelangt dann mit den Gezeiten auch wieder zurück in die Küstenregion.

Besonders hoch sind die Schäden, die durch das Erdöl und seine Produkte verursacht werden. Durch die sogenannte Ölpest wird vor allem der Bestand unserer Seevögel bedroht, und jährlich sollen zwischen 50 000 und 250 000 Tiere daran zugrunde gehen. Das Öl verschmiert und verklebt das sonst lockere und luftdurchlässige Vogelgefieder, beim Putzen gelangt es auch in Magen und Darm, verursacht schwere Vergiftungen und läßt die Tiere unter qualvollen Krämpfen langsam verenden. Die Kolonien von Tordalken, Trottellummen und Papageientauchern sind zum Teil völlig ausgerottet. Doch die Seevögel sind nicht die einzigen Opfer der Ölpest, auch viele Milliarden anderer Wassertiere und -pflanzen erliegen der Ölverseuchung des Meerwassers.

Da das Meer für viele Millionen Menschen die einzige Nahrungsquelle ist und für viele Länder auch schon die wichtigste Trinkwasserquelle darstellt, sollten wir schon aus reinem Selbsterhaltungswillen dieser zunehmenden Verschmutzung mit allen Mitteln und Kräften Einhalt gebieten. Dadurch könnten wir vielleicht auch noch einige Tierarten retten, die heute durch die Wasserverseuchung schon ganz ernstlich vom Aussterben bedroht sind.

Von den Pflanzen

Im seichten Küstenwasser

Auch im Meer wiegen sich große Pflanzenwälder. Und ganz besonders in der Nähe der Küsten, wo die Flut seicht ist und bis zum Grund von der Sonne durchstrahlt wird, gedeihen und wuchern zahlreiche Pflanzen. Einen Begriff von der Üppigkeit dieser unterseeischen Vegetation bekommt der Küstenwanderer schon, wenn er sieht, in welchen Massen die anrollenden Wellen diese Pflanzen an den Strand spülen. Zugleich erkennt er schnell, daß es im Meer längst nicht die Mannigfaltigkeit an Pflanzen gibt wie auf dem Festland. Wir kommen auf nicht viel mehr als zehn verschiedene Pflanzenarten, unter denen wieder die Algen oder Tange eine so vorherrschende Rolle spielen, daß wir die anderen fast übersehen.

Die Tange, so bezeichnen wir alle derben und oft sehr groß werdenden Algen, ordnen sich in drei große Standortgruppen. Wir unterscheiden grüne, braune und rote Tange, und wir sehen, daß sich die Grüntange im obersten Stockwerk des Meeres ansiedeln und noch eine starke Verwandtschaft mit den urtümlichen Grünalgen haben. Die Brauntange bergen sich in größeren Tiefen, steigen bis zu 50 m in das Wasser hinab. Sie sind auch bedeutend stattlicher als die Grüntange und stehen in schier undurchdringlichen Wäldern beisammen. Die feinste Gliederung und die schönsten Formen weisen die noch tiefer eintauchenden Rottange auf. Sie dringen bis in eine Tiefe von 200 m vor.

Die Fischer sind oft geneigt, die Meerespflanzen als Seeunkraut anzusehen. Sie verkennen, daß die Tangwälder starke Wellenbrecher darstellen und einen guten Dünger für die Felder und Wiesen der Marschbauern abgeben. Aus Tang werden Arzneimittel und Schleimstoffe hergestellt, aus Tangasche Jod, Leuchtgas, Paraffinöl sowie viele flüchtige Öle gewonnen. In Ostasien dienen einige Algen auch der menschlichen Ernährung. Die Rotalge *Porphyra* wird sogar plantagenmäßig angebaut. Vor allem aber dienen die Algen und Tange unzähligen Meerestieren als Weide und Schlupfwinkel. Und von diesen Pflanzenfressern leben dann wieder die Raubtiere der Meere. Die unterseeischen Pflanzenwälder sind also eine der wesentlichsten Voraussetzungen für die reiche Tierwelt des Meeres.

Dichtwüchsige Cladophora *Cladophora arcta* (Familie: Grünalgen *Chlorophyceae*) bis 8 cm, wächst in der Gestalt von langen grünen Haaren auf Felsen, bildet dichte gelappte Büschel, tritt bei Ebbe zutage. In der Nordsee, seltener in der Ostsee.

Meersalat, Meerlattich *Ulva lactuca* (Familie: Grünalgen *Chlorophyceae*) bis 25 cm, hat kurze, breite, derbe, smaragdgrüne Blätter, wächst in dichten Kolonien, ist eßbar, erinnert an Blattsalat. Im geschützten Seichtwasser der Nord- und Ostsee.

Gemeines Seegras *Zostera marina* (Familie: Laichkrautgewächse *Potamogetonaceae*) blüht 5/6, ♃, 30–40 cm, grasartig, entwickelt im schlammigen Seichtwasser lange, flutende Bänder, siedelt vorwiegend in der Ostsee, seltener in der Nordsee. Die an Land getriebenen Schwaden dienen getrocknet als Polstermaterial und Düngemittel.

Gemeiner Blasentang *Fucus vesiculosus* (Familie: Braunalgen *Phaeophyceae*) entwickelt bis zu 1 m lange, gabelästige, knorpelige, braungrüne Zweige, deren Äste eine erhabene Mittellinie und luftgefüllte Blasen haben, klammert sich mit verzweigten Haftscheiben an den felsigen Grund. Nord- und Ostsee.

Zuckertang *Laminaria saccharina* (Familie: Braunalgen *Phaeophyceae*) hat bis zu 4 m lange und 30 cm breite, lederartige, am Rand gewellte, goldbraune Blätter, die sehr nahrhaft sind und tatsächlich Zucker enthalten. Häufig bei Helgoland.

Gemeines Seegras

Blutroter Seeampfer

Gemeiner Blasentang

Palmentang

Palmentang *Laminaria hyperborea* (Familie: Braunalgen *Phaeophyceae*) bis 1,50 m, entwickelt auf schmalem Stiel ein breites braunes Blatt mit herzförmigem Blattgrund, von dessen oberem Rand die flutenden Ästchen gleich einer Blütenkrone ausstrahlen. Getrocknete Stengelstücke, sog. Laminaria-Stifte, wurden früher wegen ihrer starken Quellfähigkeit in der Medizin zum Offenhalten von Wundkanälen verwendet.

Blutroter Seeampfer *Delesseria sanguinea* (Familie: Rotalgen *Rhodophyceae*) bis 15 cm, entwickelt zahlreiche breite, gebuchtete rote Blätter, die an Eichenblätter erinnern. Nordsee.

Fingertang *Laminaria digitata* (Familie: Braunalgen *Phaeophyceae*) bis 3 m, das Blatt ist in lange Bänder zerteilt, der Blattgrund verschmälert sich ganz allmählich.

Von den Tieren

Die Tiere, die uns während einer Wattwanderung in den Wasserlachen und Prielen begegnen, stellen meist unsere landläufigen Begriffe von der Tiergestalt auf den Kopf. Schwämme wie Seerosen, Quallen wie Polypen, Seesterne wie Seeigel, Muscheln wie Meeresschnecken führen uns so weit in die Urtage des Tieres zurück, daß wir oft nicht in der Lage sind, Kopf und Fuß, Leib und Glieder dieser Tiere auseinanderzuhalten und uns eine klare Vorstellung von ihrer körperlichen Organisation zu schaffen. Deshalb wollen wir uns hier ausführlicher mit ihnen beschäftigen.

Die Schwämme

Pflanzenhaft an den Ort gebunden – nachdem sie im Larvenzustand kurze Zeit als flüssigkeitsgefüllte Hohlkugeln durchs Wasser trieben –, sind die Schwämme eigentlich nichts anderes als festverankerte, schlauchförmige Klumpen mit mehreren seitlichen Einfuhröffnungen und einer oberen Ausfuhröffnung. Damit dieser Klumpen Halt bekommt und eine Stütze findet, scheiden die Zellen viele Nadeln aus Kalk und Kieselsäure aus oder erzeugen ein vielmaschiges Netz aus einem jodhaltigen Eiweißstoff. Unsere Badeschwämme z.B. haben nur ein solches Fasernetz als Körperskelett, und eben dieses haben wir dann in der Hand.

Bohrschwamm *Cliona celata* (Familie: Bohrschwämme *Clionidae,* Ordnung: Strahlenschwämme *Tetraxonia*) bohrt runde Löcher von 2–3 mm Durchmesser, gelblich, lebt im Kalkgestein, besonders bei Helgoland. Bestimmte Zellen seines Körpers nehmen den Kalk gleichsam fressend in sich auf und verstehen ihn zu lösen. Seine zerstörende Tätigkeit hat das Gesicht aller Kalkküsten der Welt weitgehend geformt und bestimmt. Ebenso gern nimmt er auch den Kalk aus Schnecken- und Muschelschalen auf. Von verwandten Bohrschwämmen stammen auch die Gänge im Muschelkalkgeröll der Helgoländer Düne, die an Borkenkäferfraß erinnern.

Die Seerosen

Die Seerosen gehören gemeinsam mit den Polypen, Korallen, Becher- und Rippenquallen zu dem Stamm der Hohltiere, deren besonderes Kennzeichen der kreisförmige und strahlig symmetrische Körperbau ist. Sie werden auch als Blumentiere bezeichnet, aber sie stehen durchaus nicht so tief am Stammbaum der Tiere, daß wir sie mit Blumen vergleichen könnten. Ihr Name soll nur die äußere Ähnlichkeit mit schönen Blumen andeuten. In Wirklichkeit haben sie es schon »recht weit gebracht«, denn sie besitzen nicht nur einen Schlauchkörper, eine Fußplatte, eine armtragende Mundscheibe und einen inneren Hohlraum, sie bildeten außer dem Haut- und Darmblatt (wissenschaftliche Bezeichnung: Ektoderm und Entoderm) auch noch ein mittleres Keimblatt (Mesoderm) aus, das ihnen ein festes Bindegewebe sichert. Und sie haben schon eine Speiseröhre und einen in Kammern aufgeteilten Magen. Sie sind auch nicht mehr so fest an den einmal gewählten Ort gebunden, können den breiten Fuß lüpfen, vorschieben und also langsam dahinrutschen. Innerhalb von 24 Stunden legen sie immerhin einen knappen halben Meter zurück. Ihre Gestalt erinnert an kurze, dicke und bunte Säulen mit reichem Kapitellschmuck. Das, was man als die Blumenkrone ansehen möchte, ist ein dicker Kranz vieler Fangarme, die nicht nur über zahllose explodierende Nesselgeschosse verfügen, sondern auch noch lebendige Leimruten darstellen. Mit Hilfe dieser Fangarme oder Tentakeln werden die Beutetiere – Fische, Muscheln und Krabben – gepackt, gelähmt und dem Schlundrohr zugeführt. Die Fortpflanzung erfolgt durch das Ausstoßen von Eiern von seiten der Weibchen und von Spermawolken von seiten der Männchen.
Etliche Seerosen, wie z.B. die Mantelaktinie und die Schmarotzerseerose, benutzen gern die Einsiedlerkrebse als Meereskutschen, lassen sich von ihnen bereitwillig packen und auf das Schneckenhaus, das deren Hinterleib schützt, verpflanzen, schlagen oft auch einen regelrechten Purzelbaum, um dahin zu kommen. Sie nähren sich von den Brosamen, die von den Krebstischen fallen, und dienen ihnen als feuerbereite Nesselbatterie, sobald Gefahr droht.

Pferdeaktinie, Erdbeerrose, Gemeine Seerose *Actinia equina* (Ordnung: Seerosen *Actiniaria,* Klasse: Blumenpolypen *Anthozoa*) bis 30 cm hoch, leuchtend rot, grün oder gelb, hat rund 200 durchscheinende schlanke Tentakeln, die in sechs Kränzen die Schlundröhre umstehen, ist mit Wärzchen geschmückt, steht in der Gezeitenzone der Nordsee auf Felsenklippen, kauert sich bei Ebbe mit eingezogenen Tentakeln zusammen.

Dickhörnige Seerose *Urticina felina* (Ordnung: Seerosen *Actiniaria*) 5 cm lang, 7 cm dick, Färbung rot, grün oder rosa, hat eine große bunte Mundscheibe, die von fünf Kränzen sehr dicker weißgebänderter Fangarme umstanden wird, ist über und über mit klebrigen Warzen bedeckt und tarnt sich gern mit Sandkörnern und Muschelbruchstücken, die auf dem Warzenschleim klebenbleiben, so daß sie sich kaum von der Farbe ihres Standortes abhebt, lebt noch unter der Gezeitenzone der Nordsee wie der westlichen Ostsee, verbirgt sich zudem unter Tangwurzeln, ist also nur bei sehr tiefer Ebbe einmal zu erspähen.

Witwenseerose *Sargatiogeton undatus* (Ordnung: Seerosen *Actiniaria*) bis 12 cm hoch, rot, gelb, grauweiß oder bräunlich, hat Längsstreifen, bis zu 200 lange, dünne, lebhaft schlängelnde, überhängende und sich ringelnde Tentakeln, lebt von Planktonkrebschen und Würmchen.

Pferdeaktinie

Seenelke *Metridium senile* (Ordnung: Seerosen *Actiniaria*) ändert sehr in der Farbe, ist rosigweiß oder goldbraun oder orangegelb, hat immer gleichfarbige zierliche Tentakeln, und zwar an die Tausend, die in zwanzig Reihen auf dem gelappten Rand ihrer Mundscheibe sitzen, ist glatt und schlank, wird bis zu 30 cm hoch, sitzt mindestens 20 m unter dem Wasserspiegel, gern auf Muschelschalen, Holzstücken und Pfahlwerk in der Nordsee wie in der westlichen Ostsee, vermag sich außer durch Eier auch durch das Abschnüren kleiner Fußrandstücke zu vermehren. Die jungen Seenelken knospen dann gleichsam am Fuß der Mutter und wachsen rund um ihren Säulenleib empor.

Seenelke

Die Quallen

Die Quallen, denen wir an der Nord- und Ostsee während einer Wattwanderung, an den Landungsbrücken und in den Badeanstalten begegnen können, gehören zu der Klasse der Becherquallen und sind schwimmende, scheiben- oder glockenförmige Geschöpfe, die uns an bunte Märchenblüten und schimmernde Ballone erinnern. An Land getrieben, verlieren sie schnell Farbe und Gestalt, sind nicht mehr als ein unförmiger Gallertklumpen, der bald gänzlich zerfließt. In der Flut bewegen sie sich durch das rhythmische Zusammenziehen der ausgezackten Scheibenränder, verdrängen dabei das in der Glockenhöhlung befindliche Wasser und werden durch diesen Rückstoß fortgetrieben.
Ihre von lappenartigen Mundarmen umgebene Mundöffnung liegt an der Unterseite der Glocke, von deren Rand viele mit Nesselbatterien gespickte Fangfäden herabhängen. Wer sie berührt, bekommt die Wirkung dieser giftigen Nesselpfeile schmerzhaft zu fühlen und wird sich in Zukunft hüten, diesen Medusen aus dem Unterstamm der Nesseltiere nahezukommen.

Ohrenqualle

Ohrenqualle *Aurelia aurita* (Ordnung: Fahnenquallen *Semaeostomeae,* Klasse: Schirmquallen *Scyphozoa*) hat glasartig durchsichtigen, flachen, rötlich oder gelblich oder bläulich getönten Schirm mit vier hufeisenförmigen dunkleren Zeichnungen, einen Wimpernkranz zarter kurzer Randtentakeln, vier breite, kurze, blattartig gebuchtete Mundarme, ist häufig in der Nord- und Ostsee, tritt im Juli/August oft in Scharen auf. Meist beträgt der Scheibendurchmesser nur 6–10 cm, hin und wieder aber auch 24 bis 40 cm, gelegentlich auch mehr.

Feuerqualle, Gelbe Haarqualle *Cyanea capillata* (Ordnung: Fahnenquallen *Semaeostomeae*) hat stark gewölbten, glockenförmigen, zierlich gezeichneten Schirm mit gelapptem Rand, aus dessen Hohlkörper die zahlreichen zarten, rötlichgelben bis gelbbraunen Tentakeln und Geschlechtsbänder dicht und buschig gleich einer farbigen Wolke herabhängen, häufig in der Nordsee, besonders bei Helgoland, im Juli/August oft scharenweise auftretend, kommt auch in der Ostsee vor, durchschnittlicher Scheibendurchmesser 35 cm, im Höchstfalle 1–2 m, Tentakeln bis 2 m lang.

Blaue Nesselqualle *Cyanea lamarckii* (Ordnung: Fahnenquallen *Semaeostomeae*) ähnelt der Gelben Haarqualle sehr, ist prächtig kornblumenblau, oft massenhaft in der Nordsee, fehlt in der Ostsee, Scheibendurchmesser 20–30 cm.

Wurzelmundqualle *Rhizostoma octopus* (Ordnung: Wurzelmundquallen *Rhizostomeae,* Klasse: Schirmquallen *Scyphozoa*) hat starkgewölbten, halbkugelförmigen Schirm mit lebhaft blauen Randlappen, keine Randtentakeln, aber 8 sehr große Mundarme, die der Schirmhöhle fein gekräuselt entspringen, dann polster- oder blumenkohlartig anschwellen, sich nochmals kräuseln und dann sehr verjüngen. In der Nordsee vom August–Oktober, Durchmesser 60–80 cm.

Kompaßqualle *Chrysaora hyoscella* (Ordnung: Fahnenquallen *Semaeostomeae*) hat schwachgewölbten Schirm, von dessen Scheitel 16 dunkelbraune Gabelstreifen zum Schirmrand hin ausstrahlen, diese Zeichnung hat etwas Ähnlichkeit mit der Windrose eines Kompasses (Name!), der Schirmrand ist mit 24 dicken Tentakeln bestückt, aus der Schirmhöhle hängen 4 sehr lange, fransenartig gekräuselte Mundarme. In der Nordsee im Spätsommer, seltener in der Ostsee, Durchmesser bis zu 30 cm.

links: Wurzelmundqualle, rechts: Kompaßqualle

Die See- und Schlangensterne

Die Seesterne zählen mit den Schlangensternen, den Seeigeln, den Seewalzen und Seelilien zum uralten Tierstamm der Stachelhäuter *(Echinodermata).* Äußerlich gleichen sich diese Tiere nur wenig, sind aber alle mehr oder minder fünfstrahlig gebaut, haben ein äußeres Kalkskelett aus Platten oder Stacheln, führen ein sitzendes oder nur wenig bewegtes, dennoch aber durchweg räuberisches Leben. An der Hauptkörperachse sitzt der Mund unten, dem Meeresgrund zugewandt, der After oben. An und für sich meiden sie die seichte Gezeitenzone, werden aber sehr oft von der stürmischen Flut ergriffen und an Land gespült.

Gemeiner Seestern *Asterias rubens* (Ordnung: Zangenseesterne *Forcipulata,* Klasse: *Asteroidea*) hat kleine Mundscheibe, fünf lange Arme, einen Durchmesser von 15 bis 30 cm, ist bald gelblich oder rötlich, bald violett oder bläulich, bald hell- oder dunkelbraun, vermag mit seinen Saugarmen Muscheln gewaltsam zu öffnen, stülpt seinen Magen aus, übergießt das Beutetier mit verdauendem Saft, saugt es dann auf, frißt auch Schnecken, Krebse, Fische und Würmer, kann verlorengegangene Arme wieder ersetzen. In der Nord- und Ostsee.

Gemeiner Seestern

Sonnenstern *Solaster papposus* (Ordnung: Stachelseesterne *Spinulosa,* Klasse: *Asteroidea*) bis 10 cm, hat sehr große Mundscheibe und nicht nur fünf, sondern 12 bis 15 kurze, zungenförmige, gelbgebänderte Arme, ist kräftig dunkelbraunrot, auf der Scheibe hellgelb gefleckt, liebt sandigen und steinigen Boden. Bei Helgoland häufig.

Zerbrechlicher Schlangenstern *Ophiothrix fragilis* (Ordnung: *Zygophiurae,* Klasse *Asteroidea*) hat Mundscheibe von 2,5 cm Durchmesser, fünf dünne, scharf abgesetzte, 15 cm lange, kammartig bestachelte, rot betupfte Arme, ist meist grünlichgrau, versteckt sich im Bodengestein der Nordsee, lebt vorwiegend von kleinen Borstenwürmern, Schnecken und Seeigeln, kennzeichnet sich durch Leuchtfähigkeit, klettert und schwimmt ganz vorzüglich.

Ziegelroter Schlangenstern *Ophiura albida* (Ordnung: *Zygophiurae*) hat Mundscheibe von 1,5 cm Durchmesser, 5 cm lange, schärfer abgesetzte und sich am Ansatz nicht berührende, sehr schlanke, blaßziegelrote, mit kurzen dornigen Zähnen besetzte Arme, läßt wie alle Schlangensterne den gepackten Arm schnell fahren. In der Nordsee ziemlich häufig, auch in der Ostsee.

Kammstern *Astropecten irregularis* (Ordnung: Großplattenseesterne *Phanerozonia,*

Klasse: *Asteroidea*) Nordsee, bis 10 cm. Er besitzt eine große Scheibe mit 5 kurzen und flachen Armen, die nur am Rande Stachelreihen tragen. Der Kammstern gräbt sich meist in den Sand ein und kommt noch in einer Wassertiefe von 1000 m vor.

Fadenförmiger Schlangenstern *Amphiura filiformis* (Ordnung: *Zygophiurae,* Klasse: *Asteroidea*) Nordsee, bis 15 cm. Die kleine runde Scheibe hat nur einen Durchmesser von 8 mm, die 5 dünnen Arme sind 5–7 cm lang und am Rande bestachelt.

Die See- und Herzigel

Die Seeigel sind armlose Stachelhäuter, deren Körperscheibe kugelförmig aufgeblasen und mit vieleckigen Kalkplatten bedeckt ist. Die Panzerplatten tragen kleine halbkugelförmige Höcker und gelenkige, nadelartig zugespitzte oder kolbig verdickte Stacheln, die sehr beweglich sind, sich zu einem Stachelwald verdichten und als Waffe wie als Beine dienen. Zwischen den Stacheln stehen lang vorstreckbare Füßchen und dreiklappige kleine Zangen, mit denen die Beutetiere ergriffen, an die Füßchen weitergegeben und zum Munde geführt werden. Die kleinen Zangen dienen zugleich als Putzwerkzeug oder als Giftzangen zur Verteidigung.

Eßbarer Seeigel *Echinus esculentus* (Ordnung: Reguläre Seeigel *Regularia,* Klasse: *Echinoidea*) hat kurze weißliche oder rötliche Stacheln mit violetter Spitze, einen Durchmesser bis zu 12 cm, läßt immerzu seine schlauchartigen Füßchen spielen, mit deren Hilfe er sich auch fortbewegt, da seine Stacheln nicht als Stelzen taugen. Lebt in der Nordsee.

Olivgrüner Strandigel *Psammechinus miliaris* (Ordnung: Reguläre Seeigel *Regularia*) 3–4 cm, ist beträchtlich flacher als der vorhergehende, meist olivgrün, bläulich überhaucht. Bewohnt bei uns vor allem die Wattenmeere bei Norderney und Sylt, wird viel von der Ebbe überrascht. Kommt auch in der westlichen Ostsee vor.

Herzigel *Echinocardium cordatum* (Ordnung: Irreguläre Seeigel *Irregularia,* Klasse: *Echinoidea*) 4 cm lang, 3,5 cm breit, unterseits flach, oberseits herzförmig gewölbt, hat biegsame weißliche oder gelbliche Stacheln, die nicht abstehen, sondern dem Panzer wie gekämmt anliegen, sich rhythmisch bewegen, gleichsam fluten. Lebt im Sand der Nordsee, schaufelt Sand und Schlamm in sein Darmrohr, zehrt von den darin enthaltenen organischen Stoffen, verschafft dem Seewasser durch einen regelrechten Kamin den Zutritt zu seiner Sandhöhle, in der er einsiedlerisch lebt.

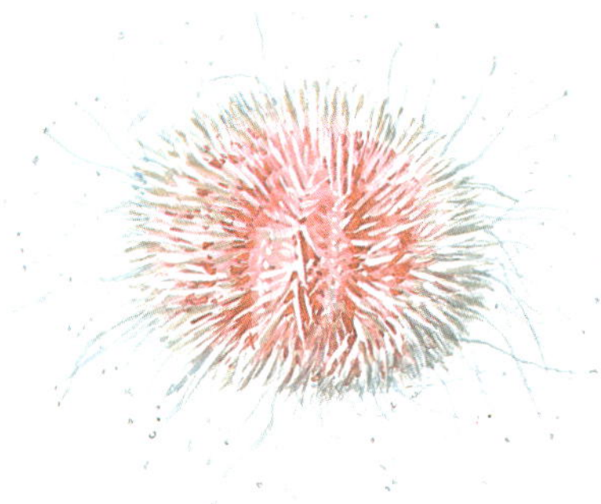

Eßbarer Seeigel

Die Muscheln

Es ist nicht leicht, sich ein Muscheltier richtig vorzustellen. Am ehesten könnte man es mit einem Buch vergleichen, das auf seinen Blättern steht und uns den gebundenen Rücken zuwendet. Die beiden festen Buchdecken sind die harten Muschelschalen, die beiden leeren Vorsatzblätter entsprechen den einhüllenden Mantelblättern, das dritte und vierte Blatt hinten und vorn aber sind dann die Kiemenblätterpaare. Allerdings werden bei diesem Muschelbuch die Blätter, die alle miteinander verwachsen sind, nach innen zu immer kleiner. Den Verschluß der Schalen besorgen starke Schließmuskeln. Zu bewegen vermag sich die meist festsitzende Muschel mit Hilfe eines beilförmigen Fußes, der zugleich der Verankerung dient und zu diesem Zwecke zähe Fäden aus einer Drüse ausscheidet.
Von den wenigen Süßwassermuscheln lernten wir die Flußperlmuschel und die Malermuschel (S. 176) kennen. Unter den sehr zahlreichen Meeresmuscheln treffen wir eine Auswahl, die danach ausgerichtet ist, ob wir ihnen als Küstenwanderer überhaupt begegnen können.

Sandklaffmuschel *Mya arenaria* (Familie: Klaffmuscheln *Myidae,* Ordnung: Echte Blattkiemer *Eulamellibranchiata*) 12 cm, länglich-eiförmige Schale, weiß bis bräunlich, vorne abgerundet, hinten etwas zugespitzt, linke Klappe kleiner und mit einem löffelartigen Fortsatz, gräbt sich so tief in den Sand der Wattenmeere, daß nur die zu einem walzigen, runzligen, bräunlichen Fortsatz vereinigten Siphonalrohre herausragen, aus denen ein Wasserstrahl spritzt, wenn sich die beunruhigte Muschel schnell in ihre Höhle zurückzieht. Häufig in der Nord- und Ostsee, im Mittelmeer und Atlantik.

Dattelmuschel, Gewöhnliche Bohrmuschel *Pholas dactylus* (Familie: Bohrmuscheln *Pholadidae,* Ordnung: Echte Blattkiemer *Eulamellibranchiata*) 15 cm, hat eine vorn und hinten klaffende, weiße, mit vielen Reihen kleiner Zacken und Zähnchen besetzte, am Vorderende fingerförmige Schale, die an eine grobe Raspel erinnert und ihr als bohrendes Werkzeug dient, dringt tief in weiches Gestein und Holz ein,

Sandklaffmuschel

aus dem dann nur die miteinander verwachsenen Siphonalrohre gleich einem kleinen Elefantenrüssel ragen, stößt bei Beunruhigung und um ihre kleinen Beutetiere anzulocken leuchtenden Schleim aus, ist oft im Treibholz zu entdecken, an allen europäischen Küsten häufig, die Ostsee ausgenommen.

Eßbare Herzmuschel *Cardium edule* (Familie: Herzmuscheln *Cardiidae,* Ordnung: Echte Blattkiemer *Eulamellibranchiata*) bis 5 cm lang, hat starke, weiße, gelbliche oder rötlichbraune Schalen von herzförmiger Gestalt mit etwa 24 dicken Rippen, kann sich mit Hilfe des Fußes bis 50 cm weit fortschnellen und schnell in den feuchten Boden wühlen. Häufig in allen europäischen Meeren, auf Sandbänken vor Flußmündungen.

Eßbare Herzmuschel

Zarte Plattmuschel, Platte Tellmuschel *Angulus tennis* (Familie: Plattmuscheln *Teliinidae,* Ordnung: Echte Blattkiemer *Eulamellibranchiata*) wird auch »Rote Bohne« genannt, ist nur 2,5 cm lang, hat sehr flachgewölbte, breit ovale, hinten abgestutzte weiße bis rötliche Schalen, die innen rosenrot schimmern, ist an der europäischen Atlantikküste und am Mittelmeer sehr häufig im Spülsaum zu finden.

Weiße Peffermuschel *Abra alba* (Familie: Pfeffermuscheln *Scrobiculariidae,* Ordnung: Echte Blattkiemer *Eulamellibranchiata*) 1,8 cm, Schale weiß mit gelber Mitte, sehr dünn, lebt im Sand und Schlick der Gezeitenzone der Nordsee, bewegt sich mit Hilfe des jäh anschwellenden Fußes ruckartig.

Miesmuschel

Miesmuschel *Mytilus edulis* (Familie: Miesmuscheln *Mytilidae*, Ordnung: Unechte Blattkiemer *Pseudolamellibranchiata*) 6 bis 10 cm lang, hat keilförmig gestreckte, fast dreieckige, schwärzliche, dunkelbläuliche oder bräunlichlilafarbene Schalen mit spitzigen Wirbeln am vorderen Winkel, heftet sich mit zähen Byssusfäden fest ans Holz, zieht sich an diesen Fäden auch zu einem neuen Sitzplatz. Lebt in der Gezeitenzone aller europäischen Meere.

Die Meeresschnecken

Groß ist die Zahl der Schnecken, die in der Gezeitenzone unserer Meere leben und teils als fleischfressende Räuber, teils als harmlose Vegetarier ihr Dasein fristen. Ihre leeren Gehäuse finden wir massenhaft in den Spülsäumen unserer Küsten, die noch lebenden Schnecken aber im Tang wie in den Wasserrinnen und den Prielen des Wattenmeeres.

Wellhornschnecke *Buccinum undatum* (Familie: Hornschnecken *Buccinidae,* Ordnung: Kammkiemer *Monotocardia*) bis 12 cm hoch, Gehäuse kegelig-eiförmig, eigentümlich gewellt und gerunzelt, gelblichgrau oder weißlich oder bräunlich, mit zarter brauner Oberhaut überzogen, Leib gelblich mit schwarzen Flecken, hat langen, ausstülpbaren Rüssel, bohrt damit Muscheln an, um sie dann mit ihrer Raspelzunge aufzuschlecken. Häufig in der Nordsee und an der Atlantikküste, seltener in der Ostsee.

Wellhornschnecke

Netzreusenschnecke *Nassa reticulata* (Familie: Netzreusenschnecken *Nassiidae,* Ordnung: Kammkiemer *Monotocardia*) 2–3 cm, Gehäuse spindelförmig, schwach gewölbte Windungen, mit zierlichen Längs- und Querleisten geschmückt, bräunlich, hat sehr langes Atemrohr, mit dem sie ihre Beute wittert, ist ein gieriger Aas- und Fleischfresser, lauert verborgen im Sand und Schlick, flüchtet sich, Purzelbäume schlagend, sobald ein Seestern die geißelförmigen Fortsätze ihres Fußes berührt.

Netzreusenschnecke

Wendeltreppe *Epitonicum = Scala clathrus* (Familie: Wendeltreppen *Scalidae,* Ordnung: Kammkiemer *Monotocardia*) 3–4 cm hoch, Gehäuse turmartig, spitz, grauweiß, porzellanschimmernd, mit rötlich gefärbten hohen Längsleisten auf den scharf abgesetzten Windungen. In der Nordsee, an der Atlantikküste und im Mittelmeer.

Wendeltreppe

Purpurschnecke *Murex trunculus* (Familie: Stachelschnecken *Muricidae,* Ordnung:

Kammkiemer *Monotocardia*) Gehäuse länglich-eiförmig, bräunlich gebändert, zwischen den Windungen längs- oder quergerieft, mit kurzen Stacheln und kurzem Siphonrohr, ist langsam und träge, lebt räuberisch auf Muschelbänken, sondert bei Gefahr einen gelben Tropfen ab, der sich unter der Wirkung des Sonnenlichtes erst grün, dann blau, dann purpurrot verfärbt und früher die kostbare Purpurfarbe lieferte. Im Mittelmeer.

Purpurschnecke

Steinschnecke, Steinchen *Purpura = Nucella lapillus* (Familie: Stachelschnecken *Muricidae,* Ordnung: Kammkiemer *Monotocardia*) Gehäuse eiförmig, oft schwarz oder gelb gebändert, Lippe dick und gezähnt, insgesamt 3–4 cm hoch, trägt auch den Namen »Nordische Purpurschnecke«, da sie ebenfalls den früher sehr begehrten Purpurfarbstoff absondert. Lebt an den felsigen Küsten des Atlantiks, in der Nordsee, vor allem vor Helgoland.

Pelikanfuß

Pelikanfuß *Aporrhais = Chenopus pes pelicani* (Familie: Pelikanfußschnecken *Aporrhaidae,* Ordnung: Kammkiemer *Monotocardia*) 5 cm, Gehäuse rosa, gelb, graubraun bis weißlich, hohes Gewinde, Außenrand der Mündung weit vorgezogen, lappig geformt, mit zipfelartigen Fortsätzen versehen, kann sich springend fortbewegen. In der Nordsee, an der Atlantikküste und im Mittelmeer.

Käferschnecke

Käferschnecke *Lepidochiton cinereus* (Familie: Käferschnecken *Chitonidae,* Ordnung: *Ischnochitonina*) 1,2 cm, Außenseiter unter den Schnecken, trägt kein Gehäuse, sondern acht dachziegelartig gelagerte und zierlich gemusterte Kalkplatten auf dem Rücken, die ihr erlauben, sich bei Gefahr asselartig zusammenzurollen, lebt an den Felsen der Gezeitenzone, saugt sich so fest, daß man sie eher zerreißt als abzulösen vermag. In der Nord- und Ostsee, an der europäischen Atlantikküste.

Die Krabben und Krebse

Fast alle Krebstiere haben mehr als vier Beinpaare, drei Kieferpaare, zwei Fühler- oder Antennenpaare. Oft enden einige Schreitbeine in einer Schere, und dazu kommt noch eine Anzahl Spaltfüße. Die Atmung erfolgt durch Kiemen. Der Kopf ist wenig abgesetzt, fast immer mit der Brust verwachsen, und das, was wir so allgemein als Schwanz bezeichnen, ist der Hinterleib.
Im Bach lernten wir bereits den Fluß- und den Steinkrebs (S. 176), im Strom die Wollhandkrabbe (S. 205) kennen.

Strandkrabbe *Carcinus maenas* (Familie: Schwimmkrabben *Portunidae,* Ordnung: Zehnfußkrebse *Decapoda*) mit den Beinen 8 cm breit, 4 cm lang, schwärzlichgrün, platt und gedrungen, Hinterleib unter das Kopfbruststück eingeschlagen, die dreilappige Stirn bildet mit den dünnen, fünfzähnigen, vorderen Seitenrändern eine Bogenlinie, die Augen sitzen eng beieinander. Läuft schnell und gewandt auf starken Beinen, ist erstaunlich kräftig, richtet sich bei Beunruhigung drohend auf, klappert mit den Scheren, lebt in der Gezeitenzone aller europäischen Meere, bleibt bei Ebbe fast regelmäßig zurück, gräbt sich in den nassen Sand oder verbirgt sich unter Steinen.

Taschenkrebs *Cancer pagurus* (Familie: Taschenkrebse *Cancridae,* Ordnung: Zehnfußkrebse *Decapoda*) Kopfbruststück bis 30 cm breit, 9–12 cm lang, oft 6 kg schwer, oberseits bräunlich, Scherenfinger schwarz, platt und gedrungen, Hinterleib eingeschlagen, Stirnrand trägt jederseits neun breite stumpfe Lappen, kann mit seinen starken Scheren gefährlich verwunden, Muschelschalen wie Krebspanzer leicht zerschneiden. Lebt in der Gezeitenzone von Nordsee, Atlantik und Mittelmeer, zieht felsigen Grund dem Sand vor.

Seespinne, Meerspinne *Hyas araneus* (Familie: Dreieckskrabben *Majidae,* Ordnung: Zehnfußkrebse *Decapoda*) bis 8 cm lang, gelblichrot, gedrungen, Hinterleib eingeschlagen, Beine wohl spinnenartig verlängert, aber noch sehr kräftig, Kopfbrustschild fast eirund, an der Stirn zu zwei Stacheln zugespitzt, mit regelmäßig angeordneten kleinen Buckeln besetzt und mit zahlreichen biegsamen Chitinhäkchen versehen, an denen zum Zwecke der Tarnung von der Spinne mit Hilfe der Scheren allerlei Schwämme, Polypen, Moostierchen, Röh-

Strandkrabbe

renwürmer, Seepocken und Tange befestigt werden, die sich bald willig ansiedeln und ihre gemächlich dahinstelzende Meereskutsche oft ganz verhüllen. In der Nord- und Ostsee und im nördlichen Atlantik.

Bernhardkrebs, Einsiedler (Abb. S. 443) *Eupagurus bernhardus* (Familie: Echte Einsiedlerkrebse *Paguridae,* Ordnung: Zehnfußkrebse *Decapoda*) 10–12 cm lang, reh- bis rotbraun, Kopfbruststück gestreckt, Augen gestielt, Hinterleib länglich und weichhäutig, die drei vorderen Beinpaare und die Scheren kräftig entwickelt, Scheren ungleich stark, mit der größeren kann er den Gehäuseeingang verschließen, die zwei

Seespinne

hinteren Beinpaare in kurze Klauen verwandeln, mit denen er sich in dem leeren Schneckenhaus, das er zum Schutze seines Hinterleibes immer mit sich herumträgt, so gut verankern kann, daß es unmöglich ist, ihn lebend herauszuziehen, ist vom Mittelmeer bis in die Nordsee ziemlich häufig, bleibt oft bei Ebbe zurück und kriecht dann tief in sein Schneckenhaus, lebt häufig in einer Schutz- und Trutzgemeinschaft (Symbiose) mit Seerosen (S. 448).

Nordseegarnele *Crangon crangon = vulgaris* (Familie: *Crangonidae,* Ordnung: Zehnfußkrebse *Decapoda*) bis 7 cm lang, erscheint grau- oder braungrünlich, ist in Wirklichkeit mit schwarzen, graubraunen oder orangefarbenen Flecken übersät, deren Farbzellen sich zusammenziehen und ausdehnen können, so daß sie sich der jeweiligen Farbe des Sandes wunderbar

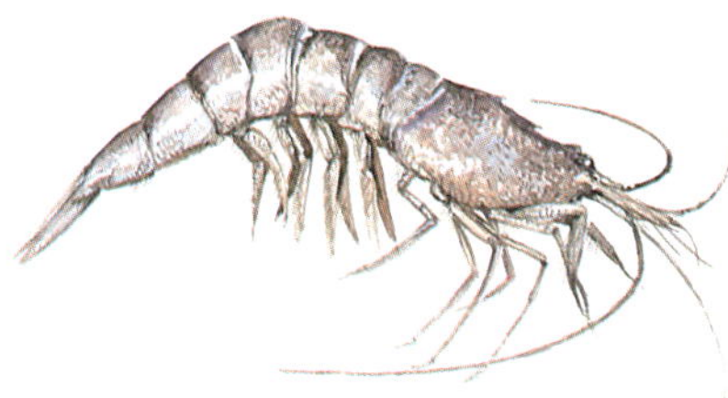

Nordseegarnele

anzupassen vermag, der schlanke Körper ist ganz glatt, nur auf dem Kopfbrustschild mit drei Stacheln versehen, die Beine sind dünn, die Scheren sehr klein, der Hinterleib kräftig. Sie belebt die sandigen flachen Seichtwasser der Nordsee innerhalb der Gezeitenzone, kommt scharenweise vor, ist in der Ostsee nicht so häufig.
Im Handel wird sie fälschlicherweise immer als Nordseekrabbe oder einfach als Krabbe bezeichnet.

Die Seefische

Von den zahllosen Fischen, die das Meer bevölkern und auf ihren Wander- und Laichzügen unsere Küsten berühren, die wir also vom Boot aus oder am kleinen Seehafen, wenn die Küstenfischer ihre Beute ausladen, zu Gesicht bekommen, wollen wir hier vor allem die besprechen, die eine wesentliche Rolle für unsere Ernährung spielen.

Kabeljau, Dorsch *Gadus morhua* (Familie: Dorsche *Gadidae,* Ordnung: Dorschfische *Gadiformes*) 100–140 cm, laicht 2–6, hat drei Rücken- und zwei Afterflossen, freie Schwanzflosse, einen Bartfaden an der Unterlippe, ist oberseits grau, gelblich gefleckt, längs der Seitenlinie weiß gestreift, unterseits weiß, ungefleckt, lebt in den tiefen Gründen der Meere, ist sehr fruchtbar, wächst schnell, liefert Lebertran. In der Nordsee wird nur die Jugendform als Dorsch bezeichnet, in der Ostsee trägt auch der ausgewachsene Fisch diesen Namen, ist auch im nördlichen Atlantik verbreitet.

Schellfisch *Melanogrammus aeglefinus* (Familie: Dorsche *Gadidae*) 50–80 cm, laicht 1–5, schlanker und kleiner als der Kabeljau, wächst langsamer, hat ebenfalls einen Bartfaden an der Unterlippe, erste Rückenflosse spitz dreieckig und höher als die zweite und dritte Flosse, oberseits bräunlich, seitlich silbergrau, unterseits silberweiß, die Seitenlinie und ein markanter Fleck zwischen Brust- und Rückenflosse schwarz, erscheint vom März–Mai an der Küste, bleibt bis Juli, taucht dann in größere Tiefen, kehrt im Oktober zurück. Häufig in der Nordsee und im Atlantik, seltener in der Ostsee.

Köhler *Pollachius virens* (Familie: Dorsche *Gadidae*) 60–100 cm, laicht 2–3, ist dem Dorsch sehr ähnlich, hat aber keinen Bartfaden und eine geschweifte Schwanzflosse, ist oberseits oliv- bis schwarzgrün, seitlich graugrün mit gerader heller Seitenlinie,

Von oben nach unten: Kabeljau – Schellfisch – Thunfisch – Hering – Makrele

unterseits weißlich, lebt auf felsigem Grund in 100–200 m Tiefe. Nordsee, Atlantik bis zum 40. Breitenkreis und westl. Ostsee.

Seehecht *Merluccius merluccius* (Familie: Dorsche *Gadidae*) 80–120 cm, laicht 7–9, hat ungewöhnlich lange zweite, 29strahlige Rückenflosse und 21strahlige Afterflosse, beide Flossen sind zum Körperende hin hochgewölbt, ähnelt im Kopf dem Süßwasserhecht, ist oberseits braungrau, seitlich aufgelichtet, unterseits silberweiß, ein unersättlicher Räuber, jagt am Grunde des Meeres. In der Nord- und Ostsee, im Mittelmeer und Atlantik.

Makrele *Scomber scombrus* (Familie: Makrelen *Scombridae,* Ordnung: Barschfische *Perciformes*) 40–50 cm, laicht 6–8, ist schlank und schnittig, hat spitz auslaufenden Leib mit gabelig tiefeingeschnittener, dunkler Schwanzflosse, zwei Rückenflossen, hinter der zweiten Rückenflosse und hinter der Afterflosse befinden sich je 5 oder 6 kleine »Flössel«, schillert oberseits blaugrün, glänzt goldfarben, trägt am Rücken dunkle Querbinden, unterseits weiß. Erscheint im Frühling und Sommer an unserer Nord- und Ostseeküste, lebt im Mittelmeer und Atlantik.

Thunfisch *Thunnus thynnus* (Familie: Makrelen *Scombridae*) 200–300 cm, im Mittelmeer bis 500 cm, laicht 8–10, sehr schnittig, gleichsam eine riesige Makrele mit weitgegabeltem Schwanz, nach der zweiten Rükkenflosse und der Afterflosse, die beide sichelartig nach hinten ausgezogen sind, sitzen an der Bauch- und Rückenlinie noch je 9 kleine Nebenflossen, ist oberseits schwarzbläulich, seitlich grau, unterseits silberweiß gefleckt. Im Mittelmeer beheimatet, kreuzt im Sommer in der Nordsee auf.

Hering *Clupea harengus* (Familie: Heringe *Clupeidae,* Ordnung: Heringsfische *Clupeiformes*) 20–30 cm, selten größer, laicht je nach Rasse im Frühjahr, Sommer, Herbst und Winter, teils im Brackwasser, teils im Salzwasser, hat auffallend kleine lichte Brust- und Bauchflossen, nur eine mittelständige Rückenflosse, tiefgegabelte dunkle Schwanzflosse, ist oberseits meergrün oder grünblau, unterseits perlmutter-silberglänzend, tritt oft in ungeheuren Schwärmen auf. In der Nord- und Ostsee häufig und im nördlichen Atlantik.

Sprotte *Clupea sprattus* (Familie: Heringe *Clupeidae*) 10–15 cm, laicht 5–6, hat deutlich gekielten, gezähnelten Bauch, dunkelblauen, grün schimmernden Rücken, silberweißen Leib, dunkle Rücken- und Schwanzflosse. Lebt in beträchtlichen Tiefen an allen europäischen Küsten. Erscheint zur Laichzeit in gewaltigen Scharen.

Sardelle *Engraulis encrasicolus* (Familie: Sardellen *Engraulidae,* Ordnung: Heringsfische *Clupeiformes*) 12–16 cm, laicht 5–6, hat zusammengedrückten Leib, glatte Bauchkante, bis hinter die Augen gespaltenes Maul, stumpfe Schnauze, ist oberseits bräunlichblau, am Kopf goldschimmernd, seitlich und unterseits weiß, am häufigsten im Mittelmeer, lebt im Winter in Tiefen von 150–200 m. Lebt an den europäischen Atlantikküsten und im Mittelmeer, kommt in die nördliche Nordsee, seltener in die Ostsee.

Seeaal, Meeraal *Conger conger* (Familie: Meeraale *Congridae,* Ordnung: Aalartige *Anguilliformes*) 150–300 cm, laicht 1/2, gleicht dem Flußaal, unterscheidet sich von ihm durch die lange Rückenflosse, die über der Brustflosse beginnt und bis zum Schwanzende reicht, durch den verlängerten Oberkiefer und sein starkes Gebiß, ist oberseits blaßbraun, an den Seiten lichter, unterseits schmutzigweiß, hat weißliche Rücken- und Afterflossen mit schwärzlichem Saum, liebt felsige Küsten, lebt räuberisch, zermalmt mit seinen Kinnladen Muscheln wie Krebse. In der Ost- und Nordsee.

Glattrochen *Raja batis* (Familie: Echte Rochen *Rajidae,* Ordnung: Rochenartige *Rajiformes*) bis 2,5 m, größter europäischer Rochen, laicht 3/4, hat rautenförmigen Leib, dünnen, rundlichen Schwanz, kielartig verlängerte, spitze Schnauze, ist 1,55 m breit, glatt- oder nur wenig rauhhäutig, nur vor und hinter dem Auge sowie am Schwanz mit Dornen bewehrt, oberseits dunkelolivgrün, manchmal gelb gefleckt, unterseits dunkelgrau, schwärzlich überspritzt, ist ein Bodenfisch, liegt auf die Brustflossen gestützt im Sand, wird nachts munter, tummelt sich oft auch in höheren Wasserschichten, in der Nordsee und an der Atlantikküste.

Dornrochen, Nagelrochen *Raja clavata* (Familie: Echte Rochen *Rajidae*) Männchen bis 70 cm lang, Weibchen bis 125 cm, Haut mit feinen Stacheln, bei älteren Tieren auf der Rücken- und Bauchseite mit größeren Dornen besetzt, oberseits braun, licht gefleckt, unterseits weiß, sehr breiter scheibenförmiger Leib, Bauchflossen mit fußstummelartigen Fortsätzen, Männchen durch große keulenartige Klammerorgane gekennzeichnet. In der Nord- und Ostsee und im Atlantik.

Heilbutt *Hippoglossus hippoglossus* (Familie: Schollen *Pleuronectidae,* Ordnung: Plattfische *Pleuronectiformes*) 150–200 cm, laicht 3–5, größter einheimischer Plattfisch, rechtsäugig – d. h., daß sich beide Augen auf der rechten Körperseite befinden, in der Jugendzeit das linke Auge über die Rückenlinie auf die rechte Körperseite gewandert ist –, Schwanzflosse geschweift, Seitenlinie stark gebogen, auf der Augenseite licht- bis düsterbraun, auf der Blindseite weiß, im Eismeer beheimatet. Kommt in die Nordsee, manchmal auch in die Ostsee, im Atlantik bis zur Biskaya. Der Heilbutt liegt am Grund auf

Von oben nach unten: Seeaal – Steinbutt – Dornrochen – Rotbarsch – Roter Knurrhahn

der Lauer wie alle Schollen und Flundern, lebt räuberisch.

Steinbutt *Rhombus maximus* (Familie: Butte *Bothidae,* Ordnung: Plattfische *Pleuronectiformes*) 60–100 cm, laicht 4–8, Körper fast kreisrund, Oberseite mit Knochenhökkern, linksäugig, Augenseite braun, dunkel marmoriert, Blindseite weiß, tarnt sich mit einer Sandschicht. In der Nord- und Ostsee, im nördlichen Atlantik und im Mittelmeer.

Goldbutt, Scholle, Maischolle *Pleuronectes platessa* (Familie: Schollen *Pleuronectidae,* Ordnung: Plattfische *Pleuronectiformes*) 40–60 cm, selten bis 80 cm, laicht 1–3, Augenseite meist braun, grau marmoriert, gelbrot gefleckt, Flecken auch auf der Rücken-, After- und Schwanzflosse, Maul auffallend klein, Haut glatt, rechtsäugig, Blindseite weißgrau bis gelblich. In der Nord- und Ostsee, an der atlantischen Küste, ist auf dem Markt der häufigste Plattfisch.

Flunder, Butt *Pleuronectes flesus* (Familie: Schollen *Pleuronectidae*) 30–50 cm, laicht 2–4, Augenseite hell- bis dunkelbraun, gelbrot gefleckt, Haut sehr rauh, schlanker als die Scholle, ⅓ links-, ⅔ rechtsäugig, Blindseite gelblichweiß, fein schwarz punktiert und getüpfelt, hält sich in Küstennähe, drang früher auch weit in die Ströme ein. In der Nord- und Ostsee, im Atlantik und im Mittelmeer.

Seezunge *Solea solea* (Familie: Zungen *Soleidae,* Ordnung: Plattfische *Pleuronectiformes*) 50–60 cm, laicht 5–7, schlanker und länglicher als die Schollen, Maulspalte sehr klein, rechtsäugig, Augenseite braun, an den Spitzen der Brustflossen schwarz, Blindseite bräunlich, aufgehellt, liegt im Sand verborgen, liebt die Küstennähe, vermag ihre Farbe dem Grund anzupassen. Ist in der Nordsee häufig, ebenso im Mittelmeer und an den atlantischen Küsten, in der Ostsee nur bis Mecklenburg vertreten.

Rotbarsch, Goldbarsch, Bergilt *Sebastes marinus = viviparus* (Familie: Drachenköpfe = Skorpionsfische *Scorpaenidae,* Ordnung: Panzerwangen *Scorpaeniformes*) 50–60 cm, laicht 3–5, hat hochrote Flossen, ist oberseits karminrot, an den Seiten aufgehellt, unterseits blaßrot, lebt in Tiefen von 200–400 m. Raubfisch. Nordsee und nördlicher Atlantik.

Roter Knurrhahn *Trigla lucerna = corax* (Familie Knurrhähne *Triglidae,* Ordnung: Panzerwangen *Scorpaeniformes*) 50 bis 60 cm, laicht 6–8, hat großen gepanzerten Kopf, zwei getrennte Rückenflossen, drei freie gegliederte Strahlen vor den großen Brustflossen, die ihm auf dem Grund als Stelzbeine dienen, gibt mit Hilfe von Muskeln, die an der Schwimmblase ansetzen, knurrende Laute von sich, ist oberseits graurötlich oder bräunlich, unterseits hell rosenrot, Rücken- und Schwanzflosse rot, Brustflosse schwarz, blau gesäumt, Nord- und Ostsee, Atlantik und Mittelmeer.

Grauer Knurrhahn *Trigla gurnardus* Familie: Knurrhähne *Triglidae*) 30–50 cm, laicht 4–8, gleicht dem Roten Knurrhahn, ist aber oberseits bräunlichgrau, weiß getüpfelt, auf den Wangen mit Sternflecken geziert, unterseits silberweiß, hat längs der Seitenlinie ein Sägeband scharfer Spitzen. In der Nord- und Ostsee häufig, auch im Atlantik und westlichen Mittelmeer.

Stint *Osmerus eperlanus* (Familie: Lachse *Salmonidae,* Ordnung: Lachsfische *Salmoniformes*) 10–30 cm, laicht 3–5, steigt oft in den Flüssen aufwärts, hat silberglänzende, durchscheinende Schuppen, ist oberseits blaugrün, sonst durchscheinend hellgelblich mit Ausnahme der ebenfalls blaugrünen Seitenlinie, trägt hinter der Rückenflosse eine kleine Fettflosse, die Mundspalte ist sehr groß, ist sehr spiellustig. In der Nord- und Ostsee häufig, im Atlantik bis zur Biskaya, kommt auch in die Flußmündungen.

Der Seehund

Da alle Meere der Welt dem Seehund gehören, darf er auch in der Nordsee nicht fehlen. Wer Glück hat, kann das hübsche Tier mit dem runden katzenähnlichen Kopf, der kurzen Schnauze, dem stattlichen Schnurrbart, dem treuen Hundeblick aus den großen dunklen Augen auf den Sandbänken vor der Küste, besonders während der Ebbe, ruhen sehen. Aufgestört, schnellt er sich wie eine Schlange oder riesige Spannerraupe dahin. Seine Flossenfüße taugen nicht mehr zum Laufen. Er kann sich nur auf ihnen erheben und sich vorwärts werfen. Schwer schlägt er mit der Brust auf und streckt sich wieder. Dennoch kommt er so schnell voran, daß wir schon laufen müssen, wenn wir ihn einholen wollen. Stundenlang kann er in der Sonne liegen und sich faul von einer Seite auf die andere wälzen. Nur die sich bei jedem Atemzuge öffnenden Nasenlöcher zeigen dann an, daß er lebt. Erst die wiederkehrende Flut bringt ihn auf die Beine.
Im Wasser aber ist der träge Sonnenanbeter wie verwandelt. Behend wie ein Fisch schießt er torpedogleich dahin, rollt sich um die eigene Achse, taucht bis zum Grund, springt hoch aus der Flut, jagt im Kreise herum und zeigt sich als ein Schwimmkünstler ersten Ranges.

Seehund *Phoca vitulina* (Familie: Seehunde *Phocidae,* Ordnung: Flossenfüßer *Pinnipedia*) stark gefährdet, 150–200 cm lang, trägt glatt anliegenden, gelblichgrauen Pelz mit bräunlichen oder schwärzlichen Flecken, hat keine Ohrmuscheln, weiße Schnurrhaare, unterseits behaarte Flossenfüße, bellt heiser, plärrt auch, knurrt im Zorn, brüllt in der Paarungszeit, kann Nase und Ohren verschließen, taucht vorzüglich, meistens 5 bis 10 Minuten lang, kann aber bis zu 30 Minuten unter Wasser aushalten, Tauchtiefe bis 100 m, schläft auch im Wasser, kommt unbewußt alle drei Minuten mit geschlossenen Augen an die Oberfläche, schnappt Luft und sinkt wieder auf den Grund, spuckt in der Angst und Wut Wasser. Er kommt in einem weißen Wollkleid zur Welt, wird vier Wochen gesäugt und dann von der Mutter ins Wasser gestoßen. Lebt im Nordatlantik, in der Nordsee und in der westlichen Ostsee, gelangt auch in die Flüsse.

Seehund

Zwischen Strand und Düne

Steinwälzer im Sommerkleid

Gleich einem aufgeworfenen Schutzwall lagern sich die Sanddünen zwischen Meeresstrand und Wiesenland. Fast unablässig kämmt der Wind die hohen Halme des Strandhafers und des Strandroggens, und es will uns fast wie ein Wunder erscheinen, daß auf diesen Dünenkämmen, in diesem feinen lockeren Sand überhaupt Pflanzen zu wurzeln und zu bestehen vermögen. Dabei sind diese zwei Gräser erst die Nachfolger eines unwahrscheinlich zähen Pflanzenpioniers, der es fertigbrachte, die wandernden Sandmassen, diese unheimlichen Mengen feinster Sandkörnchen, die der Wind zusammenwehte und mit denen er sein Spiel treibt, aufzuhalten und zu festigen. Ohne diesen Pflanzenpionier wären die Dünen schon längst weit ins Land hineingewandert und hätten nicht nur das fruchtbare Land, sondern auch Wälder und Dörfer verschüttet.
Es ist immer die unscheinbare, harte und bedürfnislose Strandquecke, die als erste Pflanze in diesen Sandwüsten Fuß faßt, ihre meterlangen Triebe ausschickt, den lockeren Boden regelrecht durchfilzt und mit ihrem Wurzelnetz umgarnt. Mühelos durchbohrt sie die dicksten Sandschichten. Nicht einmal das Salzwasser kann ihr etwas anhaben. Sie trinkt es, wie andere Pflanzen das süße Binnenwasser trinken. Unzählige Keime schießen von jedem ihrer Triebe empor. Hinter jedem Halm aber birgt sich ein Häuflein Sand, das nun der Wind nicht mehr verwehen kann. Tausende dieser kleinen Sandhäufchen bilden bald schon einen beachtlichen Wall, der

wiederum viel Flugsand aufhält. Natürlich geschieht es immer wieder, daß die anstürmende Flut diese niedrigen Sandqueckendünen überrollt, daß der Sturm sie mit neuen Sandmassen überschüttet. Aber die Strandquecke behauptet dennoch ihren Platz.

Die Düne wächst und wächst. Sie erreicht bald die Höhe von einem, von zwei, von drei und vier Metern und wird zu einem Bollwerk, das selbst den wilden Springfluten widersteht. Und nun können sich auch die anderen Gräser auf der Düne behaupten. Zwischen den Queckenwurzeln hat sich nämlich bereits ein kleiner Süßwasservorrat angesammelt. Der Strandhafer siedelt sich an, der Strandroggen folgt, und alle zusammen schießen nun in so dichten Kolonnen empor, daß der Treibsand bald vor neuen grünen Mauern steht und die Dünen schnell die Höhe von sechs, acht, zehn und zwölf Metern erreichen.

In den windgeschützten Tälern hinter diesen Dünen aber finden nun schon die Sandsegge, das Silbergras, die Stranddistel und viele andere genügsame Pflanzen genügend Lebensmöglichkeiten, um diese schnell zu begrünen. Gleichsam im Handumdrehen nehmen die zahlreichen Strandvögel Besitz von diesen Tälern, nisten und brüten in ihnen und sorgen für reichliche Düngung.

So ist es im Grunde also ein einziger, kleiner und schwacher Grashalm, der diese Dünenwelt aufbaut, unüberwindliche Wälle aufwirft, weite Küstenstrecken vor Flut und Wind schützt, der vor allem auch den der Küste vorgelagerten Inseln ein Pflanzenkleid schenkt und sie mit hohen Sandbergen umhegt.

Von den Pflanzen

Die anspruchslosen Dünenpflanzen

Wir führen hier die Dünenpflanzen in der Reihenfolge auf, in der sie an der Entstehung der Dünen beteiligt sind. Fast alle kennzeichnen sich, wie es schon Goethe auffiel, als er zum erstenmal ans Meer kam, durch eine »mastige und strenge, saftige und zähe Art, strotzen von Säften«, schicken vom üppig entwickelten Wurzelstock sehr lange Ausläufer und kriechende Triebe aus und schützen sich oft mit Dornen und Stacheln vor den Mäulern der Tiere, mit Haarpelzen vor Sonne und Wind.

Bereits bekannt sind uns von ihnen die Pestwurz (S. 173), der Thymian (S. 154), der Mauerpfeffer (S. 155), die Krähenbeere (S. 410), die Besenheide (S. 408) und der Wacholder (S. 411).

Strandquecke, Strandweizen *Agropyron junceum* (Familie: Süßgräser *Poaceae*) europäische Küsten, blüht 6–8, ♃, hat aufrechte, kahle, 25–80 cm hohe Halme, hellgrüne, kurze, samtartig behaarte Blätter mit kurzen Häutchen, aufrechte, höchstens

20 cm lange, undeutlich zweizeilige Ähre, wird häufig auch auf den Dünen angepflanzt, um sie zu festigen.

Strandhafer, Helm *Ammophila arenaria* (Familie: Süßgräser *Poaceae*) europäische Küsten, blüht 6–8, ♃, hat aufrechte, 60 bis 100 cm hohe Halme, bei trockener Witterung von den Rändern her eingerollte Blätter mit sehr langen und gespaltenen Häutchen, bis 15 cm lange, gedrungene, walzenförmige, oben sich verjüngende Ährenrispe, bis zu 5 m langen Wurzelstock.

Strandroggen, Blauer Helm *Elymus arenarius* (Familie: Süßgräser *Poaceae*) europäische Küsten, der Mittelmeerraum ausgenommen, blüht 6–8, ♃, ganze Pflanze bläulichgrün, hat aufrechte, kahle, 100 bis 150 cm hohe Halme, starre, meist zusammengerollte Blätter, dicke, gedrungene, aufrechte Ähre mit flaumig behaarten Ährchen, 2–3 m langen Wurzelstock. Wird an der Nord- und Ostsee wie Strandquecke und Strandhafer angebaut.

Sandsegge

Strandquecke

Sandsegge *Carex arenaria* (Familie: Riedgrasgewächse *Cyperaceae*) europäische Küsten, ‡, blüht 6–7, ♃, hat 7–50 cm hohen Stengel, oft leicht gekrümmt, dreikantig und rauh, Blütenstand etwa 4 cm lang, Ährchen oben ♂, in der Mitte ♂ und ♀, unten ♀, grünbräunlich, mit zugespitzten, gelbbraunen, grüngestreiften Deckblättern, der aromatisch riechende Wurzelstock ist ganz von Niederblättern umhüllt.
Auf Flugsand längs unserer Küste, auch gelegentlich in das Landinnere noch weit vorkommend.

Silbergras *Corynephorus canescens* (Familie: Süßgräser *Poaceae*) Süd- und Mitteleuropa, blüht 6–8, ♃, bildet dichte Rasen, hat aufrechte 10–30 cm hohe Halme, steife, beborstete Blätter, ährenartig zusammengezogene silbergraue Blütenrispe mit oft violett überlaufenen Deckspelzen. An unseren Küsten wie überall auf trockenem Sand.

Stranddistel, Seemannstreu (Abb. S. 468) *Eryngium maritinum* (Familie: Doldengewächse *Umbelliferae* = *Apiaceae*) europäische Küsten, ‡, §$_1$, blüht 6–9, ♃, ganze Pflanze weißlich bereift, hat 15–45 cm hohen Stengel, steife, dicke, derbstachlige, hochadrige, weißlich-meergrüne Blätter, amethystblaue bis lilafarbene, von stacheligen Hüllblättern umgebene Blütenköpfe.

Meersenf *Cakile maritima* (Familie: Kreuzblütler *Cruciferae* = *Brassicaceae*) europäische Küsten, blüht 7–10, ♃, hat 15–60 cm hohen, ästigen Stengel mit hellvioletten oder rot- bis lilafarbenen, aromatisch duftenden Blütentrauben, bodenständige Rosette aus tiefbuchtigen, fleischigen, blaugrünen, duftenden Blättern, trägt zweigliedrige Samenschötchen, die in der oberen Hälfte einen aufrechten, in der unteren Hälfte einen hängenden Samen ausreifen.

Stranddistel

Meersenf

Meerkohl, Seekohl *Crambe maritima* (Familie: Kreuzblütler *Cruciferae* = *Brassicaceae*) Küsten Europas außer Südeuropa, blüht 5–6, ♃, hat 45–75 cm hohen, dickfleischigen Stengel mit krautig-mastigen, dickadrigen, blaugrünen Blättern, trägt weiße reiche Blütentraube, Blüten mit 4 Blütenblättern, schmeckt wie Spargel oder Blumenkohl.

Queller, Schmalzkraut, Glasschmalz *Salicornia europaea* (Familie: Gänsefußgewächse *Chenopodiaceae*) Küsten Europas, blüht 8–10, einjährige Pflanze, hat bis zu 30 cm hohen, blaugrünen, oft rötlichen, armleuchterartig verzweigten Stengel mit gegenüberstehenden, glasig-fleischigen Ästen, ist scheinbar blattlos, nur mit Blattschuppen bedeckt, trägt winzige, kelchlose, gelbliche Zwitterblüten, die meist zu dreien in den fleischigen Stengel eingesenkt sind.
Leitet als erste Blütenpflanze die Verlandung der Salzschlick- und Wattböden ein, sowie sich diese hoch genug über den Meeresspiegel erhoben haben, wurde früher zur Glasbereitung verwendet, heute systematisch angepflanzt, um Land zu gewinnen.

Stechpalme *Ilex aquifolium* (Familie: Stechhülsengewächse *Aquifoliaceae*) Mittel- und Südeuropa, §$_{1}$, gefährdet, ‡, †, blüht 5–6, ♃,

Queller

ist ein 3–15 m hoher Strauch mit lederartigen, glänzenden, immergrünen, wellenförmig gebogenen, am Rande spitz bestachelten Blättern, in deren Achseln die kleinen weißen oder rötlichweißen, vierblättrigen Blüten in kleinen Trugdolden sitzen, trägt im Spätherbst kugelrunde, erbsengroße, korallenrote Beeren. Verbreitungsgebiet der Stechpalme sind unsere Küsten, auch der Schwarzwald und die Alpen.

Stechpalme mit Beeren und Blüten

Sanddorn *Hippophae rhamnoides* (Familie: Ölweidengewächse *Eleagnaceae*) Europa, §1, ⚕, blüht 4–5, ♃. Der Sanddorn ist ein stark bedornter Strauch oder Halbbaum bis zu 5 m Höhe mit schmalen, lineallanzettlichen, unterseits silberglänzenden, weißen oder grauen Blättern, hat winzige grüngelbe Blütchen, trägt orangefarbene, eiförmige Beeren von sehr hohem Vitamin-C-Gehalt. An unseren Küsten und Alpenflüssen.

Kali-Salzkraut

Kali-Salzkraut *Salsola kali* (Familie: Gänsefußgewächse *Chenopodiaceae*) Europa, §1, blüht 7–8, einjährige Pflanze, sehr stark verzweigt, wird bis zu 1 m hoch, trägt viele fleischige spitze Blätter und grüne Blüten. Die Pflanze enthält viel Soda und wurde früher zur Seifenherstellung und in der Glasbläserei verwendet.

Sanddorn mit Beeren

Von den Tieren

Der Sandpier

Auf den weiten sandigen Uferstrecken der Nord- wie der Ostsee entdecken wir häufig viele kleine, darmähnlich verschlungene Sandhäufchen, die uns lebhaft an die Hinterlassenschaften unserer Regenwürmer erinnern. Graben wir mit den Händen nach, so erwischen wir jedoch nur selten einmal einen Wurm. Wir müßten schon eine Hacke haben, um dem Sandwurm, Sandpier oder Köderwurm schnell genug beikommen zu können, der hier wirklich in oft ebensolchen Massen wie der Regenwurm in unserer Ackererde lebt und ein unterirdisches und von uns unbemerktes Einsiedlerleben führt.

Sandpier, Köderwurm *Arenicola marina* (Familie: Köderwürmer *Arenicolidae,* Ordnung: Röhrenbewohnende Vielborster *Sedentaria*) bis 35 cm, Körper braunrot, hat kleinen dreieckigen Kopf mit becherähnlichem, vorstreckbarem Rüssel, Borstenbündel an den vorderen Körperringen, zierlich verzweigte blutrote Kiemenbüschel auf den 13 mittleren Körperringen, erinnert im letzten Leibesdrittel stark an unseren Regenwurm.
Gräbt sich mit Hilfe des Rüssels tief in den Sand, stellt sich U-förmige Röhren her, pappt deren Wände mit einem körpereigenen klebrigen Kitt zusammen, schaufelt den Sand und Schlick in seinen Darm, entzieht ihm die organischen Stoffe, entleert sich gern an der Oberfläche, zieht sich bei der leisesten Erschütterung des Bodens schnell zurück, sondert beunruhigt einen grüngelben Wehrsaft ab, wird von den Strandvögeln als Leckerbissen und von den Fischern als Köderwurm geschätzt. An der Nord- und Ostsee häufig.

Sandpier

Die Seevögel

Unerschöpflich sind die Nahrungsquellen des Meeres, und dementsprechend groß ist auch das Heer der Gefiederten, der Möwen und Seeschwalben, der Strandläufer und Regenpfeifer, der Enten, Gänse und Säger, die den Raum zwischen Strand und Düne, die Düne selbst und ihre Täler, das Wiesenland dahinter, die weiten Marschen wie alle die kleineren und größeren Sandinseln und Felsenklippen vor der Küste bevölkern, zum großen Teil auch noch an unseren Küsten nisten und brüten oder aber wenigstens als Wintergäste an ihnen verweilen.

Die Möwen und Seeschwalben

Von ihnen haben wir bereits die Lachmöwe, Trauerseeschwalbe, Flußseeschwalbe und Zwergseeschwalbe am See (S. 268) kennengelernt. Außer ihnen brüten noch an unseren Meeresküsten sowie auf den vorgelagerten Inseln:

Silbermöwe *Larus argentatus* (Familie: Möwen *Laridae,* Ordnung: Möwenvögel *Lariformes*) Küsten Europas, ↓↑ 56 cm, spannt 140 cm, hat lichtgraublauen Mantel, schwarzweiße Flügelspitzen, kräftigen gelben Schnabel mit einem roten Fleck, fleischfarbenen Fuß, ist ein schlimmer Nestplünderer.

Silbermöwe

Sturmmöwe *Larus canus* (Familie: Möwen *Laridae*) Brutgebiet: Nordeuropa und nördliches Mittel-, West- und Osteuropa, 40 cm, spannt 115 cm, die kleinere Ausgabe der Silbermöwe, hat zartaschblauen Mantel, ebenfalls schwarzweiße Flügelspitzen, aber Schnabel und Beine sind zart grünlichgelb, ist ein Eierräuber.

Raubseeschwalbe im Winterkleid

Raubseeschwalbe *Hydroprogne caspia* (Familie: Seeschwalben *Sternidae,* Ordnung: Möwenvögel *Lariformes*) Brutgebiet: Ostseeküste, §, ~, 4–8, 53 cm, spannt 130–150 cm, hat schwarzen Oberkopf, lichtgraublauen Mantel, überkopflangen, korallenroten Schnabel, schwarze Füße, sehr lange säbelförmige Flügel, etwas gegabelten Schwanz, ruft laut und rauh »Kräik« und »Kriäh«, lebt von Fischen, die sie stoßtauchend erbeutet, und überfällt auch schwimmende Strand- und Wasservögel, raubt Eier. Die Art ist vom Aussterben bedroht.

Brandseeschwalbe *Sterna sandvicensis* (Familie: Seeschwalben *Sternidae*) Brutgebiet: vereinzelte Küstenstriche am Mittelmeer, an der Nordsee und an der westlichen Ostsee, §, ~, 4–8, 40 cm, spannt 88–94 cm, hat samtschwarzen Oberkopf und Nacken, silbergrauen Mantel, gut kopflangen schwarzen Schnabel mit gelber Spitze, tiefgegabelten Schwanz, schwarze Füße, jagt nur Fische, legt ihre drei Eier wie fast alle Möwen und Seeschwalben in eine Sandmulde.

Küstenseeschwalbe *Sterna paradisaea* (Familie: Seeschwalben *Sternidae*) Brutgebiet: Britische Inseln, Nord- und Ostsee, Nordeuropa, §, gefährdet, ~, 5–8, 38 cm, spannt 75 cm. Die Küstenseeschwalbe ähnelt der Flußseeschwalbe. Sie ist etwas kleiner, hat ebenfalls schwarzen Kopf und Nacken, aber kürzeren und stärkeren, korallenroten Schnabel ohne schwarze Spitze, tiefer gegabelten, längeren Schwanz, bläulichaschgrauen Mantel, brütet gemeinsam mit den Flußseeschwalben, lebt von kleineren Fischen.

Als Gäste kommen von den Möwen und Seeschwalben an unsere Küsten:

Mantelmöwe

Mantelmöwe *Larus marinus* (Familie: Möwen *Laridae*) Brutgebiet: Nordeuropa und Britische Inseln, Wintergast der Nord- und Ostsee, ↑↓, 74 cm, spannt 160–170 cm. Die Mantelmöwe hat einen schwarzen Mantel und schwarze Flügel, weiße Spitzen an den Schwungfedern, einen gelben Schnabel, am Unterschnabel vor der Spitze rot, hell fleischfarbene Füße, ruft rauh und tief »Ouk«.

Heringsmöwe

Heringsmöwe *Larus fuscus* (Familie: Möwen *Laridae*) Brutgebiet: Britische Inseln und Nordeuropa, Nord- und Ostsee, Wintergast in Mittel-, West- und Südeuropa, ↓, ~, 53 cm, spannt 140 cm. Die langen Schwingen überragen den Schwanz und haben weiße Spitzen. Die Heringsmöwe hat einen gelben Schnabel mit rotem Fleck, verrät sich durch lebhaft gelbe Füße, folgt den Heringsschwärmen von Küste zu Küste, ruft tief und heiser »Ga-ga-ga«.

Schmarotzerraubmöwe

Dreizehenmöwe, Stummelmöwe *Rissa tridactyla* (Familie: Möwen *Laridae,* Ordnung: Möwenvögel *Lariformes*) Brutgebiet: Britische Inseln und Nordeuropa, Wintergast auf Helgoland, ↓, 40 cm, spannt 100 cm, ist weiß bis auf den aschblauen Mantel und die dreieckigen schwarzen Flügelspitzen, hat gelben Schnabel und schwärzliche Füße.

Schmarotzerraubmöwe *Stercorarius parasiticus* (Familie: Raubmöwen *Stercorariidae,* Ordnung: Möwenvögel *Lariformes*) Brutgebiet: Nordeuropa und Schottland, Wintergast der Nord- und Ostsee, ↓, ⁓, 46 cm, spannt 95 cm, ist entweder gleichmäßig nußbraun oder aber nur auf dem Scheitel und Rücken nußbraun, an der Kehle und unterseits grauweiß, hat immer verlängerte mittlere Schwanzfedern, die gerade und spitz auslaufen, schwarzen Schnabel, blauschwarze Füße, schreit quiekend »Ih-är«.

Große Raubmöwe *Stercorarius skua* (Familie: Raubmöwen *Stercorariidae*) Brutgebiet: Nordeuropa und Schottland, Wintergast der Nordsee, ⁓, 58 cm, spannt 136–146 cm, graubraun, rötlich, blaßgrau längsgestreift, Handschwingen an den Wurzeln weiß, hat kräftigen schwarzen und hakenförmigen Schnabel, schwarzgraue Füße, fliegt reißend, ruft tief »Ok-ok-ok«, angreifend »Tak-tak«, ist der kühnste Raubvogel der See, plündert Nester, jagt Fische und Vögel.

Die Stelzenläufer, Schnepfenvögel und Regenpfeifer

Von ihnen kennen wir bereits den Großen Brachvogel (S. 440), den Rotschenkel (S. 258), den Flußuferläufer (S. 258) und den Flußregenpfeifer (S. 259). Außer ihnen brüten noch an unseren Küsten:

Säbelschnäbler (Abb. S. 474) *Recurvirostra avosetta* (Familie: Stelzenläufer *Recurvirostridae,* Ordnung: Watvögel *Charadriiformes*) Brutgebiet: Küste der Nord- und Ostsee und des Mittelmeers, §, ↓, ⁓, 4–9, 43 cm, Gefieder an Oberkopf, Nacken, Hinterhals, Schultern und Flügelspitzen schwarz, sieht aus, als trüge er eine über die Augen gezogene schwarze Kappe, sonst weiß. Der Säbelschnäbler hat einen langen, dünnen, aufwärts gebogenen, schwarzen Schnabel und hohe graugrüne Beine. Er läuft weit aufs Watt hinaus, hält den Leib waagerecht, zieht den dünnen Hals ein, nickt viel, ruft »Kliep« oder »Klu-it«, brütet nahe der Küste, legt kleine Vertiefung mit Halmen aus.

Stelzenläufer *Himantopus himantopus* (Familie: Stelzenläufer *Recurvirostridae*) Brutgebiet: Iberische Halbinsel, Südfrankreich, Griechenland, §, gefährdet, ~, 5–9, 38 cm, Unterseite weiß, Oberseite schwarz und weiß, Hinterkopf dunkelgrau, Flügel schwarz, hat langen, schwachen, dünnen, leicht gebogenen, schwarzen Schnabel, knallrote, überlange Storchenbeine, übersommert gelegentlich an unseren Küsten, ruft »Huitt-huett-huitt-huett-witt-wett« in schneller Folge.

Alpenstrandläufer *Calidris alpina* (Familie: Schnepfenvögel *Scolopacidae,* Ordnung: Watvögel *Charadriiformes*) Brutgebiet: Europa, nördlich vom 50. Breitengrad, §, ~, 4–9, mit 18 cm knapp lerchengroß, oberseits rostbraun, unterseits auf weißem Grund

Alpenstrandläufer im Sommerkleid

dunkel längsgestreift, Bauch schwarz, im Winter aber oberseits gräulichbraun und unterseits reinweiß, hat reichlich kopflangen Schnabel, schwarze Füße, hält sich vorwiegend an der Ostsee auf, ist sehr gesellig, wenig scheu, brütet im Mai/Juni, legt 4 kreiselförmige, schmutzigölfarbene Eier in einer kleinen, flüchtig ausgelegten Mulde, belebt nach der Brutzeit in Scharen das Watt, fliegt mit trillerndem »Tirr« auf. Die Art ist vom Aussterben bedroht.

Säbelschnäbler

Sandregenpfeifer *Charadrius hiaticula* (Familie: Regenpfeifer *Charadriidae,* Ordnung: Watvögel *Charadriiformes*) Brutgebiet: Europa, nördlich vom 50. Breitenkreis, §, ↓, ~, 3–9, mit 19 cm gut lerchengroß, oberseits erd- oder hellolivbraun, unterseits weiß, der Vorderscheitel, der Zügel- und Ohrstreif sowie ein Kropfquerband schwarz, trägt weiße Stirn und auffälliges breites weißes Halsringband, hat schwachen kurzen Schnabel und orangegelbe Beine, liebt sandige Küstenstreifen, führt während der Paarungszeit niedrige Gaukelflüge aus, ruft dabei flötend »Trüi-trüi-düi-diü«.

Seeregenpfeifer *Charadrius alexandrinus* (Familie: Regenpfeifer *Charadriidae*) Brutgebiet: Küsten Europas außer Britsche Inseln und Nordeuropa, §, ↓, ~, 3–9, mit 16 cm knapp lerchengroß, ähnelt sehr dem Sandregenpfeifer, hat aber schwärzlichen Schnabel und schwärzliche Beine, kein dunkles Kropfquerband, flötet sanft »Pui-püi-pitt-pitt«, rollt wohlklingend »Tritritri-tirr«.

Austernfischer *Haematopus ostralegus* (Familie: Austernfischer *Haematopodidae,* Ordnung: Watvögel *Charadriiformes*) Brutgebiet: Küsten Europas, im Mittelmeergebiet nur strichweise, §, ↓, ~, 3–9, mit 43 cm etwa krähengroß, oberseits sowie am Kropf und Hals schwarz, unterseits weiß, hat leuchtendweißes Flügelband auf den schwarzen Schwingen, rote Augen, roten Schnabel und Fuß, ist gedrungen und großköpfig, ein echter Strandvogel, sehr behend, läuft schreitend oder trippelnd aufs Watt hinaus, fliegt gut, ruft flötend »Kiwib-kiwib«, brütet in mit Muscheln und Steinen verzierten Mulden, führt während der Balz wunderliche Tänze auf.

Kampfläufer (♂)

Kampfläufer *Philomachus pugnax* (Familie: Schnepfenvögel *Scolopacidae,* Ordnung: Watvögel *Charadriiformes*) Brutgebiet: nördlich vom 45. Breitenkreis, ausgenommen Britische Inseln und Island, §, ~, 3–10, mit 29 cm knapp dohlengroß, ♀ um ein Drittel kleiner, Gefieder des Männchens im Hochzeitskleid wechselnd in Farbe und Zeichnung, gleichbleibend nur der dunkelbraune Oberflügel, der schwarzgraue Schwanz und der weiße Bauch; besonders viele Farbtypen weisen die aus langen und harten Federn bestehende Halskrause und die Ohrbüschel auf, sie sind bräunlich, bläulich, rötlich oder weiß gefärbt. Die Männchen führen während der Paarungszeit trippelnde Tänze und Scheingefechte aus, treffen sich auf festgetretenen Balzplätzen, sträuben die Halskrausen, überbieten sich in Drohgebärden, verletzen sich aber nie ernstlich; das Weibchen brütet allein, legt 4 Eier, sitzt 21 Tage. Die Art ist vom Aussterben bedroht.

Austernfischer

Als *Gäste* kommen zu unseren Küsten von den Schnepfenvögeln und Regenpfeifern vor allem noch:

Grünschenkel *Tringa nebularia* (Familie: Schnepfenvögel *Scolopacidae,* Ordnung: Watvögel *Charadriiformes*) Brutgebiet: Nordskandinavien und Schottland, Wintergast der Nordsee, §, ~, 30,5 cm, Gefieder oberseits braunschwarz mit weißen Rändern, unterseits weiß, hat langen, aufwärtsgebogenen schwarzgrünen Schnabel, hohe graugrüne Füße, bevorzugt die Schlammbänke, ist sehr scheu.

Steinwälzer (Abb. S. 465) *Arenaria interpres* (Familie: Regenpfeifer *Charadriidae,* Ordnung: Watvögel *Charadriiformes*) Brutgebiet: Küste Skandinaviens, Wintergast der Nord- und Ostsee, §, ~, mit 23 cm singdrosselgroß, Gefieder oberseits kastanienbraunrot, schwarz gefleckte Stirn und Wangen, ein breites Halsband im Nacken, der Unterrücken und die Unterseite weiß, Brust schwarz, hat derben, leicht nach oben gebogenen, schwarzen Schnabel, orangegelbe Füße.
Versteht es trefflich, mit dem Schnabel Steine umzuwälzen und unter ihnen wie auch im angeschwemmten Tang und Schlick nach Kleingetier zu suchen, läuft schußweise, schnell trippelnd, verweilt gerne auf einer kleinen Erhöhung, fliegt gut, meist knapp über Boden und Wasser, pfeift hell und schneidend »Ki-kiek-kie-kie-ki«, ist sehr wachsam und vorsichtig, warnt die anderen Küstenvögel. Die Art ist heute vom Aussterben bedroht.

Kiebitzregenpfeifer im Winterkleid

Sanderling im Winterkleid

Sanderling *Crocethia alba* (Familie: Schnepfenvögel *Scolopacidae,* Ordnung: Watvögel *Charadriiformes*) Brutgebiet: arktische Tundra, §, ~, mit 20 cm gut lerchengroß, Frühjahrs- und Herbstgast der Nord- und Ostsee, Gefieder im Sommer oberseits hellrostrot und schwarz, unterseits weiß, im Winter oberseits lichtaschgrau, unterseits reinweiß, hat tiefbraune Augen, schwärzlichen Schnabel, hohe dunkelgraue Füße, läuft zierlich und behend, fliegt gewandt und schnell, pfeift sanft und hoch »Zit-zit«, scharf und schneidend »Plit-plit-plit«, steht meist dicht an der Brandungslinie, den Wellen folgend und vor ihnen zurückweichend.

Kiebitzregenpfeifer *Pluvialis squatarola* (Familie: Regenpfeifer *Charadriidae,* Ordnung: Watvögel *Charadriiformes*) Brutgebiet: arktische Tundra, §, gefährdet, ~, mit 28 cm knapp taubengroß, Wintergast der Nordsee, Gefieder oberseits schwarzweiß gefleckt, unterseits schwarz, flötet wohlklingend und hoch »Tli-eih«.

Die Enten, Gänse und Säger

Von den Enten und Gänsen, die wir bereits am See (S. 263 ff.) kennenlernten, können wir am Meer wie zwischen Strand und Düne vor allem die Pfeifente, die Spießente, die Stockente und die Krickente sowie die Graugans, die Saatgans und die Bläßgans während des Zuges beobachten und oft in großen Scharen antreffen. Außer ihnen begegnen wir hier aber auch noch einigen Tauchenten und Sägern, die gern an der Küste brüten und deshalb diesem Lebensraum zugeordnet werden dürfen.

Schellente *Bucephala clangula* (Familie: Entenvögel *Anatidae,* Ordnung: Gänsevögel *Anseriformes*) Brutgebiet: Nordeuropa und nördliches Osteuropa, ganzjährig geschont, ⁓, 3–10, 46 cm, Gefieder an Kopf und Oberhals, Rücken und Flügelbug samtschwarz, metallisch schimmernd, sonst weiß, ist besonders leicht am runden weißen Wangenfleck zu erkennen, der dem auf Kopf und Oberhals rötlichbraunen Weibchen fehlt, hat dicken Kopf, brütet gern in Baumhöhlen, legt Ende April 10–12 schmutziggrüne Eier, die Schwingen erzeugen im Flug ein charakteristisches Pfeifen.

Brandente (♂)

Eiderente *Somateria mollissima* (Familie: Entenvögel *Anatidae*) Brutgebiet: Nordeuropa, Schottland, Nordsee, ganzjährig geschont, ↓↑, ⁓, 58 cm, Gefieder sehr bunt, weiß auf Oberkopf, Hals und Rücken, schwarz auf Stirn, Unterrücken und Bauch, meergrün im Nacken, rötlich überflogen auf der Vorderbrust, bräunlichschwarz sind die Schwingen und Schwanzfedern, grünlichgelb der Schnabel und die Füße. Unterscheidet sich von allen anderen Enten durch langen Kopf und langen schweren Körper. Das kleinere Weibchen ist oberseits rostfarben, dicht schwarz gebändert.

Fliegt schlecht und nur in geringer Höhe, schwimmt und taucht dafür vorzüglich, brütet im Juni/Juli, polstert das Nest reich mit Daunen, legt 4–9 bräunlich- oder graugrüne Eier, sitzt ungewöhnlich fest, läßt sich dabei sogar streicheln.

Eiderente (♂)

Brandente, Brandgans *Tadorna tadorna* (Familie: Entenvögel *Anatidae*) Brutgebiet: Küstenstriche der Nord- und Ostsee, auf den Britischen Inseln, stellenweise am Mittelmeer, ganzjährig geschont, ↓, ~, 61 cm, Gefieder ganz ungewöhnlich bunt und prächtig, dunkelgrün sind Kopf, Hals und Spiegel, schwarz zwei große Schulterflekken, weiß das Halsband, der Mittelrücken, die Flügeldeckfedern, die Seiten und die schwarzbespitzten Schwanzfedern, zimtrot das breite Brustband und einige Oberarmschwingen, grauschwarz die Mittelbrust und der Bauch, schwarzgrau die Schwingen, karminrot der Schnabel, fleischfarben die Füße. Nistet in Erdhöhlen, alten Fuchs- und Kaninchenbauten, gräbt auch selbst, sitzt sehr fest auf ihren 7–12 Eiern.

Mittelsäger (♂)

Mittelsäger *Mergus serrator* (Familie: Entenvögel *Anatidae*) Brutgebiet: nördlich vom 50. Breitenkreis, ganzjährig geschont, gefährdet, ↓↑, ~, 4–11, mit 58 cm gut entengroß, Gefieder bunt, Kopf, Oberhals und strähniger Doppelschopf schwarzgrün, weiß der Mittelhals, rostbraun, schwarz gefleckt der Unterhals, Unterseite weißlich, schwarz der Rükken, grauweiß, fein schwarz gewellt der Unterrücken, die Oberschwanzdecken weiß, lackrot Schnabel und Fuß, Weibchen mit rotbraunem Kopf. Watschelt sehr schwerfällig, liegt meist auf dem Wasser, fliegt schlecht, schwimmt und taucht vorzüglich.

Als *Gäste* kommen von den Enten, Gänsen und Sägern vor allem noch an unsere Meeresküsten:

Schnatterente *Anas strepera* (Familie: Entenvögel *Anatidae*) Brutgebiet: Nordseeküste, Alpen und Osteuropa, ganzjährig geschont, gefährdet, ↓, ~, 3–9, 51 cm, Gefieder schlicht rostgrau und aschgrau, dunkel gefleckt, getüpfelt und quergewellt, an den vorderen größeren Oberflügeldeckfedern rostrot, am Spiegel darunter sowie an Brust- und Bauchmitte weiß, hat schwarze Schwanzfedern, blauschwarzen Schnabel, schmutziggelbe Füße, fliegt eigentümlich wippend, das lichtere Weibchen quäkt ununterbrochen und hell: »Räck-räck-räck-piep-piep-piep«, das Männchen krächzt seltener »Uit-räb«.

Reiherente *Aythya fuligula* (Familie: Entenvögel *Anatidae*) Brutgebiet: Europa, nördlich des 50. Breitenkreises, ganzjährig geschont, ↑, ~, 43 cm, beschopfte Tauchente, Gefieder oberseits schwarz, am Kopf und Hals metal-

Reiherente

lisch glänzend, unterseits weiß, Schwingen schwarz- und graubraun, hat leuchtendgelbe Augen, fliegt laut rauschend, pfeift sanft »Gü-gü«, während das fast gleichfarbige Weibchen laut knarrend »Karr« oder »Körr« ruft.

Bergente *Aythya marila* (Familie: Entenvögel *Anatidae*) Brutgebiet: Island und Nordskandinavien, ~, Herbstgast unserer Küsten und Alpenseen, ganzjährig geschont, 48 cm, Vorderteil und Körperende des Vogels schwarz, an Mantel und Rücken grauweiß, fein schwarz quergewellt, unterseits weiß, hat bleigrauen Schnabel und Fuß, das Weibchen bräunlichgrau mit auffallendem weißem Ring um den Schnabelgrund, trifft meist in Scharen ein, ruft selten, aber tief und laut »Karr-karr«.

Eisente im Sommerkleid

Eisente *Clangula hiemalis* (Familie: Entenvögel *Anatidae*) Brutgebiet: Island und Nordskandinavien, Wintergast an der Nord- und Ostsee, ganzjährig geschont, ~, ♀ 41 cm, ♂ 53 cm, Tauchente, bei der sich das Männchen durch einen oft 20 cm langen, spießartigen Schwanz auszeichnet, Gefieder an Oberkopf, Hals und Schultern, Bauch, Seiten und Steiß weiß, Brust, Rücken und Flügel schwarzbraun, Schnabel rötlich und schwarz gebändert, hat blaugraue Füße, ist sehr zutraulich, das Weibchen hat ein helleres Gesicht und den gleichen Wangenfleck wie das Männchen, ruft klangvoll »U-u-u-aa-au«.

Trauerente *Melanitta nigra* (Familie: Entenvögel *Anatidae*) Brutgebiet: Schottland und Nordskandinavien, Wintergast der Nord- und Ostsee und an der Atlantikküste, ganzjährig geschont, ↓, ~, 48 cm, ♂ einfarbig glänzend schwarz, ♀ dunkelbraun mit grauweißen Kopfseiten, ♂ hat blauschwarzen Schnabel mit breitem orangerotem Sattel, fliegt pfeifend, ruft wohlklingend »Skrück-lück«, ist sehr scheu und vorsichtig.

Samtente *Melanitta fusca* (Familie: Entenvögel *Anatidae*) Brutgebiet: Skandinavien, ganzjährig geschont, ~, 56 cm, ab Herbst Gast unserer Küsten und Binnengewässer, ♂ kohlschwarz bis auf weißen Fleck unter den Augen und weißen Spiegel, hat schwarzen Schnabel mit gelben Seiten, roten Fuß. Das Weibchen ist dunkelbraun bis auf den weißen Spiegel, zwei helle Flecken an den Kopfseiten und die grauweiße Brust.

Weißwangengans, Nonnengans *Branta leucopsis* (Familie: Entenvögel *Anatidae*) Wintergast aus der Arktis, an der Nordseeküste, ganzjährig geschont, gefährdet, ~, 58–69 cm, Gefieder schwarzweiß, und zwar

Weißwangengans

weiß an Stirn, Kopfseiten, Oberschwanzdekken und auf der Unterseite, glänzend tiefschwarz an Hinterkopf, Hals, Zügelstreif, Rücken und Brust, hat schwarzen Schnabel und Fuß, besonders spitze Flügel, ruft rauh und heiser »Gnak«.

Ringelgans *Branta bernicla* (Familie: Entenvögel *Anatidae*) Wintergast aus der Arktis, an der Nord- und Ostsee und am Atlantik, ganzjährig geschont, gefährdet, ~, 56 bis 61 cm, Kopf und Hals schwarz, Oberseite dunkelgrau, in der Steißgegend und am Schwanz leuchtend weiß, trägt an jeder Halsseite einen geschuppten weißen Ringfleck, hat bläulichschwarzen Schnabel, tiefschwarze Füße. Sie fliegt mit sausenden Schritten sehr schnell und leicht, schwimmt und taucht ganz vorzüglich, läuft gut, lockt laut »Rott-rott-rott«, ist nur wenig scheu und sehr gesellig.

Gänsesäger *Mergus merganser* (Familie: Entenvögel *Anatidae*) Brutgebiet: Alpen, Nordeuropa, Schottland, Ostseeküste, Wintergast im übrigen Europa außer Südeuropa, ganzjährig geschont, stark gefährdet, 66 cm, ♂ am Kopf schwarzgrün, schwarz an Oberrücken, Schultern und Flügelrand, die ganze Unterseite weiß, gelbrot überflogen, weiß der

Gänsesäger (♂)

Spiegel, korallenrot der Schnabel, gelbrot die Füße, Weibchen an Kopf und Hals kaffeebraun und mit starker Federmähne, unterseits weiß, gelblich überflogen, nistet gern in Fels- und Baumhöhlen.

Seltene Gäste aus dem hohen Norden

Von den großen Seevögeln des hohen Nordens, den Tölpeln, Alken, Kormoranen und Seetauchern, kommen in besonders strengen Wintern oder fliegen auf ihren regelmäßigen Zügen viele an unsere Meeresküsten und bieten uns damit die einzigartige Gelegenheit, sie näher kennenzulernen. Sie alle sind typische See- und Schwimmvögel, fest an das Meer gebunden, spezialisierte Fischfresser, ausgezeichnete Stoß- und Schwimmtaucher.

Baßtölpel *Sula = Morus bassana* (Familie: Tölpel *Sulidae*, Ordnung: Ruderfüßer *Pelecaniformes*) Brutgebiet: Britische Inseln und Island, kommt im Herbst und Winter an die Nordsee und an die Atlantikküste, ganzjährige Schonzeit, gefährdet, ~, 91,5 cm, Gefieder durchweg weiß bis auf die braunschwarzen Schwingen, Oberkopf und Hals fein gelbrötlich überflogen, hat starken bläulichen Rabenschnabel, grüne Füße. Liebt die Felsenklippen am Meer, watschelt sehr unbeholfen und schwimmt schlecht, fliegt schwebend und schießend, ruft bellend »Är-rah«.

Baßtölpel

Kormoran *Phalacrocorax carbo* (Familie: Kormorane *Phalacrocoracidae,* Ordnung: Ruderfüßer *Pelecaniformes*) Brutgebiet: Küsten Europas, vom Aussterben bedroht, ↑, ⌒, 91,5 cm, Gefieder an Oberkopf, Hals, Brust und Bauch schwarzgrün, leicht metallisch und bläulich schimmernd, die Flügel bronzeglänzend, schwarz die Schwingen und Steuerfedern, Federn am Hinterkopf und Nacken mähnenartig verlängert, schwarz der an der Wurzel gelbliche Schnabel, gelb die nackte Haut des Gesichts und der Kehle, Wangen und Kinn weiß, schwarz die Füße. Watschelt schwerfällig, fliegt schlecht, schwimmt und taucht vorzüglich, flüchtet ins Wasser, nicht in die Luft, ruft rauh »Krah«.

Tordalk *Alca torda* (Familie: Alken *Alcidae,* Ordnung: Alkenvögel *Alciformes*) Brutgebiet: Küsten Nordeuropas und der Britischen Inseln, Wintergast auf Helgoland, ganzjährige Schonzeit, gefährdet, ↓↑, 40 cm, Gefieder oberseits und am Vorderhals schwarz, unterseits weiß, hat schwarzen, seitlich zusammengedrückten Schnabel mit weißem Querband, schwarze Füße, sitzt aufrecht auf Fuß und Lauf, stützt sich dabei auf den Schwanz, watschelt unbeholfen, klettert aber geschickt, fliegt schlecht, schwimmt gut, taucht vorzüglich, wobei er nicht mit den Füßen, sondern mit den Flügeln rudert, ruft tief und rauh »Örr« oder »Arr« oder miauend.

Kormoran

Tordalk im Sommerkleid

Krähenscharbe *Phalacrocorax aristotelis* (Familie: Kormorane *Phalacrocoracidae,* Ordnung: Ruderfüßer *Pelecaniformes*) Brutgebiet: Küsten des Atlantiks und des Mittelmeeres, kommt im Winter auch an die Nord- und Ostsee, ganzjährige Schonzeit, ↓↑, bis 76 cm, mit aufrecht stehendem Federschopf auf dem Oberkopf, Gefieder schwarz und leuchtend schwarzgrün, oberseits schwach kupfrig glänzend, durch samtschwarze Kanten schuppig gezeichnet, hat gelben Schnabel und schwarze Füße, ruft tief schnarrend »Ark-ark-ark«.

Papageientaucher im Sommerkleid

Papageientaucher, Lund *Fratercula arctica* (Familie: Alken *Alcidae,* Ordnung: Alkenvögel *Alciformes*) Brutgebiet: Küsten Nordeuropas und der Britischen Inseln, Wintergast der Nordsee, ganzjährige Schonzeit, sehr gefährdet, ↑, 34 cm, kurzhalsig, dickköpfig, mit absonderlichem Schnabel, Gefieder oberseits schwarz, unterseits weiß, mit schwarzem Halsband, aschgrauer Kehle und Wange, Augen mit korallenrotem Ring, Schnabel an der Wurzel blaugrau, in den Winkeln orangegelb, an der Spitze korallenrot, überragt an der Wurzel Stirn und Kinn, zinnoberrote Füße, rutscht im Flug dicht über die Wogen, schlägt das Wasser mit Flügeln und Füßen, hat dabei den Schnabel halb eingetaucht, schwimmt und taucht vorzüglich, ruft tief, fast gähnend »Orr-orr«, knurrt im Zorn wie ein kleiner Hund.

Trottellumme im Sommerkleid

Trottellumme *Uria aalge* (Familie: Alken *Alcidae*) atlantische Küsten Europas, Helgoland, ganzjährige Schonzeit, gefährdet, ↓, 43 cm, Gefieder oberseits sowie am Kopf und Vorderhals samtbraun, unterseits weiß, hat schwarzen Schnabel, bleigraue Füße, läuft rutschend auf den Fußsohlen oder tanzend auf den Zehen und mit Hilfe der Flügel, fliegt knapp über den Wogen, schwimmt und taucht vorzüglich, brütet auf steilen Felsenwänden, legt ein großes Ei auf den nackten Stein, sitzt 30–35 Tage, das Junge stürzt sich nach 4 Wochen vom hohen Felsen ins Meer.

Gryllteiste *Cepphus grylle* (Familie: Alken *Alcidae*) Küsten Nordeuropas und der Britischen Inseln, Wintergast an der Nord- und Ostsee, ganzjährige Schonzeit, gefährdet, ↓, 32–38 cm, Gefieder im Sommer samtschwarz, grünlich schillernd – im Winter unterseits weiß –, Oberseite dicht weiß gefleckt, hat reinweißen Spiegel, langen, schlanken schwarzen Schnabel, korallenrote Füße, sitzt aufrecht mit windendem Kopf und Hals, rudert tauchend mit Füßen und Flügeln, pfeift hell, fast zart »Jib«.

Krabbentaucher *Plautus alle* (Familie: Alken *Alcidae*) im Sommer in der Arktis und im nördlichen Atlantik, im Winter in der Nordsee, ganzjährig geschont, ↕ 20 cm, Gefieder oberseits sowie am Kopf und Vorderhals schwarz, unterseits weiß, Armschwingen breit weiß gestreift, hat kurzen, dicken, schwarzen Schnabel, bläulichschwarze Füße. Geht schnell und trippelnd auf den Zehen, fliegt mit rasch wirbelnden Schwingen, schwimmt und taucht vorzüglich, ruft hell pfeifend »Gief« oder schnarrt »Trr-trr-tet-tet-tet«.

Prachttaucher

Prachttaucher *Gavia arctica* (Familie: Seetaucher *Gaviidae*, Ordnung: Seetaucher *Gaviiformes*) Brutgebiet: Nordeuropa und nördliches Osteuropa, weiter westlich Wintergast, ganzjährig geschont, ~, mit 58–69 cm knapp gänsegroß, Gefieder sehr bunt, tief aschgrau der Oberkopf und Hinterhals, schwarz der Rücken und die Flügel, weiße fensterartige Flecken auf dem Oberrücken und Hinterflügel, schwarze Längsstreifen am weißen Seitenhals, schwarzweißes Querband am schwarzgrauen Vorderhals, unterseits weiß, hat schwarzen Schnabel.

Eistaucher *Gavia immer* (Familie: Seetaucher *Gaviidae*) Brutgebiet: Island, Wintergast der Nordsee, ganzjährig geschont, gefährdet, ~, mit 69–81 cm reichlich gänsegroß, Gefieder oberseits und seitlich schwarz, unterseits weiß, am Kopf und Hals grünlichschwarz, mit weißlichen, fensterartigen Flekken verziert, hat schwarzen Schnabel. Schwimmt vorzüglich, schießt tauchend pfeilschnell durchs Wasser, kann kaum laufen, kriecht rutschend vorwärts.

Ziehende Singvögel aus dem Norden und Nordosten

Gleichzeitig mit den Seevögeln aus dem hohen Norden drängen auch zahlreiche Singvögel aus den skandinavischen Bergen und Wäldern wie aus den östlichen Tundren nach Westen und Süden. Scharenweise treffen sie an unseren Küsten ein und ziehen von dort aus durch ganz Mitteleuropa. Teilweise vergesellschaften sie sich mit ihren einheimischen Artgenossen oder lösen sich in kleine umherzigeunernde Schwärme auf. Außer den Goldhähnchen (S. 336), Gimpeln (S. 337) und Kreuzschnäbeln (S. 338) können wir auch noch meistens die folgenden Singvögel als Wintergäste bei uns begrüßen:

Seidenschwanz *Bombycilla garrulus* (Familie: Seidenschwänze *Bombycillidae*, Ordnung: Sperlingsvögel *Passeriformes*) Brutgebiet: Nordskandinavien, Winterquartier in Osteuropa und Nordostdeutschland, §, ~,

Seidenschwanz

18 cm, wirkt dicklich, da er ein weitstrahliges und weiches Gefieder hat, ist sehr bunt, und zwar rötlichbraun Stirn, Federschopf und Steiß, schwarz die Kehle, der Zügel und ein Augenstreif, grau und lichtgoldgelb gefleckt und weiß gekantet die Handschwingen, rot die Lackplättchen an den Spitzen der Armschwingen, schwärzlich und goldgelb bespitzt die Steuerfedern.
Gibt sich träg und zutraulich, hält sich an die beerentragenden Sträucher und Bäume, kommt selten auf die Erde, schnarrt wie ein ungeschmierter Schubkarren, pfeift flötend, klingt wie »Srieh«.

Birkenzeisig, Leinfink *Acanthis = Carduelis flammea* (Familie: Finken *Fringillidae*, Ordnung: Sperlingsvögel *Passeriformes*) Brutgebiet: Alpen, Nordeuropa und Britische Inseln, im Winter tiefer und weiter südlich, bis zum 45. Breitenkreis, §, ~, 13 cm, vergesellschaftet sich gern mit dem Erlenzeisig (S. 339), Gefieder auf der Stirn lebhaft karminrot, Kinn schwarz, beim ♂ auch die Brust rötlich getönt, sonst oberseits mattrostbraun und

Birkenzeisig

unterseits weiß, klettert so geschickt wie unser Zeisig, hält sich an Birken und Erlen, lockt »Tschett-tschäll«, pfeift hell »Sütt«, trillert vergnügt, ist immer in Bewegung.

Karmingimpel *Carpodacus erythrinus* (Familie: Finken *Fringillidae*) Brutgebiet: nördliches Osteuropa, kommt im Winter weiter nach Westen, §, gefährdet, ~, mit 15 cm etwas kleiner als unser Gimpel, beim ♂ Gefieder an Kopf, Brust und Bürzel leuchtend karminrot, das Weibchen mehr fahlgraubraun, hat kräftigen braunen Schnabel, liebt Bruchwälder, Schonungen und Rohrbestände, lockt »Tschäeüb« und »Twie-twie-twie«, flötet wohlklingend.

Rotdrossel

Rotdrossel, Weindrossel *Turdus iliacus* (Familie: Drosseln *Turdidae*) Brutgebiet: Nordeuropa, im Winter in West-, Mittel- und Südeuropa, §, ~, 21 cm, erscheint meist mit der Wacholderdrossel, Gefieder oberseits oliverdbraun, unterseits weißlich, an den Brustseiten rostrot, am Hals gelblich, auf der ganzen Unterseite dunkelbraun, längsgefleckt, hat rahmfarbenen Überaugenstreif, schwarzen Schnabel, horngelben Unterschnabelgrund, lockt »Dak-dak« und langgezogen »Zieh«.

Wacholderdrossel

Wacholderdrossel *Turdus pilaris* (Familie: Drosseln *Turdidae,* Ordnung: Sperlingsvögel *Passeriformes*) Brutgebiet: Mittel- und Nordeuropa, nördliches Osteuropa, Wintergast im übrigen Europa, §, ~, 25,5 cm, Gefieder an Kopf, Hinterhals und Bürzel aschgrau, sonst oberseits kastanienbraun, Schwanz schwarz, Kehle und Vorderhals rostgelb, sonst unterseits weiß und kräftig schwarz gestreift und gefleckt, bevorzugt Waldränder, nistet auf Laubbäumen, oft in kleinen Kolonien, hat keinen klaren Drosselschlag, plaudert und zwitschert fast wie ein Star, lockt laut »Schack-schack« und dehnt das »Zieh« ungewöhnlich lang.

Im Park

Hummelschwärmer

Gepflegte Parkanlagen und Stadtwälder zu besuchen, wird der Wanderer auf seinen Streifzügen durch die Heimat wohl nie versäumen. Denn hier sieht er nicht nur Büsche und Bäume, die draußen in Wald und Flur schon zu großen Seltenheiten geworden sind, hier vermag er sich auch einen Überblick über die Pflanzenwelt anderer Länder und Erdteile zu verschaffen. Für viele Menschen unserer Zeit ist der Park überhaupt die letzte Oase, in der sie ihren Hunger nach Blumenduft und Pflanzengrün, ihr Verlangen nach einem näheren Umgang mit frei lebenden Tieren stillen können. Auch wir wollen darum nicht an diesen stillen Inseln inmitten des brandenden Verkehrs vorübergehen.

Von den Pflanzen

Die beliebtesten Zierbüsche

Um möglichst viele Singvögel an den Park zu binden, pflanzt der Gärtner, der heute immer mehr von der großen, weiten und kahlen Rasenfläche abrückt, zahlreiche Büsche, sorgt also für Unterholz. Besonderen Wert legt er dabei auf die Büsche, die reichen Blütenschmuck tragen, durch die Fülle und Schönheit ihrer Beeren oder ihrer herbstlichen Verfärbung bestechen, die angenehm und nicht allzu aufdringlich duften oder die, da sie immergrüne Blätter haben, den Park auch im Herbst und Winter schmücken. Von den uns schon bekannten einheimischen Büschen werden wir darum immer wieder die Stechpalme (S. 468), den Liguster (S. 490), den Wacholder (S. 411), den Schneeball (S. 193), besonders den Gefüllten Schneeball, die Traubenkirsche (S. 192), den Spindelbaum (S. 193), die Berberitze (S. 84), die Kornelkirsche (S. 85), den Weißdorn (S. 84) und den Rotdorn finden. Häufig angepflanzt werden ferner:

Blasenstrauch *Colutea arborescens* (Familie: Schmetterlingsblütler *Leguninosae* = *Fabaceae*) Heimat: Süd- und Südosteuropa, †, blüht 4–7, ♃, 1–3 m hoch, hat wechselständige Blätter mit 7–13 grasgrünen, unterseits weißlich behaarten, verkehrt-eiförmigen Fiederblättchen, goldgelbe Schmetterlingsblüten, die in kleinen 2–8blütigen Trauben in den Blattwinkeln stehen, 4–7 cm lange, bräunliche, hängende Samenschoten, die wie aufgeblasen wirken, sich an der Spitze öffnen, 30–40 kleine, schwärzliche, nierenförmige, giftige Samen enthalten.

Jelängerjelieber

Forsythie

Forsythie, Goldglöckchen *Forsythia suspensa* (Familie: Ölbaumgewächse *Oleaceae*) Heimat: Ostasien, blüht 3–5, ♃, 1–3 m, hat glänzendgrüne Blätter, vorher aufbrechende goldgelbe oder dunkelgoldgelbe 4blättrige Blüten in den Blattachseln der stehenden oder hängenden Zweige.

Jelängerjelieber, Wohlriechendes Geißblatt, Wohlriechende Heckenkirsche *Lonicera caprifolium* (Familie: Geißblattgewächse *Caprifoliaceae*) Mittel- und Südeuropa, ⚕, †, blüht 5–6, ♃, 2–4 m, ein Schlingstrauch, hellbraune Borke, die sich in langen Streifen vom Stämmchen löst, hat gegenständige Blätter, von denen sich die obersten an der Spitze der Zweige zu einem ovalen oder kreisrunden, vom Stengel durchwachsenen Blatt vereinigen, ihre Oberseite ist dunkelgrün, die Unterseite bläuchlichgrün. Trägt große, fünfzählige, zuerst weiße, fein rötlich überlaufene, später gelbliche Blüten, die in Quirlen zu sechst auf den Blattellern sitzen, abends stark duften und an deren Stelle im Herbst die wie auf Präsentiertellern liegenden dunkelroten Beeren treten.

Rote Heckenkirsche

Goldregen *Laburnum vulgare* (Familie: Schmetterlingsblütler *Leguminosae = Fabaceae*) Heimat: Südeuropa, †, blüht 5–6, ♃, 3–8 m, hat langgestielte, wechselständige, dreizählige, kleeähnliche Fiederblätter, die oberseits dunkelgrün, unterseits graugrün, am Stiel seidenhaarig sind, trägt goldgelbe Schmetterlingsblüten in langen, reichen, hängenden Trauben, grüne knotige Samenhülsen, die sich bräunlichgrau verfärben, mit hakig gekrümmten, giftigen Samen.

Rote Heckenkirsche, Gemeine Heckenkirsche *Lonicera xylosteum* (Familie: Geißblattgewächse *Caprifoliaceae*) Europa, ⚕, †, blüht 4–6, ♃, ein aufrechter, reichverzweigter, 1–2 m hoher Strauch mit graubrauner längsrissiger Rinde, hat gegenständige, breit-eiförmige, oberseits dunkelgraugrüne, unterseits hellere, beidseitig flaumig behaarte Blätter, trägt gelblichweiße, flaumhaarig bestielte Blüten, die zu viert, 2 Blüten sind jeweils miteinander verwachsen, in den Blattachseln sitzen und scharlachrote, glasartig glänzende, knapp erbsengroße, ungenießbare, bittere Beeren, die ebenfalls stets paarweise an den Zweigen sitzen.

Schwarze Heckenkirsche *Lonicera nigra* (Familie: Geißblattgewächse *Caprifoliaceae*) Mitteleuropa und Teile Südeuropas, blüht 5–7, ♃, sehr ähnlich der Roten Heckenkirsche, aber Blätter kahl, Blüten rosaweiß, Beeren schwarz. Bei beiden Arten wirken die Beeren abführend und erregen Brechreiz.

Buchs, Gemeiner Buchsbaum *Buxus sempervirens* (Familie: Buchsbaumgewächse *Buxaceae*) Südeuropa, südliches Mitteleuropa, bei uns vor allem im Moselgebiet und in Baden, ⚕, †, blüht 4–5, ♃, ein immergrüner, buschiger Strauch, 2–8 m hoch, mit gewundenem gelbbraunem Stamm, von dem sich die Rinde in dünnen Lappen löst, hat gegenständige, immergrüne, kleine derbe, elliptische, oberseits glänzend dunkelgrüne, unterseits hellgrüne Blätter, trägt kleine gelblichweiße Blüten, die in dichten Knäueln in den Blattachseln sitzen, und dreihörnige, harte, schwarzbraune Kapselfrüchte.

Traubenholunder *Sambucus racemosa* (Familie: Geißblattgewächse *Caprifoliaceae*) Mittel- und Südeuropa, blüht 4–5, ♃, 1–4 m, ein starker Strauch mit dicken grauen Zweigen, kleiner und zierlicher als der Schwarze Holunder, hat gegenständige Blätter mit meist fünf oberseits dunkel-, unterseits bläulichgrünen Fiederblättchen, trägt sehr kleine grüngelbe 5blättrige Blüten in großen, aufrechten, eiförmigen Rispen und korallenrote ungenießbare Steinbeeren.

Pimpernuß *Staphylea pinnata* (Familie: Pimpernußgewächse *Staphyleaceae*) Europa außer Nord- und Südeuropa, wächst in Bayern und Baden-Württemberg wild, blüht 5–6, ♃, 1–5 m hoch und manchmal baumartig, hat bläulichbraune, weißgestreifte Rinde, gegenständige Blätter mit 5–7 sitzen-

Pimpernuß

den, eilänglichen, feingezähnten Fiederblättchen, die oberseits lebhaft grün, unterseits bläulichgraugrün und am Grunde behaart sind, trägt kleine rötlichweiße, glockige, 5blättrige Blüten, die in gegliederten und verästelten Trauben herabhängen, und große grüne, blasig aufgetriebene Samenkapseln.

Mehlbeere *Sorbus aria* (Familie: Rosengewächse *Rosaceae*) Europa, blüht 5–6, ♃, kann 6–12 m hoch und 200 Jahre alt werden, hat schwarzgraue, oft weißfleckige Rinde, pyramidenförmige, dichtbelaubte Krone, große, wechselständige, elliptische, ungleich doppeltgesägte, oberseits glänzendgrüne, unterseits und am Stiel weißfilzige Blätter, kleine weiße, 5blättrige Blüten in großen Trugdolden mit weißfilzigen Stielen und Kelchen, trägt kugelig-eiförmige, orangefarbene bis scharlachrote, mehlige Früchte mit weißfilzigem Scheitel, die nach dem Frost genießbar sind.

Echter Jasmin, Pfeifenstrauch *Jasminum officinalis* (Familie: Ölbaumgewächse *Oleaceae*) Heimat: Asien, wild in Südeuropa, blüht 5–9, ♃, 2–4 m, treibt lange Schößlinge, die sich gut aushöhlen und als Pfeifenrohr verwenden lassen, hat gestielte, gegenständige, eiförmige, zugespitzte, sehr dünne, runzlige Blätter, trägt große weiße, vier- bis fünfzählige Blüten, die dichtgedrängt stehen und berauschend duften.

Echter Jasmin

Perückenstrauch *Cotinus coggygria* Familie: Sumachgewächse *Anacardiaceae*) Heimat: Südeuropa, blüht 5–7, ♃, 3 m hoher Strauch, manchmal auch bis 10 m hoher Baum, Blätter langgestielt, rundlich bis verkehrt eiförmig, unterseits blaugrün, riechen beim Reiben stark aromatisch, trägt dichte aufrechte, gelbgrüne Blütenrispen mit kleinen 5blättrigen Blüten, die kleinen Früchte hängen an fedrigen Stielen, die dem Blütenstand im Herbst sein charakteristisches perückenhaftes Aussehen verleihen.

Liguster, Blüte und Beeren

Liguster *Ligustrum vulgare* (Familie: Ölbaumgewächse *Oleaceae*) ganz Europa außer Island und Finnland, †, blüht 6–9, ♃, 1–4 m, dichter Strauch mit rutenförmigen Zweigen, graubraune Rinde mit hellen Korkwarzen, Zweige grün oder gelbgrau, hat gegenständige oder im Quirl zu dritt stehende, kurzgestielte, längliche, lederartige, dunkelgrüne Blätter, die sich im Herbst oft violett verfärben. Der Liguster trägt kleine, weiße, vierteilige Blüten, die in langen und reichblütigen Rispen stehen und unangenehm riechen, seine Früchte sind kugelige, erbsengroße, schwarzglänzende, giftige Beeren mit purpurrotem, sich violett verfärbendem Fleisch.

Wolliger Schneeball *Viburnum lantana* (Familie: Geißblattgewächse *Caprifoliaceae*) Europa außer Nordeuropa, †, blüht 5–6, ♃, 2–4 m, starker Strauch mit graubrauner korkiger Rinde, hat gegenständige, dicke, weiche, breitelliptische, gekerbt-gesägte, oberseits runzlige und dunkelgrüne, unterseits graufilzige Blätter. Der Wollige Schneeball trägt kleine, weiße, 5blättrige, wohlriechende Blüten in großen, gewölbten Trugdolden, zuerst rote, dann schwarze, eiförmige Steinbeeren, die fadsüßlich schmekken und ungenießbar sind.

Wolliger Schneeball

Schneebeere *Symphoricarpos albus* (Familie: Geißblattgewächse *Caprifoliaceae*) Heimat: Nordamerika, in Mitteleuropa eingebürgert, (†), blüht 6–9, ♃, bis zu 1,5 m hoch, hat ganzrandige Blätter, kleine rötliche, glockenförmige Blüten in endständigen, 2 cm langen Scheinähren, trägt kleine und große weiße Beeren, die den Busch oft den ganzen Winter hindurch schmücken.

Flieder *Syringa vulgaris* (Familie: Ölbaumgewächse *Oleaceae*) Heimat: Südosteuropa, blüht 5–6, ♃, bis zu 7 m hoch, graubraune, rauhe, dünne, abblätternde Rinde, hat gegenständige, herzförmige, lebhaftgrüne Blätter, trägt große, lilafarbene, endständige und wohlriechende Blütenrispen mit 4blättrigen Blüten.

Gagelstrauch *Myrica gale* (Familie: Gagelgewächse *Myricaceae*) West- und Nordeuropa, blüht 3–5, ♃, bis 1,50 m, aufrechter Kleinstrauch mit rutenförmigen Zweigen, hat wechselständige, kleine, lanzettförmige, an der Spitze gesägte, oberseits matt dunkelgrüne, unterseits hellgraugrüne, drüsenbesetzte, aromatisch duftende Blätter. Der Galgenstrauch trägt braune und grüne Blütenähren und braune Samenzäpfchen mit gelben Harzpünktchen.

Bäume aus aller Welt

Flatterulme *Ulmus laevis* (Familie: Ulmengewächse *Ulmaceae*) Europa, blüht 3–4, ♃, begrünt sich kurz nach der Blüte mit wechselständigen, dünnen, scharf doppeltgesägten, oberseits glänzendgrünen, am Grunde ganz unsymmetrischen Blättern, hat im Freistand eine breite und dichtbelaubte Krone, wird 35 m hoch, den Stamm bedeckt eine graubraune längsrissige Rinde, die in flachen und gekrümmten Schuppen abblättert, kennzeichnet sich besonders durch seine langgestielten Blüten und Früchtchen, ähnelt sonst sehr der uns schon bekannten Feldulme.

Ungarische Silberlinde *Tilia tomentosa* (Familie: Lindengewächse *Tiliaceae*) Heimat: Südosteuropa und Kleinasien, blüht 7, ♃, über 30 m, belaubt sich lange vor der Blüte mit wechselständigen, zweizeilig gestellten, großen, rundlich-herzförmigen, scharf gesägten, oberseits dunkelgrünen, unterseits weißfilzigen Blättern, die sich im Herbst goldgelb färben, baut eine große, lockere und rundliche Krone auf, hat graue Borke, filzig behaarte Triebe, Knospen, Blütenstiele und Früchte.

Silberahorn *Acer saccharinum* (Familie: Ahorngewächse *Aceraceae*) Heimat: östlicher Teil der USA, blüht 3, ♃, belaubt sich lange nach der Blüte mit gegenständigen, tief fünflappigen, oberseits dunkelgrünen, unterseits silbergrauen Blättern, baut eine längliche, oft leicht sperrige Krone auf, hat in der Jugend glatte graue Rinde, im Alter dünnschuppige Borke, kann die Höhe von 40 m erreichen, blüht grünlich bis rötlich und trägt langgestreckte, kurzgestielte, hellbraune, großflügelige Nüßchen.

Gemeine Roßkastanie *Aesculus hippocastanum* (Familie: Roßkastaniengewächse *Hippocastanaceae*) Heimat: Nordgriechenland, ⚕, blüht 5–6, ♃, bis zu 36 m, begrünt sich vor der Blüte mit langgestielten, gefingerten, oberseits sattgrünen, unterseits hellgrünen Blättern mit 5–7 sitzenden Fiedern, baut eine breite, runde, reichbelaubte Krone auf, hat dunkelbraune Rinde, graubraune

Borke, die in dünnen Schuppen abblättert, kann über 3 m dick und knapp 200 Jahre alt werden, blüht und fruchtet ab 10.–15. Lebensjahr, entfaltet die bekannten großen weißen Blütenkerzen und trägt die in einer kugeligen, grünen, weichstachligen Hülle ruhenden glänzendbraunen Früchte mit dem grauweißen Nabelfleck.

Gemeine Roßkastanie mit Samenhülle und Frucht

Rote Roßkastanie *Aesculus carnea* (Familie: Roßkastaniengewächse *Hippocastanaceae*) Mittel- und Südeuropa, ‡, blüht 6, ♃, bis zu 2 m dick und 22 m hoch, begrünt sich lange vor der Blüte mit gefingerten Blättern, gleicht der Gemeinen Roßkastanie sehr, bleibt aber doch kleiner und schwächer, hat prächtig rosafarbene bis dunkelrote, oft auch gelbgefleckte Blüten, trägt grünlichbraune kaum oder in vielen Fällen gar nicht bestachelte Samenhüllen mit kleineren Früchten.

Edelkastanie, Eßkastanie, Marone *Castanea sativa* (Familie: Buchengewächse *Fagaceae*) Gebirge Mittel- und Südeuropas, ‡, blüht 5–7, ♃, bis 30 m hoch, belaubt sich vor der Blüte mit wechselständigen, großen, ledrigen, länglich-lanzettlichen, stachelspitzigen, oberseits glänzend sattgrünen, unterseits matt blaßgrünen Blättern, baut im Freiland eine breite Krone auf, entwickelt kurzen Stamm mit glatter olivbrauner Rinde, die im Alter bräunlichgrau, netzförmig längsrissig und flechtenfleckig wird, über 5 m dick, wird über 1000 Jahre alt, blüht zum erstenmal zwischen dem 20. und 30. Lebensjahr, entfaltet seine gelblichen und weißgrünlichen, langen perlschnurförmigen Kätzchen, trägt seine braunglänzenden Früchte, die Maronen, in großen, igelstachligen, bräunlichgelben, vierklappig aufspringenden Fruchtbechern.

Walnuß, Gemeiner Walnußbaum *Juglans regia* (Familie: Walnußgewächse *Juglandaceae*) Heimat: Südosteuropa, heute im ganzen warmen und gemäßigten Europa eingebürgert, ‡, blüht 4–5, ♃, begrünt sich während der Blüte mit gefiederten Blättern, die 5–13, zumeist aber nur 7 Fiederblättchen haben, glänzend dunkelgrün sind und zerrieben aromatisch duften, baut eine

Edelkastanie mit Kätzchen,
unten: Früchte in Fruchtbecher

breitästige und reichbelaubte Krone auf, hat starken Stamm mit glatter aschgrauer Rinde, im Alter tiefrissige Borke, kann 15–20 m hoch werden, blüht ab dem 20. Lebensjahr, männliche Kätzchen grünlich, dick und hängend, weibliche Blüten am Ende vorjähriger Triebe zu zweit und zu fünft, mit weißlichen oder rötlichen Narben, Fruchthülle grün, hell punktiert, glatt und fleischig, springt regellos auf, die Nußschale ist holzig, hellbraun und grubig gefurcht.

Elsbeere *Sorbus torminalis* (Familie: Rosengewächse *Rosaceae*) Europa, ⚥, blüht 5–6, ♃, begrünt sich vor der Blüte mit wechselständigen, tiefgelappten, oberseits glänzend dunkelgrünen, unterseits blaßgrünen Blättern, die sich im Herbst blutrot färben, bildet rundliche und dichtbelaubte Krone aus, hat glatte graue Rinde, im Alter dunkelbraune, längsrissige, dünn aufblätternde Borke, wird 12–20 m hoch und über 100 Jahre alt, trägt ab dem 20.–30. Lebensjahr kleine weiße Blüten in großen aufrechten Trugdolden und braune hellpunktierte Früchte, die überreif auch eßbar sind und zur Herstellung von Magenbitter verwendet werden.

Vogelkirsche *Prunus avium* (Familie: Rosengewächse *Rosaceae*) Europa, ⚥, blüht 4–5 ♃, bis 25 m, belaubt sich während der Blüte mit wechselständigen, länglich-verkehrt-eiförmigen, grob gesägten, oberseits dunkelgrünen, unterseits hellgrünen und feinbehaarten Blättern, an deren Stielen zwei große rote Drüsen sitzen, baut eine unregelmäßige, hoch angesetzte, dichte, aber

Walnuß, unten: Früchte, oben links: ♂ Kätzchen, rechts: ♀ Blüte

ziemlich locker beblätterte Krone auf, hat glatte, graubraun glänzende Rinde, sich in Querbändern lösende Korkhaut, im Alter flachrissige und dunkle Borke, kann ½ m stark und 80–90 Jahre alt werden, entfaltet große, durchscheinend weiße, in kleinen Büscheln stehende 5blättrige Blüten, trägt mindestens erbsengroße, zuerst rote, dann schwarze, bittersüße Früchte mit großem, hellem Kern.

Gemeine Mispel mit Früchten

Gemeine Mispel, Echte Mispel *Mespilus germanica* (Familie: Rosengewächse *Rosaceae*) Heimat: Vorderasien, ♄, blüht 5–6, ♃, belaubt sich vor der Blüte mit wechselständigen, länglichen, oberseits trübgrünen, flaumigen, unterseits hellgrünen, filzigen Blättern, die sich im Herbst braunrot und dunkelgelb färben, ist ein breitausladender Großstrauch oder Kleinbaum, 2–6 m hoch, hat aschgraue Äste und Zweige mit einzelnen geraden, kurzen Dornen, trägt große, einzelne weiße 5blättrige Blüten mit zahlreichen purpurroten Staubgefäßen und wolligfilzigen Kelchzipfeln und Stielen und große apfelförmige Früchte, die zuerst rötlichgelb, dann braun und von Kelchzipfeln gekrönt sind.

Ahornblättrige Platane *Platanus acerifolia = hispanica = hybrida* (Familie: Platanengewächse *Platanaceae*) gemäßigtes und warmes Europa, blüht 5–6, ♃, entstand im 17. Jahrhundert in Frankreich durch die Kreuzung der **Morgenländischen** oder **Östlichen Platane** *Platanus orientalis* mit der **Westlichen** oder **Amerikanischen Platane** *Platanus occidentalis,* belaubt sich vor der Blüte mit ahornähnlichen, 3- bis 5lappigen, grobgezähnten Blättern, baut breite, starkästige Krone auf, hat geraden, starken, scheckigen Stamm mit zuerst gelbgrüner Rinde, später bräunlichgrüner Borke, die in großen, unregelmäßigen, dünnen Stücken abblättert, kann 20–45 m hoch, sehr mächtig

Ahornblättrige Platane, rechts Scheinfrüchte

und alt werden, trägt meist 2 kugelige grünliche und rötliche Blütenköpfchen an hängenden Stielen, denen die im Oktober reifenden und lange noch am Baum hängenden stacheligen Scheinfrüchte ähnlich sehen.

Weißer Maulbeerbaum *Morus alba* (Familie: Maulbeergewächse *Moraceae*) Heimat: China, blüht 5, ♃, 7–15 m, belaubt sich während der Blüte mit wechselständigen, ungeteilten oder drei- bis siebenlappigen, ungleich gesägten, oberseits glänzendgrünen, unterseits hellgrünen und zerstreut behaarten Blättern, baut runde, lichte, sperrige Krone auf, hat graubraune Rinde, trägt im Juni die eßbaren weißen bis leicht rosafarbenen Maulbeeren mit himbeerähnlichem Beerenstand.

Weißer Maulbeerbaum mit Beeren

Tulpenbaum *Liriodendron tulipifera* (Familie: *Magnoliaceae*) Heimat: Nordamerika, blüht 6–8, ♃, belaubt sich vor der Blüte mit wechselständigen, eckig-vierlappigen, oberseits glänzendgrünen, unterseits bläulichgrünen Blättern, die sich im Herbst goldgelb bis mattrot färben, baut schöne, gleichmäßige Krone auf, kann bis zu 40 m hoch werden, entfaltet große, grünlichgelbrote, sehr tulpenähnliche Blüten, trägt zapfenähnlichen Fruchtstand.

Prunkmagnolie

Prunkmagnolie *Magnolia soulangiana* (Familie: *Magnoliaceae*) Heimat: Südostasien, blüht 4–5, ♃, 7 m, belaubt sich nach der Blüte, Blüte weiß-rosa, ohne Kelchblätter. Die *Magnolia denudata* ist ein bis zu 10 m hoher, baumartiger Strauch mit großen schneeweißen, glockigen und duftenden Blüten. Die *Magnolia kobus* oder **Sternmagnolie** hat kleinere, sternartige Blüten, von denen sie über und über bedeckt ist. Zum Fruchten kommen bei uns alle diese frühblühenden asiatischen Magnolien nicht, da ihnen die Bestäuber fehlen und die Bienen ihren starken Duft meiden.

Trompetenbaum *Catalpa bignonioides* (Familie: Trompetenbaumgewächse *Bignoniaceae*) Heimat: Südosten der USA, blüht 6–7, ♃, belaubt sich vor der Blüte mit großen herzförmigen Blättern, die zu dritt beieinanderstehen, wird bis zu 15 m hoch, entfaltet große, weiße, stark duftende Blütenrispen, die Einzelblüte gleicht einer offenen Glocke, trägt vier gekräuselte Blütenblätter mit braunen und gelben Flecken, verwandelt sich im Herbst in bis 40 cm lange, braune und etwas gekrümmte Samenschoten.

Weißfichte, Schimmelfichte *Picea glauca* (Familie: Kieferngewächse *Pinaceae*) Heimat: Nordamerika, ♃, 15–25 m hoch, pyramidenförmiger Wuchs, ist viel dichter verzweigt als unsere Fichte, Rinde graubraun, dünn und schuppig, trägt bläulichgrüne, bürstenförmig aufgerichtete, stumpfspitzige Nadeln, die zerrieben sehr aromatisch, fast unangenehm stark riechen und ein besonders geschwollenes Nadelkissen haben, Zapfen länglich-walzenförmig, 3–6 cm lang, hellbraun, mit spateligen Deckschuppen.

Stechfichte, Blaufichte *Picea pungens* (Familie: Kieferngewächse *Pinaceae*) Heimat: Nordamerika, 20–40 m, ♃, ebenmäßiger Wuchs, Äste horizontal abstehend. Quirle weit voneinander entfernt, Rinde graubraun, dick, tief gefurcht, junge Zweige orangebraun, trägt runde, graugrüne bis silbergraue, scharf stechende Nadeln, die vom Zweig allseitig und sperrig abstehen, Zapfen länglich zylindrisch, 5–10 cm lang, hellbraun, mit sehr kleinen, spitzen, am oberen Rand gefransten Deckschuppen.

Nordmannstanne *Abies nordmanniana* (Familie: Kieferngewächse *Pinaceae*) Heimat: Kaukasus, bis 40 m, ♃, sehr ebenmäßiger Wuchs, Äste in dichten regelmäßigen Quirlen, unten weit ausgebreitet und hängend, Rinde schwarzgrau, hat stumpfe, an der Basis verbreiterte, glänzende Nadeln, die auf den Zweigen nicht gescheitelt, sondern aufwärtsgerichtet stehen, trägt aufrechte, länglich-zylindrische, 15 cm lange dunkelbraune Zapfen.

Silbertanne, Gleichfarbige Tanne, Koloradotanne *Abies concolor* (Familie: Kieferngewächse *Pinaceae*) Heimat: Kalifornien, 25–40 m hoch, ♃, tief beästet, Rinde hellgrau und rauh, hat sehr lange, biegsame, oft säbelförmig aufgebogene, matt- bis graugrüne, längsgestreifte Nadeln, trägt aufrechte, länglich-zylindrische, 8–11 cm lange Zapfen, die vor der Reife blaßgrün und purpurn überlaufen sind.

Douglasie, Douglastanne, Douglasfichte *Pseudotsuga menziesii* (Familie: Kieferngewächse *Pinaceae*) Heimat: Nordamerika, ♃, kann 60–100 m hoch, 2,5–4 m dick werden, hat spitzkegelförmige Krone, glatte olivgrüne Rinde, im Alter dunkle tiefrissige Borke, trägt flache, dünne, unterseits bläulich längsgestreifte, nach Äpfeln riechende Nadeln und hängende, zimtbraune, bis 10 cm lange Zapfen mit dreispitzigen weit herausschauenden Deckschuppen.

Douglasie

Hemlockstanne, Schierlingstanne *Tsuga canadensis* (Familie: Kieferngewächse *Pinaceae*) Heimat: nördliches Nordamerika, ♃, bis 20 m hoch, mit weit ausgebreiteter Krone, glatter brauner Rinde, später aschgrauer Borke, hat flache, am Zweig gescheitelte, oberseits glänzend dunkelgrüne, unterseits bläulichweiß gestreifte Nadeln, trägt hängende, nicht zerfallende, kleine Zapfen.

Japanische Lärche, Hondolärche *Larix kaempferi* = *leptolepis* (Familie: Kieferngewächse *Pinaceae*) Heimat: Japan, ♃, ähnelt unserer Lärche, 20–30 m hoch, Äste horizontal ausgebreitet, in weiten Abständen; kegelförmige, lockere Krone, Rinde blättert in schmalen Streifen ab und hinterläßt rote Narben, Nadeln weich, in Büscheln zu mindestens 40 Stück, unterseits bläulichgrün, im Herbst gelb, trägt kugelige, 3 cm große Zapfen, deren Schuppen nach außen umgeschlagen sind.

Nordamerikanische Weymouthskiefer, Strobe *Pinus strobus* (Familie: Kieferngewächse *Pinaceae*) Heimat: Nordamerika, 30–50 m, ♃, Äste quirlständig abstehend, bilden kegelförmige Krone, Rinde graubraun, in quadratische Platten gerissen, hat dünne, weiche, gerade, dunkelblaugrüne, dreikantige Nadeln mit bläulichweißen Längsstreifen, von denen immer 5 an einem Kurztrieb stehen, trägt kurzgestielte, hängende und zimtbraune Zapfen, die reich harzen, sich leicht krümmen, 10–25 cm lang werden.

Nordamerikanische Weymouthskiefer

Bankskiefer *Pinus banksiana* (Familie: Kieferngewächse *Pinaceae*) Heimat: Nordamerika, ♃, 20–25 m hoch, meist niedriger, oft auch strauchförmig, unregelmäßig ausgebreitete Äste, Rinde rötlichbraun und dickschuppig, hat gekrümmte, dicht gedrängte, in Büscheln gespreizte, verhältnismäßig kurze, glänzend saftiggrüne Nadeln, die zu zweit am Kurztrieb stehen, trägt graue, meist schiefe und gekrümmte länglich-kegelförmige, 3–5 cm lange Zapfen.

Chilenische Schmucktanne

Chilenische Schmucktanne, Araukarie *Araucaria araucana* (Familie: *Araucariaceae*) Heimat: Chile, ♃, eines der ältesten Nadelgehölze, 30–50 m hoch, Äste regelmäßig quirlständig, horizontal ausgebreitet, die oberen aufstrebend, die unteren durchhängend, Rinde korkartig zerrissen, hat starre, dicke, lederartige, eiförmig-lanzettliche, scharf stachelspitzige grüne Nadeln an Stamm und Zweigen, die 10–15 Jahre ausdauern, trägt 12–15 cm lange, breite, aufrecht stehende dunkelbraune Zapfen mit dicht dachziegelartig gelagerten Schuppen.

Ginkgobaum *Ginkgo biloba* (Familie: *Ginkgoaceae*) Heimat: Nordindien, Nepal, ♃, der letzte lebende Zeuge der Bäume des Erdmittelalters, war vor 180 Millionen Jahren in ganz Eurasien verbreitet, über 30 m hoch,

Äste hängend, bilden zuerst eine schlanke, später eine ausgebreitete Krone, Rinde grau, im Alter tief gefurcht, hat sehr eigentümliche, im Herbst sich goldgelb färbende, lederartige Blätter, die breit und fächerförmig, eingeschnitten zweilappig oder unregelmäßig mehrlappig sind, deren Spreite in der Länge 10–12 cm, in der Breite 6–8 cm mißt, trägt eierpflaumenähnliche, zuerst grüne, dann gelbliche, ranzig riechende Früchte mit einem zweikantigen Kern.

Ginkgobaum, links oben: einzelne Frucht

Gemeiner Sadebaum *Juniperus sabina* (Familie: Zypressengewächse *Cupressaceae*) Heimat: Südeuropa, †, ♃, bleibt oft ein Strauch, 3–4,5 m hoch, liegt auch ganz danieder, und nur die Spitzen der dichtbuschigen Äste streben empor, bilden unregelmäßige Krone, Rinde an alten Stämmen rötlichbraun, faserig und abblätternd, Blätter grün und nadelförmig oder schuppenähnlich anliegend, riechen zerrieben unangenehm, sind glänzend dunkel- bis gelblichgrün, trägt erbsengroße, kugelige, braunschwarze, blau bereifte Beerenzapfen.

Riesenlebensbaum *Thuja plicata* (Familie: Zypressengewächse *Cupressaceae*) Heimat: Nordamerika, ♃, 30–60 m hoch, 3–4 m stark, bei uns aber selten so gewaltig, Äste zerstreut, weit ausgebreitet, den Boden berührend, bauen spitzpyramidenförmige Krone auf, neigt zu Doppelwipfeln, hat Schuppenblätter, die zerrieben aromatisch riechen, trägt kleine, eiförmige, hellbraune, 12 mm lange Zapfen.

Von den Tieren

Der Tod lauert im Blütenkelch

Die reichen Blumenbeete in den Parkanlagen sind das Jagdrevier kleiner bunter Spinnen, die wegen ihres flachgedrückten Körpers und wegen der Fähigkeit, sich sehr schnell auch rückwärts und seitwärts bewegen zu können, Krabbenspinnen genannt werden. Überall in den Blütenkelchen, wo reichlich Nektar und Pollen für die geflügelten Bestäuber geboten werden, lauern sie unbeweglich. Sie kennzeichnen sich durch 4 sehr lange Vorderbeine und 4 kürzere und schwächere Hinterbeine, ihre Körperfarbe und Zeichnung passen sich der Blütenfarbe zumeist wunderbar an, sie sind weiß oder grünlich oder dottergelb, dazu rot und braun gestreift. Läßt sich ein Insekt auf der Blüte nieder, so schnellen sie jäh vor, beißen ihm zielsicher ins Genick und prallen ebenso flink zurück, um die Wirkung des Giftes abzuwarten. Fangnetze weben sie nicht, ziehen nur etliche Fäden, die ihnen als Brücken von Blüte zu Blüte und zu ihren Schlupfwinkeln dienen. Noch mehr als bei den ebenfalls frei umherschweifenden Wolfsspinnen, die wir auf dem Felde kennenlernten (S. 141 f.), sind es ihre Jungen, die im Herbst mit silbernen Seidenfäden durch die Luft fliegen und den Altweibersommer einleiten.

Die häufigsten Krabbenspinnen sind:

Veränderliche Krabbenspinne *Misumena = Calycina vatia* (Familie: Krabbenspinnen *Thomisidae*) Europa, 4–10 mm, ♀ je nach Untergrund meist weißl. oder gelb, selten auch grün gefärbt, manchmal mit roten Seitenlinien auf dem hellen Hinterleib, die Anpassung an den Untergrund tritt nur bei geschlechtsreifen Weibchen auf. Das viel kleinere ♂ ist dunkel- und hellbraun gefärbt, die Beine sind deutlich geringelt, der Hinterleib ist blaßbraun.

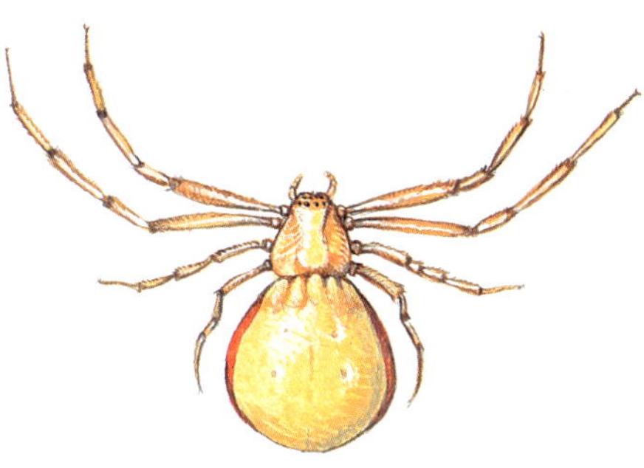

Veränderliche Krabbenspinne

Umherschweifende Krabbenspinne *Xysticus viaticus* (Familie: Krabbenspinnen *Thomisidae,* Ordnung: Webspinnen *Araneae*) Europa, ♂ 4,5 mm lang, braun, trägt lichte Gabelzeichnung auf dem Brustrücken, jederseits dreimal ausgezackte Zeichnung auf dem weißlich gesäumten Hinterleib, die vier vorderen Beine sind von der Schiene ab gelb, ♀ 7 mm lang, gelblichbraun, trägt ähnliche Zeichnung, birgt sich zwischen Blättern, die es lose umspinnt und legt zwischen diesen auch seinen Eierkokon ab, den es todesmutig verteidigt.

Hüpfende und tanzende Spinnen

Die netzebauenden Spinnen sind geduldige Fallensteller, die Wolfs- und Krabbenspinnen lauernde Buschklepper, die Springspinnen aber kleine Raubtiere, die gleich bunten Leoparden umherschweifen, ihre Beutetiere regelrecht beschleichen und mit kühnem Zusprung packen. Sie sehen am besten von allen Spinnentieren, und die zwei vorderen Mittelaugen sind ungewöhnlich groß. Mit 3–4 cm weiten Sätzen schnellen sie sich hoch, springen sogar einer Fliege in die Luft nach und sichern sich durch einen am Absprungplatz verankerten Faden vor dem Sturz.

Die bekannteste und häufigste Springspinne:

Harlekinhüpfspinne *Salticus scenicus* (Familie: Springspinnen *Salticidae,* Ordnung: Webspinnen *Araneae*) Europa, an warmen Stellen, 5–7 mm, schwarzweiß, trägt weiße Zeichnungen auf der schwarzen Kopfbrust und fünf weiße Bogenlinien auf dem samtbraun oder schwarz glänzenden Hinterleib, ist unterseits grauweiß, bewegt sich ruckweise, ist sehr lebhaft, nimmt oft die seltsamsten Stellungen ein, das kleinere Männchen hüpft und tanzt um das umworbene Weibchen, bis beide schließlich wie Kreisel umeinander wirbeln.

Harlekinhüpfspinne

Die Spinne ohne Giftklauen und Spinndrüsen

Dicht am Parkpavillon, an den steinernen Bauten und Denkmälern können wir gegen Abend oft ein gelbgraues, spinnenartiges, eirundes Tier beobachten, das uns durch seine ganz ungewöhnlich langen und zittrigen Beine auffällt. Versuchen wir es zu greifen, so haben wir meist nur eines dieser Beine in der Hand, das noch lange zuckt, während sein flüchtiger Träger schon längst wieder in seinem Schlupfwinkel sitzt. Wir haben die Bekanntschaft mit dem Gemeinen Weberknecht, Wandkanker oder Kanker gemacht.

Gemeiner Weberknecht, Kanker *Opilio parietinos* (Familie: Echte Weberknechte *Phalangiidae,* Ordnung: Weberknechte *Opiliones*) Europa, Körper 3–10 mm lang, grau oder graugelb, eirunder Körper, der zwischen 8 sehr langen, dünnen Beinen schwebt, die sich sehr leicht lösen, noch lange zucken. Wird erst in der Dämmerung munter, stelzt dann ziemlich flott umher, liegt ausruhend bäuchlings auf der Erde, stellt seine Beine geknickt und wie einen Verhau um sich, hat weder Giftklauen noch Spinndrüsen. Der Weberknecht ist ein kleiner Aufräumer der Natur, der sich von pflanzlichen Stoffen und toten Insekten ernährt. Das Weibchen legt seine 80–100 kugelrunden Eier mit Hilfe einer langen Legeröhre tief in feuchtes Erdreich.

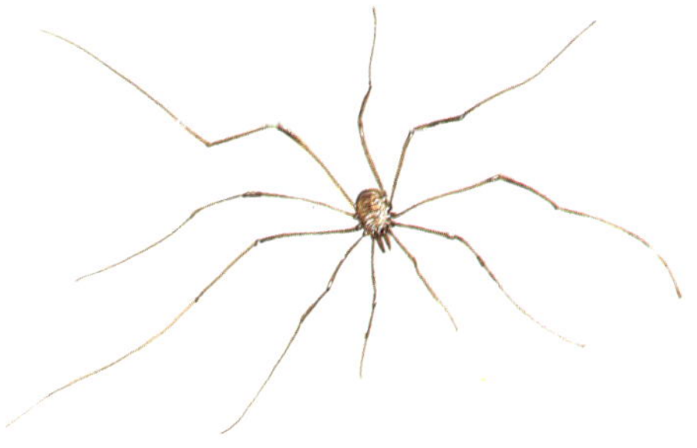

Gemeiner Weberknecht

Nächtliche Zecher

Der Park ist der günstigste Ort, um nähere Bekanntschaft auch mit unseren Schwärmern zu schließen, die alle zu den Nachtfaltern gehören. Denn der Phlox, der Jasmin, die Fuchsie, die Kapuzinerkresse, die Zaunwinde, das Geißblatt sind die von diesen flüchtigen Faltern bevorzugt besuchten Blütenpflanzen. Falkenschnell schießen sie herbei, stehen rüttelnd und mit wirbelnden Schwingen vor den Blüten, lassen sich von einer Lampe im Pavillon auch leicht zu einem kurzen Verweilen verlocken. Kräftige und große Falter sind unter ihnen. Samtig und dicht bepelzt sind die Leiber, schnittig die Flügel, zumeist rindenfarben die Vorderflügel, heller und bunter die in der Ruhe fast durchweg verborgen gehaltenen und kleineren Hinterflügel. Rechte kleine Ungeheuer sind ihre großen bunten Raupen, meistens mit einem Dorn am 11. Hinterleibsring bewehrt.
Kennengelernt haben wir bisher nur den Kiefernschwärmer in Nadelwald (S. 329) und den Hornissenschwärmer im Buchenwald (S. 300).

Totenkopf *Acherontia atropos* (Familie: Schwärmer *Sphingidae,* Ordnung: Schmetterlinge *Lepidoptera*) in Südeuropa zu Hause, kommt regelmäßig nach Mittel- und Nordeuropa, §, fliegt 6–9, spannt 110 bis 120 mm, hat schwarzbraune, gelblich gewölkte Vorderflügel mit zwei gezackten, lichtrostbraunen Querstreifen, ockergelbe Hinterflügel mit zwei schwarzen Querbinden, gelben Leib, schwarz geringelt, breiten bläulichen Rückenstreifen, trägt oberseits

Totenkopf

auf dem pelzartig behaarten, blaugrauschimmernden Brustteil eine ockergelbe Zeichnung, die an einen Totenkopf mit gekreuzten Knochen erinnert, duftet nach Moschus oder wilden Möhren, erzeugt quietschende Töne, indem er die im Vorderdarm befindliche Luft ausstößt, besucht oft den blühenden Jasmin, dringt in Bienenstöcke ein, um Honig zu stehlen.
Raupe bis 150 mm, gelb oder grünlichgelb mit blauen Schrägstreifen und Punkten, S-förmig gekrümmtem Dorn, schlägt bei Berührung mit dem Kopf um sich, knistert dabei mit den Mundteilen, frißt an Kartoffelkraut, Möhren, Hanf, Jasmin und Stechäpfeln.

Abendpfauenauge

Abendpfauenauge, Weidenschwärmer *Smerinthus ocellatus* (Familie: Schwärmer *Sphingidae*) Mitteleuropa, §, fliegt 5–8, spannt 70–85 mm, Vorderflügel bräunlichschwarz, Hinterflügel auffallend klein, an der Wurzel rot, mit je einem großen blauen, schwarz umringten Auge, trägt großes eiförmiges schwarzbraunes Mal auf dem Brustrücken, wird sehr vom Licht angezogen.
Raupe 80–90 mm, blaugrün, weißpunktiert, mit weißen Längsstreifen und blauem Dorn. An Weiden, Pappeln, Linden und Schlehen.

Lindenschwärmer *Dilina tiliae* (Familie: Schwärmer *Sphingidae*) Mitteleuropa, §, fliegt 4–7, spannt 70 mm, sehr veränderlich in der Farbe, Vorderflügel meist grünlichbraun, gelbbraun oder dunkelgelb, oft mit grünlichem Saum und grünen Feldern, Hinterflügel sehr klein, goldbraun oder ockergelb mit schwacher dunkler Querbinde.
Raupe 80–90 mm, grün mit sieben gelben, oben rot gesäumten Schrägstreifen, weißlichem oder grünem Dorn. An Linde, Ulme, Erle und Birke.

Pappelschwärmer *Laothoe = Amorpha populi* (Familie: Schwärmer *Sphingidae*) Mitteleuropa, §, fliegt 5–7, kurz nach Sonnenuntergang, spannt 70–80 mm, hat breite rindenfarbene Flügel, auf grauem Grund braune Querstreifen und Binden, charakteristische rostrote Flecken an der Wurzel der Hinterflügel und gezackte Flügelränder.
Raupe 80–90 mm, grasgrün mit gelben Schrägstreifen, rotgelben Flecken, grünem Dorn. An Pappeln und Weiden.

Ligusterschwärmer

Ligusterschwärmer *Sphinx ligustri* (Familie: Schwärmer *Sphingidae*) Mitteleuropa, §, fliegt 4–7, spannt bis 90 mm, Vorderflügel braunschwarz, licht gesäumt, Hinterflügel rosenrot mit 3 schwarzen Querbinden, Leib weinrot mit schwarzen Querbinden, wird sehr vom Licht angezogen. Raupe 120 mm, grün mit purpurfarb.und weißen Schrägstreifen, dunklem Dorn. An Liguster und Esche.

Oleanderschwärmer *Daphnis = Deilephila nerii* (Familie: Schwärmer *Sphingidae*) §, fliegt 6–8, spannt 100 mm, kommt jährlich in den Sommermonaten aus Nordafrika und Südeuropa zugeflogen, Vorderflügel lebhaft grasgrün mit weißlichen, rosenroten und violetten Streifen und Flecken, Hinterflügel violettgrau, breit grün gesäumt, mit kühn geschwungener weißer Querlinie, hat kräftigen, olivgrünen Leib, am Bruststück oft weiß gerandet.
Raupe bis 150 mm, grüngelb, weiß und schwarz gefleckt, hat blaue Brustbeine, gelben Dorn. An Oleander, Immergrün und Hartriegel.

Oleanderschwärmer

Windenschwärmer *Herse convolvuli* (Familie: Schwärmer *Sphingidae*) Europa, §, fliegt 5/6 und 8/9, spannt 110 mm, Flügel rindenfarben, braun, grau und schwarz getönt. Hinterleib vorne mit 2 roten Flecken, sonst rosenrot und schwarz geringelt.
Raupe bis 150 mm, gelbbraun mit hellen Schrägstreifen und schwarzem Dorn oder grün mit gelben Schrägstreifen, schwarzen Flecken und gelbem Dorn. Wie der Falter vorwiegend an Winden zu finden.

Wolfsmilchschwärmer

Wolfsmilchschwärmer *Celerio euphorbiae* (Familie: Schwärmer *Sphingidae*) Mitteleuropa, §, fliegt 5–9, spannt um 70 mm, Vorderflügel graugelblich mit dunklen olivgrünen Flecken und keilförmigen Streifen, Hinterflügel rosenrot mit hellem Saum, an der Wurzel und vor dem Saum schwarz.
Raupe 90 mm, schwarzgrün mit roten Rücken- und Seitenlinien, großen, runden, gelben Flecken, rotem Dorn. An der Wolfsmilch.

Taubenschwänzchen

Taubenschwänzchen *Macroglossa stellatarum* (Familie: Schwärmer *Sphingidae*) Mitteleuropa, §, fliegt 5–10, spannt 45 mm, fliegt meist tagsüber, Vorderflügel klein, schwarzbraun, Hinterflügel rötlichbraun, Leib kräftig, gedrungen, platt, Schwanz fächerartig beweglich, besucht gern Geranien. Raupe 50 mm, grün mit seitlichen weißen Längsstreifen, weißen Punkten und je einem gelben Fußstreifen, Dorn bläulich. Am Labkraut.

Hummelschwärmer (Abb. S. 486) *Hemaris fuciformis = tityus* (Familie: Schwärmer *Sphingidae*) Europa, §, fliegt 5/6, spannt bis 45 mm, Vorderflügel mit großem durchsichtigem Feld und breitem rotbraunem Schuppensaum, Hinterflügel mit kleinem durchsichtigem Feld, Leib dick, kurz, gedrungen, gelb, rotbraun, weiß und schwarz behaart, hat großen Fächerschwanz.
Raupe 50 mm, hellgrün, seitlich schwarze Ringe auf rotbraunen Flecken, unterseits schwarz, braunroter Dorn.

Labkrautschwärmer *Celerio gallii* (Familie: Schwärmer *Sphingidae*) Mitteleuropa, §, fliegt 4–8, auch vormittags, spannt 60 bis 70 mm, ähnelt dem Wolfsmilchschwärmer, Vorderflügel hell- und dunkelbraun, grau gesäumt, Hinterflügel klein, hellbraun, schwarz quergestreift, mit rötlichen und weißen Flecken.
Raupe 90 mm, grün, olivgrün mit großen, runden, gelben, schwarz eingefaßten Flekken, rotem Dorn. Am Labkraut.

Mittlerer Weinschwärmer *Deilephila elpenor* (Familie: Schwärmer *Sphingidae*) Mitteleuropa, §, fliegt 5/6 und 9/10, spannt 60 bis 62 mm, Vorderflügel rosenrot und olivgrün getönt, Hinterflügel weinrot mit schwarzer Wurzel, Leib rosenrot, in der Mitte olivgrüne Längsbehaarung.
Raupe 80 mm, grün, braun oder schwärzlich, mit schwarzweißen oder braunweißen Augenflecken, schwarzbraunem Dorn. An Weinstöcken, Labkraut, Weidenröschen und Fuchsie.

Die vielgeliebten Marienkäfer und die Weichkäfer

Es ist immer wieder wie ein Gruß aus unbeschwerten Jugendtagen, wenn wir – wie es uns besonders häufig an den Rosenbüschen in den Parkanlagen geschieht – ein Marienkäferchen entdecken. Vertraut ist uns die hochgewölbte, fast halbkugelförmige Körperform, sind uns die kleinen Beine, die sich in Gruben zurückziehen und bergen können, ist uns auch noch der übelriechende gelbe Wehrsaft, der aus den Körperseiten quillt. Dieser Wehrsaft soll giftig sein, und es empfiehlt sich, die Kinder davor zu warnen. Die vielen Marienkäfer, die es gibt, unterscheiden sich hauptsächlich durch die Färbung ihrer Flügeldecken und die Anzahl ihrer Flecken und Punkte. Es gibt also nicht nur einen Siebenpunkt, sondern auch einen Zweipunkt, einen Zehn-, Vierzehn-, Achtzehn- und Zweiundzwanzigpunkt. Ihre buntgefleckten, sechsbeinigen Larven leben gesellig, sind behaart, bewarzt und bedornt, ebenfalls flott auf den Beinen und ernähren sich gleich den Käfern vorwiegend von Blatt- und Schildläusen sowie von kleinen Raupen und Käferlarven.
Die *Weichkäfer* dagegen sind schmal und langgestreckt, fassen sich wirklich sehr weich an, beißen aber mit kräftigen Kieferzangen wild um sich, haben schwarze

oder gelbe Flügeldecken, von denen sich die gelben, roten oder schwarzen Halsschilde auffällig abheben. Ihre schwarzen, samtartig behaarten Larven leben unter der Erde wie in Büschen und Bäumen gleich den Käfern räuberisch von Läusen, Milben, Insekten und deren Larven, Würmern und Schnecken.

Siebenpunkt *Coccinella septempunctata* (Familie: Marienkäfer *Coccinellidae,* Ordnung: Käfer *Coleoptera*) Mitteleuropa, 7 bis 8 mm, schwarz, hat weißgelbe Ecken vorne am Halsschild, rote Flügeldecken mit je drei runden und einem gemeinsamen schwarzen Punkt an der Flügelnaht, überwintert in der Bodenstreu, erscheint im zeitigen Frühjahr, paart sich unmittelbar darauf, so daß schon ab Ende Mai seine zuerst schwarzen, dann bläulichschiefergrauen, rotgepunkteten Larven auf der Blattlausjagd sind, legt seine Eier in Häufchen von 10–12 Stück an die Blattunterseiten.

Siebenpunkt

Zweipunkt *Coccinella bipunctata* (Familie: Marienkäfer *Coccinellidae*) Mitteleuropa, 5–7 mm, hat am Halsschild einen weißgelben Seitenrand, meist nur je einen schwarzen Flügeldeckenpunkt, der manchmal ebenfalls fehlt, so daß er ganz rot erscheint, ist hin und wieder aber auch ganz von schwarzen Punkten übersät, wechselt also sehr in der Zeichnung.

Augen-Marienkäfer *Anatis ocellata* (Familie: Marienkäfer *Coccinellidae*) Mitteleuropa, 8–9 mm, hat schwarzen Halsschild mit gelbem Vorder- und Seitenrand und 2 gelben Flecken, gelbrote Flügeldecken mit höchstens je zehn schwarzen Punkten, die von einem hellen Schein umgeben sind.

Augenmarienkäfer

Gemeiner Weichkäfer *Cantharis fusca* (Familie: Weichkäfer *Cantharidae*) Europa, 11–15 mm, hat schwarze Flügeldecken und gelbroten Halsschild, wird im Volksmund auch *Schneider, Schuster* oder *Franzose* genannt, verzehrt Läuse und Milben, legt seine Eier unter Baumwurzeln oder Grasbü-

schel. Die samtschwarz behaarten Larven schlüpfen im Juni, erscheinen an warmen Wintertagen oft als sogenannte »Schneewürmer«, leben ebenfalls räuberisch und werden uns nützlich.
In Mitteleuropa leben 80 Arten der Weichkäferfamilie, deren Namen auf die schwach chitinisierten, also weicheren Flügeldecken zurückgeht.
Ein weiterer sehr häufiger Vertreter dieser Familie ist der **Soldatenkäfer** *Cantharis rustica,* der mit seinen schwarzen Flügeldekken, die nach hinten zu allerdings schmäler werden, und dem roten Halsschild dem Gemeinen Weichkäfer sehr ähnelt.

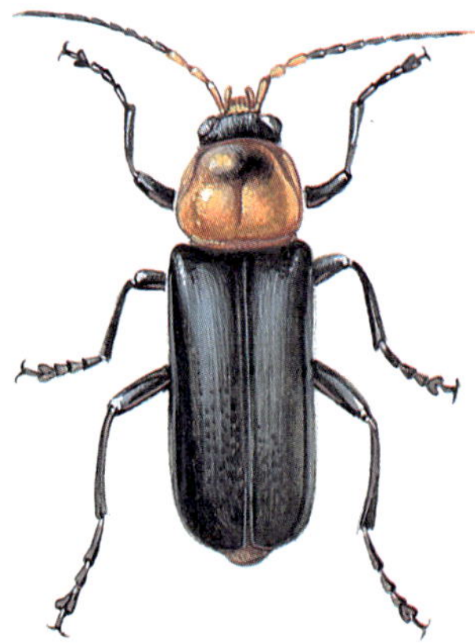

Gemeiner Weichkäfer

Vertraute Parkvögel

Auch unter den Vögeln gibt es zahlreiche sogenannte Kulturfolger, die sich in die Nähe des Menschen drängen und unsere Parkanlagen, Friedhöfe und Stadtgärten bevölkern. Hier finden sie reichlich Niststätten und Geborgenheit, sind sicher vor ihren Feinden, die ihnen draußen in Wald und Flur nachstellen, werden von den fast durchweg tierfreundlichen Großstädtern gefüttert und beschützt und entwickeln sich oft zu handzahmen Tieren.

Kohlmeise *Parus major* (Familie: Meisen *Paridae,* Ordnung: Sperlingsvögel *Passeriformes*) Europa abgesehen vom äußersten Norden, §, ↓, 14 cm, Gefieder oberseits olivgrün, unterseits zitronengelb, der Oberkopf, die Kehle und ein über die Unterseite verlaufender Streifen sind schwarz, die Schwingen und Steuerfedern blaugrau, die Backen und ein Flügelstreif weiß.
Liebt Laub- und Mischwälder, Obstgärten und Parkanlagen, ist sehr lebhaft, fliegt schwerfällig, fast ungeschickt, ist ein unermüdlicher Insektenvertilger, schätzt aber auch Fleisch, ölige Sämereien und süße Früchte, hämmert wie der Specht an Rinden. Nimmt für ihr wenig kunstvolles Nest mit fast jedem Platz vorlieb, bevorzugt aber Höhlungen aller Art, legt Ende April 6–10, oft sogar

Kohlmeise

14 glänzendweiße, rostfarben und hellrötlich gepunktete Eier, die das Weibchen allein in 13–15 Tagen ausbrutet, schreitet Anfang Juni zur zweiten Brut. Der Ruf ist das bekannte »Zizidää«, der Lockruf ein weiches finkenartiges »Pink-pink«, der Gesang ist überraschend zart und glockenrein, oft ein wenig klirrend.

Blaumeise

Blaumeise *Parus caeruleus* (Familie: Meisen *Paridae*) Europa abgesehen vom äußersten Norden, §, ↓, 11,5 cm, Gefieder oberseits blaugrün, unterseits gelb, der Scheitel, die Flügel, der Schwanz sind blau, trägt um den blauen Scheitel ein weißes Band, hat weiße Backen und schmalen blauschwarzen Zügelstreif.
Ist seltener als die Kohlmeise, kleiner und zarter, dabei aber genauso lebhaft und rauflustig, vor allem sehr wachsam. Nistet fast nur in Höhlen, legt Anfang Mai 8 bis 10 weiße, rostfarben punktierte Eier, die das Weibchen allein in 13–15 Tagen ausbrütet, schreitet im Juni zur zweiten Brut. Ruft hellklirrend, fast kichernd »Zizigürr« oder »Zihihihihi«, lockt hellpfeifend »Tgi-tgi«, singt sehr leise, vereinigt im Lied alle diese Töne und Rufe.

Sumpfmeise, Nonnenmeise *Parus palustris* (Familie: Meisen *Paridae*) Europa abgesehen vom äußersten Süden und Norden, §, ↓, 11,5 cm, Gefieder oberseits mausgrau bis erdbraun, unterseits schmutzigweiß bis grau, die Schwingen und Schwanzfedern dunkelbraun, der Oberkopf, Nacken, Kinn und Kehle glänzend tiefschwarz. Zeigt sich als die flinkste Meise, hält sich einzeln, bevorzugt als Nistbaum die Weide, stellt ihr kunstloses Nest in Baum- und Erdhöhlen, nimmt Nistkästen an, legt im Mai 8–12 rundliche, grünlichweiße, rostrot gepunktete und getüpfelte Eier, die vom Weibchen in 13 bis 15 Tagen ausgebrütet werden. Lockt sanft »Djäh« und leise zischend »Sit«, ruft erregt »Spitäh-spitzidäh«, wird schnell vertraut und handzahm.

Kleiber, Blauspecht, Spechtmeise *Sitta europaea* (Familie: Meisen *Paridae*) Europa abgesehen vom äußersten Norden, §, ↓, 14 cm, fällt durch kurzen Schwanz und langen Schnabel auf, Gefieder oberseits bleigrau, unterseits rostgelb, hat schwarzen

Kleiber

Augenstreif, der auf den Kopfseiten bis zum Hals läuft, Kinn und Kehle sind weiß.
Ist ein unübertrefflicher Kletterkünstler, der als einziger einheimischer Vogel auch kopfunter die Stämme hinabläuft, vermag Rinden zu spalten und zu lösen, frißt neben Insekten, ihren Larven und Eiern auch Sämereien, Baumfrüchte und Beeren. Nistet nur in Höhlungen, deren Öffnungen er regelmäßig mit Lehm so verklebt und verkleistert, daß er gerade noch ein- und ausschlüpfen kann, legt Anfang Mai seine 6–9 kalk- oder milchweißen, hell- oder dunkelrot punktierten Eier auf eine hohe Lage dünner Kieferrindenschuppen oder Stückchen von Buchen- und Eichenblättern, brütet 14–17 Tage, lockt flötend und hell »Tü-tü-tü«, plaudert »Sit«, schmettert im Frühjahr »Tüit-tüit-tüit«, hat aber kein eigentliches melodisches Lied.

Gartenbaumläufer *Certhia brachydactyla* (Familie: Baumläufer *Certhiidae,* Ordnung: Sperlingsvögel *Passeriformes*) Europa außer Nordeuropa und Britische Inseln, §, ↓, 12,5 cm, Gefieder oberseits braun, weißlich gestreift, unterseits weiß, hat braungrauen Zügel, weißen Streif über den Augen, einen auffallend langen, dünnen und gebogenen Schnabel, ist kurzläufig und scharfzehig, ein echter Klettervogel, der flink und meist in Spiralen die Stämme hinaufläuft, die Ritzen nach Insekten und ihren Larven absucht, kurz abfliegt und eine neue Klettertour beginnt. Nistet gern in tiefen Höhlungen, nimmt Nistkästen an, baut einen sorgsam gearbeiteten und weich ausgepolsterten Napf, legt im April 5–8 weiße, fein rotgepunktete Eier, die das Weibchen in 13–15 Tagen ausbrütet, ruft leise »Sit«, lockt kraftvoll »Tit-tit-tit-tit«.

Buchfink *Fringilla coelebs* (Familie: Finken *Fringillidae,* Ordnung: Sperlingsvögel *Passeriformes*) Europa außer Island, §, ↓, ~, 3–10, 15 cm. Beim Männchen sind Scheitel und Nacken schieferblau, der Mantel rötlichbraun, Oberrücken und Bürzel grün, die Brust weinrot. Das Gefieder des Weibchens ist oben hell olivbraun, unten hellgrau; beide tragen doppelte weiße Flügelbinden. Der Buchfink wird in Parkanlagen handzahm, ist lebhaft, oft heftig und zänkisch. Er baut zeitig

Buchfink

an seinem fast kugelrunden, kunstvollen Nest, das er in Gabelzweige der Büsche und Bäume stellt und wirksam mit Baumflechten tarnt. Der Buchfink verwickelt sich in wilde Gefechte mit Nebenbuhlern, legt 5–6 blaßgrüne, rötlichschwarzbraun punktierte Eier im April, die das Weibchen allein in 14 Tagen ausbrütet; ruft »Pink-pink«.

Mönchsgrasmücke, Schwarzplättchen, Schwarzkopf *Sylvia atricapilla* (Familie: Grasmücken *Sylviidae,* Ordnung: Sperlingsvögel *Passeriformes*) Brutgebiet: Europa abgesehen vom äußersten Norden, §, ~, 4–9, 14 cm, Gefieder oberseits bräunlichgrau, unterseits lichtgrau, das alte Männchen hat tiefschwarzen Scheitel, der beim

Weibchen und beim jungen Männchen rotbraun ist.
Baut ihr Nest in Dornbüsche, legt im Mai 4–6 länglichrunde, weiße und braunrot gefleckte Eier, die oft schon in 12 Tagen ausgebrütet werden, lockt angenehm und schnalzend »Tack-tack-tack«, singt wunderschön, beginnt sehr leise, wird bald lauter und steigert sich zu reinen und starken Flötentönen.

Mönchsgrasmücke

Sperbergrasmücke *Sylvia nisoria* (Familie: Grasmücken *Sylviidae*) Brutgebiet: Osteuropa und östliches Mitteleuropa,§, ~, 5–8, 15 cm, Gefieder oberseits olivgrau, unterseits weiß und deutlich gesperbert, Schwingen- und Schwanzfedern dunkelbraun, weißlich gerandet, Flügel mit 2 weißlichen Binden, hat zitronengelbe Iris. Liebt Hecken und Unterholz an lichten Waldrändern, in Parkanlagen, Friedhöfen und Gärten, ist ein gewandter Schlüpfer, kommt selten auf den Boden, entschließt sich schwer zum Fliegen.
Stellt ihr sperriges Nest in dichte Büsche und Dornhecken, legt Ende Mai/Anfang Juni ihre 4–6 länglichen, grauweißen, hellaschgrau und olivbraun gefleckten Eier, ist gegen Störungen während des Brütens sehr empfindlich, läßt dann die Eier oft im Stich, ruft hart und gleichsam knurrend »Errr«.

Sperbergrasmücke

Gartengrasmücke *Sylvia borin* (Familie: Grasmücken *Sylviidae*) Brutgebiet: Europa, §, ~, 5–9, 14 cm, Gefieder oberseits olivgrau, unterseits hellgrau, an Kehle und Bauch weißlich, hat schmalen weißen Federkranz über den Augen, schmutzigbleigrauen Schnabel und Fuß, nistet in Büschen auf niedrigen Bäumen, in Erdlöchern. Baut ein flüchtiges und dünnes Nest, legt Ende Mai ihre 5–6 trübrötlichweißen, mattbraun und grau gefleckten Eier, brütet sie in 14 Tagen aus, lockt schnalzend »Täck-täck«, singt meisterhaft, sanft, flötend, in mäßigem Tempo und hält lange durch.

Gartengrasmücke

Klappergrasmücke, Zaungrasmücke *Sylvia curruca* (Familie: Grasmücken *Sylviidae*) Brutgebiet: Europa ausgenommen der äußerste Norden und die Iberische Halbinsel, §, ~, 4–9, 13,5 cm, Gefieder oberseits olivgrau, unterseits weiß, seitlich gelbrötlich überflogen, hat besonders dunkle Wangen, Oberkopf etwas heller. Die Klappergrasmücke nistet in dornigen Büschen. Sie stellt ihr kleines, zierliches, flüchtig gebautes Nest gern in Stachelbeerbüsche, legt 4–6 sehr zartschalige Eier und brütet sie in 13 Tagen aus, singt gut, leise pfeifend, schließt mit einem klingenden und klappernden Triller.

Klappergrasmücke

Hausrotschwänzchen *Phoenicurus ochruros* (Familie: Drosseln *Turdidae*) Brutgebiet: im Norden bis zum 52. Breitenkreis, §, ~, 3–10, 14 cm, Gefieder an Kopf, Rücken und Unterbrust dunkelgrau, Gesicht, Kehle und Brust schwarz, auf den Flügeln weißgefleckt, Schwanz und Bürzel rostrot, ♀ meist gleichmäßig tiefgrau, wippt mit dem Schwanz, hüpft in weiten Sprüngen.

Das Hausrotschwänzchen nistet in Höhlen von Felsen und Mauern, baut ein großes, ziemlich liederliches Nest, legt 5–6 weiße Eier, Weibchen und Männchen brüten gemeinsam, lockt knicksend »St-teck-teck« und »Huid-tze-tze«, preßt und quetscht ein schlichtes Liedchen hervor.

Gartenrotschwanz

Gartenrotschwanz *Phoenicurus phoenicurus* (Familie: Drosseln *Turdidae,* Ordnung: Sperlingsvögel *Passeriformes*) Brutgebiet: Europa außer Irland und Island, §, gefährdet, ~, 4–9, 14 cm, Gefieder oberseits aschgrau, Vorderkopf weiß, Gesicht und Kehle schwarz, Brust, Bürzel, Flanken und Schwanz hochrostrot, ♀ ohne rostrote Brust, ohne schwarze Kehle und schwarzes Gesicht, stellt sein flüchtig gebautes Nest in hohle Bäume, in Mauer- und Felsenlöcher,

Amsel (♂)

nimmt Nistkästen an, legt im Mai 5–7 glattschalige blaugrüne Eier, brütet 13 Tage, lockt »Fuied-teck-teck-teck«, singt sanft und flötend.

Amsel, Schwarzdrossel *Turdus merula* (Familie: Drosseln *Turdidae*) Brutgebiet: Europa abgesehen vom äußersten Norden, §, ↕, ~, 25,5 cm, wurde vom scheuen Waldvogel zum echten Stadtvogel, Gefieder des Männchens gleichmäßig schwarz, Auge braun, Lidrand hochgelb, Schnabel orangegelb, Gefieder des Weibchens oberseits dunkelbraun, unterseits heller rotbraun, Kehle und Oberbrust weißlich, rostfarben gefleckt, hat braunen Schnabel.
Stellt ihr kunstvolles Nest, das oft eine mit Lehm und Erde geglättete, feuchte Mulde hat, am liebsten in dichte Büsche, auch in Höhlen aller Art, benutzt es oft jahrelang, legt 4–6 matt- oder lebhaft grüne, rotbraun gefleckte Eier bereits Mitte März, brütet 15 Tage, füttert die Jungen vorwiegend mit Insekten groß, ist kein Nesträuber, wie ihr oft noch nachgesagt wird. Lockt und warnt laut »Tak-tak-tak«, singt laut und sehr melodisch am frühen Morgen wie am späten Abend, oft schon ab Februar.

Singdrossel *Turdus philomelos* (Familie: Drosseln *Turdidae*) Brutgebiet: Europa außer Südeuropa und Island, §, ~, 3–10, 23 cm, ist heute in allen Parkanlagen und Gärten zu finden, Gefieder oberseits einfarbig braun, unterseits gelblichweiß, dreieckig oder eiförmig braun gefleckt, Unterflügeldeckfedern blaßrostgelb, hüpft absatzweise mit großen Sprüngen dahin, schnellt den Schwanz, zuckt mit den Flügeln, wenn etwas ihre Aufmerksamkeit erregt.
Baut ihr ebenfalls halb geflochtenes, halb mit Erde und Holzmulm ausgestrichenes Nest in Büsche und Bäume, legt 4–6 glänzende, bläuliche, schwarz und schwarzbraun gefleckte Eier Anfang April, lockt deutlich »Zipp« und »Tack-tack« oder »Tik-tik«, singt lauter und lebhafter als die Amsel, hat einen taktfesten, klaren, jauchzenden Schlag, überrascht durch große Klangfülle und erstaunlichen Melodienreichtum.

Schleiereule

Schleiereule *Tyto alba* (Familie: Eulen *Strigidae,* Ordnung: Eulenvögel *Strigiformes*) Europa außer Nordeuropa und Griechenland, ganzjährig geschont, gefährdet, ↓, 34 cm, spannt 90 cm. Das Gefieder der Schleiereule ist oberseits aschgrau, an den Seiten des Hinterkopfes und des Nackens rotgelb, schwarz und weiß längsgefleckt, unterseits rostgelb. Sie hat einen gelblichen herzförmigen Gesichtsschleier.
Die Schleiereule nistet im Gebälk der Türme, Kirchböden, in Mauernischen, Ruinen, auch in Taubenschlägen, ernährt sich fast ausschließlich von Mäusen, frißt 12–15 Stück in einer Nacht, nimmt in der Not auch Aas an, brütet im April/Mai, oft auch noch später, legt 3–10 Eier, je nach dem Mäusereichtum der Gegend, baut sich kein Nest, brütet 30 Tage.

Die Jungen der Schleiereule sind spärlich bedunte, gelbrote, faltige Geschöpfe, die leise schnarchen und zirpen, werden lange gehudert, bekommen nach 10 Tagen ein dichtes Flaumkleid, können erst nach 8 Wochen fliegen, drücken sich bei Gefahr flach an den Boden und breiten die Flügel aus, richten sich neugierig auf, wiegen sich dabei auf den Beinen und schnarchen bald so laut wie die Alten.

Steinkauz *Athene noctua* (Familie: Eulen *Strigidae*) Brutgebiet: Europa, im Norden bis zum 55. Breitenkreis, ganzjährig geschont, stark gefährdet, ↓↑, 22 cm, spannt 52–55 cm, Gefieder oberseits mäusegraubraun, unregelmäßig weiß gefleckt, unterseits weißlich, braun längsgefleckt, hat grauweißes Gesicht, schwefelgelbe Augen und grüngelben Schnabel.
Nistet in Baum- und Erdhöhlen, nimmt Nistkästen an, meidet den Wald, fliegt oft schon tagsüber, ruft laut und durchdringend »Ku-witt-kuwitt« sowie »Kiff-kiff«, wurde von ängstlichen und abergläubischen Menschen als »Komm mit!« und eine Aufforderung des Todes verstanden, war deshalb lange Zeit als Rufer aus der Unterwelt, als Unheilbringer und Totenvogel verschrien und verfolgt, brütet im April/Mai, sitzt 28 Tage sehr fest auf 4–7 kugelrunden weißen Eiern, lebt fast ausschließlich von Insekten, Mäusen und Fledermäusen.

Steinkauz

Die Schwäne

Halbzahm sind auch die Schwäne, die unsere Parkteiche besiedeln, sich gelassen und würdevoll die Betreuung durch den Menschen gefallen lassen, immer aber ihre Selbständigkeit wahren und auch hin und wieder ins wilde freie Leben zurückkehren. Am häufigsten wird der ebenso kraftvolle wie anmutige Höckerschwan gehalten. Seltener finden wir den kleinen Singschwan, den südamerikanischen Schwarzhalsschwan und den australischen Trauer- oder Schwarzschwan. Untereinander vertragen sich diese vier Arten nur selten, besonders wenn der Teich nicht groß genug ist. Vor allem zeigt sich der Singschwan als zänkisch, platzbauerisch und immer angriffslustig, traktiert oft auch die Enten.

Höckerschwan *Cygnus olor* (Familie: Enten *Anatidae,* Ordnung: Gänsevögel *Anseriformes*) Brutgebiet: hauptsächlich Mitteleuropa und Britische Inseln, §, ↓↑, 152 cm, spannt 235 cm, Gefieder reinweiß, hat langgestreckten Leib, langen und schlanken Hals, kopflangen roten Schnabel, der ein höckerartiges schwarzes Hautgebilde an seiner

Höckerschwan

Wurzel trägt. Im Wasser wirkt er sehr anmutig, auf dem Lande watschelt er schwerfällig und schwankend dahin, kann aber halb laufend, halb fliegend auch hier überraschend angreifen und den Gegner mit Bissen und harten Flügelschlägen gefährlich traktieren, fliegt gut und schnell, wenn er nach einem mindestens 20 m langen Anlauf genügend Luft unter die Flügel bekommen hat, die dann in voller Fahrt ein metallisch klingendes Geräusch verursachen.
Das Männchen grenzt sein Brutgebiet ab und verteidigt es energisch gegen Nebenbuhler wie andere Weibchen und jegliches Getier, es bewacht das brütende Weibchen wie auch die Jungen, liegt immer gleich einer kampfbereiten Fregatte vor dem mit weißen Dunen gepolsterten Nest, das in Wassernähe aus Rohr, Schilf und anderen Wasserpflanzen errichtet wird. Das Weibchen legt Ende Mai 5–7 hellgrüne Eier, die es in 5 Wochen ausbrütet. Die Anfang Juli ausschlüpfenden Jungen tragen zuerst ein graues Dunenkleid, sie mausern sich im Spätherbst, bekommen ein graubraunes Jugendkleid, das sich von Jahr zu Jahr aufhellt und erst nach Eintritt der Geschlechtsreife blendendweiß wird. Die Alten, die ein Leben lang treu zusammenhalten, sich oft kosen und schnäbeln, die Hälse umeinanderschlingen, führen die Jungen im Familienverband, bis diese, die erst nach 4½ Monaten fliegen können, sich für immer von ihnen trennen. Außer einem erregten Zischen sowie dem trompetenden Paarungsruf gibt der Höckerschwan keine Laute von sich.

Singschwan *Cygnus cygnus* (Familie: Entenvögel *Anatidae*) Brutgebiet: Island und

Nordskandinavien, kommt als Wintergast auch nach Norddeutschland, §, ~, 152 cm, spannt 200 cm, Gefieder reinweiß, hat kürzeren und dickeren Hals als der Höckerschwan, hält ihn steifer und gerader, wirkt allgemein kürzer und gedrungener, der an der Spitze schwarze Schnabel ist höckerlos, aber auch an der Wurzel aufgetrieben und dort gelb gefärbt, benimmt und hält sich sonst wie der Höckerschwan, baut das fast gleiche Nest, unterscheidet sich hauptsächlich durch seine laute und fast wohlklingende Stimme, schreit rauh, leicht gellend »Kill-klii«, ruft während des Fluges »Ang-hö«.

Trauerschwan, Schwarzschwan *Cygnus atratus* (Familie: Entenvögel *Anatidae*) Heimat: Australien, §, 110 cm, Gefieder einfarbig schwarz, Hand- und Armschwingen weiß, hat sehr gestreckten Leib, kopflangen, lebhaft karminroten Schnabel, läßt oft seine trompetende Stimme vernehmen.

Schwarzhalsschwan *Cygnus melanocoryphus* (Familie: Entenvögel *Anatidae*) Heimat: Chile und Argentinien, aus den Tiergärten in die Parkanlagen gekommen, verwildert manchmal auch wieder, §, 110 cm, Gefieder weiß, Kopf und Hals bis zur Mitte herab schwarz, hat weißen Brauenstreifen, bleigrauen Schnabel mit blutrotem Höcker, fällt durch seine kurzen Flügel auf, die kaum die Schwanzwurzel erreichen, seine Jungen kommen im weißen Dunenkleid zur Welt und gleichen bereits im ersten Herbst den Alten.

Trauerschwan

DIE GESETZE DES LEBENS

Nachdem wir die wesentlichsten Lebensräume unserer Heimat durchstreift und durchwandert haben, die Pflanzen und Tiere dort beobachteten und belauschten, wollen wir diese nun auch als Geschöpfe an sich näher kennenlernen. Denn genauso wie die Pflanze und das Tier ziemlich fest an ihren vorbestimmten Lebensraum gebunden sind, wird ihr Leben weitgehend von einer Anzahl ganz bestimmter und arteigener Lebensgesetze bestimmt.

Bei der Pflanze sind es vorwiegend Wachstumsgesetze, denen sie im Rhythmus der Jahreszeiten unterliegt, die ihr Keimen, Wachsen, Blühen, Fruchten und Vergehen in den großen Reigen des Naturgeschehens einordnen. Um diese Gesetze verstehen zu können, müssen wir die wundervolle organische Struktur der Pflanze kennen, müssen uns also mit der Wurzel, dem Sproß, den Stütz- und Leitgeweben, dem Saftstrom sowie mit Blatt und Blüte beschäftigen. Dann aber wollen wir die Pflanze als empfindendes, fühlendes und kämpfendes Lebewesen studieren, wollen uns mit ihren großartigen Anpassungsfähigkeiten, ihrem Verhältnis zum Tier, besonders zu ihren Bestäubern, vertraut machen und sie bei dieser Gelegenheit als die größte Erfinderin der Welt kennenlernen.

Beim Tier dagegen sei unsere Aufmerksamkeit stärker auf die alle Lebensfunktionen und Daseinsäußerungen bestimmenden Triebe und Instinkte gerichtet, die uns in eine geradezu phantastische Welt schauen lassen. Hier sollen vor allem der Schutztrieb und mit ihm die Tarn- und Warnhaltungen, dann der Fortpflanzungs- und der Bruttrieb sowie der Bautrieb und der rätselhafte Wandertrieb umrissen werden. Abschließend sei noch der Winterschlaf und der Gestaltwandel, die Metamorphose, besprochen.

Lebensgesetze im Pflanzenreich

Auch in der Pflanze ein Lebewesen zu sehen, ist vielen Menschen vielleicht ein neuer, ein etwas befremdender Gedanke. Und sicher noch erstaunlicher ist es ihnen zu hören, daß die Pflanze an sich die Voraussetzung für Leben und Tod aller Geschöpfe ist. Schweigend steht sie vor uns, fest gebunden an den Platz, den ihr der Zufall zuwies, rätselhaft ist ihr Sinnesleben, ihr ganzes Sein. Still vollzieht sich in ihr das wunderbarste Geschehen unserer Welt, erzeugt sie unaufhörlich die Nährstoffe – den Zucker, das Eiweiß, die Stärke und das Fett –, die den Lebensmotor von Tier und Mensch speisen, entnimmt sie die notwendigen Bausteine für diese Nährstoffe der Erde und der Luft und reguliert den Gasaustausch der Welt.

Vor etwa 3–4 Milliarden Jahren wurde die Pflanze geboren. Damals, in ihrer Geburtsstunde, besaß sie jedoch weder Blüten und Blätter noch Wurzeln, sie war nichts anderes als ein mikroskopisch kleiner grüner Einzeller, der sich mit Hilfe einer dünnen Geißel durch das Wasser des Urmeeres schraubte. Nach weiteren 2 Milliarden Jahren in unserer Erdgeschichte hatten sich aus diesen winzigen grünen Geißelträgern Kiesel- und Kalkalgen, also niedere Wasserpflanzen entwickelt. Die Algen wuchsen zu großen Tangen heran, und allmählich bevölkerten sich die Urmeere auch mit vielen verschiedenen Tieren. Wir wissen heute, daß vor 1 Milliarde Jahren schon Ringelwürmer, Weichtiere und Hohltiere auf unserer Erde lebten. Alle diese Tiere und Pflanzen wuchsen und entwickelten sich aber immer noch ausschließlich im Wasser. Ans Land wagten sich die kühnsten Pioniere erst vor zirka 430 Millionen Jahren. Nach der endgültigen und relativ späten Eroberung des Festlandes entwikkelte sich die Pflanze immer weiter und überwand schließlich alle Schwierigkeiten, vor die sie der ewige Wandel ihrer Umwelt stellte. Ausgerüstet mit nur einem Organ, dem Blatt, unterstützt allein von der spürenden Wurzel, kämpfte sie ihren Daseinskampf. Sie wandelte das Blatt, diese kleine grüne Gewebespreite, in hohe Stiele, feste Stengel und ragende Stämme, verdichtete es zu Dornen und Stacheln, versah es mit Greif-, Heft- und Klammerorganen, drehte es zu Federn, Spiralen und Schlingen zusammen, hüllte es in Pelz und Haare, überzog es mit Fett-, Öl- und Wachsschichten, begabte es mit Licht-, Tast- und Druckempfinden, baute aus ihm lokkende Blütenblätter und hochentwickelte Geschlechtsorgane, die Staubgefäße und die Stempel. Es gibt fast nichts, was auch die Froscher, Erfinder und die Techniker ersannen, was die Pflanze nicht schon lange vor ihnen erdacht und ersonnen hätte. Deshalb wollen wir jetzt in einigen Kapiteln allgemeine Gesetzmäßigkeiten und Besonderheiten aus dem Leben der Pflanze kennenlernen.

Die Wurzel

Die Wurzel der hochentwickelten Pflanze durchzieht das Erdreich gleich einem großen Bergwerk. Sie ist der Teil der Pflanze, der dem Dunkel zustrebt, sich von der Sonne abwendet und dem Wasser entgegenwächst, ihm wie magnetisch angezogen zustrebt und es auch immer zu finden weiß. Das aufgespürte Wasser aber stürzt wieder auf die Wurzel zu, als würde es von ihr angesaugt. Denn die Wurzel verfügt knapp hinter ihrer Spitze über zahllose kleine Saugapparate, zarte Saughärchen, die sich wie weicher Filz anfühlen, die feinsten Teilchen der Erde umklammern, durchdringen, auflösen und ihnen die Feuchtigkeit entziehen.

Diese Saug- und Wurzelhaare müssen eine ungeheure Arbeit leisten. Die Pflanze besteht ja durchschnittlich zu 75–90% aus Wasser. Eine mittelgroße Buche schwitzt an warmen Tagen an die 200–500 Liter aus, eine Birke 270–360 Liter, und fast die gleiche Menge Wasser müssen die Wurzelhaare in dieser Zeit aufsaugen. Kein Wunder also, daß die Wurzel das Bestreben hat, sich fast unendlich zu verzweigen und mit Tausenden und aber Tausenden von suchenden Wurzelenden das Erdreich weithin zu durchspüren, daß sie entweder immer tiefer in die wasserführenden Schichten einzudringen versucht oder aber flach ausstrahlt und immer neue Wege in die Tiefe ertastet.

Selbst ein so schwacher Halm wie der unserer Getreidesorten schickt seine Wurzel 200–280 cm in die Tiefe und in die Breite und erfaßt mit ihr, die mit allen Verzweigungen eine Länge von rund 80 km erreicht, gut 8 Kubikmeter Erdreich. Vorausgesetzt freilich, daß dieser Getreidehalm sich ungehindert entfalten kann und frei steht. Die Wurzelhärchen – die übrigens, da die Wurzel unaufhörlich wächst, da ihre Spitze wie ein Wurm durch die Erde kriecht, sich ebenso unaufhörlich erneuern – trinken aber nicht nur, sondern lösen Erdkrümelchen auf, zersetzen, zerätzen und sprengen das härteste Gestein mit Hilfe von ausgeschiedenen Säuren, lösen die Mineralstoffe und liefern der Pflanze die wichtigsten Nährstoffe. Denn außer Wasser braucht sie in Form von Ionen Stickstoff, Phosphor, Kalium und Kalk sowie feinste Dosen von Schwefel, Magnesium, Mangan, Bor, Eisen und Kupfer.

Dennoch sind diese unzähligen saugenden und fressenden Wurzelhärchen nur die Handlanger der Wurzel. Das dirigierende Gehirn steckt in den bohrenden und tastenden Wurzelspitzen, die bald in die Tiefe, bald in die Breite vorstoßen. Eine Haube umhüllt die Wurzelspitze wie ein schützender Fingerhut, der sich abscheuert und unaufhörlich nachwächst. Unter dieser Haube liegt das Wachstumszentrum der Wurzel, das nach oben hin in die Zone der Zellstreckung übergeht. Die Streckungszone ist höchstens 5–10 mm lang. Genau dort, wo die Wurzelhaare aus der Wurzel entspringen, folgt die sogenannte Zelldifferenzierungszone. In ihr bilden sich die äußere Wurzelrinde und die zentral gelegenen Wurzelgefäße aus.

Der Sproß, die Stütz- und Leitgewebe

Der Sproß ist der licht- und sonnenhungrige Teil der Pflanze, ist zumeist ihre Längsachse, die aus der Erde aufsprießt und zum Halm und Stengel, Zweig und Blatt wird. An seiner Spitze trägt er den sogenannten Vegetationskegel, eine von jungen Blattanlagen umgebene, sonst aber im Gegensatz zur Wurzelspitze ungeschützte End- oder Scheitelknospe. Und so wie in der Wurzelspitze das Gehirn der Wurzel sitzt, so wirken im Vegetationskegel die Erbanlagen der Pflanze. Von hier aus wird sie aufgebaut, von hier aus geht das Wachsen, das Sichverzweigen und Sichfestigen, die Ausbildung der Blätter und des Stützgewebes vor sich. Zumeist neigt die Sproßachse dazu, sich zu verzweigen, bildet Seitenknospen in den Blattachseln, von denen dann jede wieder ihren Vegetationskegel hat, bis der Sproß zuletzt, je nach der Größe der Pflanze, über Hunderte, Tausende und Hunderttausende von Vegetationskegeln verfügt, genauso wie die Wurzel über Hunderte und Tausende von Wurzelspitzen.

Die Stützgewebe, die der Sproß ausbildet und die erst den Aufbau des ragenden Halmes und Stammes ermöglichen, sind technische Meisterwerke, denen sich keine menschliche Konstruktion an die Seite stellen kann. Denn die Pflanze baut nicht mit toten, sondern mit lebendigen Stoffen. Und nur so ist es ihr möglich – wie z.B. beim Getreidehalm –, auf einem Fundament von 3 mm Durchmesser einen Turm von 1500 bis 2000 mm zu errichten, dessen Spitze außerdem noch eine schwere Fruchtähre belastet, der sich bis zur Erde niederbiegt und doch nicht bricht, der sich im Notfalle selbst hilft, auf seine Knoten kniet und erneut aufrichtet.

In diesem schwankenden Turm befinden sich knapp hinter dem äußeren Stützgewebe die Wasserleitungsbahnen, die das Wasser von der Wurzel aus nach oben in den Sproß, die Blätter und die Blüten leiten. Auch die über die Wurzelhaare aufgesaugten Mineralsalze wandern durch diese Rohre nach oben. Die Wasserleitungsrohre steigen – wahrscheinlich um die Höhe leichter erklimmen zu können – in Spiralen empor. Die Stärke- bzw. Zuckerrohre gleichen dagegen schon eher unseren Leitungsröhren, sind glatte Stränge, aufgebaut aus hohlen und gestreckten Zellen, deren Zwischenwände an Siebe erinnern. Die Stärkerohre werden deshalb auch Siebröhren genannt. In ihnen kann der Stofftransport sowohl von oben nach unten als auch von unten nach oben erfolgen. Die Siebröhren transportieren die in den Blättern erzeugte Stärke als Zuckerlösung zu den Stellen des Verbrauchs oder zu den Speicherorganen, z.B. in das Mark oder in die Wurzel. Auch Eiweiß, Wuchsstoffe und Vitamine wandern in diesen Leitungen durch den ganzen Pflanzenkörper. Im Gegensatz zum Wassertransport erfolgt dieser Transport nur unter Energieverbrauch. Beide Formen von Leitröhren treten in Bündeln auf, die bei einem Baum hinter Rinde und Bast liegen.

Der Mitte des Stammes zu, also im Zentrum des Sprosses, liegt dann das sogenannte Mark, dessen Zellen mit Nahrungsvorräten angefüllt sind. Durch das Auseinanderreißen dieser Zellen kann eine Markhöhle entstehen.

Die Jahresringe

Jedes Jahr muß der wachsende Baum notwendig eine neue Schicht von diesen Leitgefäßen, diesen Wasser- und Zuckerröhren, aufbauen. Und zwar entwickelt sie der Baum an der Außenseite der alten Leitbündel, wächst also von innen nach außen und nimmt dabei an Stärke und Umfang zu. Die neuen Leitbündel und der zunehmende Umfang entsprechen seinen neu aufgebauten Ästen, seinen weiter verzweigten Wurzeln, seinem Höhenzuwachs, also seinen erhöhten Nahrungsbedürfnissen. Zugleich begegnet das damit verbundene Dickenwachstum der Gefahr, daß der Wipfel eines Tages zu schwer für den Stamm werden und sich überneigen könnte.
Der Aufbau dieser neuen Leitbündel geht aber nun nicht im gleichen Tempo das ganze Jahr hindurch vor sich, sondern setzt mit dem stürmisch beginnenden Saftstrom im Frühjahr sehr lebhaft ein, wird in gemäßigter Form den Sommer über fortgeführt und kommt im Herbst zum Stillstand. Die Folge davon ist, daß die ersten neuen Leitbündel, die im Frühjahr entstehen, dem starken Saftstrom entsprechend sehr weit, dünnwandig und großporig sind, während die im Sommer erzeugten beträchtlich kleiner, dickwandiger und enger sein dürfen. Die weiten Leitbündel des Frühjahrs erscheinen im Querschnitt des Stammes als ein heller, die engen Leitbündel des Sommers als ein dunkler Ring. Beide zusammen ergeben einen Jahresring, der sich durch die Trennung von Hell und Dunkel deutlich vom vorjährigen Jahresring absetzt.
Mit anderen Worten: Ohne die Unterschiedlichkeit im Rhythmus des Saftstromes und die damit verbundene unterschiedliche Struktur der Leitbündel würden sich die Jahresringe im Holzkörper gar nicht abzeichnen und wir vermöchten das Alter des Baumes nicht von seiner Schnittfläche abzulesen. So aber können wir, wenn wir die Ringe vom Zentrum bis zur Rinde hin zählen, ziemlich genau sagen, wie alt der gefällte Baum ist. Ganz genau kann das Ergebnis darum nicht sein, weil etwa die ersten 25 Jahresringe im Zentrum der Schnittfläche entweder so eng beieinanderliegen, daß wir sie nur schwerlich auseinanderhalten können, oder aber dieses Kernstück bereits in Rotfäule übergegangen ist und die festen Jahresringe sich zersetzten.
Um so genauer aber können wir von der jeweiligen Stärke oder Breite der einzelnen Jahresringe ablesen, in welchen Jahren der Baum im Überfluß lebte und prächtig

gedieh, in welchen er Not und Mangel litt, und können daraus – das heißt, wenn wir die gleiche Erscheinung bei seinen Nachbarn feststellen – einen Schluß auf den Regenreichtum oder die Dürre vor meinetwegen 150 Jahren schließen. Bei einiger Erfahrung wird uns die Schnittfläche bald zu einem aufgeschlagenen Buch der Natur, der jeweiligen Landschaft, gibt Aufschluß über die Bodenbeschaffenheit, die vorherrschende Windrichtung, das Klima sowie über die Schäden, die der Baum durch anhaltenden Winddruck, Wildverbiß oder Beengung durch seine Nachbarn erlitt.

Das Blatt und seine Sonnenkraftwerke

Das Blatt ist der Lichtempfänger der Pflanze, der die roten und blauen Lichtstrahlen verschluckt, die gelben und grünen aber fast alle zurückwirft, ist zugleich ihre Lunge und birgt die Organellen der Photosynthese, die Sonnenkraftwerke, die alle Geschöpfe der Erde ernähren und mit dem lebensnotwendigen Sauerstoff versorgen.
Das Blatt entsteht aus einer seitlichen Ausbuchtung des Vegetationskegels, hat seine Ansatzstelle am Sproß und besteht aus vier Zellschichten. Die erste Schicht ist die Oberhaut oder obere Epidermis, sind die farblosen Deckzellen der Oberseite, die auf ihrer Außenseite besonders dicke Wände haben und dennoch zart und durchsichtig sind. Diese Deckzellen scheiden ein Häutchen aus, die Cuticula, das weitgehend undurchlässig für Gas und Wasser ist und die Aufgabe hat, eine zu rasche Verdunstung zu verhindern. Als weiteren Verdunstungsschutz tragen sie oft Haare oder Wachsschichten.
Die zweite Schicht besteht aus langen Zellen, die senkrecht stehen und in einem Blattquerschnitt an einen Palisadenzaun erinnern. In diesen Palisadenzellen befinden sich die beweglichen grünen Chlorophyllkörner, die eigentlich kleine linsenförmige Scheiben sind und den roten Blutzellen des Menschen ähneln. Sie wandern in den Zellen dem Licht nach und sind die wunderbaren kleinen Sonnenkraftwerke, deren Motoren die Sonne speist und in denen tagsüber aus Wasser und Kohlendioxid unter Freisetzung von Sauerstoff vor allem Stärke erzeugt wird. In der Nacht ruhen sie.
Die dritte Schicht enthält viele Lufträume und setzt sich aus mehrfach übereinander gelagerten, rundlichen Nähr- und Speicherzellen zusammen, die am Abend vollgepackt mit weißen Stärkeblättchen sind, die hier während der Nacht in Zucker zerlegt und dann durch den ganzen Pflanzenleib geschickt werden.
Die vierte Schicht ist die Epidermis der Blattunterseite, sind die Bodenzellen, zwischen denen zahlreiche spaltförmige Poren liegen. Jede Pore ist von zwei bohnenförmigen Schließzellen umgeben, die sie ventilartig erweitern und verengen können. Durch

diese Poren atmet das Blatt das Kohlendioxid ein und den Wasserdampf aus, atmet je nach Bedarf heftiger oder mäßiger. Die Poren liegen zweckmäßigerweise an der Unterseite, da das schwere Kohlendioxid, das sich in Bodennähe ablagert, auf diese Weise leichter aufgesaugt werden kann und damit der ausgeatmete Wasserdampf der Pflanze nochmals zugute kommt und sie abkühlt. Wären die Poren auf der Oberseite des Blattes, würden wir den Schatten unter den Bäumen nicht als so wohltuend kühl empfinden, würde der immerdurstige Wind den Blättern zu viel Wasser entziehen.

In seinem Bestreben, möglichst viel Licht zu empfangen, bewegt und schiebt sich das Blatt in die Lücke zwischen anderen Blättern, bildet mit ihnen ein großartiges Mosaik, dreht und wendet sich auch oft im Laufe des Tages und sorgt so dafür, daß seine Lichtkraftmaschinen immer gespeist werden. Wie ja überhaupt die Blattspreite, dieser kleine grüne, frei in der Luft schwebende Sonnenschirm, der seinen Halt in seinen Leitungsröhren findet, sich nicht irgendwie zufällig an dieser oder jener Stelle des Pflanzenleibes entfaltet, sondern einem mathematisch aufgebauten Spiralsystem entsprechend ausgebildet und eingeordnet wird.

Der Laubfall

Mit zunehmender Abkühlung des Bodens, oft schon im September und Oktober, kommt der Saftauftrieb von den Wurzeln zu den Blättern ins Stocken, pulst matter und erliegt in den ersten Frosttagen. Die feinen Wurzelhärchen sind nicht mehr in der Lage, das benötigte Wasser aus der kalten Erde aufzusaugen. Der dicht mit Blättern versehene Laubbaum würde im Herbst also in große Lebensnot geraten, wenn er sich nicht auf diesen eintretenden Wassermangel vorbereiten könnte. Aber er hat diese Gefahr gleichsam schon lange vorher erkannt und entscheidende Maßnahmen getroffen, um ihr begegnen zu können.

Vor allen Dingen sorgte er dafür, daß seine grünen Blattspreiten, die gleich dampfenden Küchen gewaltige Wasserverschwender sind, ihre Tätigkeit allmählich einstellten. Schon im September schob er langsam eine feine Korkschicht zwischen Rinde und Blattstielansatz und begann, die Saftkanäle zu den Blättern abzuriegeln. Vorher aber wanderten aus Sparsamkeitsgründen noch die Spaltprodukte des grünen Blattfarbstoffes, des Chlorophylls, in den Pflanzenleib zurück. Im Blatt blieben danach nur noch die gelben Carotinoide, die damit für die herbstliche Gelbfärbung der Blätter verantwortlich zu machen sind. Innerhalb der abgeriegelten Blattspreiten findet sich immer auch noch gelöster Zucker, der nicht mehr in den Pflanzenkörper zurückfließen kann, und dieser aufgestaute Zucker verursacht, daß gerade jetzt

besonders viel roter Farbstoff entsteht und das Herbstlaub neben den gelben auch in allen roten und orangefarbenen Tönen aufflammen läßt. Die allmähliche braune Verfärbung der absterbenden Blätter hängt mit dem eigentlichen Zelltod zusammen. Im Oktober/November ist die Korkschicht so dick, daß die letzte Verbindung zwischen Pflanze und Blatt aufgehoben ist und der Blattstiel regelrecht abgestoßen wird. Der Korkverband wirkt nunmehr wie ein Narbenverschluß, der das Ausfließen des Saftes an diesen Ansatzstellen wie auch das Eindringen des Frostes in dieselben verhindert.
Der Laubfall ist also vor allem ein Verdunstungsschutz. Und die Pflanze kann, da sie im Laufe des Sommers eine eifrige Vorratswirtschaft betrieb, gut und gerne einige Monate auf ihre Blätter verzichten. Sie genießt dadurch noch den Vorteil, daß sich auf ihrem kahlen Wipfel nicht solch gewaltige Schneelasten türmen können, wie wenn er noch belaubt wäre. Ihre Lebensuhr schlägt während des Winters freilich bedeutend langsamer, steht aber durchaus nicht still. Wie das winterschlafende Tier zehrt sie von ihren körpereigenen Vorräten, erhält und ernährt die bereits im Sommer angelegten Knospen und bereitet sich auf das große Wecken und Erwachen im nächsten Frühjahr vor.

Die Blüte

Die Blüte ist das Geschlechtsorgan der Pflanze. Sie besteht aus einer Gruppe umgewandelter Blätter, die oft noch die alte spiralige Anordnung haben. Bei der Seerose ist diese spiralige Anordnung besonders schön und deutlich ausgeprägt, und man sieht ebenfalls noch sehr gut die Umwandlung der einzelnen Blätter, den allmählichen Übergang vom Kelchblatt zum Blütenblatt und vom Blütenblatt zum Staubblatt.
Wir unterscheiden bei der Blüte von außen nach innen folgende Blätter:

Die Kelchblätter, die zumeist grün und derb sind, den Laubblättern ähneln und dem Schutz der Blüte dienen, sie oft in der Knospenform umhüllen, auch nach der Entfaltung noch umgeben oder sich dann zurückbiegen oder abfallen.

Die Blütenblätter, Kronblätter, die meist bunt und zart sind, deshalb als die eigentlichen Blumenblätter bezeichnet werden, nicht selten ohne grüne Hüllblätter bleiben und dann allein den Schutz der zarten inneren Blütenorgane übernehmen, mit ihren Farben die Insekten anlocken, sich zu schließen oder zu senken vermögen, um den Blütenstaub vor Regen und Kälte zu bewahren.

Die Staubblätter oder Staubgefäße, die gleichsam die männlichen Teile der Blüte darstellen, in der Regel aus einem Staubfaden und einem gelben Staubbeutel mit vier Pollensäcken bestehen, der den Blütenstaub enthält, oft mit einem ausgeklügelten Bestäubungsmechanismus verbunden sind, sich aktiv bewegen, verkürzen oder verlängern können.

Die Fruchtblätter, die bei den Blütenpflanzen meist zu einem Stempel vereinigt werden, der sich dann aus der empfängnisbereiten feuchten Narbe, dem stielartigen Griffel und dem Fruchtknoten mit der Samenanlage zusammensetzt.

Die Anzahl der Kelch- und Kronblätter entspricht sehr oft der Anzahl der Staub- und Fruchtblätter. Haben wir also, wie z.B. bei der Schlüsselblume, fünf Kelchblätter und fünf Kronblätter, so entsprechen diesen fünf Staub- und fünf Fruchtblätter. Sehr einfache und unscheinbare Blüten haben die sogenannten Windblütler, also die Pflanzen, die vom Wind bestäubt werden, wie z.B. die Nadelbäume, Kieferngewächse, Hasel- und Birkengewächse. Bei ihnen erscheinen die Blüten an den Spitzen ihrer Triebe als getrennte weibliche und männliche Zäpfchen. Erst bei der hochentwickelten Blütenpflanze, deren Bestäubung die Insekten besorgen, sind beide Geschlechter in einem Geschlechtsorgan, eben in der Blüte, vereinigt.

Wie die Pflanze bestäubt und befruchtet wird

Der Pollen kann vom Wind, vom Wasser, vom Regen, von Insekten, von Vögeln und selbst von Schnecken auf die empfängnisbereiten Narben übertragen werden. Die Windblütler halten ihn meist schon frühzeitig im Jahr flugbereit, oft noch ehe sie sich belauben, damit ihre Wipfel ausgiebig durchweht werden können. Im Gegensatz zu den hochentwickelten Blütenpflanzen müssen sie bei der von vielen Zufällen abhängigen Windübertragung eine Unmenge von Blütenstaub aufbieten, um ihre Art erhalten zu können. Oft steigt der Blütenstaub in riesigen goldenen Wolken aus den Nadelwäldern auf, schwebt über den Getreidefeldern und weht weit über die Wiesen.

Sind Staubgefäße und Stempel in einer Blüte vereinigt, so öffnen sie sich regelmäßig nacheinander. Die Blüte ist also in zeitlichen Abständen erst im männlichen und dann im weiblichen Zustand oder umgekehrt. Niemals erwachen die Geschlechter in ihr gleichzeitig, denn es soll möglichst keine Selbstbefruchtung und Inzucht vorkommen. Zu dieser schreiten die Blütenpflanzen erst dann, wenn die Bestäuber aus irgendeinem Grunde versagten.

Angelockt werden die Bestäuber mit Düften und Gerüchen, die weithin ausstrahlen, näher herangezogen mit leuchtenden Farben, mit zu prächtigen Schauapparaten zusammengestellten bunten Kronblättern, mit bunten und auffälligen Saftmalen. Als Belohnung winkt ihnen der süße Blütennektar, der in besonderen Gefäßen bereitgehalten und reichlich ausgeschenkt wird, bis die Bestäubung erfolgt ist.

Die Blütenpflanze nimmt auch gern in Kauf, daß sich die Bestäuber am Pollen selbst gütlich tun oder ihn einsammeln. Sie stellt diesen Diebstahl sogar so sehr in Rechnung, daß vor allem die Pollensammler zu den gewissenhaftesten Bestäubern werden.
Sinnreiche Konstruktionen – Schlageisen, Fußangeln, Falltüren, Klebscheiben, Klemmvorrichtungen, Rutschbahnen – sorgen dafür, daß die trinkenden und sammelnden Insekten reichlich und unweigerlich mit Blütenstaub überpudert werden, den sie dann wiederum zwangsläufig beim Besuch der nächsten Blüte abstreifen oder regelrecht abgekehrt bekommen. Zu diesem Zweck wird der Weg zum Nektarfaß gern mit den Staubbeuteln und Stempeln verstellt, so daß das durstige Insekt diese unbedingt streifen und berühren muß.
Der Befruchtungsvorgang ist im großen ganzen bei fast allen Blüten der gleiche, selbst noch bei den urtümlichsten Pflanzen. Der übertragene Pollen wird von der feuchten Narbe festgehalten, quillt im Schleim des Griffelhalses auf, treibt einen Pollenschlauch aus, der durch den Griffel bis zum Fruchtknoten hinunterwächst und in die Samenanlage gelangt. Dort vereinigt sich der männliche Pollenkornkern mit dem weiblichen Eikern. Der Fruchtknoten schwillt nach der Befruchtung an.

Die Pflanze wirbt um ihre Bestäuber

Das zunächst lockere Verhältnis zu den mit Farben, Düften und Geschenken bei der Stange gehaltenen Bestäubern vertiefte sich im Laufe der Jahrtausende durch ein vielseitiges und weitgehendes Anpassen der Pflanzen an die körperlichen Eigenheiten und Gewohnheiten der Tiere. Es bildeten sich erstaunlich intime Beziehungen zwischen den einzelnen Blütenpflanzen und bestimmten Bestäubergruppen heraus. So können wir heute beobachten, daß diejenigen Pflanzen, die sich für Tagschmetterlinge als Bestäuber entschieden haben, ihre Blüten rot färben, weil deren Augen auf diese Farbe besonders lebhaft reagieren. Die Steinnelke auf dürren Matten, die Lichtnelke im Wald, die meisten Nelken unserer Gärten sind Schmetterlingsfreunde, ebenso die meisten Disteln. Die Bienenfreunde dagegen vermeiden das Rot und bevorzugen eine violette oder gelbliche Farbmode. Die Salbeipflanzen sowie die meisten gelben Frühlingsblumen halten es mit den Bienen. Auch mit dem weißen Blütenkleid sind die Bienen zur Not noch anzulocken. Im allgemeinen jedoch haben die Freunde der Nachtfalter, nämlich die Zaunwinde, der Jasmin, das Jelängerjelieber, das Waldgeißblatt, der Stechapfel und die Stendelwurz das durch die Dunkelheit leuchtende und schimmernde Weiß zu ihrer Leibfarbe erhoben. Die Hummelfreunde dagegen fanden heraus, daß ganz besonders ein dunkles und bräunliches Gelb, wie es z.B. die Blüten der Waldschlüsselblumen, des Bilsenkrautes und der

Tollkirsche aufweisen, das Hummelauge berückt. Die Pflanzen nehmen auch Rücksicht darauf, daß die Augen der Insekten durchschnittlich recht schlecht sind, und tragen die Farben deshalb möglichst dick, knallig und grell auf. Auch recht effektvolle Farbzusammenstellungen sind immer erfolgversprechend. So hat der Wachtelweizen, der neben seinen knallig blauen und purpurvioletten Blüten noch gelbe Reklametafeln aus gefärbten Laubblättern stellt, seine weite Verbreitung nicht zuletzt diesem Werbetrick zu verdanken. Auch den kleinen Fliegen, den ruhelosen Wespen, den tapsigen Blumenkäfern kommen die Blütenpflanzen entgegen, bieten ihnen weithinleuchtende und hochgestellte, zu Riesenschirmen vereinigte Blütenbuketts an, die Pollen wie Honig in flachen Schüsseln darreichen.

Selbst auf die eigenartige Geruchsempfindlichkeit der meisten Fliegen und Käfer, die sich durchaus nicht durch liebliche Düfte, sondern viel eher durch scharfe und aufdringliche Gerüche herbeilocken lassen, gehen die Pflanzen ein. Wie fauliger Urin riechen oder stinken die Blüten des Rainfarns und des Efeus, wie verwesendes Fleisch der Blütenkolben des Aronstabes und wie Aas die Stinkmorchel und die Schwalbenwurz. Die Nachtblumen dagegen verströmen ihre narkotischen Düfte wieder in derart betäubender Dichte, daß unsere Sinne fast benebelt werden. Am Tage aber, wenn ihre Bestäuber schlafen, bleiben sie wie selbstverständlich geruchlos und oft geschlossen.

Diese Anpassungsfähigkeit der Pflanzen erstreckt sich jedoch nicht nur auf die Lockmittel Farbe und Duft, sondern kennzeichnet sich in erhöhtem Maße im Bauplan der Blüten, die oft wie ein Futteral auf den Insektenkörper zugeschnitten sind. Der etwas schwerfälligen Hummel bieten die Blüten des Löwenmauls, der Taubnesseln, des Gundermanns, des Wiesensalbeis und des Leinkrautes einen hübschen kleinen Landeplatz in Gestalt einer vorgewölbten Unterlippe. Hier kann der behäbige Brummer gemächlich landen, fühlt sich bestimmt dazu wie eingeladen. Etliche dieser Blüten sind mit einer Windfangtür verschlossen, die einzig und allein die kräftige Hummel aufzudrücken vermag. Und einige haben es sogar so eingerichtet, daß der Landeplatz unter dem Gewicht des Hummelkörpers wie ein Hebel auf den Blütenverschluß wirkt und die Windfangtür einladend um ein weniges lüpft. Daß die Blütenpflanzen ihre Bestäuber hin und wieder einmal ihrer Freiheit berauben und sie so lange gefangen halten, bis sie wohl oder übel den Bestäubungsdienst geleistet haben, das wissen wir bereits vom Aronstab und vom Frauenschuh.

Die Pflanze wehrt sich gegen das Tier

Wir haben gesehen, die Pflanze versteht es glänzend, die Tiere in ihren Dienst zu spannen. Ebensogut versteht sie es aber auch, sich vor dem Tier, falls notwendig, zu schützen und sich gegen das Tier zu verteidigen.

Blätter und Blüten fressende Weidetiere lassen sich leicht durch auffällige Düfte zurückhalten, die durchaus nicht widerlich zu sein brauchen, aber doch richtig als Warnungen empfunden werden. Weidende Rinder verschmähen die wohlriechenden Blüten von Veilchen, Maiglöckchen, Wintergrün, Knabenkraut, Studentenröslein, Augentrost, wie die von Stechapfel, Bilsenkraut und Schierling. Wo Duftwarnungen die Wirkung verfehlen, werden die Blüten mit einem dichten Stachelkranz versehen. Ungestört blühen mitten auf den Weiden die Hauhecheln, Stechginster, Spitzkletten, Disteln, Brennesseln und am Wiesenrand die Robinien und Akazien. Sehr wirksam ist der Schutz durch kleine Nadeln aus oxalsaurem Kalk in den Blättern. Sie verursachen ein scharfes Brennen in Gaumen und Rachen, das selbst die Schnecken scheuen, und werden von den Narzissen und Hyazinthen, dem wilden und edlen Wein, dem Aronstab und der Scilla verwendet.

Saftsaugende Blattläuse und Blattwanzen, nektardurstige Ameisen, blatthungrige Heuschrecken werden hauptsächlich mit abwärtsgerichteten spitzen Haaren und Borsten vom Besuch abgehalten. Auch der Eingang zur Blüte wird durch Borstenverhaue und Haargitter verbaut, was vor allem die Kapuzinerkresse, die Nesselblättrige Glockenblume, der Fingerhut, die Bärentraube und der Bitterklee üben.

Zu schärferen Mitteln, besonders den sehr wendigen Ameisen gegenüber, greifen viele Steinbreche und Nelken sowie die Tabakpflanzen. Sie versehen Stengel und Blütenstiele mit klebrigen Drüsen, die jeden kühnen Kletterer, wenn er nicht sofort zurückweicht, bis zum qualvollen Erstickungstod festhalten. Das Leimkraut, die Pechnelke und der Giftlattich geben diesem erprobten Mittel eine fast heimtückische Note, indem sie ihre Klebedrüsen nicht offen vorzeigen. Der Klebsaft tritt erst dann hervor, wenn die Kletterfüße die sehr zarte und dünne Haut der Stiele ritzen. Der Leimausfluß wird um so heftiger, je mehr sich das Insekt der Blüte nähert, und ist knapp unter ihr am stärksten. Bei den Wolfsmilchgewächsen quillt aus den verletzten Stielen ein ätzender Milchsaft.

Harmlos dagegen ist wiederum der Einfall der Kardendistel, die durch die Anlage von Stengelblättern bei den Blattgabeln kleine Becken bildet, in denen sich das Regenwasser sammelt. Das den Stengel erkletternde Insekt sieht sich also plötzlich einem kleinen See, einem Wassergraben gegenüber, der seinen Vormarsch auf die Blüte abstoppt.

Frucht und Samenkorn

Hat die Blüte ihre Aufgabe erfüllt und ist die Befruchtung vollzogen, so fallen die Kronblätter ab, und es tritt der Fruchtknoten hervor, schwillt an und entwickelt sich zur Frucht. Eingebettet in der Frucht, die die Form einer Steinfrucht, Kernfrucht, Beere, Schote, Hülse, Kapsel oder harten Nußschale annehmen kann, liegen das Samenkorn oder mehrere Samenkörner. Und im Samen selbst wiederum schlummert der Pflanzenembryo, ausgerüstet mit Keimblatt- und Wurzelanlagen, mit dem ersten Sproßpunkt und umgeben von konzentrierten Nährstoffen. Er ruht im Samenkorn so wohlgeborgen und wohlversorgt wie der Vogelembryo im Ei. Wir könnten die Frucht mit dem nährenden Mutterkuchen vergleichen, in dem das Samenkorn heranreift. Der Reifeprozeß verkündet sich zumeist in einer Verdunklung des Samenkorns und in der Lösung vom Samenbett innerhalb der Frucht. In reifen Äpfeln oder Mohnkapseln können wir die reifen Samenkörner klappern hören.
Zugleich dient die Frucht noch vielen anderen Zwecken. Sie ist bei vielen Wasserpflanzen und bei der Kokosnuß ein Schwimmkörper, bei zahlreichen Wüstenpflanzen ein Wasserspeicher, bei allen Windblütlern ein Flugapparat, zumindest aber ein schalenartiger Schutz, der das Samenkorn vor Fäulnis wie vor zu großer Trockenheit bewahrt, wird bei Mohnpflanzen zur Streubüchse, bei Springkräutern zur Samenschleuder, bei Springgurken zur Samenkanone, bei Kletten zum Angelhaken, bei Storch- und Reiherschnäbeln zum Erdbohrer.
Vor allen Dingen aber ist die Frucht ein Lockmittel, um die Tiere zur Verbreitung der in ihr ruhenden Samenkörner anzuregen, winkt darum mit leuchtenden Farben und bietet süßen Saft und köstliches Fruchtfleisch, sobald die Samenkörner herangereift sind. Die Wanderung durch den Tierdarm schadet dem Samenkorn nicht, im Gegenteil, es findet hier die notwendige Feuchtigkeit und Wärme, die ihm nach dem Austritt ein rasches Keimen ermöglicht. Denn um keimen zu können, müssen sich im Samenkorn ganz bestimmte Stoffwechselvorgänge abgespielt haben, müssen Wärme und Feuchtigkeit das Keimen einleiten, muß das Samenkorn aufquellen können. Dann erst werden die Nahrungsvorräte, die die Pflanzenmutter dem Samenkind mitgegeben hat, abgebaut, gelöst und dem Pflanzenembryo zugeführt.

Das Samenkorn auf Wanderschaft

Es dient praktisch die ganze Welt dem wandernden Samenkorn. Das Wasser trägt es von Insel zu Insel, von Küste zu Küste, von den Bergen ins Tal. Die Winde wirbeln es weit über die Länder. Die Tiere tragen es in ihren Därmen und Fellen durch die Wälder und im Gefieder von Gewässer zu Gewässer. Fast alle Tiere werden in den

Dienst der Samenverbreitung eingespannt, von der Schnecke bis zur Ameise, vom Singvogel bis zum Menschenaffen. Und ebenso vielfältig wie die Hilfstruppen sind auch die Konstruktionen, die dem Samenkorn das Reisen ermöglichen.
Fichte und Kiefer, Esche und Ulme, Birke und Ahorn, Linde und Hainbuche heften ein oder zwei große häutige Flügel an das Samenkorn, die ihm als Propeller dienen. Pappeln und Weiden, Disteln und Wollgräser versehen es mit einem dichten seidigen Haarschopf, der es wie ein Luftschiff trägt. Nußbaum und Kastanie, Rotbuche und Platane bergen ihre Fallfrüchte in dicken, festen und harten Schalen. Ginster und Goldregen, Robinie und Linse, Erbse und Bohne erfanden die Schote, die sich krümmt, aufplatzt, mehrfach windet und die Samenkörner wie aus einem geölten und gedrehten Lauf abfeuert. Ähnlich halten es das Kleine und das Große Springkraut, deren Schotenblätter sich bei Berührung blitzschnell und spiralig zusammenrollen und die Samenkörner regelrechte Purzelbäume durch die Luft schießen lassen. Die erste Kanone der Welt erfand die Spring- oder Eselsgurke, deren grünstachlige Frucht sich bei der leisesten Berührung vom Stiel löst und aus der offenen Ansatzstelle Saft samt Samen wie aus einem Kanonenrohr schleudert. Sie verbindet damit zugleich die Erfindung der Herbstzeitlose, denn ihre schleimigen Samenkörner bleiben genauso im Fell der den Schuß auslösenden Tiere hängen wie sich die klebrigen Samen der Herbstzeitlose an die Hufe der Weidetiere heften.
Einen Schwimmgürtel in Gestalt eines sackförmigen schleimigen Mantels geben die See- und Teichrosen ihren Samenkörnern mit, damit sie nicht sofort und in nächster Nähe der Mutterpflanze niedersinken, sondern im Wasser dahintreiben können. Erst nach geraumer Zeit löst das Wasser den Schleimmantel auf, mit dessen Hilfe sich diese Samenkörner auch leicht an das Gefieder der Wasservögel hängen und so von einem Teich zum anderen gelangen können. Die Wassernuß dagegen bringt eine harte Steinfrucht hervor, die mit vier großen Ankerhaken versehen ist, damit sich das Samenkorn fest am Grund verhaften kann.
Die Korbblütler aber, wie der Löwenzahn und der Wiesenbocksbart, sind wieder mehr für die Luftfahrt und geben ihren Samenkörnern zarte Flug- und Schwebeschirme mit, die zugleich die schönsten Fallschirme sind, von denen sich das Samenkorn zu gegebener Zeit genauso wie der Fallschirmspringer zu lösen vermag.
Harpunen, die sich fest in die Felle der Tiere verhaken, sind den Samenkörnern der Kletten und Labkräuter angeheftet. Und zahlreiche Frühlingsblumen, wie das Schnee- und Märzglöckchen, das Veilchen und die Primel, backen ihren steinharten Samenkörnern ölige und fleischige Nährkörper an, die von den Ameisen eifrig gesammelt und dabei samt den Samen weithin verschleppt werden. Die Erdbeere aber, die auf die Schneckenpost reflektiert, wandelte die großartige Erfindung der Samenbeere ab und birgt ihre Samenkörner deshalb nicht in der Beere, sondern bettet sie in Form kleiner Nüßchen außen auf das Fruchtfleisch.

Lebensgesetze im Tierreich

Unbesiegbar ist der Lebenswille, mit dem sich die Tiere den schwierigsten Daseinsbedingungen anzupassen wissen und sich über alle Erdkatastrophen hinweg zu erhalten vermochten. Sehr große Rätsel treten uns in den ihnen wohl von Anfang an mitgegebenen, ihnen tief eingewurzelten sogenannten Instinkten entgegen, die ihr Leben in ebenso großartiger wie einfachster und sinnvollster Weise weitgehend bestimmen und beherrschen. Hier offenbart sich uns ein Erfahrungsschatz von derartigen Ausmaßen, hier tritt uns ein vorausschauendes Wissen von solchem Umfang vor Augen, daß es uns bis heute noch schwerfällt, dafür eine nüchterne, naturwissenschaftliche Erklärung zu finden.

Möglichkeiten der Tarnung

Dem Schutz des Lebens, das bei den frei lebenden Tieren zu jeder Tag- und Nachtstunde gefährdet ist, dienen viele von Individuum zu Individuum vererbte Verhaltensweisen, die das Tier im richtigen Augenblick die richtigen Maßnahmen ergreifen lassen. Diese sind oft so verblüffend klug und listig, daß sie wie vom Verstand erdacht erscheinen können. Und doch gehören diese Verhaltensweisen zu den rein naturhaften und vererbten Eigenschaften, die es der betreffenden Tiergattung ermöglichen, auch in einer feindlichen Umwelt bestehen zu können.

Das Erstarren und Verharren

Das Erstarren der Tiere in einer ganz bestimmten Tarnhaltung ist eine weitverbreitete Überlebenslist. Es scheint, als wüßten die Tiere, daß es viel schwerer ist, eine unbeweglich verharrende als eine sich bewegende Gestalt auszumachen, besonders dann, wenn die Tönung des Federkleides, des Pelzes oder der Haut der Farbe der Umwelt nur halbwegs gleicht. Ob Rotwild oder Schwarzwild, Raubkatze oder Wolf, Marder oder Nagetiere, Rohrdommel oder Reiher, sie alle stürmen beim Erkennen der Gefahr nicht blindlings davon, sondern verharren wie angewurzelt und warten das weitere Verhalten der verdächtigen Erscheinung ab. Wildkatzen ducken sich nieder, Marder werden zu einem kleinen Pfahl, und auch viele Nagetiere richten sich auf. Dabei scheint die Lebenserfahrung diesen angeborenen Instinkt zu unterstüt-

zen. Denn je gewitzter das Tier ist, um so mehr vertraut es dieser Tarnlist. Selbst der Lärm der dicht vorübergehenden Treiber kann dann das Wildschwein oder den Fuchs nicht aufscheuchen. Hasen und auch die Wald- und Feldhühner lassen sich fast auf den Schwanz treten, ehe sie an Flucht denken. Dann aber überraschen und erschrecken sie den Verfolger durch ihr plötzliches Aufspringen und unerwartetes Aufpurren so sehr, daß sie meistens mit heiler Haut davonkommen.
Zweifellos als eine rein instinktive Handlung ist das ganz ähnliche Verhalten der Spannerraupen zu bewerten, die sich den ganzen Tag über steif und starr in die Luft strecken und täuschend einem Zweig gleichen. Genauso, wie es die Nachtfalter nie versäumen, in der Ruhe die schlichten dunklen Oberflügel über die in prachtvollen Farben aufleuchtenden Hinterflügel zu decken oder die Tagschmetterlinge gewöhnlich ihre Flügel so zusammenklappen, daß die hellfarbigen Oberseiten nicht mehr zu sehen sind.
Das Erstarren, das Sichversteifen, das den Toten-Mann-Spielen, das Sich-fallen-Lassen und das Unbeweglich-Liegenbleiben wurde den meisten Insekten als wirksame Tarnlist für den Lebenskampf mitgegeben. Das Marienkäferchen hat uns diese Künste schon in unserer Jugend vorgeführt. Und unsere Holz- und Klopfkäfer treiben dieses Spiel so weit, daß sie deswegen den Namen »Trotzköpfe« zugesprochen bekamen. Wir können mit diesen kleinen Schauspielern anstellen, was wir wollen, sie bleiben stur dabei, sich wie tot und ohne jedes Leben zu stellen.

Die Schutzfarbe

Geradezu wunderbar ist es oft, wie sehr Gestalt und Farbe des Tieres diese angeborenen Tarnkünste unterstützen. In allen Einzelheiten gleicht die Birkenspannerraupe einem geschuppten Zweig, trägt wunderliche Knospenhöcker auf dem Rücken und wechselt die Farbe ihrer Haut je nach der Futterpflanze, ist also auf der Kiefer bräunlich, auf der Birke gelblich und auf der Weide grünlichgrau. Die Kupferglucke, ein bräunlicher Nachtfalter, legt die Vorderflügel dachförmig zusammen, läßt aber unter diesem Dach die gezackten Hinterflügelränder so weit hervorschauen, daß sie täuschend einem gezähnten Blatt gleicht. Andere Falter setzen sich kopfunter an den Stamm, um so das gewohnte Bild eines ruhenden Schmetterlings zu verwischen. Die Ornamente, die Linien und Flecken ihrer Flügel sind den jeweiligen Baumrinden so ähnlich, daß wir wahrhaftig mit der Nase auf diese Insekten stoßen können und sie doch nicht erspähen.
Die Schutzfarbe unterstützt also den instinktiv veranstalteten Mummenschanz dieser tierischen Schauspieler, sie ist ihr Maskenkostüm, ist das praktische Tarnhemd.
In einem solchen Tarnhemd bergen sich die dunklen Krebse im dunklen Schlamm-

grund, die grünen Laubfrösche im grünen Busch und Baum, die schwarzen Kreuzottern im düsteren Moor, die sandfarbenen Schollen auf dem sandigen Gewässergrund, die bräunliche Feldlerche auf der bräunlichen Ackerscholle, der weiße Schneehase auf der beschneiten Berghalde.

Der Schneehase und das Schneehuhn gehören übrigens zu den besonders bevorzugten Tieren, die ihr Tarnkleid je nach der Jahreszeit zu wechseln vermögen. Im Winter ist es schneeweiß, im Frühjahr, wenn die Hänge ausapern, ist es gescheckt, und im Sommer braun bzw. rostfarben. Auch das Hermelin bekommt im Winter einen weißen Tarnkittel. Unsere Gras- und Laubfrösche aber wetteifern mit dem berühmten Chamäleon und können ihre Hautfarbe der jeweiligen Unterlage anpassen.

Verblüffend ist vor allen Dingen, wie die Schutzfarbe nicht nur der Grundfarbe des Lebensraumes ähnelt, sondern noch durch viele kleine Kunstkniffe der Natur zu einer vollkommenen Tarnkappe wird. Die Augen, Monde und Striche auf den Flügeln der Nachtschwalbe, die farbigen Ornamente und Warzen auf dem Rücken der Knoblauchkröte, die weißen Tupfen im Fell der jungen Rehe und die hellen Streifen im Jugendkleid der Wildschweine verwischen die Umrisse der Tiergestalt so trefflich, daß sie in ihrer Umwelt wie in einem Vexierbild verborgen ist. Vor allem die Jungtiere werden durch einen solchen »Tarnanstrich« wesentlich geschützt. Gescheckt und fleckig sind die Küken der Bodenbrüter und meist so struwwelig, daß sie eher für ein Grasbüschel als für einen Jungvogel gehalten werden. Ein Tarnkleid ist übrigens auch die vorwiegend schlichte Färbung der Vogelweibchen.

Künstliche Tarnkleider

Diejenigen Tiere aber, die bei der Verteilung der Schutzfarben gleichsam zu kurz kamen, begabte die Natur mit der Fähigkeit, sich selbst ein Schutzwams anzufertigen. Als wahre Künstler dieser Art erweisen sich die Larven der Köcherfliegen, die sich aus zerstückelten Binsenhalmen, Blättern, Rinden sowie aus Sandkörnchen und winzigen Muschelschalen eine körperlange Hülse zusammenpappen, aus der sie nur mit dem Kopfe lugen. Die gleiche Kunst beherrschen etliche Zünslerraupen. Sie schwimmen in ihren Röhren wie in kleinen Kähnen über das Wasser. Die Raupen kleiner Motten, der sogenannten Sackspinner, leimen sich aus Fichtennadeln, Stengelstückchen, Erdkrümchen oder Sandkörnern einen tütenartigen Sack. Die Raupen der Spinner hüllen sich in ein dichtes Gemeinschaftsgespinst, unter dem sie ihrem Fraß nachgehen.

Ein ganz anderer Instinkteinfall ist bei der Larve der Landjungfer, einer schlichten Florfliege, verwirklicht. Um ungestört ihrem nützlichen Handwerk, dem Abschlachten der Blattläuse nachgehen zu können, sammelt sie, wie ehemals die Indianer, die Skalpe ihrer Opfer und wirft sich die ausgesaugten Bälge auf den Rücken. Ähnlich hält es die Larve der in staubigen Winkeln unsauberer Häuser hausenden Kotwanze, die unter einem Wust von gesammelten Staubfuseln dahinläuft. Und noch origineller ist der Tarntrick der Schaumzikadenlarve, die sich aus ihrem Kot und einer Drüsenabsonderung eine Art von Seifenschaum erzeugt, in dem sie tief verborgen sitzt. Ihr einzigartiges Schutzkleid ist unter dem Namen »Kuckucksspeichel« bekannt.

Übertroffen aber werden alle diese kleinen Tarnkünstler von den Tiermüttern. Fast alle Vogelnester sind mit den Moosen, Blättern und Halmen der unmittelbaren Nestumgebung getarnt. Mit einem Sandverputz verdecken die Wildbienen und Pillenwespen ihre kunstvoll getöpferten Brutkrüge. Ein Zelt aus Fichten- oder Kiefernnadeln stellt die Zweifarbige Mauerbiene über das leere Schneckenhaus, in das sie ihre Zellen baute. Mit Haaren und Schuppen ihres Leibes bedecken etliche Schmetterlinge ihre Eier oder überziehen sie mit einer festen Kittmasse. Viele Käfer drehen für ihre Larvenkinder die schönsten Tüten, wickeln Blattzigarren, spinnen schwimmende Eierkähne. Kurz, wohin wir auch schauen, der Tarninstinkt beherrscht das ganze bunte Bild der Tierwelt.

Warnhaltungen statt Tarnhaltungen

Andere Tiergruppen verlegen sich aufs Bluffen, aufs Angeben, auf das drohende den Starken-Mann-Spielen, schrecken mit absonderlichen Gebärden und Lauten, mit grellen Farben, und erreichen damit vielfach die Abwehr hartnäckiger Gegner.

Buchstäblich aufgeblasene Gernegroße sind die Erdkröten. Fühlen sie sich bedroht, so erheben sie sich auf ihre lang ausgestreckten Beine, blasen sich voll Luft und erscheinen so als zwei- bis dreimal größere Froschungeheuer. Dieses Aufblasen und Aufrichten üben auch viele Schlangen, und sie unterstreichen diese Drohgeste noch durch lautes Zischen. Genauso halten es die Eulen und Käuze, die sich durch das Wölben und Fächern der Flügel vergrößern und dabei ein heiseres Fauchen und Schnabelgeknacke hören lassen.

Angeber im wahrsten Sinne des Wortes sind viele Raupen. So richtet sich die abenteuerlich gestaltete und grotesk gezeichnete Raupe des Großen Gabelschwanzes steil auf, zieht den Kopf und die Brust so tief ein, daß ihr Vorderkörper zu einer tollen Schreckmaske wird, spritzt dem Feind aus einer Spalte unter dem Mund eine ätzende Flüssigkeit entgegen und läßt aus ihren Hinterleibsgabeln jäh zwei brennendrote Fäden züngeln. Noch schauerlicher und furchterregender gebärdet sich die Raupe des Buchenspinners, die hochaufgerichtet mit ihren langen Spinnenbeinen um sich fuchtelt, geifernd die Schwanzgabel über den Rücken schnellt und wild um sich beißt.

Aber nicht nur das abschreckende Verhalten warnt die Feinde dieser listenreichen Angeber. Auch ihre oft schreienden Farben schüchtern die Verfolger ein. Die Wirkung wird gewöhnlich noch dadurch erhöht, daß es die Tiere verstehen, diese grellen Farben überraschend zu präsentieren. So wirft sich die oberseits grauschwarze oder graubraune Rotbauchunke in der Bedrängnis plötzlich auf den Rücken und erschreckt ihre Verfolger durch das unerwartete Aufleuchten ihrer mit mennigroten Flecken und weißen Tüpfeln bedeckten Bauchseite, ebenso verhält sich die Gelbbauchunke. Bedrohte Nachtfalter schrecken mit den starken Farben ihrer Hinterflügel. Ausgesprochene Warnfarben sind auch die schwarzgelben Zeichnungen der Bienen, Wespen, Hummeln und Hornissen sowie die blauroten Hinterleiber etlicher Schlupf- und Sandwespen.

Die Nachahmung wehrhafter Tiere

Der Trumpf aller Tarn- und Warntricks aber ist die Nachahmung gefürchteter, wehrhafter, stechender oder giftiger Tiere. Harmlose Schmetterlinge und Fliegen nehmen die Gestalt und das Wesen von Hornissen, Hummeln, Bienen und Wespen an und werden deshalb nicht nur von uns Menschen, sondern auch von ihren Vogelfeinden gemieden. Der bekannteste dieser Nachahmer ist wohl der Hornissenschwärmer aus der Familie der Holzbohrer, ein Schmetterling also. Seine Ähnlichkeit mit einer stattlichen Hornisse ist wirklich täuschend, und den summenden Drohton läßt er fast noch vernehmlicher hören als die Hornisse selbst.

Der Bautrieb

Alle tierischen Baukünstler sind vom Himmel gefallene Meister mit angeborenen vollkommenen Fähigkeiten und Fertigkeiten, mit fest vererbten und fast unverrückbaren Bauplänen, denen auch noch die entsprechenden Handwerkszeuge und nicht selten sogar körpereigene Baustoffe mit auf den Weg gegeben werden. Sie brauchen nicht in die Lehre zu gehen, nicht lange zu planen, vermögen auch nicht, ihr Können wesentlich zu steigern oder irgendwie nach Lust und Liebe abzuwandeln. Selbst der Zeitpunkt des Baubeginns liegt nicht in ihrem Ermessen, sondern wird weitgehend von Instinkten bestimmt. Zumeist werden die angeborenen Baufähigkeiten und die überlieferten Baupläne erst dann in ihnen geweckt, wenn es gilt, dem erwarteten Nachwuchs eine sichere Bleibe zu schaffen.

Das Nest einer jungen Rauchschwalbe, die zum erstenmal brütet, unterscheidet sich nicht vom Nest einer zehnjährigen Schwalbe, die gleichsam schon geübt sein sollte. Wie selbstverständlich klaubt das junge Weibchen fette Schlammerde in kleinen Klümpchen auf, verwendet ihren Speichel und Strohhalme als Bindemittel, formt den Baustoff sachkundig zum Viertel einer Hohlkugel und polstert die Mulde weich und warm. Niemals aber vermöchte sie das einfache Nest eines Sperlings zu bauen oder die Kinderwiege eines Teichrohrsängers oder die Nisthöhle einer Uferschwalbe zu schaffen. Nicht einmal das Nest ihrer nahen Verwandten, der Mehlschwalbe, vermag die Rauchschwalbe zu kopieren. Sie vermag es genausowenig, wie die Hausspinne das Radnetz der Kreuzspinne, wie die Honigbiene die Wabe einer Wespe, wie der Gelbrandkäfer den Eierkahn des Kolbenwasserkäfers, wie der Hamster die Burg des Maulwurfs, wie der Fuchs den Bau des Bibers nachahmen oder nur halbwegs kopieren kann.

Die tierischen Baumeister können also gar nicht anders bauen, können den vererbten Bauplan nicht abwandeln, der gleich einem ehernen Gesetz in ihnen lebt. Und ganz besonders die ihnen mitgegebenen Werkzeuge, wie zum Beispiel die Schaufelbeine der Maulwurfsgrille, die Spinndrüsen der Schmetterlingsraupen und Spinnen, die Mistharken, Bohrer, Sägen und Zangenscheren der Käfer beweisen uns, daß die Tiere ihre Baukünste in die Wiege gelegt bekommen.

Mit anderen Worten: die Mistkäfer sind geborene Erdarbeiter, die Pillenwespen geborene Töpfer, die Mohnbienen geborene Tapezierer, die Wespen geborene Papierhersteller, die Schwalben geborene Maurer, die Pirole geborene Weber, die Spechte geborene Zimmerleute usw., man könnte diese Aufzählung beliebig lange fortsetzen.

Tiermutter und Tierkind: die Brutpflege

Zweifellos bezieht die Tiermutter die uns oft rührend erscheinende Fürsorglichkeit wie auch die große Vorsicht und die erstaunliche Vorausschau ebenfalls aus einer Quelle, die keine freie Entscheidung zuläßt, sondern sie zwingt, so und nicht anders zu handeln. Denn anders sind die wahrhaft wunderbaren und bis ins letzte durchdachten, äußerst sinn- und zweckvollen Handlungen und Verhaltensweisen selbst des niedersten Tieres auf dem Gebiet der Brutpflege wohl nicht zu deuten und zu verstehen.

Wir können uns beim besten Willen nicht vorstellen, daß die Insektenmutter bewußt weiß, wie viele gelähmte Raupen, wieviel zusammengeharkten Dung, wieviel gesammelten Pollen und Nektar ihre Larve zu ihrer Entwicklung benötigt, welche Kost ihr zuträglich ist, ob sie Fleisch- oder Pflanzennahrung braucht. In den meisten

Fällen stirbt ja das Insektenweibchen, ehe die Larven aus den Eiern schlüpfen, lernt seinen Nachwuchs gar nicht kennen, kann also auch keine Erfahrungen über dessen Bedürfnisse sammeln. An die eigene Jugend, d. h. an seinen Larvenzustand, vermag es sich bestimmt ebensowenig wie wir an den Geschmack der Muttermilch zu erinnern. Dennoch handelt die Tiermutter so »wissend« und so »vorausschauend«, als ob sie über alle diese Kenntnisse verfügen würde, fertigt Brutzellen und Brutöfen, nagt Brutnischen, gräbt Bruthöhlen, schafft die Nahrungsvorräte herbei oder legt die Eier an die Futterpflanze bzw. den zukünftigen Futterplatz, und »bedenkt« sogar, daß ihre Larven oft andere Nährstoffe als sie selbst benötigen.
Zugleich übernehmen die Tiermütter auch den Schutz ihres Eierhortes und ihrer Brut, ganz gleich, ob es sich nun um Krebse oder Fische, Frösche oder Kröten, Schlangen oder Insekten, Vögel oder Säuger handelt. Nur in wenigen Fällen werden sie von den Männchen dabei wesentlich unterstützt. In den allermeisten Tierfamilien glänzen die Väter durch Abwesenheit und beteiligen sich überhaupt nicht an der Aufzucht der Jungen. Schon die Last des Bauens liegt vorwiegend auf den Schultern der Weibchen, weiterhin die Herbeischaffung des Futtervorrates, das anstrengende Brutgeschäft selbst sowie die Fütterung der Jungen. Und die Tiermütter wachsen unter diesen Aufgaben in einem solchen Maße über sich selbst hinaus, daß sie schlagartig nicht nur alle Baukünste beherrschen, nicht nur einen hellseherischen Einblick in zukünftige Notwendigkeiten bekommen, nicht nur zahlreiche hygienische Voraussetzungen erfüllen, nicht nur ihr ganzes Sein und Selbst hintanstellen und ihr Leben unbedenklich opfern, sondern sich auch noch in ihrem ganzen Wesen verwandeln. Sie verlieren ihre angeborene Scheu und Vorsicht, werden dreist und mutig, verlieren ihre Freßlust und werden zu Fastenkünstlern. Harmlose Nektarnäscher, wie es z. B. die Weg- und Grabwespen sind, verwandeln sich in Jäger und Wegelagerer, die auf einmal Raupen und Spinnen, Käfer und Heuschrecken überfallen, mit Giftstichen lähmen und in ihre Bruthöhlen einmauern. Alle diese wunderbaren Fähigkeiten und Fertigkeiten, alle die erstaunlichen Fürsorge- und Schutztriebe aber erlöschen ebenso schlagartig, sobald die Jungen der Mutter nicht mehr bedürfen. In vielen Fällen schlägt die Liebe sogar sehr jäh in Feindschaft um, werden die Kinder, wenn sie nicht schleunigst das Weite suchen, wütend angegriffen, vertrieben oder glattweg aufgefressen. Der Bruttrieb erlischt fast immer und selbst bei den meisten Vögeln und Säugern mit dem Flüggewerden der Nachkommenschaft. Nur kurz ist die Zeit, in der Alttiere und Jungtiere so etwas wie eine Familie bilden.

Der Vogelzug

Haben die Vögel ihre Jungen aufgezogen und ihr Federkleid erneuert, bleiben nur wenige ihrem Brutraum treu. Die meisten streichen in größeren oder kleineren Trupps weit im Lande umher oder aber sie ziehen in wärmere westliche und südliche Länder, um dort den Winter zu verbringen. Wir unterscheiden deshalb sogenannte Standvögel, Teilzieher oder Strichvögel und Zugvögel. Und schon immer hat gerade der Vogelzug den Naturforscher beschäftigt, versuchte er, die damit verbundenen Rätsel zu lösen. Wohin unsere Zugvögel fliegen und welche oft unwahrscheinlich großen Leistungen sie dabei vollbringen, das konnte durch die Beringung in den allermeisten Fällen geklärt werden. Wir kennen heute die Winterquartiere unserer Zugvögel, wissen auch, wann sie aufbrechen und wann sie wieder zurückkehren, welchen Weg sie einschlagen, welche Strecke sie täglich auf dem Hinflug und auf dem Rückflug bewältigen, wieviel Kilometer sie in der Stunde zurücklegen, wie hoch sie fliegen, ob sie Tag- oder Nachtflieger sind, ob sie einzeln, truppweise oder in großen Scharen aufbrechen und wiederkommen, und können uns auch so ungefähr vorstellen, wie sie sich wohl orientieren. Verallgemeinernd können wir diesbezüglich festhalten:

Die Zugzeiten. Die Zugvögel, die bereits im Februar/März bei uns eintreffen – wie z.B. Star, Kiebitz, Feldlerche, Buchfink und Rotkehlchen –, verlassen uns zuletzt, also erst im Oktober/November. Wohingegen die spät eintreffenden Zugvögel, die nicht vor Ende April/Anfang Mai ankommen – wie z.B. Pirol, Kuckuck, Mauersegler, Waldlaubsänger, Nachtschwalbe –, schon Ende August/Anfang September wieder ziehen. Sie verbringen bei uns gleichsam nur eine Sommerfrische und haben zum Teil nicht einmal Zeit, sich zu mausern.

Der Zugweg ist zweifellos vererbungsgemäß festgelegt, so daß wir in vielen Fällen geradezu von Zugstraßen reden können, die sich sehr oft mit den Einzugsstraßen des Frühlings dekken. Diese Straßen sind meist viele Kilometer breit, verengen sich aber über den Gebirgen und an den Küsten beträchtlich, da hier naturgemäß die günstigsten Pässe bevorzugt werden.

Winterquartiere. Als westliche und südliche Winterquartiere kommen England, Irland, Belgien, Holland, Frankreich, Spanien, Portugal, Italien, Griechenland, Nord-, Mittel- und Südafrika in Frage, also vorwiegend Länder an den warmen Küsten des Atlantischen Ozeans und des Mittelmeeres.

Die Reisegeschwindigkeit wechselt sehr, besonders aber das Tempo auf dem Hinflug und auf dem Rückflug. Im Herbst nehmen sich die Vögel viel Zeit, bummeln gleichsam süd- und westwärts, verweilen überall dort, wo es sich noch gut leben läßt. Auf dem Rückflug dagegen werden sie vom erwachten Paarungstrieb vorwärts gejagt und legen dieselbe Strecke in weniger als der Hälfte der Zeit zurück. So braucht der Weißstorch zur Reise nach Südafrika rund 80 Tage und zum Rückflug nach Deutschland knapp 25 Tage.

Auch die Fluggeschwindigkeit an sich, also die Flugleistung pro Stunde, ist längst nicht so hoch, wie oft noch angenommen wird. Selbst vorzügliche Flieger wie die Sperber legen im Durchschnitt nicht mehr als 41–42 km in der Stunde zurück, die Möwen und Krähen bringen es auf rund 50 km/h, die Finken und Rotkehlchen auf 52–53 km/h, die Kreuzschnäbel und Wanderfalken auf etwa 60 km/h, die Stare auf 74 km/h, die Krickente kommt als die Spitzenfliegerin auf 119 km/h.

Die Höhe, in der die Vögel ziehen, bestimmt weitgehend die jeweilige Wolkendecke, die selten überflogen wird, liegt im Durchschnitt zwischen 300–400 m und nur ganz ausnahmsweise über 1000 m.

Die Flugordnung kennt alle Formen. So ziehen die Kraniche, Wildgänse und Brachvögel in streng eingehaltener Keilform, die Störche schwadronsweise, die Stare und Finken in wolkenartigen Schwärmen, die Schwalben und Segler in Scharen, die Schwäne und die meisten Enten in schrägen Ketten ohne Winkelbildung, die Raubvögel, Rohrdommeln, Rallen, Wiedehopfe, Kuckucke, Gartenrotschwänze und Nachtigallen aber immer einzeln. Oft auch vergesellschaften sich die Schwärme der einzelnen Arten zu gewaltigen Heerhaufen, wie wir es besonders bei den Nebelkrähen, Saatkrähen, Dohlen und Staren sowie bei den Feldlerchen, Buchfinken, Rotkehlchen und Bachstelzen beobachten können. Oft ziehen die Alten von den Jungen und die Männchen von den Weibchen getrennt, wie das vor allem vom Kuckuck und Buchfink bekannt ist.

Die Flugzeit verteilt sich auf sämtliche Tag- und Nachtstunden. Nachtflieger sind zumeist die Vögel, die viele Stunden benötigen, um den Lebensmotor genügend speisen zu können. Diese Nachtwanderer – wie z. B. die Wendehälse, Rotschwänzchen, Grasmücken, Nachtigallen, wie überhaupt fast alle Erdsänger, die Rohrsänger, Rallen, Taucher, Schnepfen und Reiher – brechen in der Abenddämmerung auf und landen beim Morgengrauen. Die Tagwanderer dagegen – wie z. B. Kranich, Storch, Wildgans, Wachtel, alle Raubvögel, Finken, Segler und Schwalben – erheben sich unmittelbar nach Sonnenaufgang, fliegen bis gegen Mittag, futtern bis gegen Abend, ruhen in der Nacht. Im Durchschnitt sind also fast alle Zugvögel nur 6–8 Stunden täglich in der Luft.

Die Orientierung während des Fluges erfolgt zweifellos weitgehend mit Hilfe des Gesichtes, denn der Zugvogel fliegt um so niedriger, je schlechter die Sicht ist. Er wird sich also an Landmarken, Flüsse, Ströme, Gebirgszüge halten.
Zugleich vermögen sich die Zugvögel sicherlich auch noch nach dem Sonnenstand zu richten, wobei ihnen ihr hervorragendes Zeitgefühl hilft, sich wunderbar zurechtzufinden.
Ist die Sonne nicht sichtbar, so dient ihnen das polarisierte blaue Himmelslicht als Richtungsweiser. Nachts ziehende Zugvögel orientieren sich nach den Sternbildern.
Erst in jüngster Zeit wurde mitten im Vogelgehirn ein kleiner Magneteisenkörper gefunden. Die Vögel besitzen also offenbar einen körpereigenen eingebauten Kompaß, mit dessen Hilfe sie sich im Magnetfeld der Erde orientieren können. Dadurch ist auch endlich geklärt, wieso Radiosender, Richtstrahler, Radargeräte und ähnliche Apparaturen die Orientierung der Vögel stören und beeinflussen können.

Ursache des Vogelzuges ist wahrscheinlich der Nahrungsmangel, dem besonders Insektenfresser während des Winters ausgesetzt wären. Die Kälte allein ist es bestimmt nicht, die sie forttreibt, denn der widerstehen ja zahlreiche kleine und zarte Standvögel. Außerdem ist zu bedenken, daß zahlreiche Vögel einen langen, mindestens 16 Stunden währenden Tag benötigen, um sich ausreichend sättigen zu können. Für diese wäre der Wintertag, ganz abgesehen von der Kälte und dem Nahrungsmangel, dann einfach zu kurz.

Rätselhafter Wandertrieb

So weitgehend der Vogelzug erforscht ist, so rätselhaft und verschleiert blieb uns der Wandertrieb anderer Tiere. Vergeblich versuchen wir uns zu erklären, warum auch die Fledermäuse regelmäßige Herbst- und Frühjahrszüge unternehmen, von ihren nördlichen und östlichen Jagdgebieten nach Süden und Westen ausweichen, dabei Strecken bis zu 750 km überwinden, um sich schließlich in großen Höhlen gemeinschaftlich zum Winterschlaf aufzuhängen. Vielleicht folgen sie noch einem uralten Trieb aus der Zeit, da sie noch keine Winterschläfer waren und sich südwärts wandten, um den Härten des Winters auszuweichen und ergiebigere Nahrungsgründe aufzusuchen.

Rätselhaft ist auch der Wandertrieb der Schmetterlinge, unter denen vor allem der Kohlweißling, der Distelfalter, der Admiral, die Gammaeule, der Totenkopf, der Oleanderschwärmer, die Nonne, der Postillion oder die Goldene Acht immer wieder aus dem Mittelmeerraum nach Norden vorstoßen, die weite Wasserfläche und den Alpenwall überfliegen und bis nach Skandinavien und Island vordringen. Umgekehrt fliegen sie im Hochsommer und Frühherbst aber auch wieder gen Süden. Es wurden schon wandernde Schmetterlingsheere von Millionen und aber Millionen Tieren beobachtet, die in wimmelnden Wolken von 25 km Breite flogen. Andere wieder, wie z.B. der Kohlweißling und der Postillion, kennen auch den sogenannten Kettenwanderzug, in dem ein Tier nach dem anderen in kurzem Abstand voneinander dahinzieht, alle zusammen wie an einem unsichtbaren Faden aufgereiht sind und wie auf einer schmalen Luftstraße wandern. Etliche dieser Wanderer, wie der Totenkopf und der Oleanderschwärmer, vermögen im nördlichen Raum weder als Falter noch als Puppe, Raupe oder Ei zu bestehen, gehen also regelmäßig wieder zugrunde. Dem Distelfalter und wahrscheinlich auch dem Kohlweißling dagegen gelingt der Rückflug in den Süden. Vielleicht ist auch in den Schmetterlingen noch ein uralter Trieb lebendig, der in sie gepflanzt wurde, als große Klimaschwankungen diese Wanderungen notwendig machten und auch viele andere Insekten ähnliche Züge unternahmen. Denn nicht selten schließen sich den wandernden Schmetterlingen große Libellenschwärme an und stoßen bis zur Nordsee vor.

Häufig begeben sich auch die Raupen einzelner Schmetterlinge auf die Wanderschaft, ziehen in Massen und sehr zielstrebig neuen Futterplätzen zu. Bei ihnen ist

zweifellos der Nahrungsmangel die Triebfeder. Das dürfen wir zugleich von den wandernden Heuschrecken annehmen, die in früheren Jahrhunderten oft bis nach Mitteleuropa vorstießen.
Neue Lebensräume wollen sich ebenfalls die wandernden Wolfs- und Krabbenspinnen sichern, die sich im Spätsommer ein Luftschiff spinnen und damit weit über die Länder und Meere segeln.
Die seltsamsten Wanderer aber sind wohl die Larven der nur 4 mm messenden schwarzen Heerwurmtrauermücke, die ihre Eier in kleinen Häufchen in das modernde Bodenlaub unserer Wälder legt. Die Eier überwintern, und die ausschlüpfenden Larven ernähren sich von verwesenden Pflanzenstoffen. In der Regel verpuppen sie sich auch unter dem Laub, ohne das Dunkel vorher zu verlassen. Nur manchmal rotten sich die schleimigen Larven zu meterlangen Zügen, werden zu einer grauen Riesenschlange, die ungefähr eine Hand breit ist, und kriechen im gleichen Takt durch den Wald, bis sie irgendwo der Waldboden wieder verschluckt.
Ebenso unregelmäßig ist die geheimnisvolle herbstliche Wanderung der Feuersalamander, die sich in manchen Jahren zusammenfinden, in kleineren Haufen von 20–60 Stück dahinziehen und schließlich in einer unterirdischen Höhle oder Felsenspalte verschwinden, um sich zum gemeinsamen Winterschlaf dicht aneinanderzuschmiegen.

Der Winterschlaf

Wie die Zugvögel durch die Wanderung in wärmere Länder werden zahlreiche Tiere durch das Geschenk des Winterschlafes allen Qualen des Hungers, den Sorgen um das tägliche Brot und der gesteigerten Lebensnot enthoben. Der Winterschlaf trägt ihr Leben über die schwere und nahrungsarme Zeit hinweg. Rechtzeitig erreicht sie das Signal, der Anruf, sich nach geeigneten Schlupfwinkeln umzusehen oder vorhandene zu diesem Zweck auszubauen, die Winterquartiere warm zu polstern und gegebenenfalls mit genügend Vorräten für eventuelle Schlafpausen zu versehen.
Im August/September schon schlüpfen die Raupen des Steinbrechwidderchens unter die Erde, verstecken sich die überwinternden Schmetterlinge, verlassen die Murmeltiere die Hochkare, um am Saum der Hochwälder zu heuen, tragen die Hamster und Ziesel, die Eichhörnchen und Bilche fleißig Vorräte zusammen, begeben sich die Fledermäuse auf die Wanderschaft. Sie handeln, als ob sie um den dunklen Schlafweg durch den Winter wüßten, und zwar schon lange vorher und noch ehe sie der Mangel an Nahrung oder der Frost daran erinnern könnten.
Bald darauf kümmert sich der Igel um eine warme Bleibe, suchen die Erd- und die

Kreuzkröte ihre warmgepolsterten Erdhöhlen auf, gehen die Feuersalamander auf die Wanderschaft, finden sich die Kreuzottern unter Baumstümpfen zusammen, verschwinden die Eidechsen, Blindschleichen und Ringelnattern, ziehen sich die Raupen des Baumweißlings in zusammengedrehte Blattnester zurück, stellen sich in unseren Kellern die überwinternden Mückenweibchen, in unseren Veranden die Florfliegen und Marienkäferchen ein, verlassen die jungen Wespen- und Hummelweibchen die aussterbenden unterirdischen Reiche, räumen die Waldameisen die luftigen Gemächer im hochaufgestapelten Nadelhaufen und verschließen sorgfältig die Eingänge zu ihrer Burg, wandern die Laub- und Grasfrösche zu den stillen Gewässern, um sich dort im Schlammgrund zu bergen, verkriechen sich die Nacktschnecken unter die Erde, deckeln die Weinbergschnecken ihre Gehäuse zu.
Meist noch vor dem ersten Frost und Schneefall verrammeln Igel, Hamster, Murmeltier, Ziesel und Bilch den Einschlupf zur Höhle, schlagen die Fledermäuse ihre Flughäute gleich einem Mantel um sich, kriechen die Honigbienen zu einer großen Wintertraube zusammen. Als die letzten treten Wasserratte, Dachs und Bär ab, wühlen sich die friedlichen Fische in den Schlamm, bergen sich die Eichhörnchen im warmen Kobel. Etliche unserer Winterschläfer, wie z.B. das Eichhörnchen, der Dachs, der Bär und die Honigbiene, schlafen nicht tief und bewußtlos, sondern ruhen und dösen eigentlich nur. Dachs und Bär zehren vom eigenen Fett. Das in den luftigen Wipfeln immer wieder vom Frost wachgebissene Eichhörnchen erwärmt und stärkt sich an seinen Vorräten, und ebenso halten es die Bienen. Alle vier können wir während schöner und warmer Wintertage zu Gesicht bekommen.
Überhaupt dürfen wir uns nicht vorstellen, daß die größeren, vor allem die zu den Säugern gehörenden Winterschläfer nun etwa vier, fünf, sechs oder sieben Monate pausenlos durchschlafen. Das trifft weder für die Fledermäuse noch für die Hamster und Murmeltiere, weder für den Igel noch für die Bilche zu, die im Grunde zu den Tief- und Langschläfern zählen. Wohl sinkt ihre Körpertemperatur wesentlich ab, wohl erreichen sie allmählich den Zustand gänzlicher Bewußtlosigkeit und fallen zuletzt in einen scheintodhaften Zustand, wohl schlägt ihre Lebensuhr dann so schwach und langsam, daß sie pro Minute nur noch 4 Atemzüge machen. Dennoch erwachen sie immer wieder einmal – der Hamster z.B. alle 3–4, die Bilche alle 8 Wochen –, lösen sich, finden traumbefangen zu ihren Vorräten, futtern sich warm und legen sich wieder aufs Ohr. Allein der Igel scheint ein Dauerschläfer zu sein, der nur dann aufwacht, wenn die Kälte zu tief in den Boden dringt. Vier Grad Wärme scheinen für die Säuger alle die äußerste Lebensgrenze zu sein. Nur bei einigen Fledermäusen wurde beobachtet, daß die Körpertemperatur sogar auf 2–5° C unter Null absinken kann. Eine stärkere Unterkühlung läßt sie erwachen. Der Igel, der keine Vorräte einträgt, muß sich schon bei plus 5–6 °C zu einem erwärmenden Dauerlauf im Schnee entschließen und zusehen, etwas in den Magen zu bekommen.

In eine totenähnliche Starre, die meist den ganzen Winter über anhält, fallen allein die niederen Tiere, die Schlangen und Echsen, Frösche und Kröten, Fische und Molche, Spinnen und Insekten. Eiskalt und glashart ruhen sie in ihren Schlupfwinkeln. Nicht der geringste Atemzug, nicht der schwächste Herzschlag ist wahrzunehmen, dennoch leben sie und können sehr wohl erfrieren. Die Zauneidechsen und Blindschleichen haben in strengen Wintern starke Ausfälle.
Wie viele Frösche und Molche den Kältetod erleiden, darüber fehlen uns noch die Unterlagen. Wir wissen lediglich, daß die Salzkonzentration des Molchblutes durch Verdunstung des Blutwassers so sehr erhöht wird, daß die Körper erst bei etlichen Grad unter Null erstarren, die Molche also regelrecht eingepökelt werden. Die Schlangen sollen sehr zäh sein. Fische können sogar im Wasser einfrieren, eine Unterkühlung bis zu fünfzehn und zwanzig Grad unter Null ohne Schaden überstehen. Im allgemeinen aber sind die im Schlamm der Gewässer überwinternden Tiere, wie die Frösche, Kröten, Unken und Krebse, vor einer Unterkühlung durch die besondere Natur des Wassers bewahrt, das sich in der Tiefe nur selten auf weniger als vier Grad Wärme abkühlt.
Unglaublich hart sind auch die Insekten. Forscher ließen Schmetterlinge in Eisblöcke einfrieren, hielten sie wochenlang auf diese Weise gefangen, und diese zarten Geschöpfe erwachten doch wieder, sobald die Sonne das Eis zerschmolz. Ihre Raupen ertragen noch stärkere Kälte. Auf rund 20 Grad unter Null müssen ihre Leiber unterkühlt werden, ehe ihnen der Frost gefährlich werden kann. Die mitten in der Frostzone des Bodens überwinternden Rasen- und Holzameisen überstehen 19 Grad Kälte. Einige Spinnen können Temperaturen von –24 °C lebendig überdauern. Bei diesen tiefen Temperaturen wurde in ihrem Blut die Bildung von Glyzerin beobachtet. Es verhindert die Entstehung von Eiskristallen im Spinnenblut, ist also ein wirksames Frostschutzmittel.
Gänzlich unantastbar aber, selbst bei allerstrengster Kälte, sind die mikroskopischen Einzeller, die Wurzelfüßer, Sporentierchen, Geißelträger und Wimpertierchen. Sie wurden in künstlichen Kältekammern bis zu 250 Grad unter Null abgekühlt, also bis zu einem Kältepunkt, der in der Natur nicht vorkommt, und sie waren schon eine Stunde später wieder munter und rege.
Eine durchschnittliche und gleichmäßige Kälte ist dem Insektenvolk im Gegensatz zur landesüblichen Meinung sogar recht dienlich. Das Durchfrieren ist für sie wie für ihre Eier, Larven und Puppen erforderlich, damit die Entwicklung ihren ordentlichen Verlauf nehmen kann.

Der Gestaltwandel: die Metamorphose

Aus dem Ei der Spinne schlüpft eine Jungspinne, die in der Gestalt das verkleinerte Ebenbild ihrer Eltern ist, rasch heranwächst, sich mehrmals häutet und bald darauf auf die Wanderschaft geht. Ebenso ist es bei fast allen urtümlichen Insekten, angefangen bei den Ohrwürmern und Silberfischchen bis zu den Grillen und Heuschrecken.
Aus dem Ei des Schmetterlings, des Käfers, der Biene, der Ameise und der Fliege jedoch schlüpft eine Larve oder Made, ein plumpes, oft sogar augen- und beinloses Geschöpf, das in wenigen Wochen unaufhörlichen Fressens sein Gewicht vertausendfacht und sich schließlich verpuppt. In dieser Larve vermag auch die kühnste Phantasie nicht mehr das ausgewachsene Insekt zu erkennen. Sie ist nicht nur gestaltlich ganz und gar andersartig, sie hat auch andere Sinne und Organe und ernährt sich oft von anderen Stoffen. Die Jugendform dieser Insekten stellt gleichsam einen von der Natur veranstalteten Mummenschanz dar, der das Entwicklungsziel verschleiert und verhüllt. Beide Wesen, die Larve und das Insekt, haben in unseren Augen gar nichts gemeinsam. Sie leben und bewegen sich zumeist auch in grundverschiedenen Welten, so daß nichts auf ihre Zusammengehörigkeit deutet. Ja, oft sind die Larvenmasken dieser zwiegesichtigen Geschöpfe so fremd, daß der Mensch diese tierischen Vorformen für besondere Tierarten gehalten hat.
Wir stehen hier vor einem der wunderbarsten Einfälle der Natur, vor einem Lebenstrick ohnegleichen, der sich denn auch im Laufe der Tiergeschichte so glänzend bewährte, daß diese Verwandlungskünstler sich zahlenmäßig siegreich an die Spitze aller Tiere setzen konnten. Denn durch die Einschaltung des Larvenstadiums ist ihr Nachwuchs weitgehend geschützt und wird in ungewöhnlichem Maße gefördert.
Vom ersten Tage ihres jungen Lebens an sitzen die Larven gleichsam am gedeckten Tisch und sind buchstäblich »Maden im Speck«. Sie kennen keinen Nahrungsmangel und keine Nahrungssorgen. Die Insektenmutter setzt sie entweder auf die Futterpflanze oder mitten in den gefüllten Fleischtopf oder trägt zusammen, was sie brauchen. Darüber hinaus werden die Larven in den meisten Fällen so trefflich geborgen und so großartig allen Gefahren des Lebens entrückt, daß sie sich praktisch um nichts anderes als um ein möglichst schnelles Auffressen der Vorräte zu bekümmern brauchen. Sie schlemmen in der nahrungsreichen Wasserflut, in der Überfülle leichtverdaulicher Verwesungsstoffe, in der Sicherheit hinter Baumrinden, Fruchtschalen und Gallenwänden, in der Geborgenheit meisterhaft getarnter Brutzellen und Bruthöhlen, in den wandelnden Fleischtöpfen der angestochenen Wirtstiere, im Dunkel der Erde oder werden gar wie Säuglinge gefüttert, trockengelegt und beleckt.
Wieviel schwerer wäre ihr Leben, wenn sie als winzige Ebenbilder ihrer Eltern zur

Welt kämen und als unvorstellbar zarte Flieger aus dem Ei schlüpften! Sie hätten dann nicht nur sofort die ganze Bürde des Lebens zu tragen, sondern müßten auch noch viel Kraft aufwenden, um zu ihrer Nahrung zu kommen. In Massen würden sie den Witterungsunbilden und ihren Feinden erliegen. So aber brauchen sie nur zu fressen und zu wachsen, erfüllt sich ihr ganzes Sein in der Aufgabe, die für die Erschaffung des geplanten Insekts notwendigen Baustoffe zusammenzutragen, sind sie praktisch nichts anderes als wandelnde Freßschläuche, die diese Stoffe in einem oft atemberaubenden Tempo sammeln. Innerhalb weniger Wochen ist die Kohlweißlingsraupe 50 000mal schwerer als bei ihrer Geburt. Und nun kann sie sich verpuppen. Das heißt, sie fertigt sich eine kleine hornige Einsiedelei, die oft nichts anderes als die letzte, sich verhärtende Larvenhaut ist, und zieht sich in diese zurück.

Die Puppe ist ein Bauzaun ohne Lücke, ist der hinter das Larvenleben gesetzte Punkt. Das Dasein der Larve ist nunmehr eine Art von Scheintod, eine Lebenspause, in der sich das Wunder der Neuschöpfung, der Verwandlung zum Insekt vollzieht. Wie wir den Zustand des Larventieres in der luftdicht abgeschlossenen Puppe bezeichnen sollen, das ist nicht leicht gesagt, es ist kein Tod, kein Leben und kein Schlaf. Die Larve frißt und atmet nicht mehr und scheint völlig erstarrt. In Wirklichkeit aber ist die Pause in der Puppenklause eine Zeit, in der mit großem Eifer gearbeitet, und zwar eingerissen und neu aufgebaut wird. Winzige Freßzellen sind dabei, den alten Larvenleib restlos aufzuzehren. Sie fressen so schnell wie tausend Raupen zugleich. Was sie auflösen, das fließt den Keimen zu, die schon in der Larve verborgen lagen. Diese Keime quellen nun gleichsam auf, entfalten sich und bauen an der Gestalt des zukünftigen Insektes. Es ist kaum glaublich, daß dieser gewaltige Abbau, Umbau und Neubau wirklich in der kurzen Zeit der Puppenruhe bewältigt wird. Und es ist noch einmal ein Wunder, daß die zusammengefressenen Bausteine auch immer ausreichen, daß nichts fehlt, daß die Larve nicht eher zu fressen aufhörte, ehe nicht das benötigte Baumaterial für das geplante Insekt beisammen war.

Dieses Insekt ist nun fix und fertig für sein ganzes Leben, braucht nicht mehr zu wachsen, braucht oft gar nichts mehr oder nur so wenig zu fressen, daß der Lebensmotor gespeist werden kann. Seine Aufgabe besteht lediglich darin, sich möglichst bald fortzupflanzen. Dafür ist es wunderbar und verschwenderisch ausgerüstet. Kein Wunder also, daß sich die Tiere mit vollkommener Verwandlung oder Metamorphose seit Jahrmillionen behaupten und auf einem unaufhaltsamen Vormarsch befinden.

Vogeluhr am Tag und im Jahr

Unter den Vögeln gibt es nur wenige Langschläfer. Den meisten ist noch der längste Tag zu kurz. Ausgeschlafen haben sie bereits vor Sonnenaufgang, und munter sind sie bis in die Nacht hinein. Dennoch ist es nicht leicht, eine gutgehende Vogeluhr aufzustellen. Die Jahreszeit wie die Örtlichkeit haben einen zu großen Einfluß auf ihren Gang. Die folgenden Angaben gelten darum eigentlich nur für den Mai und Juni, und zwar in Mitteldeutschland.

Es singen:

ab 2 Uhr morgens: Feldlerche, Haus- und Gartenrotschwanz, Rauch- und Mehlschwalbe, Braun- und Blaukehlchen, Rebhuhn, Auer- und Birkhuhn;

ab 3 Uhr morgens: Teichrohrsänger, Kuckuck, Singdrossel, Amsel, Rotkehlchen, Haubenlerche, Goldammer, Garten- und Mönchsgrasmücke, Kohlmeise, Zaunkönig, Grauer Fliegenschnäpper, Pirol, Wachtel, Fasan;

ab 3.30 Uhr morgens: Buchfink, Blaumeise, Fitis- und Weidenlaubsänger, Baumpieper, Heckenbraunelle, Klappergrasmücke, Mönchsgrasmücke, Baumläufer;

ab 4 Uhr morgens: Sumpfmeise, Girlitz, Sperling, Bachstelze, Hänfling, Grünling, Stieglitz, Star sowie die Spechte, Segler und Waldtauben.

Nach Sonnenaufgang und im Laufe des Vormittags verstummen die Vögel in der ungefähren Reihenfolge, in der sie zu singen begannen, die Frühaufsteher also zuerst.

Gegen Abend und während des Sonnenunterganges musizieren wieder die Vögel am eifrigsten, die am Morgen zuerst ihre Stimme erhoben. Zuletzt, das heißt bis Mitternacht, singen noch häufig: Wachtel, Wachtelkönig, Kuckuck, Nachtigall, Sprosser, Heidelerche, Blaukehlchen, Sumpf- und Drosselrohrsänger, Kiebitz, Bekassine, Rohrdommel, Nachtschwalbe sowie die Eulen und Käuze.

In der jahreszeitlichen Folge singen:

Januar: Buntspecht, Kreuzschnabel, Amsel, Kleiber und Meisen.

Februar: Uhu, Waldkauz, Goldammer, Baumläufer, Wintergoldhähnchen; und nun schon häufiger: Amsel, Kleiber, Meisen.

März: Feld- und Haubenlerche, Gimpel, Hänfling, Erlenzeisig, Grünling, Buchfink, Rotkehlchen, Grau- und Goldammer, Stieglitz, Sing- und Misteldrossel, Kiebitz, Hohl- und Ringeltaube, Habicht; und immer häufiger nun: Star, Amsel, Hänfling, Baumläufer, Wintergoldhähnchen und die Spechte.
In der 2. Hälfte des Monats: Hausrotschwanz, Wiesenpieper, Weidenlaubsänger, Eichelhäher, Waldkauz, Birk- und Auerhuhn und immer häufiger alle vorgenannten.

April: Braun- und Schwarzkehlchen, Gartenrotschwanz, Fitislaubsänger, Rauchschwalbe, Distelfink, Sommergoldhähnchen, Girlitz, Regenpfeifer und Rohrdommel.

In der 2. Hälfte des Monats: Kuckuck, Dorn- und Mönchsgrasmücke, Trauer- und Halsbandfliegenschnäpper, Rohrammer, Schafstelze; und häufiger als bisher: Kiebitz, Gartenrotschwanz, Stieglitz, Birk- und Auerhuhn.

Mai: Mehlschwalbe, Garten- und Sperbergrasmücke, Neuntöter, Nachtigall, Sprosser, Gartenspötter und Pirol.
In der 2. Hälfte des Monats: Flußschwalbe und immer häufiger Fliegenschnäpper und vorherige.

Juni: Die meisten Vögel verstummen bereits, vor allem die Nachtigall, die Meisen, Spechte und Stare.

Juli: Es singen noch die Teich- und Schilfrohrsänger, die Drosseln sowie Mönchsgrasmücke und Gartenspötter.

August: Noch schlagen die Wachteln, zwitschern die Schwalben, singen die Bachstelzen und Stieglitze.

September: Im Walde sind noch zu hören der Zaunkönig und Buchfink und auf dem Feld die Lerche, am Haus der Hausrotschwanz.

Oktober: Manchmal schlagen noch Finken, singen Hänflinge, Gold- und Grauammern, Bachamseln und die Meisen.

November: Es lassen sich noch hören: überwinternde Stare und Rotkehlchen, singen Zaunkönig und Kreuzschnäbel.

Dezember: An schönen warmen Tagen singen Zaunkönig, Kreuzschnabel, Buntspecht, Amsel, Kleiber und die Meisen.

Systematik der Pflanzen und Tiere

Um das riesige und außerordentlich mannigfaltige Tier- und Pflanzenreich überschauen zu können, wurden in der Geschichte der Biologie bereits zahlreiche verschiedene Systeme aufgestellt. Schon seit Aristoteles versuchte man, aufgrund von Ähnlichkeiten einzelne Lebewesen in Gruppen zusammenzufassen. So gliederte man damals zum Beispiel das Pflanzenreich nach den verschiedenen Wuchsformen in Bäume, Sträucher, Stauden und Kräuter, oder man versuchte die Pflanzen nach ihrer Arzneiwirkung, ihren Duftstoffen zu gruppieren. Seit dem 16. und 17. Jahrhundert galten demgegenüber bestimmte Blüten und Fruchtmerkmale als die wichtigste Vergleichsbasis.

Innerhalb der verschiedenen Systeme, die im Laufe der Geschichte aufgestellt wurden, kann man künstliche und natürliche unterscheiden. So ist zum Beispiel die Einteilung des Pflanzenreiches nach unterschiedlichen Wuchsformen nicht dekkungsgleich mit den verwandtschaftlichen Beziehungen der Pflanzen untereinander und somit ein künstliches System. Im natürlichen System werden dagegen eng verwandte Arten in Gruppen zusammengefaßt.

Um eine enge Verwandtschaft glaubhaft beweisen zu können, darf man jedoch nicht, wie es früher meist geschah, nur ein wesentliches Merkmal herausgreifen, wie Anzahl der Blütenblätter oder charakteristische Duftstoffe, sondern man muß die ganze Vielzahl der Merkmale berücksichtigen. Als hieb- und stichfeste Beweise für eine wirklich enge Verwandtschaft gelten heute an erster Stelle versteinerte Tiere und Pflanzen, die klar als die Ahnen heutiger Arten, als deren Ausgangsform erkannt werden können. Ist solch ein ausgestorbener Vorfahr entdeckt worden und kann man eine Anzahl heutiger Arten als von ihm abgeleitete Formen erkennen, so ist die enge Verwandtschaft der Arten untereinander und ihre Zugehörigkeit zu einer Familie hundertprozentig bewiesen. Doch nur wenige Vorfahren der heute lebenden Tier- und Pflanzenarten sind uns in versteinerter Form erhalten geblieben oder bis heute entdeckt worden. Deshalb muß man meistens noch andere Verwandtschaftsbeweise heranziehen, zum Beispiel den äußeren und inneren Aufbau, Gewebe- und Zellarten, Vorgänge bei der Zellteilung, Zahl und Bau der Chromosomen (Träger der Erbanlagen) und Unterschiede im Eiweißbau.

Der wichtigste Baustein im System der Pflanzen und Tiere ist die Art. Eine Art *(Species)* kennzeichnet sich durch gleichbleibende erbliche Merkmale und dadurch, daß sich ihre Mitglieder untereinander fruchtbar fortpflanzen können, nicht aber mit Tieren oder Pflanzen anderer, wenn auch eng verwandter Arten. Eine Art ist also

durch ihr Erbgut von anderen Arten unterschieden, ja sogar vollständig isoliert. Sie trägt in der lateinischen Bezeichnung immer einen zweiteiligen Namen. Der Lachs heißt zum Beispiel *Salmo salar.* Diese sogenannte »binäre Nomenklatur« geht auf Carl von Linné zurück und wurde schon im 18. Jahrhundert eingeführt.
Bei sehr formenreichen Arten kann man noch Unterarten oder Rassen unterscheiden. Diese Rassen einer Art können sich nun fruchtbar fortpflanzen, das heißt, daß auch die entstandenen Mischlinge selbst wieder zeugungsfähig und fruchtbar sind. Als Beispiel dafür denke man nur an die zahlreichen Hunderassen und ihre unzählig möglichen und beliebten Mischlingsformen.
Im folgenden sei zunächst eine Tabelle über die Rangordnung innerhalb des natürlichen Systems angeführt, daran anschließend ein knapper Überblick über das gesamte Pflanzen- und Tierreich.

Die Rangordnung der Begriffe innerhalb des natürlichen Systems

Begriffe	**Beispiel: Heckenrose**	**Beispiel: Feldhase**
REICH *Regnum*	Pflanzenreich	Tierreich
UNTERREICH *Subregnum*	Eigentliche Landpflanzen *Cormobionta*	Vielzeller *Metazoa*
ABTEILUNG *Divisio*	Samenpflanzen *Spermatophyta*	Gewebetiere *Eumetazoa*
UNTERABTEILUNG *Subdivisio*	Bedecktsamer *Magnoliophytina*	
STAMM *Phylum*		*Chordatiere* *Chordata*
UNTERSTAMM *Subphylum*		Wirbeltiere *Vertebrata*
KLASSE *Classis*	Zweikeimblättrige Bedecktsamer *Magnoliatae*	Säugetiere *Mammalia*
UNTERKLASSE *Subclassis*	Rosen *Rosidae*	Lebendgebärende Säuger *Theria*
ORDNUNG *Ordo*	*Rosales*	Hasenartige *Lagomorpha*
FAMILIE *Familia*	Rosengewächse *Rosaceae*	Eigentliche Hasen *Leporidae*
GATTUNG *Genus*	Rose *Rosa*	Hase *Lepus*
ART *Species*	Heckenrose *Rosa canina*	Feldhase *Lepus europaeus*
UNTERART/RASSE *Subspecies*		Westhase *Lepus europaeus europaeus* (lebt in Mitteleuropa)

Übersicht über das Pflanzenreich

1. Abt.: **SPALTPFLANZEN** *Schizophyta*
Sie besitzen keinen echten von einer Hülle umgebenen Zellkern; die Zellen leben noch einzeln oder in lockeren Zellverbänden; die Vermehrung erfolgt nur durch einfache Teilung.

1. Kl.: Bakterien *Schizomycetes*

2. Kl.: Blaualgen *Cyanophyceae*

2. Abt.: **ALGEN** *Phycophyta*
Sie besitzen wie alle folgenden Pflanzen einen echten Zellkern; sie sind ein- bis vielzellig, haben weder Gefäße noch Wurzeln und leben vorwiegend im Wasser.

1. Kl.: *Euglenophyceae*

2. Kl.: Feueralgen *Pyrrhophyceae*

3. Kl.: Kieselalgen *Chrysophyceae*

4. Kl.: *Xanthophyceae*

5. Kl.: Grünalgen *Chlorophyceae*

6. Kl.: Braunalgen *Phaeophyceae*

7. Kl.: Rotalgen *Rhodophyceae*

3. Abt.: **PILZE** *Mycophyta*
Sie besitzen kein Blattgrün, sind deshalb oft blaß oder farblos; sie leben als Schmarotzer oder von verwesenden Stoffen; der Pilzkörper ist meist aus sehr dünnen, verzweigten oder unverzweigten Fäden aufgebaut.

1. Kl.: Schleimpilze *Myxomycetes*

2. Kl.: Niedere Pilze *Phycomycetes*

3. Kl.: Schlauchpilze *Ascomycetes*
(z. B. Mutterkorn, Speisemorchel)

4. Kl.: Ständerpilze *Basidiomycetes*
(z. B. Rost- und Brandpilze, Blätterpilze, Röhrenpilze, Stachelpilze und Leistenpilze)

4. Abt.: **FLECHTEN** *Lichenes*
Verband zwischen einer niederen Alge und einem Pilz. Die Algen sind einzellige oder fadenförmige Vertreter von Blau- oder Grünalgen, die Pilze fast nur Schlauchpilze, in ganz wenigen Fällen Ständerpilze.

5. Abt.: **MOOSPFLANZEN** *Bryophyta*
Sie besitzen wie alle folgenden Pflanzen Blattgrün. Der Sproß ist meist in Achse und Blätter gegliedert; bei den Lebermoosen kommen auch blattartig abgeplattete Pflanzen vor, die dem Boden dicht anliegen; die Fortpflanzung erfolgt bei allen Moosen durch Sporen.

1. Kl.: Lebermoose *Hepaticae*

2. Kl.: Laubmoose *Musci*

6. Abt.: **FARNPFLANZEN** *Pteridophyta*
Sie sind ebenfalls noch blütenlose Pflanzen, die sich durch Sporen vermehren; sie sind in Stengel und Blätter gegliedert und besitzen bereits richtige Wurzeln.

1. Kl.: Urfarne *Psilophytatae*

2. Kl.: Bärlappgewächse *Lycopodiatae*

3. Kl.: Schachtelhalmgewächse *Equisetatae*

4. Kl.: Farne *Filicatae*

7. Abt.: **SAMENPFLANZEN** *Spermatophyta*
Wie der Name schon sagt, sind dies Pflanzen, die sich durch Samen fortpflanzen.

1. U. Abt.: **Gabel- bzw. Nadelblättrige Nacktsamer** *Coniferophytina*
Das sind bereits hochentwickelte Samen- oder Blütenpflanzen, deren Samenanlagen aber noch nackt daliegen, also noch nicht in einem Fruchtknoten eingeschlossen sind.

1. Kl.: Ginkgogewächse *Ginkgoatae*
(z. B. Ginkgobaum)

2. Kl.: Nadelbäume *Pinatae*

Kieferngewächse *Pinaceae*
(z. B. Kiefer, Fichte, Tanne, Lärche)

Zypressengewächse *Cupressaceae*
(z. B. Zypresse, Wacholder, Lebensbaum)

Eibengewächse *Taxaceae*

2. U. Abt.: **Bedecktsamer** *Magnoliophytina*
Das sind Samen- und Blütenpflanzen, deren Samenanlagen in einem Fruchtknoten geborgen sind. Man unterscheidet Einkeimblättrige und Zweikeimblättrige Bedecktsamer. Bei den Zweikeimblättrigen ist der Keimling mit zwei Keimblättern ausgerüstet, die Blütenteile kommen vorwiegend in der 5- oder 4-Zahl vor, die Blätter sind meist netzaderig. Bei den Einkeimblättrigen ist der Keimling mit nur einem Keimblatt versehen, die Blütenteile treten meist in der 3-Zahl auf, die Blätter sind überwiegend einfach, ganzrandig und streifenaderig.

1. Kl.: Zweikeimblättrige Bedecktsamer *Magnoliatae*

Weidengewächse *Salicaceae*
(z. B. Salweide, Korbweide, Pappel, Espe)

Walnußgewächse *Juglandaceae*
(z. B. Walnußbaum)

Birkengewächse *Betulaceae*
(z. B. Birke, Schwarzerle)

Haselgewächse *Corylaceae*
(z. B. Hainbuche, Haselnuß)

Buchengewächse *Fagaceae*
(z. B. Rotbuche, Edelkastanie, Eiche)

Ulmengewächse *Ulmaceae*
(z. B. Feldulme, Flatterulme)

Maulbeergewächse *Moraceae*
(z. B. Schwarze und Weiße Maulbeere)

Hanfgewächse *Cannabaceae*
(z. B. Hopfen, Hanf)

Nesselgewächse *Urticaceae*
(z. B. Große und Kleine Brennessel)

Mistelgewächse *Loranthaceae*
(z. B. Mistel)

Osterluzeigewächse *Aristolochiaceae*
(z. B. Osterluzei, Haselwurz)

Knöterichgewächse *Polygonaceae*
(z. B. Knöterich, Buchweizen, Sauerampfer)

Gänsefußgewächse *Chenopodiaceae*
(z. B. Rübe, Spinat, Salzkraut, Queller)

Nelkengewächse *Caryophyllaceae*
(z. B. Sternmiere, Hornkraut, Lichtnelke, Leimkraut, Kornrade, Steinnelke, Seifenkraut)

Teichrosengewächse *Nymphaeaceae*
(z. B. Seerose, Teichrose)

Hornblattgewächse *Ceratophyllaceae*
(z. B. Hornblatt)

Hahnenfußgewächse *Ranunculaceae*
(z. B. Nieswurz, Trollblume, Dotterblume, Eisenhut, Rittersporn, Anemone, Leberblümchen, Kuhschelle, Waldrebe, Hahnenfuß, Akelei)

Berberitzengewächse *Berberidaceae*
(z. B. Berberitze)

Lorbeergewächse *Lauraceae*
(z. B. Lorbeer)

Sonnentaugewächse *Droseraceae*
(z. B. Sonnentau)

Mohngewächse *Papaveraceae*
(z. B. Schlafmohn, Klatschmohn, Schöllkraut, Lerchensporn, Erdrauch)

Kreuzblütler *Brassicaceae*
(z. B. Brunnenkresse, Wiesenschaumkraut, Hungerblümchen, Senf, Kohl)

Dickblattgewächse *Crassulaceae*
(z. B. Hauswurz, Mauerpfeffer)

Steinbrechgewächse *Saxifragaceae*
(z. B. Steinbrech, Milzkraut)

Herzblattgewächse *Parnassiaceae*
(z. B. Sumpfherzblatt)

Grossulariaceae
(z. B. Johannisbeere, Stachelbeere)

Platanengewächse *Platanaceae*
(z. B. Platane)

Rosengewächse *Rosaceae*
(z. B. Geißbart, Frauenmantel, Brombeere, Himbeere, Erdbeere, Mispel, Quitte, Birne, Apfel, Pflaume, Kirsche, Eberesche, Heckenrose, Wiesenknopf)

Sauerkleegewächse *Oxalidaceae*
(z. B. Wald-Sauerklee)

Storchschnabelgewächse *Geraniaceae*
(z. B. Storchschnabel)

Leingewächse *Linaceae*
(z. B. Lein oder Flachs)

Wolfsmilchgewächse *Euphorbiaceae*
(z. B. Zypressenwolfsmilch)

Rautengewächse *Rutaceae*
(z. B. Diptam, Zitrone, Orange)

Ahorngewächse *Aceraceae*
(z. B. Feld-, Berg- und Spitzahorn)

Roßkastaniengewächse *Hippocastanaceae*
(z. B. Roßkastanie)

Springkrautgewächse *Balsaminaceae*
(z. B. Springkraut)

Schmetterlingsblütler *Fabaceae*
(z. B. Bohne, Erbse, Linse, Wicke, Robinie, Blasenstrauch, Klee, Goldregen, Ginster)

Stechhülsengewächse *Aquifoliaceae*
(z. B. Stechpalme)

Spindelbaumgewächse *Celastraceae*
(z. B. Pfaffenhütchen)

Buchsbaumgewächse *Buxaceae*
(z. B. Buchsbaum)

Kreuzdorngewächse *Rhamnaceae*
(z. B. Kreuzdorn)

Weinrebengewächse *Vitaceae*
(z. B. Weinrebe)

Lindengewächse *Tiliaceae*
(z. B. Sommer- und Winterlinde)

Malvengewächse *Malvaceae*
(z. B. Eibisch, Käsepappel)

Seidelbastgewächse *Thymelaeaceae*
(z. B. Seidelbast)

Veilchengewächse *Violaceae*
(z. B. Waldveilchen, Stiefmütterchen)

Weiderichgewächse *Lythraceae*
(z. B. Blutweiderich)

Nachtkerzengewächse *Onagraceae*
(z. B. Nachtkerze, Weidenröschen)

Seebeerengewächse *Haloragaceae*
(z. B. Tausendblatt)

Hartriegelgewächse *Cornaceae*
(z. B. Kornelkirsche)

Efeugewächse *Araliaceae*
(z. B. Efeu)

Doldengewächse *Apiaceae*
(z. B. Möhre, Pastinak, Dill, Kerbel, Fenchel, Kümmel, Petersilie, Schierling)

Wintergrüngewächse *Pyrolaceae*
(z. B. Wintergrün, Fichtenspargel)

Heidekrautgewächse *Ericaceae*
(z. B. Heidekraut, Heidelbeere, Preiselbeere)

Krähenbeerengewächse *Empetraceae*
(z. B. Krähenbeere)

Primelgewächse *Primulaceae*
(z. B. Schlüsselblume, Mannsschild, Alpenveilchen, Ackergauchheil, Siebenstern)

Ölbaumgewächse *Oleaceae*
(z. B. Esche, Flieder, Liguster)

Enziangewächse *Gentianaceae*
(z. B. Gelber und Blauer Enzian)

Hundsgiftgewächse *Apocynaceae*
(z. B. Immergrün, Oleander)

Schwalbenwurzgewächse *Asclepiadaceae*
(z. B. Schwalbenwurz)

Rötegewächse *Rubiaceae*
(z. B. Labkraut, Waldmeister)

Windengewächse *Convolvulaceae*
(z. B. Acker- und Zaunwinde)

Borretschgewächse *Boraginaceae*
(z. B. Beinwell, Ochsenzunge, Natternkopf, Vergißmeinnicht)

Lippenblütler *Lamiaceae*
(z. B. Taubnessel, Gundermann, Salbei, Günsel, Brunelle, Thymian, Minze)

Nachtschattengewächse *Solanaceae*
(z. B. Nachtschatten, Kartoffel, Tomate, Tollkirsche, Bilsenkraut, Stechapfel)

Braunwurzgewächse *Scrophulariaceae*
(z. B. Ehrenpreis, Braunwurz, Königskerze, Fingerhut, Klappertopf)

Kugelblumengewächse *Globulariaceae*
(z. B. Kugelblume)

Sommerwurzgewächse *Orobanchaceae*
(z. B. Schuppenwurz)

Wasserschlauchgewächse *Lentibulariaceae*
(z. B. Wasserschlauch, Fettkraut)

Wegerichgewächse *Plantaginaceae*
(z. B. Spitz- und Breitwegerich)

Geißblattgewächse *Caprifoliaceae*
(z. B. Waldgeißblatt, Jelängerjelieber, Holunder, Schneeball, Schneebeere)

Baldriangewächse *Valerianaceae*
(z. B. Baldrian)

Kardengewächse *Dipsacaceae*
(z. B. Karde, Skabiose)

Glockenblumengewächse *Campanulaceae*
(z. B. Glockenblume, Teufelskralle)

Korbblütler *Asteraceae*
(z. B. Löwenzahn, Gänseblümchen, Margerite, Huflattich, Kornblume, Flockenblume, Kamille, Wegwarte, Edelweiß, Distel)

2. Kl.: Einkeimblättrige Bedecktsamer
Liliatae

Froschlöffelgewächse *Alismataceae*
(z. B. Froschlöffel, Pfeilkraut)

Wasserlieschgewächse *Butomaceae*
(z. B. Schwanenblume)

Froschbißgewächse *Hydrocharitaceae*
(z. B. Froschbiß, Wasserpest)

Laichkrautgewächse *Potamogetonaceae*
(z. B. Laichkraut)

Liliengewächse *Liliaceae*
(z. B. Tulpe, Lilie, Hyazinthe, Bärenlauch, Maiglöckchen, Germer, Herbstzeitlose, Knoblauch, Spargel, Türkenbund)

Amaryllisgewächse *Amaryllidaceae*
(z. B. Schneeglöckchen, Märzenbecher, Narzisse)

Schwertliliengewächse *Iridaceae*
(z. B. Iris, Krokus)

Binsengewächse *Juncaceae*
(z. B. Binse, Simse)

Süßgräser *Poaceae*
(z. B. Roggen, Weizen, Hafer, Gerste, Mais, Hirse, Reis)

Arongewächse *Araceae*
(z. B. Kalmus, Aronstab)

Wasserlinsengewächse *Lemnaceae*
(z. B. Wasserlinse)

Igelkolbengewächse *Sparganiaceae*
(z. B. Igelkolben)

Rohrkolbengewächse *Typhaceae*
(z. B. Rohrkolben)

Riedgrasgewächse *Cyperaceae*
(z. B. Wollgras, Simse, Segge)

Knabenkrautgewächse *Orchidaceae*
(z. B. Knabenkraut, Frauenschuh, Waldvögelein, Zweiblatt, Nestwurz, Händelwurz, Dingel)

Übersicht über das Tierreich

1. Unterreich: EINZELLIGE TIERE
Protozoa

1. Kl.: Geißeltierchen *Flagellata*
(z. B. *Euglena, Volvox)*

2. Kl.: Wurzelfüßler *Rhizopoda*
(z. B. *Amoebina* Wechseltierchen, *Foraminifera* Lochschalenträger, *Heliozoa* Sonnentierchen, *Radiolaria* Strahlentierchen)

3. Kl.: Sporentierchen *Sporozoa*
(z. B. *Plasmodium vivax* Malaria-Erreger)

4. Kl.: Wimpertierchen *Ciliata*
(z. B. *Paramecium* Pantoffeltierchen)

2. Unterreich: VIELZELLIGE TIERE
Metazoa

1. St.: **SCHWÄMME** *Porifera*

1. Kl.: Kalkschwämme *Calcarea*

2. Kl.: Kieselschwämme *Silicea*
(z. B. Glasschwämme, Strahlschwämme, Hornschwämme)

2. St.: **HOHLTIERE** *Coelenterata*

1. Kl.: Polypentiere *Hydrozoa*
(z. B. Süßwasserpolyp)

2. Kl.: Becherquallen *Scyphozoa*
(z. B. Ohrenqualle)

3. Kl.: Korallentiere *Anthozoa*
(z. B. Lederkoralle, Steinkoralle, Seerose, Seenelke)

4. Kl.: Rippenquallen *Ctenophora*
(z. B. Venusgürtel, Seenuß)

3. St.: **PLATTWÜRMER** *Plathelminthes*

1. Kl.: Strudelwürmer *Turbellaria*
(z. B. Planarie)

2. Kl.: Saugwürmer *Trematodes*
(z. B. Leber- und Lungenegel)

3. Kl.: Bandwürmer *Cestodes*
(z. B. Rinder-, Schweine-, Fisch- und Hundebandwurm)

4. St.: **RUNDWÜRMER** *Nemathelminthes*

Kl.: Fadenwürmer *Nematodes*
(z. B. Spulwurm, Trichine, Hakenwurm, Weizenälchen)

5. St.: **GLIEDERTIERE** *Articulata*

1. U. St.: Ringelwürmer *Annelida*

1. Kl.: Vielborster *Polychaeta*
(z. B. Sandpier)

2. Kl.: Gürtelwürmer *Clitellata*
(z. B. Regenwurm, Blutegel)

2. U. St.: Gliederfüßler *Arthropoda*

1. Kl.: Spinnentiere *Chelicerata*
(z. B. Skorpione, Webspinnen, Milben, Zecken)

2. Kl.: Krebstiere *Crustacea*
(z. B. Ruderfußkrebse, Blattfußkrebse, Zehnfußkrebse)

3. Kl.: Tausendfüßer *Myriapoda*
(z. B. Saftkugler, Erdschnurwurm, Steinläufer)

4. Kl.: Kerbtiere *Insecta*
(z. B. Eintagsfliegen, Libellen, Steinfliegen,

Heuschrecken, Grillen, Schaben, Termiten, Läuse, Wanzen, Käfer, Bienen, Wespen, Hornissen, Hummeln, Ameisen, Schmetterlinge, Köcherfliegen, Fliegen, Mücken, Flöhe)

6. St.: **WEICHTIERE** *Mollusca*

1. Kl.: Urmollusken *Amphineura* (z. B. Käferschnecke)

2. Kl.: Schnecken *Gastropoda* (z. B. Wellhornschnecke, Seehase, Posthornschnecke, Weinbergschnecke, Nacktschnecken)

3. Kl.: Muscheln *Bivalvia* (z. B. Flußperlmuschel, Teichmuschel)

4. Kl.: Kopffüßer *Cephalopoda* (z. B. Tintenfisch, Kalmar, Krake)

7. St.: **STACHELHÄUTER** *Echinodermata*

1. Kl.: Haarsterne *Crinoidea* (z. B. Medusenhaupt)

2. Kl.: Seewalzen *Holothurioidea* (z. B. Seegurke)

3. Kl.: Seeigel *Echinoidea*

4. Kl.: Seesterne *Asteroidea*

5. Kl.: Schlangensterne *Ophiuroidea*

8. St.: **CHORDATIERE** *Chordata*

1. U. St.: Schädellose *Acrania* (Lanzettfischchen)

2. U. St.: Wirbeltiere *Vertebrata*

1. Kl.: Kieferlose *Agnatha* (z. B. Bachneunauge)

2. Kl.: Knorpelfische *Chondrichthyes* (z. B. Haie, Rochen)

3. Kl.: Knochenfische *Osteichthyes* (z. B. Quastenflosser, Lungenfische, Störe, echte Knochenfische)

4. Kl.: Lurche *Amphibia* (z. B. Frösche, Kröten, Unken, Molche, Salamander)

5. Kl.: Kriechtiere *Reptilia* (z. B. Eidechsen, Schlangen, Schildkröten, Krokodile)

6. Kl.: Vögel *Aves*

7. Kl.: Säugetiere *Mammalia*

1. U. Kl.: Eierlegende Säuger *Prototheria* (z. B. Schnabeltier)

2. U. Kl.: Lebendgebärende Säuger *Theria*

Beuteltiere *Marsupialia* (z. B. Känguruh, Beutelwolf)

Plazentatiere *Placentalia* (z. B. Insektenfresser, Herrentiere = Affen und Menschen, Raubtiere, Unpaarzehige Huftiere, Paarzehige Huftiere, Elefanten, Waltiere, Nagetiere, Hasenartige)

Register

A

B

F

G

H

L

M

N

O

P

Q

R

T

W

X

Z